HYPOGEAN ARCHAEOLOGY
Research and Documentation of Underground Structures
Edited under the Aegis of the Federazione Nazionale Cavità Artificiali (F.N.C.A.)
No 8

Luoghi e Architetture della Transizione: 1919–1939

I sistemi difensivi di confine e la protezione antiaerea nelle città. Storia, conservazione, riuso

Sites and Architectural Structures of the Transition Period: 1919–1939

Border defense system and air raid protection in the cities. History, conservation, reuse

a cura di

Maria Antonietta Breda

BAR International Series 2675
2014

Published in 2016 by
BAR Publishing, Oxford

BAR International Series 2675

Hypogean Archaeology, Research and Documentation of Underground Structures
Edited under the Aegis of the Federazione Nazionale Cavità Artificiali (F.N.C.A.) No 8

Luoghi e Architetture della Transizione: 1919-1939 / Sites and Architectural Structures of the Transition Period: 1919-1939

ISBN 978 1 4073 1317 7

BAR Publishing is the trading name of British Archaeological Reports (Oxford) Ltd. British Archaeological Reports was first incorporated in 1974 to publish the BAR Series, International and British. In 1992 Hadrian Books Ltd became part of the BAR group. This volume was originally published by Archaeopress in conjunction with British Archaeological Reports (Oxford) Ltd / Hadrian Books Ltd, the Series principal publisher, in 2014. This present volume is published by BAR Publishing, 2016.

Printed in England

BAR
PUBLISHING

BAR titles are available from:

BAR Publishing
122 Banbury Rd, Oxford, OX2 7BP, UK
EMAIL info@barpublishing.com
PHONE +44 (0)1865 310431
FAX +44 (0)1865 316916
www.barpublishing.com

HYPOGEAN ARCHAEOLOGY

Research and Documentation of Underground Structures

The study and registration of artificial cavities means the documentation of underground structures. Just as Man started creating buildings on the surface of the Earth, over the course of time, he also perforated the surface thus creating new spaces and handing down structures which are essentially intact, which can be studied, restored and even utilised. In fact there exists an underground heritage, consisting of structures both built and buried underground over the passing of time. Our interpretation and understanding of such structures is a source of interesting information on our past, in favour of the present.

This series was created under the aegis of the Federazione Nazionale Cavità Artificiali (F.N.C.A.). Both the trademark and the title were especially created by the editors of this series (enquiries: info@barpublishing.com; BAR Publishing, 122 Banbury Road, Oxford, OX2 7BP, England; telephone +44 (0)1865 310431; website: www.barpublishing.com) and their use is reserved for the sole purpose of this product.

The aim is to create a base for the disclosure of relevant, scientific research studies, whether monographs, the works of various authors or documentation from conferences and conventions and a series of easily consultable tools for the development of artificial cavity research.

ARCHEOLOGIA DEL SOTTOSUOLO

Ricerca e Documentazione delle Strutture Sotterranee

Censire e studiare le cavità artificiali vuol dire documentare le architetture sotterranee. Come ha costruito in superficie, così nel corso del tempo l'Uomo ha perforato il sottosuolo creando spazi e lasciando architetture sostanzialmente integre, leggibili e pertanto studiabili, recuperabili e talora fruibili. Difatti nel mondo esiste un patrimonio sia ricavato nel sottosuolo, sia rimasto in esso sepolto nel corso del tempo. La sua lettura e la sua comprensione forniscono interessanti dati sul nostro passato, auspicabilmente in funzione del presente.

L'edizione di questa serie è creata sotto l'aegis della Federazione Nazionale Cavità Artificiali (F.N.C.A.). Sia il marchio sia il titolo sono stati creati appositamente dagli editori di questa serie (enquiries: info@barpublishing.com; BAR Publishing, 122 Banbury Road, Oxford, OX2 7BP, England; telephone +44 (0)1865 310431; website: www.barpublishing.com) e sono utilizzabili solo in rapporto a questo prodotto.

Lo scopo è la costituzione di una sede nella quale possano trovare divulgazione i lavori di ricerca meritevoli sul piano scientifico, siano essi monografie, opere di autori vari e atti di convegni e congressi, mettendo a punto una serie di strumenti di agevole consultazione ed utilizzo per lo sviluppo degli studi sulle cavità artificiali.

Atti a cura di (Congress Preoceeding by):
Maria Antonietta Breda

Coordinamento editoriale di (Editorial co-ordinator by):
Gianluca Padovan

Grafica e impaginazione (Design and layout):
Marco Romagnoli

Foto di D. Bagnaschino

Dipartimento di Progettazione
dell'Architettura

ASSOCIAZIONE SPELEOLOGIA
CAVITÀ ARTIFICIALI MILANO

Museo Storico
Italiano della Guerra
Rovereto (o.n.l.u.s.)

Federazione Nazionale
Cavità Artificiali

Fondazione Museo Storico
del Nastro Azzurro

Fondazione FINCANTIERI

Napoli Underground

AUSTRIAN SOCIETY FOR FORTRESS RESEARCH

ASSOCIAZIONE SPERRE
Valsugana

www.scas.it

STUDIO PA&D
Progettazione Architettura & Design
Bergamo - ITALIA

con il patrocinio di

ERSAF
Ente Regionale per i Servizi
all'Agricoltura e alle Foreste
REGIONE LOMBARDIA

In un piccolo regno di non densa popolazione
Aver alcuni uomini validi (da dieci a cento)
Ma senza servirsene
Che il popolo dia importanza alla morte
Non vi vada lontano.
Pur avendo mezzi per viaggiare per mare e per terra
Non servirsene
Pur avendo mezzi di difesa e di offesa
Non farne mostra
Che si ritorni
Ad annodare le corde
Allora pel proprio cibo si avrà gusto, si troveranno belle le proprie vesti
Quieta diverrà la dimora, si avrà piacere della propria vita.
Quand'anche due Stati fossero così vicini
Che le grida degli animali si sentissero l'uno dall'altro
Si giunga fino alla morte
Senza passare nel regno vicino.

Lao-Tze, *Tao-Tê-Ching, 80*

CONOSCENZA E VALORIZZAZIONE DELLE OPERE MILITARI MODERNE

KNOWLEDGE AND DEVELOPMENT OF MODERN MILITARY STRUCTURES

Luoghi e architetture della transizione: 1919 – 1939.
I sistemi difensivi di confine e la protezione antiaerea nelle città. Storia, conservazione e riuso

Sites and architectural structures of the transition period: 1919 – 1939. Border defense systems and air raid protection in the cities. History, conservation and reuse

II Congresso Internazionale a cura di Maria Antonietta Breda
2nd International Congress by Maria Antonietta Breda

27 – 28 Novembre 2012 – ore 9.00 – 18.30
Politecnico di Milano - Campus Bovisa -Aula Castiglioni edificio PK

PRESENTAZIONE

1919 – 1939. La Grande Guerra si è conclusa, ma i trattati per la pace non diminuiscono le disparità economiche preesistenti tra gli Stati. La storiografia dell'epoca riconosce che proprio in quei patti vi è la genesi del secondo conflitto mondiale. Nonostante da più parti si invochi la pace e si confidi nelle capacità diplomatiche per risolvere le crisi tra gli stati, sul territorio europeo tutte le nazioni rafforzano e completano i propri sistemi difensivi di confine. Inoltre, coscienti che l'arma aerea, già usata durante il primo conflitto, potrebbe trasformare le città in campi di battaglia, si impongono provvedimenti per la protezione collettiva della popolazione civile delle grandi città e dei centri vitali. Con il II Congresso Internazionale CONOSCENZA E VALORIZZAZIONE DELLE OPERE MILITARI MODERNE, si desidera esporre le caratteristiche tecniche delle opere militari e civili, tuttora esistenti in Italia e in alcuni paesi europei. Essere furono costruite ai fini della difesa delle frontiere e della protezione delle popolazioni. Si vuole inoltre contestualizzarne la valenza nel coevo panorama storico-politico. S'illustreranno le recenti esperienze di valorizzazione e riuso delle opere militari anche da parte di associazioni. Si rifletterà sul ruolo contemporaneo della museografia per la trasmissione al futuro del patrimonio storico militare e del suo "carico" di memoria.

Per quanto riguarda il patrimonio militare autorevoli studiosi, autori di numerose pubblicazioni, presenteranno: il "Vallo Alpino" costruito in Italia lungo tutta la catena alpina (Bagnaschino per il settore delle Alpi occidentali al confine francese; Bernasconi e Collavo per il settore Alto Adige, Cadore, Carnia e Tarvisiano); i piani di fortificazione e le opere permanenti che furono costruite dall'Italia dalla 3ª guerra d'indipendenza allo scoppio della 2ª guerra mondiale al confine est (Malatesta); la Linea Maginot delle Alpi, sistema difensivo adottato dalla Francia nel primo dopoguerra, a tutela dei suoi confini occidentali (Bagnaschino); il sistema di fortificazione costruito dal Regno di Jugoslavia lungo il mare Adriatico (Pachauer). Per quanto attiene all'argomento della protezione antiaerea si presenteranno i programmi di protezione antiaerea della Gran Bretagna: L'Air Raid Precautions britannica (Bernard) e di alcune regioni italiane. In particolare per l'Italia saranno analizzate le città di: Milano, Torre delle Sirene e altri rifugi antiaerei cittadini confrontati con altre realtà italiane (Padovan) e il rifugio antiaereo di Piazza Grandi (Bonfanti); Como (Fumagalli), Monza (Breda), Piacenza (Conte).

PRESENTATION

1919 - 1939. The Great War is over, but peace treaties do not reduce the economic disparities between States. The historiography of this period has shown that these treaties are one of the main causes of the Second World War. Although many invoked peace and trusted diplomacy to solve diplomatic crisis between States, all nations across Europe strengthened and completed their border defense systems. In addition, aerial warfare, born during the First World War, could potentially transform cities into battlefields. Therefore, new measures for the protection of the civilian population of cities and strategic points became necessary. The 2nd International Congress KNOWLEDGE AND DEVELOPMENT OF MODERN MILITARY STRUCTURES, will present the technical characteristics of military and civil works, still existing in Italy and other European countries, built for the defense of the borders and the protection of populations. The aim of the congress is to contextualize the significance of such works in the contemporary historical and political landscape. Recent experiences of valorization and reuse of these military works by associations will be presented, as an introduction to some reflections about the role of contemporary museums in the transmission to the future generations of our military heritage and its "load" of memory.

The military heritage will be presented by scholars and authors of numerous publications. The Italian "Vallo alpino" of the Alps border will be presented by Bagnaschino for the sector of the Western Alps to the French border; Bernasconi and Collavo for the South Tyrol, Cadore, Carnia and Tarvisio. Other work include the fortification plans and permanent works built in Italy between the 3rd Independence War and the outbreak of the Second World War on the eastern border (Malatesta); the French Maginot Line in the Alps, adopted by France after the war, in defense of its western borders (Bagnaschino); the fortification system built by the Kingdom of Yugoslavia along the Adriatic Sea (Pachauer). The air defense system will present the situation in Great Britain throughout a story of the role of the Air Raid Precautions organization (Bernard). Italian situation will be presented throughout the cases of the Torre delle Sirene and other air-raid shelters compared to other Italian cities (Padovan), the case of the air-raid shelters of Piazza Grandi (Bonfanti), Como (Fumagalli), Monza (Breda), Piacenza (Conte).

Maria Antonietta Breda (Politecnico di Milano)

INDICE - CONTENTS

2
R
R

LA LINEA MAGINOT DELLE ALPI. EVOLUZIONE, CARATTERISTICHE E ORGANIZZAZIONE DELLA SISTEMAZIONE DIFENSIVA FRANCESE AL CONFINE CON L'ITALIA

Autore
Davide Bagnaschino — Associazione Studi Cavità Artificiali Sanremo

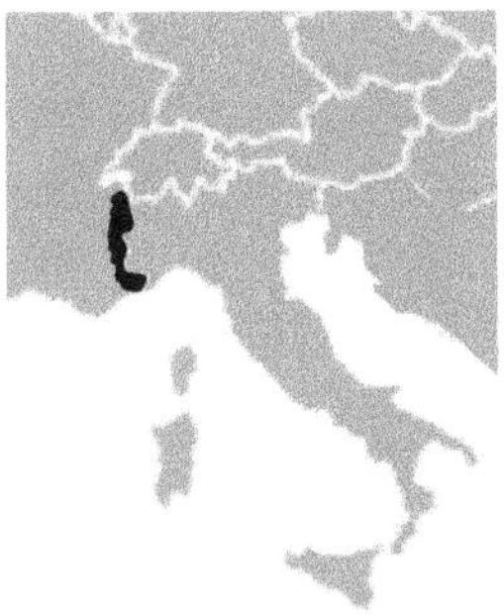

Sommario

La linea Maginot era il sistema difensivo adottato dalla Francia nel primo dopoguerra, a tutela dei confini occidentali, *On ne passe pas* – non si passa – era il motto e il nome derivava da quello del ministro della guerra che fece approvare dal parlamento i finanziamenti necessari. Il concetto di base era un'ossatura costituita da forti di grandi dimensioni, naturale evoluzione dei forti Séré de Rivières, completamente realizzati sottoterra, con emergenti i "blocchi attivi", armati di mitragliatrici e artiglierie; tra questi vi erano poi opere di piccole dimensioni e casematte, solo con armi di fanteria, che rendevano continuo il fronte. Il suo sviluppo e costruzione erano strettamente legati alle esperienze della prima guerra mondiale: i martellanti bombardamenti di artiglierie pesanti, gli attacchi con prodotti chimici (gas asfissianti, vescicanti, ecc.), i fronti statici articolati su poderosi sistemi di trincee, le fortificazioni permanenti e campali. Molte erano le ragioni della sua costruzione, una per tutte l'economia delle forze: corollario della fortificazione.

Abstract

THE MAGINOT LINE IN THE ALPS. THE EVOLUTION, CHARACTERISTICS AND ORGANIZATION OF THE FRENCH DEFENSE SYSTEM ALONG THE ITALIAN BORDER.

The Maginot Line was the defensive system adopted by France in the first post-war period, for the protection of the border to the west, *On se passe pas* – do not pass – it was her motto and the name was derived from that of the minister of war that he did approve by Parliament the necessary funding. The basic concept was a structure consisting of large fortification, natural evolutionof the fortification of Séré de Riviéres, completely made underground, with the emerging "active locks", armed with machine guns and artillery; among these were then small-size works and casemates, only with weapons of infantry, which made continuous front. Its development and construction were closely linked to the experience of World War I: the relentless bombardment of heavy artillery, attacks with chemicals (poison gas, blisters, etc.), static fronts articulated on powerful system of trences, fortifications permanent and pitched. There were many reasons for its construction, one for all the economy of forces: a corollary of the fortification.

1 - *Introduzione*

La leggenda della Linea Maginot era dovuta in parte a un libro del 1939, destinato a impressionare l'avversario; *Maginot - Sigfried* era in parte un'esagerazione, un bluff ma, insieme ad articoli, scritti e pubblicazioni contribuì a creare quel mito con il quale alcuni studiosi spiegavano, e talvolta spiegano tuttora, la sconfitta alleata della primavera del 1940. Un'altra leggenda erano le caratteristiche stesse della Linea Maginot: ancora in tempi recenti era possibile vedere illustrazioni fantasiose con colline traforate da molti livelli di gallerie e con innumerevoli torri corazzate armate dei maggiori calibri. Sappiamo bene che non è così; la *Muraille de France* era costituita da opere fortificate, nè più nè meno che l'evoluzione dei forti della Grande Guerra e copriva solo una parte del confine francese. Certo, si trattava della migliore linea difensiva mai realizzata, la *summa* della tecnologia dell'epoca, ma non era e non poteva essere un tunnel ininterrotto dal Mediterraneo alla Manica (che non sarebbe poi servito a molto) o una linea continua di enormi fortezze. Insomma, la Linea Maginot era in fondo una fortificazione e una fortificazione è solo parte di una strategia difensiva e da quest'ultima dipende il successo; la Linea Maginot era solo un ostacolo, ma fu trasformato in leggenda. Il proposito della linea era ovvio: rendere difficilmente attraversabili alcune regioni francesi, per non dire ermetiche, con la costruzione di opere militari moderne molto robuste, dotate di tutti gli accorgimenti tecnici e degli armamenti necessari per resistere a un attacco improvviso. Le altre porzioni della frontiera non erano oggetto di fortificazione, in parte perché protette da ostacoli naturali come corsi d'acqua o zone montuose, in parte perché era compito dell'esercito, con reparti mobili, provvedere alla loro difesa. La Linea Maginot aveva uno sviluppo esiguo rispetto alla lunghezza dell'intera frontiera e, oltre alle Regioni Fortificate propriamente dette, dove la Posizione di Resistenza era formata da opere di grandi dimensioni con artiglierie, il resto del confine era stato attrezzato (soprattutto dal 1939 al 1940, durante la *drole de guerre*) con una miriade di piccole casematte (di tipo M.O.M., S.T.G., ecc.) anche chiamate opere *camelote*, di poca o nulla utilità e che non era possibile comparare neppure lontanamente con le fortificazioni di tipo C.O.R.F.[1]

Il primo di Settembre del 1939 iniziava il secondo conflitto mondiale e l'esercito francese rimase inoperoso ad attendere l'attacco tedesco[2], provvedendo solo alla realizzazione di molte piccole e inutili casematte, piuttosto che a prendere l'iniziativa usando la Maginot come perno e base di partenza per un'offensiva. Nel Maggio 1940 l'Armèe (che intanto era stata affiancata da reparti inglesi) veniva travolta dove meno se lo aspettava, nella regione delle Ardenne, e velocemente aggirata sia nella parte più dotata di uomini e mezzi, al Nord, sia nella parte irrobustita dalla fortificazione permanente, poco più a Sud. Sulle Alpi le opere della Linea Maginot Alpina e la 6ª Armata del Generale Olry (più nota come Armata delle Alpi) riuscirono invece a fermare l'attacco italiano, per giunta male organizzato e portato senza inventiva né convinzione, infliggendo forti perdite alle truppe mandate allo sbaraglio in un territorio difficile. Qui però la linea chiudeva tutti i varchi lasciati aperti dalle Alpi e i reparti, che operavano attivamente tra gli intervalli, sbarravano la strada alle esauste truppe italiane che, dopo essere arrivate in molti casi a piedi sino alle basi di partenza dell'attacco, valicando colli e attraverso mulattiere, dovevano percorrere sotto il fuoco di sbarramento della precisa e rapida artiglieria francese impervi sentieri di montagna, in una primavera eccezionalmente fredda e piovosa.

Senza nulla togliere al valore dimostrato dai soldati di ambo le parti, la Linea Maginot Alpina ebbe la sua buona parte di merito nel fermare l'offensiva italiana del Giugno 1940. La protezione delle possenti strutture in calcestruzzo, la preparazione attuata con grande anticipo (sia nell'addestramento che nella predisposizione delle difese), i tiri di artiglieria già predisposti con precisione, contribuirono al fallimento del seppur breve attacco. Le truppe italiane furono costrette a fermarsi generalmente pochi chilometri (in alcuni casi poche centinaia di metri) dopo il confine. Sul fronte delle Alpi è significativo l'episodio della piccola opera di Ponte San Luigi, ubicata a pochi metri dalla frontiera. Il piccolo avamposto resistette ai ripetuti assalti delle fanterie italiane e solo il 27 Giugno, due giorni dopo il cessate il fuoco (dopo aver avuto conferma della fine delle ostilità), venne abbandonato dal proprio equipaggio di nove uomini che, rientrando in Francia con l'onore delle armi, ebbero cura di chiuderne la porta a chiave.

Dopo l'armistizio venne data grande enfasi all'occupazione di Mentone, divenuta così italiana, ma c'era poco da festeggiare. Il Regio Esercito aveva deluso su tutto il fronte, soprattutto ai piani alti: lo Stato Maggiore completamente inadeguato e impreparato alla situazione politica e militare, generali e marescialli dediti esclusivamente alla carriera e rimasti alle ideologie della Grande Guerra, una situazione delle tre armi disastrosa per equipaggiamenti e motorizzazione ma soprattutto per organizzazione e quadri. Quello che si era intravisto durante la breve campagna delle Alpi si rivelò poi in tutta la sua gravità in Cirenaica e con l'attacco alla Grecia: le prime disfatte dell'asse. La Linea Maginot funzionò in parte anche al Nord, contro l'esercito tedesco, costringendolo prima a una preparazione e a un'attesa altrimenti non necessarie, poi a non attaccarla direttamente ma cercando di aggirarla e infine, sebbene colpita alle spalle, resistendo egregiamente agli assalti (solo alcune casematte e piccole opere non protette dall'artiglieria delle opere miste si arresero ai reparti nemici). Infatti la Wehrmacht, subì gravi perdite nei vani tentativi di prendere possesso delle opere maggiori, anche attaccandole sul rovescio, utilizzando i più diversi e moderni espedienti come cortine fumogene, lanciafiamme, cannoni a tiro teso (da 88 mm mod. 18) posizionati a poche centinaia di metri dai blocchi, e cariche cave. Quasi tutte le opere uscirono quindi indenni dal confronto col nemico e i presidi uscirono dai forti solo dopo l'armistizio, dopo aver ricevuto chiari ordini di abbandonare le opere agli invasori e in alcuni casi con l'onore delle armi.

2 - *La Linea Maginot, i motivi di una scelta*

La Linea Maginot era quel complesso di fortificazioni, apprestamenti, batterie, caserme, depositi munizioni, realizzati dal 1928 al 1940 a guardia dei confini francesi. Il suo sviluppo e costruzione erano strettamente legati alle esperienze della prima guerra mondiale: i martellanti bombardamenti di artiglierie pesanti, gli attacchi con prodotti chimici (gas asfissianti, vescicanti, ecc.), i fronti statici articolati su poderosi sistemi di trincee, ma soprattutto le fortificazioni permanenti di cui era la naturale evoluzione. Negli anni precedenti la progettazione vi erano diverse ipotesi circa una nuova sistemazione difensiva delle frontiere; dopo pubblicazioni, confronti, dibattiti, rimasti confinati agli ambienti militari, fu generalmente accettato che il fronte Nord, al confine con Olanda e Belgio[3], fosse affidato alle truppe mobili, mentre il fronte Sud, al confine con Lussemburgo e Germania, venisse difeso in gran parte con opere permanenti[4]. La Linea Maginot nacque quindi a difesa di una parte soltanto del territorio francese, per diverse precise motivazioni:

- Una ragione geografica: le regioni dell'Alsazia e della Mosella, acquisite dopo la Prima Guerra Mondiale, erano prive di apprestamenti difensivi; le opere già realizzate a suo tempo dai tedeschi (le *Festung* ovvero fortezze), non rispondevano ai nuovi requisiti di resistenza e inoltre erano disposte con il fronte di gola rivolto verso il nemico (vennero comunque utilizzate come opere sussidiarie); inoltre le regioni erano facilmente attraversabili dal nemico per l'assenza di barriere naturali e la presenza di grandi vie di comunicazione.
- Una ragione economica: le zone industriali e minerarie del paese si trovavano appunto concentrate in questa parte dello stato molto prossima al confine e un attacco improvviso tedesco poteva privare la Francia delle industrie pesanti e degli approvvigionamenti più importanti per la stessa economia di guerra.
- Una ragione demografica: la prima guerra mondiale causò alla Francia una enorme perdita di "risorse umane", non solo per il milione e trecentomila morti, i feriti e i mutilati, ma soprattutto perché si trattava dei giovani, della parte migliore della popolazione; la demografia avrebbe risentito per molti anni di questa tragedia con un decremento delle nascite che si sarebbe ripercosso sulla disponibilità di militari di leva. La linea fortificata avrebbe quindi ridotto il numero uomini necessari e, contemporaneamente, avrebbe dovuto risparmiare ai soldati i previsti pesanti bombardamenti (visti nel primo conflitto) con la protezione offerta dal cemento e dalle caserme poste in profondità.
- Una ragione militare: il sistema di mobilitazione adottato dalla Francia richiedeva un certo tempo per potere disporre dell'esercito in piena efficienza sulle frontiere: all'incirca tre settimane, notoriamente più lungo di quello necessario alla Wehrmacht; il confine sarebbe stato quindi indifeso, nel caso di un attacco improvviso portato senza dichiarazione di guerra (vero spauracchio dello stato maggiore francese). Le opere della Linea Maginot, con i reparti di presidio e di intervallo, avrebbero fermato per il tempo necessario le truppe nemiche, consentendo alle grandi unità di raggiungere il fronte.
- Una ragione politica: il trattato di Versailles non era ritenuto una garanzia sufficiente al forte nazionalismo da sempre esistente in Germania, quindi un nuovo conflitto era da ritenersi possibile, per quanto improbabile a breve termine; inoltre lo stato tedesco non aveva conosciuto le stesse devastazioni che avevano interessato la Francia, sul cui terreno la guerra si era svolta, per cui da una parte si volevano evitare nuove distruzioni e, dall'altra, contrastare l'eventuale offensiva di uno stato ancora in perfette condizioni industriali, morali e di territorio, anche se non politiche.

Analoghe motivazioni spiegavano la scelta di realizzare nuove fortificazioni sulle Alpi e di rimodernarne alcune risalenti alla fine del 1800:

- L'economia delle forze: grazie a nuove opere in grado di sbarrare le vallate alpine, era possibile ridurre al minimo le truppe necessarie alla frontiera italiana e poterne disporre così al confine germanico, dove maggiore era il rischio.
- Lo sfruttamento dell'ambiente montano: sulla cerchia alpina, posizionando le opere in modo opportuno, ne era sufficiente un numero minimo per garantire il controllo di tutto il confine italiano; infatti le rotabili che attraversavano le Alpi erano solo sei (compresa la strada del litorale) e due erano le linee ferroviarie; molti colli non consentivano operazioni di ampio respiro (in tutto erano venti le mulattiere di una certa importanza), mentre alcune zone risultavano addirittura impraticabili per le operazioni militari; quindi, controllando solo alcune vallate e le relative rotabili e il Nizzardo (avente minori difficoltà "alpine"), si riteneva di rendere "ermetico" questo fronte.
- Le mire imperialistiche ed espansionistiche del regime fascista: la presenza del regime fece dirottare una parte dei finanziamenti verso la frontiera italiana e la prima opera ad essere costruita fu quella di Rimplas, in Valle Tinea.
- Infine anche sul fronte alpino esisteva la possibilità di un attacco di sorpresa, la presenza di fortificazioni e truppe di presidio sempre sul posto vanificavano questo pericolo.

3 - *Organizzazione e struttura generale.*

Lo Stato Maggiore francese concepì una fortificazione per una guerra simile a quella appena terminata, ovvero nient'altro che l'evoluzione dei forti di Verdun. Non era, ne avrebbe potuto esserlo, una linea fortificata continua, perché le opere erano concentrate su settori ben determinati, imposti dalla presenza di importanti vie di comunicazione, di rilevanti zone industriali e minerarie e dall'assenza pressoché assoluta di ostacoli naturali. Infatti, dove il territorio aveva già di per sè offerto al nemico aggressore difficoltà al transito, come zone montuose o corsi d'acqua (quest'ultimo caso soprattutto con il fiume Reno), la linea era costituita solo da semplici casematte con armi di fanteria (mitragliatrici e pezzi anticarro), che si proteggevano l'una con l'altra e battevano a tiro radente l'ostacolo passivo, costituito dagli stessi canali o fiumi, o formato da profondi reticolati e spezzoni di rotaia. In particolari zone la difesa era formata da ampi territori da inondare in caso di necessità, grazie a bacini artificiali creati appositamente. Nel suo programma iniziale, quindi, la Linea Maginot era formata essenzialmente da due grandi regioni fortificate al Nord: la Regione Fortificata di Metz e la Regione Fortificata di Lauter, e da tre settori fortificati sulle Alpi: il Settore Fortificato del Delfinato, quello della

Savoia e quello delle Alpi Marittime. Successivamente vennero aggiunte alcune opere verso Nord, nel corso dei lavori per il "nuovo fronte", rivolto verso il Belgio. Tutta la fascia di frontiera era suddivisa in Settori Difensivi (dove non erano previste opere permanenti) e Settori Fortificati (dove invece il fronte era dotato di opere o casematte), a loro volta questi ultimi erano formati da Sottosettori, Quartieri e Sottoquartieri, comprendenti al loro interno un numero variabile di *Ouvrages* (opere), casematte, ecc. (fig.1).

Il problema del finanziamento venne affrontato dal Ministro della Guerra Andrè Maginot che riuscì a fare approvare dal parlamento il progetto del sistema difensivo e i primi stanziamenti economici (in parte già predisposti dai gabinetti precedenti), necessari all'avvio dei lavori; tuttavia egli non fece in tempo a vedere realizzata la linea che assunse in seguito il suo nome, soprattutto per la consuetudine della stampa di chiamare così la linea difensiva; morì infatti il 6 gennaio 1932.[5] I finanziamenti ipotizzati in un primo tempo e solo in parte approvati, vennero successivamente ridotti, portando alla scomparsa di alcune opere e alla riduzione di altre, trasformate in opere piccole, inficiando in alcuni casi la funzionalità della sistemazione.

Dei diversi organismi che curavano lo studio e la realizzazione dei forti, i più importanti erano la C.D.F. (Commissione di Difesa delle Frontiere) e la C.O.R.F. (Commissione per l'Organizzazione delle Regioni Fortificate). Il compito della C.D.F., creata nel 1925, era determinare: le caratteristiche generali della nuova linea fortificata, la posizione che avrebbe seguito la linea difensiva, le fortificazioni esistenti eventualmente da reimpiegare o rimodernare e l'urgenza dei vari tipi di lavori. La C.O.R.F. invece nasceva nel 1927; seguendo le indicazioni già date a sua volta dalla C.D.F., era delegata a studiare il posizionamento delle opere, le caratteristiche che le stesse opere dovevano avere (la resistenza delle strutture emergenti, il tipo di calcestruzzo, le corazzature, gli armamenti, la gittata delle artiglierie, ecc.), le planimetrie con la disposizione dei vari blocchi, le dotazioni interne (quali il tipo e numero dei gruppi elettrogeni, le caserme, l'autonomia), ecc.

Il concetto di base era un'ossatura costituita da **forti di grandi dimensioni**, distanziati tra loro circa cinque chilometri,[6] completamente realizzati sottoterra, con emergenti i "blocchi attivi", armati prevalentemente di mitragliatrici e artiglierie di piccolo calibro, che si proteggevano l'uno con l'altro e che controllavano il tratto di frontiera antistante e le relative vie di accesso. Tra queste opere grosse vi erano poi **opere di più piccole dimensioni** e **casematte**, solo con armi di fanteria, che rendevano continuo il fronte, controllandolo con il fuoco di mitragliatrici e pezzi anticarro. Antistante queste opere[7] e lungo tutta la Posizione di Resistenza,[8] vi era l'importante **ostacolo passivo**, costituito da un reticolato di filo spinato (avente una profondità di cinque metri) e sei ranghi di putrelle infisse nel terreno (in alcuni rari casi sostituite da un fossato anticarro). Visto dall'alto, il sistema formava una sorta di lunghissima poligonale, ai cui vertici si trovavano le opere e le casematte C.O.R.F.; ogni tratto di reticolato era lungo da mille a milleduecento metri (corrispondente alla gittata utile delle mitragliatrici e alla distanza reciproca di due casematte), ed era sotto il tiro di almeno quattro mitragliatrici binate (due delle quali, in caso di necessità, sostituibili con altrettanti pezzi anticarro). Le torrette G.F.M. a fianco delle postazioni garantivano la protezione della copertura e esercitavano anche tiro frontale. In posizione arretrata una serie di ricoveri (in caverna o di superficie), con resistenza N. 1 o N. 2 consentiva alle truppe di intervallo di ripararsi dai bombardamenti.

La sistemazione era poi completata da una serie di apprestamenti apparentemente in secondo piano, ma tutt'altro che poco importanti: **una rete stradale** e **ferroviaria** per gli approvvigionamenti di materiali, munizioni, viveri, carburanti, acqua e rifornimenti in genere; **caserme di sicurezza**, dove erano accantonate in tempo di pace le truppe di fortezza, poste a breve distanza dalle opere, che i reparti potevano così raggiungere in pochissimo tempo in caso di allerta; **posizioni predisposte per batterie allo scoperto**; **postazioni per artiglierie su affusto ferroviario**; **una rete di distribuzione elettrica**, con sottostazioni protette, cavi interrati e interconnessioni tra le diverse opere; **una rete telefonica militare**, alla quale potevano collegarsi (grazie a speciali *chambres de coupure*) le truppe di campagna; una serie di **avamposti**,[9] destinati a rallentare le truppe avversarie prima che raggiungessero la Posizione di Resistenza; infine (avanti a tutti) dei **dispositivi di confine**, costituiti da barriere mobili, sbarramenti rapidi (*barrages rapides*), case fortificate (*maisons fortes*), ubicati a pochi metri dalla frontiera e necessari per resistere durante i primissimi momenti dell'attacco e soprattutto per dare l'allarme all'intero dispositivo difensivo.[10]

Le opere si suddividevano principalmente in due categorie: di fanteria e miste; le prime erano armate esclusivamente con mitragliatrici, mortai da 50 mm (in torretta o casamatta) e pezzi anticarro e potevano essere costituite, a seconda dei casi, da un unica grande casamatta, oppure da diversi blocchi (da due a cinque) con gallerie sotterranee; le seconde, con notevoli sviluppi di gallerie sotterranee e fino a diciannove blocchi, erano dotate sia di pezzi di artiglieria che di mitragliatrici ed erano in genere di grandi dimensioni, per cui le opere miste venivano comunemente chiamate opere grosse mentre quelle di fanteria opere piccole.[11]

Alcune **opere miste** raggiungevano dimensioni impressionanti; a titolo di esempio il complesso dell'Hochwald era composto da 14 blocchi (più le 9

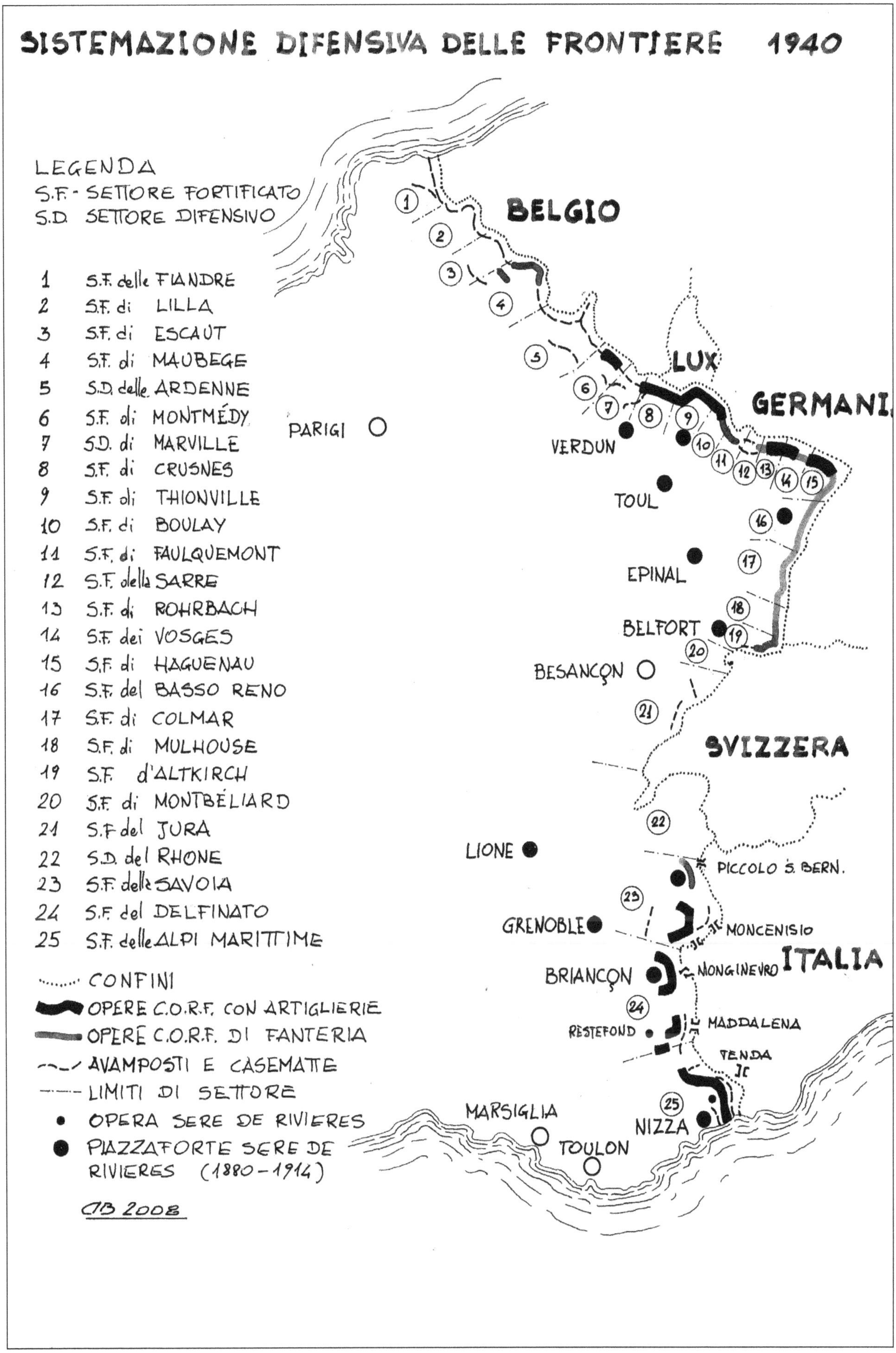

Fig.1. Carta generale della linea Maginot.

casematte del fossato), circa 8 chilometri di gallerie, 1070 uomini di equipaggio e 21 pezzi, mentre l'opera di Hackenberg aveva 19 blocchi, 8 chilometri di gallerie, 1082 uomini di presidio e 18 pezzi di artiglieria. Un'opera grossa era formata generalmente da due ingressi, uno per munizioni e materiali, l'altro per gli uomini; da questi si accedeva a un vasto complesso sotterraneo (protetto da roccia e terra per una copertura variabile dai venti ai quaranta metri) nel quale si trovavano le caserme, i depositi munizioni, acqua, carburanti, i sistemi di ventilazione, le officine elettriche con i gruppi elettrogeni, le officine meccaniche; dalle gallerie principali, equipaggiate con una ferrovia a scartamento ridotto da 60 cm, diversi pozzi verticali con ascensori e scale portavano ai vari blocchi di combattimento, ubicati in superficie. Questi potevano essere: casematte di artiglieria, torrette di artiglieria, casematte di fanteria, torrette di fanteria, oppure blocchi misti comprendenti due o tre di queste tipologie e infine osservatori.

Le **opere piccole** o di fanteria avevano la stessa struttura con dimensioni più modeste, con una sola entrata, senza deposito munizioni M1 e potevano addirittura essere costituite da un solo unico blocco di calcestruzzo dove erano concentrate le postazioni, le camerate della truppa e tutti i locali necessari.

Le **casematte di intervallo** erano formate da un solo blocco attivo, a uno o due livelli, e potevano essere semplici o doppie o corazzate; le casematte semplici avevano una sola camera di tiro ed erano posizionate a coppie, per controllare il reticolato nelle due opposte direzioni; le casematte doppie avevano due distinte camere di combattimento, sempre con asse di tiro opposto, quelle corazzate avevano l'armamento posto in torrette (cloche J.M. o A.M.) per ridurre al minimo le parti emergenti. Talvolta le casematte semplici erano collegate tra loro con una breve galleria sotterranea o posta in prossimità della superficie. Esistevano poi molte varianti alla disposizione dei locali e delle armi; le camerate e i locali logistici potevano essere ricavate allo stesso livello delle postazioni oppure al piano interrato (riducendo così le dimensioni della casamatta), le armi potevano essere raggruppate nella medesima camera di tiro o in posizioni distinte, soprattutto nel caso di assi di tiro leggermente divergenti, mentre il numero delle torrette poteva variare moltissimo: da un minimo di una G.F.M. sino a cinque, comprendendo cupole J.M., A.M. e anche V.D.P.

Alla frontiera con la Germania alcune opere miste avevano sviluppi di gallerie di diversi chilometri, per l'esigenza, vista la conformazione del terreno prevalentemente pianeggiante, di affondare profondamente nel terreno le caserme, i ricoveri e i locali logistici e, nel contempo, di allontanare quanto più possibile dai blocchi attivi e dalla zona di frontiera gli ingressi; inoltre i blocchi erano costruiti generalmente con la massima protezione possibile (la N. 4), vista la possibilità, da parte avversaria, di poter trasportare e mettere in batteria, senza particolari problemi, le più grandi bocche da fuoco disponibili. Al confine italiano, le caratteristiche della zona montuosa e, di riflesso, la difficoltà dell'avversario a posizionare artiglierie pesanti e a tiro teso in prossimità della frontiera, resero possibile la costruzione di opere con minori sviluppi di gallerie e minore protezione (N. 2 e N. 3), senza però pregiudicarne la sicurezza o diminuirne la funzionalità.

Alcuni numeri: al confine Nord e Nord-Est vennero costruite in tutto 58 opere, di cui 22 grandi con pezzi di artiglieria, e circa 400 casematte isolate, ricoveri per truppa e osservatori, a cui vanno però aggiunte le migliaia di casematte di tipo M.O.M. e S.T.G.; invece al confine Sud-Est, sulle Alpi, vennero realizzate 50 opere di cui 23 con pezzi di artiglieria, più alcune casematte isolate e una trentina di avamposti (fig. 2).

4 - *Gli uomini*

La Linea Maginot, per adempiere al suo scopo (la difesa del confine), necessitava di truppe altamente specializzate e disponibili subito, con il minimo preavviso. Questi due vincoli avevano diverse conseguenze sul piano pratico: specializzazione (con conseguente selezione e addestramento), determinazione (provenendo dalla zona gli uomini erano più motivati a resistere e inoltre conoscevano meglio il territorio) e rapidità di azione (le opere dovevano essere occupate in brevissimo tempo dall'allarme). Prima di tutto gli equipaggi erano formati da reparti di **fanteria** (circa 3/10 degli uomini)**, artiglieria** (4/10), **genio** (3/10) e **servizio di sanità**, quindi con addestramenti differenti e precisi compiti.

I soldati facevano parte delle Truppe da Fortezza, ed erano inquadrati in Reggimenti di Fanteria da Fortezza (R.I.F. Régiments d'Infanterie de Forteresse), Reggimenti di Artiglieria da Posizione (R.A.P. Régiments d'Artillerie de Position), Reggimenti del Genio (divisi in Battaglioni di Minatori, Battaglioni Ferrovieri, Compagnie di Elettromeccanici, Unità di Trasmissioni), infermieri e medici del Servizio di Sanità, ecc. All'epoca, visti il carattere e l'importanza dati alle fortificazioni, da parte dei soldati era più sentita l'appartenenza all'opera che non al reggimento o alla compagnia. In effetti l'*equipaggio* di un'opera era quasi un'unità interarma, un gruppo affiatato che faceva funzionare una specie di corazzata terrestre. Il termine equipaggio non era usato a caso; il presidio infatti in caso di allerta e ostilità era chiuso all'interno del forte a volte per lunghi periodi con compiti ben determinati che in molti casi non consentivano di vedere l'esterno o di conoscere l'evolversi della battaglia, inoltre la vita era scandita dai turni, avendo quindi molte analogie alle condizioni dei marinai di navi e sommergibili. Solo gli addetti agli osservatori potevano guardare fuori dai blocchi mentre, spesso, solo gli ufficiali avevano una

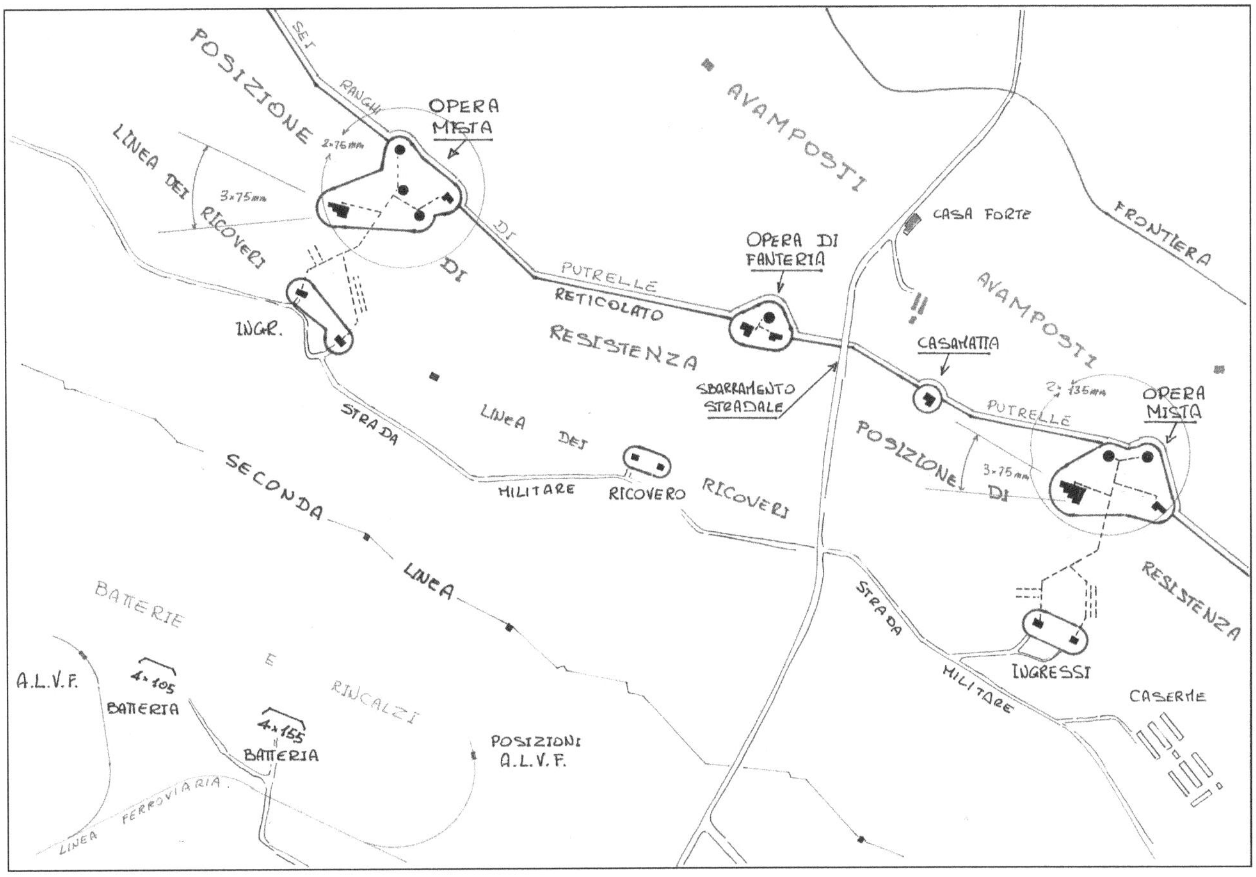

Fig. 2. Organizzazione Maginot.

visione d'insieme degli avvenimenti. Infatti le artiglierie sparavano sulle coordinate comunicate dai Posti Comando, questi le elaboravano sulla base delle informazioni fornite dagli osservatori, mentre serventi e addetti alle munizioni, tecnici, cuochi, ecc. non avevano la più pallida idea di cosa succedesse nelle altre parti dell'opera.

L'alta specializzazione era necessaria all'utilizzo delle diverse *meraviglie tecnologiche* utilizzate all'interno delle opere: gruppi elettrogeni, sistemi di ventilazione, reti di telefonia militare, treni a trazione elettrica, torrette a scomparsa, ecc. Tutto era alimentato con la corrente elettrica e gli uomini (magari del tutto inesperti) dovevano essere addestrati a fondo per svolgere il proprio compito.
A motivo della suddivisione dei compiti attuata all'interno delle opere, vi era quindi l'alta specializzazione dei diversi ruoli: ogni uomo aveva un posto preciso all'interno dell'opera ed era preposto a un compito ben determinato: poteva essere osservatore di artiglieria, osservatore di fanteria, artigliere, tecnico della ventilazione (reparto "Z"), meccanico, medico, infermiere, ecc.

Sino al primo conflitto mondiale nelle fortificazioni erano sovente impiegate le truppe di minor qualità, in quanto le opere consentivano di compensare le debolezze degli uomini e di realizzare una apprezzabile economia di personale di prima qualità, che era di conseguenza possibile impiegare in compiti attivi e talvolta più gravosi. Alle opere erano quindi destinati molti riservisti, uomini delle classi più vecchie e di minore prestanza fisica (se non addirittura invalidi). Nelle Truppe di Fortezza della Linea Maginot, invece, non si rispettava questo principio. Venivano selezionati gli uomini migliori e delle classi più giovani, questi erano poi addestrati in modo approfondito e comandati da ufficiali di prim'ordine, in modo che la qualità potesse supplire alla ridotta quantità di soldati. Gli uomini provenivano generalmente dalla stessa regione dove avrebbero poi svolto il servizio militare, ciò allo scopo di avere truppe maggiormente motivate alla difesa e a conoscenza della geografia del posto e che, contemporaneamente, potevano essere richiamate velocemente, senza dover attendere i lunghi tempi della mobilitazione generale. Si trattava di truppe d'èlite, selezionate e fortemente specializzate di cui una forte aliquota era costituita da volontari a lunga ferma mentre la restante parte doveva affluire in caso di necessità.

In tempo di pace gli equipaggi erano accantonati presso le *caserne de suretè* (caserme di sicurezza), realizzate a brevissima distanza dalle opere, in modo che disponessero di un alloggio confortevole e, al tempo stesso, in caso di allarme, potessero affluire alle fortificazioni nell'arco di poche decine di minuti. L'attivazione del sistema difensivo era disposto, oltre che dagli ordini superiori, anche dalle segnalazioni dei corpi di guardia posti alla frontiera, dalle *maison - fortes*[12] e dagli avamposti. Anche in periodi di tensione politica le caserme sotterranee venivano utilizzate solo in caso di estremo bisogno, in occasione di una incombente minaccia; altrimenti alcuni reparti (che si alternavano a rotazione distaccati dalle caserme) trovavano alloggio in baracche di legno presso gli ingressi uomini e munizioni delle opere più importanti.

A seconda della tipologia di opera dove prestavano servizio, i soldati erano ripartiti in tre o quattro turni, ovvero per ogni soldato che riposava o che non era comunque in servizio (con la possibilità comunque di essere chiamato), vi erano altri due o tre uomini ai posti di combattimento o impegnati nelle rispettive mansioni o disponibili a entrare subito in azione. Nel caso di quattro turni i soldati potevano essere: di veglia (accantonati nelle caserme e in riposo: ovvero potevano anche dormire, mangiare ecc.), di picchetto (impiegati in servizi secondari, in lavori e corvee o di guardia), di rinforzo (pronti a entrare in azione dove era necessario, a sostituire feriti o prestare aiuto) e disponibili (ai posti di combattimento); nel caso di tre turni invece le suddivisioni erano chiamate: di veglia, di allerta (impiegati in servizio e disponibili ad accorrere dove era necessario) e ai posti di combattimento.

All'interno dell'opera, quando non erano ai posti di combattimento, i soldati erano accantonati nelle caserme o impiegati in lavori di manutenzione, pulizie, trasporti, ecc. Non potendo uscire all'esterno, infatti, ad esclusione del periodo trascorso in branda, dovevano essere impegnati in qualche attività, dal pelare le patate a pulire i bagni, dal trasporto di materiali e munizioni a dare una mano ai tecnici a effettuare un cambio olio ai motori, ecc. La vita nell'opera era scandita quindi dai turni e solo il personale dei blocchi aveva un'idea dell'alternarsi del giorno e della notte. La scomodità dei letti triposto (malamente accessibili), l'umidità onnipresente, il rumore amplificato dalla risonanza del cemento, la temperatura costante di circa dodici gradi, erano appena temperati da pasti di buona qualità preparati nelle moderne cucine e consumati sui tavolini ribaltabili ricavati nelle gallerie o nei blocchi. In qualche opera vi erano possibilità di svago o persino il cinema, mentre la domenica il cappellano officiava la messa nella galleria principale per il personale non in servizio.

5 - *Caratteristiche, organizzazione e strutture delle opere*

5.1. *Il cemento e le corazzature, la resistenza delle strutture*

Mentre i locali logistici erano per quanto possibile ricavati in caverna e quindi erano posti al riparo dai bombardamenti da uno strato di roccia o terreno variabile dai 12 ai 30 metri e più,[13] le parti emergenti, i blocchi, erano realizzati in cemento armato con spessore variabile in base alla resistenza richiesta; quest'ultima era in relazione all'importanza, ubicazione e armamento dell'opera e aveva quattro gradi differenti di protezione:[14]

PROTEZIONE N. 1 resistenza al calibro di 160 mm
spessore muri verticali: 1,75 metri
spessore solette e coperture: 1,50 metri

PROTEZIONE N. 2 resistenza al calibro di 240 mm
spessore muri verticali: 2,25 metri
spessore solette e coperture: 2,00 metri

PROTEZIONE N. 3 resistenza al calibro di 300 mm
spessore muri verticali: 2,75 metri
spessore solette e coperture: 2,50 metri

PROTEZIONE N. 4 resistenza al calibro di 420 mm
spessore muri verticali: 3,50 metri
spessore solette e coperture: 3,50 metri

Le protezioni N. 2, N. 3 e N. 4 erano riservate per le murature direttamente esposte ai tiri nemici; le parti che rimanevano sul rovescio, sul fronte di gola, erano realizzate generalmente con protezione N. 1 anche se in esse si trovavano le aperture delle armi. Questo, se può apparire a un primo esame assurdo, si spiega con l'irreversibilità della fortificazione; ovvero nel caso un'opera fosse stata presa dal nemico, era possibile riconquistarla o renderla inoffensiva sparando sulle strutture meno protette.[15]

È necessario inoltre sottolineare che il grado di protezione si riferiva a più colpi del calibro preso in esame caduti sullo stesso punto, oppure al singolo colpo del calibro relativo alla protezione successiva; per maggiore chiarezza citiamo l'esempio della protezione N. 4 (quella massima), i cui blocchi potevano resistere a più colpi da 420 mm sul medesimo punto o al colpo singolo da 520 mm. Nella zona delle Alpi le protezioni generalmente utilizzate erano la N. 2 e la N. 3, poiché era difficile poter posizionare alle brevi distanze pezzi di artiglieria di grande capacità; solo i blocchi delle torrette girevoli a scomparsa, per poter resistere alle bombe d'aereo da 500 kg, avevano sempre protezione N. 4. Il cemento armato era dosato con 400 kg di calcestruzzo di tipo speciale per fortificazioni, 0,300 metri cubi di sabbia e 0,900 metri cubi di ghiaia a cui corrispondeva un metro cubo a gettata ultimata; il ferro in barre di diversi diametri incideva per circa 80 kg ogni metro cubo. Era importante che le gettate fossero continue, per non creare pericolose disomogeneità; inoltre si provvedeva a vibrare il calcestruzzo durante il getto.Le corazzature dovevano fornire protezione alle aperture necessarie per consentire l'osservazione e il fuoco delle armi dall'interno dei blocchi. Ovviamente le feritoie costituivano la parte critica della struttura ed erano irrobustite con il materiale di maggior resistenza: l'acciaio.

Le corazzature

Vi erano sostanzialmente quattro tipi di corazzature: quelle per casamatta, le torrette fisse, le torrette a scomparsa e le porte. Le corazzature per le casematte dovevano permettere alle armi il maggior campo di tiro possibile senza però comprometterne la sicurezza di impiego e indebolire la resistenza del blocco. Consistevano di una o più piastre sovrapposte, distanziate e collegate con putrelle (a volte veri e propri cassoni annegati nel cemento), che con spessore variabile dai dieci ai venti centimetri garantivano comunque il grado di protezione previsto. In corrispondenza dell'arma, fosse cannone, mortaio o mitragliatrice, un giunto, di solito di tipo sferico, permetteva i movimenti azimutali e zenitali, senza venir meno alla ermeticità, che impediva alle schegge, ai proiettili e a eventuali gas presenti nell'aria, di penetrare nella camera di tiro. Coassialmente all'arma una piccola apertura permetteva il passaggio di un'ottica per il puntamento diretto e per l'osservazione. Le piastre corazzate erano di tipi differenti a seconda dell'arma impiegata e ad esse verrà accennato in seguito, nella sezione dedicata alle armi stesse, infatti ogni arma aveva una corazzatura particolare.

Le torrette fisse, installate in 1536 esemplari, chiamate *cloche* (campane), erano di differenti modelli che, a loro volta, potevano essere o meno divise in elementi (per facilitarne il trasporto soprattutto nelle Alpi), o di dimensioni grandi o piccole, a seconda delle resistenza richiesta; generalmente il loro spessore variava da venti a trenta centimetri, in base al modello, parte esposta ai colpi, ecc. mentre il peso andava dalle undici alle trentacinque tonnellate.

Le torrette G.F.M.
(*Guet - Fusil Mitrailleur* ovvero osservazione e fucile mitragliatore) erano quelle più comuni (in totale 1009 torrette posizionate del Tipo A (fig. 3) e 109 del tipo B) e servivano per il controllo delle sovrastrutture delle opere, per l'osservazione di fanteria e per l'osservazione ausiliaria di artiglieria; erano armate di fucile mitragliatore e mortaio da 50 mm che potevano alternarsi nelle varie aperture (da 3 e 5) insieme ai dispositivi di osservazione: episcopio e blocchetto binocolo. Un foro posto sulla sommità della torretta (praticato dopo la messa in opera per garantirne la perfetta verticalità) consentiva l'utilizzo di diversi periscopi (F1, F2, J2) a seconda del tipo di torretta e dell'osservazione da esercitare (di fanteria, ausiliaria di artiglieria, ecc.). Al Nord - Est molte torrette del tipo A vennero modificate in tipo B con l'adozione di nuove feritoie a sfera, in sostituzione delle originali feritoie a *cadre mobile* (quadro mobile), ritenute vulnerabili; infatti il sistema a quadro mobile, basato su perni verticali e orizzontali, si era dimostrato particolarmente fragile, in quanto i tiri diretti, le schegge o anche l'onda d'urto prodotta da scoppi potevano causarne la rottura, scagliando parti della feritoia nella *cloche* o nella casamatta, con conseguente morte dei serventi e danneggiamento delle strutture. Questo tipo di corazzatura era particolarmente vulnerabile al cannone antiaereo e anticarro da 88 mm mod. 18 tedesco, che al Nord, posizionato a circa 1.000 metri di distanza, causò il danneggiamento di diverse strutture. Le torrette G.F.M. potevano essere di svariati modelli in base alla resistenza richiesta, allo spessore della copertura del blocco, al campo di tiro; così l'altezza totale della corazzatura (in dipendenza dello spessore della soletta superiore del blocco), la suddivisione o meno in elementi (per facilitarne il trasporto e la messa in opera), lo spessore della blindatura (dai 20 cm del modello piccolo ai 30 cm del modello grande), il numero e posizionamento delle feritoie (da tre a cinque, con campo di tiro di 216° o 360°, e ubicate ad altezze differenti se vi era il bisogno di differenti elevazioni dei FM), creavano un gran numero di diversi modelli dettati dalle varie necessità. Sulle Alpi, il modello più usato era quello grande (con spessore di 30 cm), scomposto in due elementi (torretta e pozzo), di tipo lungo, in quanto sovente la copertura aveva forti inclinazioni e con feritoie poste a diverse altezze, per consentire il tiro in forte depressione, come davanti agli ingressi e ai blocchi.

Le torrette osservatorio erano prive di armamento, servivano alla direzione del tiro di artiglieria e potevano essere di due tipi: **V.D.P.** (visione diretta e periscopica, installate in sessantaquattro esemplari) con possibilità di osservazione da feritoie con episcopi graduati e periscopio e **V.P.** (esclusivamente a visione periscopica, venti torrette posizionate di cui soltanto una sulle Alpi) dotate di periscopio graduato. Le torrette osservatorio potevano essere posizionate sia in blocchi separati, esclusivamente per la direzione del tiro e ubicati in posizioni particolarmente panoramiche, sia, quando la visuale era sufficiente, nei blocchi di artiglieria. Quelle del tipo periscopico (V.P.) erano completamente annegate nel calcestruzzo e ne emergeva solo la parte superiore per consentire l'uscita del periscopio (di tre differenti modelli), mentre in quelle del tipo V.D.P. vi erano tre feritoie con episcopi e periscopio (di minori dimensioni rispetto a quello usato nella V.P.). Talvolta, soprattutto nei blocchi a sé stanti, le torrette osservatorio erano accoppiate a una G.F.M. che, oltre a fornire protezione, serviva da osservatorio ausiliario.

Le torrette J.M. (*jumelage de mitrailleuses*) erano armate con una coppia di mitragliatrici Reibel da 7,50 mm con un'unica feritoia centrale più due piccole luci laterali per l'osservazione. Installate in centosettantaquattro esemplari, risultavano totalmente annegate nel blocco di calcestruzzo, lasciando all'esterno solo la feritoia centrale e le due più piccole laterali. In questo modo risultavano meno esposte delle torrette G.F.M. e, presentando una sagoma minima, erano utilizzate soprattutto per l'azione frontale.

Le torrette lanciagranate (L.G.), analogamente a quelle osservatorio V.P., erano annegate completamente nel blocco di calcestruzzo e sporgevano solo per lasciare libero il foro sommitale da cui uno speciale mortaio da 50 mm poteva fare fuoco sulle sovrastrutture dell'opera per eliminare eventuali intrusi. Le settantacinque torrette posizionate erano equipaggiate di montacarichi per le munizioni (del

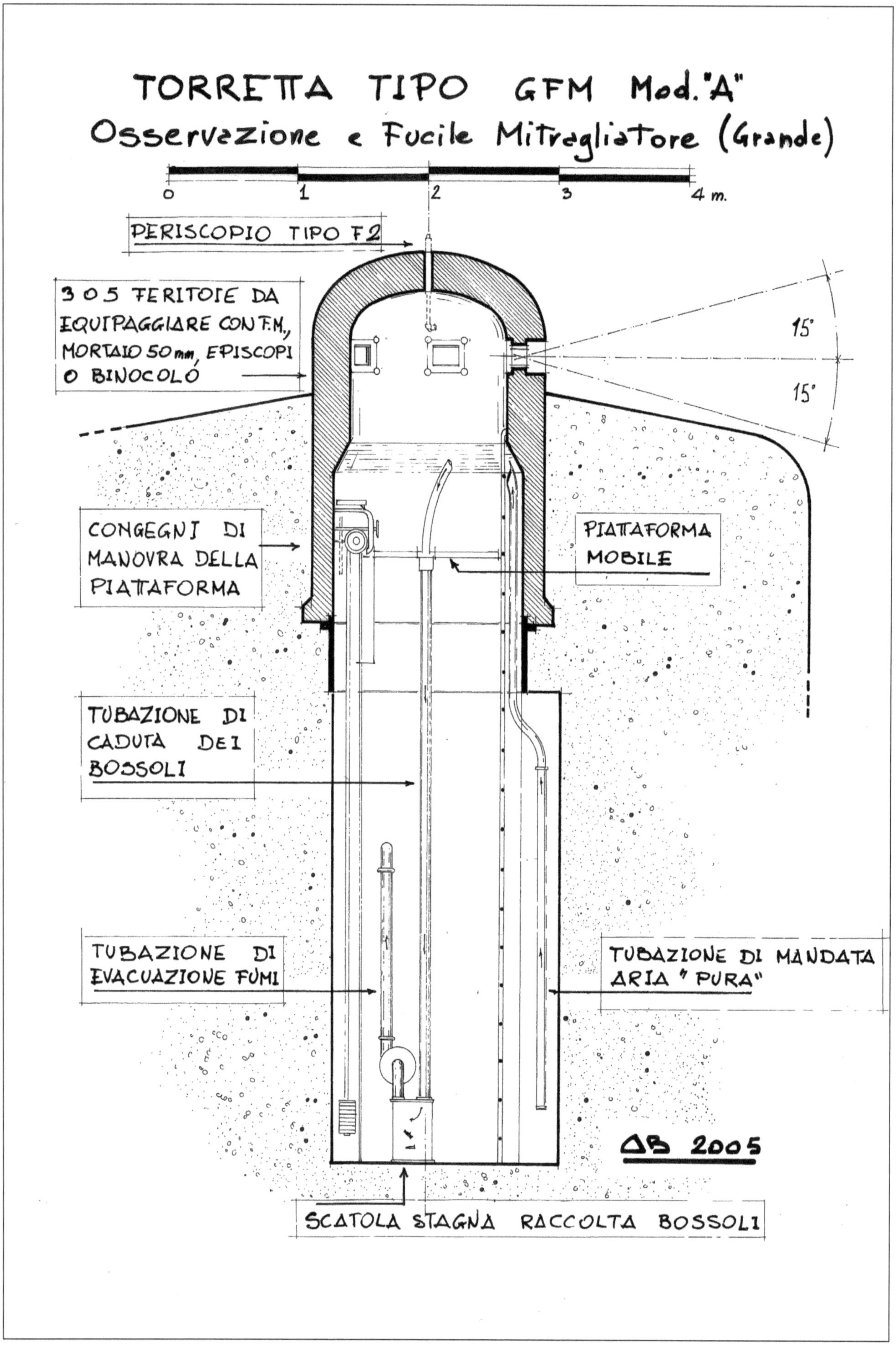

Fig. 3. Sezione torretta GFM.

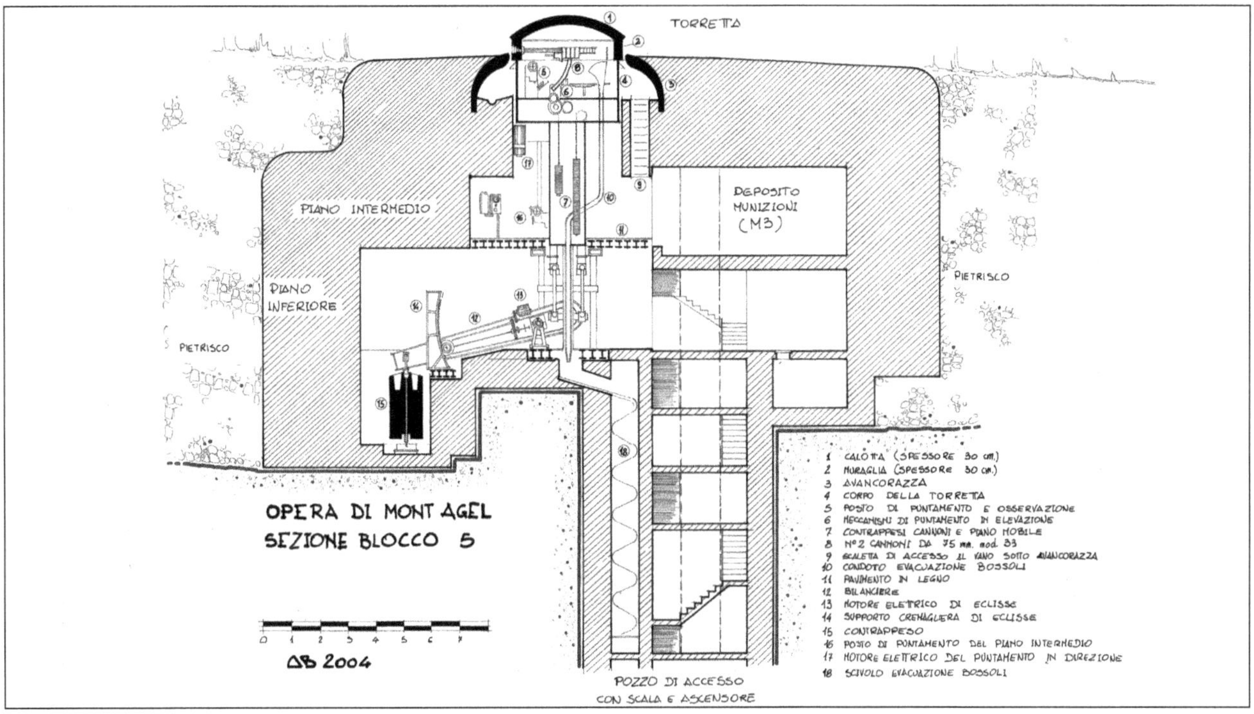

Fig. 4. Sezione torretta A 75 mod 33.

tipo a noria, ovvero a catena), piano mobile, impianto elettrico, ecc. ma non vennero mai dotate di armamento perché il mortaio da 50 mm di apposita concezione[16] non fu mai prodotto in serie; il foro in cima alle *cloche* venne così tappato provvisoriamente con un cerchio in lamiera saldato.

Le **torrette Armi Miste** (non presenti sulle Alpi), con armamento di due mitragliatrici e un cannoncino da 25 mm, erano quelle di concezione più recente e ne esistevano di due tipi: con due feritoie (settantadue torrette), ma con un unico complesso d'arma che si poteva spostare da una posizione all'altra, oppure con un'unica feritoia, ricavata, con notevole spesa, dalla modifica di una torretta J.M. preesistente (otto - dieci modifiche effettuate). Infine le torrette corazzate per la ventilazione, installate sulla copertura dei blocchi, servivano all'aspirazione dell'aria fresca ed espulsione dell'aria viziata.

Le torrette girevoli a scomparsa erano forse l'elemento più caratteristico, più tecnologicamente avanzato, più distintivo, della linea fortificata. Esse derivavano da quelle analoghe dei forti di Verdun (della Prima Guerra Mondiale) che avevano già dato prova delle buone qualità di questo tipo di armamento. Ovviamente questo tipo di torrette era stato migliorato e irrobustito ed erano cambiati soprattutto i sistemi di messa in batteria e di contrappesi. Nel 1914 erano in servizio torrette armate anche di obici di medio calibro, da 155 mm, ma queste non vennero più prese in considerazione, in quanto troppo lente nei movimenti e nelle azioni di fuoco. In effetti il calibro massimo che si impiegò nelle opere fu il 135 mm, perché venne privilegiata la rapidità di fuoco piuttosto che la potenza del colpo singolo. Questo tipo di installazione, con campo di tiro di 360°, consentiva anche il tiro ad azione frontale, mentre le casematte potevano sparare solo in fiancheggiamento (solo sulle Alpi un piccolo numero di blocchi aveva azione diretta verso il nemico). Le torrette erano sollevate solo per effettuare l'azione di fuoco, al fine di non lasciare in vista le volate delle armi, e abbassate negli intervalli fra i tiri. Le dimensioni interne erano minime, con spazio strettamente indispensabile alle manovre. Le torrette girevoli potevano essere armate con mitragliatrici, armi miste, mortai da 81 mm, cannoni da 75 mm e lanciabombe da 135 mm, presentando quindi l'intero campionario di armi della linea difensiva.

Quelle con armi di fanteria avevano due livelli; in quello più basso, insieme ai contrappesi e meccanismi necessari per sollevare e abbassare la torretta, si trovavano le riservette munizioni, i sistemi di puntamento e rifornimento munizioni, nel livello superiore vi erano le armi, protette dalla *muraille* (muraglia) e dalla *toiture* (calotta) dello spessore medio di 30 cm. Nelle torrette di artiglieria i livelli erano tre; in quello più basso vi erano diversi locali, il gruppo di neutralizzazione (ventilazione del blocco), il grande contrappeso (di dimensioni differenti a seconda del peso della torretta: per esempio di 18 tonnellate per la torretta da 75 mod. 33) (fig. 4) e il bilanciere, che consentivano la messa in batteria e l'abbassamento di tutto il complesso; in quello intermedio si trovavano il magazzino munizioni M3, i sistemi di puntamento, di approvvigionamento munizioni, di collegamento con il posto comando; in quello superiore vi era la torretta vera e propria con i pezzi e lo spazio strettamente necessario ai serventi.Dimensionamenti e pesi variavano da modello a modello, riassunti nella tabella sottostante: quella più grande era la torretta da 75 mod. 33 con diametro di 4 metri e peso complessivo di 265 tonnellate.

Tipologia e componenti delle torrette a scomparsa				
COMPONENTE	**TORRETTA MITRAGLIA-TRICI**	**TORRETTA MORTAI DA 81 mm**	**TORRETTA CANNONI DA 75 mm MODELLO 33**	**TORRETTA LANCIABOMBE DA 135 mm**
AVANCORAZZA	60.000 kg	70.000 kg	103.000 kg	85.000 kg
CALOTTA	6.000 kg (Spessore cm 30)	8.000 kg (Spessore cm 30)	30.000 kg (Spessore cm 33)	14.000 kg (Spessore cm 33)
MURAGLIA	7.000 kg (Spessore cm 30)	6.000 kg (Spessore cm 30)	20.000 kg (Spessore cm 30)	11.000 kg (Spessore cm 30)
CORPO TORRETTA	3.500 kg	10.000 kg	22.000 kg	6.000 kg.
CONTRAPPESO	10.000 kg	12.000 kg	18.000 kg	6.000 kg.
MECCANISMI	9.500 kg	19.000 kg	72.000 kg	43.000 kg
PESO TOTALE	96.000 kg	125.000 kg	265.000 kg	165.000 kg

Il puntamento poteva essere di due tipi differenti: nelle torrette di artiglieria il tiro era effettuato in base agli ordini provenienti dal posto comando (a seconda delle informazioni ricevute dagli osservatori), che dava le coordinate e il tipo di tiro che venivano quindi trasformati in direzione, elevazione, tipo di carica e di proietto; le regolazioni venivano quindi fatte al piano intermedio, mentre, al piano superiore accanto ai pezzi, ci si limitava di fatto al caricamento degli stessi, alla manovra dell'otturatore, allo sparo e all'espulsione del bossolo. All'interno delle torrette per cannoni da 75 mm vi erano un posto di puntamento in elevazione e un'ottica per l'osservazione per effettuare un eventuale tiro diretto ma di fatto non venivano utilizzati se non in casi eccezionali. Nelle torrette di fanteria invece il puntamento era effettuato direttamente dai serventi, in base al posizionamento, direzione e velocità dell'obiettivo, tramite volanti, manovelle e ottiche di puntamento. In tutto vennero utilizzate centocinquantadue torrette a scomparsa, di cui sei nelle Alpi (cinque mod. 33 per cannoni da 75 mm e una per lanciabombe da 135 mm, mentre una torretta per mortai da 81 mm, sebbene completata, non venne mai montata nella costruenda opera di Plan Caval all'Authion). Gli ingressi, uomini o munizioni, potevano essere equipaggiati con **porte corazzate** o **griglie.** Le porte corazzate, con spessore variabile da uno a tre centimetri, delle dimensioni più diverse, potevano essere impiegate direttamente sulla facciata dei blocchi[17], ma erano generalmente ubicate in posizione arretrata, in modo da essere protette in caso di esplosione. Nelle entrate uomini le porte blindate erano addirittura riparate dietro una risega del corridoio (*chicane*), dopo la caponiera con fucile mitragliatore (FM). Nelle entrate munizioni la grande porta corazzata, scorrevole, era posta molto arretrata in modo da consentire l'ingresso a camion e vagoni. Porte corazzate, scorrevoli oppure a battente, erano infine poste a sbarramento delle gallerie interne dell'opera, sia in prossimità degli ingressi, sia in corrispondenza di *blockhaus* con fucile mitragliatore (FM) a sbarramento del tunnel principale, sia nelle successioni di porte stagne (sas) verso i blocchi attivi. Sulla facciata esterna delle entrate erano di solito impiegate le griglie; queste impedivano un eventuale accesso o nemici e assaltatori ma rendevano possibile: l'osservazione verso l'esterno, l'azione dei fucili mitragliatori (FM) delle feritoie interne posti a protezione dell'andito e l'ingresso di aria esterna per l'aspirazione della ventilazione. Infatti le prese d'aria principali erano spesso posizionate negli ingressi uomini o nelle entrate miste (nel caso di opere piccole o delle Alpi), ovviamente in posizione riparata dai colpi diretti. Un caso particolare riguarda appunto le opere delle Alpi; le entrate miste avevano infatti un ponte levatoio, riservato agli automezzi, che permetteva il superamento del fossato diamante.

I blocchi di ingresso

Dopo la Grande Guerra era evidente che le entrate delle opere dovevano essere ricavate quanto più possibile lontano dai blocchi attivi e dalla frontiera, per metterle al riparo dai bombardamenti e dall'osservazione avversari, per ridurre la vulnerabilità dei rifornimenti[18] e facilitarne l'accesso. Ovviamente questa necessità venne recepita nella nuova linea difensiva, arretrando i blocchi degli ingressi anche di diversi chilometri rispetto alla Posizione di Resistenza e occultandoli dietro pendii o in zone boscose per nasconderle quanto più possibile. Le entrate erano protette, oltre che dall'ubicazione, da torrette di tipo fisso (G.F.M. o L.G.), da postazioni per mitragliatrici binate, pezzi anticarro e fucili mitragliatori, che controllavano tutto il piazzale antistante e da postazioni interne per F.M. per impedire a eventuali assalitori di penetrare all'interno dell'opera. Le entrate si suddividevano in quattro tipologie principali: **entrata uomini**, **entrata munizioni**, **entrata**

mista e, nelle sole Alpi, **entrata teleferica**. Queste si potevano poi distinguere, a seconda del collegamento alle gallerie retrostanti, in tre ulteriori tipi: con andamento **in piano**, **con piano inclinato** oppure **a pozzo verticale**, a seconda della diversa morfologia del sito.

Gli ingressi con accesso in piano, soprattutto nel caso delle entrate munizioni, erano quelli preferiti, per ragioni economiche e pratiche, ovvero per i minori costi e soprattutto per la maggiore facilità delle operazioni di scarico e carico di munizioni, viveri e materiali; potevano però essere utilizzati solo se il terreno aveva una certa pendenza e se dopo un modesto sviluppo vi era un sufficiente spessore di roccia o terra sopra le gallerie. L'entrata con piano inclinato era utilizzata invece se la pendenza del terreno era modesta ed era necessario sprofondarvi più rapidamente per ottenere la protezione richiesta. Infine l'entrata a pozzo era una scelta obbligata con territorio praticamente pianeggiante; in questo caso i blocchi di ingresso si trovavano alla stessa quota di quelli attivi e si dovevano raggiungere i trenta, quaranta metri di profondità, con pozzi verticali con scale e ascensori, per garantire ai locali logistici e alle caserme la protezione ai bombardamenti e una relativa tranquillità agli uomini a riposo. Per ovvi motivi, mentre al Nord era possibile trovare ingressi di tutte e tre le tipologie, nelle Alpi vennero realizzate solo tre entrate con piano inclinato mentre le restanti opere grosse avevano entrate in piano; solo alcune opere piccole disponevano di entrata uomini a pozzo.

L'**entrata uomini** era riservata al passaggio della truppa; era in sostanza un passaggio a baionetta con porta blindata, posta in relativa vicinanza alle caserme sotterranee ed equipaggiava soprattutto le opere grosse, le opere di fanteria (ma diverse opere piccole avevano ingresso ricavato sul rovescio di un blocco attivo) e tre opere grosse delle Alpi (Mont Agel, Rimplas, anche se non era un blocco vero e proprio, e Lavoir). Rispetto all'ingresso munizioni aveva minori dimensioni esterne e interne perché non doveva disporre di aree di carico e scarico e disponeva di ascensori di minori capacità.

L'**entrata munizioni** era riservata ai rifornimenti e poteva essere di ulteriori due modelli, Tipo A e Tipo B, a seconda che consentisse l'ingresso a vagoni ferroviari (a scartamento ridotto da 60 cm), dove i binari della rete militare proseguivano per un certo tratto all'interno dell'opera, o ai camion. La differenza consisteva nella maggior lunghezza nel Tipo A e nella maggior larghezza nel Tipo B. In entrambi i casi i vagoni o gli automezzi erano fatti entrare direttamente nell'area di scarico dell'entrata e qui potevano essere trasbordati i rifornimenti a bordo dei carrelli di servizio. I vantaggi del sistema erano evidenti: era possibile scaricare i mezzi con relativa tranquillità, anche sotto un bombardamento, al riparo delle strutture del forte e con una certa comodità, trasferendo i materiali direttamente sui carrelli della ferrovia interna dell'opera (sempre a scartamento ridotto da 60 cm). Nelle opere del Nord-Est, l'entrata munizioni era dotata di una robusta cancellata, dopo la quale una lunga galleria consentiva il ricovero di quattro vagoni più il locomotore (per una lunghezza totale di circa 35 metri) o di due autocarri, affiancati alla ferrovia di servizio; quindi un ponte scorrevole anticarro e una porta blindata sbarravano solitamente l'accesso alla galleria principale che proseguiva verso l'interno dell'opera, inframmezzati da una curva di almeno 45° per ridurre l'effetto di eventuali esplosioni in prossimità o sopra le strutture dell'entrata.

L'**entrata mista** raggruppava nello stesso blocco l'entrata uomini e munizioni; nel Nord-Est era poco utilizzata, solitamente solo nelle opere miste di piccole dimensioni, mentre nella Linea Maginot Alpina costituiva la regola (sempre con le dovute eccezioni). Infatti l'ambiente montuoso facilitava l'ubicazione degli ingressi in contropendenza, ovvero sul pendio dei rilievi opposto alle provenienze avversarie, in siti difficilmente osservabili e al riparo dai tiri di artiglieria; per contro lo spazio disponibile era limitato, quindi la realizzazione di un solo blocco d'ingresso era spesso una scelta obbligata, insieme alla necessità di avere una sola galleria di accesso. Nella Linea Maginot Alpina quindi l'ingresso era costituto generalmente da un unico blocco: con una griglia con successivo andito a baionetta e porta blindata per gli uomini e da un ponte levatoio, con retrostante lo spazio per un solo autocarro (anziché i due previsti al Nord), per i mezzi. Superato lo spazio di carico, controllato da uno o due fucili mitragliatori, un angolo di almeno 45° (per ridurre gli effetti di onde d'urto), una porta blindata scorrevole e due porte stagne sbarravano l'accesso verso la galleria principale dell'opera. Nei blocchi d'ingresso vi erano le postazioni per fucili mitragliatori (a controllo del piazzale e nelle caponiere interne), le torrette G.F.M., i bocchettoni di rifornimento di gasolio e acqua (per i motori e usi igienici), le griglie di presa d'aria per la ventilazione interna e anche il locale radio; sulla visiera sovrastante la facciata era posta la lunga antenna di rame, su robusti supporti trapezoidali. Era infatti importante che la distanza tra le apparecchiature e l'antenna stessa fosse per quanto possibile ridotta per non attenuare i segnali in trasmissione e ricezione.

Le **entrate teleferiche** erano presenti solo sulle Alpi nelle opere di Mont Agel, Rimplas, Pas du Roc (nelle quali i vagoncini entravano direttamente all'interno dell'opera, in un ampio atrio dove potevano essere scaricati) e Roche La Croix. Quest'ultima aveva una teleferica sempre in caverna, ma staccata dall'opera, collegata con l'ingresso tramite una breve ferrovia esterna da 60 cm.

6 - *I locali sotterranei, gli equipaggiamenti, i blocchi e le armi*

Proseguendo verso l'interno dell'opera si trovavano per primi i locali logistici, vero e proprio cuore e motore di tutto il complesso: i depositi munizioni, le centrali elettriche, le centrali di ventilazione, le officine meccaniche, le cucine, i serbatoi di acqua, gasolio, olii lubrificanti, le caserme, ecc., collegati tra loro dalla galleria principale percorsa dalla ferrovia interna. Diverse diramazioni arrivavano infine alla base dei blocchi, dove partivano i pozzi verticali sino alle casematte e dove erano raggruppati i depositi munizioni M2, i locali motori dei montacarichi, eventuali posti comando, ecc.

I trasporti

L'ampio sviluppo orizzontale e verticale delle opere rendeva necessario l'utilizzo di diversi sistemi per il trasporto di munizioni, materiali, parti di ricambio, pezzi d'artiglieria e, talvolta, della stessa truppa.

I montacarichi erano usati nei pozzi verticali che collegavano le gallerie sotterranee ai blocchi posti in superficie, erano ubicati a fianco alle scale e avevano caratteristiche rapportate ai pesi da spostare. Gli ingressi, le casematte di fiancheggiamento con pezzi da 75 mm e i blocchi dove erano presenti diversi pezzi di artiglieria[19] nelle opere grosse del Nord-Est, erano equipaggiati di norma con due ascensori da 2.500 kg (un solo montacarichi era previsto negli altri blocchi) mentre, nelle opere della Maginot delle Alpi, era utilizzato un solo ascensore da 1.000 kg; dove poi esisteva la ferrovia interna a trazione elettrica, uno degli ascensori dell'entrata doveva essere in grado di trasportare un locomotore (per poter fare scendere questo tipo di mezzi sino alle gallerie), quindi con dimensioni adeguate e potenza sufficiente al sollevamento di 5.600 kg. I blocchi di fanteria e alcune entrate uomini disponevano di montacarichi più piccoli in base alle diverse esigenze. In alcuni casi (opere piccole e pozzi di blocchi di fanteria) l'installazione dei montacarichi non era prevista oppure era da attuare in un secondo tempo.

I piani inclinati venivano utilizzati in due casi: nel collegamento dell'entrata munizioni con la galleria principale (soprattutto al Nord-Est) o per il superamento di dislivelli all'interno delle opere senza ricorrere a pozzi e ascensori (soprattutto nella Maginot Alpina). Potevano essere sia ascendenti che discendenti ed erano costituiti da un argano con motore elettrico e da un carrello sul quale erano trasportati i vagoncini della ferrovia da 60 cm; a fianco avevano ovviamente la scala riservata al personale. Sulle Alpi era previsto l'uso dei piani inclinati in cinque opere: al Saint Gobain (in discesa tra caserme e blocco 4) al Lavoir (in salita tra l'ingresso munizioni e l'entrata uomini), al Pas du Roc (che ne aveva addirittura tre di cui uno mai installato), al Roche-la-Croix (in discesa tra ingresso e caserme) e al Saint Roch (in discesa tra le caserme e il blocco 4).

Quasi tutte le opere erano poi dotate di una **ferrovia interna** a scartamento ridotto da 60 cm per rendere più agevole il trasporto di armi, munizioni, materiali e rifornimenti in genere; solo quelle di più piccole dimensioni e i monoblocchi ne erano sprovvisti. I binari erano immorsati nel pavimento dei cunicoli e percorrevano gran parte delle gallerie, collegando i blocchi di ingresso con i depositi munizioni, con le officine, con le centrali elettriche e di ventilazione, con le caserme e con i montacarichi che salivano sino alle casematte; solo le parti interne delle caserme e locali secondari non ne erano serviti. I carrelli erano di tipi differenti (un modello era specifico e impiegato esclusivamente sulle Alpi) e venivano spinti a braccia. Una leggera pendenza verso l'interno dell'opera facilitava le manovre e soprattutto l'approvvigionamento dei materiali e delle munizioni verso i depositi munizioni e verso i blocchi. In sedici opere del Nord-Est, visto il grande sviluppo di gallerie, si rese indispensabile l'impiego della ferrovia con l'utilizzo della trazione elettrica. I piccoli locomotori elettrici prendevano l'energia da una rete aerea (catenaria) e trainavano i lunghi convogli necessari per trasportare armi, materiali, munizioni e gli stessi uomini dell'equipaggio. In queste opere, la ferrovia a trazione elettrica, disponeva di una propria organizzazione, con a capo un ufficiale del Genio Ferrovieri, di propri locali tecnici, di garage, di officine meccaniche per i *locotracteur* e di linee telefoniche speciali. La linea di alimentazione elettrica si interrompeva all'ingresso del magazzino M1, dove i locomotori, per evidenti ragioni di sicurezza, non potevano entrare e dove i vagoncini erano spinti manualmente.

Dove poi la ferrovia da 60 cm non poteva arrivare, veniva utilizzata una **monorotaia aerea**, che facilitava il compito di serventi e artiglieri. Il sistema era utilizzato all'interno del magazzino M1 (anche negli stessi alveoli), nei magazzini M2, tra i magazzini e le gallerie adiacenti (come per esempio al fondo dei pozzi di accesso alle casematte), negli stessi montacarichi e infine all'interno dei blocchi di artiglieria. Questa monorotaia era fissata al soffitto e talvolta era disposta in evoluzioni complesse, che consentivano alle casse di munizioni, stoccate nei magazzini M2 (posti alla base dei pozzi verticali o in piani intermedi), di raggiungere le postazioni di artiglieria senza toccare il suolo. Per fare ciò, anche l'interno degli ascensori era equipaggiato con uno spezzone di monorotaia, che era disposta in corrispondenza della fermata al piano. In tal modo gli armadietti con i proiettili (metallici e con serrandine scorrevoli) venivano sollevati dai vagoncini con appositi argani e spinti, appesi ai piccoli carrelli della monorotaia, prima dentro il magazzino M2, quindi all'interno del montacarichi e infine all'M3, posto a fianco dei pezzi o sotto alla torretta. Tutto il sistema consentiva un rapido rifornimento di munizioni ai pezzi, vitale soprattutto per gli obici da 75 mm (l'arma di maggiore importanza della Linea Maginot), che avevano un'altissima celerità di tiro. In alcuni casi, la manovra delle casse di munizioni era anche effettuata con l'ausilio di carrelli a tre ruote spinti manualmente.

I depositi munizioni

Lo stoccaggio delle munizioni costituiva un delicato problema di sicurezza all'interno di un'opera militare, per l'elevato rischio di esplosioni, contrapposto alla necessità di possederne una scorta sufficiente. Per esempio i cannoni da 75 mm, principale armamento delle opere, nel Nord-Est dovevano avere una dotazione complessiva di 6.400 colpi per ogni pezzo. La C.O.R.F. aveva trovato la soluzione dell'annoso problema nell'emanazione e applicazione di rigorose norme tecniche e dividendo i depositi munizioni in tre tipi.

Magazzino M1: situato in prossimità dell'ingresso, era quello principale e il maggiore di tutta l'opera; mediamente conteneva circa 30.000 proiettili, per ogni pezzo infatti erano qui depositati 3.000 colpi. La sua particolare conformazione consentiva di ridurre i rischi di uno scoppio accidentale ed eventualmente di limitarne gli effetti sul magazzino stesso, senza interessare le caserme e gallerie. Era schematicamente costituito da due gallerie parallele che, da una parte, si collegavano alla galleria principale dell'opera (a cui erano generalmente perpendicolari) con raccordi orientati verso l'ingresso e che, dall'altra si univano con una galleria semicircolare; trasversalmente erano poi disposti i magazzini veri e propri: gli alveoli. Il magazzino era percorso dalla ferrovia di servizio, collegata a quella dell'opera grazie alla stazione dell'M1 dove la galleria principale si allargava e il raddoppio del binario consentiva il ricovero e la manovra dei treni; i locomotori elettrici, per ovvie ragioni di sicurezza, non potevano entrare nell'M1, i carrelli venivano quindi spinti a braccia, col vantaggio di una lieve pendenza della galleria che facilitava le manovre. Dalla galleria a ferro di cavallo agli alveoli e viceversa le munizioni erano poi trasportate grazie alla monorotaia aerea, a cui venivano appese le casse e quindi spinte a braccia. Una serie di traverse costituivano gli alveoli dove erano stoccate le munizioni. Ogni alveolo aveva in testata una doppia muratura di mattoni, a forma di chicane, che non avrebbe causato un "effetto tappo" con conseguente aumento dell'effetto esplosivo, ma che, anzi, doveva cedere in caso di scoppio; al di là della galleria di collegamento, in corrispondenza di ogni alveolo, si trovava una nicchia (usata come deposito temporaneo di casse vuote) destinata a trattenere parte dell'onda d'urto in caso di esplosione. Nell'improbabile caso di un'esplosione accidentale i danni non avrebbero dovuto quindi interessare le altre parti del magazzino ma soprattutto le caserme e le parti centrali dell'opera; infatti, oltre all'orientamento verso l'esterno delle due gallerie di accesso e agli accorgimenti sopra citati, la galleria principale era chiusa da un dispositivo di blocco costituito da una grande porta blindata da 7 tonnellate che la ostruiva completamente in caso di necessità. Infine, ma primaria sicurezza, vi era un sistema automatico di spegnimento degli incendi costituito da sprinkler, ovvero da ugelli a pioggia, che venivano azionati da un eventuale innalzamento della temperatura; le tubazioni proteggevano indipendentemente ogni alveolo munizioni ed erano servite da particolari cisterne; queste erano posizionate solitamente in locali appositi, ricavati a un piano intermedio di un pozzo di accesso a un blocco, notevolmente più in alto del magazzino M1, per avere una certa pressione. Il magazzino M1 non esisteva nelle opere miste di minore importanza e soprattutto nelle Alpi. Qui il rifornimento di munizioni era considerato meno problematico e le opere potevano avere una autonomia di fuoco inferiore, (cannoni e mortai da 75 e 81 mm: 2.000 colpi per pezzo, lanciabombe da 135 mm: 1.000 colpi per pezzo), quindi il magazzino M1 era inglobato in una cellula dell'M2.

Magazzino M2: era ubicato al fondo del pozzo di accesso al blocco, in prossimità degli ascensori; era costituito solitamente da due locali e conteneva 2.800 colpi per ogni pezzo in casse metalliche che, per essere portate poi alle armi, erano issate lungo le monorotaie aeree o su carrellini e messe negli elevatori. Nel caso di pozzi particolarmente alti (oltre 30, 40 metri) il magazzino M2 poteva essere ricavato a una quota intermedia, al fine di rendere più rapido il rifornimento di munizioni ai pezzi. A titolo di esempio si può citare l'opera di Monte Grosso (S.F.A.M.) con il blocco 4 (4 mortai da 81 mm) e il blocco 5 (una torretta a scomparsa con 2 obici da 75 mod. 33) posti rispettivamente 65 e 50 metri più in alto delle gallerie.

Magazzino M3: era ricavato nel blocco stesso: o al livello intermedio nel caso dei blocchi delle torrette a scomparsa, o in locali appositi a poca distanza dai pezzi. A fianco delle armi in alcuni armadi in legno o ripiani erano poi stoccati i colpi di pronto impiego. Nelle opere della Linea Maginot delle Alpi il magazzino M1 non esisteva (come pure in alcune opere miste del Nord-Est di piccole dimensioni) ed era inglobato in una cellula dell'M2; era anche prevista una minore dotazione di colpi (cannoni e mortai da 75 e 81 mm: 2.000 colpi per pezzo, lanciabombe da 135 mm: 1.000 colpi per pezzo) in quanto il rifornimento di munizioni era considerato meno problematico.

La centrale elettrica

Vi era poi la centrale elettrica (chiamata usine), che consentiva a tutto il complesso di muoversi ed essere operativo; infatti tutte le apparecchiature quali sistemi di ventilazione, torrette, treni elettrici, ascensori, sistemi di comunicazione, cucine, e ovviamente l'illuminazione, funzionavano grazie all'energia elettrica. Esistevano meccanismi per manovra e azionamento manuali ma si trattava unicamente di sistemi di emergenza, per fare fronte a mancanze temporanee di tensione o a guasti locali. Normalmente l'opera era alimentata dalla rete civile; a una certa distanza dalla Posizione di Resistenza i cavi delle linee aeree arrivavano alle sottostazioni militari, generalmente realizzate come enormi bunker, con protezione 1 o 2; da qui i cavi proseguivano interrati verso le opere, talvolta con interconnessioni multiple che vanificavano l'eventuale interruzione di alcune linee. All'interno della centrale elettrica uno o più trasformatori (nella "cellula alta tensione") provvedevano alla trasformazione, della corrente proveniente dalla rete, nelle diverse tensioni necessarie ai vari utilizzi dell'opera. Quando poi l'energia elettrica, per un qualsiasi motivo, non giungeva più a destinazione (per distruzione delle centrali o dei cavi, mancanza di energia alla fonte, ecc.), entravano in funzione i gruppi elettrogeni che assicuravano il normale funzionamento di tutte le apparecchiature. Generalmente nelle grandi opere del Nord erano presenti quattro gruppi elettrogeni, invece nelle opere medie e nelle Alpi vi erano tre gruppi[20] e infine nelle opere piccole due gruppi. Un motore era sempre tenuto in riserva (pronto alla messa in moto e a fornire l'energia necessaria in caso di picchi di consumo) e, dove disponibile, uno era in manutenzione; due gruppi elettrogeni erano quindi sufficienti ad alimentare l'intera opera. I motori erano tutti diesel a ciclo lento, giravano a circa 600 giri al minuto riducendo l'usura delle parti meccaniche ed erano ovviamente accoppiati a un alternatore. Una serie di quadri elettrici distribuiva l'energia elettrica in tutta l'opera, consentendo il sezionamento delle varie linee. Nelle opere equipaggiate con torrette a scomparsa, alcuni raddrizzatori, trasformavano invece la corrente alternata in continua, necessaria all'alimentazione dei motori di manovra delle torrette (brandeggio, elevazione e sollevamento). La centrale elettrica aveva a poca distanza le proprie cisterne di carburante, di acqua (per il raffreddamento dei motori) e di olio lubrificante che talvolta raggiungevano dimensioni impressionanti; dovendo assicurare una autonomia di circa tre mesi, le riserve erano proporzionate all'importanza dell'opera, potenza, numero dei motori e facilità di rifornimento. A titolo di esempio proponiamo una tabella con le scorte presenti nelle cisterne di due opere delle Alpi. Un'opera come Cap Martin, raggiunta da comode vie di accesso, aveva minori scorte di quella di Monte Grosso, di dimensioni molto maggiori e, per giunta, servita da una lunghissima strada militare e quindi più difficile da rifornire. I gas e parte dell'aria calda di raffreddamento dei motori erano espulsi attraverso un pozzo di evacuazione fumi, posto lontano e più in alto dei blocchi adiacenti[21]. In alcuni casi l'aria o l'acqua di raffreddamento dei motori erano usate per il riscaldamento di parti dell'opera.

erano suddivise in camerate per la truppa, solitamente per ventiquattro uomini, per sottufficiali, per nove uomini e ufficiali; questi ultimi erano i soli a disporre di un minimo di comodità avendo a disposizione una camera per due, tre o quattro uomini. Siccome vi erano tre o quattro turni di rotazione in genere vi era, per la truppa, un solo letto ogni due o tre uomini di equipaggio che era, così, "sempre caldo". Nelle caserme erano compresi alcuni locali di servizio; tra questi vi erano le latrine (distinte per truppa e ufficiali), le cisterne per l'acqua potabile[22] e per uso igienico, i lavabi, le docce, i magazzini viveri, ecc.

Le cucine disponevano di tutto il necessario per confezionare il rancio per il presidio (si mangiava a turni), ovviamente i fumi e l'aria viziata delle cucine erano aspirati e espulsi all'esterno con cappe e ventilatori appositi. Alcuni locali fungevano da dispensa, cisterne, cantina e cella frigorifera[23]. I pasti venivano consumati lungo la galleria principale, dove si trovavano dei piccoli tavoli ribaltabili, o nei blocchi di combattimento. **L'infermeria** contava differenti locali: medicheria, camere di degenza, camera operatoria, ecc.

I posti comando, ubicati in un'ala delle caserme, costituivano il centro di controllo di tutta l'opera ed erano formati da diversi locali, principalmente suddivisi in tre settori: posto comando dell'opera, posto comando di fanteria e posto comando di artiglieria.

Il **Posto Comando dell'Opera** (PCO) era quello che coordinava tutte le operazioni e che dirigeva tutto ciò che nell'opera si svolgeva; in esso confluivano tutte le informazioni sia di fanteria (SRI) che di artiglieria (SRA). Nel posto comando erano conservati tutti i documenti dell'opera; possiamo ricordare soprattutto le carte topografiche con i settori battuti dalle varie armi, con le opere adiacenti e con le zone controllate dai vari osservatori e le fotografie panoramiche con l'individuazione degli obiettivi. Accanto al comando si trovava la camera del comandante.

OPERA	OPERA MOTORI	OLIO	OLIO LUBRIFICAN-TE	ACQUA RAFFEDDA-MENTO	ACQUA POTABILE
Cap Martin	3 Renault 77 cv	37.500 litri	2.000 litri	48.500 litri	100.000 litri
Agaisen	3 SMIM 150 cv	55.500 litri	2.000 litri	82.000 litri	88.000 litri
Monte Grosso	3 SMIM 150 cv	109.000 litr	8.000 litri	160.000 litri	165.000 litri

Le caserme

Le caserme sotterranee includevano diverse tipologie di locali, raggruppate in un complesso posto in vicinanza dell'ingresso uomini o, come nelle opere delle Alpi, al centro dell'opera, dove meglio disponevano della protezione offerta dal terreno. Le caserme vere e proprie

Il **Posto Comando di Fanteria** dirigeva il fuoco delle mitragliatrici e dei pezzi anticarro e con essi controllava i dintorni e le sovrastrutture del forte, inoltre riceveva le informazioni dagli osservatori di fanteria (SRI). Nel caso il nemico fosse arrivato in prossimità dell'opera era il comandante di fanteria che avrebbe dovuto assumere il comando e dirigere la difesa. Il **Posto Comando di Artiglieria** era diviso in due parti: il servizio informazioni artiglieria (SRA), dove confluivano tutti i dati provenienti dagli osservatori e il posto centrale di tiro (PCT), che determinava quali blocchi dovevano compiere le azioni di fuoco necessarie. Nell'ambito del fronte alpino (al contrario di quanto avveniva al Nord) non vi era una suddivisione tra servizio di informazioni di fanteria e di artiglieria; le due tipologie di comunicazioni confluivano infatti nel Posto Comando dell'Opera (PCO), da dove partivano poi le direttive ai Posti di Comando dei singoli blocchi e delle varie armi. Un altro importante compito del PCO era il collegamento con il comandante del Settore, che permetteva un eccellente coordinamento tra le varie componenti del settore.

Vi erano infine i **posti comando dei blocchi**, che però si trovavano staccati dal complesso essendo ubicati al fondo del pozzo di accesso agli stessi o, eventualmente, al piano intermedio. Dal posto comando del blocco venivano diramati gli ordini alle varie armi: mortai, cannoni, lanciabombe, mitragliatrici, ecc. Il sistema di comunicazione di tutto il complesso era il telefono; la rete di telefonia militare collegava tra loro tutte le opere[24] e, quindi, i posti comando, gli osservatori, i blocchi[25], ecc. Tuttavia tra il posto comando e le casematte di artiglieria era anche utilizzato un apparecchio di trasmissione particolare, simile a quello presente sulle navi tra plancia e sala macchine. Infatti durante le azioni di fuoco, il forte rumore poteva rendere difficile, se non impossibile, la comprensione degli ordini, soprattutto quando si trattava di numeri e dati di tiro; per ovviare a ciò si ideò un sistema elettromeccanico a quadranti simile a un orologio denominato *trasmettitore di ordini* (il più usato era quello realizzato nelle officine Carpentier), sul quale due lancette potevano essere posizionate su un ordine o serie di numeri per inviare dati di tiro, ordini di fuoco, ecc. Ovviamente esistevano un pannello nel posto comando e uno identico a fianco alle armi, collegati attraverso cavi elettrici e un sistema di alimentazione.

Nelle opere grosse e in alcune opere piccole vi era poi: la **centrale telefonica**. Si trattava di un centralino telefonico nel quale confluivano le diverse linee della telefonia militare.

L'officina meccanica (chiamata *Atelier Mécanique*) era dotata di trapano a colonna, tornio e altre macchine utensili, alcune portatili, per la realizzazione di eventuali parti di ricambio non presenti nei magazzini dell'opera o per effettuare riparazioni in genere.

La centrale di ventilazione

Già nella Grande Guerra, in alcuni forti, per proteggere i presidi dai gas tossici, vennero realizzati dei sistemi di ventilazione per eliminare i gas presenti nell'atmosfera. Si trattava però di sistemi di circostanza e non sempre funzionali che più tardi, nelle opere della Linea Maginot, vennero perfezionati, garantendo all'interno una sicurezza pressoché assoluta.

Infatti, oltre alla necessità di un ricambio costante d'aria, da prelevare all'esterno e da mandare poi in tutte le parti dell'opera per eliminare l'aria viziata, potevano sussistere diversi problemi: gas tossici lanciati con diversi sistemi dall'attaccante (con proietti di artiglieria o bombole), gas di scoppio (da artiglieria o bombardamento aereo) che potevano, in certe circostanze, saturare l'aria e renderla comunque irrespirabile e infine gli stessi fumi prodotti durante il fuoco dalle armi che equipaggiavano i blocchi attivi.

In quasi tutte le opere il locale della ventilazione, anche chiamata ***sala di neutralizzaione***, era ubicato nei pressi di un ingresso o vicino al blocco dove si trovavano le griglie di aspirazione, mentre ogni blocco attivo disponeva di un proprio impianto indipendente ricavato al piano inferiore. L'aria esterna veniva prelevata generalmente dai blocchi di ingresso in due differenti *regimi* di funzionamento.

- Il ***regime aria pura***: era impiegato quando non vi erano combattimenti in corso e all'esterno non vi era pericolo di contaminazione, le porte stagne e blindate erano lasciate aperte, l'aria entrava liberamente nell'opera attraverso le aperture del ponte levatoio o delle cancellate degli ingressi (chiusi quale contromisura per ogni eventuale assalto improvviso) e le ventole si limitavano ad aspirare ed espellere all'esterno l'aria viziata.
- Il ***regime aria gasata***: l'aria era aspirata da griglie poste nelle pareti o nel pavimento del corridoio di accesso o nell'atrio di scarico, dopo la cancellata o il ponte levatoio ma prima delle porte blindate; potenti ventole la soffiavano attraverso le batterie di filtri quindi, depurata da eventuali gas chimici o gas di scoppio dovuti ai bombardamenti, poteva essere mandata nelle caserme e in tutti i locali sotterranei dell'opera con tubazioni appese alla volta delle gallerie.

Il sistema di ventilazione creava all'interno dell'opera una pressione atmosferica maggiore di quella esterna, ciò per due motivi fondamentali: impedire l'ingresso di gas o polveri esterne nelle poche aperture dell'opera e consentire nei blocchi l'espulsione immediata verso l'esterno dei gas prodotti dalle armi. Con questo sistema infatti l'aria, con la ventilazione in funzione, poteva solo uscire verso l'esterno dalle inevitabili fessure, feritoie, tubazioni per espellere bossoli e bombe a mano, temporanee aperture di sportelli e porte stagne e non poteva viceversa penetrare all'interno.
La centrale di ventilazione era formata da diverse batterie di filtri, in numero variabile in proporzione alla mole dell'opera, da ventilatori elettrici, da tubazioni di distribuzione e diverse saracinesche di chiusura. I blocchi attivi normalmente ricevevano l'aria attraverso un'aspirazione dalla galleria principale; in caso di combattimento (quando perciò era necessaria una surpressione maggiore rispetto

a quella presente nelle gallerie) entrava però in funzione la centrale di ventilazione del blocco, ricavata al piano inferiore e con propri filtri. L'aria esterna era prelevata grazie a griglie, ubicate su fianchi riparati del blocco, oppure con alcune apposite piccole torrette corazzate poste sulla copertura (soprattutto nei blocchi con torrette a scomparsa). Le tubazioni erano colorate secondo l'aria distribuita: quelle rosse contenevano l'aria pura o filtrata da inviare nelle caserme, gallerie, ecc., quelle gialle l'aria aspirata dall'esterno nel regime aria gasata (che poteva essere pura o contenere gas tossici) e doveva quindi passare nella centrale di ventilazione, quelle verdi l'aria viziata, prelevata all'interno di caserme, gallerie, cucine, ecc. e da espellere all'esterno. Un apposito reparto "Z" del genio era preposto al funzionamento e alla manutenzione di tutto l'impianto di ventilazione; il problema del ricambio d'aria all'interno delle opere e la difesa dai gas e fumi esterni necessitavano infatti di un controllo continuo delle tubazioni, dei motori elettrici, degli impianti, degli apparecchi che controllavano la pressione interna, ecc.

I blocchi di combattimento

Costituivano la parte attiva, la parte emergente dell'opera, sostanzialmente era per il funzionamento delle armi contenute nei blocchi che esisteva e si muoveva l'intera opera. Come già accennato vi potevano essere blocchi con armamento di sola fanteria (mitragliatrici e pezzi anticarro), blocchi con esclusivo armamento di artiglieria e blocchi misti. L'armamento poteva essere il più disparato; esisteva il blocco armato solo con una mitragliatrice binata (Campo di Tiro dell'Agaisen) o costituito da una sola torretta G.F.M. (Col de Garde), oppure il blocco armato di ben sei pezzi di artiglieria, lanciagranate e mitragliatrici varie (Sainte Agnès, Roche la Croix, Lavoir, Saint Antoine). Mentre al Nord gli ampi spazi disponibili e la necessità di disperdere maggiormente le strutture su grandi superfici si concretizzavano in blocchi specifici per ogni tipo di arma (con le dovute eccezioni), nelle Alpi il minor spazio dei siti montani e soprattutto il bisogno di avere, sul medesimo campo di tiro, armi a tiro curvo e a tiro teso, facevano in modo invece che normalmente i blocchi avessero differenti tipologie di armi e quasi sempre cannoni sovrapposti ai mortai.[26]

Nella Linea Maginot Alpina erano molti gli esempi di blocchi attivi che costituivano veri e propri vulcani; a Sainte Agnès nel blocco 2 erano posizionati 2 mortai da 81, 2 obici-mortai da 75/31, 2 lanciabombe da 135, una mitragliatrice binata, una torretta G.F.M., una osservatorio V.D.P. e una torretta lanciagranate, più diversi fucili mitragliatori; a Roche La Croix nel blocco 5 erano concentrati 2 mortai da 81, 2 obici-mortai da 75/31, una torretta a scomparsa con 2 cannoni-obici da 75/33, un fucile mitragliatore e una torretta G.F.M.; nel Lavoir nel blocco 5 vi erano 2 obici-mortai da 75/31, 4 mortai da 81, 3 fucili mitragliatori e una torretta G.F.M. La protezione del blocco era data, oltre che dallo spessore del cemento e dalle corazzature, anche dal defilamento e dalla posizione; infatti mentre i blocchi torretta non sporgevano dal livello del terreno se non di poche decine di centimetri, i blocchi di fiancheggiamento erano completamente defilati alla vista, rivolgendo le murature e le feritoie sul fronte di gola, ovvero sul lato opposto a quello di provenienza avversaria ed erano quindi protetti dai tiri diretti nemici anche dalla conformazione del terreno. La forma delle strutture, per quanto possibile, doveva esporre il meno possibile feritoie e ingressi, con vistose "visiere" e fossati "diamante". Le visiere dovevano proteggere le cannoniere dai tiri arcuati e provenienti comunque dall'alto (bombe d'aereo) e in parte nasconderle alla vista o confonderle grazie alla loro stessa ombra, per rendere più difficile il compito dei cannonieri e puntatori avversari. Il fossato diamante era già presente in fortificazioni precedenti e in quelle del sistema Séré de Rivières, dove circondava le caponiere, formando un ulteriore fossato nel fossato; il nome e la funzione erano poi stati mantenuti nelle opere successive. Scopo del fossato diamante era impedire a eventuali soldati nemici di potere giungere a contatto delle feritoie per sabotarle e inoltre raccogliere le eventuali macerie che, ammucchiandosi davanti alle cannoniere, potevano coprire il campo di tiro delle armi impedendo di sparare sugli obiettivi.

Gli armamenti

Come già accennato, le armi impiegate nella Linea Maginot erano frutto di studi specifici, che portarono alla realizzazione di bocche da fuoco di tipo particolare, impiegabili solo all'interno delle opere. Questo significava che non era possibile spostare dai blocchi e impiegare all'esterno gli armamenti (soltanto il fucile mitragliatore, un'arma individuale, si poteva estrarre dalle feritoie e usare normalmente) e ciò per due motivi principali: creare armi altamente specializzate per l'impiego in fortezza, adatte a feritoie ermetiche e con campi di tiro sufficientemente ampi nonostante le dimensioni minime delle stesse feritoie ed evitare, come era successo durante la prima guerra mondiale con effetti disastrosi, la possibilità di togliere i cannoni dalle casematte, per poter sparare su settori di tiro inizialmente non previsti, lasciando per contro scoperti i tratti di fronte di loro esclusiva competenza. Dopo studi e discussioni nelle varie commissioni, fu stabilito di utilizzare tre tipologie di pezzi di artiglieria: il cannone-obice[27] da 75 mm, il mortaio da 81 mm e il lanciabombe da 135 mm. Mentre i primi due erano l'evoluzione di armi di tale calibro già esistenti, il lanciabombe era un'arma di tipo completamente nuovo. Il concetto era di disporre di pezzi dal tiro molto rapido, quindi molto maneggevoli e con munizionamento relativamente leggero, destinati a operare contro le fanterie (solo il calibro da 135 mm era destinato alla distruzione di eventuali opere leggere di tipo campale poste in atto dagli attaccanti) e quindi aventi uno scarso potere distruttivo contro le stesse strutture in cemento armato. Infatti la concezione stessa della linea stabiliva che la difesa principale delle opere fosse la protezione reciproca ovvero, nel caso le strutture di un

forte fossero state sottoposte a un attacco di fanteria, le opere vicine avrebbero sparato sopra al forte stesso per eliminarne gli assalitori. I proiettili shrapnel e ad alto esplosivo, sparati da armi ad altissima celerità di tiro, avevano un effetto spaventoso su uomini allo scoperto, anche dal punto di vista morale, e "ripulivano" con una certa velocità il terreno sovrastante l'opera eliminando la minaccia senza però danneggiarne le strutture, previste per resistere a calibri da 240, 300, 420 mm.
Il problema dei carri armati fu affrontato tardivamente, addirittura dopo l'inizio dei lavori, nel 1934; per questo motivo molte casematte, già costruite, dovettero essere modificate, con l'installazione di nuove feritoie (in luogo di quelle ordinarie per J.M.) e putrelle alle quali sospendere i cannoni quando non impiegati. Vennero adottati due differenti pezzi controcarro: il cannone da 47 mm e quello da 37 mm, quest'ultimo impiegato in quelle casematte dove il poco spazio impediva l'utilizzo del 47 mm. In totale furono installati 344 pezzi di artiglieria, 145 cannoni da 37 mm e 336 da 47 mm, 1551 complessi J.M. Reibel (quindi 3102 armi) a cui bisogna infine aggiungere i fucili mitragliatori e 1600 mortai da 50 mm per torretta G.F.M. e casamatta (da non confondere con il mortaio da 50 mm, che avrebbe dovuto armare le torrette L.G. e che non venne mai prodotto).

Cannone-obice da 75 mm mod. 29 da casamatta

Era il primo pezzo adottato per armare le casematte di artiglieria di fiancheggiamento. Derivava direttamente dal cannone da 75 mm mod. 1897 da campagna di cui manteneva le caratteristiche balistiche, il tipo di culatta, il calibro e la lunghezza della canna (2,721 metri). Per il resto si trattava di un'arma nuova, destinata al solo utilizzo all'interno delle opere, con un affusto particolare. Era caratterizzato dall'asse di brandeggio molto arretrato, con la conseguenza di presentare la volata del cannone molto sporgente dalla feritoia, dal giunto sferico di grandi dimensioni (incastrato nel cassone della feritoia e che protegge gli orecchioni del pezzo) e dalla canna di grande spessore, con conseguente grande robustezza, per potere resistere a schegge e proiettili che l'avessero eventualmente colpita. Come pure il successivo mod. 32, il pezzo veniva chiamato cannone-obice perché poteva effettuare anche tiri particolarmente arcuati e non solo a tiro teso. La corazzatura era formata da putrelle e piastre saldate che formavano una sorta di "cassone" nel quale era imperniata la grossa sfera che consentiva i movimenti azimutali e zenitali del pezzo. Dietro al cannone (analogamente a tutti gli altri pezzi di artiglieria della Maginot) uno scivolo permetteva ai bossoli espulsi di cadere in una sorta di "toboga", sino ad una camera posta al livello inferiore o al fondo del pozzo del blocco dove potevano poi essere recuperati. I gas che fuoriescivano dai bossoli rimanevano così all'interno di questo locale dove una ventilazione meccanica provvedeva ad aspirarli ed espellerli all'esterno. Come pure nelle altre armi, all'apertura della culatta, i gas presenti nella canna venivano istantaneamente fatti fuoriuscire dalla volata grazie alla surpressione presente nel blocco. Aveva otturatore Nordenfeld a vite eccentrica, azionabile molto rapidamente, che chiudeva con un quarto

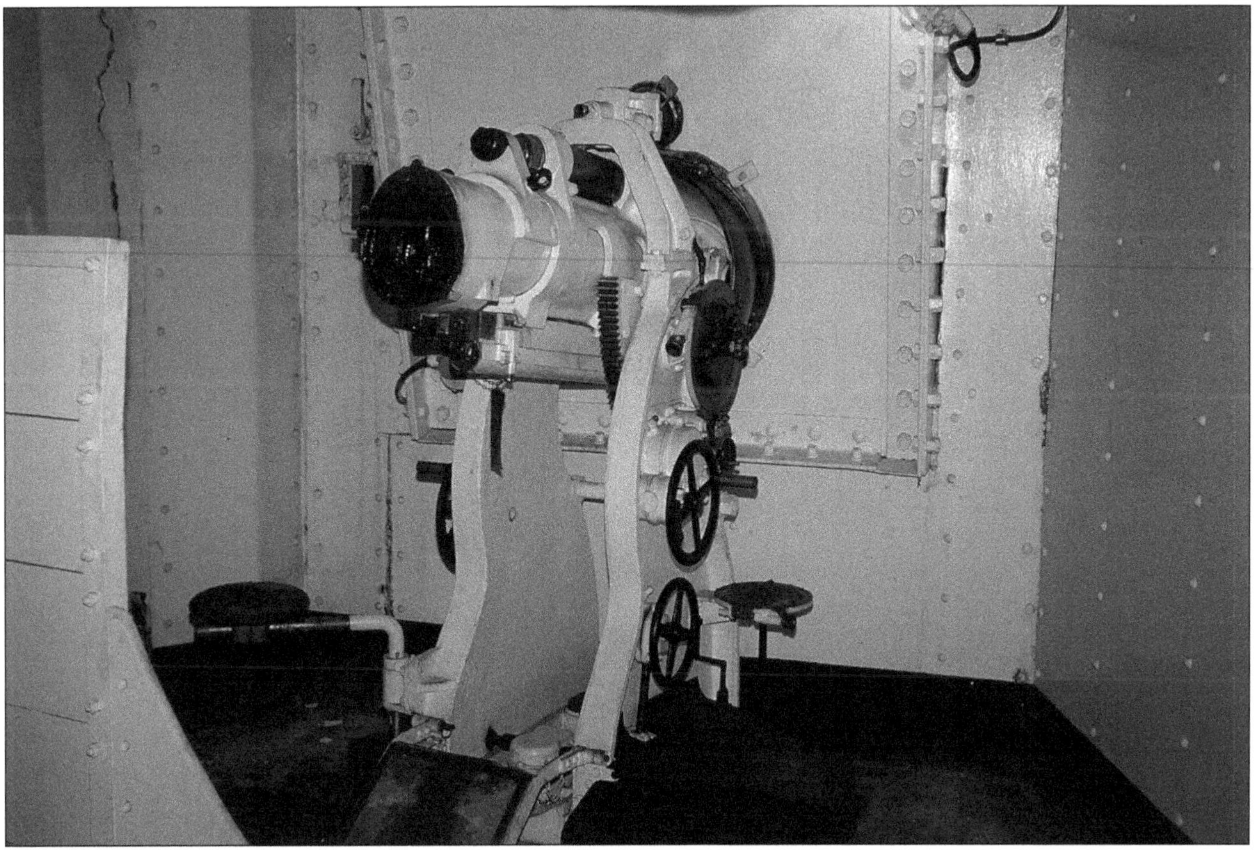

Fig.5. Cannone obice da 75 mod 29.

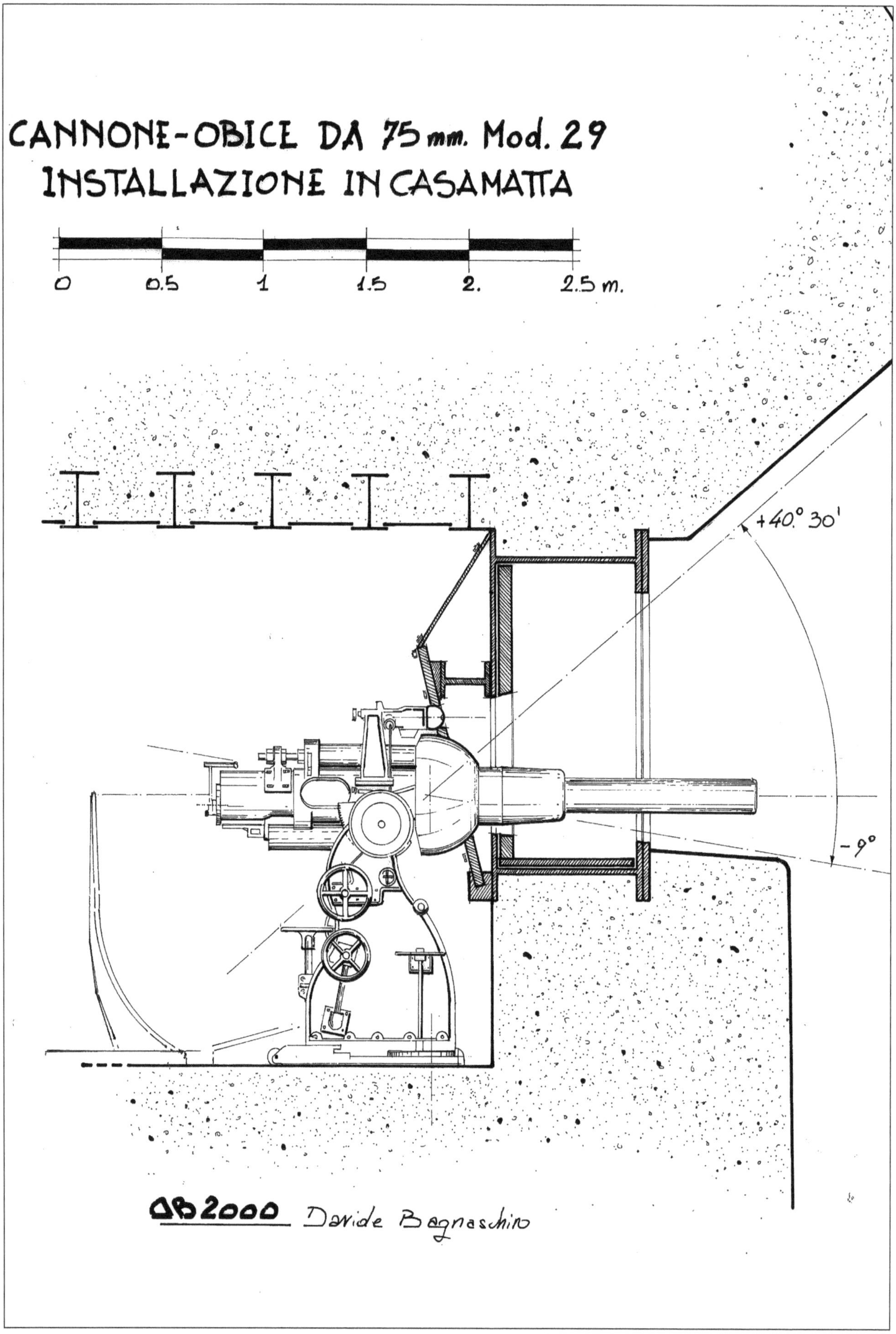

Fig.6. Installazione cannone obAice 75 mod 29.

di giro il blocco di culatta; il raffreddamento, in stretta relazione alla celerità di tiro, era effettuato buttando secchi d'acqua direttamente sul cannone; quello da 75 mm ne aveva necessità in ragione di circa cinquecento litri al giorno, ovviamente in caso di combattimenti, assicurati da una apposita cisterna ricavata nella casamatta in posizione elevata, con un rubinetto sottostante con il quale riempire i secchi. Normalmente le casematte di fiancheggiamento erano armate con tre di questi cannoni, disposti sfalsati al fine di offrire al nemico un minore obiettivo e aumentare la robustezza della struttura; sulle Alpi invece i blocchi avevano due pezzi soltanto, generalmente sovrapposti ad altrettanti mortai da 81 mm, per la minore potenza di fuoco richiesta unita alla necessità del tiro curvo sulle brevi distanze. La celerità di tiro normale era di dodici colpi al minuto, quella accelerata di ventiquattro, quella massima di ventisei (ma in teoria era possibile raggiungere i trenta colpi al minuto); la gittata raggiungeva i 12.100 metri con elevazione di 40° 30'. Sulle Alpi si trovava in dodici esemplari, quattro cannoni erano in due casematte in Corsica, al Nord-Est ve ne erano quattordici.

Cannone-obice da 75 mm mod. 32 da casamatta

Si trattava dell'evoluzione del precedente 75 mm mod. 29; per ovviare al suo punto debole (costituito dalla canna sporgente dalla feritoia per un metro e mezzo) venne progettato e realizzato un cannone che, pur conservandone le qualità (sebbene accorciando di 30 cm la canna) rimanesse completamente all'interno della casamatta e quindi riparato dai colpi nemici. La volata sporgeva per una minima parte all'esterno della corazzatura (45 cm), inoltre due piccoli sportelli mobili venivano chiusi e la riparavano quando il pezzo non era in azione. Il meccanismo di brandeggio ed elevazione era più complesso, detto *a pivot fictif*, ovvero a perno di rotazione fittizio, essendo questo molto avanzato e coincidente con la piccola sfera di brandeggio incastrata nella altrettanto piccola feritoia. Nella parte retrostante un complesso sistema di contrappesi controbilanciava la culatta (altrimenti priva di sostegni) e la piattaforma mobile sulla quale i serventi seguivano i movimenti zenitali del cannone. Mentre quindi all'esterno il cannone non era quasi più visibile, all'interno della casamatta lo spazio era aumentato per contenere tutta la lunghezza del pezzo e i dispositivi accessori. Inizialmente l'otturatore era a vite eccentrica Nordenfeld, successivamente molti pezzi vennero modificati con una culatta del tipo semiautomatico e otturatore prismatico a cuneo orizzontale. Come tutti gli altri pezzi di artiglieria era raffreddato con secchi d'acqua versati direttamente sulla canna. Fu utilizzato al Nord-Est in ventitré esemplari (in casematte di fiancheggiamento), mentre al Sud ne vennero impiegati solo due, impiegati però in azione frontale, nell'opera di Restefond. Il blocco 6 venne infatti armato con due di questi cannoni obici da 75 mod. 32 e con un obice-mortaio da 75 mod. 31, mentre il blocco 5, che avrebbe dovuto essere armato in modo identico, non venne mai costruito.

Cannone-obice da 75 mm mod 33 da casamatta

Simile come linee generali al precedente mod. 32, fu progettato per l'esigenza, sulle sole Alpi, di avere un cannone ad azione frontale[28]. Aveva la corazzatura della feritoia costituita da un enorme piastrone in acciaio di 20 cm di spessore, in parte a vista, in parte annegato nel blocco di calcestruzzo. La canna non sporgeva dalla suddetta piastra e la piccolissima feritoia (limitata alla sfera nella quale scorreva la volata) era chiusa da due piccoli sportellini azionabili dall'interno. L'affusto si basava sullo stesso concetto di quello del mod. 32, a cui somigliava, mentre le caratteristiche del pezzo erano identiche, con gittata di 11.900 metri. Come il mod. 32 modificato, possedeva otturatore a cuneo orizzontale del tipo semiautomatico. Ne esistevano solo otto esemplari, tutti recuperati dal Regio Esercito durante l'occupazione della zona frontaliera della Francia.[29]

Obice-mortaio da 75 mm mod. 31 da casamatta

Realizzato specificatamente per il solo fronte alpino era un pezzo a tiro curvo, necessario per riuscire a colpire obiettivi anche su terreni a forte pendenza. Si trattava sostanzialmente di una versione del 75 accorciata, con la volata che non fuoriusciva dalla sfera di feritoia e protetto, quando non in azione, da uno sportello a ghigliottina. La corazzatura era formata da un cassone in putrelle con piastra corazzata, nella quale era incastrato il giunto a sfera. La portata era di 6.000 metri. Ovviamente era utilizzato solo quando le condizioni del terreno e la distanza reciproca fra le opere, inferiore a sei km per potersi proteggere reciprocamente, lo consentivano. Aveva culatta del tipo Nordenfeld a vite eccentrica.
Nel 1940 ne erano in servizio trenta esemplari; altri tre mortai non vennero mai installati: due nel blocco 2 dell'opera di Monte Grosso (Sospel) e uno nel blocco 5 dell'opera di Restefond, entrambi non costruiti.

Cannone da 75 mm mod. 32 R per casamatta e cofano di controscarpa

Utilizzato al Nord in soli nove pezzi, era destinato ad armare le caponiere e i cofani di controscarpa dei fossati a protezione delle opere, in gran parte mai costruiti. Cinque esemplari furono impiegati nelle casematte del fossato dei complessi di Hochwald e Hackenmberg, quattro in casematte di fiancheggiamento nell'opera di Billig. Aveva gittata massima di 9.200 metri e culatta del tipo Nordenfeld.

Cannone-obice da 75 mm mod 33 da torretta

Inizialmente chiamato cannone-obice da 75 mm mod 29 da torretta, era identico a quello da 75/32 da casamatta. Inizialmente aveva otturatore Nordenfeld, poi sostituito nel Nord-Est con quello a cuneo orizzontale del tipo semiautomatico. La massa oscillante era formata da due pezzi uniti in modo speculare, così da avere le culatte che si aprivano verso l'interno, in quanto i serventi preposti al caricamento si trovavano verso l'esterno della torretta. I due cannoni erano incastrati nella muraglia con due sfere che permettevano l'elevazione, mentre il brandeggio avveniva con il movimento di tutta la torretta; lo spazio interno era minimo, appena sufficiente ai soldati per caricare i pezzi e fare fuoco. Al piano superiore, nella torretta vera e propria, trovavano posto cinque uomini, due prelevavano i proiettili (portati dal livello inferiore alla camera di tiro per mezzo di un piccolo montacarichi ad aste elicoidali chiamato *noria*) e li inserivano nella culatta, mentre altri due provvedevano a chiudere la culatta e a fare fuoco, un terzo uomo era tra le due volate, al posto di puntamento diretto. Un ripiano mobile seguiva i movimenti in altezza dei pezzi, in modo che i serventi fossero sempre a livello degli otturatori. Questo tipo di torretta era l'unica ad avere il posto di puntamento al piano superiore, oltre a quello esistente al livello sottostante. Analogamente agli altri pezzi di artiglieria, il raffreddamento dei due cannoni avveniva con secchi d'acqua, che venivano sollevati a mano dai soldati e buttati sulle canne dal "quinto uomo", solitamente poco impegnato in quanto il puntamento diretto non era quasi mai utilizzato. Esisteva la possibilità che nelle torrette venissero impiegate tubazioni flessibili, provenienti dal livello sottostante, con alcuni problemi però durante le manovre di brandeggio.

I bossoli, dopo l'espulsione dalla culatta, cadevano nell'apposito scivolo ricavato dietro a ogni obice, quindi scendevano verso il basso, prima in una larga tubazione sull'asse della torretta, poi lungo un *toboga* sino ad una camera stagna dove erano raccolti; il fumo, che in minima parte usciva ancora dai bossoli, era aspirato ed espulso all'esterno da un apposito ventilatore. In alcuni casi, tale piccolo locale, era posto al fondo del pozzo di accesso, accanto alla partenza delle scale e dell'ascensore, da qui i bossoli erano recuperati per poi essere riutilizzati. Il sistema era necessario, insieme alla ventilazione e alla surpressione, per evitare il ristagno dei gas di scoppio all'interno delle postazioni. Ne vennero impiegati in totale quarantadue esemplari, trentadue nel Nord-Est e dieci nelle Alpi, in ventuno torrette a scomparsa.

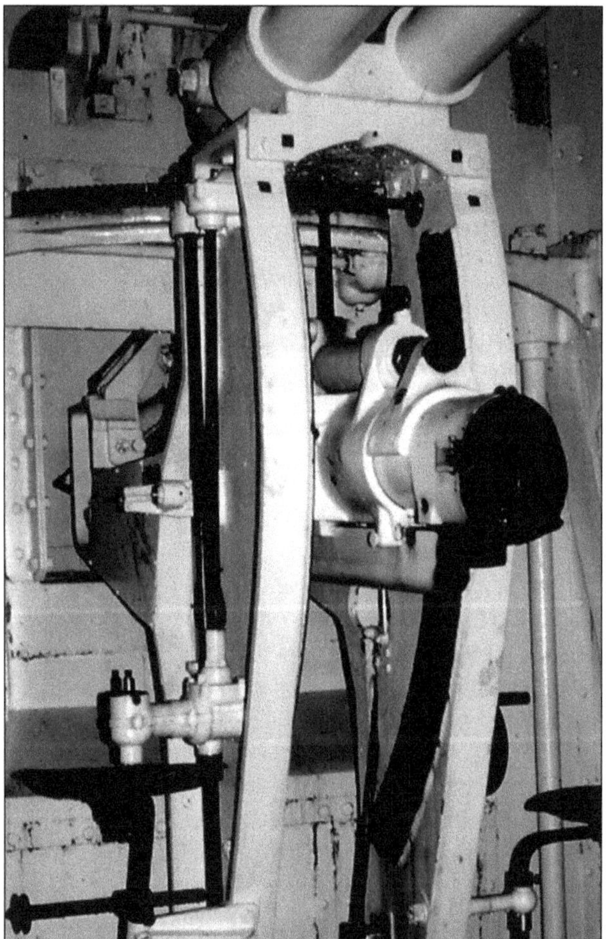

Fig. 7. Cannone obice da 75 mod 33.

Obice-mortaio da 75 mm mod. 32 R da torretta

Utilizzato solo al Nord-Est in dodici torrette, era più piccola di quella mod. 33 (diametro esterno di m 3,30 anziché 3,90) per la minore lunghezza dei pezzi. Questo tipo di arma a tiro curvo era impiegato per potere battere con maggiore efficacia terreni montuosi o con forti pendenze. Aveva gittata massima di 6.000 metri.

Obice da 75 mm mod. 32 R da torretta mod. 1905

Ne vennero utilizzati solo due in una sola torretta di vecchio tipo, impiegata già nei forti di Verdun, che venne "riciclata" per motivi economici nell'opera di Chesnois (S.F. di Montmédy). Aveva gittata di 9.000 metri.

Mortaio Brandt da 81 mm mod. 32 da casamatta e torretta

Il mortaio da 81 mm venne adottato per la difesa vicina delle opere e per battere obiettivi defilati, date le sue caratteristiche balistiche del tiro molto arcuato e del proietto contro le fanterie avversarie; quindi aveva un impiego ideale in ambiente montuoso e in particolare sulle Alpi. Nella Maginot Alpina, infatti, le postazioni dei mortai sono quasi sempre ricavate nel piano inferiore dei blocchi, sotto ai cannoni-obici o agli obici-mortai da 75 mm.

Per potere rimanere all'interno del blocco di calcestruzzo il mortaio, arma normalmente ad avancarica, dovette essere modificato e trasformato in un pezzo di tipo completamente nuovo, che conservò del mortaio campale praticamente solo il calibro e il tipo di munizionamento.

Il mortaio adottato quindi fu a retrocarica e con angolo fisso di elevazione (45°). Per variare la gittata del colpo, oltre alle cariche diversificate, venne ideato un sistema a recupero di gas: ad ogni colpo una parte dei gas di sparo veniva incamerata in due grossi cilindri sovrastanti la canna, in modo da rallentare il colpo stesso; la quantità di gas assorbita dalle due "marmitte" veniva regolata attraverso una valvola posta sulla canna, che veniva aperta o chiusa (a seconda se il colpo doveva essere più o meno rallentato) con un volantino posto sul lato sinistro del mortaio, a fianco al volante di brandeggio. Il sistema rendeva possibile sparare a gittate molto corte (circa 300 metri) per difendere le prossimità dell'opera oppure, senza incamerare i gas e con la carica massima, sino a 3.600 metri. Sia il modello da casamatta che quello da torretta erano identici, non avendo comunque meccanismi di elevazione. Rispetto agli altri pezzi di artiglieria mancava il sistema di recupero dei bossoli, infatti le cariche erano formate da piccoli sacchetti che venivano eventualmente aggiunti sulle alette del codolo (nel caso la carica minima contenuta nella cartuccia non fosse stata sufficiente), che bruciavano nell'esplosione non lasciando, dopo lo sparo, residui di sorta. Nel caso di impiego in casamatta, la corazzatura utilizzata consisteva in un grosso cassone in due parti imbullonate, annegato nella muratura del blocco, con le pareti gradonate che, dalla feritoia a sfera, andavano allargandosi verso l'esterno con inclinazione costante di 45° verso l'alto. La feritoia rimaneva quindi in fondo al fossato diamante e non era visibile dal piano di campagna, rimanendo protetta dai tiri diretti. La volata del mortaio era immorsata in una sfera (che consentiva i movimenti azimutali) a sua volta incastrata nel piastrone corazzato che chiudeva anteriormente la casamatta e imbullonato, a sua volta, al cassone gradonato. La piastra era sostenuta, per non gravare sulla canna, da un grosso contrappeso. In torretta i due mortai erano affiancati, come pure in tutte le altre installazioni in torrette a scomparsa, unica differenza col modello in casamatta era l'assenza del meccanismo di brandeggio, in quanto ovviamente i due mortai ruotavano con tutto il complesso. In totale venne impiegato in centoventotto esemplari: di cui quarantadue, esclusivamente al Nord-Est,[30] in torretta a scomparsa e ottantasei in casamatta di cui diciotto al Nord-Est e sessantotto sulle Alpi.

Lanciabombe da 135 mm mod. 1932 da casamatta e da torretta

Era un'arma studiata appositamente per la Linea Maginot, adottata perché era problematico, all'interno delle opere, impiegare il calibro da 155 mm, sia per il maneggio delle relative munizioni sia per la modifica dei cannoni esistenti, mentre vi era la necessità di un proiettile di alta potenza per distruggere eventuali fortificazioni campali realizzate dal nemico per assediare la linea difensiva. Aveva gittata di 6.000 metri, cadenza di tiro di otto colpi al minuto e proiettile del peso di diciannove chili. Aveva otturatore a cuneo orizzontale azionabile mediante una leva; dietro all'arma il solito scivolo permetteva il recupero dei bossoli, che cadevano sino ad un vano a tenuta stagna sottostante, dove poi erano successivamente tolti dopo la fuoriuscita dei gas. Fu utilizzato in quarantatre esemplari in totale, di cui quattro sulle Alpi: nove sotto casamatta, di cui due nell'opera di Sainte Agnès e trentaquattro pezzi in torretta, di cui due nell'opera di Monte Grosso a Sospel.

TABELLA RIASSUNTIVA ARTIGLIERIE				
TIPO DI PEZZO	**GITTATA MASSIMA** Metri	**CELERITA' DI TIRO** Colpi al minuto	**CALIBRO E RAPPORTO CALIBRO / LUNGHEZZA**	**LUNGHEZZA DELLA CANNA (m)**
Cannone-obice da 75 mod. 29 (casamatta)	12.100	12 - 26	75 / 36	2,721
Cannone-obice da 75 mod. 32 (casamatta	11.900	12 - 26	75 / 32	2,421
Cannone-obice da 75 mod. 33 (torretta)	11.900	12 - 26	75 / 32	2,421
Cannone-obice da 75 mod. 33 (casamatta ad azione frontale solo sulle Alpi)	11.900	12 - 26	75 / 32	2,421
Obice-mortaio da 75 mod. 31 (casamatta solo sulle Alpi)	6.000	12 - 26	75 / 18	1,371
Obice-mortaio da 75 mod. 32 R (torretta e casamatta esclusivamente al Nord)	9.200	12 - 26	75 / 21	1,555
Lanciabombe da 135 mod. 32 (casamatta e torretta)	5.600	8	135 / 8	1,145
Mortaio da 81 mod. 32 (casamatta e torretta)	3.600	13 - 26	81 / 19	1,575

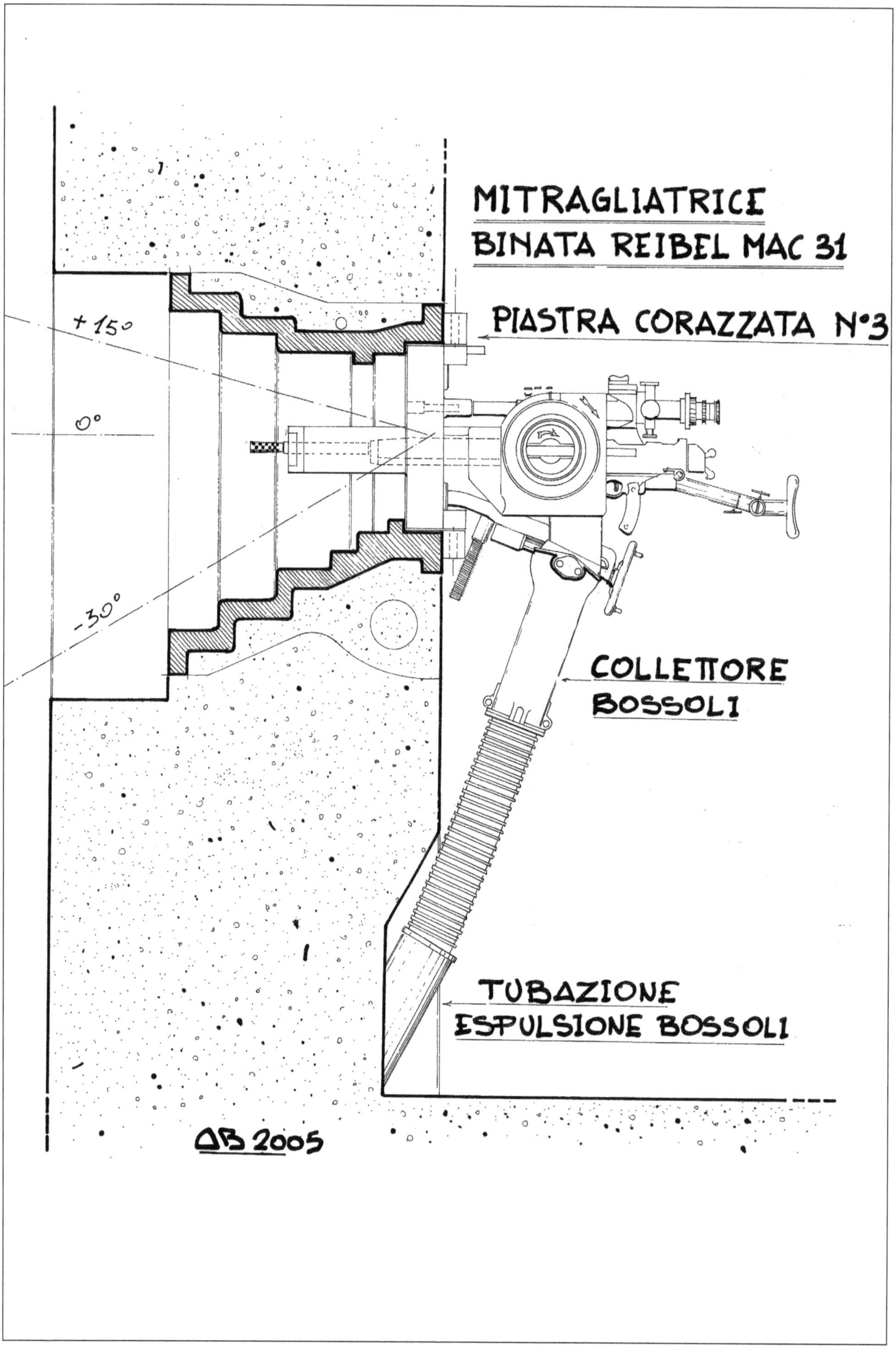

Fig. 8. Installazione mitragliatrice binata REIBEL MAC 3.

Nell'installazione in casamatta aveva sistemazione simile al 75 R mod. 32 e al 75 mod. 31, con cassone in putrelle e piastra corazzata, sfera da feritoia e bocca da fuoco che non fuoriusciva all'esterno; in questo modo una piastra a ghigliottina occultava completamente l'apertura dell'arma quando non era in azione, proteggendola da schegge e proiettili. La torretta aveva dimensioni veramente minime, con diametro di tre metri. La massa oscillante occupava quasi interamente l'interno della torretta e lasciava spazio solo per due uomini, le cui possibilità di movimento erano molto ridotte. Per questo motivo i proiettili salivano da un montacarichi cilindrico direttamente dentro un caricatore basculante; i due serventi potevano solo ruotare il congegno e, spingendo una leva dietro al bossolo, introducevano il proiettile dentro la culatta, quindi chiudevano l'otturatore, verso l'esterno della torretta, e facevano fuoco. Il raffreddamento avveniva in teoria con secchi d'acqua, il poco spazio disponibile però induce a pensare che, nelle azioni di fuoco prolungate, venisse impiegata una manichetta flessibile.

Fucile mitragliatore mod. 24/29

Era l'arma destinata alla difesa vicina delle opere, principalmente in tiri di fiancheggiamento e sul rovescio. Era impiegato nelle porte blindate (con una piccola feritoia chiudibile con uno sportellino), nelle torrette G.F.M. (su un supporto chiamato *cadre mobile*), nelle feritoie dei blocchi e delle caponiere di difesa interna (su un supporto a sfera). Il fucile mitragliatore aveva calibro di 7,50 mm (canna con quattro rigature con passo di 235 mm), portata pratica di 600 metri, cadenza di tiro teorica di cinquecento colpi al minuto (pratica di duecento), aveva caricatori lineari di venti colpi. In attesa dell'entrata in servizio delle mitragliatrici binate MAC 31, fu anche impiegato in questo ruolo per un periodo limitato, in complessi sempre binati, su affustino provvisorio. Il raffreddamento avveniva cambiando la canna a seconda della celerità e frequenza di tiro. I bossoli, durante il fuoco, venivano espulsi all'esterno della casamatta attraverso una tubazione flessibile e un tubo in ferro che perforava obliquamente la muratura del blocco; questi cadevano nel fossato diamante e i gas di sparo fuoriuscivano così all'esterno, evitando di inquinare l'aria delle postazioni. Nelle torrette G.F.M. una tubazione raccoglieva i bossoli esplosi che finivano in una scatola stagna. Un apposito ventilatore a mano, posto a fianco del cassone metallico, espelleva i gas prodotti dal fucile mitragliatore all'esterno, mentre i bossoli venivano recuperati in un secondo tempo. I fucili mitragliatori che armavano porte blindate e caponiere interne (che avevano minori possibilità di entrare in azione, al contrario di quelli in casamatta e torretta) non potevano avvalersi di questo sistema e avevano un sacchetto di juta sul fianco destro dell'arma, dove erano raccolti i bossoli durante il fuoco. In questo caso i gas prodotti rimanevano nell'atmosfera, ma il sistema di ventilazione li disperdeva abbastanza rapidamente.

Mitragliatrice binata Reibel MAC 31

La mitragliatrice binata (chiamata *jumelage de mitrailleuses –J.M.-* ovvero letteralmente "gemellaggio di mitragliatrici") era formata da due Reibel MAC 31 (modello 1931 F), inserite una accanto all'altra in un supporto, con il quale venivano mosse insieme nella stessa feritoia e sullo stesso campo di tiro. Il complesso serviva sostanzialmente all'utilizzo alternato delle due armi, per consentire il raffreddamento di una delle due mitragliatrici, la sostituzione dei caricatori ed eventualmente delle stesse armi; il tutto per garantire continuità di fuoco. In casi eccezionali era infine possibile utilizzare entrambe le mitragliatrici per disporre di un doppio volume di fuoco. Il raffreddamento delle canne era ottenuto smontandole (sostituendole con altre di ricambio a portata di mano) e immergendole in acqua in un apposito contenitore, oppure con iniezione di acqua (sistema Vermorel). La mitragliatrice binata Reibel MAC 31 equipaggiava sia le casematte, impiegate in fiancheggiamento, sia le torrette J.M. (mitragliatrice F), prevalentemente usate in azione frontale o in zone esposte ai tiri diretti, sia le torrette a scomparsa (mitragliatrice T)[31]; solo sulle Alpi è possibile trovare alcune postazioni in blocco di calcestruzzo ad azione frontale, come nel blocco 2 dell'opera di Cap Martin. I suoi caricatori da centocinquanta colpi avevano forma circolare e per questo erano chiamati *camembert*, dalla forma dell'omonimo formaggio. La mitragliatrice MAC 31 aveva calibro di 7,50 mm[32], con portata massima teorica di 5.000 metri, pratica di 1.200 metri, celerità di tiro di settecentocinquanta colpi al minuto e velocità iniziale del proiettile di 694 m/sec, la rigatura della canna era la stessa del fucile mitragliatore con quattro rigature con passo di 235 mm. Analogamente al fucile mitragliatore, i bossoli esplosi cadevano all'esterno della postazione grazie a un tubo che, annegato obliquamente nel muro del blocco, sbucava nel fossato diamante. In questo modo anche i gas fuoriuscivano e non rimanevano all'interno della postazione. Vennero complessivamente installati 1213 complessi binati in casamatta, 174 in torretta fissa (*cloche J.M.* mod. A), 72 in torretta fissa modello B, 92 nelle torrette armi miste, per un totale di 1551 *jumelage* e 3102 armi, senza tenere conto delle mitragliatrici e delle canne usate come ricambio.

Mitragliatrice Hotchkiss mod. 1930 da 13,2 mm

Utilizzata quasi esclusivamente al Nord-est, aveva le seguenti caratteristiche: portata massima 7.000 metri, cadenza di tiro quattrocentocinquanta colpi al minuto, caricatore da trenta colpi.

Lanciagranate *goulottes a granades*

Consisteva in un tubo inclinato di circa 45° che perforava le murature dei blocchi e che permetteva di lanciare le granate difensive modello 15 o D 37 negli angoli morti e nei fossati diamante[33]. All'interno del blocco il tubo era sormontato da una "testa" di ottone nella quale si inseriva la bomba a mano, quindi, dopo aver fermato una sorta di culatta con movimento circolare, si toglieva la sicura con una apposita chiave, poi si spingeva la leva che buttava verso l'esterno la granata. La chiusura sommitale impediva l'ingresso all'interno di gas o eventuali schegge mentre la forte inclinazione del tubo serviva a far scivolare verso il basso la bomba; all'uscita la leva di caricamento si apriva e la bomba esplodeva dopo quattro secondi.

Mortaio da 50 mm mod. 1935

Il mortaio da 50 mm armava le torrette G.F.M. ma, in alcuni rari casi, era utilizzato anche sotto *beton*, ovvero in casamatta, con una feritoia simile a quella del mortaio da 81 mm ma di minori dimensioni.

Analogamente al mortaio da 81 mm, ma in modo più spartano, funzionava con il recupero dei gas di sparo, consentendo il tiro con inclinazione costante di 20°. Usava un proietto di 900 grammi con gittata massima di 320 metri. Serviva alla difesa vicina dell'opera e, nelle torrette G.F.M., si alternava nelle tre o cinque feritoie, insieme al fucile mitragliatore, all'episcopio e al blocchetto binocolo. Quest'arma non deve essere confusa con l'altro tipo di mortaio da 50 mm che avrebbe dovuto equipaggiare le torrette LG, quest'ultimo aveva caratteristiche analoghe, con campo di tiro di 360° e possibilità di regolazioni in elevazione. Venne impiegato soprattutto nelle torrette G.F.M. tipo A (in tutto 1007 mortai: 907 nel Nord-Est e 102 nelle Alpi); 14 esemplari furono invece installati in casamatta (9 in cofani di controscarpa e di difesa del fossato a Hackenberg, Hochwald e Roche la Croix; 5 in casematte di fiancheggiamento a Haut e Bas de St.-Ours, Pas du Roc e casamatta di Fond d'Havange); infine 7 mortai vennero impiegati in altrettante torrette per armi miste. Nelle torrette G.F.M. tipo B non fu realizzato in tempo utile un supporto adeguato.

Cannoni anticarro AC 47 mm mod. 1934, AC 37 mm mod 1934 e AC 25 mm mod. 1934

Nel 1934, stante il rapido sviluppo dei mezzi corazzati, fu studiata la possibilità di dotare le casematte di fanteria di un cannone anticarro, inizialmente non previsto; queste erano infatti solo armate con due mitragliatrici binate ed eventuali fucili mitragliatori, quindi si pose la necessità di

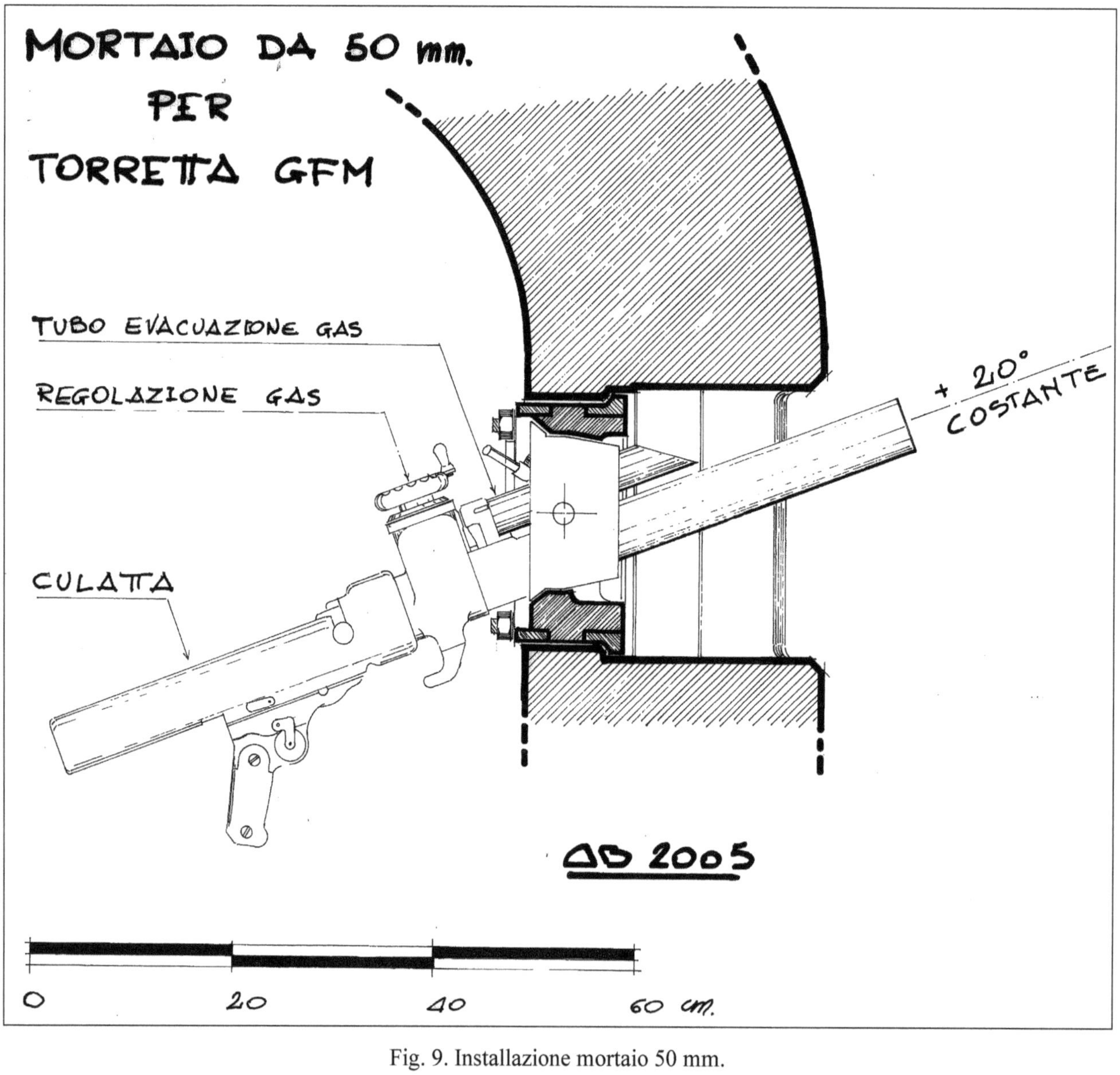

Fig. 9. Installazione mortaio 50 mm.

dotarle di un'arma a tiro teso in grado di fermare eventuali mezzi blindati. Ovviamente, vista la presenza di due sole feritoie, si rese necessario abbinare il pezzo anticarro ad uno dei due complessi JM. Così una feritoia ebbe cambiata la *tremie*, ovvero la corazzatura, con una più grande dove il cannone anticarro poteva sostituire, in caso di necessità, la mitragliatrice binata. Quest'ultima veniva tolta ruotandola da un lato mentre il pezzo, sospeso al soffitto della camera di tiro con una rotaia aerea, era sospinto dalla posizione di attesa (quando non utilizzato), sin dentro alla feritoia e poi ad essa agganciato. Grande inconveniente di tutto il sistema era dover fare una scelta su quale arma impiegare e poi il dover aprire la feritoia magari durante l'azione per sostituire il cannone al *jumelage de mitrailleuses* o viceversa.[34] Tenuto conto dello scarso spazio disponibile all'interno delle casematte (talune in fase di costruzione, altre addirittura già ultimate), vennero posti allo studio due tipi differenti di pezzi: uno da 47 mm e uno da 37 mm; quest'ultimo da impiegare in quelle casematte dove le limitate dimensioni interne non rendevano possibile l'uso del calibro maggiore. I due cannoni erano molto simili, differivano per il calibro, le dimensioni e, ovviamente, per caratteristiche balistiche; avevano per contro lo stesso sistema di funzionamento, con culatta a otturatore a vitone eccentrico di tipo Nordenfeld. Vennero posizionati in totale 145 pezzi da 37 mm e 336 da 47 mm. Il sistema di recupero dei bossoli era identico a quello impiegato nelle mitragliatrici binate, con cui i cannoni venivano alternati. Dopo lo sparo il bossolo cadeva nello scivolo posto dietro alla culatta e quindi attraverso lo stesso tubo, posizionato sotto alla feritoia, finiva nel fossato diamante. Un terzo tipo di cannone anticarro, l'AC 25 mm, venne adottato per le torrette di armi miste e le torrette girevoli.

Arma mista

Era composta da un cannone anticarro da 25 AC mod. 34, accoppiato a due mitragliatrici MAC 31 Reibel; era utilizzata in alcune torrette girevoli a scomparsa, in apposite torrette fisse e in torrette tipo J.M. Modificate. 7 - *Primi studi per la difesa delle Alpi* I primi studi sull'organizzazione difensiva delle frontiere risalgono al Giugno del 1920; a partire da questa data infatti, il Consiglio Superiore della Guerra inizia a effettuare alcune ricognizioni sui vari teatri. La froniera alpina e la Costa Azzurra vennero affidate al Generale Nivelle che, il 6 Ottobre 1920, nella stesura della sua relazione, definiva prive di presidi e con gli apprestamenti difensivi abbandonati. Dal 1920 al 1925, seguirono dibattiti e discussioni sulla strategia difensiva mentre, il regime fascista e il Capo del Governo Benito Mussolini, non tardarono a manifestare intenzioni aggressive, con la rivendicazione dei territori ceduti a suo tempo alla Francia: la Savoia e il Nizzardo, ma anche della Corsica e Tunisia, con la conseguenza di indirizzare l'attenzione dello Stato Maggiore Francese anche alla difesa del confine con l'Italia. Alla fine di Febbraio del 1925 il Ministro della Guerra Nollet, incaricava il Generale Degoutte di definire le caratteristiche di una linea difensiva che consentisse all'Armata delle Alpi di presidiare il confine e garantirne l'inviolabilità con forze minime, permettendo in contropartita di ammassare tutti i reparti disponibili alla frontiera con la Germania. L'alto ufficiale mise a punto un programma di massima (presentato l'11 Agosto 1926) che prevedeva una sistemazione difensiva molto prossima alla frontiera, con la retrostante strada di collegamento *Route del Alpes* per lo spostamento rapido dei reparti sui settori più minacciati e la realizzazione di un grande numero di opere piccole, armate solo con armi automatiche. Si trattava di un'organizzazione molto simile al futuro Vallo Alpino d'oltralpe che avrebbe inglobato le precedenti strutture risalenti alla fine del 1800 e che, nelle particolari condizioni operative della cerchia alpina, potevano conservare ancora una certa validità. A seguito del rapporto Degoutte, la C.D.F. presentò il progetto di massima al Consiglio Superiore della Guerra; l'impostazione della sistemazione venne accettata e il Generale Degoutte, condusse ulteriori studi determinando il numero dei "centri di resistenza" necessari, la loro ubicazione e il costo approssimativo, gli interventi per il miglioramento dei forti esistenti, le

TABELLA CANNONI ANTICARRO		
CARATTERISTICHE	**CANNONE AC 47 mod. 1934**	**CANNONE AC 37 mod. 1934**
Calibro	47 mm	37 mm
Lunghezza della canna	2,52 m	1,97 m
Cadenza di tiro	20 colpi al minuto	20 colpi al minuto
Settore di tiro orizzontale	45°	45°
Settore di tiro verticale	Da –15° a + 10°	Da –15° a + 10°
Velocità iniziale	900 metri al secondo	850 metri al secondo
Perforazione corazza a 1000 metri	45 - 60 mm	34 – 40 mm
Peso proiettile perforante	3,00 kg	2,00 kg
Lunghezza proiettile perforante	53 cm	30 cm

strade da realizzare. Contemporaneamente venivano avviati i primi lavori: nuove caserme a Breil e Lantosque, posizioni di artiglieria a Testa della Lavina. Nel frattempo, indipendentemente, veniva redatto dal Ministero della Guerra un *programma ridotto per la difesa di Nizza* che contemplava quattro nuove opere da affiancare ai vecchi forti esistenti e che, a breve, avrebbbe intanto portato all'avvio dei lavori a Rimplas. Si era nell'Agosto del 1927 e questa bozza, dopo l'abbandono del progetto ipotizzato da Degoutte, sarebbe stata la base per i successivi studi della difesa del Nizzardo. Il 15 Dicembre 1927 il Generale Degoutte portava alla Commissione di Difesa delle Frontiere una relazione più particolareggiata, specificando che, sullo sviluppo totale di 440 chilometri, di fatto solo 150 km sarebbero stati effettivamente protetti da opere permanenti. La sua "Organizzazione Difensiva della Frontiera delle Alpi" prevedeva la realizzazione di 400 opere, strade, teleferiche, caserme, depositi munizioni, batterie, ecc. Il progetto veniva però rigettato dalla C.D.F. che riteneva le opere troppo vicine al confine e il costo tropo alto. Venivano così buttati al vento tre anni di lavoro e si doveva ricominciare da zero. A Degoutte subentrò il Generale Fillonneau; questi riprese il *programma ridotto per la difesa di Nizza* e concentrò le fortificazioni sui punti vitali di un'eventuale penetrazione avversaria in territorio francese, sacrificando una parte di terreno, arretrando le opere, e ritenendo non indispensabile l'incrocio del fuoco di artiglieria su tutto il fronte. La C.D.F. scartava così definitivamente le opere piccole di fanteria, optando per la realizzazione di opere miste, armate con armi leggere ma soprattutto artiglierie a tiro rapido; si trattava di opere ben più complesse rispetto a quelle di tipo "alpino" del Generale Degoutte, uniformando quindi il Sud-Est al fronte Nord.

Il 30 Febbraio 1930 vedeva la luce il *programma ristretto*, che inizava a prevedere le opere sui siti attuali, infine il *programma ristretto rimaneggiato* dell'8 Dicembre 1930 contemplava la sistemazione definitiva che, con poche modifiche, veniva effettivamente realizzata. Sulle Alpi, la Posizione di Resistenza, ricalcava in parte quella del vecchio sistema difensivo Séré de Rivières, questo per tre motivi: riutilizzare per quanto possibile le opere esistenti, utilizzare siti già serviti da strade militari e ridurre al minimo gli espropri; il tutto allo scopo di ridurre in modo significativo i costi. Il sistema difensivo Séré de Rivières risaliva alla fine del XIX secolo ed era costituito da una serie di forti che proteggevano vari punti della frontiera; analogamente alla Maginot Alpina sbarrava le vallate e concentrava nel Nizzardo una quindicina di opere a controllo del litorale e della conca di Sospel. La difesa di Nizza contava, tra le diverse opere (suddivise tra il fronte di terra, quello di mare e le posizioni avanzate), i forti di Mont Boron, Drete, Revère, Téte de Chien, Mont Agel, e soprattutto quello del Barbonnet, ancora in grado di far sentire la sua voce nel 1940, con quattro cannoni da 155 mm R de Bange in torrette girevoli modello Mougin. Di fatto, quella del Barbonnet, fu l'unica opera che venne integrata nella nuova sistemazione, gli altri forti, tutti con pezzi allo scoperto, potevano ancora essere usati per batterie campali. Mantennero poi la loro importanza quasi tutte le posizioni per batterie, con strade di accesso e ricoveri, tutte leggermente arretrate rispetto alla P.R. ma che nel Giugno 1940 appoggiarono la difesa.

8 - *La Maginot alpina*

La prima opera della Linea Maginot ad essere iniziata fu quella di Rimplas, a cavallo delle valli Vésubie e Tinèe, i cui lavori di costruzione iniziarono il 4 settembre 1928, addirittura senza l'approvazione dei progetti definitivi, in risposta a discorsi contro la Francia tenuti da Mussolini, e a supporto della tesi che il fronte alpino non era ritenuto assolutamente secondario rispetto ad altre zone di operazioni. Il forte di Rimplas meritò quindi l'appellativo di "opera pilota", in quanto antesignana di tutta la linea e perché qui si sperimentarono alcune delle nuove soluzioni tecniche. L'opera era un ibrido; contornata lungo tutto il perimetro da un muraglione in cemento che circondava interamente l'altura dove il complesso era ricavato, era priva di fossati diamante (che caratterizzarono le altre opere), aveva, caso raro nelle Alpi,[35] tre ingressi distinti (per munizioni, fanteria e teleferica) e l'armamento standard delle opere.
Sul resto della linea i lavori iniziarono l'anno successivo; nel 1929 vennero avviati i primi scavi delle opere maggiori al Nord, mentre nel 1930 ebbero inizio i lavori sulle Alpi. Qui, in alcune zone, il rigore della stagione invernale e soprattutto la neve, impedirono ai lavori di procedere celermente; infatti allo scoppio delle ostilità, alcune opere non risultarono completate: all'Authion, nell'opera di Plan Caval, per motivi economici e progettuali, l'inizio dei lavori subì ritardi continui e le strutture vennero costruite solo parzialmente; l'opera al Colle di Restefond venne dotata di un ingresso provvisorio, poi non più modificato, e rimase priva di alcuni blocchi rimasti a livello di progetto, mentre parte delle gallerie rimase con centine e strutture del cantiere in sito, tuttora visibili; l'opera del Pas du Roc rimase con un ingresso ridotto; altre opere furono semplicemente cancellate dai programmi e neppure iniziate.

Analogamente al Nord l'ossatura della Posizione di Resistenza era composta da opere grosse, armate di pezzi di artiglieria e armi di fanteria, da opere piccole, con armi solo di fanteria, e da alcuni osservatori. Le opere grosse, o miste, avevano il compito principale di controllare con le artiglierie una vasta zona dal confine sino alla linea di arresto. Erano battuti colli, sentieri, strade, valli e le stesse opere, al fine di impedirne l'assalto di guastatori e fanterie nemiche. Il fuoco, lo si ripete, poteva controllare una vasta zona, dal confine sino a una certa profondità dietro alla posizione difensiva e raggiungeva la massima intensità lungo la Posizione di Resistenza, linea ideale che congiungeva tutte le opere (grandi e piccole) della sistemazione e dove, in ultimo, si doveva stroncare l'attacco nemico che, comunque, sino alla P.R. era stato rallentato, impedito, fiaccato. Le varie tipologie di pezzi di artiglieria presenti nelle opere consentivano di battere quasi completamente il terreno, tuttavia alcune limitate zone d'ombra dovevano essere controllate da opere piccole, armate di mitragliatrici e pezzi anticarro, poste soprattutto in prossimità di colli e passaggi obbligati, dove non era possibile o conveniente erigere opere miste. L'osservazione era effettuata direttamente dalle opere, con torrette (posizionate sugli stessi blocchi di artiglieria o in blocchi staccati) aventi il compito specifico di dirigere il tiro dell'artiglieria; quando alcuni settori di tiro, per la conformazione del terreno, non risultavano visibili, era prevista la realizzazione di opere apposite, come quelle di Mont Gros de Roquebrune e Pic de Garuche, aventi esclusiva funzione di controllare e dirigere il tiro di opere e batterie campali, formate da un ingresso, alcune gallerie con locali logistici, camerate, centrale elettrica, ecc. e una torretta osservatorio. La sistemazione difensiva era poi completata da alcune piccole casematte, in prevalenza costruite poco prima della guerra, e da una serie di avamposti posizionati a ridosso del confine.

Il dispositivo difensivo di tutto l'arco alpino, e quindi anche la Maginot Alpina, ricadevano nell'ambito della 6ª Armata, più comunemente chiamata Armata delle Alpi; essa sarà detta *invaincue*, l'invitta, perché nell'ambito delle operazioni belliche dal Maggio al Giugno 1940, fu la sola a non aver subito l'onta di sconfitte o ritirate. La 6ª Armata era sotto il comando del Generale Olry (con a Capo dello Stato Maggiore il Generale Mer), aveva sede a Valence[36] ed era a sua volta suddivisa in due corpi d'armata: il 14°, che copriva il fronte dal Lago di Ginevra sino al Colle della Maddalena (*Col de Larche*) e il 15° che dal Colle del Ferro (posto poco sotto al Colle della Maddalena) giungeva sino al mare. Il 14° Corpo d'Armata comprendeva a sua volta il Settore Difensivo del Rhone (S.D.R., privo di opere permanenti), il Settore Fortificato della Savoia (S.F.S.), il Settore Fortificato del Delfinato (S.F.S.), la 66ª e 64ª Divisione di Fanteria e aveva comando a Grenoble; il 15° Corpo d'Armata comprendeva a sua volta il Settore Fortificato delle Alpi Marittime (S.F.A.M.), la 2ª Divisione di Fanteria Coloniale (riserva di Corpo d'Armata) e la 65ª Divisione di Fanteria. Quando si profilò il pericolo delle armate tedesche in marcia verso Sud, che minacciavano di investire l'Armata delle Alpi alle spalle, le due divisioni di riserva vennero inviate a fronteggiarle, insieme con altre truppe racimolate nel Sud della Francia e armate con quanto trovato in magazzini e addirittura nei porti; l'8ª Divisione di Fanteria partì il 10, la 2ª Divisione di Fanteria Coloniale partì il 12 Giugno. Altre due divisioni di fanteria, la 29ª e la 30ª, poco prima dello scoppio delle ostilità con l'Italia, erano già state inviate a Nord, al confine tedesco. Elemento molto importante dell'Armata delle Alpi erano anche le S.E.S., le *Sections d'Eclaireurs – Skieurs*, (Sezioni di Esploratori – Sciatori); infatti i B.C.A. di cui facevano parte, nel 1939, erano stati mandati al Nord, sul fronte tedesco, e questi piccoli ma agguerriti reparti, erano le sole

Fig. 10. Opera di Roquebrune (SFAM) torretta metallica GFM.

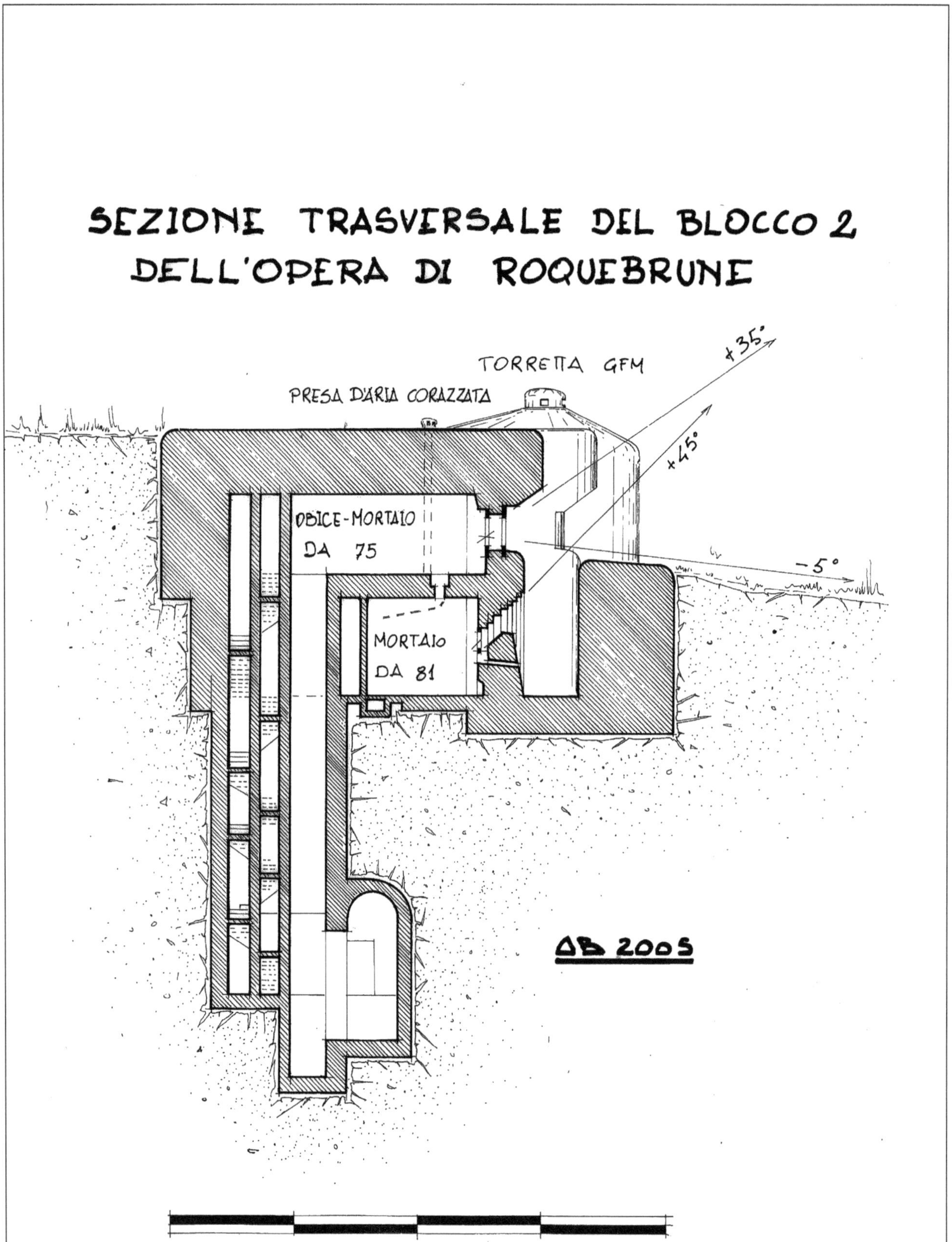

Fig. 11. Sezione trasversale blocco 2 Roquebrune.

truppe mobili destinate a interporsi tra il confine e la P.R. e tra le opere stesse della Posizione di Resistenza. Le S.E.S. erano plotoni di quaranta uomini (sotto il comando di un ufficiale) costituite nell'ambito di ciascun battaglione alpino francese (i B.C.A., Bataillon Chasseur Alpins) e battaglione alpino da fortezza (B.A.F.), con soldati scelti sotto il profilo alpinistico e militare. Le S.E.S. furono particolarmente adatte alle piccole azioni aggressive e alla difesa avanzata in montagna, destinate ad operare in terreni perfettamente conosciuti a causa del reclutamento su base locale e del lungo, costante allenamento sul territorio affidato alla loro custodia. Si trattava quindi di truppe che oggi chiameremmo "d'élite", selezionate e motivate, in grado di operare sul terreno in modo autonomo rispetto agli altri reparti. Esse erano divise in tre gruppi di combattimento, piccole unità autonome di una dozzina di uomini, dotate di un fucile mitragliatore e comandate da un sergente; loro compito era pattugliare e controllare il confine di stato, osservare i movimenti nemici e prendere prigionieri per fornire informazioni ai comandanti di battaglione, intraprendere combattimenti di ritardo tra la frontiera e la linea degli avamposti, contrattaccare come truppa di riserva, una volta effettuato il ripiegamento dietro gli avamposti, e come truppe di intervallo tra gli stessi e tra le opere della Posizione di Resistenza.

Riassumendo in pochi dati la Linea Maginot Alpina, è possibile ricordare che i tre settori fortificati in cui essa era suddivisa, quello delle Alpi Marittime (S.F.A.M.), quello del Delfinato (S.F.D.) e quello della Savoia (S.F.S.), contavano un totale di 23 opere grosse, 27 opere piccole, 3 osservatori, 11 ricoveri, 7 casematte e 26 avamposti, ai quali è necessario aggiungere molte piccole casematte, costruite dalla mano d'opera militare, disseminate lungo tutto il fronte. Sulle porzione Nord e Centro del fronte alpino le opere erano concentrate nei nodi di Bourg St. Maurice, Modane, Briançon, Tournoux, Restefond, Ubaye e Tinèe-Vésubie (importanti punti di passaggio, solcati da rotabili e che costituivano vie di penetrazione avversaria), nella porzione più meridionale, ovvero nel Settore Fortificato delle Alpi Marittime (S.F.A.M.), la linea era pressoché continua, in quanto le difficoltà offerte dall'ambiente montuoso erano minori mentre maggiori i valichi e le vie di accesso. Lo S.F.A.M. era quindi il tratto di fronte più robusto, col maggior numero di opere per chilometro di fronte (anche in confronto con il Nord-Est) e dove si concentravano ben 14 opere miste (di cui una, quella di Plan Caval, mai terminata e a cui andrebbero aggiunte ben tre opere in progetto), 19 opere piccole, 1 ricovero attivo, 2 osservatori, 18 avamposti, 27 casematte sulla P.R. e 7 sulla seconda linea.

I settori fortificati erano poi suddivisi in sottosettori e quartieri, a titolo di esempio il Settore Fortificato delle Alpi Marittime era suddiviso in cinque Sottosettori: **Mounier**, **Tinèe-Vésubie**, **Authion**, **Sospel** e **Corniche**; a sua volta questi erano formati da Quartieri. Nella porzione Sud del fronte, da Sospel al mare, vi erano il **Quartiere Brouis**, il **Quartiere del Braus**, il **Quartiere St. Jean**, il **Quartiere Castillon**, il **Quartiere Sainte Agnès** e il **Quartiere Mentone**; qui, sui 18 chilometri di fronte, si contavano dieci opere grosse e sei opere piccole, con un'alta densità di fuoco grazie ai ventotto cannoni da 75 mm, trentaquattro mortai da 81 mm, quattro lanciabombe da 135 mm, tre cannoni anticarro e trentaquattro mitragliatrici binate.

La sistemazione della Maginot Alpina era formata da diverse linee successive e scaglionate in profondità: la **Posizione degli Avamposti**, situata a circa due chilometri dal confine; la **Posizione di Resistenza** (P.R.), arretrata in media di quattro, cinque chilometri dalla frontiera; una **Posizione Intermedia** (P.I.), che avrebbe dovuto fermare eventuali superamenti della P.R.; una **Seconda Posizione**, solo con casematte isolate, a controllo di alcune rotabili. La realizzazione della **Posizione degli Avamposti** era stata decisa nel 1930, al fine di creare una linea meno arretrata della Posizione di Resistenza e quindi molto più vicina alla frontiera politica. Le motivazioni di questa scelta erano diverse: prima di tutto avere un'organizzazione avanzata, dove gli alpini avrebbero potuto operare, per rallentare e fiaccare un'eventuale offensiva italiana prima che questa giungesse a contatto con la Posizione di Resistenza; avere opere in grado di osservare il tiro delle batterie e delle opere della P.R sulle posizioni di frontiera e sino alla linea degli avamposti; infine avere una base di partenza per azioni offensive, oltremodo difficoltose in ambiente montano se prive di punti di appoggio. La linea degli avamposti era inizialmente prevista come posizione temporanea per rallentare l'avversario e, quindi, da abbandonare; nel giugno 1940 veniva però rivalutata e quindi ridefinita come linea avanzata della P.R. da difendere quasi a oltranza, in quanto era battuta e difesa dalle artiglierie delle opere C.O.R.F. In casi estremi, ovvero (come poi avvenne) se gli avamposti fossero stati accerchiati e le strutture attaccate direttamente, gli uomini di presidio potevano rifugiarsi nel ricovero (parte più interna e quindi più protetta dell'opera), abbandonando le postazioni esterne e le casematte, nell'attesa che il bombardamento, effettuato dalle opere C.O.R.F. per "ripulire" le sovrastrutture, avesse eliminato così gli attaccanti e il pericolo di un assalto. Terminato il tiro di artiglieria gli uomini potevano nuovamente uscire e riprendere possesso delle posizioni. Quasi tutti gli avamposti furono realizzati con la mano d'opera militare dal 1930 al 1939. Tale tipo di intervento diede buoni risultati e il lavoro di soldati e alpini fu utilizzato anche per alcune piccole opere di tipo C.O.R.F., come il Champ de tir de l'Agaisen. Gli avamposti erano di piccole dimensioni, generalmente con due ingressi, due o tre blocchi, un osservatorio e un limitato sviluppo di cunicoli di collegamento, con alcuni locali logistici (depositi munizioni, viveri, ventilazione, ricovero, ecc.), scavati interamente in roccia. La protezione era in genere contro il proiettile da 150 mm, garantita da almeno quattro o cinque metri di roccia sovrastante o da copertura in

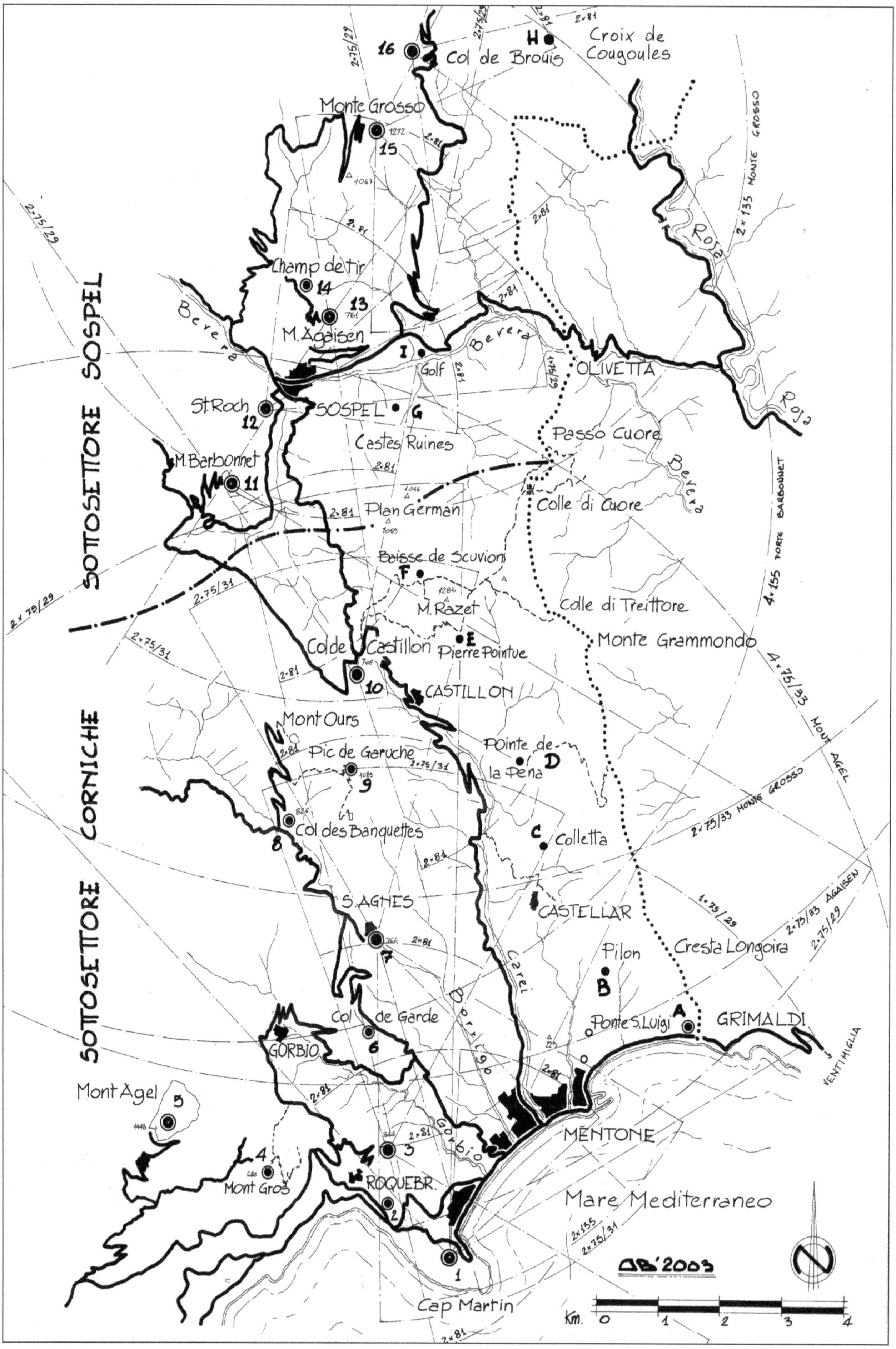

Fig. 12. Carta del Settore Fortificato delle Alpi Marittime (SFAM).

calcestruzzo per le postazioni. L'armamento era costituito da mortai (da 60 o 81 mm) e mitragliatrici; i mortai erano usati all'esterno, nei pressi degli ingressi da dove battevano i versanti opposti, le postazioni per mitragliatrice non avevano affustini né corazzature in acciaio; le armi erano direttamente appoggiate al cemento della feritoia, con un campo di tiro limitato all'obiettivo (di solito un sentiero). All'interno dei locali un ventilatore a braccia, alcune lampade a petrolio, un telefono da campo e delle brande ribaltabili costituivano la spartana dotazione dell'opera. I soldati poi provvedevano a fornire i piccolissimi fortini di maggiori comodità; infatti all'esterno alcuni ricoveri in lamiera grecata (ricavati di solito nei pressi delle entrate) erano alla base di un "fai da te" che comprendeva anche cucina, latrine e altri servizi accessori per disporre di un minimo di comfort. Nei dintorni dell'opera erano poi ricavate trincee, casematte isolate, osservatori, postazioni per mortai, ecc. il tutto circondato da filo spinato e cavalli di frisia, che formavano una sorta di centro di resistenza di cui l'opera era il fulcro.

La Posizione di Resistenza (P.R.), formava un vero e proprio "campo di battaglia organizzato", che comportava un margine anteriore e una linea di arresto (dove si doveva fermare il nemico); su questa si trovavano le opere di tipo C.O.R.F. che ne costituivano l'ossatura. La P.R. era inoltre battuta da batterie allo scoperto, che integravano quelle presenti nelle opere, e che avevano anche compiti di controbatteria. Sulla Posizione di Resistenza vi era il massimo concentramento di fuoco e solo nella porzione più meridionale, a Cap Martin, nel Giugno 1940, le punte avanzate dei reparti italiani vi giunsero a contatto, ma furono subito costrette a retrocedere dal fortissimo bombardamento messo in atto dal dispositivo francese.

La Posizione Intermedia (P.I.) doveva conferire profondità allo schieramento, soprattutto sulla costa, dove la presenza di molte strade e la possibilità di uno sbarco attuato dietro alla P.R. richiedevano un'azione delle artiglierie su 360°. Era dotata di una sola opera permanente, quella di Mont Agel che, non a caso, era armata con due torrette da 75 mod. 33, in grado di giungere con il loro tiro quasi fino a Ventimiglia. La **Seconda Posizione** era infine situata piuttosto arretrata e si attestava da Eze sino al Monte Macaron; doveva essere costituita da una serie di casematte, costruite solo in minima parte, a cavallo di alcune strade. Le truppe che presidiavano le opere e gli intervalli del Settore Fortificato delle Alpi Marittime appartenevano alla 58ª Mezza Brigata Alpina di Fortezza, creata a Nizza nel 1935. Essa era formata da tre Battaglioni di Alpini da Fortezza (B.A.F.): il 74° B.A.F. (con sede a Lantosque sottosettore Authion), il 75° B.A.F. (con sede a Sospel nell'omonimo sottosettore) e il 76° B.A.F. (con sede a Mentone sottosettore Corniche). I tre battaglioni, con la mobilitazione del 1939, aumentarono i propri effettivi sino agli organici di guerra e si divisero: nel Sottosettore Sospel vennero istituiti il 75°, l'85° e il 95° B.A.F., nel Sottosettore Corniche il 76°, l'86° e il 96° B.A.F. Ogni battaglione fornì

Fig. 13. Opera di Sainte Agnès (SFAM) blocco 2.

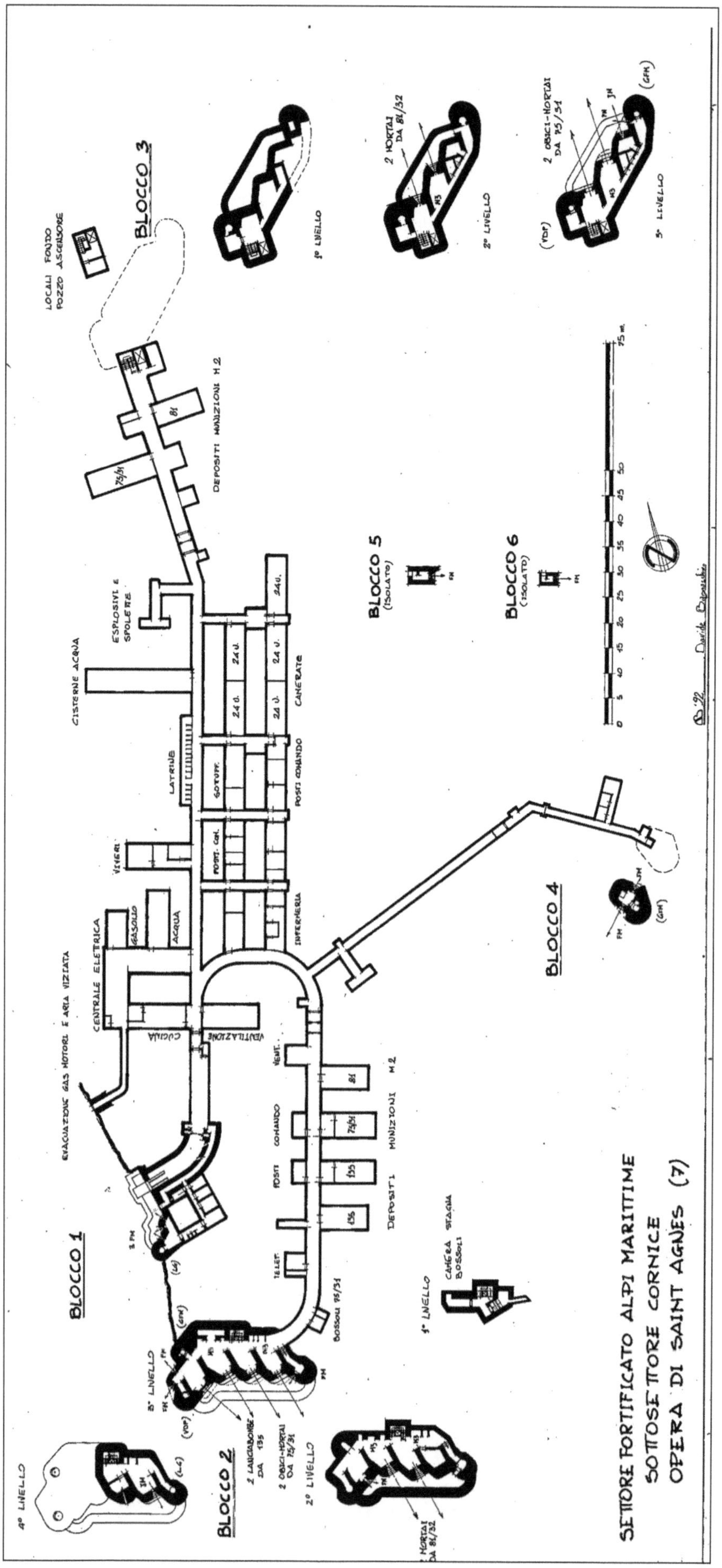

Fig. 14. Planimetria opera di Sainte Agnès (SFAM).

Fig. 14. Opera dell'Agaisen (SFAM). La centrale di ventilazione.

Fig. 15. Opera dell'Agaisen (SFAM). La centrale elettrica.

Fig. 16. Opera dell'Agaisen (SFAM). La galleria principale.

gli equipaggi alle opere di un quartiere, inoltre una parte degli uomini venne destinata al controllo del terreno tra le opere, per impedire infiltrazioni e superamenti della P.R. Nello S.F.A.M. si trovavano inoltre il 450° Reggimento Pionieri, che dal 1939 al 1940 realizzò molte piccole postazioni, casematte, ricoveri e posizioni campali a complemento della P.R., la 65ª Divisione di Fanteria[37] e la 2ª Divisione di Fanteria Coloniale[38] (quest'ultima inviata il 12 Giugno a fronteggiare le truppe tedesche provenienti da Nord).

8 - *Cosa rimane oggi della Linea Maginot?*

Sia al Nord-Est che sulle Alpi, molte opere sono state "adottate" da associazioni di volontari e quindi mantenute in ordine, restaurate, aperte al pubblico. Dopo la dismissione da parte dell'esercito, che sino agli anni '80 curava la manutenzione con reparti del Genio Militare, molti comuni hanno acquistato il terreno militare comprensivo delle opere affidandole poi ad associazioni che, unicamente per passione, grazie alle conoscenze tecniche e prestando gratuitamente la propria opera, potevano garantire la conservazione di questo enorme patrimonio, altrimenti destinato, lentamente, al decadimento. Infatti, nonostante la robustezza delle strutture, la ruggine, l'umidità, il mancato utilizzo, rischiavano di paralizzare le moltissime parti meccaniche di queste meraviglie tecnologiche. Gruppi elettrogeni, impianti elettrici, motori, ascensori, ventilazioni, torrette a scomparsa, ecc. potevano infatti bloccarsi per sempre se abbandonati a se stessi. Grazie a queste associazioni, nelle sole Alpi Marittime, ben cinque siti sono stati trasformati in musei: *Cap Martin, St. Agnès, St. Roch, Mont Barbonnet* (opera *Séré de Rivières* sovrapposta a opera Maginot) e *Agaisen.* In genere sono aperti il sabato e la domenica durante l'estate ma, sui relativi siti internet, è facile reperire informazioni su orari e aperture.

Sul sito dell'associazione Studi Cavità Artificiali Sanremo: www.scas.it è possibile chiedere informazioni su orari e accessibilità dei vari musei, documentazione, organizzazione di visite guidate.

9 - *Note*

[1] M.O.M. (Main-d'Oeuvre Militaire), opere realizzate con mano d'opera militare; S.T.G. (Section Technique du Genie), opere realizzate da parte della sezione tecnica del genio, C.O.R.F. (Commission d'Organisation des Règions Fortifiées), commissione di organizzazione delle regioni fortificate.

[2] Le truppe alleate, nei primi giorni di guerra, fecero solo una piccola avanzata dimostrativa, rientrando però dopo poco tempo dietro le proprie linee difensive.

[3] Ciò era dovuto in parte al fatto che anche in Belgio e Olanda erano in corso di costruzione fortificazioni di tipo moderno e in parte alla necessità di dimostrare che, in caso di conflitto, la Francia non avrebbe abbandonato al loro destino i due piccoli paesi (nonostante fossero neutrali), ma sarebbe intervenuta attivamente con l'esercito, soprattutto nel caso di invasione.

[4] La porzione di confine con la Germania coincidente con il Fiume Reno era protetta da casematte C.O.R.F., che controllavano la riva sinistra del corso d'acqua.

[5] Sebbene l'iter relativo alla sistemazione e i relativi finanziamenti fossero, in parte, già stati discussi e preparati dai ministeri precedenti, il nome di Andrè Maginot rimase quale simbolo a causa della sua notorietà anche presso il grande pubblico. Era infatti, per esempio, molto noto come grande invalido del primo conflitto.

[6] In seguito questa distanza media tra opera e opera varierà sensibilmente, adattata alle esigenze del terreno.

[7] Anche intorno alle opere vi era un reticolato che ne circondava interamente il perimetro, controllato dalle mitragliatrici dei blocchi e delle torrette G.F.M.; questo solitamente si saldava, sul fronte, con quello generale della P.R. (Posizione di Resistenza).

[8] Linea ideale che congiungeva tutte le opere e che formava la posizione dove il nemico doveva essere fermato.

[9] Gli avamposti sono trattati in modo più approfondito nella parte riguardante lo S.F.A.M., poiché questo tipo di opere non aveva caratteristiche standard e univoche per tutta la linea, ma erano realizzate su direttive che differivano da una regione all'altra.

[10] Questi servivano soprattutto in caso di attacco di sorpresa e senza dichiarazione di guerra ed erano presidiati in modo permanente.

[11] La classificazione ufficiale in realtà distingueva le opere in cinque classi: 1a classe, opere di grandi dimensioni con armamento misto (artiglierie e mitragliatrici) ed equipaggio oltre i 600 uomini; 2a classe, opere medie con armamento misto (artiglierie e mitragliatrici) ed equipaggio medio di 450 - 600 uomini; 3a classe opere piccole con armamento misto (artiglierie e mitragliatrici) e opere con sole armi di fanteria di dimensioni medie ed equipaggio medio di 200 - 450 uomini; 4a classe opere piccole con sole armi di fanteria ed equipaggio medio di 80 uomini; 5a classe opere molto piccole o monoblocco con sole armi di fanteria.

[12] Piccoli fortini a forma di casa di civile abitazione, armati con mitragliatrici e pezzi anticarro, posti a immediato ridosso della frontiera, su rotabili o sentieri importanti. Le maisons – fortes (case fortificate) erano presenti solo al Nord – Est.

[13] Lo spessore sovrastante le gallerie e le caserme era in diretta dipendenza del tipo di terreno: lo spessore minimo era di 12 metri per roccia dura, 16 metri per rocce calcaree, da 18 a 20 metri per terreno di media consistenza e da 25 a 30 metri per terreni argillosi.

[14] Lo spessore delle solette era leggermente minore di quello dei muri verticali perché, una parte delle macerie prodotte dalle esplosioni, ricadevano sulle stesse coperture, contribuendo, seppure in maniera ridotta, alla resistenza ai colpi successivi.

[15] In seguito questa scelta si rivelò un errore; i reparti tedeschi infatti, nel Maggio 1940, attaccarono la Linea Maginot sul rovescio, nel punto più critico e inflissero gravi danni a casematte e alcune opere piccole. Emblematico fu il caso dell'opera piccola de La Ferté, unica opera conquistata dai reparti della Wehrmach, nella quale trovò la morte l'intero equipaggio.

[16] Inizialmente la C.O.R.F. aveva studiato un'arma da 60 mm, successivamente, per motivi tecnici e per le esigue dimensioni interne delle torrette, si era preferito il calibro da 50 mm che utilizzava le stesse munizioni del mortaio già impiegato nelle torrette G.F.M. e in alcune casematte. Il mortaio da 50 mm da impiegare nelle torrette L.G. era tuttavia di nuovo tipo, non fuoriusciva dalla cupola, aveva un'elevazione variabile da 55° a 90° e aveva campo di tiro di 360°.

[17] Di fatto le porte corazzate erano impiegate direttamente in facciata solo negli avamposti e nelle opere di fanteria della Linea Maginot delle Alpi e in poche altre opere.

[18] Durante la Grande Guerra alcune colonne di rifornimenti furono fatte a pezzi mentre cercavano di portare munizioni e viveri ai forti.

[19] Ad esempio una torretta con due obici da 75 mod. 33 e due da 75 R mod. 32 (Billig), oppure una torretta da 135 mm e un lanciabombe da 135 in casamatta (Hackenberg).

[20] Eccezione era costituita dalle opere di Monte Grosso, sopra Sospel, e dal Lavoir, a Modane, le più grandi delle Alpi, che erano dotate anch'esse di quattro gruppi elettrogeni.

[21] Nelle opere del Nord-Est il camino di evacuazione fumi, aria viziata e aria di raffreddamento dei motori era generalmente posizionato nel blocco dell'ingresso uomini, nelle opere delle Alpi il pozzo sboccava all'esterno con un blocco apposito.

[22] L'acqua per uso potabile era stoccata in cisterne apposite, veniva poi filtrata e depurata in apposite vasche e, prima dell'uso, era contenuta in cisterne più piccole sufficienti all'uso giornaliero

[23] La cella frigorifera serviva per stoccare la carne utilizzata poi in cucina, ma poche opere ne erano dotate; un 'opera media come l'Agaisen o Roquebrune riceveva, ogni giorno, un quarto di bue per le necessità del presidio.

[24] Le opere comunicavano tra loro anche via radio; gli apparecchi erano solitamente sistemati in un locale apposito del blocco ingresso e l'antenna posizionata sulla visiera, alcune opere disponevano di radio anche in alcuni blocchi attivi (con le antenne installate sulle visiere o nei fossati diamante a seconda del migliore defilamento), per diminuire le possibilità di danneggiamento e quindi di non potere comunicare in caso di taglio delle linee telefoniche.

[25] Solitamente, accanto alle armi (sia artiglierie che di fanteria) e nelle torrette, vi era la presa per collegare un apparecchio telefonico.

[26] Trattando sui pezzi di artiglieria è necessario fare una precisazione; mentre in Italia è d'uso riassumere le caratteristiche di un'arma indicando il calibro seguito dalla lunghezza della bocca da fuoco in rapporto al calibro stesso (come per esempio obice 75/13, dove 75 è il diametro in millimetri e 13 il numero da moltiplicare per 75 per ottenere la lunghezza della canna dal vivo di culatta sino alla volata), in Francia è consuetudine indicare il pezzo sempre con il numero del calibro, seguito però dal modello dell'arma (per esempio cannone da 75/97 o 75 mod. 1897 esprime il calibro e l'anno di progettazione del pezzo).

[27] Mortaio: arma con lunghezza della canna sino a 11 volte il calibro; obice: canna con lunghezza compresa tra 12 e 22 calibri; cannone: arma con lunghezza della canna superiore a 22 calibri. Il mortaio esegue tiro estremamente arcuato, l'obice è impiegato normalmente per tiro curvo ma, eventualmente, può fare fuoco anche con tiro teso, il cannone esegue tiro teso. Il cannone-obice da 75 mm (mod. 29, 32 e 33), nonostante la lunghezza della canna, era chiamato così stante la possibilità, con la notevole elevazione (sino a 40° 30'), di effettuare sia tiro teso che curvo.

[28] Le armi ad azione frontale erano ritenute molto vulnerabili, quindi, al Nord, esse erano limitate a quelle delle torrette a scomparsa, facenti

fuoco su 360°, e delle torrette fisse G.F.M. e J.M.; sulle Alpi, la necessità di battere alcuni obiettivi importanti, i siti talvolta obbligati e i limitati settori di tiro, richiese l'utilizzo delle casematte rivolte direttamente verso il nemico.

[29] È l'unico caso di armi recuperate da parte del Regio Esercito nelle opere della Maginot, forse nella previsione del loro utilizzo in alcune opere del Vallo Alpino Orientale, i cui lavori furono interrotti definitivamente solo nel 1943. L'affusto del cannone da 75 mod. 33 era analogo infatti all'installazione Tipo 4 ed era forse l'unico adattabile alle casematte in costruzione.

[28] L'opera di Plan Caval, all'Authion, avrebbe dovuto essere equipaggiata con una torretta per due mortai da 81/32, nel Giugno del 1940, i lavori furono però interrotti e l'unica parte completata rimase quella di fanteria, con tre blocchi; molte gallerie rimasero a livello di scavo e il blocco della torretta, in parte già gettato, venne tappato alla sommità e il pozzo di accesso chiuso.

[31] I due modelli di mitragliatrice (T e F) erano identici; unica differenza era il sistema di sparo: a impugnatura con grilletto per la F (casematte e cloche), dispositivo elettrico via cavo per il modello T (torrette a scomparsa e armi miste).

[32] La cartuccia era la 7,5 x 54, identica a quella del fucile mitragliatore, quella normalmente usata era il modello 1929 D ma potevano essere utilizzati anche tutti gli altri tipi di cartuccia da 7,5 e precisamente: 1929 C, P, T e T.P.

[33] Altrimenti non battuti dai fucili mitragliatori. In alcune opere della foresta di Cattenom, tra le prime a essere realizzate e dove l'uso delle goulottes non era ancora previsto, i fossati erano controllati da alcune feritoie per F.M. particolarmente inclinate verso il basso.

[34] Questo problema fu particolarmente sentito nella piccola opera di Ponte San Luigi, dove le truppe italiane erano a pochi metri dalla casamatta e il tempo necessario alla sostituzione dell'arma poteva essere cruciale, perché un soldato avrebbe potuto infatti colpire la feritoia aperta con una bomba a mano o una bomba da moschetto.

[35] L'unica altra opera che possiede le tre tipologie di ingresso è quella di Mont Agel, nelle Alpi Marittime.

[36] A Valence era di stanza anche l'8a Divisione di fanteria, unica riserva d'armata.

[37] La 65ª Divisione di Fanteria era sotto il comando del Generale Saint-Julien ed era formata dalla 42a e 46a Mezza Brigata Cacciatori delle Alpi, dal 203° Reggimento di Fanteria Alpina, dal 42° Reggimento Artiglieria Alpina, dal 242° Reggimento Artiglieria Pesante Ippotrainata e dal Gruppo di Ricognizione Divisionario 54

[38] La 2ª Divisione di Fanteria Coloniale Divisione di Fanteria era sotto il comando del Generale Maignan ed era formata dal Reggimento di Fanteria Coloniale del Marocco, dal 4° e 8° Reggimento di Tiratori Senegalesi, dal Gruppo di Ricognizione Divisionario 72, dal 2° Reggimento di Artiglieria Coloniale e dal 202° Reggimento Artiglieria Coloniale Pesante Corta Ippotrainata.

10 - *Bibliografia*

Azeau H. , *La guerra dimenticata*, Mondadori, Milano 1969

Bagnaschino D., *Il Vallo Alpino a Cima Marta*, Atene Edizioni, Arma di Taggia 2002

Bagnaschino D., *La Linea maginot del Mare,* Atene Edizioni, Arma di Taggia 2007.

Bagnaschino D. Corino P., *Alta Roja Fortificata*, Melli, Borgone di Susa (To) 2001.

Beraud H., *Bataille des Alpes.* Album memorial, Heimdal, Bayeux 1987.

Cima B. e R., *Ouvrage du Cap Martin*, Auto-Editions Cima, Menton 1996.

Cima B. e R., *Ouvrage du Saint Roch*, Auto-Editions Cima, Menton 1989.

Cima B. e R., *Ouvrege du Barbonnet*, Auto-Editions Cima, Menton 1988.

Cima B. e R., *Abri des Banquettes*, Auto-Editions Cima, Menton 1996.

Cima B. e R., *La glorieuse defense de Pont Saint-Louis*, Auto-Editions Cima, Menton 1995.

Cima B. e R., *Ouvrage du Sainte Agnès*, Auto-Editions Cima, Menton 1989.

Cima B. e R., *Castillon 76° B.A.F., Auto*-Editions Cima, Menton 1991.

Gallinari Vincenzo, *Le operazioni del Giugno 1940 sulle Alpi Occidentali,* U.S.S.M.E. Roma 1994.

Mary J. Y., *La Ligne Maginot*, Ed. Sercap, Paris 1985.

Marchini U., *La Battaglia delle Alpi Occidentali. Giugno 1940*, U.S.S.M.E., Roma 1947.

Montagne A., *La bataille pour Nice et la Provence,* Les Editions des Arceaux, Montpellier 1952.

Truttmann P., *La Muraille de France*, Gerard Klopp, Thionville 1992.

Truttmann P., *La Barrière de Fer*, Gerard Klopp, Thionville 2000.

Wahl J.B., *Il était una fois LA LIGNE MAGINOT*, Do. Bentzinger, Colmar 1999.

IL VALLO ALPINO AL CONFINE FRANCESE. LA FORTIFICAZIONE ITALIANA DELL'ULTIMO CONFLITTO DELLE ALPI OCCIDENTALI

Autore
Davide Bagnaschino Associazione Studi Cavità Artificiali Sanremo

Sommario

Il Vallo Alpino era quel complesso di apprestamenti difensivi, realizzato a cavallo delle due guerre mondiali, a difesa di tutta la frontiera terrestre italiana, da Ventimiglia a Fiume; si trattava di una linea difensiva montana, che sfruttava appieno la scarsità di rotabili, sentieri, di colli e le difficoltà create dall'ambiente alpino. La sistemazione difensiva era composta da vari elementi: strade, batterie, caserme, depositi, opere permanenti. Ovviamente le strade furono le prime ad essere costruite; alcune risalivano alla fine del XIX secolo mentre, la maggior parte, al periodo tra le due guerre, in particolare al 1924-25, quando si ebbe un'implementazione della rete stradale, la realizzazione di nuove batterie campali con relativi tracciati di accesso, la costruzione di caserme, depositi e di alcune piccole postazioni in caverna per mitragliatrici e cannoni in diverse zone dell'arco alpino. Data ufficiale di nascita del Vallo Alpino fu il 6 Gennaio 1931, quando lo Stato Maggiore del regio Esercito emanò le prime disposizioni organiche per la creazione della nuova sistemazione difensiva che, nella parlata corrente, venne definita *Vallo Alpino Littorio.*

Abstract

THE VALLO ALPINO ON THE FRENCH BORDER. THE ITALIAN FORTIFICATION SYSTYEM IN THE FINAL CONFLICT OF THE WESTERN ALPS.
The Alpine Wall was that complex of defensive structures, built at the turn of the two world wars, in defense of the entire land border Italian, from Ventimiglia to River; it was a defensive line mountain, which fully exploited the shortage of rolling stock, trails, hills and the difficulties created by the Alpine environment. The defensive system was compose of various elements: roads, batteries, barracks, stores and permanent works. Obviously the roads were the first to be bilt; some dating back to the late nineteenth century while, most, to the period between the two wars, in particular to 1924-25, when it had an implementation of the road network, the realization of new field batteries with relative paths, access, construction of barracks, store and some smaller station in the cave for machine guns and cannons in different areas of the Alps. Official date of birth of the Alpine Wall was January 6, 1931, when the General Staff of the Army issued the first instructions for the creation of the new defensive system that, in current parlance, was defined *Vallo Alpino Littorio.*

1 - *Introduzione*

Nel 1861, con la nascita del Regno d'Italia, uno dei tanti problemi che il governo si trovò a dover risolvere, fu la protezione delle frontiere, sguarnite per la cessione, con Nizza e la Savoia, di alcune piazze forti, per l'annessione di nuovi territori e per l'inadeguatezza della capacità di resistenza ai nuovi mezzi di offesa delle altre opere. Il 2 agosto del 1871, la Commissione Permanente per la Difesa Generale dello Stato elaborò il "Piano generale per la difesa dell'Italia", che avrebbe dovuto chiudere ermeticamente le frontiere marittime e terrestri della penisola. La commissione inizialmente predispose un quadro dai costi esorbitanti che oltrepassava di molte misure le possibilità finanziarie dello stato. Il piano ebbe quindi vita tormentata soprattutto per le critiche condizioni economiche del neonato regno e si sviluppò con notevoli ritardi e amputazioni, con l'eliminazione dalla carta interi campi trincerati e opere. Tali variazioni, aggiustamenti, i tagli ai lavori previsti portarono all'attuazione di un piano ridimensionato rispetto ai primi intendimenti. Limitando la disamina al confine con la Francia, si adeguarono le opere di Fenestrelle, Exilles e Bard, con nuove strutture sulle ali; vennero costruite nuove opere ai valichi delle Alpi Liguri e degli Appennini, al Colle di Tenda, a Vinadio, al Moncenisio, a Bardonecchia, a Cesana, a Clavière. Ovviamente le prime realizzazioni furono rotabili e mulattiere; per garantire la percorribilità alle artiglierie di armata e corpo d'armata l'imponente rete viaria fu caratterizzata da ampi raggi di curvatura, carreggiate con larghezza minima di quattro metri e basse pendenze. Tutte queste strade si rivelarono assai preziose per la successiva realizzazione del Vallo Alpino, in quanto le posizioni difensive, già frutto di scelte oculate, mantennero inalterate le proprie caratteristiche di facile difesa, di posizioni dominanti, di ampia osservazione, di predominanza ed elevazione per battere linee di comunicazione, accessi, quote oltre confine. In seguito vennero costruite le batterie, le opere, i baraccamenti, depositi, polveriere e caserme. Le batterie e le opere fortificate, posizionate nei luoghi più adatti allo svolgimento dei loro compiti di interdizione e sbarramento, coronarono gli sforzi compiuti permettendo il controllo dei vari accessi da oltre confine. Le batterie occasionali erano semplici piazzole con uno spianamento del terreno, con semplici muretti a secco a sostegno di un rialzo in terra (le barbette). Le batterie permanenti (di maggiore importanza) avevano piazzole in muratura, riservette e ricoveri in caverna, pezzi su affusti da assedio ed erano permanentemente armate. A debita distanza si trovavano caserme e locali accessori. I forti veri e propri potevano essere di due tipi: opere con pezzi allo scoperto, ovvero sostanzialmente batterie che comprendevano però anche riservette interrate, polveriera, locali alla prova (camerate, cucine, depositi, ecc. protetti da volte in muratura e uno strato di terra) eventuale fronte per fucileria e un fossato con caponiere o cofani di controscarpa, a difesa di eventuali assalti delle fanterie nemiche; opere a struttura casamattata, ovvero con armi protette da muratura in pietrame e copertura in terra, a protezione dei colpi diretti.

Le batterie permanenti e i forti, rispetto alle batterie occasionali avevano la sostanziale differenza che i pezzi, invece che su affusto da assedio, erano incavalcate su affusto da difesa, con sottostante rocchio e rotaie di brandeggio ed erano sempre in posizione. A partire dal 1900 (alcune opere di transizione nacquero a cavallo dei due secoli), vennero realizzate le batterie corazzate (anche dette tipo Rocchi): strutture non più in pietra ma in cemento e acciaio. Su un corpo di fabbrica in cemento, con protezione ai medi calibri e caserma sul fronte di gola, vennero posizionate le artiglierie con "installazione a pozzo", ovvero incassate in pozzi cilindrici all'interno della batteria, e protette superiormente da una cupola in acciaio (con spessore sino a 18 cm). Frontalmente, ovvero dalla parte esposta ai colpi nemici, l'opera offriva un profilo sfuggente con visibili solo le torrette e gli eventuali osservatori; le aperture delle caserme, dei corridoi e degli altri locali erano aperte sul fronte di gola, al riparo dai colpi diretti. Polveriere erano ricavate in locali in caverna, solitamente separati dal corpo principale.

2 - *Nascita del Vallo Alpino*

In Italia, analogamente agli altri stati europei, nel primo dopoguerra, furono intrapresi studi per nuove fortificazioni permanenti. Le opere italiane, durante la grande guerra, non avevano retto il confronto con i pezzi di grosso calibro; il forte, come prima era inteso, doveva quindi scomparire, insinuarsi sottoterra, per sottrarsi ai colpi di un'artiglieria divenuta micidiale e di un'aeronautica che prometteva grandi sviluppi. Tutto doveva diventare più discreto e confondersi con l'ambiente circostante, pur acquistando, nelle parti visibili, resistenza ai colpi con l'uso dell'acciaio e del cemento in un insieme omogeneo. Tutta l'opera era quindi da realizzarsi sottoterra mentre, in superficie, la presenza era limitata al minimo; emergevano solo dei blocchi, più o meno grandi, dove si trovavano, fortemente protette, le armi, parte attiva del complesso. In Italia, seppur timidamente, si iniziò a dare concretezza a queste nuove teorie nel 1924, quando vennero costruite, anzi scavate, le prime strutture di quello che, otto anni più tardi, nel 1931, sarà chiamato Vallo Alpino Littorio o, più semplicemente, Vallo Alpino. Si trattava di semplici appostamenti in caverna per mitragliatrici che rafforzavano, in punti particolarmente delicati dello schieramento, la Posizione di Resistenza. Questo tipo di impianti vide la luce proprio durante la Grande Guerra. In più settori del fronte, mitragliatrici e artiglierie vennero postate in caverna, per porle al riparo dal tiro avversario: interventi integrati nel sistema campale delle trincee che, nel caso della Linea Cadorna,[1] furono applicati in un complesso omogeneo. Opere del genere furono realizzate in Val Roia, a San Dalmazzo di Tenda, e in Valle Stura,[2] (figg. 1,2) alle Barricate e al Becco Rosso. Di questi appostamenti ne rimasero allo stato d'origine solo alcuni in Alta Valle Roja, nelle gole antistanti S. Dalmazzo di Tenda; infatti la gran parte, furono modificati durante la costruzione delle opere del primo sistema difensivo del Vallo Alpino, dal 1931 al 1934.

Al Becco Rosso, alcuni appostamenti per mitragliatrice conservarono qualche caratteristica originaria, in quanto rimaneggiati solo superficialmente, mentre le due postazioni in caverna dei pezzi da 100/17 esistenti dal 1925 furono del tutto stravolte dai successivi lavori di costruzione della batteria. Questi primi "appostamenti per mitragliatrici", scavati nella roccia, senza alcuna rifinitura né rivestimento in calcestruzzo, erano armati con una o, raramente, con due mitragliatrici "pesanti" su treppiede. La feritoia, di dimensioni ridotte, non era irrobustita da alcuna corazzatura; il piccolo presidio disponeva, in alcuni casi, di un piccolo ricovero in roccia senza alcun impianto o comodità. Ovviamente le opere dovevano essere occupate solo in caso di ostilità e solo dagli uomini indispensabili all'uso delle armi. Più tardi, nell'ambito dei lavori del 1935, alcuni di questi appostamenti vennero dotati di porte metalliche "TIPO 1" agli ingressi e di una presa d'aria esterna, mentre un rivestimento in cemento delle camere di tiro definiva meglio le dimensioni interne delle opere; la maggioranza invece venne trasformata in centri di resistenza e quindi stravolti in ogni loro parte diventando l'ossatura della Posizione di Resistenza del nuovo Vallo Alpino; le loro gallerie furono ampliate, le

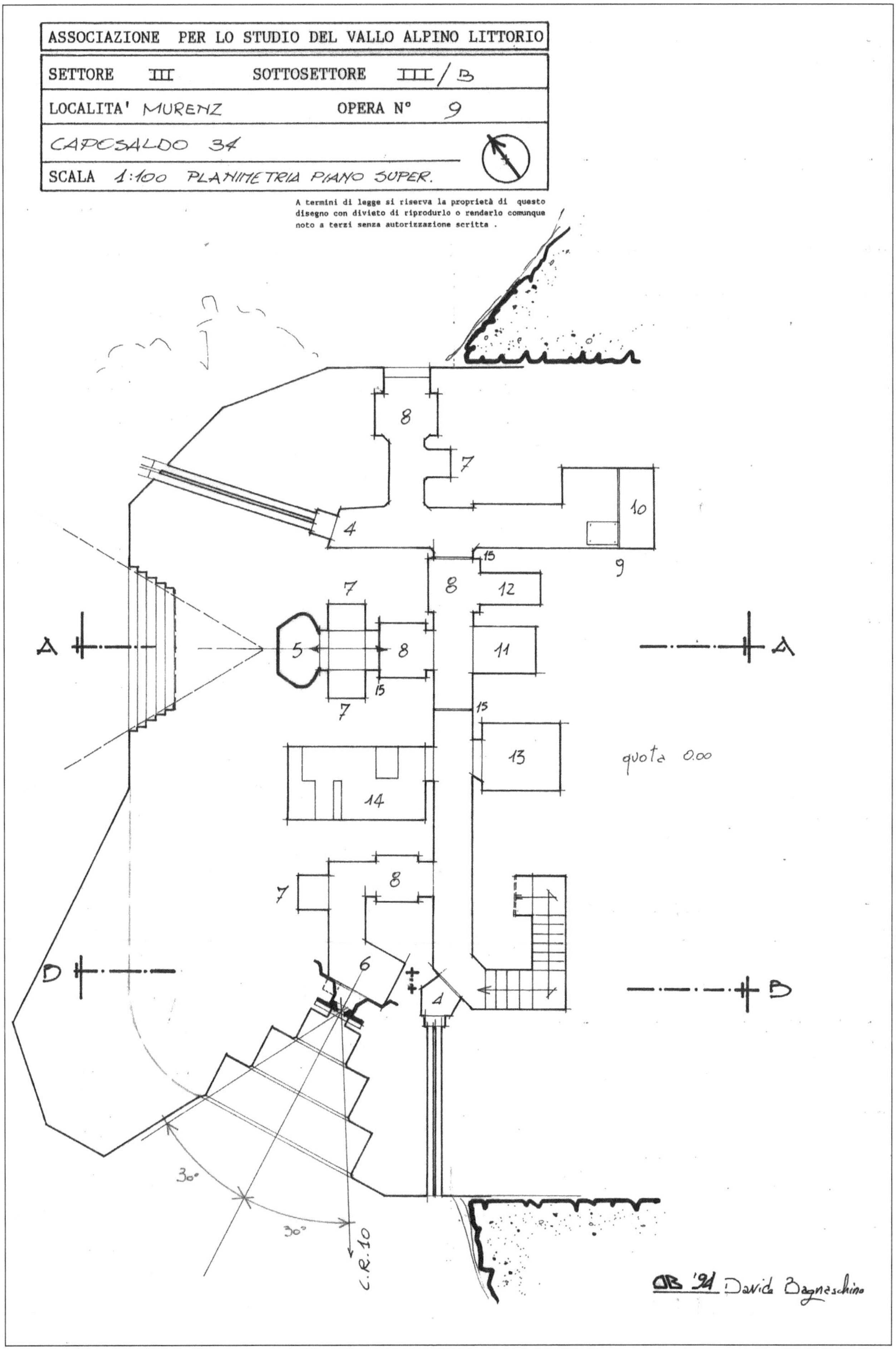

Fig. 1. Centro di resistenza 9 Sottosettore IIIB Alta Valle Stura.

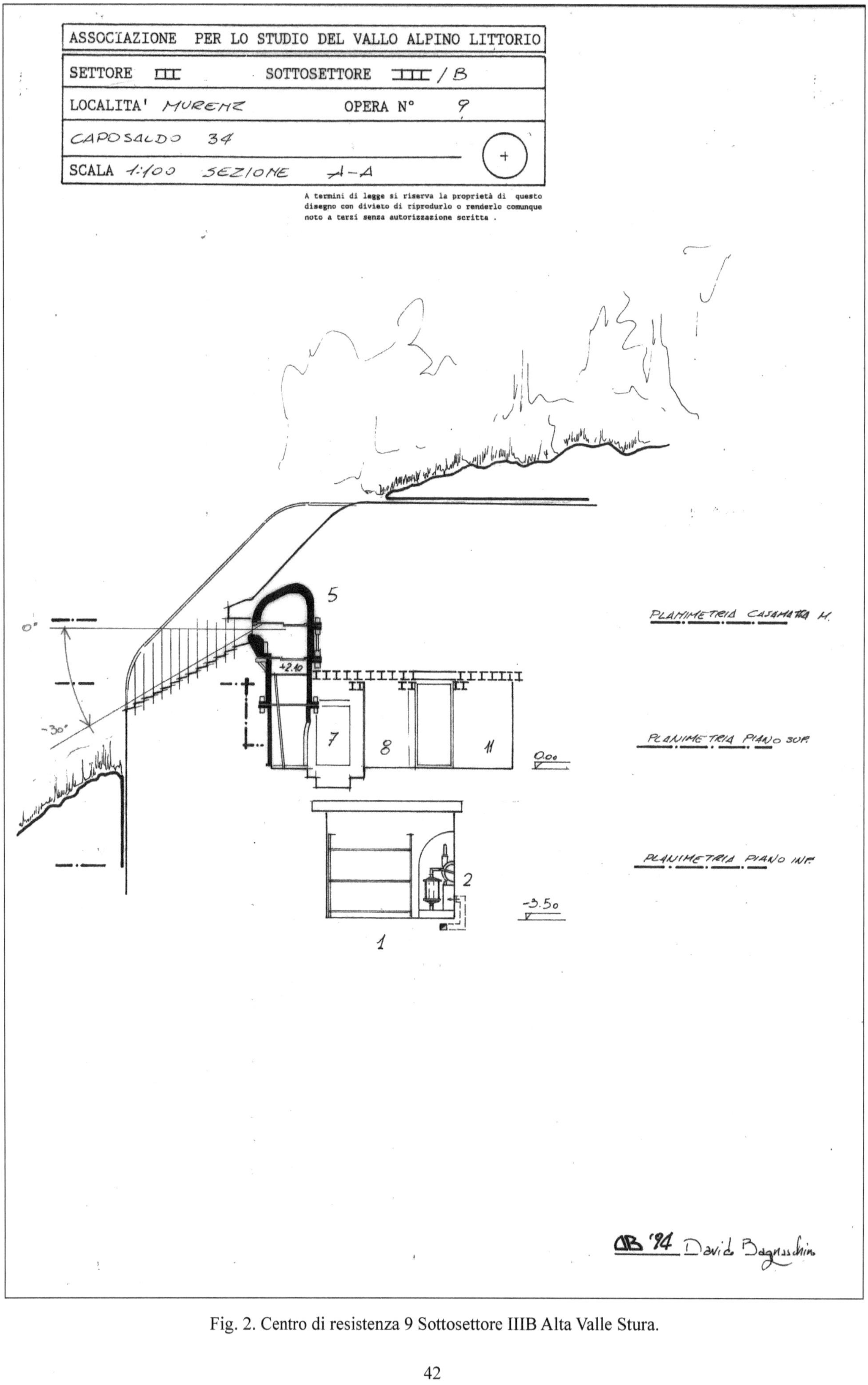

Fig. 2. Centro di resistenza 9 Sottosettore IIIB Alta Valle Stura.

feritoie vennero modificate, mentre nuove postazioni consentirono di battere nuovi settori di tiro. Il resto fu realizzato secondo le nuove disposizioni, ovvero le circolari 200, 300, 800 e successive modifiche dello Stato Maggiore dell'Esercito, che stabilivano le caratteristiche della linea fortificata italiana, le armi che avrebbero equipaggiato le opere, le corazzature da impiegare. Le prime notizie di queste opere ci sono pervenute da una relazione, inviata dalla Direzione Genio di Cuneo all'Ispettorato dell'Arma del Genio nel 1927: Relazione n° 2. Riservatissimo circa gli studi ed i lavori compiuti per la sistemazione difensiva del territorio della Divisione Territoriale di Cuneo. In evasione alla richiesta di notizie fatta dall'Ispettorato dell'Arma del Genio con foglio n° 106 riservatissimo in data 23 febbraio 1927 si espone qui di seguito, quanto è a conoscenza di questo ufficio su ciò che è stato fatto finora circa la sistemazione difensiva della frontiera della Divisione di Cuneo. Briga Marittima. Venne costruito ex novo un magazzino per ricovero delle seguenti artiglierie da posizione: 3 batterie da 75/906 (12 pezzi) - 3 batterie da 149/A (12 pezzi) – 2 batterie da 260 (8 pezzi). La costruzione fu iniziata nel marzo 1925, ultimata nell'agosto 1925. Colle Tenda. Baraccamento Centrale. Fu adattata una tettoia a deposito di 3 batterie da 75/906 (12 pezzi). Lavoro eseguito dal marzo al settembre 1924. Valle Roja. Nel tratto compreso fra il confine e la conca di San Dalmazzo inclusa furono costruite undici postazioni in caverna per mitragliatrici, complessivamente sedici feritoie. Alcune di dette postazioni sono munite di ricovero per truppa. Inizialmente le postazioni dovevano essere 13 (foglio 150-1-2 in data 27-1-1924 del Comando della Divisione di Cuneo) poi furono ridotte ad undici (foglio 412-1-2 in data 27-2-1924 dello stesso comando), rimandando la costruzione delle altre due ad un secondo tempo. Fino ad oggi, non si è però ricevuto ordine di costruirle. I lavori vennero iniziati nel febbraio 1924 ed ultimati nel dicembre 1925. Nel 1931 le Circolari 200 (6 Gennaio 1931) e 800 (5 Marzo 1931) dello Stato Maggiore dell'Esercito e le successive varianti e integrazioni (circ. 300 del 21 Gennaio 1932 e 2800 del 9 Luglio 1932) decretarono la nascita dell'Organizzazione difensiva permanente in montagna e del Vallo Alpino vero e proprio mentre, nel luglio dello stesso anno, i primi progetti vennero già trasmessi dai vari comandi di armata al Comando del Corpo di Stato Maggiore. La genesi non fu facile. Le disposizioni inizialmente contemplavano la costruzione delle opere solo dove si presentavano le seguenti condizioni:

a) terreno scoperto, tale da consentire esteso e libero campo di vista e di tiro;
b) possibilità di postazioni di batterie nemiche, a distanza di tiro di precisione, contro elementi della difesa.

I primi studi invece, redatti sulle carte dell'I.G.M., prevedevano una linea pressoché continua lungo tutto il confine, fuorché in zone veramente impraticabili (ghiacciai e zone particolarmente scoscese): si trattava nel complesso di coprire interamente i 478 km di fronte alpino nel settore occidentale e, con capisaldi solo su nodi stradali e colli, i 779 km del settore nord-orientale.[3] Al confine con la Francia, nei primi intendimenti, la sistemazione aveva carattere pressoché continuo; la linea difensiva non si limitava alle rotabili e colli ma si estendeva per una grande larghezza sulle ali diventando in talune zone una linea senza soluzioni di continuità. Era il caso della Valle Roia dove, le opere permanenti, si susseguivano dal mare sino alla Valle delle Meraviglie, talvolta in ambienti particolarmente impervi. In seguito i comandi d'armata e gli uffici fortificazioni effettuarono sopralluoghi per definire in modo più preciso ubicazioni, compiti e caratteristiche delle opere. Vennero redatti intanto anche i primi computi metrici per fornire ai comandi un'idea sommaria del costo delle realizzazioni. I computi, già nel 1932, si rivelarono sottostimati: per il limitato sviluppo delle opere inizialmente preso in considerazione, per la sopravvalutazione delle caratteristiche delle rocce, per la sottostima delle difficoltà tecniche. Infatti una più esatta previsione di spesa, e soprattutto i primi lavori, portarono all'eliminazione dalla carta di intere zone fortificate o, in taluni settori, di alcune opere; rimase il proposito, difficilmente attuabile, di realizzarle in un secondo tempo. Era nuovamente il caso della Valle Roia dove un tratto di linea, sul versante Nord della Valle delle Meraviglie, venne semplicemente cancellata dalle carte e, le opere facenti parte del versante Nord della Valle della Miniera, ridotte di numero. Sulla cresta del Colle della Lombarda quasi tutta la sistemazione fu eliminata (solo i ricoveri già iniziati vennero portati a termine). Solo nel 1937 si riconsiderò la difesa di queste e altre zone temporaneamente lasciate "scoperte". Al confine con con Svizzera e Austria non erano inizialmente previste opere permanenti, stante la loro neutralità e l'assenza di alcun contenzioso con queste nazioni; solo più tardi, nel 1934, al confine austriaco si iniziarono a fortificare i valichi stradali: Passo Resia, Passo del Brennero, Versciaco (Val Pusteria), Passo di Monte Croce Carnico, Porticina e Ratece, con due - tre opere per ogni sbarramento; il grande impulso a progettare e costruire i vari sistemi difensivi che possiamo vedere ancora oggi, ebbe avvio solo dopo l'Anschluss, nel 1938 e culminò negli anni dal 1940 al 1943. Al confine Jugoslavo, invece, la circolare 800 del 5 Marzo 1931 specificava le caratteristiche del Vallo Alpino al confine orientale, dove due sistemi successivi, prevedevano la realizzazione di opere sui nodi stradali.

3 - *Struttura, caratteristiche ed equipaggiamenti delle opere*

L'ossatura della linea era formata da opere disposte, oltre che per battere gli obiettivi loro assegnati, in modo da proteggersi reciprocamente con il *fuoco di fiancheggiamento*; tale linea formava la *Posizione di Resistenza* o *P.R.*, lungo la quale doveva essere fermato l'attacco avversario e dove si concentrava il fuoco delle mitragliatrici dei centri di resistenza, dei N.A.S. (Nuclei Armi Supplementari), dei pezzi delle batterie in caverna e di quelle posizionate allo scoperto. La linea era "materializzata" sul terreno dal reticolato, una siepe di filo spinato disposta su due o tre file e sorretta dai caratteristici paletti metallici a "coda di porco". Se alcuni elementi nemici fossero riusciti ad infiltrarsi tra le opere o a circondarne alcune, queste dovevano continuare le azioni di fuoco e resistere agli assalti, essendo previsti i contrattacchi per ricacciare indietro le truppe avversarie ed esistendo, sul margine posteriore della P.R. (fig. 3), una serie di postazioni, di opere o, in taluni casi, serie di opere, per arrestare eventuali sfondamenti della linea. Sul margine posteriore della Posizione di Resistenza erano presenti, in numero variabile, i *ricoveri in caverna* per le truppe di contrattacco, destinate a controllare gli intervalli tra le opere; ancora più indietro, nella zona di schieramento, batterie (fig. 4), caserme, depositi. Seppure con il proposito di mantenere le posizioni quanto più prossime al confine, i centri di resistenza e, quindi, la linea difensiva, erano disposti dove il terreno maggiormente avvantaggiava la difesa e dove risultavano maggiormente efficaci nel battere gli obiettivi e nel rimanere defilati rispetto ai tiri e all'osservazione avversari.

Questi precetti si concretizzavano con la massima efficienza quando le opere erano ricavate su creste, dalle quali il controllo dei sentieri e delle alture adiacenti era molto efficace; infatti da queste posizioni si aveva (e si ha tuttora!) un'ottima visuale di un ampio tratto di fronte, mentre nello stesso tempo le opere restavano difficilmente accessibili, ben protette dal terreno e con ingressi defilati, ricavati in contropendenza. L'elemento base di tutto il sistema era il *centro di resistenza* che, a seconda dei periodi di riferimento, più tardi verrà anche chiamato centro di fuoco o, più semplicemente, opera; questo poteva essere affiancato, o sostituito in zone impervie, dal *ricovero in caverna per appostamenti allo scoperto*, con l'utilizzo delle mitragliatrici in terreno aperto, nelle adiacenze degli ingressi. I centri di resistenza erano costituiti, nei primi intendimenti dello Stato Maggiore, da due o tre postazioni per mitragliatrice, un ingresso, ricovero per il presidio, alcuni locali tra cui cisterna dell'acqua, deposito viveri e munizioni, gruppo di ventilazione, posto comando; il tutto, collegato da cunicoli, doveva essere ricavato per quanto possibile in caverna (fig. 5), allo scopo di meglio proteggere le parti dell'opera e di risparmiare cemento; tuttavia, non essendo possibile trovare sempre le condizioni ideali per tale tipologia di impianto nella sede opportuna, le casematte e, nei casi estremi, ovvero quando il terreno non offriva la presenza di banchi rocciosi sufficientemente robusti, tutta l'opera poteva essere realizzata in calcestruzzo con la costruzione di un "monoblocco" più o meno grande (fig. 6). Nella maggioranza dei casi le postazioni erano in blocco di calcestruzzo, incassate per quanto possibile nel terreno o roccia naturali, collegate tramite cunicoli e scale alla parte logistica, ricavata in caverna con una certa protezione offerta dal terreno e dalla roccia sovrastante, mentre l'ingresso, sempre collegato a mezzo cunicolo, si apriva sul tergo della posizione. Talvolta la presenza di roccia affiorante o vicina alla superficie permetteva di realizzare anche le feritoie

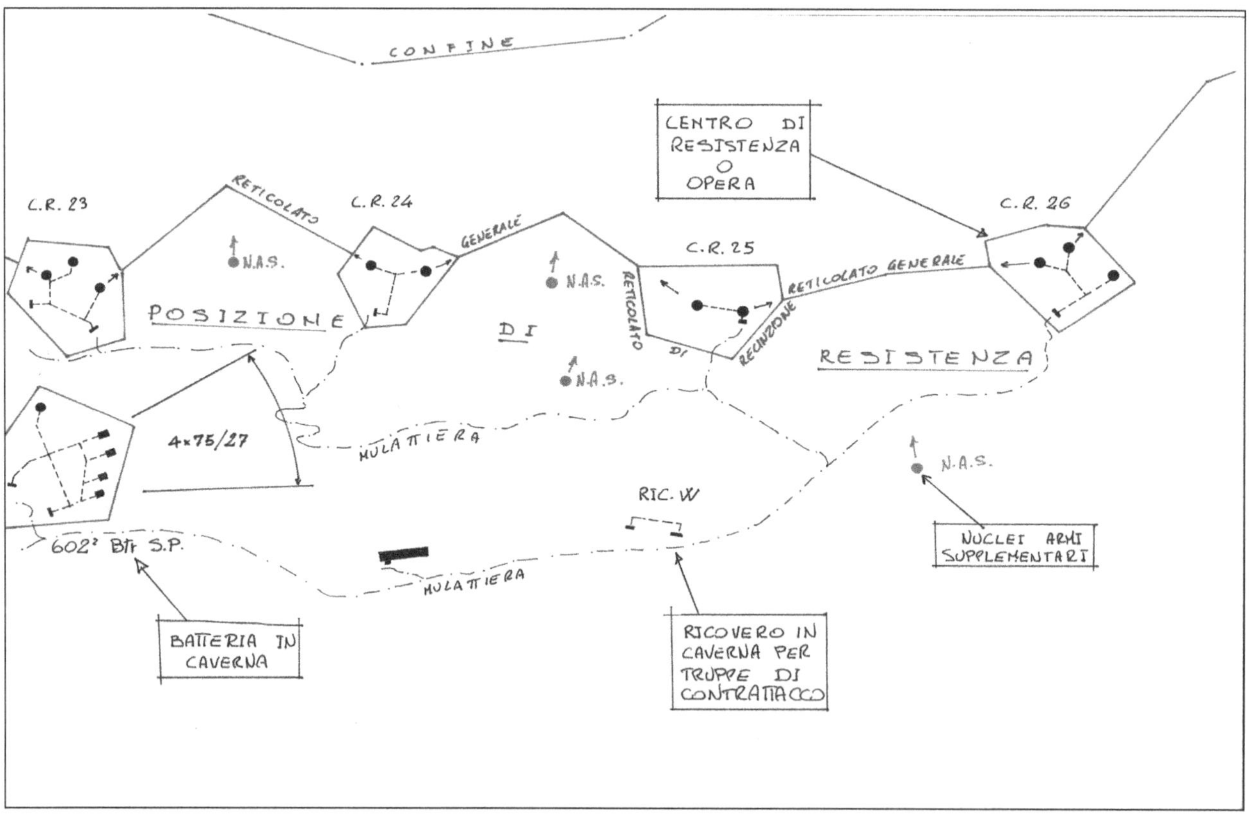

Fig. 3. Organizzazione del Vallo.

completamente in scavo, senza l'utilizzo del calcestruzzo, oppure con il suo uso limitato alla gradonatura,[4] come caldamente auspicato dalle direttive dello Stato Maggiore, al fine di risparmiare cemento e meglio nascondere le parti emergenti delle opere.

L'ingresso delle opere (fig. 7) doveva essere ricavato, per quanto possibile, sul rovescio, ovvero sul pendio opposto a quello di provenienza dei tiri avversari, insomma in posizione riparata e nascosta alla vista, ed era sbarrato da una *finestra garitta* a quattro battenti, dalla quale era possibile controllare le adiacenze dell'ingresso con un fucile mitragliatore; la struttura formava infatti uno sporto (come appunto una garitta) verso il piccolo piazzale dell'entrata ed era chiusa superiormente da un tettuccio del medesimo spessore della porta: da dieci a venti millimetri. Il serramento poteva anche essere chiuso su se stesso, formando una porta a raso del blocco, con uno spessore doppio e quindi con una maggiore resistenza; la circolare 200, infatti, specificava che le aperture degli ingressi dovevano resistere alle armi automatiche e alle schegge, soprattutto in considerazione della protezione data dai centri vicini e dalle batterie in caverna destinate al tiro di repressione sulle opere stesse.

Quando l'ingresso non poteva essere realizzato completamente defilato o quando dalla sua posizione era possibile battere taluni obiettivi, allora era equipaggiato da un altro tipo di chiusura, denominata *porta garitta* (figg. 8, 9), con pianta di forma trapezoidale, di tipo fisso, con spessore variabile da dieci a trenta millimetri; i tre lati che la componevano erano immorsati nel blocco con un telaio in putrelle e in quello centrale era ricavata la porta vera e propria. La struttura era dotata di tre feritoie (una per lato) di foggia uguale a quella della piastra normale in tre parti, per consentire l'utilizzo di una mitragliatrice pesante FIAT 14 o 14/35, su un affustino mobile, posizionabile dove necessario, attraverso un incastro a coda di rondine presente sotto ogni apertura. Uno sportellino scorrevole chiudeva le feritoie non utilizzate. Sul cielo della porta garitta era ricavata una piccola botola circolare, per la fuoriuscita degli eventuali gas prodotti dall'arma e lanciare bombe a mano. Una analoga apertura sul pavimento metallico permetteva l'immissione di aria fresca e l'espulsione dei bossoli.

Alcune opere e i ricoveri in caverna avevano ingressi chiusi da una semplice porta piana; un tipo di ingresso detto "attivo", rialzato dal terreno di circa due metri e accessibile con scala alla marinara e dotato di sottostante feritoia per fucile mitragliatore, poteva essere equipaggiato sia con una semplice porta piana sia con una finestra garitta; un ultimo tipo di entrata poteva invece essere dotata di porta "rasa", con una sola feritoia per mitragliatrice pesante, uguale a quella della porta garitta, destinata a battere il rovescio della posizione. Superato l'ingresso, tranne nei monoblocchi, si trovava una piccola nicchia che conteneva la pompa a mano per il riempimento dei serbatoi dell'acqua; quindi il cunicolo aveva andamento spezzato con l'usuale andito a baionetta, per impedire l'ingresso di eventuali schegge o, peggio, proiettili verso l'interno dell'opera; talvolta l'entrata, all'altezza del risvolto, era protetta da apposito locale con feritoia praticata direttamente nella muratura, dove era possibile posizionare un fucile mitragliatore Breda 30. Il corridoio era poi sbarrato da due porte stagne, tra le quali doveva poter sostare una barella, e dove, in una apposita nicchia, erano riposti i *materiali antigas*, ovvero una maschera antigas, pacchetti medici antivescicanti, medicinali, acqua, insomma il necessario per soccorrere una persona sottoposta agli effetti di gas tossici. Le porte stagne separavano anche le postazioni dal resto dell'opera, per impedire ad eventuali gas e fumi di raggiungere il ricovero e i locali logistici e per ridurre gli effetti di scoppi avvenuti in prossimità delle casematte. Il locale del motogeneratore era solitamente ricavato nelle vicinanze dell'ingresso, talvolta a fianco della cucina, data la necessità di avere tubazioni sboccanti all'esterno: per l'aspirazione di aria e per lo scarico dei gas di combustione.

Il gruppo elettrogeno standard era il *Tipo Condor U.1620* (fig. 10), prodotto dalla Costruzioni Meccaniche Fratelli Guidetti di Milano, costituito da un motore monocilindrico di 247 cc, tipo *Condor A.3*, accoppiato ad una dinamo, con sopra un pannello elettrico e un piccolo serbatoio. Il tutto, relativamente compatto, era posizionato su una base in lega leggera con un cofano di chiusura. Sulla base si trovavano gli attacchi per collegarlo con la linea da alimentare, la presa della benzina e lo scarico dei gas. Il gruppo erogava 1,62 kW di corrente continua, sino a 2500 metri di altitudine, e forniva energia elettrica sia alla linea di illuminazione, sia ad una serie di batterie che provvedevano ad alimentare la linea quando il motore era spento. Il gruppo poteva anche alimentare l'eventuale motore elettrico dell'impianto di ventilazione. Nel locale si trovava un pilastro in cemento, sul quale era posata direttamente la base, fornita di quattro piccoli ammortizzatori di gomma, attraverso altrettanti tondini metallici; sul pavimento erano ricavati il collegamento allo scarico dei gas e la tubazione della benzina, che arrivava sino al serbatoio (interrato nella apposita fossa[5] accanto al gruppo). Esso ne conteneva 430 litri, si riempiva svuotando fusti trasportati a braccia o con l'ausilio di muli e, grazie a una pompa a mano, la benzina veniva travasata nel serbatoio per il funzionamento giornaliero, posto sopra al gruppo stesso.

Nelle opere di maggiori dimensioni e nelle batterie in caverna, si impiegava un gruppo elettrogeno da 8 kW, realizzato con un motore a quattro cilindri raffreddato ad acqua e accoppiato ad una dinamo, appositamente assemblato dalla ditta meccanica Pellizzari. Il locale del gruppo aveva dimensioni maggiori e comprendeva una fossa per quattro serbatoi da mille litri, sistemati verticalmente. Nei centri di resistenza più piccoli si ricorreva ad un motogeneratore Condor PV400, sempre

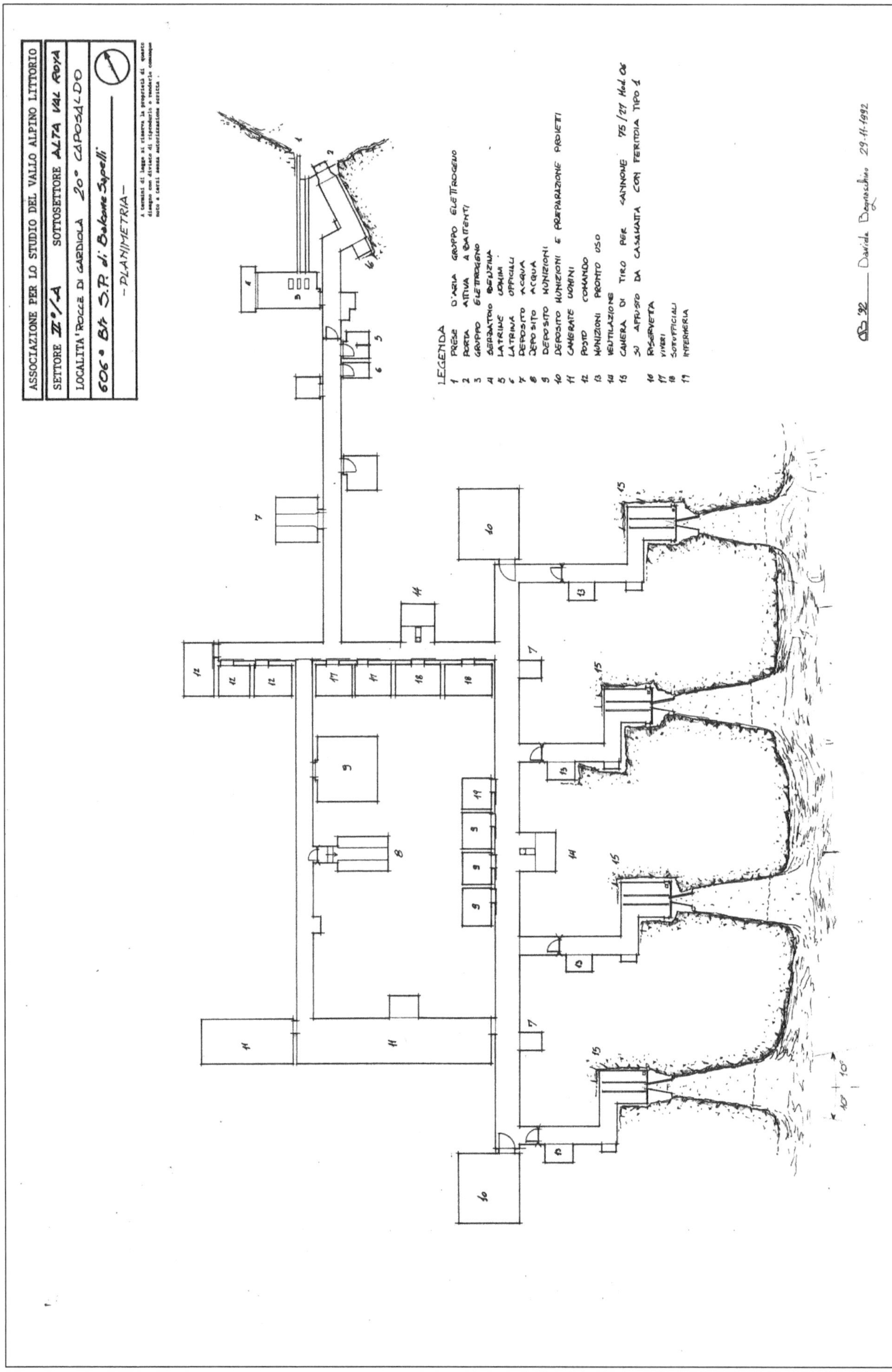

Fig. 4. Batteria Sapelli in Alta Roia.

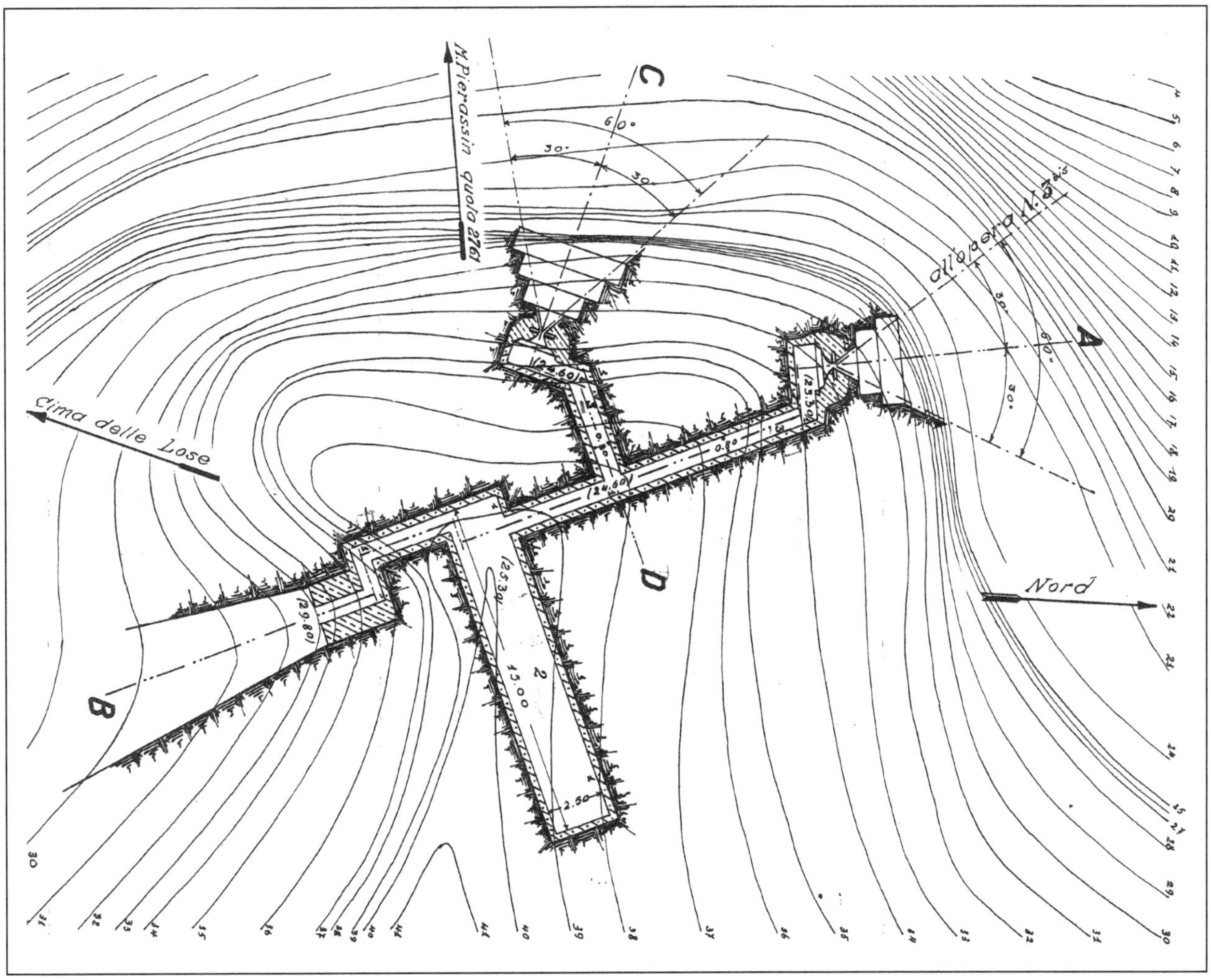

Fig. 5. Centro di resistenza Tipo 200 in caverna.

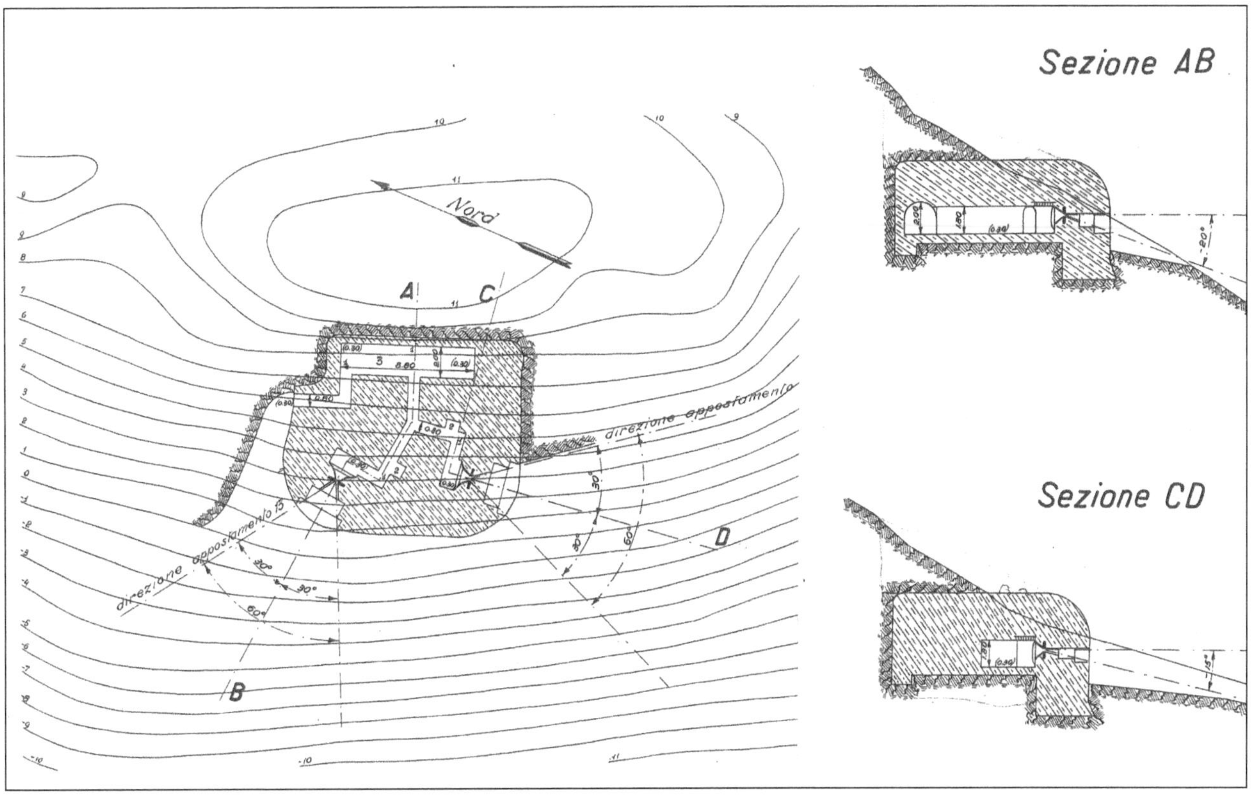

Fig. 6. Centro di resistenza Tipo 200 in calcestruzzo.

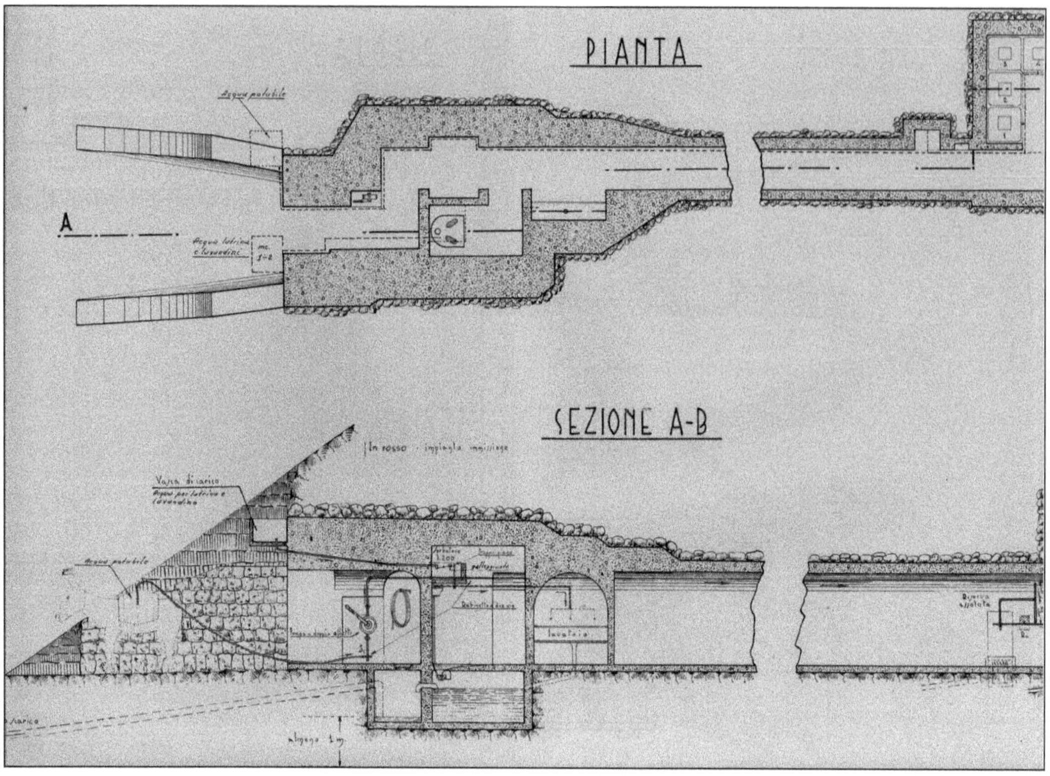

Fig. 7. Ingresso tipo.

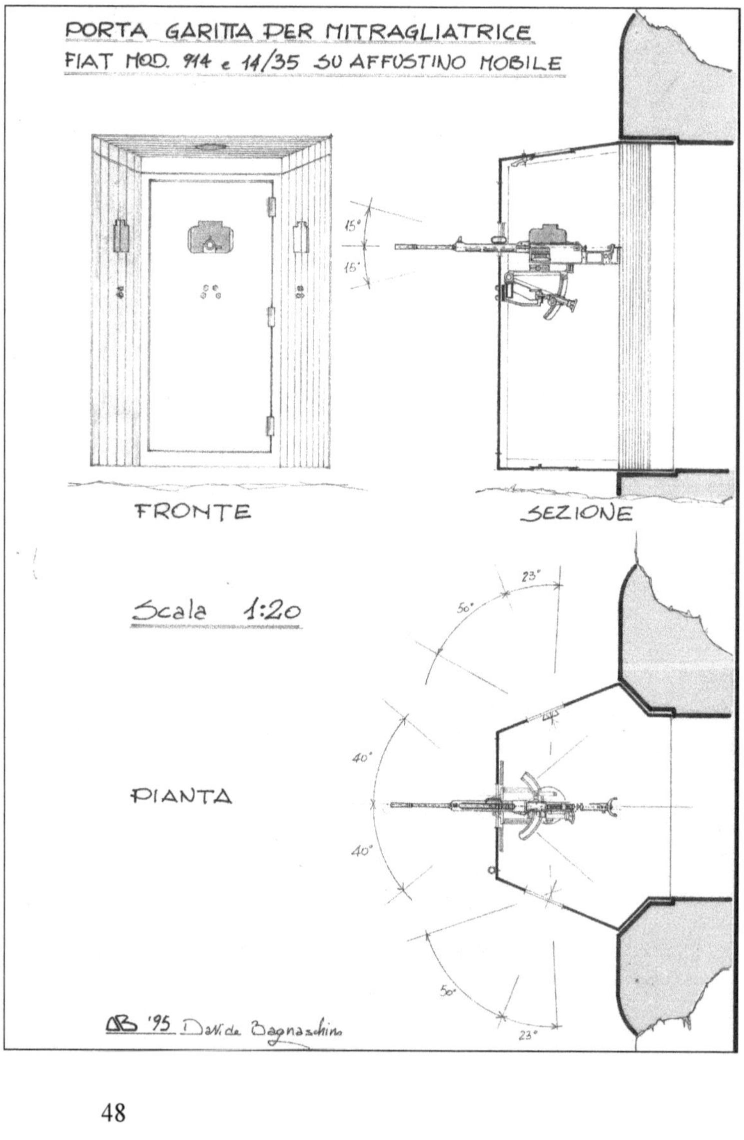

Fig. 8. Porta garitta.

Fig. 9. Porta garitta. Ingresso dell'Opera A in Alta Roia.

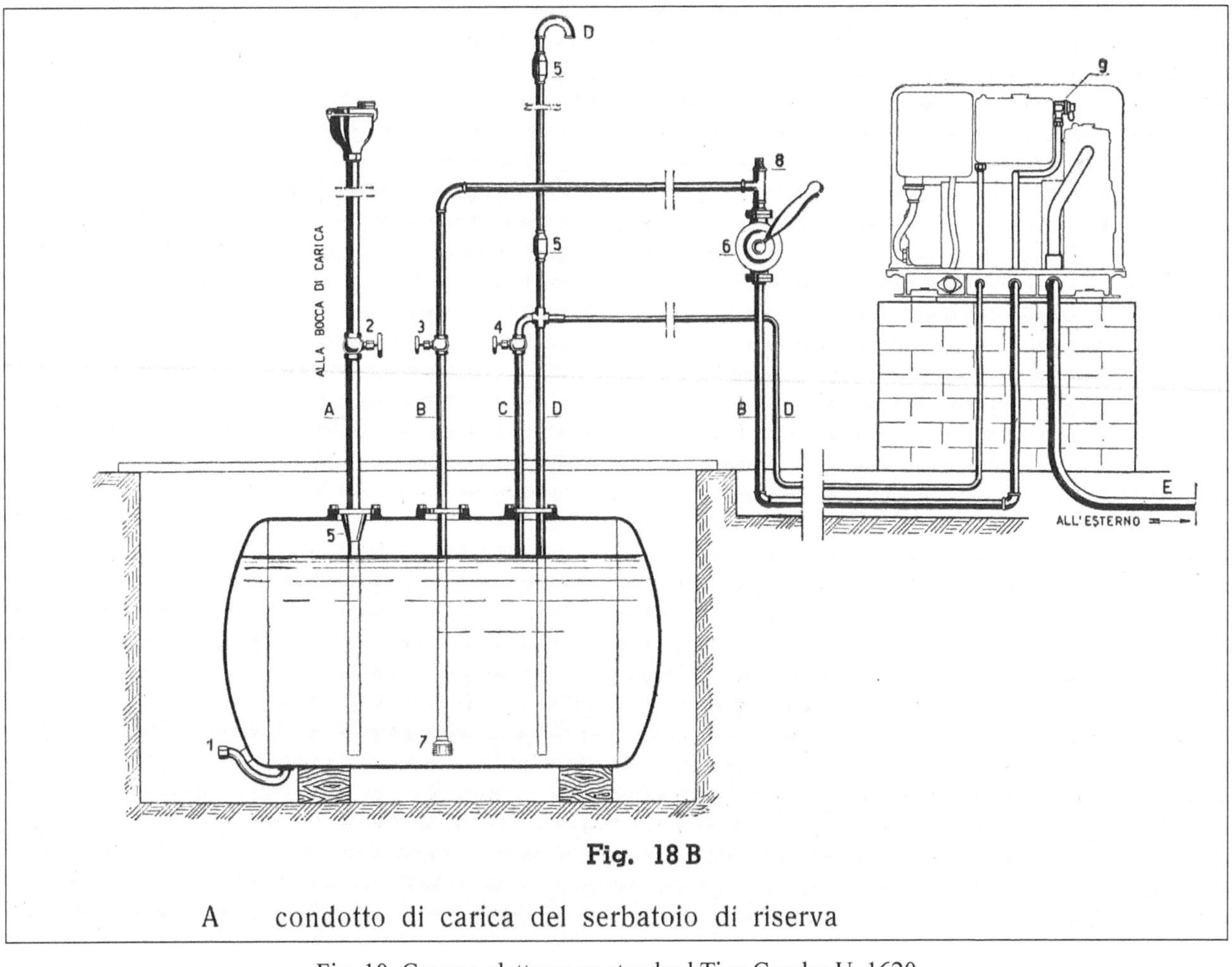

Fig. 10. Gruppo elettrogeno standard Tipo Condor U. 1620.

della Guidetti, che erogava sino a 400 Watt; pesante soli ventuno chili e mezzo, facilmente spalleggiabile, messo in una nicchia o vicino all'ingresso (non necessitando quindi di un apposito locale), con le tubazioni di scarico dei gas posate a terra e sboccanti all'esterno, aveva un semplice fusto come serbatoio per la benzina. Alcune batterie venivano, anche in questa circostanza, ricaricate mentre il gruppo forniva corrente alla linea di illuminazione ed erano sufficienti ad alimentare la stessa per un breve lasso di tempo, quando il motore era spento.

L'impianto elettrico era costituito da cavi sotto piombo che alimentava le diverse lampade (per l'illuminazione quanto mai debole sia dei corridoi sia della camerata), il motore elettrico della ventilazione ed eventuali apparecchiature, come le radio, il telefono o l'apparato fotofonico. Altri cavi attraversavano l'opera e, in alcuni casi, giungevano alle postazioni: erano quelli telefonici, attraverso i quali tutte le batterie in caverna e quasi tutti i centri di resistenza erano collegati tra loro e al comando di settore. In alcuni casi è ancora possibile osservare alcune prese per l'attacco di un telefono da campo, riconoscibili dal tappo a vite collegato con una catenella alla presa. Peculiare sistema di comunicazione era l'apparato fotofonico (fig. 11), impiegato accanto alle armi o in apposite postazioni; esso consentiva di collegare otticamente le opere senza l'impiego di cavi o di onde radio. Il sistema trasformava, tramite un'apparecchiatura posta accanto alla stazione, la voce in impulsi elettrici e quindi luminosi emessi da una lampada, captati, nell'altra opera con cui si entrava in comunicazione, dalla coassiale cellula al cesio, che li ritrasformava in impulsi e onde sonore con ricezione in cuffia. Ogni stazione era formata da due tozzi tubi, nei quali erano montate rispettivamente la lampada (che poteva anche funzionare all'infrarosso) e la cellula al cesio, sormontati dal mirino, necessario per orientare perfettamente il sistema verso l'altra stazione. La portata era di alcuni chilometri, però aumentava considerevolmente durante la notte o se, semplificando il lavoro dell'impianto, veniva impiegato il sistema morse. L'apparato fotofonico era collegabile alla rete telefonica attraverso un traslatore, rendendo possibile la comunicazione diretta tra una stazione e un altro punto di utenza. Ovviamente il tutto non funzionava in presenza di fumo o nebbia. Anche l'apparato fotofonico, per comunicare con l'esterno, abbisognava di una feritoia che traforava i grandi spessori delle murature, questa era ricavata da tre tubi paralleli, corrispondenti alla cellula trasmittente, ricevente e al mirino, annegati nella massa di calcestruzzo. Successivamente, nelle opere 7000 e 15000, la feritoia venne sostituita da un semplice "buco" nel cemento senza irrobustimenti in ferro.

Nelle opere veniva impiegata anche la radio; l'apparecchiatura utilizzata era la R.4/D, ottenuta modificando la R.4 per l'utilizzo nelle opere di frontiera, avente portata di sessanta chilometri in radiotelegrafia (con sistema morse) o di trenta in radiofonia, se utilizzata in terreno scoperto. Tale portata diminuiva però rispettivamente a trenta e venti chilometri se l'apparato era in galleria. In questo caso, la radio veniva collocata

Fig. 11. Apparato fotofonico in utilizzo campale.

nei pressi di una postazione o di un ingresso e l'antenna, costituita da un cavo, era fatta sbucare all'esterno attraverso una feritoia o un'altra apertura. Un apparato R.T.M., per segnalazioni radio-telemeccaniche, rendeva possibile il collegamento tra la radio e un apparato fotofonico, con la possibilità di ricevere e trasmettere segnali luminosi e acustici. Accanto al locale per gruppo elettrogeno talvolta si trovava il locale per la cucina. La stufa era a carbone o a legna e, pur potendo essere anche in ghisa o in terracotta, quasi sempre era invece realizzata in muratura e spesso nella stessa camerata; aveva le tubazioni di scarico sboccanti all'esterno, attraverso un camino; un problema era lo scarso tiraggio che comportava la presenza di fumo. Alcuni studi avevano contemplato l'utilizzo di stufe ad alcool e di radiatori e piastre elettriche, ma ragioni di carattere economico, la scarsità di combustibile dei gruppi elettrogeni e la loro limitatissima potenza, avevano fatto passare in cavalleria il problema, piuttosto serio, del riscaldamento (di fatto inesistente) e della cucina, utilizzabile solo con l'onnipresente fumo. Il rancio, per il quale ci si appoggiava quindi alle cucine posizionate all'aperto, soprattutto in prossimità delle caserme, veniva portato con le marmitte a dorso di mulo sino alle opere dove arrivava ancora caldo.

Al centro dell'opera, nel punto più protetto dalla roccia e terreno sovrastanti, era ricavata la camerata suddivisa in ricovero truppa, con lettini a castello su tre livelli, posto comando, con il letto per l'ufficiale, depositi viveri, armi e munizioni. Nei locali è ricavato anche lo spazio per uno o più tavoli e panche pieghevoli, onde consentire un minimo di comodità agli occupanti e per poter consumare i pasti. Le tramezze potevano essere in muratura o metalliche, in questo caso dei moduli prefabbricati con dimensioni predefinite formavano le varie stanzette; varie soluzioni erano possibili: a seconda delle dimensioni e del presidio si univano il numero e il tipo di moduli necessari.

Il gruppo di ventilazione (figg. 12, 13), posizionato nella camerata o in locale apposito, era costituito da una turbina (con motore elettrico ma azionabile anche a braccia), che aspirava aria dalle apposite prese esterne e la immetteva in pressione nelle tubazioni per poi distribuirla nei vari ambienti. Nell'eventualità di un attacco a gas o per la presenza nell'atmosfera di gas di scoppio, era possibile far passare l'aria attraverso filtri che la depuravano delle sostanze tossiche, prima di inviarla nei ricoveri e nelle casematte. Quando i filtri erano esauriti, o per il tempo necessario a sostituirli, dal ricovero si poteva aspirare l'aria viziata che, attraverso capsule *rigeneratrici*, era depurata dell'anidride carbonica, quindi arricchita di ossigeno, contenuto in apposite bombole, e poi immessa nei locali. In teoria, la sovrapressione creata dall'impianto doveva bastare ad espellere all'esterno i gas prodotti dalle armi, attraverso la feritoia stessa e alcuni sfoghi praticati generalmente sul soffitto della casamatta; tuttavia gli impianti di ventilazione risultarono alla prova dei fatti sottodimensionati; di conseguenza il fumo e, in maggiore misura, il monossido di carbonio, rimanevano all'interno delle postazioni, provocando in breve tempo seri problemi di respirazione ai serventi.[6] Alcune esperienze di tiro con le mitragliatrici avevano infatti dimostrato che l'intossicazione avveniva molto in fretta, anche se il fumo prodotto dalle armi automatiche era minimo: essendo il monossido incolore e inodore, era impossibile avvertirne la presenza e l'intossicazione era quasi certa e, nei casi più gravi, sopraggiungeva la morte. Nelle casematte di artiglieria il problema era ancora maggiore in quanto, dopo un solo colpo, l'ambiente si riempiva di fumo proveniente dalla culatta e dal bossolo espulso.[7]

La soluzione adottata era l'installazione, accanto alle normali bocchette di immissione dell'aria, di una particolare tubazione alla quale venivano collegate, attraverso tubi corrugati, le maschere antigas private del filtro (fig. 14). In questo modo l'aria pura arrivava direttamente ai soldati, sebbene i loro movimenti venissero un po' intralciati dall'uso delle maschere stesse con relativi tubi in gomma. Nelle casematte di artiglieria ciò non eliminò del tutto il problema, in quanto, secondo alcuni soldati della G.a.F. interpellati in merito, dopo diversi colpi, all'interno della postazione non si vedeva quasi più nulla. Nelle opere più piccole, soprattutto in quelle tipo circolare 7000, prive di impianti, l'aria circolava in modo naturale: nelle postazioni una presa d'aria corazzata e uno sfogo presente sul soffitto assicuravano una sorta di tiraggio che espelleva i fumi all'esterno; i serventi dovevano poi indossare la normale maschera antigas, alla quale era applicato un filtro aggiuntivo *anti CO*, di colore blu, che neutralizzava il monossido di carbonio e i gas prodotti dalle armi.[8]

All'interno delle prime realizzazioni, le scorte d'acqua erano assicurate da una cisterna; questa, se possibile, era collegata ad una sorgente o ad un acquedotto o, molto più spesso, a una tubazione sboccante all'ingresso con una pompa a funzionamento manuale, per mezzo della quale la cisterna era riempita da fusti d'acqua portati da muli. Tale soluzione nei ricoveri venne mantenuta mentre, nelle opere, fu sostituita da un apposito locale: il deposito dell'acqua. Per motivi igienici, da questo momento, l'acqua venne preferibilmente stoccata in serbatoi in eternit, posizionati su un rialzo e collegati tra loro attraverso tubazioni; la rete idrica comprendeva poi la pompa a mano dell'ingresso, la bocca di carico, la latrina e il lavabo. Molto spesso il lavandino si trovava nel locale stesso e il suo utilizzo era limitato al minimo per non consumare l'acqua, destinata principalmente all'uso potabile. Da rilevare che allo Stato Maggiore dell'Esercito erano giunte diverse segnalazioni, secondo le quali l'acqua in questione era di *sapore sgradevole e aspetto limaccioso*; la soluzione consigliata fu di *procedere ad un primo lavaggio dei serbatoi*, che forse non erano poi l'ideale per conservare acqua stagnante per diverse settimane se non mesi. Dal ricovero si dipartivano i cunicoli verso le postazioni d'arma; nelle batterie in

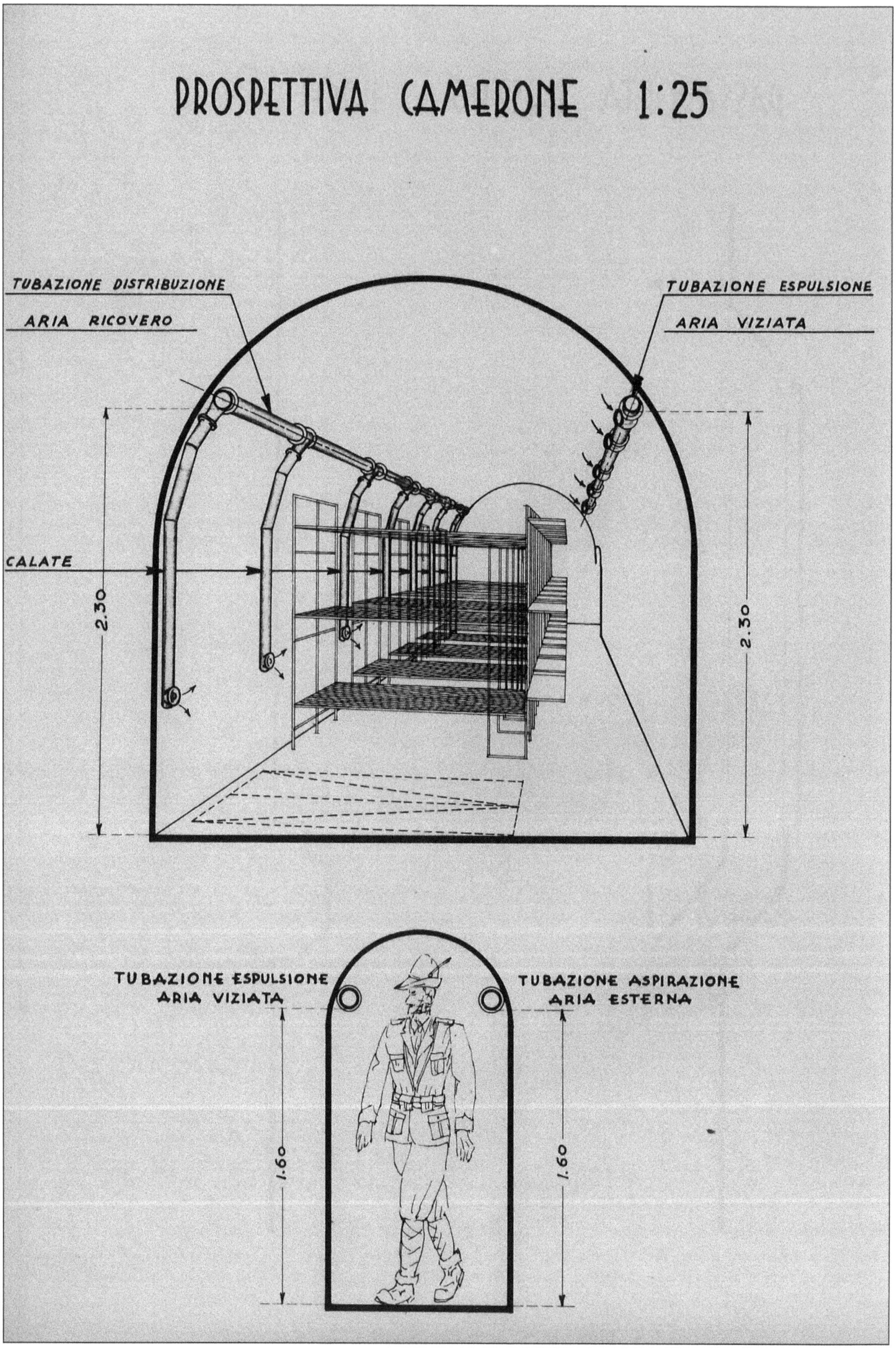

Fig. 12. Ventilazione di una camerata.

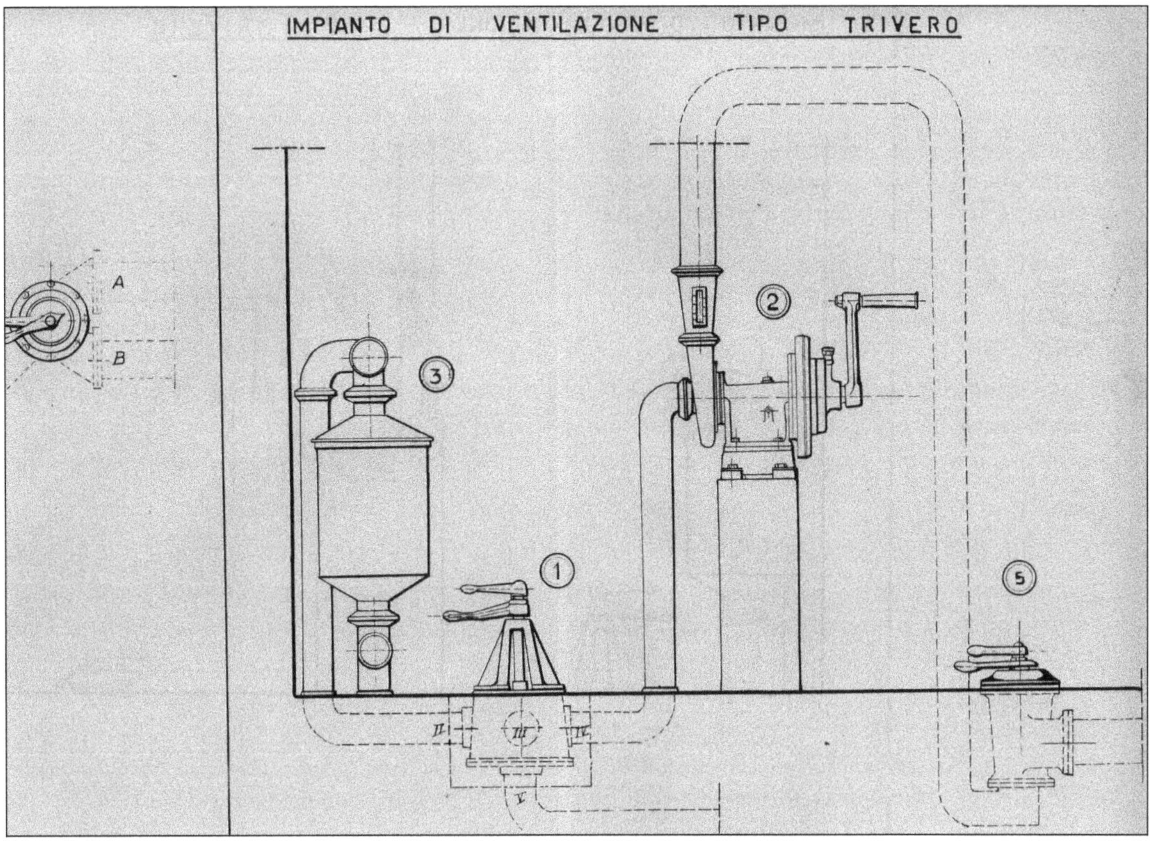

Fig. 13. Impianto di ventilazione di una camerata.

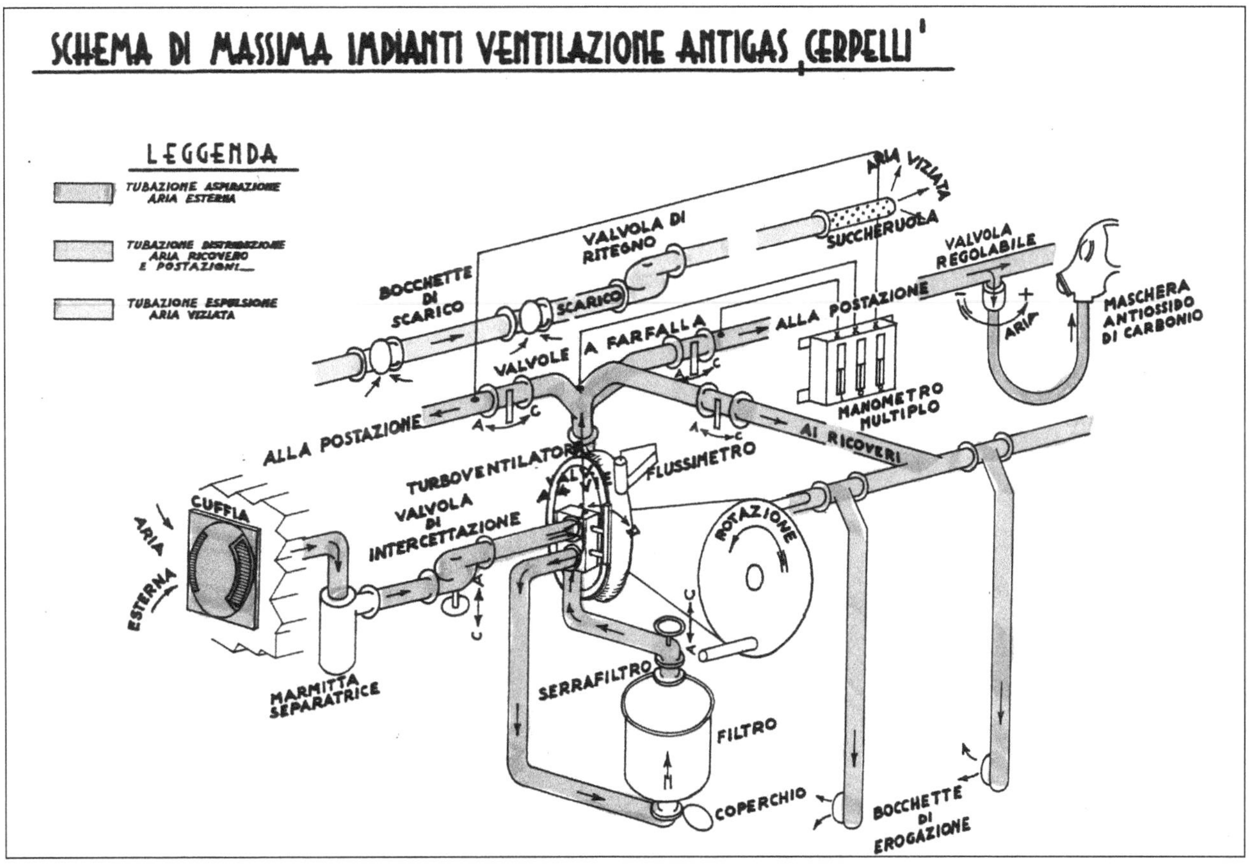

Fig. 14. Schema di impianto di ventilazione.

caverna l'accesso alle casematte avveniva da una apposita galleria di disimpegno, per evitare il transito attraverso il ricovero. I cunicoli, e molto spesso le scale, erano interrotti, analogamente ai corridoi di accesso, da porte stagne, che isolavano le postazioni dal resto dell'opera e da una svolta a baionetta, per evitare ad eventuali proietti o a schegge, che avessero imboccato la feritoia, di penetrare all'interno. La casamatta, internamente, aveva le dimensioni minime per consentire l'impiego delle armi da parte del minor numero di serventi; riducendo le dimensioni si diminuiva l'emergenza del blocco all'esterno e, nel contempo, se ne aumentava la resistenza. Una mitragliatrice abbisognava di due, tre soldati che altri militari, di solito due, provvedevano a rifornire di munizioni.

4 - *I blocchi attivi e le corazzature*

Il centro di resistenza doveva essere *alla prova ad ogni tipo di arma in servizio*, ovvero ai grossi calibri; questo voleva dire, per le parti esposte, uno spessore di almeno tre metri e mezzo di roccia compatta o calcestruzzo (che diminuiva sul versante non esposto direttamente al nemico), uno strato di putrelle, che rivestiva interamente il soffitto della casamatta e proseguiva per un certo tratto lungo il cunicolo o lungo la scala di collegamento, e da una corazzatura di tipo diverso a seconda dell'arma e del settore di tiro da battere.

Le postazioni per mitragliatrici, all'epoca dell'emanazione della circolare 200, dovevano essere equipaggiate con un unico modello di corazzatura: la *piastra normale in tre pezzi*, costituita da una parte frontale (con spessore di dieci centimetri, aumentato a venti nel collare immediatamente sotto la feritoia) e da due porzioni più interne, che rivestivano anteriormente la camera di tiro, incastrate a loro volta nel pezzo frontale, con spessore di cinque centimetri. La prima aveva l'aspetto di una piastra vera e propria, le altre due erano ricurve per rendere possibile il maneggio dell'arma e il suo brandeggio. La suddivisione in elementi ne facilitava il trasporto in montagna, soprattutto laddove non esistevano strade di accesso, ma solo sentieri, e le piastre spesso erano poste su slitte trainate a forza di braccia o da muli.

Questo tipo di corazzatura era utilizzabile solo nei blocchi con azione sul fianco e sul rovescio; infatti, all'epoca della nascita del Vallo Alpino, si riteneva che il fuoco dovesse svilupparsi solo lateralmente e che non fossero necessarie casematte ad azione frontale. Tuttavia nuove considerazioni e l'esigenza di battere obiettivi oltre la P.R., esponendo maggiormente le feritoie al fuoco nemico, consigliarono l'utilizzo di nuovi tipi di postazioni che consentivano il tiro delle armi automatiche anche con azione frontale e su terreno scoperto. Vennero così adottate (circ. 300 del 21 Gennaio 1932 e 2800 del 9 Luglio 1932): la piastra a *minimo spessore frontale* (3.100 kg) che pur, con l'impiego delle armi in blocco di calcestruzzo o in caverna, permetteva di ridurre le dimensioni della feritoia, limitando il rischio di imbocco da parte di

Fig. 15. Casamatta metallica per mitragliatrice Fiat 14/35.

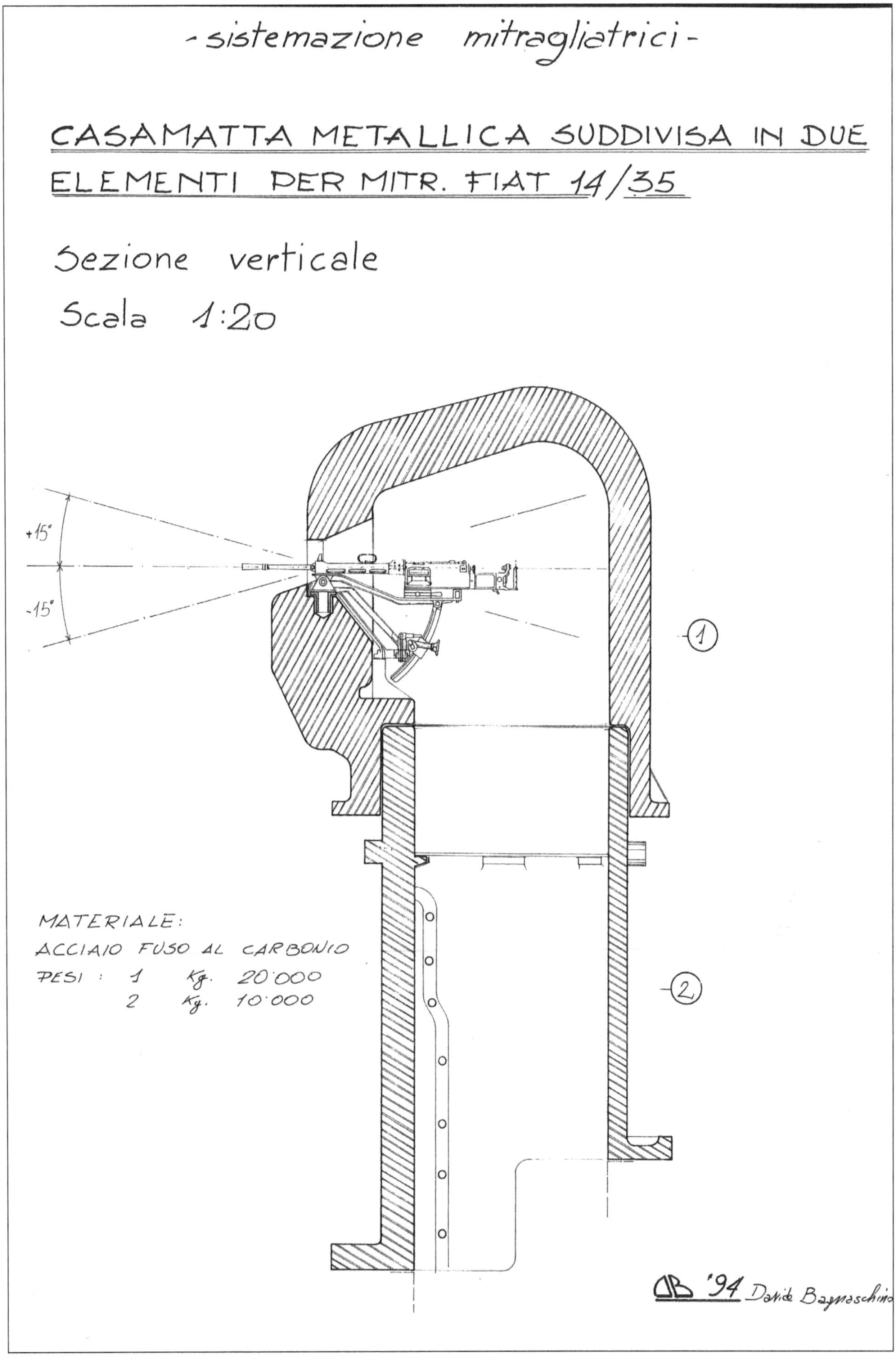

Fig. 16. Rilievo di una casamatta metallica per mitragliatrice Fiat 14/35.

proiettili nemici; la *casamatta metallica* (30.000 kg) (figg. 15, 16), per realizzare postazioni per mitragliatrici con resistenza ai grossi calibri anche in terreno scoperto o poco ondulato (dove era molto oneroso nonché troppo appariscente costruire enormi blocchi in cemento), con la possibilità, nel modello in quattro elementi, di scomporre il carico in quattro parti (22.000 kg) per facilitarne il trasporto nelle regioni di difficile praticabilità; la *torretta* (28.000 kg) con quattro feritoie, disponibile in quattro diversi modelli, che consentiva di controllare il terreno a giro d'orizzonte, con l'impiego di due mitragliatrici simultaneamente, sempre per l'uso in terreno scoperto. Nel 1936, venne ideato un nuovo tipo di corazzatura per le postazioni per mitragliatrice: la *piastra piana* (fig. 17), che fu quella più economica e, forse, anche la più utilizzata; infatti, moltissime opere costruite in epoca successiva ne furono equipaggiate, prevalentemente per azione di fuoco sul fianco, in sostituzione di quella in tre parti. Proprio perché era la meno dispendiosa venne usata molto frequentemente e impropriamente anche in azione frontale. Fu la piastra di corazzatura che (insieme alla piastra a m.s.f.) equipaggiò tutti i monoblocchi realizzati nel 1938 secondo la circolare 7000, le famose ''postazioni Pariani'' e le opere della circolare 15000.

Tuttavia questa piastra (larga un metro e trenta, alta un metro e venticinque e spessa sette centimetri), non poteva dare le stesse garanzie di resistenza delle feritoie più vecchie; in particolare dopo il 1936, ad esclusione dei pochi centri che ancora restavano da ultimare sulla P.R. del primo sistema difensivo, le putrelle che irrobustivano le casematte non vennero più impiegate aumentando, per contro, gli spessori del calcestruzzo nelle opere maggiori. La piastra piana in pratica forniva protezione solo alla feritoia, mentre quella in tre parti, avvolgendo la camera di tiro, irrobustiva l'intero blocco. Anche questa piastra, come quella normale in tre parti, era dotata di affustino per il maneggio dell'arma, con eguali settori di tiro. In alcuni sbarramenti arretrati, negli appostamenti dei N.A.S. (Nuclei Armi Supplementari) o in alcuni monoblocchi del tipo circolare 7000, le postazioni erano prive di corazzature e l'arma era usata sul proprio treppiede. La necessità di posizionare nelle opere anche un cannone anticarro, adottando l'obsoleto 57/43, ceduto, ormai inutilizzato, dagli arsenali della Regia Marina, vide la realizzazione di una piastra apposita, che consentiva l'impiego del pezzo sul suo affusto a candeliere e che in seguito, nel 1935, venne adattata al nuovo cannone da 47/32 mod. 35.

I pezzi anticarro erano usati solo dove le opere controllavano rotabili o posizioni dove l'impiego di mezzi blindati era ritenuto possibile. La batteria in caverna era l'opera più importante dello schieramento, sempre presidiata, *sempre pronta*, copriva la Posizione di Resistenza, i centri, i punti più delicati del settore e le rotabili che attraversavano il confine e la linea difensiva. Le batterie in caverna erano solitamente armate con quattro pezzi da 75/27 mod. 1906 Krupp, retaggio della prima guerra mondiale, non più adatti ad una guerra di movimento e con alcuni limiti che ne rendevano difficoltoso l'uso campale. I difetti dell'arma venivano però in parte annullati dall'impiego in postazione fissa, dal piccolo brandeggio necessario, dalla limitata gittata richiesta. La batteria in caverna comprendeva, analogamente ai centri di resistenza ma con maggiori dimensioni, un vasto complesso sotterraneo per porre al riparo il presidio di un centinaio di uomini, le munizioni, i posti comando, centralini telefonici; doveva disporre di una buona autonomia di fuoco e di rifornimenti. Uno o due gruppi elettrogeni producevano l'energia elettrica necessaria all'illuminazione dell'opera e al funzionamento degli impianti di ventilazione - almeno due - che fornivano aria depurata e in leggera pressione alla linea pezzi e ai ricoveri.

All'inizio le postazioni per cannone da 75/27 mod. 906 contemplavano solo due tipi di installazione:[9] quella in *casamatta metallica* (fig. 18) e *in caverna* (fig. 19), successivamente venne progettata la sistemazione in *blocco di calcestruzzo* (fig. 20). La casamatta metallica univa caratteristiche di grande resistenza a dimensioni minime; infatti era realizzata in acciaio di grande spessore e non necessitava di grandi masse coprenti di calcestruzzo, risultando così occultabile con una certa facilità. Ancora oggi, se si osservano gli esemplari di questa corazzatura scampati ai recuperi postbellici, intorno al Lago del Moncenisio (figg. 21, 22), si può notare il sapiente mascheramento che ricopriva l'intera struttura e che, lasciando libero solo lo spazio della feritoia, rendeva difficilmente individuabile l'opera oltre una certa distanza. L'ingombro alquanto ridotto della casamatta metallica, corrispondeva a dimensioni interne altrettanto minime, la camera di tiro, con forma irregolare, prevedeva maggior spazio alla sinistra del cannone, per il puntatore; il rinculo del pezzo era ridotto da un metro a sessanta centimetri in modo che, il blocco di culatta, all'atto dello sparo, non urtasse contro la parete posteriore della casamatta. Questo tipo di installazione venne impiegata in zone particolarmente importanti ed esposte al tiro avversario, in batterie del Primo Sistema Difensivo, relative alla circolare 200, costruite tra il 1931 e il 1935; in seguito la scarsità di ferro, sentita anche in precedenza, diventò insostenibile, per cui la casamatta metallica per il cannone da 75/27 non venne più utilizzata e le si preferì il blocco di cemento senza corazzatura, per cannoni con affusto campale, o con corazzatura a sfera. Lo spessore dell'acciaio variava dai trentadue centimetri frontali ai dieci del corridoio corazzato; generalmente solo la feritoia era visibile mentre, tutto il resto della struttura, restava annegata nel cemento e nella roccia o terreno circostante.

La suddivisione della casamatta in quattro elementi: parte frontale, superiore, anello inferiore e corridoio corazzato, pesanti circa dieci tonnellate ciascuno, semplificava il trasporto e la messa in opera della struttura; le quattro

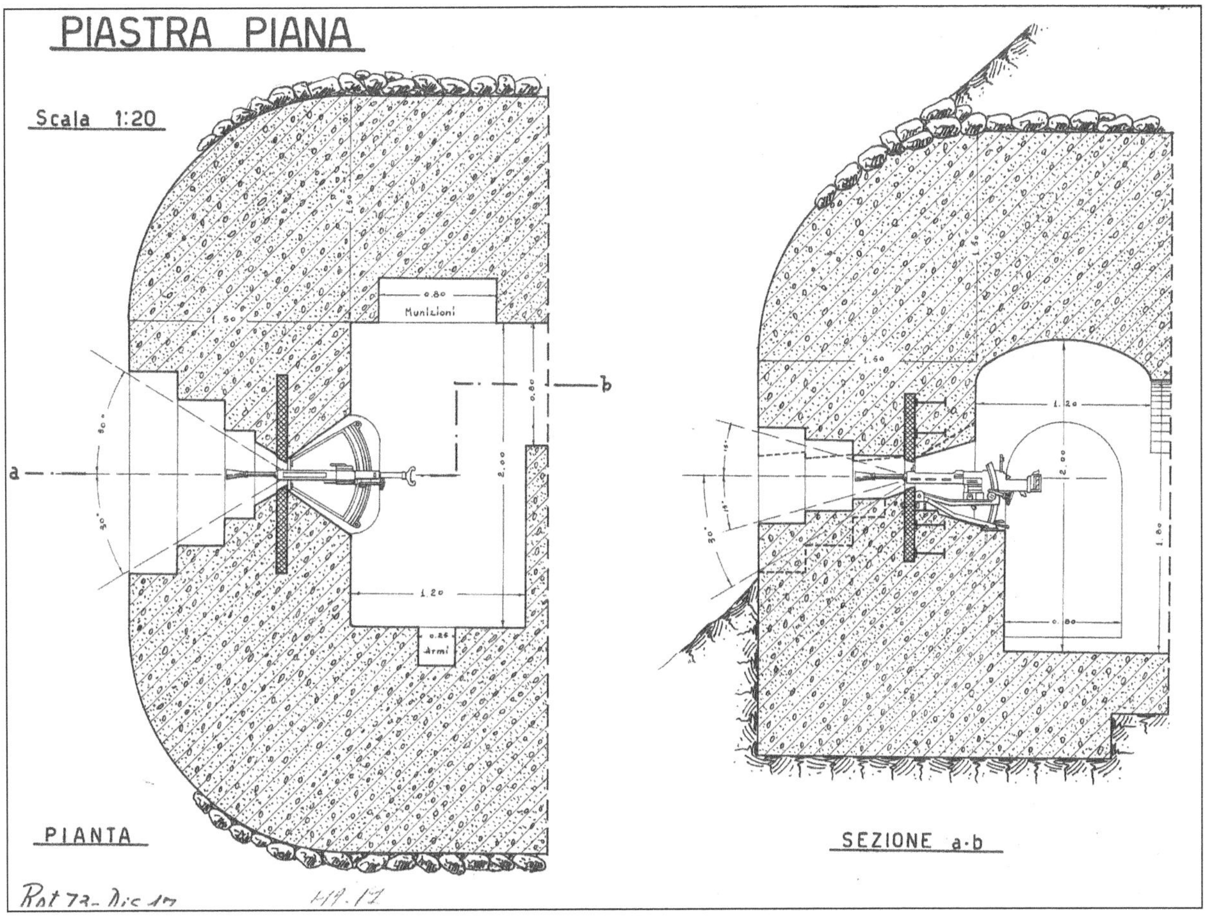

Fig. 17. Postazione per mitragliatrice con piastra piana e blocco di calcestruzzo.

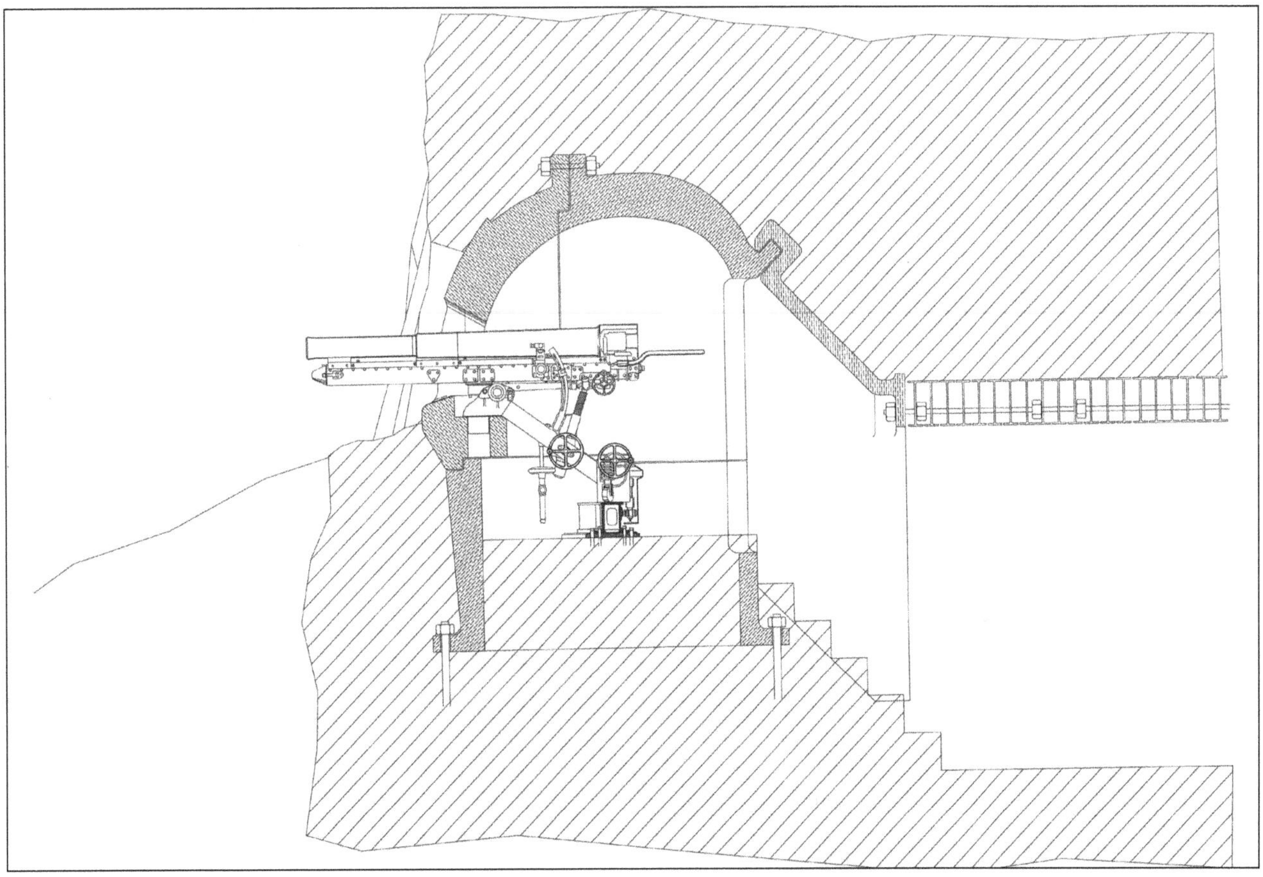

Fig. 18. Cannone da 75 mm. mod. 906 in casamatta metallica.

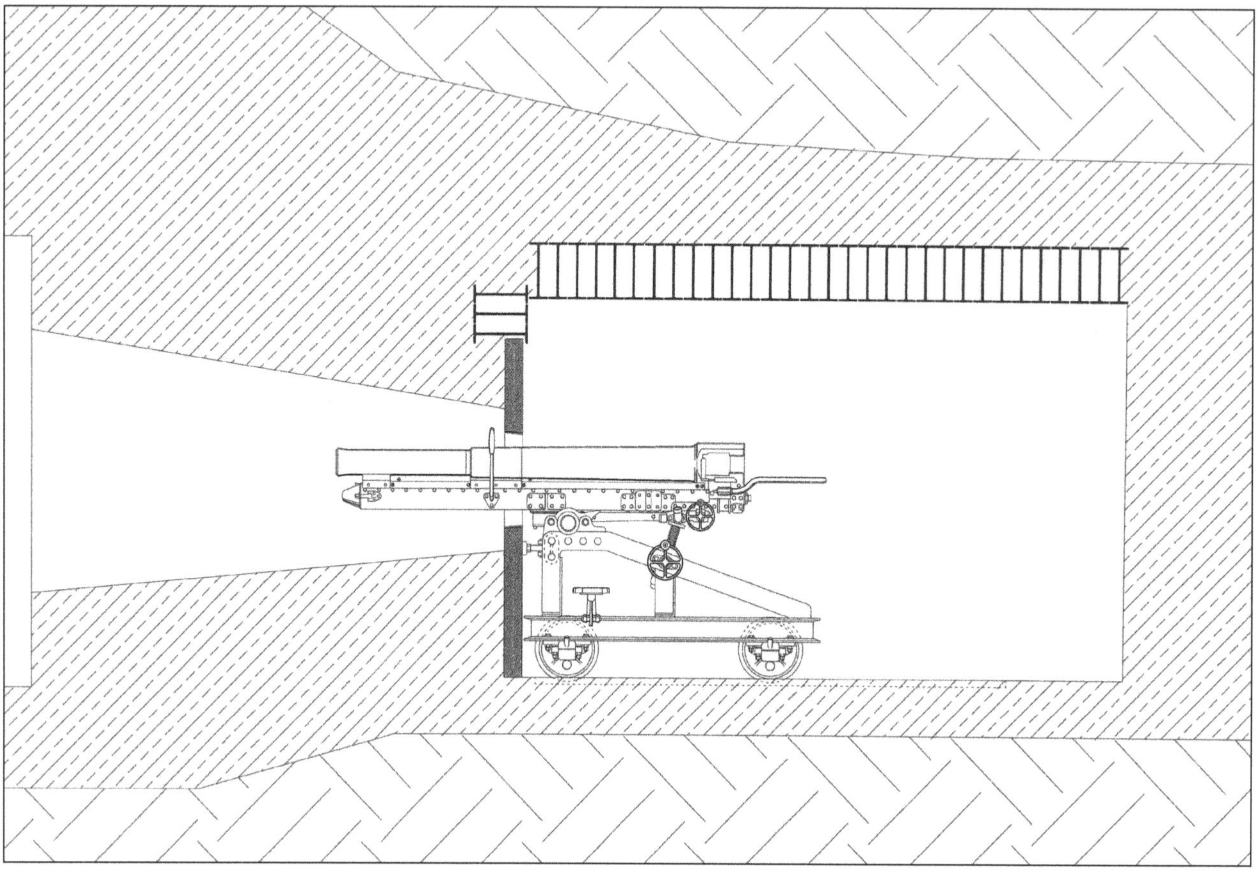

Fig. 19. Postazione per 75/27 mod. 906 installazione in caverna. Sezione di casamatta della 605ª Batteria Sempreprонta del Balcone di Marta V Settore Media Roja Sottosettore V/B Marta.

Fig. 20. Postazione per 75/27 mod. 906 installazione in caverna.
Vista esterna della casamatta 3° pezzo 605ª Batteria Semprepronta del Balcone di Marta V Settore Media Roja Sottosettore V/B Marta.

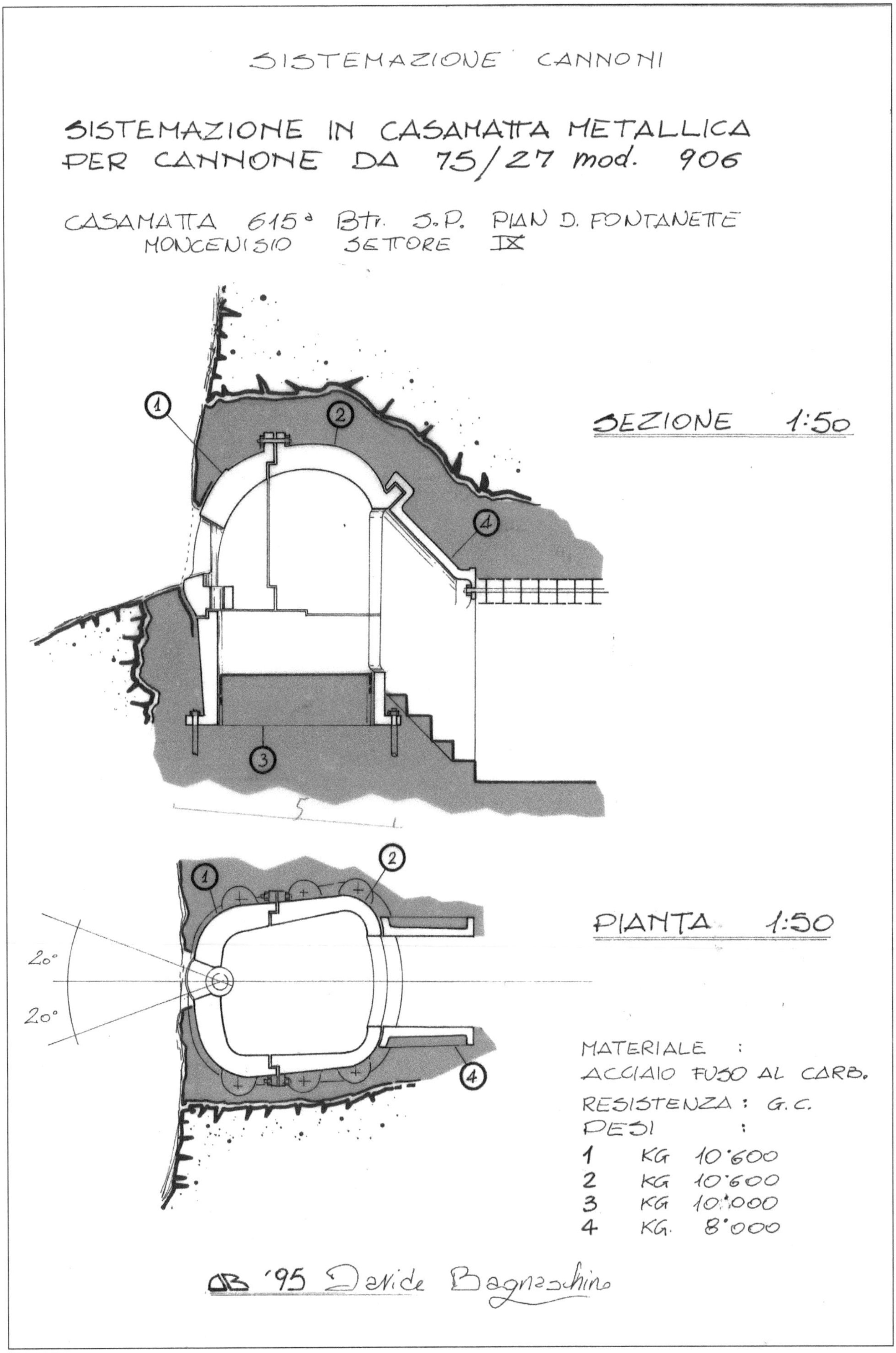

Fig. 21. Casamatta metallica.

Fig. 22. Casamatta metallica per alloggio di cannone da 75/27 mod. 906 “Pattacreuse”, Batteria B5.

Fig. 23. Osservatorio in torretta metallica.

parti venivano imbullonate sul posto prima della gettata del calcestruzzo, al quale erano collegate tramite tiranti. Come sempre, una protezione in putrelle continuava lungo il soffitto del cunicolo, prolungando la protezione del corridoio corazzato. Il pezzo veniva installato senza l'affusto campale, del quale conservava la culla e il freno-recuperatore, e riceveva un nuovo congegno per il settore di tiro verticale, da –15° a +30°, e orizzontale, su rotaia arcuata, di 40°; il centro del movimento si trovava sull'asse della feritoia, dove era imperniato il cannone.

La sistemazione in caverna, fu quella di maggior utilizzo in quanto economica e molto adatta all'ambiente montano; tuttavia erano necessarie alcune caratteristiche offerte dal sito, quali l'esposizione del versante, per la direzione del tiro e per la protezione da eventuali imbocchi, e la presenza di roccia affiorante consistente, inoltre poteva essere usata solo in batterie con azione di fiancheggiamento e al riparo da tiri avversari diretti e preferibilmente realizzato in roccia, i cui spessori talvolta, superavano gli otto metri; per evitare dimensioni esterne eccessive delle feritoie, il campo di tiro era ridotto al minimo (brandeggio di sedici ed elevazione di venti gradi). Quando, per supplire alla mancanza di roccia naturale, si doveva ricorrere invece ad un blocco di cemento, questo aveva uno spessore medio di quattro metri. Al fondo della cannoniera, la casamatta era protetta, in ultimo, da una piastra corazzata piana, per proteggere materiali e serventi anche nel caso di demolizione del blocco in calcestruzzo; la corazzatura rivestiva la parte anteriore della camera di tiro e aveva spessore di dieci centimetri, con un peso di tremilatrecento chilogrammi; possedeva un'apertura rettangolare appena sufficiente per i movimenti del pezzo e per l'osservazione ed era provvista di una chiusura metallica scorrevole, solidale al pezzo; il piccolo sportello, composto da due parti, scorreva su due guide imbullonate al piastrone corazzato e doveva impedire ai fumi di sparo della volata, più che alle schegge, di penetrare all'interno della postazione. Il cannone era montato su un carrello tipo "Décauville", scorrevole su rotaia, ancorato direttamente al piastrone corazzato. Il pezzo, con culla, freno di rinculo-recuperatore e meccanismo di elevazione, era smontato dall'affusto campale e fissato sulle "orecchioniere" del carrello. Normalmente il cannone era ricoverato all'interno della casamatta, solo in caso di necessità veniva aperto lo sportellino e messo in batteria. La casamatta in calcestruzzo (installazione TIPO 4) era stata progettata per unire il massimo risparmio di acciaio ad una buona protezione ai soldati e al cannone (sempre da 75/27 mod. 906), con un elevato grado di perfezione tecnica. Il pezzo era stato montato su un affusto che permetteva grandi settori di tiro con una feritoia minima, molto simile ad alcuni affusti impiegati nella Linea Maginot (cannoni-obici da 75 mod. 32). La sistemazione venne progettata e realizzata dall'arsenale di Torino, nel 1938; nelle Alpi Occidentali essa fu montata nelle opere di Tre Croci, Quattro Sorelle e La Selletta a Bardonecchia e in quella dello Chaz Dura al Piccolo San Bernardo. La feritoia a sfera, unica nel suo genere nell'ambito del Vallo Alpino, aveva molti punti in comune con quelle da tempo realizzate in Francia, però il cannone, non certo ideato per questo utilizzo, dovette subire delle modifiche; il pezzo venne montato sul nuovo affusto con gli originari congegni di assorbimento del rinculo, collegando la culla al nuovo supporto e inoltre venne applicata una prolunga di volata che, al momento del rinculo, scorreva nel perno sferico, posto nella feritoia. Il perno sferico garantiva ermeticità alla postazione, impedendo l'ingresso di schegge e gas eventualmente presenti all'esterno. La corazzatura era composta da una piastra di dieci centimetri di spessore e del peso di circa mille chili, collegata a un quadro in putrelle e, tramite altre putrelle, al blocco; quest'ultimo era realizzato quasi completamente in cemento armato, caso raro tra le opere del Vallo Alpino. Il settore di tiro orizzontale era di 60°, mentre quello verticale di 55°, da –15° a +40°. Una installazione TIPO 4, alla frontiera occidentale, era presente anche nell'opera 5 dello sbarramento di Moiola (terza linea), in un blocco non terminato, dove era stata messa in opera solo una parte della corazzatura, essendo previsto l'impiego del cannone sul proprio affusto sino all'arrivo di quello da fortezza con relativa piastra. In questo caso si trattava di un impiego come pezzo anticarro a controllo della rotabile (Strada Statale 21). In Trentino e Friuli, molte batterie erano in costruzione con queste caratteristiche, ma le armi non vi furono mai installate. Terminano la rassegna delle corazzature, la torretta osservatorio (figg. 23, 24) e la piastra per osservatorio in caverna, che assolvevano ai compiti di fornire osservazione e direzione del tiro sia ai centri di resistenza, quindi alle armi di fanteria e controcarro, sia alle batterie in caverna.

5 - Le circolari 7000 e 15000

Il 3 Ottobre 1938 veniva emanata la circolare 7000 che definiva le caratteristiche di una nuova tipologia di opere, destinate al completamento del primo sistema difensivo (chiusura di tratti di fronte rimasti privi di opere e maggiore profondità alla linea) e alla creazione del secondo sistema (già impostato dalla circolare 450 del 27 Gennaio 1936) a cavallo di rotabili e colli importanti. A titolo di esempio era possibile citare la realizzazione di una prima linea avanzata davanti a Ventimiglia (Monte Pozzo – Colla di Bevera – Collabassa), alcune opere a completamento del primo sistema in Alta Roia (Bassa di Gereone), un progetto di sistemazione della prima linea nel Vallone della Miniera (Alta Roia, vicino alla Valle delle Meraviglie e al Monte Bego) sino ad allora rimasta scoperta e che, nel 1940 con i lavori appena iniziati, venne sostituita da opere tipo 15000, gli sbarramenti del secondo sistema in Bassa Roia. La circolare 7000 prevedeva opere di piccole dimensioni, prevalentemente monoblocco, con una o due armi, che

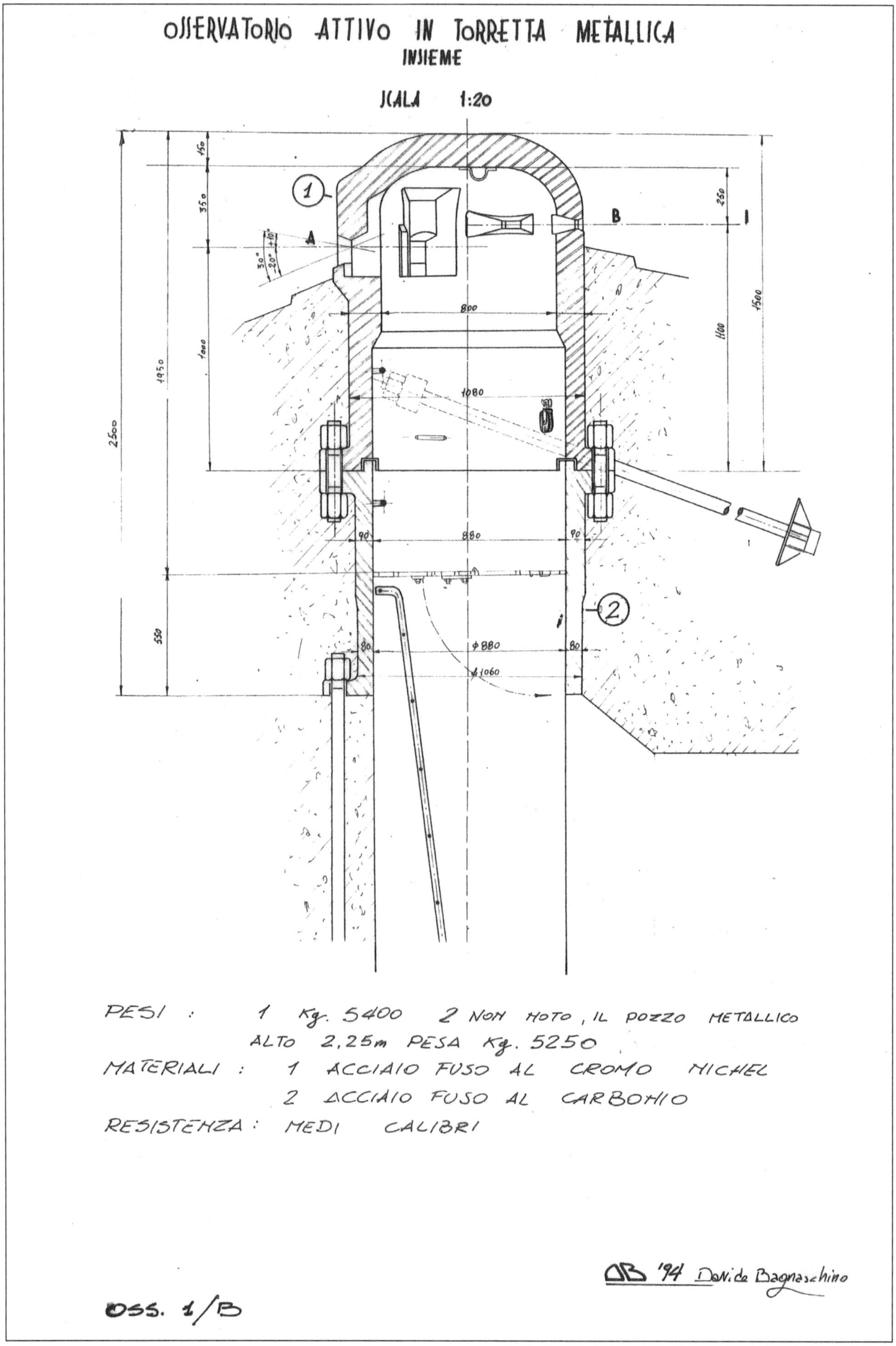

Fig. 24. Osservatorio in torretta metallica.

Fig 25. Circolare Tipo 7000. Monoblocco Opera 39 bis a Cian del Pino. Sottosettore V/B Marta.

Fig. 26. Porta blindata del Monoblocco Opera 39 bis a Cian del Pino.

facevano affidamento, per la protezione, al mascheramento e alle ridotte dimensioni, quindi alla difficoltà di individuazione (figg. 25, 26). Tali disposizioni derivavano da necessità di lavori dal basso costo e dalle carenze di materie prime dovute, in parte, anche alle sanzioni del 1935. Si trattava di costruzioni con resistenza al piccolo calibro e alle schegge, con spessore di calcestruzzo di un metro circa, con armi impiegate sul treppiede campale senza corazzatura o su affustino ma con una piastra di tipo economico detta "tipo ispettorato": una corazzatura piana dello spessore di sette centimetri, di forma parallelepipeda con dimensioni di centimetri centotrenta per centoventicinque. Un ingresso con porta piana "tipo 1" (porta blindata con spioncino, con spessore di otto millimetri e dimensioni di centimetri ottanta per centottanta), una piccola stanza come camerata (appena sufficiente per una o due brande a tre posti) e alcune nicchie adibite a deposito munizioni, completavano le semplici strutture. Era previsto l'impiego anche del cannone anticarro da 47/32 mod. 35, sul proprio affusto privato delle ruote e fissato a un supporto a coda di rondine immorsato nel pavimento della casamatta.

Stante la semplicità di queste costruzioni, non era prevista l'installazione di impianti elettrici e di ventilazione. I serventi delle armi, per non rimanere intossicati, dovevano applicare alla maschera antigas un "filtro aggiuntivo ANTI CO" (di colore blu) che neutralizzava il monossido di carbonio. Il 31 Dicembre del 1939, le nuove impostazioni della circolare 15000, colsero molte delle opere 7000 ancora in costruzione o addirittura sulla carta. Infatti, nonostante la semplicità e relativa rapidità di realizzazione, era passato poco più di un anno e, tra progetti, varianti e approvazioni, molto tempo era stato speso solo per la parte burocratica delle nuove direttive. Per questo motivo, alcuni dei capisaldi, vennero trasformati secondo le nuove disposizioni. La circolare 15000[10] stravolgeva completamente le precedenti impostazioni. Infatti criteri come economia, piccole dimensioni, lavori speditivi o da attuare in un secondo tempo, venivano banditi a favore di grandi dimensioni, ampia autonomia e raggio d'azione, comodità per il presidio, ecc. Si trattava di una nuova progettazione della sistemazione, con creazione del terzo sistema difensivo (e in alcune zone anche di un quarto sistema) e sbarramenti di fondo valle che interessavano tutta la cerchia alpina ma soprattutto, vista la fine delle ostilità sulle Alpi nel Giugno 1940, il confine con la Germania che, nonostante fosse l'altro firmatario del Patto d'Acciaio, incuteva un certo timore, da quando, il 12 Marzo del 1938, aveva annesso l'Austria. Ma, per un attimo, lasciamo spazio direttamente a quanto scritto sulla circolare 15000:

« OGGETTO: Fortificazione permanente alle frontiere alpine

*Con riserva di impartire quanto prima disposizioni completive per le singole frontiere, espongo sinteticamente i **criteri** cui si deve ispirare la nostra fortificazione permanente alla frontiera alpina.*

Questo affinché tali criteri vengano sin d'ora applicati nei lavori allo studio, in progetto, e – per quanto possibile – in quelli in corso di esecuzione o già ultimati.

*1° – **SISTEMI FORTIFICATI***

***1.** –In corrispondenza delle frontiere francese, germanica e jugoslava saranno costruiti più sistemi fortificati **successivi. Andamento generale**: determinato da questo S. M.*

–Per la frontiera svizzera: riserva di ordini.

*2° – **COSTITUZIONE DEI SINGOLI SISTEMI***

In ogni sistema, in relazione al diverso grado di "operabilità" del terreno nei suoi vari tratti, si avranno sistemazioni a caratteristiche diverse, e precisamente:

*–**sistemazioni tipo A**: a cavallo direttrici permettenti **attacco a massa**;*

*–**sistemazioni tipo B**: a cavallo direttrici permettenti **attacco di singole colonne**;*

*–**sistemazioni tipo C**: a cavallo direttrici permettenti **attacco di piccoli reparti**;*

*–**sistemazioni campali**: nei tratti impervi, affidati alle sole truppe mobili.*

*3° – **COSTITUZIONE DELLE SINGOLE SISTEMAZIONI***

*–"**sistemazioni tipo A**": **fascia** costituita da opere resistenti al **grosso calibro**, avente profondità, in terreno non molto accidentato, di circa 3 Km.*

*– "**sistemazioni tipo B**": **gruppi di opere** resistenti al **medio o al grosso calibro.***

*–"**sistemazioni tipo C**": **opere** resistenti al **piccolo o al medio calibro**, a gruppetti, o staccate, intese essenzialmente ad irrobustire i lavori campali delle truppe mobili.*

*4° – **OPERE***

*–**Ossatura delle sistemazioni tipo A e tipo B** costituita da **opere grosse** con presidio comandato da ufficiale (forza corrispondente al plotone – sezione – compagnia – batteria, o reparto misto di forza analoga).*

*–**Comandabilità effettiva** di ciascuna di dette opere, mediante:*

– osservatorio di comando

–trasmissioni interne (telefono – portavoce –segnali acustici – ottici)

–trasmissioni esterne (tra cui cavo telefonico interrato).

*–**Completamento in dette sistemazioni**, delle opere grosse mediante "**opere medie**" (presidio di forza non inferiore alla squadra, comandato da ufficiale o sottufficiale), con compiti integrativi (fiancheggiamento – anticarro – angoli morti), collegate, sempre quando possibile, alle opere grosse con cunicoli e camminamenti.*

*–**Opere delle "sistemazioni tipo C"**: "**opere medie**" ed "**opere piccole**" (presidio di forza inferiore ad*

una squadra). Ufficiali nelle opere capo-gruppo.

*–Maggior ricorso possibile ai **lavori in roccia** (per qualsiasi tipo di opera).*

*5° – **ARMAMENTO DELLE OPERE***

*–Fucili mitragliatori, mitragliatrici, mortai, pezzi a. c., lanciafiamme, pezzi di artiglieria di p. c., **o armamento misto** di fanteria – artiglieria, a seconda dei casi.*

*Mitragliatrici e pezzi a. c. incaricati di compiti importanti, **sempre** abbinati, ma in postazioni distinte.*

–Nelle sistemazioni tipo A e tipo B (specie nelle prime) :

–direzioni di tiro per le armi tali da formare un reticolato di fuoco dinanzi alle opere e tra esse. Speciale sviluppo ai tiri di fianco e di schiancio;

*–efficacia **reale** e **tempestiva** delle armi, assicurata non **semplicemente** sulla base delle direttrici di tiro, ma sulla base **pratica** delle determinabilità del momento di entrare in azione (osservatorio di comando delle singole opere – visibilità dalle postazioni).*

*6° – **ABITABILITA'- AUTONOMIA E DIFESA VICINA DELLE OPERE***

–Costruzione ed attrezzamento delle opere (specie grosse) tali da permettere realmente al presidio di vivere, di mantenersi efficiente e di agire speditamente, anche se per lungo tempo rinchiuso, sotto tiro di artiglieria avversaria.

–Possibilità alle opere di fronteggiare offese immediate (difesa vicina)

*7° – **PARTICOLARI DI OGNI TIPO DI OPERA** : vedasi allegato.*

*8° – **COMPLETAMENTI AI SISTEMI FORTIFICATI***

*–**Bretelle**, aventi nei loro vari tratti costituzione analoga, in relazione al terreno, a quella indicata per i vari tipi di sistemazione.*

*–**Postazioni per tutte le artiglierie <u>non</u> chiuse in opera**: munite di osservatorio, riservette e ricoveri alla prova.*

*(Eventuali **<u>opere</u> per artiglierie a lunga gittata** saranno determinate direttamente da questo S. M.).*

*–**Ricoveri o sbancamenti per truppe mobili**.*

*–**Posti di comando**: per gli enti il cui comando non sia insediato nelle opere.*

*–**Collegamenti di carattere generale**: a sistemazione **permanente** sulla base di piani concreti, ad "assi" e "maglie" (in modo che i comandi e reparti affluenti vi si possano rapidamente inserire – con brevi raccordi, ossia senza stendere una rete propria – facendo capo alle predisposte centrali).*

*–**Osservatori** di servizio generale e di artiglieria.*

*–**Proiettori** per l'illuminazione lontana e vicina .*

*–**Ostacoli** (anticarro, reticolati, ecc.). I reticolati nelle "sistemazioni tipo A" debbono essere su più ordini; nelle "sistemazioni tipo B" su uno o più ordini. Ciascuno di questi dovrà avere una "profondità di 5 m.".*

*–**Interruzioni**.*

*–**Campi minati** (eventualmente sbarramenti chimici).*

*–**Strade di accesso** a più posizioni, di raccordo fra vari sistemi, di **arroccamento: tutte a doppio transito**; i tratti adducenti a singoli gruppi di opere, batterie, ecc. (ossia i tratti a traffico minimo), possono avere caratteristiche inferiori.*

*–**Provvedimenti logistici vari** (impianti idrici – magazzini – baraccamenti – teleferiche – ecc.)».*

Da un esame delle strutture risultavano subito evidenti molte differenze con le precedenti realizzazioni: le opere delle circolare 200 presentavano sicuramente una cura e una qualità molto alta, un ampio utilizzo di ferro e acciaio in corazzature (piastre in tre pezzi, piastre a m.s.f., casematte metalliche, torrette, ecc), putrelle e addirittura negli allestimenti interni (pareti divisorie e locali), sebbene gli spazi fossero quelli strettamente necessari al presidio; le opere della circolare 15000 in alcune parti sembravano addirittura esagerate, camerate sproporzionatamente grandi, un grande numero di locali, depositi, ecc. Anche i blocchi, rispetto alle precedenti realizzazioni, apparivano ingranditi, ma questo era dovuto alla carenza di acciaio; senza casematte metalliche e putrelle, gli spessori di calcestruzzo, soprattutto su terreni con lievi ondulazioni, aumentavano considerevolmente e si facevano appariscenti oltre misura. I mascheramenti cercavano di ridurre questo impatto, ma sicuramente le opere tipo 200 erano inserite nell'ambiente con maggior "discrezione". Le piastre utilizzate in queste opere si limitavano a quella piana "tipo ispettorato" e quella a "minimo spessore frontale", con l'utilizzo di quest'ultima solo in postazioni ad azione frontale (quando peraltro se ne aveva la disponibilità). Le torrette e piastre per osservatorio erano invece alquanto rare. Le corazzature talvolta venivano collegate al blocco di calcestruzzo con un riquadro in putrelle (soprattutto nel caso della piastra piana) e, in sede di gettata, venivano appoggiate su un pilastro sul quale venivano posizionate con cura per mantenerne inalterati verticalità e campo di tiro. Un discorso a parte meritano le postazioni di artiglieria; stante l'oramai accertata penuria di metalli, le installazioni in caverna e in casamatta metallica apparivano fuori luogo, per contro l'installazione "Tipo 4" aveva inequivocabili vantaggi: i maggiori campi di tiro orizzontale e verticale e soprattutto la feritoia minima con perno a sfera e rotazione in volata. Nelle batterie e opere successive al 1938, era quindi naturale che venisse impiegato solo questo sistema. Un altro aspetto caratteristico erano le caponiere esterne, prima assenti, per il controllo di ingressi e perimetro delle opere; in taluni progetti si assiste a una vera e propria proliferazione di queste strutture con un conseguente intenso incrocio dei fuochi su quasi tutto il perimetro.

Le caponiere sostituivano anche, con maggior efficacia,

la porta garitta, per controllare le adiacenze del blocco d'ingresso ed erano armate con uno, due oppure tre fucili mitragliatori Breda 30, posizionati in altrettante feritoie. Era previsto anche l'utilizzo di una corazzatura, che però non venne mai realizzata e quindi mai installata in nessuna opera. In alcune strutture, un tubo in eternit permetteva di gettare delle bombe a mano all'esterno,[11] per eliminare eventuali assalitori. Era evidente l'analogia con quanto impiegato nelle opere della Linea Maginot dove, con un sistema simile sebbene più efficiente e complesso, venivano battuti i fossati diamante dei blocchi attivi. Sul confine nord e nord orientale, la circolare 15000 trovò ampia applicazione e gli sbarramenti progettati vennero in gran parte completati. Sulle Alpi Occidentali, la battaglia delle Alpi, colse moltissime di queste opere appena iniziate o ancora in progetto e gran parte dei cantieri furono chiusi. Oggi è possibile vedere queste realizzazioni come congelate nel tempo, con ancora gli attrezzi, le centine, rimaste sul posto: con gli scavi appena iniziati, con gallerie scavate e completamente rivestite in calcestruzzo ma che terminano nel vuoto e infine con opere terminate nelle murature ma prive di intonaci, verniciature e, ovviamente, impianti.

6 - Gli armamenti

Le armi impiegate nelle opere del Vallo Alpino erano quelle già in dotazione del Regio Esercito solo fornite di adeguati supporti adatti alle varie corazzature; la sistemazione difensiva contemplava inoltre posizioni campali e un gran numero di batterie allo scoperto. Nell'ambito della sistemazione quindi, veniva impiegata tutta l'ampia gamma di artiglierie, mitragliatrici, mortai, che componevano l'arsenale italiano dell'epoca, davvero variegato.Limitando doverosamente il campo alle armi utilizzate nelle opere in installazione fissa, il cerchio si restringeva a tre armi automatiche, a quattro pezzi di artiglieria e un mortaio. Sino al 1935, la mitragliatrice FIAT modello 14 costituiva l'armamento principale di tutte le opere di fanteria del Vallo Alpino ed era anche il principale mezzo attraverso il quale la Guardia alla Frontiera esplicava il suo compito, ovvero la copertura del confine.

Arma molto robusta e affidabile aveva, come limiti rispetto alle analoghe armi straniere del periodo, il notevole peso (che però, nelle opere di difesa, non costituiva un grosso problema) e la bassa cadenza di tiro, dovuta al singolare sistema di alimentazione a cassetta; le lastrine con le cartucce, erano infilate nel contenitore fissato all'arma, queste venivano poi spinte con una molla. Nelle casematte erano presenti apposite nicchie per i bidoni di raffreddamento dell'arma, per canne di ricambio o per riporre l'arma quando non utilizzata, mentre, nel deposito munizioni, erano custodite parti di ricambio ed eventuali armi di riserva. La mitragliatrice FIAT mod. 914[12] armava le casematte, fulcro dei centri di resistenza, battendo con il proprio fuoco, rotabili, sentieri, mulattiere, reticolati, valloni e le adiacenze delle opere vicine, con il compito di arrestare il nemico sulla posizione di resistenza (fig. 27). Ogni mitragliatrice aveva un determinato obiettivo: battere quel sentiero, la confluenza del dato vallone, quella cresta, le adiacenze dell'opera tale, quel tratto di reticolato (fig. 28). Vi era anche la possibilità di fare fuoco a vista ma, in caso di nebbia o nell'oscurità più totale, o nel caso di soldati poco esperti, grazie alle coordinate riportate nella casamatta, a fianco all'arma stessa era abbastanza semplice indirizzare il tiro dove sarebbe passato il nemico. Ancora oggi è possibile trovare, nelle postazioni, scritte più o meno leggibili con brandeggio ed elevazione dell'arma, con accanto eventuali indicazioni toponomastiche o denominazione delle opere attigue, per illustrare obiettivi e campo di tiro. Gli affustini che supportavano l'arma, di tipi differenti per ogni modello di corazzatura,[13] erano tuttavia molto simili, distinguendosi in pratica solo per i differenti settori di tiro verticali (-30° / 0° a -15° / +15°), mentre il brandeggio era di 60°. Solo nella torretta con quattro feritoie l'affustino era particolare, in quanto il settore di tiro orizzontale, di 100°, era graduato sulla "conchiglia", supportante, a sua volta, l'affustino vero e proprio, che controllava solo l'elevazione dell'arma da -15° a +15° (fig. 29).

In alcune casematte, soprattutto in quelle ad azione frontale, il campo di tiro poteva essere ridotto, per adattarlo quindi al profilo del terreno e alla zona da battere, diminuendo le dimensioni della feritoia e il relativo rischio di imbocco (figg. 30, 31). Nel 1935, la mitragliatrice FIAT mod. 14, fu modificata[14] in alcune sue parti, l'arma prese il nome di FIAT mod. 14/35; più precisamente venne variato il sistema di raffreddamento, ad aria e non più ad acqua, il sistema di alimentazione, a nastro a maglia metallica, mentre in precedenza era a cassetta, esemplificandolo, il calibro, da 6,5 a 8 mm. Grazie a ciò le caratteristiche dell'arma migliorarono: il peso complessivo diminuì, si eliminò l'ingombro del bidone, vennero aumentate la cadenza di tiro, la radenza, la gittata pratica e la potenza del colpo. La canna, surriscaldandosi più facilmente, poiché il raffreddamento ad aria era meno efficiente di quello a liquido, doveva essere cambiata di frequente, in caso di raffiche prolungate;[15] l'operazione era però molto rapida e, nelle casematte, in una apposita nicchia vicino alla feritoia, si trovavano una o più canne di ricambio. L'arma aveva le stesse dimensioni del mod. 14, quindi nessuna modifica dovette essere apportata ad affustini e corazzature (figg. 32 - 34); l'assenza del manicotto termico determinava un diametro minore della canna che impegnava meno spazio nella feritoia, consentendo una maggiore visuale per l'osservazione del tiro, mentre rimasero invariati il sistema di aggancio all'affustino, il normale treppiede di sostegno e le linee generali dell'arma. La mitragliatrice leggera BREDA mod. 30[16] (anche chiamata fucile mitragliatore) era l'arma di "difesa vicina", e veniva impiegata nelle caponiere, nelle caponiere interne (che si trovavano dopo le porte di ingresso), nelle finestre garitte e negli appostamenti allo scoperto. Le caponiere, come già accennato, erano poste a protezione degli ingressi e dei blocchi attivi, a volte costituendo veri e propri 'malloppi', con feritoie che talvolta coprivano tutto il perimetro dell'opera. Nonostante la perfezione della meccanica, l'arma aveva molti difetti, come la bassa cadenza di tiro, la facilità ad incepparsi se non abbondantemente lubrificata e l'altissimo costo di produzione; era utilizzata senza l'ausilio di alcun affustino o supporto, semplicemente appoggiata in prossimità della feritoia, con il suo supporto a bipiede ripiegato. Il fucile mitragliatore aveva un particolare sistema di alimentazione: un caricatore fisso da venti colpi il quale, di volta in volta, era riempito infilando e togliendo subito dopo una lastrina contenente le cartucce che, ovviamente, rimanevano all'interno.

Affiancato alla Breda 30, nella difesa delle immediate adiacenze delle strutture, esisteva un altro interessante dispositivo, il cui uso fu però circoscritto solo a pochissimi casi: già nel 1931, con l'emanazione della circolare 200, si era formulata l'ipotesi dell'utilizzo di lanciafiamme nei centri di resistenza, con scopi di protezione degli stessi; tuttavia, a parte qualche sperimentazione nella zona di Cesana, non ne seguì nulla di concreto. Con la circolare 15000 del 1939, l'impiego di quest'arma tornò ad essere preso in considerazione. Furono redatti diversi progetti di applicazione in strutture già esistenti, però sul piano pratico, anche in questo caso, nulla fu realizzato, ad esclusione dei lanciafiamme a difesa degli *sbarramenti di repressione.* Il 12 Settembre 1941,[17] erano in corso di realizzazione tre diversi tipi di lanciafiamme da posizione:

1) *per sbarramenti stradali da feritoia: gittata di metri 20-35-50 a seconda delle esigenze tattiche (ottenute variando il diametro dell'ugello), con capacità di litri 100 e possibilità di cinque lanci (con l'eventuale utilizzo di più serbatoi), con funzionamento a mezzo di pressione con bombole di azoto;*

2) *per opere fortificate: con gittata di circa metri 50, capacità del serbatoio di metri cubi 3 più un recipiente di litri 200, doppio sistema di funzionamento a mezzo pompa o a mezzo di un sistema misto dato da una pompa e cuscinetto di azoto compresso dentro il serbatoio;*

3) *per la difesa del cielo delle opere: analogo al precedente variava solo il tipo di lancia (a scomparsa, protetta, quando in posizione abbassata, da una piccola cupoletta corazzata), con campo di tiro su 360°.*

Quest'ultimo modello, per le sue ridotte dimensioni, poteva essere impiegato anche nei piccoli monoblocchi tipo 7000. Il progetto più dettagliato che è stato possibile rintracciare, illustrava la modifica dell'opera 8 a Valdieri, con realizzazione di lanciafiamme a scomparsa posto sulla copertura del blocco, con relativi gruppo elettrogeno e serbatoi di combustibile per il suo funzionamento. Aveva campo di tiro di 360° e, teoricamente, doveva "irrorare" le vicinanze e le sovrastrutture dell'opera, per tenere a distanza adeguata eventuali avversari. La portata del dispositivo era di cinquanta metri (si può assimilare al secondo modello elencato). Nel caso degli sbarramenti di repressione, il lanciafiamme aveva il compito di impedire l'avvicinamento di eventuali elementi avversari alla cancellata scorrevole che chiudeva la rotabile; infatti questa aveva essenzialmente funzione anticarro e il posizionamento di una carica da demolizione poteva renderla inefficace. La feritoia era posta a fianco dell'apertura, dalla quale fuoriusciva la travatura; la portata risultava comunque superiore alle necessità, in quanto la lunghezza massima da coprire non superava gli otto - dieci metri. Nei centri di resistenza e nelle caverne ricovero per appostamenti allo scoperto, veniva impiegato anche il mortaio da 81 mm mod. 35,[18] allo scoperto, di solito nei pressi dell'ingresso e in posizione defilata, per battere truppe avversarie non raggiungibili con le armi automatiche; dopo il 1939, con la circolare 15000, ne venne previsto l'uso in blocco di calcestruzzo, anche in zone esposte al tiro avversario. Il mortaio era un'arma a tiro curvo di grande semplicità di funzionamento, ideale per battere angoli morti non raggiunti dalle armi automatiche e per coprire zone non battute dalle batterie in caverna; era ad avancarica, con carica di lancio contenuta nel codolo del proietto, che agiva a percussione per caduta. Era composto da tubo di lancio, piastra d'appoggio e dall'affusto a bipiede; era molto simile agli analoghi mortai stranieri e fu adoperato in tutto il Vallo Alpino sin dal 1935. Il blocco mortai, con grandi aperture, che lo rendevano molto vulnerabile, fu poco utilizzato, soprattutto perché poche delle opere che ne erano dotate videro la fine dei lavori. Nelle Alpi Occidentali era possibile osservare una sola di queste installazioni, e più precisamente nell'opera 5 dello sbarramento di Moiola, in Valle Stura: si trattava di un blocco non completamente terminato, tuttavia le linee essenziali della struttura erano delineate. Al confine austriaco diverse opere avevano postazioni per mortai da 81, sia in caverna sia in monoblocco di calcestruzzo; a titolo di esempio è possibile citare l'opera 2 del Passo di Monte Croce Comelico. I cannoni furono utilizzati in entrambi i tipi di opere componenti il Vallo Alpino, ovvero nei centri di resistenza e nelle batterie in caverna, con modalità d'impiego differenti. Nei centri di resistenza, come pure nei monoblocchi degli sbarramenti stradali, i pezzi di artiglieria (da 47/32 o 57/43) avevano esclusivamente funzione controcarro, per controllare, con tiro teso, rotabili o zone accessibili ai mezzi blindati; solo l'impiego del pezzo da 47/32 prevedeva anche l'appoggio ravvicinato alla fanteria e l'azione contro personale; la gittata dei pezzi non era mai superiore ai 2000 - 2500 m. Eccezione alla regola furono alcune opere relative alla Circolare 15000, costruite dopo il 1940, nelle quali era previsto l'utilizzo del cannone da 75/27 mod. 906, anche in installazione singola. La batteria in caverna era menzionata nei documenti militari e del genio sotto il semplice nome di Btr S.P. (Sempre Pronta), preceduto da un numero, o alcune

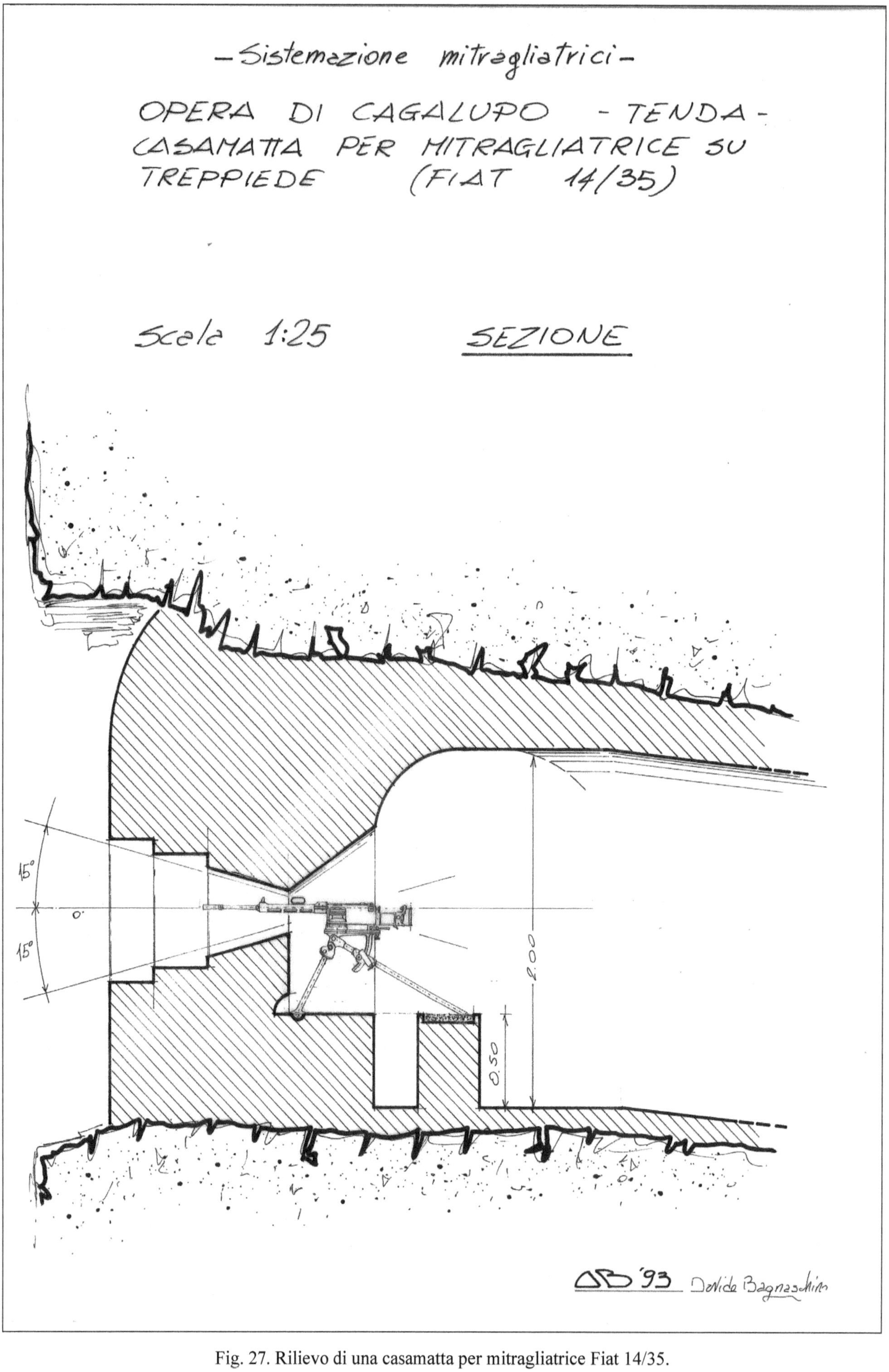

Fig. 27. Rilievo di una casamatta per mitragliatrice Fiat 14/35.

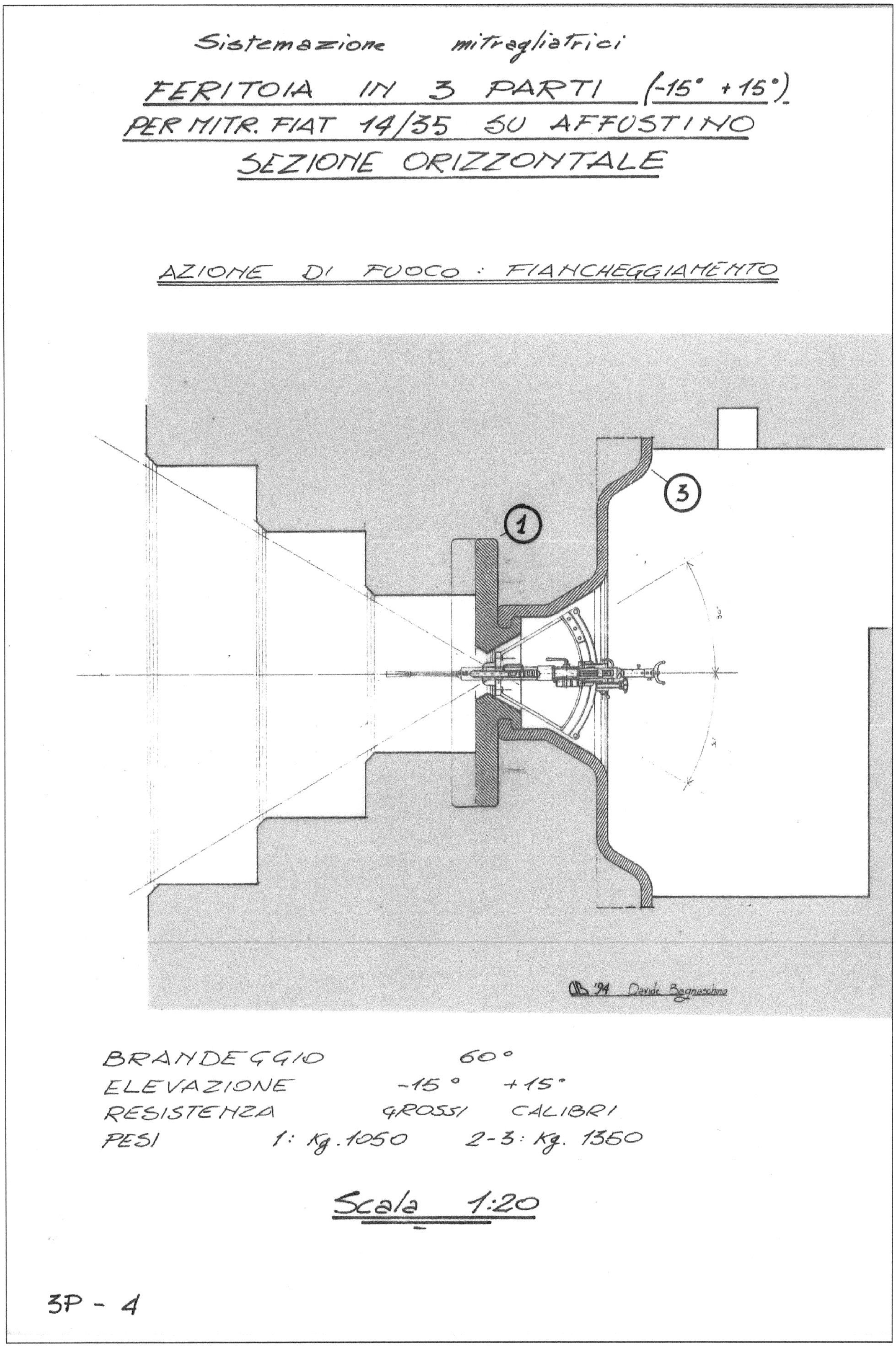

Fig. 28. Rilievo di casamatta con mitragliatrice Fiat 14/35 impiegata per tiro di fiancheggiamento.

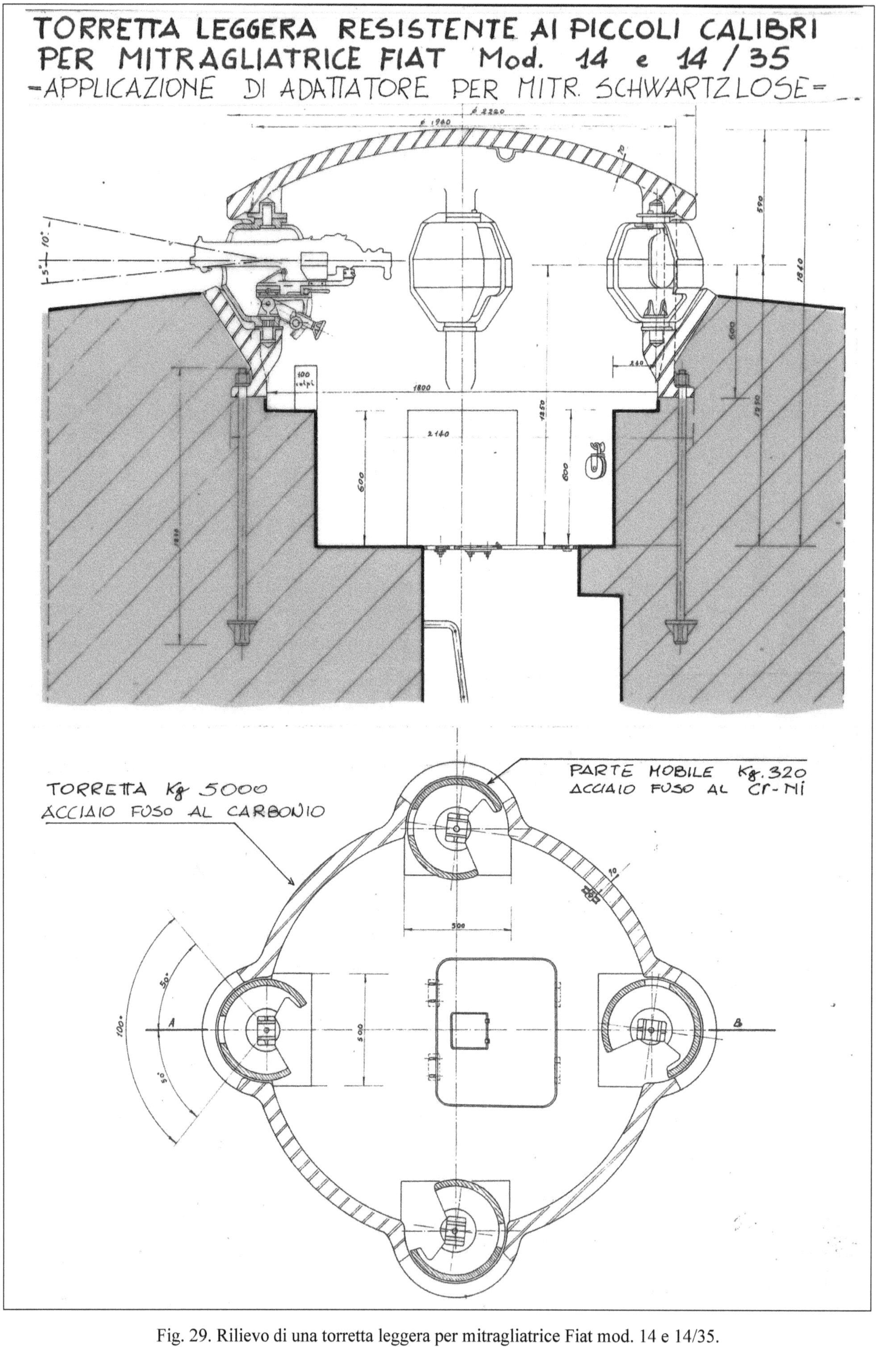

Fig. 29. Rilievo di una torretta leggera per mitragliatrice Fiat mod. 14 e 14/35.

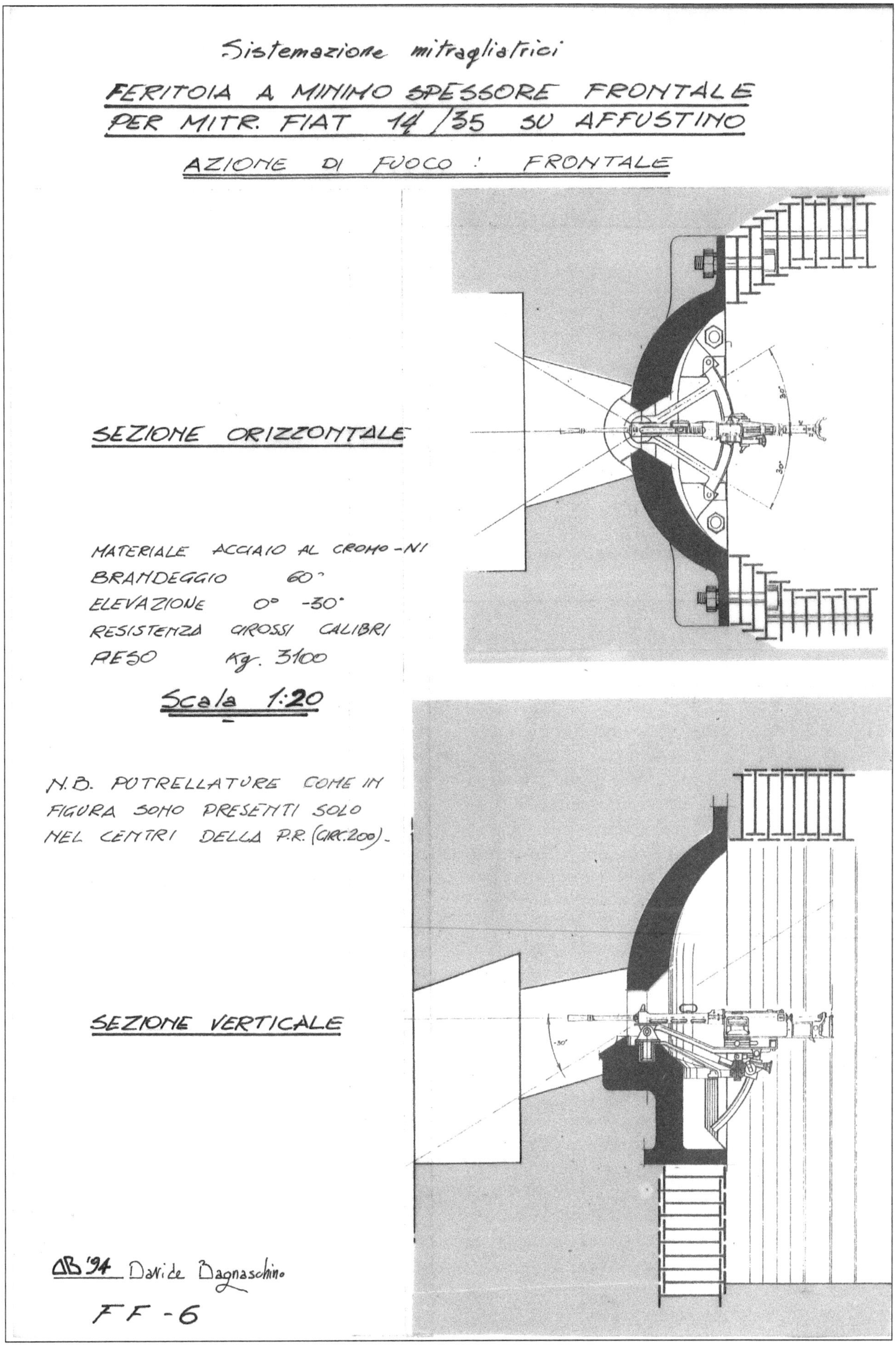

Fig. 30. Rilievo di una casamatta on feritoia a minimo spessore.

Fig. 31. Piastra a minimo spessore frontale in una casamatta con alloggio per mitragliatrice Fiat 14/35.

volte dal nome della località; ciò perché, da un punto di vista teorico, la batteria non si differenziava da quelle poste allo scoperto. I compiti di una batteria in caverna erano principalmente tre: effettuare *fuoco di sbarramento* su rotabili o zone di passaggio molto importanti; effettuare *fuoco di interdizione* nei pressi di opere o gruppi di opere o accessi a valloni; effettuare *fuoco di repressione* per coprire la posizione di resistenza, per eliminare eventuali infiltrazioni e collaborare con i centri, onde stroncare l'azione avversaria sulla P.R. L'azione di fuoco della batteria in caverna era, tranne pochissimi casi, spiccatamente difensiva; il fuoco non era mai diretto oltre confine, doveva colpire obiettivi stabiliti già in tempo di pace, coprire la P.R. e non avere feritoie facilmente imboccabili da parte avversaria. I cannoni, che armavano opere di questo tipo, erano quasi sempre quattro, talvolta suddivisi in due sezioni se gli obiettivi imponevano una suddivisione del fuoco; esistevano alcune batterie con due, tre o sei pezzi, casi particolari determinati dalle caratteristiche dell'ambiente montano e dagli obiettivi. Le batterie in caverna erano armate di norma col cannone da 75/27 mod. 906,[19] designato come pezzo d'artiglieria del Vallo Alpino, dalla nota Circolare 200 dello Stato Maggiore. Il cannone da 75/27 mod. 906 (fig. 35) fu il primo pezzo a tiro rapido del Regio Esercito, costruita dall'Ansaldo, dal 1915 al 1918, in 2477 esemplari su progetto Krupp. Negli anni trenta, sebbene fosse oramai superato, equipaggiava ancora molte batterie e venne scelto per l'impiego nelle opere permanenti su affusti per i vari tipi di installazione. Venne anche impiegato sul proprio affusto campale in alcune opere in caverna, in questi casi le feritoie risultavano di grandi dimensioni e anche lo spazio interno era considerevole. L'obice da 100/17 mod. 14 e 16 (preda bellica)[20] fu il miglior materiale sottratto agli austriaci e fu il primo pezzo d'artiglieria ad equipaggiare un'opera del Vallo Alpino; più precisamente venne impiegato nella batteria in caverna del Becco Rosso in Valle Stura nel 1925, nell'ambito dei primi lavori di fortificazione del dopoguerra. Dopo il 1931, il complesso subì molte modifiche; furono realizzate altre due postazioni per 100/17 e per mitragliatrici, oltre a quelle già esistenti, ma soprattutto vennero rivestiti i cunicoli, che prima erano semplicemente in roccia; si crearono camerate, locali deposito e furono installati gli impianti. In seguito, sulle Alpi Occidentali, altre quattro batterie ebbero in dotazione questo materiale, la batteria della Bassa di Druos, in Val Ciastiglione, quelle di Monte Agnellino,[21] Spegi e Peluna in Alta Valle Roja; come al Becco Rosso queste opere, per la conformazione del terreno da battere e degli obiettivi, necessitavano di pezzi a tiro curvo. Il pezzo da 100/17 venne ovviamente impiegato anche sul confine orientale; l'opera 10 del Passo di Monte Croce Comelico, tra Alto Adige e Veneto, è forse l'ultima realizzazione che prevedeva l'impiego di questo obice in postazione fissa. Questa importante struttura, tra le più estese delle Alpi, con circa millecinquecento metri di cunicoli, era armata con sei pezzi di artiglieria e cinque mitragliatrici e contava inoltre sette caponiere con fucile mitragliatore, due osservatori e quattro ingressi, era incastonata nella imponente parete rocciosa del Monte Popera ed era paragonabile al complesso del Balcone di Marta (Media Roja) o al Caposaldo dei Bovi (Val Pusteria)

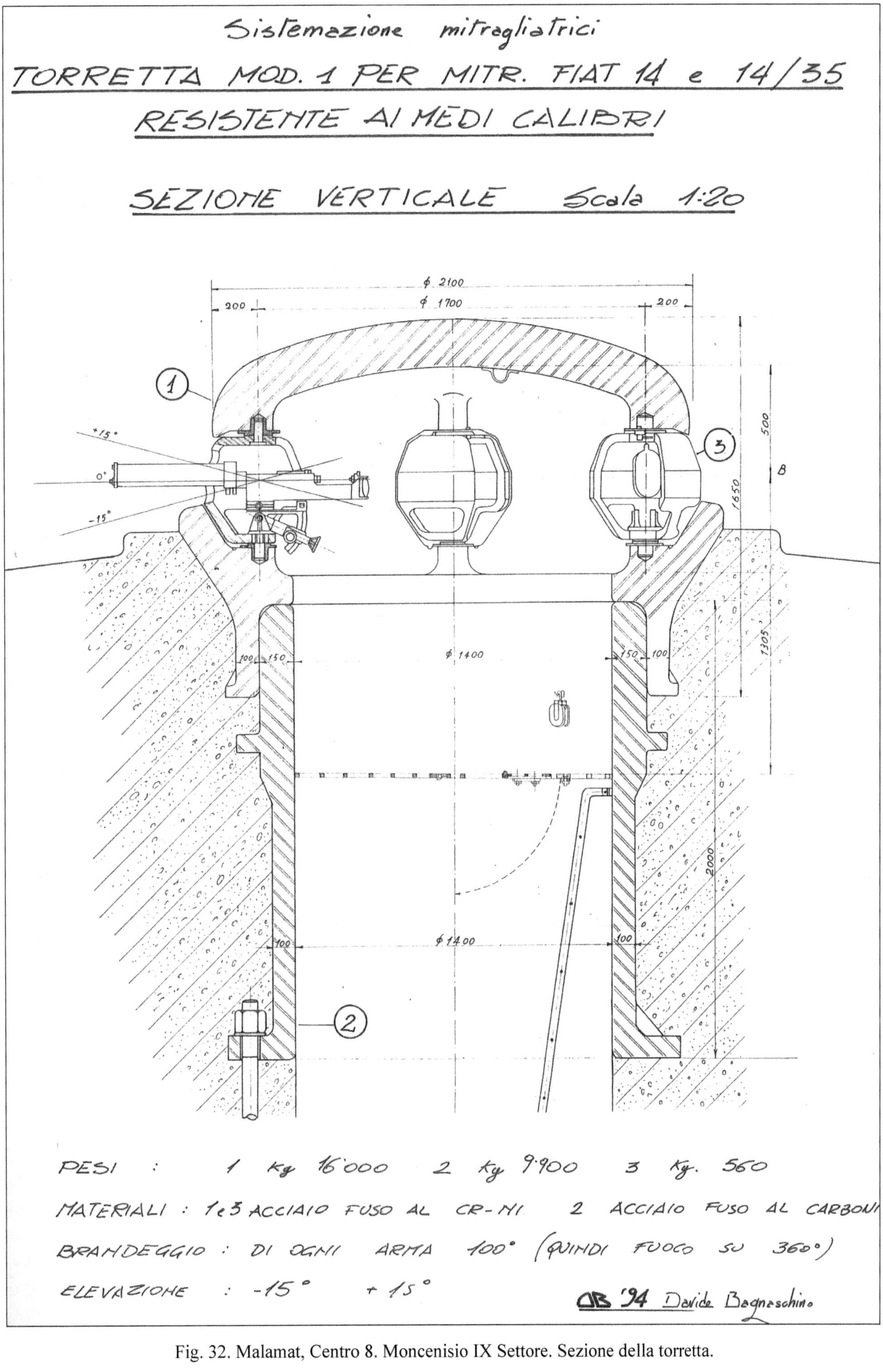

Fig. 32. Malamat, Centro 8. Moncenisio IX Settore. Sezione della torretta.

Fig. 33. Malamot, Centro 9. Moncenisio IX Settore.

Fig. 34. Malamot, Centro 8. Moncenisio IX Settore.

L'obice fu sempre adoperato sul proprio affusto campale, senza alcuna corazzatura né adattamenti; il brandeggio era ottenuto, oltre che con il normale meccanismo del pezzo, muovendo l'intero affusto; nella batteria del Becco Rosso (ma anche nell'opera 10 del Passo di Monte Croce Comelico) esso ruotava attorno a un perno infisso nel pavimento della camera di tiro mentre, negli altri casi, un gradino nella casamatta formava supporto per il vomere. Nel caso delle opere di Spegi e Peluna, i pezzi erano ricoverati in ampi locali chiusi da portoni corazzati (collegati con cunicolo al resto dell'opera) ed erano portati all'esterno solo per effettuare il tiro. Queste opere vennero realizzate nel 1937/38 e un progetto successivo prevedeva la costruzione di blocchi in cemento, ma non venne mai portato a termine. Nel 1931, alla nascita del Vallo Alpino, il Regio Esercito di fatto non disponeva ancora di alcun pezzo controcarro. Sebbene le caratteristiche montane dei nostri confini rendessero problematico l'impiego di carri armati e mezzi blindati, in corrispondenza di rotabili e di colli importanti, i centri di resistenza del primo sistema difensivo furono armati con il cannone di origine navale da 57/43 mod. 1887[22] (fig. 36) di produzione Nordenfelt, che in parte poteva assolvere la funzione di pezzo controcarro. Il pezzo era montato sul proprio affusto a candeliere (figg. 37, 38), in una casamatta dotata di una corazzatura curva che, anteriormente, rivestiva la camera di tiro. La piastra era curva per fornire maggiore protezione e avvicinare il punto di brandeggio alla feritoia e la casamatta era irrobustita da soffittature in putrelle che talvolta rivestivano anche le pareti. Il brandeggio era di 45°, mentre l'elevazione da -10° a +15°. Il cannone da 47/32 mod.35[23] aveva una maggiore manovrabilità e versatilità; entrò in servizio nel 1935, costruito dalla Breda su brevetto della ditta austriaca Bolher. Come arma controcarro in installazione fissa, sostituì il pezzo da 57 che però rimase in alcune opere del primo sistema difensivo. Aveva, per l'epoca, discrete caratteristiche controcarro, potendo fronteggiare quasi ogni mezzo blindato allora in servizio, tuttavia nel 1940 era già un pezzo superato, non in grado di fermare i pesanti carri che gli altri eserciti avevano nel frattempo adottato. Utilizzato anche nel sostegno ravvicinato alla fanteria, era someggiabile, leggero, molto maneggevole e veloce da mettere in batteria; doveva anche sostituire il 65/17, in dotazione ai reparti di fanteria. Nell'ambito del sistema fortificato venne utilizzato sia nei centri di resistenza sia nei monoblocchi (postazioni Pariani o tipo 7000) e fu impiegato in genere sul proprio affusto, privato delle ruote, in casematte prive di corazzature, posto direttamente sul pavimento oppure, se smontato dall'affusto, fissato ad un supporto a coda di rondine; solo nei centri di resistenza del primo sistema difensivo, dove talora sostituì il pezzo da 57/43, fu applicato alla piastra corazzata esistente. In questo caso il cannone venne installato sulle piastre già in opera, con l'unico accorgimento di dotare le stesse di un sostegno sul quale fissare l'affustino del pezzo.

Fig. 35. Cannone da 75 mod 906 Installazione in casamatta metallica.

7 - *Altre strutture componenti il Vallo Alpino*

La sistemazione difensiva, oltre alle opere, comprendeva anche altre strutture: caserme, polveriere, depositi, teleferiche, batterie e postazioni allo scoperto per integrare l'azione svolta dalle armi dei centri, come i N.A.S. (Nuclei Armi Supplementari).
Le casermette difensive si trovavano soprattutto in prossimità dei colli, in posizione retrostante alla P.R., ubicate sul rovescio dei rilievi, in modo da restare al riparo dalle artiglierie e dall'osservazione avversaria. Era il caso delle casermette di Peluna e Gereone in Alta Val Roja, delle caserme del Monte San Salvatore in Alta Valle Stura, della caserma del Monte Grai (Marta), tutte situate dietro alla cresta, in posizione defilata. Per ogni caposaldo, in genere, esistevano una, raramente due di queste costruzioni; quelle più utilizzate, di caratteristiche architettoniche standard, erano per quaranta uomini. I N.A.S., talvolta costruiti direttamente dalle truppe dislocate sul fronte, soprattutto nei periodi di tensione internazionale, erano costituiti da piccole postazioni per cannoni da 47/32, mortai da 81 mm o da 45 mm e mitragliatrici. Per i cannoni e mortai la postazione si riduceva ad una piazzola o trincea dove sistemare l'arma, per le mitragliatrici, molto spesso, la postazione era protetta con un piccolo blocco in calcestruzzo, resistente alle schegge e alle armi di fanteria. I N.A.S. coprivano soprattutto settori di tiro non battuti dalle opere, come ad esempio i valloni o gli intervalli tra le opere stesse, al fine di raffittire il fuoco delle mitragliatrici che controllavano il *reticolato generale*. Lungo il margine anteriore della Posizione di Resistenza correva infatti una siepe di filo spinato, chiamato *reticolato generale*, che costituiva l'ostacolo passivo della linea, battuto dalle mitragliatrici dei centri di resistenza, che vi incrociavano i fuochi in fiancheggiamento. Il reticolato contornava anche le singole opere con il nome di *reticolato di recinzione*. La siepe era generalmente su tre ordini di picchetti, costituiti da paletti in ferro, detti "a coda di porco" e il filo spinato era utilizzato in diversi spessori. Completavano la sistemazione difensiva un certo numero di artiglierie G.a.F. Le batterie erano di tre tipi, a seconda del loro grado di approntamento: *Sempre Pronte* (*S.P.*), con i pezzi e i serventi già sul posto; ad *Approntamento Accelerato* (*A.A.*), con pezzi e serventi in prossimità delle posizioni; ad *Approntamento Normale* (*A.N.*), con pezzi e serventi anche dislocati in caserme di fondo valle. Fra le Batterie Sempre Pronte (Btr S.P.), c'erano chiaramente quelle in caverna, con i cannoni sempre in posizione; le Btr S.P. sistemate allo scoperto avevano invece le artiglierie ricoverate in appositi fabbricati in muratura, ubicati di norma a fianco della casermetta per i serventi; ubicazione di ricoveri, casermette e riservette munizioni, piste di accesso e prossimità delle piazzole, permettevano in pochi minuti di avere i materiali pronti all'impiego.

8 - *Organizzazione generale*

La circolare 450 del 27 Gennaio 1936, tra le altre cose, introduceva la suddivisione del fronte in settori di copertura, il cui comando era retto da un colonnello della G.a.F.; i settori a loro volta erano suddivisi in sottosettori, in gruppi di capisaldi e infine, in capisaldi. I capisaldi erano

Fig. 36 Cannone da 57/43 mod 1887.

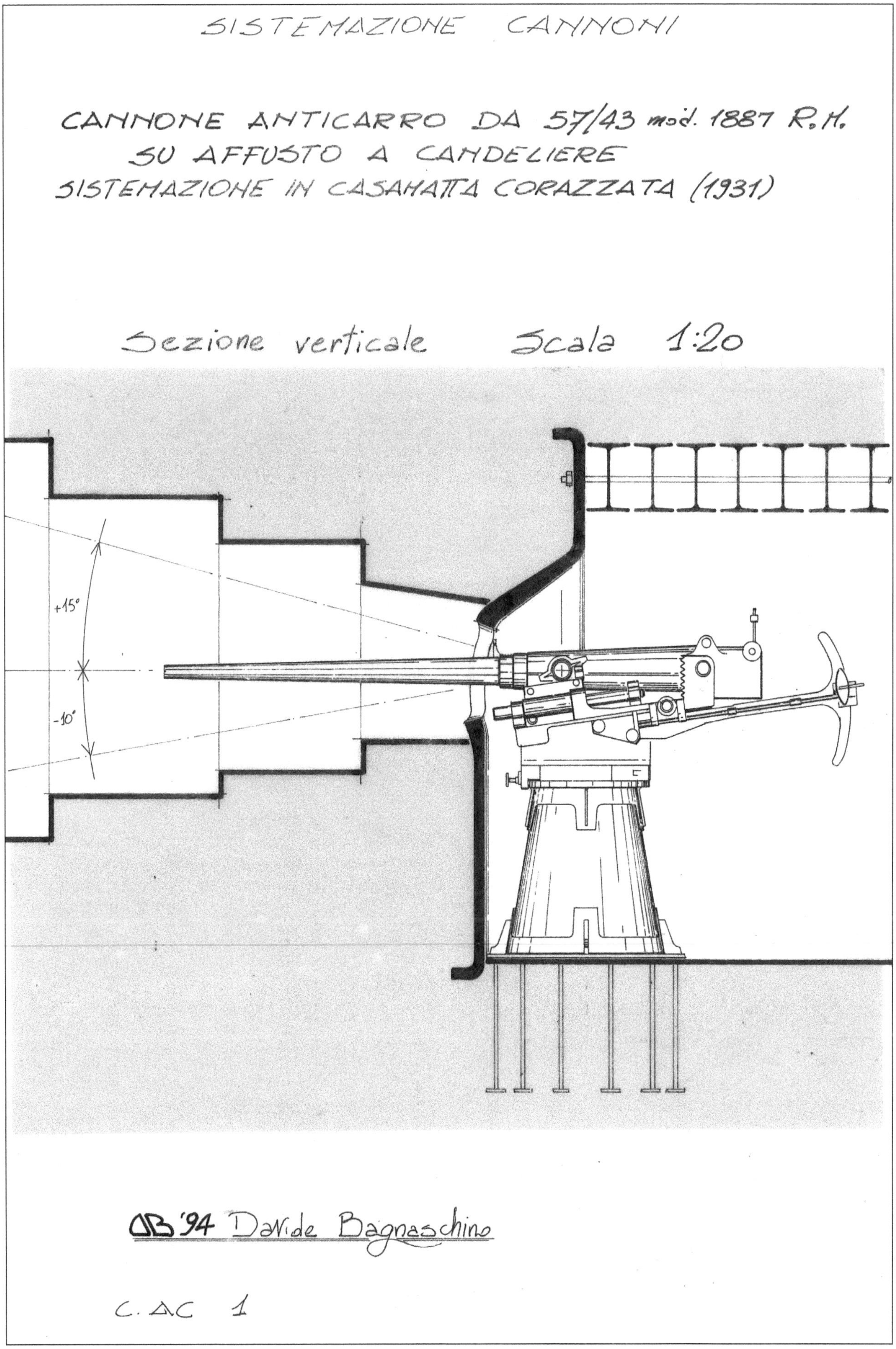

Fig. 37. Cannone 54/43 mod, 1887 in casamatta corazzata.

Fig. 38. Casamatta per cannoni da 57/43 mod. 1887 del X settore Moncenisio, centro 17.

la struttura di base della sistemazione, comprendevano un numero variabile di opere (da due a dieci) e avevano generalmente un compito specifico e unità di comando. Il settore corrispondeva al tratto di fronte controllato da una divisione; questa, all'atto della mobilitazione, giungendo sulle posizioni tenute dalla G.a.F. e altri elementi confinari (Guardia di Finanza, Carabinieri Reali, Milizia), subentrava nel comando e "fagocitava" l'intera struttura organizzativa. Insieme alle divisioni era previsto anche l'arrivo di eventuali compagnie di Camicie Nere, battaglioni mitraglieri da posizione e battaglioni alpini. L'arco alpino era suddiviso in ventisette settori di copertura, dieci sulle Alpi Occidentali, lungo il confine francese, due sulla frontiera con la Svizzera, più il Sottosettore X/C del Gran San Bernardo,[24] e quindici su quelle orientali, al confine con Austria e Jugoslavia. Lungo le Alpi Occidentali, dal Mare sino al Colle del Gran San Bernardo, i settori erano: I Bassa Roia, V Media Roia (fig. 39), II Alta Roia – Gessi, III Stura, IV Maira–Po, VI Pellice–Germanasca, VII Monginevro, VIII Bardonecchia, IX Moncenisio, Sottosettore Autonomo Levanna, X Baltea. Ogni settore copriva in genere una valle o una *direttrice* di possibile invasione, i sottosettori invece erano identificati dal numero romano seguito da una lettera: esempio Sottosettore VII/A Cesana. Infine i capisaldi e i gruppi di capisaldi avevano numerazione indipendente per ogni settore e così pure le opere.

9 - *La Guardia alla Frontiera*

Il dispositivo difensivo era presidiato dai soldati della Guardia alla Frontiera. Già il 24 maggio 1934 veniva comunicato ai Comandi di Corpo d'Armata che: *Per il presidio delle opere della sistemazione difensiva terrestre, nel prossimo mese di settembre, verranno costituite apposite unità di fanteria e artiglieria il cui insieme sarà denominato Corpo di Frontiera.* Infatti, il 6 settembre 1934 una disposizione emanava le prime direttive riguardanti l'addestramento della Guardia alla Frontiera, nome definitivo del corpo:

«Norme per l'addestramento del personale del Corpo di Frontiera

A) *Preparazione morale*

Sarà iniziata dai primi giorni e proseguita senza soste sino all'atto del congedamento. Essa dovrà tendere essenzialmente:

- *a creare in queste truppe uno "spirito di corpo". Esse sono la G.a.F. che, con la sua azione, consentirà al resto dell'Esercito di mobilitarsi e radunarsi per poi battere il nemico;*
- *a premunirle e addestrarle contro la sorpresa che, per le conseguenze gravissime che potrebbe avere, assume l'aspetto di un delitto di lesa patria;*
- *a sviluppare la fede nelle opere e*

nell'organizzazione difensiva: un'opera, anche se isolata, aggirata, accerchiata, deve resistere e ne ha i mezzi;

- *a far loro comprendere che contro le gravissime conseguenze nei reati di abbandono di posto e diserzione è la necessità di opporsi con tutti i mezzi alla diserzione altrui.*

B) *Addestramento speciale*

Particolare cura dovrà essere posta al servizio di vigilanza che costituisce il primo degli scopi del Corpo di Frontiera. Pertanto:

- *massimo rispetto della consegna; ferrea disciplina anche nell'interno dei reparti, nella vita giornaliera;*
- *diffidare di chiunque anche se indossi divisa italiana o vesti da donna o da sacerdote; evitare contatti con pastori, turisti, ecc. Usare la massima riservatezza nel parlare delle opere; sospettare specialmente chi insista nel richiedere notizie; guardarsi da qualsiasi intesa coi contrabbandieri tra i quali, assai spesso, si annidano elementi informatori del nemico.*

In sostanza fidare solo dei superiori conosciuti.»

Gli atti giuridici però si fecero attendere mentre le prime opere ad essere terminate, soprattutto su rotabili e colli importanti, vennero presidiate da reparti alpini. Il 28 aprile 1937, con Regio Decreto, veniva finalmente costituito anche per legge il corpo della Guardia alla Frontiera:

«Vittorio Emanuele III

PER GRAZIA DI DIO E PER VOLONTÀ DELLA NAZIONE

RE D'ITALIA

IMPERATORE D'ETIOPIA

Visto il R. decreto – legge 11 ottobre 1934 - XII, n. 1723 convertito in legge, con modificazioni, con la legge 17 dicembre 1934 – XIII, n. 2110, relativo all'aggiornamento delle disposizioni concernenti l'ordinamento del Regio Esercito, e successive modificazioni;

Vista la legge 7 giugno 1934 – XII, n. 899, sull'avanzamento degli ufficiali del Regio Esercito e successive modificazioni;

Vista la legge 21 giugno 1934 – XII, n. 1093, recante modificazioni al testo unico delle leggi sullo stato dei sottufficiali del Regio Esercito, approvato con R. decreto 15 settembre 1932 – X, n. 1514 e successive

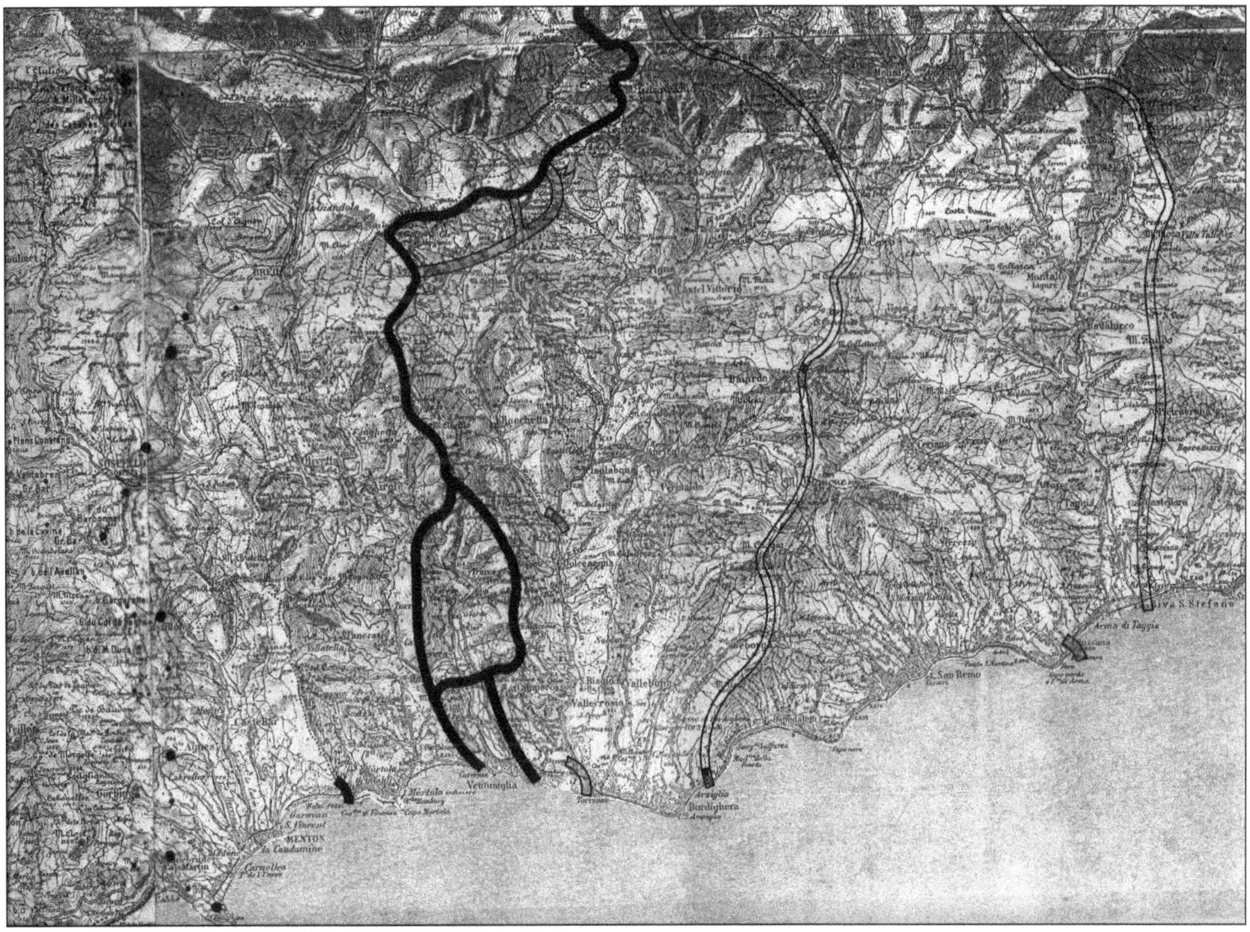

Fig. 39. Sistemazione difensiva in Bassa e Media Roia.

modificazioni;

Ritenuta la necessità urgente ed assoluta di rendere le grandi unità del Regio Esercito interamente disponibili per le operazioni e di assicurare, d'altra parte, in ogni eventualità, uno speciale corpo di nuova istituzione;

Visto l'art. 3. n. 2. della legge 31 gennaio 1926 – IV, n. 100;

Sentito il Consiglio dei Ministri;

Sulla proposta del Capo del Governo, Primo Ministro, Segretario di Stato e Ministro Segretario di Stato per la guerra, di concerto col Ministro Segretario di Stato per le finanze;

Abbiamo decretato e decretiamo;

Art. 1

È istituito uno speciale corpo del Regio Esercito denominato "Guardia alla Frontiera".

Art. 2

La "Guardia alla Frontiera" è ordinata in settori di copertura retti da generali di brigata o colonnelli. Ciascun settore di copertura comprende un numero vario di unità minori. Per ciascun settore di copertura, di massima, esiste un deposito territoriale.

Art. 3

Gli ufficiali e i sottufficiali assegnati alla "Guardia alla Frontiera" sono compresi negli organici degli ufficiali e dei sottufficiali delle varie armi (esclusa quella dei carabinieri Reali).

Art. 4

La ripartizione del personale fra i vari enti della "Guardia alla Frontiera" è stabilita dal Ministro per la guerra con apposite tabelle graduali e numeriche. Il presente decreto, che avrà vigore dal 20 dicembre 1934 – XIII, sarà presentato al Parlamento per la sua conversione in legge. Il Ministro proponente è autorizzato alla presentazione del relativo disegno di legge. Ordiniamo che il presente decreto, munito del sigillo dello Stato, sia inserito nella raccolta ufficiale delle leggi e dei decreti del Regno d'Italia, mandando a chiunque spetti di osservarlo e di farlo osservare.

Dato a Roma, addì 28 aprile 1937 – Anno XV.»

Il decreto aveva valore retroattivo: infatti, essendo le prime truppe G.a.F. giunte ad occupare le opere nel 1934, era necessario riconoscerne le anzianità e i meriti. La G.a.F. doveva di fatto permettere il presidio delle opere e l'attivazione dei dispositivi di copertura, lasciando disponibili le divisioni di fanteria e alpine che avevano i loro acquartieramenti talvolta lontano dai crinali alpini e che, come unità mobili, dovevano accorrere e operare dove necessario, senza essere vincolate al territorio. I soldati della Guardia alla Frontiera invece vivevano in montagna; i suoi effettivi, anche in tempo di pace, non permanevano nelle città o nelle località dove si provvedeva all'addestramento e non venivano, in caso di necessità, inviati al fronte, in quanto essi occupavano permanentemente le opere, le casermette, le batterie sempre pronte e godevano di qualche giorno di riposo nelle caserme site più a valle, solo quando, terminato il turno di permanenza nei capisaldi, ricevevano il cambio, oppure quando la neve rendeva difficili gli spostamenti. Allora, durante i mesi più freddi, i presidi in quota venivano ridotti al minimo per assicurare comunque il controllo delle zone e per garantire, in caso di un attacco improvviso, il presidio delle batterie in caverna e dei centri di resistenza più importanti. Questi soldati dovevano possedere o acquisire virtù non comuni: in ambiente montano, era necessario saper sciare e avere un buon allenamento nella marcia; bisognava vivere nelle caserme e nelle opere, con esigenze minime e conseguente sobrietà, ci si doveva adattare alla limitatezza di spazi e mezzi; occorreva inoltre essere buoni tiratori. Insomma le qualità richieste erano: ardimento, sacrificio, sobrietà e umiltà che si fondevano quindi in un "*unicum*": nel "Guardia Frontiera".

I soldati della G.a.F. svolgevano alcuni compiti insieme a Carabinieri Reali e Guardia di Finanza, con cui dividevano quindi alcuni spazi delle caserme e tutta una vita spesa sui monti; con loro venivano talvolta effettuati i giri d'ispezione delle opere. I Carabinieri e la Guardia di Finanza avevano come compiti esclusivi la vigilanza sulla zona di frontiera per il controllo dei valichi, la repressione del contrabbando e dell'immigrazione clandestina; essi disciplinavano anche l'accesso alle zone prossime alle sistemazioni difensive per evitare lo spionaggio e la raccolta di informazioni, da parte del nemico, sulle opere militari. Per quest'ultimo compito solitamente la Guardia di Finanza, ma talvolta anche altri reparti, come la Milizia Confinaria, appartenente alla Milizia Volontaria per la Sicurezza Nazionale (la M.V.S.N., organo del Partito Nazionale Fascista), disponevano di posti fissi, ubicati lungo i percorsi verso le località di confine e verso la Posizione di Resistenza, dove consentivano il transito e l'accesso, su strade e sentieri, solo a coloro che disponevano di appositi lasciapassare e permessi. Solitamente questi erano rilasciati, oltre, ovviamente al personale militare, solo a pastori, contadini e persone che comunque risiedevano sul posto o che vi conducevano la propria attività lavorativa; nelle zone di rispetto era vietato portare apparecchi fotografici o materiale per eseguire rilievi: farsi sorprendere a disegnare o eseguire fotografie era alquanto rischioso. Era poi interdetto a chiunque avvicinarsi alle opere ed entrare nei terreni militari o nel perimetro dove le stesse erano visibili. In questo modo vaste zone dei crinali alpini furono anche sottratte all'alpinismo e all'escursionismo che, seppur praticati in misura molto minore rispetto ad oggi, in quegli anni stavano conoscendo un incremento. Si trovavano un po' ovunque quindi cartelli di segnalazione (con uno stemma sabaudo e un testo bilingue), che vietavano l'accesso ai terreni militari, proibivano di lasciare i sentieri segnati e di eseguire fotografie e rilievi, indicando però così che ci si trovava in prossimità di fortificazioni. Talvolta, le uniche zone transitabili si riducevano al sentiero più importante, circondato da cartelli di avviso; sentiero che era vietato abbandonare per seguire percorsi laterali.

La G.a.F. aveva nel suo seno tre specialità: fanteria, con i bordi delle mostrine scarlatte, artiglieria di colore cremisi, e genio, con le mostrine bordate di giallo e possedeva le stesse dotazioni delle truppe alpine, tranne in un particolare: il cappello alpino, assegnatole nel 1940, era privo della penna e, per questo il corpo veniva chiamato *la vidoa*, la vedova; l'infausto 8 settembre 1943 giunse poi impedendo che la penna fosse appuntata sul cappello, benché nel frattempo un decreto avesse stabilito che tutte le truppe alpine avevano diritto di portarla.

I reparti di fanteria presidiavano ovviamente i centri di resistenza, quelli di artiglieria le batterie in caverna, mentre gli specialisti del genio erano presenti in entrambi i tipi di opere per provvedere alle riparazioni leggere alle strutture, a lavori esterni e di mascheramento, al funzionamento di impianti e apparecchiature. I reparti non erano solo confinati dentro le opere; oltre ai quadri di comando e di collegamento, alle staffette, ai portaordini, ai soldati delegati alla guardia delle polveriere e ai depositi, una aliquota importante era formata dagli artiglieri delle batterie posizionate allo scoperto e dai fanti, destinati a controllare gli intervalli delle opere o appartenenti alle compagnie mitraglieri da posizione. Anche la G.a.F. non sfuggiva alla vuota retorica di quegli anni e un motto (visibile ancora oggi in qualche casermetta e in qualche opera), a firma del Principe Umberto di Savoia, riassumeva i suoi compiti, il suo scopo: *Dei sacri confini guardia sicura.*

Il reclutamento avveniva su scala nazionale e non limitatamente alle zone montane, in quanto si sarebbe provocata una eccessiva diminuzione dell'affluenza di reclute ai reparti alpini. Troviamo quindi sui monti alcuni uomini che non avevano mai visto la neve e che dovettero imparare a sciare loro malgrado, operando in luoghi dove questo era l'unico mezzo per muoversi. Il numero del settore di appartenenza era ben visibile su uno scudetto portato sulla manica sinistra dell'uniforme, poco sotto la spalla; il distintivo era formato da uno scudetto sul quale una fascia orizzontale, con il numero del settore, era sovrapposta ad un gladio con la punta rivolta in alto, sovrastato a sua volta da foglie di quercia. La G.a.F. non conobbe il battesimo del fuoco nel modo che si era previsto, le linee difensive non furono mai investite dalle fanterie avversarie, le opere mai messe alla prova; soltanto un esiguo numero di uomini, nel giugno 1940, venne utilizzato come avanguardia alle puntate offensive. Si trattava di "Arditi", selezionati su base volontaria, che, disponendo di un'ottima conoscenza del terreno e dei dispositivi avversari, furono impiegati per colpi di mano e azioni miranti alla conquista di particolari punti strategici; tra questi sono molto conosciuti i *Lupi del Moncenisio*, che conquistarono alcuni apprestamenti difensivi francesi con fortificazioni di avamposto. Dopo la "Battaglia delle Alpi", alcune batterie furono più tardi trasferite in settori "più caldi", nonostante la loro vocazione di artiglierie da posizione con scarsa mobilità. Molti soldati furono spostati in altri reparti e inviati in Africa o in Russia, dove conobbero ben altri teatri di operazioni, meno tranquilli e con panorami completamente diversi seppur altrettanto suggestivi.

I militi che rimasero sui monti ebbero la fortuna di poter continuare i presidi e la sorveglianza delle opere, conducendo tutto sommato una vita tranquilla; l'8 settembre 1943 l'idillio finì: i soldati furono abbandonati a se stessi dai comandi che trasmisero ad alcuni reparti un ultimo ordine: la G.a.F. è sciolta. Il soldato che ricevette queste ultime parole invano chiese da chi provenisse questo comando; solo più tardi, finita la guerra, conobbe chi stava all'altro capo del filo telefonico; l'ordine era stato dato da Roma con la tassativa disposizione di non riferirne la fonte e di interrompere i collegamenti subito dopo. Nella zona di Marta, nella Media Roia, in assenza di ordini precisi, inizialmente sembrava si dovesse opporre una qualche resistenza ai tedeschi e, dopo alcuni giorni di silenzio, prevalse l'orientamento (dovuto a "voci" provenienti dai comandi) di abbandonare le posizioni e di ritirarsi sul Colle di Tenda, per appoggiarsi alle opere colà esistenti e tentare una qualche resistenza all'invasore. Ormai però era tardi, i reparti della Werhmacht erano riusciti ad arrivare in molte località; ai soldati non restava quindi che cercare di raggiungere le caserme, se non ancora occupate, o le famiglie. Le opere, le caserme, i depositi vennero, nella stragrande maggioranza, chiusi e abbandonati, anche per il rapido approssimarsi dei reparti tedeschi, che cercarono di raggiungere i vari distaccamenti italiani per disarmarli e internarli in Germania. Le varie strutture vennero quindi depredate dai civili e poi dai partigiani che recuperarono di tutto: farina, alimenti, letti, gruppi elettrogeni, sedie, benzina, oli lubrificanti, pentole, coperte, munizioni e, dove i soldati le avevano lasciate, anche armi leggere, mitragliatrici e addirittura pezzi di artiglieria, andando a equipaggiare così le prime bande.

Alcune opere, soprattutto di fondovalle, furono rioccupate e presidiate da reparti tedeschi o della Repubblica Sociale Italiana e alcune effettivamente svolsero una funzione difensiva (la batteria dello Chaz Dura, continuò a sbarrare il colle del Piccolo San Bernardo ai reparti francesi che cercavano di occupare la Valle d'Aosta) sino al 1945. Si chiudeva così l'epoca della fortificazione permanente italiana sulle Alpi Occidentali. Il 10 Febbraio 1947, il Trattato di Parigi, che di fatto finalmente poneva termine alla seconda guerra mondiale, sanciva infatti la distruzione delle opere ricadenti in una fascia entro i venti chilometri dal confine; solo nelle zone cedute[25] alla Francia secondo lo stesso trattato, le opere non erano da demolire. La sistemazione difensiva venne quindi metodicamente spogliata di tutti gli impianti, i cavi, gli arredamenti, armi rimaste (invero pochissime), affusti, corazzature e putrelle, con le conseguenti prime parziali demolizioni. La priorità di questi interventi fu data ovviamente alle opere ricadenti nei territori che sarebbero passati alla Repubblica Francese, tuttavia la scadenza incalzava (16 Settembre 1947) e, mi sia consentito fortunatamente, solo in alcuni casi si fece in tempo a portarli a compimento.

Successivamente si proseguì con il recupero di piastre corazzate, torrette ma anche dei picchetti per reticolato, delle opere rimaste in Italia, sia da parte di imprese appositamente incaricate, sia da parte di intraprendenti "bande" che dapprima furono denunciate e poi direttamente assunte dalle ditte designate dalle autorità. Infine, le strutture ancora integre, furono demolite, sotto il vigile controllo di una commissione interalleata. Il metodo era abbastanza semplice: le casematte e gli ingressi erano intasati di esplosivo, un tratto di cunicolo e le feritoie erano costipate di terra, sacchetti di sabbia o altri materiali di risulta, quindi erano fatti esplodere. A seconda del quantitativo di tritolo impiegato (ma non si disdegnavano anche scorte di munizioni rinvenute in vicinanza), le conseguenze delle deflagrazioni coinvolgevano per notevoli tratti anche le parti sotterranee mentre, talvolta, torrette e corazzature, erano scagliate a notevoli distanze. Di solito, successivamente, i materiali metallici erano recuperati ma, talvolta, è ancora possibile imbattersi in piastre e casematte metalliche riverse su pendii prativi. La G.a.F. sopravvisse ancora qualche tempo soltanto sul confine orientale dove, a partire dal 1949, iniziò una nuova fase per il Vallo Alpino: si armarono ed equipaggiarono molte opere (al confine austriaco prima e germanico poi solo pochissime realizzazioni erano state dotate di impianti e armamenti), le si adattò alle nuove esigenze di difesa e se ne costruirono di nuove, nell'ambito dell'appartenenza italiana alla NATO, fino al 1957, quando gli ultimi reparti vennero definitivamente sciolti e sostituiti dai *battaglioni alpini di arre*sto, più tardi affiancati dai *battaglioni di fanteria di arresto*, il cui compito, già descritto nella denominazione, fu di presidiare i vari sbarramenti del dispositivo. Le opere rimasero attive e in servizio[26] sino al 1991. A partire dal 1992, infatti, dopo la sopravvenuta crisi del Patto di Varsavia, esse iniziarono ad essere dismesse e, negli anni seguenti, furono smantellate, con il recupero di armamenti, impianti, apparecchiature, torrette, affusti. Il Vallo Alpino finiva di vivere una seconda volta e, oramai, definitivamente.

10 - *Note*

[1] Linea fortificata costruita per contenere un eventuale aggiramento delle linee, attraverso la Svizzera.

[2] Anche al Colle del Moncenisio, più avanti della Posizione di Resistenza che contorna i forti del Roncia e Varisello, a cavallo delle vecchie dighe, vennero realizzate opere simili, costituite da semplici appostamenti in caverna e ricoveri; tuttavia questi interventi, non rimaneggiati successivamente, non sono databili in quanto non se ne è trovata traccia negli archivi; è comunque probabile che risalgano alla medesima epoca.

[3] Nel Settembre 1933, da una relazione riassuntiva, risultavano in corso di realizzazione 141 opere al confine occidentale e 87 al confine orientale (AUSSME).

[4] In questo caso il cemento rivestiva la roccia solo per consentire la formazione dei caratteristici gradini, che impedivano il rimbalzo di schegge e proiettili verso la feritoia in acciaio. Questa era l'ultima barriera, che si frapponeva tra l'esterno e la postazione: con l'eventuale demolizione anche parziale della roccia o della struttura esterna in calcestruzzo, la corazzatura serviva a resistere ai tiri di imbocco, fornire protezione ai soldati e alle armi e preservare la stessa feritoia dell'arma.

[5] Il serbatoio era qui ubicato per ragioni di sicurezza, onde evitare lo spandimento del liquido in caso di rottura.

[6] In origine il problema venne sottovalutato nei centri di resistenza, in quanto le mitragliatrici, a differenza dei cannoni, producevano pochissimo fumo, quasi non avvertibile se non dopo un tiro particolarmente prolungato; solo le esperienze pratiche, con i malesseri provati da alcuni serventi, misero in luce che i gas di sparo erano pericolosi per la salute dei soldati e in definitiva nuocevano alla funzionalità delle opere.

[7] Nelle postazioni, soprattutto quelle di artiglieria, il ricambio d'aria doveva essere notevole per espellere quanto più velocemente possibile i gas e il fumo prodotti dalle armi; siccome la pressione data dall'impianto di ventilazione non era sufficiente, vennero praticate diverse prese d'aria all'altezza del pavimento della casamatta, con corrispondenti uscite sul soffitto della stessa.

[8] Il normale filtro non era infatti idoneo a eliminare questo gas, mentre era in grado di purificare aria contaminata dai gas tossici, di natura più complessa.

[9] Un terzo tipo di installazione previsto dalla circolare 200, quello a "cannoniera minima", non fu poi adottato, per le difficoltà tecniche e i risultati incerti.

[10] Alcune varianti e precisazioni furono apportate con le circolari: 600/S del 30-01-1940 (tipi schematici di opere), 1100 del 04-04-1940 (particolari costruttivi), 1400 del 16-02-1940 (autonomia e presidio).

[11] Nel 1940, dopo il breve conflitto con la Francia, lo Stato Maggiore, avendo avuto la possibilità di studiare alcuni sistemi adottati nelle opere della Linea Maginot Alpina, emanava alcune direttive per realizzare nuovi tipi di

caditoie. Da un promemoria del 1940: *occorre studiare un modello; si esamini quello francese dell'opera di Ponte San Luigi. Occorre che abbia una apposita culatta-otturatore che realizzi la chiusura dell'interno e un sistema che tolga la sicurezza alla bomba al momento del lancio. La bomba deve essere più potente di quella a mano.* A tal fine la Direzione Superiore del Servizio Tecnico delle Armi e Munizioni (D.S.S.T.A.M.), nel 1941 aveva in studio un modello di caditoia con relativa bomba che sarebbe stato pronto solo nel 1943, troppo tardi per un impiego effettivo.

[12] FIAT 14 – CARATTERISTICHE: Funzionamento a utilizzazione diretta dei gas, canna ed otturatore rinculanti per spazi diseguali; raffreddamento ad acqua (5 litri nel bidone); calibro mm 6.5; alimentazione caricatore a cassetta Kg 1,595; lunghezza arma: con spegnifiamma mm 1410, senza spegnifiamma mm 1250; lunghezza canna: mm 645; altezza massima su treppiede: mm 650; mirino: normale; alzo a ritto con cursore; peso arma: Kg 17,080 senz'acqua; peso treppiede: Kg 24,500; tipo di fuoco: lento e rapido; velocità iniziale: m/sec 680; celerità di tiro: teorica 500, pratica 200 colpi al minuto; gittata massima: ml 2500 (teorica puntamento indiretto); gittata pratica: ml 1000.

[13] Vi erano sostanzialmente quattro tipi di affustino per mitragliatrice: un modello era applicato su piastra in tre pezzi e piastra piana, un altro tipo era utilizzato nelle piastre a minimo spessore frontale e nelle casematte metalliche, una ulteriore tipologia di affustino era applicata alle porte garitte. Questi tre modelli differivano tra loro praticamente per il differente fissaggio alla corazzatura. Il quarto tipo di supporto era dedicato alla torretta con quattro feritoie.

[14] FIAT 14/35 – CARATTERISTICHE: Funzionamento a utilizzazione diretta dei gas, canna ed otturatore rinculanti per spazi diseguali; raffreddamento ad aria; calibro mm 8; alimentazione a nastro Kg 0,300 scarico, Kg 2.150 carico, capacità 50 o 100 cartucce ; lunghezza arma mm 1265; altezza massima su treppiede mm 650; mirino: normale; alzo a ritto con cursore; peso arma: Kg 17,200; peso treppiede: Kg 24,500; tipo di fuoco: raffica ed intermittenza; velocità iniziale: m/sec 760; celerità di tiro: teorica 600, pratica 450 colpi al minuto; gittata massima: ml 5200 (teorica); gittata utile: ml 1500.

[15] Nella FIAT 14/35 la canna era da sostituire temporaneamente dopo 200 colpi di tiro continuato, ovvero dopo quattro nastri; effettuato tale fuoco, infatti, l'arma "bruciava il nastro", ovvero i colpi partivano anche senza premere il grilletto, e cioè appena inseriti in canna, a causa dell'elevatissima temperatura; la canna inoltre era da eliminare, perché usurata e cambiare con una nuova, dopo circa 8000-12000 colpi, a seconda dell'utilizzo. Nella Fiat 14 invece la canna era da sostituire dopo 6000-7000 colpi.

[16] Mitragliatrice BREDA mod. 30 – CARATTERISTICHE: Calibro mm 6.5; funzionamento a utilizzazione diretta dei gas, canna ed otturatore rinculanti per spazi diseguali; raffreddamento ad aria; alimentazione con caricatore da 20 cartucce; lunghezza: mm 1230; Altezza massima: mm 200; peso: Kg 10,60; velocità iniziale: m/sec. 630; cadenza di tiro: teorica 500, pratica 180 colpi al minuto; gittata massima: m 3000; gittata utile: m 800; peso della cassetta portamunizioni: Kg 12,1 (300 cartucce); campo di tiro orizzontale e verticale nelle caponiere 30°.

[17] Da un promemoria dell'Ufficio Operazioni dello Stato Maggiore dell'Esercito.

[18] Mortaio da 81 mm mod. 35 CARATTERISTICHE: Ditta progettista O.T.O. – Breda Calibro: mm 81; lunghezza della canna mm 1150; velocità iniziale: m/sec 40/270; brandeggio 160°; brandeggio in blocco cls 60°; alzo 45°/90°; altezza massima: mm 1277; peso tubo di lancio: Kg 20.4; peso affusto: Kg 18; peso piastra d'appoggio: Kg 20; peso totale in batteria: Kg 58.4; pesi munizionamento: granata normale Kg 3,265, granata grande capacità Kg 6,600, gittata massima granata normale: m 4000; gittata massima granata grande capacità: m 1500; cadenza di tiro: colpi/min. 18/35.

[19] Cannone da 75/27 mod. 906 CARATTERISTICHE: Calibro: mm 75; lunghezza della canna: mm 2250; peso b.d.f.: Kg 350; peso del pezzo in batteria: Kg 1015; settori di tiro: campale brandeggio 7° elevazione -10°+16° - casamatta metallica: brandeggio 40° elevazione -15°+30° - casamatta in blocco di calcestruzzo (installazione TIPO 4) brandeggio 60° elevazione -15°+40° - installazione in caverna brandeggio 17° elevazione –10 +16°- blocco di calcestruzzo senza corazzatura brandeggio 30° elevazione -10°+16°; velocità iniziale: m/sec 500; celerità di tiro (campale): colpi al minuto 4 – 8; celerità di tiro (nelle opere): colpi al minuto 4 – 10; rinculo: mm 1000; rinculo nella casamatta metallica: m. 600; tempo per la messa in batteria: min. 5 – 10; gittate - granata da 75 con 4 cariche più la massima: m 5460, 6770, 7850, 8380, -granata a pallette da 75 con 4 cariche più la massima : m 5550, 6680, 7360, 7920, 8450, - granata da 75/27 mod. 32 con 4 cariche più la massima : m 6570, 7983, 8942, 9670, 10240, l'impiego della carica massima era vietato per non sottoporre la canna a usura eccessiva.

[20] Obice da 100/17 mod. 14 e 16 (preda bellica) – CARATTERISTICHE: Calibro: mm 100 Lunghezza della canna: mm 1930; Otturatore a cuneo orizzontale; Rinculo massimo: mm 1370; Rinculo minimo: mm 500; Altezza asse da terra: mm 1018; Brandeggio: 5°; nella sistemazione in casamatta: 30° - 60°; Alzo: -8° + 48°; Celerità di tiro (colpi al min.): 4 – 6; Tempo per la messa in batteria: min. 5 – 10; Peso in batteria: Kg 1470; Gittate: -granata da 100 a d.e. 5 cariche più la massima: m 4555, 5760, 6640, 7215, 7735, 8180 -granata da 100 5 cariche più la massima: m 4580, 5820, 6700, 7530, 8140, 8710 -granata da 100 mod. 32 5 cariche: m 5030, 6390, 7820, 8700, 9290 -granata da 100 a d.e. mod. 32 4 cariche: m 6530, 7760, 8595, 9282 -granata da 100 a pallette 5 cariche: m 4600, 5640, 6470, 7180, 7800, l'impiego della carica massima era vietato per non sottoporre la canna a usura eccessiva.

[21] Quest'opera, nel 1940, venne armata anche con pezzi da 75/27 mod.906.

[22]Cannone da 57/43 mod. 1887 R.M. CARATTERISTICHE: (solo in casamatta corazzata, non era previsto l'impiego campale) Calibro : mm 57; lunghezza della canna: mm 2896; peso bocca da fuoco: Kg 338; peso pezzo in batteria: Kg 784; velocità iniziale: m/sec. 665; gittata massima: m 7000; cadenza di tiro (colpi al min.) 5–8; peso del proietto (perforante): Kg 2.90; brandeggio: 45°; elevazione: -10° +15°.

[23] Cannone da 47/32 mod.35 CARATTERISTICHE: Calibro: mm 47; lunghezza b.d.f.: mm 1680; otturatore a cuneo orizzontale; velocità iniziale: m/sec. 250/630; altezza da terra asse b.d.f.: mm 620; brandeggio - impiego campale: 62° - in casamatta: 45°/50°; alzo - impiego campale: -15° +56°- in casamatta: -15° +15°; lunghezza totale in assetto di marcia: mm 3920; lunghezza in batteria: mm 3356; larghezza totale: mm 1020; altezza totale: mm 743; carreggiata: mm 880; peso in batteria: Kg 265.1; gittata massima: m 7000; gittata utile (anticarro e sostegno ravvicin.): m 3500; cadenza di tiro: colpi / min. 12 / 14; perforazione corazzatura: mm 43 a una distanza di m 500.

[24] Il confine con la Svizzera tuttavia era solo in parte chiuso da opere permanenti.

[25] Passarono alla Francia i territori dell'Alta Valle Roia, il Colle del Monginevro, il Monte Chaberton, la Valle Stretta, il Colle della Scala, il Moncenisio e il Colle del Piccolo San Bernardo

[26] Solo poche importanti opere erano permanentemente presidiate, la stragrande maggioranza veniva solo controllata e mantenuta efficiente con manutenzioni periodiche. All'interno erano conservati solo i pezzi di artiglieria, mitragliatrici, munizioni e apparecchiature erano accantonate in caserme e depositi.

11 - *Bibliografia*

Bagnaschino D., *Le armi impiegate nelle opere del Vallo Alpino e le relative corazzature*, 1997

Bagnaschino D., *Il Vallo Alpino a Cima Marta,* Atene Editore, Arma di Taggia 2002

Bagnaschino D., Corino P., *Alta Roja Fortificata*, Melli Editore, Borgone di Susa (To) 2001

Corino P., *La montagna fortificata*, Melli Editore, Borgone di Susa (To) 1993

Corino P., *Valle Stura Fortificata*, Melli Editore, Borgone di Susa (To) 1997

Corino P., *L'opera in caverna*, Melli Editore, Borgone di Susa (To) 1995

Figara A., *La Guardia alla Frontiera*, Tipografia Stella del mare, Livorno 1990

Fiorani E., *Fortificazione permanente*, Scuola di Applicazione di Torino, Torino 1953

Montanari M., *L'Esercito Italiano alla vigilia della seconda guerra mondiale*, USMME, Roma 1993

Bernasconi A., Muran G., *Il Vallo Alpino in Alto Adige*, Tipolitografia Edizioni TEMI, Trento 1999

Bernasconi A., Muran G., *Il testimone di cemento*, La Nuova Base Editrice, Udine 2009

III

L'AIR RAID PRECAUTIONS BRITANNICA E LO SVILUPPO DELLE MISURE DI PROTEZIONE DELLA POPOLAZIONE CIVILE 1924-1939

Autore
François-Xavier Bernard

Comitato scientifico della rivista "La Grande Guerra" (MARVIA Edizioni), membro della Società Storica per la Guerra Bianca

Sommario

In seguito ai raid tedeschi su Londra della Prima Guerra mondiale venne sviluppato nell'immediato dopoguerra un insieme di misure militari e di protezione della popolazione civile per contrastare gli effetti di eventuali bombardamenti aerei. L'Air Raid Precautions, fondata nel 1924 e costantemente rinforzata nel corso degli anni 30, ne è la perfetta illustrazione. L'efficienza di questa organizzazione è uno dei fattori che permisero al Regno Unito di resistere al Blitz del 1940 e ai successivi bombardamenti.

Abstract

BRITISH AIR RAID PRECAUTIONS AND THE DEVELOPMENT OF CIVILIAN POPULATION PROTECTION MEASURES 1924 – 1939.
One of the side-effects of the German bombings over London during the Great War is the development of an array of measures to protect civilian population and to counter the effects of possible air raids. The Air Raid Precautions, founded in 1924 and constantly reinforced in the course of the 1930's, is a perfect illustration of this policy. The efficiency of this organization is one of the factors that enabled the United Kingdom to resist the Blitz of 1940 and subsequent bombings.

1 - *Premessa*

«Questo libro si rivolge al comune cittadino, il tipo di per uomo o di donna che verrà ucciso se il Regno Unito verrà di nuovo attaccato dal cielo».[1] Questa introduzione di un libro dello scienziato J.B.S. Haldane, pubblicato nell'agosto 1938, mostra il grado di preoccupazione della popolazione britannica alla vigilia della seconda guerra mondiale, nonché l'ammissione della relativa debolezza del paese. Non si tratta di una preoccupazione dell'ultimo minuto, né di poche persone informate dei fatti alla luce dei recenti bombardamenti di Nanchino e soprattutto in Spagna (citiamo solo gli esempi purtroppo conosciuti di Madrid, Barcellona e Guernica). Infatti, come vedremo nell'ambito di questa relazione, i primi bombardamenti subiti dalla Gran Bretagna durante la Grande Guerra furono un shock per gli abitanti e i governanti, shock che non venne dimenticato nel periodo 1920-1940, ma affrontato da un punto di vista politico, organizzativo e anche tecnico. Per questa ragione mi permetterò di trasgredire i rigidi limiti temporali imposti nell'ambito di

Una famosa fotografia della metropolitana di Londra scattata durante la Seconda Guerra Mondiale.

questo convegno, per provare a spiegare il contesto che fu all'origine della costituzione dell'Air Raid Precautions (A.R.P.), l'organismo incaricato della protezione della popolazione britannica in caso di bombardamento aereo.

2 - *Il bombardamento aereo dal punto di vista del diritto internazionale*

Nell'ambito della Prima dichiarazione relativa al "Lancio di Proiettili ed Esplosivi da Palloni Areostatici" della Prima Convenzione dell'Aja del 29 luglio 1899, veniva ripresa la Dichiarazione di San Pietroburgo del 29 novembre 1868 e precisato: "Le parti contrattanti accettano di proibire, per un periodo di cinque anni, il lancio di proiettili e di esplosivi da palloni aerostatici, o da nuovi metodi di una natura simile (*by other new methods of a similar nature*)".[2] È interessante notare questa singolare precisazione: siamo pochi anni dopo il volo di Clément Ader, ma ancora 8 anni prima di quello dei fratelli Wright! Questo punto veniva precisato nell'articolo della Convenzione concernente le leggi e gli usi della guerra terrestre dell'Aja del 1907: "Art. 25: È vietato attaccare o bombardare, con qualsiasi mezzo, città, villaggi, abitazioni o edifizi che non siano difesi"[3], mentre la Convenzione concernente il bombardamento con forze navali in tempo di guerra dello stesso anno, portava già un colpo fatale a questo principio. Infatti l'articolo 1 riprende questo principio con quasi le stesse parole: "È proibito bombardare, con forze navali, porti, città, villaggi, abitazioni o edifizi che non siano difesi [...]", mentre l'articolo 2 fa già alcune distinzioni: "Non sono però comprese in tale divieto le opere militari, gli stabilimenti militari o navali, i depositi di armi o di materiale di guerra, le officine e gli impianti, che possano essere utilizzati per i bisogni della flotta o dell'armata nemica [...]". [4]

3 - *Lo shock della Grande Guerra*

Il primo bombardamento aereo del suolo britannico risale al Natale 1914. I danni furono esigui, ma questa azione fu solo la prima di una serie di bombardamenti aerei fatti prima da zeppelin (a partire dal gennaio 1915), in seguito da velivoli. La capitale, Londra, viene attaccata il 31 maggio 1915, con un bilancio di 6 vittime.[5] Le cifre complessive delle vittime civili britanniche cambiano come di consueto da autore a autore. Per darvi un'idea Haldane in 1938 evoca un totale di 1414 morti e 3416 feriti,[6] mentre Susan Grayzel, nel suo *At Home and Under Fire* del 2011, arriva alla cifra di 1239 civili (366 donne, 252 bambini), 2886 feriti (1016 donne, 542 bambini), per dei danni materiali che ammontano a 3087098 sterline.[7] Col progredire della guerra aerea, è interessante studiare l'evoluzione dell'atteggiamento delle autorità, e in particolare del governo, a questo riguardo. Nel 1915 si è in una comprensibile fase interlocutoria: quale politica seguire in termine di costruzione e utilizzo dei rifugi pubblici. E soprattutto, si deve avvisare la popolazione in caso di raid?.[8] Questa domanda può oggi far sorridere per la sua innocenza oppure sembrare addirittura criminale, ma dobbiamo ricordarci che i raid di allora erano eseguiti da pochi velivoli isolati, siamo ancora lontanissimi dal famoso Blitz del 1940. Inoltre, si cercava sopratutto di evitare la diffusione del panico presso la popolazione civile, come vedremo più avanti. Nel mese di giugno 1915, vengono pubblicati i primi consigli ai lettori su cosa fare in caso di bombardamento e di incendio (il 5 e il 14 sul *Times).* Alcuni consigli sono – questa volta lo ammetto – piuttosto strani, come quello di avere sempre a casa delle bombe a mano di tipo "antizep" per spegnere gli incendi. Secondo i giornali, erano così inoffensive che "anche un bambino ci poteva giocare".[9] Meno di due settimane più tardi, forse a seguito di proteste dei lettori, i consigli pubblicati erano un po' più ragionevoli: non uscire, non toccare la bomba inesplosa e avere sempre a disposizione sabbia, acqua e un estintore chimico a portata di mano.[10] Durante il mese di settembre, lo stesso Times pubblicava le raccomandazioni del *Commissioner of the Metropolitan Police*, ovvero il responsabile della polizia londinese: trovare un rifugio, evitare di rimanere fuori, andare in cantina se possibile (questo ultimo punto è sempre stato problematico per la città di Londra, visto la diffusione limitata delle cantine in

Un pannello usato nella stessa stazione durante il Blitz (collezione dell'autore).

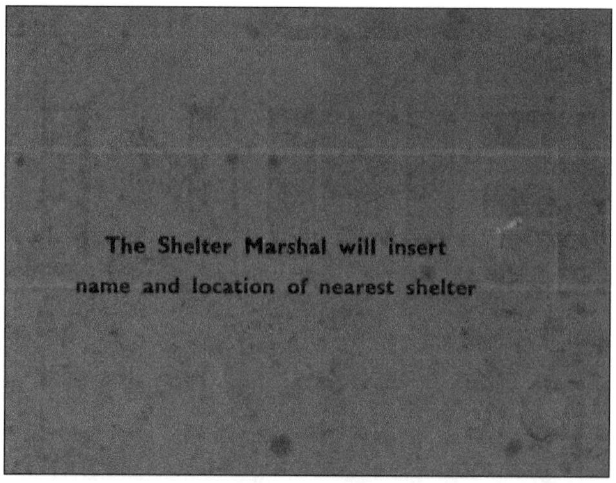

Il retro del pannello (collezione dell'autore).

Un pannello usato per informare i londinesi dell'imminenza di un attacco aereo (collezione dell'autore).

questa città). Si può rilevare a partire dall'autunno 1915 un incremento delle azioni guidate dalle autorità locali. In effetti nel mese di ottobre vengono diffuse le prime restrizioni sull'illuminazione pubblica,[11] nonché alcune vere e proprie azioni clandestine, come quella del *British Fire Prevention Committee*, che emette nel febbraio 1916 alcune linee guida confidenziali (chiamate "*air raid precautions*") relative ai teatri e ad altri posti pubblici: in caso di raid, se il luogo non si trovava sotto attacco diretto, l'ordine era di "ignorare il raid" e di continuare lo spettacolo. In altre parole, *the show must go on*![12]
Questo tipo di atteggiamento non è solo tipico di Londra. Ritroviamo lo stesso tipo di dibattito a Birmingham. Si devono avvisare o no gli operai, in particolare durante il turno di notte, che è in corso un raid aereo? Ancora una volta, le posizioni sono molto contrastanti: gli operai vogliono essere avvisati del raid imminente con lo spegnimento luci in fabbrica ma anche nei quartieri dove vivono le loro famiglie, mentre i padroni non vogliono, per controllare meglio l'attività degli operai e delle operaie.[13] Dobbiamo ricordare alcuni elementi importanti: gli operai venivano pagati lo stesso in caso di raid, anche se la produzione veniva bloccata e in seguito a allarmi - veri o presunti - le linee di produzione venivano bloccate per ore, con conseguenze catastrofiche sulla produttività.

Dopo una pausa dei bombardamenti tra i mesi di novembre 1916 e marzo 1917, i bombardamenti riprendono con i bombardieri pesanti (tipo Gotha) che sostituiscono i lenti e vulnerabili zeppelin. Per citare un solo esempio, un raid diurno il 26 maggio nel Kent e a Folkestone, provoca la morte di 17 uomini, 34 donne, 26 bambini (mentre il bilancio dei feriti ammontava a 28 uomini, 51 donne e 15 bambini). Questo raid (diurno), segna un punto di svolta nell'atteggiamento britannico, perché si ammette che denunciare questo tipo di azione è inutile (anche perché la natura del bersaglio era ben conosciuta in Germania prima dell'attacco, il che dimostra la debolezza dell'intelligence britannica dell'epoca), e che la risposta risiede in una energica politica di contro-aggressione, una strategia che darà risultati terribili durante la seconda guerra mondiale, con i bombardamenti a tappeto delle città tedesche a opera degli aerei del *Bomber Command* di Sir Harris.[14]

Un altro punto di svolta fu il raid del 13 giugno 1917 eseguito da bombardieri Gotha sull'East End londinese con molte vittime: 162 morti, 432 feriti, per un totale di 4,4 tonnellate di bombe lanciate: delle cifre molto simili al bilancio delle azioni degli zeppelin per tutto l'anno 1915! Tra il gennaio 1917 e il novembre 1918 velivoli tedeschi hanno lanciato 71 tonnellate di bombe sull'Inghilterra, uccidendo 837 persone e ferendone 1991.[15] A causa del raid del mese di giugno alcuni rappresentanti del comune di Londra incontrarono il Ministro dell'Interno per concordare nuove misure di avviso della popolazione. Rimaneva sempre l'amletico dubbio circa gestione del panico e dell'uso dei rifugi (che potremmo riassumere in questo pessimo gioco di parola dell'epoca: *Tubeee or not Tubeee*"). Questi raid aerei avevano trasformato la natura della relazione tra i combattenti e i civili, e ancora di più, tra lo Stato e il privato. Le persone colpite da raid aerei vivevano sulla propria pelle una legge di base della guerra totale: nessuno può rimanere immune, perché ogni caso diventa un bersaglio potenziale. Di fatto, il concetto di fronte e di retrovie svaniva per sempre, per lasciare spazio a nuovi concetti: il "*War front*" (quello, per sintetizzare, dei soldati, quindi degli uomini), e quello dell'"*Home front*" (quello dei civili, soprattutto delle donne). Possiamo parlare di una vera militarizzazione della società: il 16 luglio il governo decise di accordare alle vittime dei raid aerei la stessa indennità riservata alle famiglie dei soldati al fronte.[16] Alla fine dell'anno erano stati elaborati i primi piani di allarme in caso di attacco diurno e notturno, che prevedevano anche l'uso di 86 stazioni della metropolitana.[17] Veniva anche affrontata per la prima volta la questione dell'uso dei rifugi e parallelamente venivano costituiti degli "*Air raid committees*" incaricati delle missioni di avviso in caso di raid e di sostegno alle vittime, strutture indipendenti dal governo ma evidentemente sostenute da quest'ultimo. Secondo autori come Pierce, nel 1917 circa 300.000 persone dormivano in metropolitana e 500.000 nelle cantine. Come hanno dimostrato i recenti

Il retro del pannello (collezione dell'autore).

studi sulla Gran Bretagna tra le due guerre (penso in particolare alle opere di Susan Kent e di Richard Overy), il ricordo della Grande Guerra, sia per quelli del "War Front" e quelli dell'"Home Front", traumatizzò profondamente la popolazione. La questione della difesa della popolazione civile contro i bombardamenti aerei non è mai stata dimenticata, anche a causa dell'inaugurazione di numerosi memoriali a Londra e in altre città per commemorare le vittime dei bombardamenti.

4 - *I primi anni dell'Air Raid Precautions: 1924-1935*

Nell'immediato dopoguerra vennero firmati numerosi trattati e convenzioni. Tra queste ultime, quella che ci interessa di più è certamente la bozza di convenzione relativa alla guerra aerea del febbraio 1923, mai formalmente adottata. Citiamo solo brevemente gli articoli 22: "Il bombardamento aereo allo scopo di terrorizzare la popolazione civile, di distruggere o danneggiare le proprietà private di carattere non militare, o di ferire i non combattenti è vietato" e l'articolo 24 "(3) Il bombardamento di città, paesi, villaggi, abitazioni o costruzioni non nelle immediate vicinanze delle operazioni militari è vietato. [...]".[18] Ma c'erano poche illusioni sulle possibilità di vedere applicati questi principi in un futuro conflitto, perché all'epoca si teorizzava sempre di più l'impiego dell'arma aerea. Citerei solo le parole di Giulio Douhet (un nome che senz'altro sentiremo spesso nell'ambito di questo convegno), nel suo famoso testo *Il dominio dell'aria* del 1921: "Ed, in ordine al conseguimento della vittoria, avrà certamente più influenza un bombardamento aereo che costringa a sgombrare qualche città di svariate centinaia di migliaia di abitanti che non una battaglia del tipo delle numerosissime che si combatterono durante la grande guerra senza risultati di apprezzabile valore",[19] anche se devo ammettere che l'opera di Douhet rimase relativamente poco studiata in Gran Bretagna, mentre ebbe un impatto notevole sulla dottrina di altri paesi.

C'era quindi la certezza che la guerra aerea non era stata un'anomalia della Grande Guerra. Per questa ragione venne costituita una struttura, prima semi-permanente (permanente a partire dal 1925), incaricata di preparare un piano d'azione in caso di bombardamenti aerei. Per concedere una maggiore libertà d'azione a questo ente e per evitare di diffondere un sentimento di preoccupazione – o di panico – presso la popolazione, l'azione di questo organismo venne ufficialmente comunicata solo nel 1935. La prima riunione del *Sub-Committee on Air Raid Precautions* del *Committee of Imperial Defence* (CID), presidiato da Sir John Anderson, venne tenuta il 15 maggio 1924. Sir John Anderson, chimico di formazione, era un funzionario di primo piano. Era stato sottosegretario per l'Irlanda nel 1922 ed era al momento della creazione di questo comitato sottosegretario al Ministero dell'Interno. Nel 1940 era responsabile del Segretariato di Stato all'Interno ed era Ministro della Sicurezza interna, il che gli valse il soprannome di "Ministro dell'Home Front", prima di essere sostituito nel mese di ottobre da Herbert Morrison. Questi due politici, Anderson e Morrison, sono accomunati dal fatto che entrambi ebbero l'onore di avere nomi di rifugi intitolati a loro: i rifugi Anderson e Morrison, come vedremo più avanti. Ma torniamo a questa prima riunione del sottocomitato. L'agenda era impressionante perché questo comitato doveva affrontare i seguenti argomenti:

Allarmi
Prevenzione dei danni (aumentare la difficoltà dell'attacco, per esempio tramite misure di blackout e di evacuazione. Questo punto comprendeva la protezione della popolazione (rifugi, maschere antigas...)
Come mantenere i servizi essenziali (fornitura di acqua e di cibo, strade, servizi postali e telegrafici, illuminazione e energia elettrica)
Riparazione dei danni
Spostamento delle attività del governo, delle camere e dei ministeri

Già il 18 giugno 1924 veniva consegnato al Comitato un rapporto sugli effetti degli attacchi aerei sul Regno Unito durante la Grande Guerra, relativo soprattutto all'impatto sulla produttività nelle fabbriche in seguito agli allarmi.[20] Vennero stilate delle stime preoccupanti sulle perdite umane in caso di una futura guerra aerea. Tengo a precisare che secondo questi studi il nemico da affrontare non sarebbe stata la Germania, bensì, per riprendere una

Una maschera antigas del tipo usato dai membri dell'Air Raid Precautions (collezione dell'autore).

lunga tradizione, la Francia... Nel giugno 1926 si stimava che, in caso di guerra aerea, il numero di vittime sarebbe stato per il solo primo mese di 24.000 morti e 46.000 feriti, totale che sarebbe ammontato dopo 6 mesi a 70.000 morti e 135.000 feriti.[21] In parallelo perdurava il dibattito sull'informazione dei civili. Cifre di quel tipo, se divulgate, avrebbero potuto scatenare il panico della popolazione. Per questa ragione, un memo interno raccomandava di instaurare "un processo di educazione della popolazione lento e graduale, per eliminare, nella misura del possibile – allarmi non giustificati".[22]

5 - *La questione della metropolitana*

Durante il periodo 1924-1935 vennero affrontati i differenti punti evocati nell'agenda della prima riunione del 1924. Per esempio nel 1929 venne convocato a una riunione Frank Pick, responsabile della metropolitana di Londra, per presentare l'esperienza dell'uso del *Tube* come rifugio durante la Grande Guerra e studiare il suo possibile uso nella prospettiva di una nuova guerra. Frank Pick era contrario all'utilizzo delle stazioni in caso di raid perché durante la Grande Guerra le stazioni dopo ogni allarme erano lasciate "in uno stato assolutamente disgustoso"...

Questa ragione, oltre al fatto che c'erano forti rischi di incidenti (gente spinta sulle linee della metropolitana in caso di calca) e il timore che la metropolitana non potesse più essere usata se la gente avesse dovuto rimanere giorno e notte nelle stazioni, fece che "l'opzione metropolitana" venisse scartata, anche alla vigilia della guerra. Malgrado i bombardamenti subiti da Londra il 7 settembre 1940 e la notte che seguì, il governo rifiutò di cambiare posizione sull'argomento, con una comunicazione ufficiale il 19 dello stesso mese. Questo fu all'origine di quello che potremmo chiamare un movimento di disobbedienza civile: la notte tra il 19 e il 20 settembre, migliaia di londinesi si installarono nelle stazioni della metropolitana (alcuni arrivarono già alle 4 del pomeriggio), con cibo e coperte. La polizia non intervenne, e in alcune stazioni, vennero installati bagni supplementari. Il Ministro dei trasporti, John Reith, e il responsabile della metropolitana di Londra, Lord Ashfield, visitarono la stazione di Holborn per vedere la situazione. Si capì che non sarebbe stato possibile contenere questa rivolta silenziosa. Il 21 settembre venne rimossa l'interdizione di usare le stazioni della metropolitana come rifugio. La diramazione di Aldwych della Piccadilly Line venne chiusa alla circolazione dei treni, come quella tra Holborn e Aldwych; le linee vennero coperte di cemento e vennero montate porte stagne per evitare una strage in caso di inondazione delle gallerie. In tutto 79 stazioni vennero organizzate, con una capacità di 22. 000 persone. Si stima che ca. 170,000 persone usarono la metropolitana come rifugio, rifugio che dimostrò di essere un posto sicuro in caso di bombardamenti, anche se ci furono alcuni drammatici incidenti: 68 morti alla stazione di Balham il 14 ottobre 1940, 56 morti a Bank Station a causa di un colpo diretto l'11 gennaio 1941, e il terribile dramma di Bethnal l' 8 marzo 1943, quando 1500 persone entrarono nella stazione e si scatenò il panico all'udire uno "strano" scoppio, si trattava in realtà di un nuovo tipo di razzo per la difesa antiaerea; 173 persone morirono quel giorno.

6 - *La fase di sviluppo dell'A.R.P.: 1935-1939*

A metà degli anni '30 i tempi sono maturi per fare conoscere l'azione dell'A.R.P. alla popolazione perché deve iniziare la fase di "educazione" dei civili in vista di una futura guerra aerea, che diventa sempre più probabile. La prima circolare pubblica dell'A.R.P. viene pubblicata nel mese di luglio 1935 quando questo ente passa dal *Committee of Imperial Defence* a quello dell'*Home Office*. Con molto "understatement", questa circolare spiegava che nessuno poteva considerarsi immune in caso di bombardamento aereo e che, in caso di futura guerra, qualche nazione poteva essere "brutale" e "senza scrupoli". I mesi che seguirono mostrano che la minaccia era reale. Se i bombardamenti francesi e spagnoli durante la guerra del Rif nel 1926, quelli in Abissinia da parte degli italiani (con l'uso dei gas) tra il 1936 e 1937 e a Nanchino da parte dell'aeronautica giapponese nel dicembre 1937, potevano sembrare esempi lontani, la guerra di Spagna, in un paese europeo, dimostrò che la minaccia era reale. Tra il 30 ottobre 1936 e il 9 gennaio 1937 ci furono 35 raid su Madrid, per un totale di ca. 1000 vittime,[23] mentre a Guernica, nel mese di aprile 1937, ce ne furono ca. 2000. Questi raid furono attentamente studiati nel Regno Unito, sia da privati (citiamo solo il libro di Haldane,[24] che si recò in Spagna come gesto di impegno politico e per studiare - dal vivo - le soluzioni adottate per proteggere la popolazione civile in caso di bombardamento), ma anche a livello ufficiale, come dimostra un rapporto dell'*Intelligence Branch* dell'A.R.P., intitolato "*The effects of Air Raids in Spain and China*"[25] che studiò gli effetti della termite come esplosivo e stabilì una proporzione di 18 morti e 20 feriti per ogni tonnellata di esplosivo sganciata. Alla fine del 1937 viene presentata una legge relativa all'A.R.P., per formalizzare le fonti di finanziamento e le sue responsabilità. Winston Churchill partecipa attivamente ai dibattiti. È favorevole a questa nuova legge, che deve fare parte, secondo lui, di una strategia di difesa più ampia. Una volta promulgata questa legge, alla fine di gennaio 1938, l'Home Office invia istruzioni alle autorità locali per elaborare delle procedure A.R.P. relative a istruzioni sulle modalità di soccorso, sulla preparazione di rifugi e di squadre specializzate di pompieri. Già all'inizio del febbraio 1938 è pronto un piano di azione per il distretto di Hornsey, nel nord di Londra. Si deve notare che ogni zona aveva un certo margine di libertà nella preparazione dei propri piani di azione. Nell'Huntingtonshire ad esempio vennero date a ogni famiglia istruzioni da appendere in cucina:

> Cosa fare adesso: selezionare un rifugio adatto
> Cosa fare in vista di una guerra (costruire un rifugio a prova di gas)

Cosa fare in caso di allarme (andare verso il rifugio a prova di gas)[26]

Il 9 febbraio 1938 viene eseguita a Beaminster (Dorset) una prova di allarme raid, con relativo blackout e incendio, nonché un allarme gas. Se mi è permesso aprire questa veloce parentesi, dobbiamo insistere su questo "terrore" dei gas. Come sapete, i gas sono stati utilizzati per la prima volta in modo "industriale" a partire dal 1915, sul fronte occidentale, e benché il numero di vittime direttamente imputabile ai gas sia relativamente ridotto, l'impatto psicologico è stato enorme. Questo terrore ha perdurato

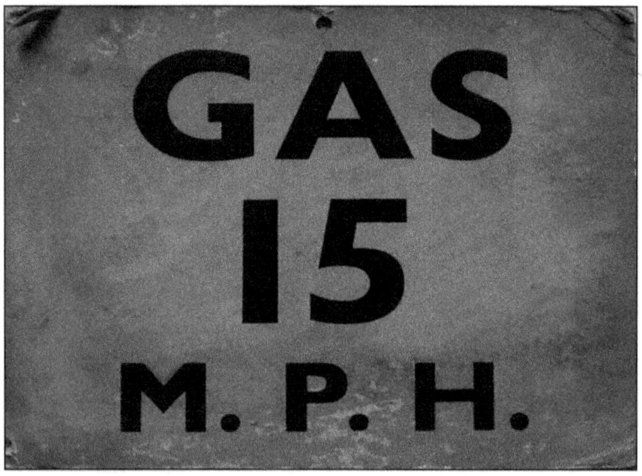

Pannello da usare in caso di attacco chimico (collezione dell'autore).

per tutti gli anni 20 e 30 e per una buona parte della Seconda Guerra mondiale; questa minaccia è sempre stata presa sul serio dalle autorità. Già nel 1917, in seguito alla morte sospetta di un bimbo di 10 settimane a Londra venne eseguita un autopsia per capire le cause della morte.[27] Erano previste delle squadre speciali di decontaminazione, come possono dimostrare alcuni pannelli dell'A.R.P. della Seconda guerra mondiale (immagine n. 7).
Sempre nel 1938 viene pubblicato il primo libretto "*The Protection of Your Home Office Against Air Raids*", che diventerà più famoso sotto il nome di "*Air Raid Precautions Handbook No. 1*", il primo di una lunga serie. In parallelo vengono diffusi consigli con varie modalità, per esempio sotto la forma di piccoli album di vignette regalate con i pacchetti di sigarette. Nel dicembre 1938 viene annunciata le creazione di nuovo tipo di rifugi per la popolazione civile: Il rifugio Anderson.

7 - *Il rifugio Anderson*

Siccome questo convegno è organizzato dalla facoltà di architettura, è più che doveroso spendere alcune parole su una delle creazioni architettoniche dell'A.R.P. : Il rifugio Anderson, progettato nel 1938 da William Paterson e Oscar Carl Kerrison in risposta ad una richiesta del Ministero degli Interni. Questo tipo di rifugio prende il suo nome da Sir John Anderson, che aveva avviato il progetto. In realtà era stato lanciato un concorso per trovare un nome a questo tipo di rifugio e per pubblicizzarlo. Tra le risposte più originali, citeremo solo *Ark* (*Air Raid Kiosk*, *Air Raid Kover*), per Arca, ma anche *Umbrella*, *Chambrella* (Chamberlain + Umbrella). I rifugi Anderson erano stati progettati per ospitare fino a sei persone. Il principio fondamentale di protezione si basava sull'uso di lamiere zincate curve e dritte. Sei pannelli curvi erano imbullonati insieme alla parte superiore, in modo da formare il corpo principale del riparo, con tre lastre rette su entrambi i lati, e due pannelli dritti fissati a ciascuna estremità - uno comprendente la porta - per un totale di quattordici pannelli. Un pozzetto di scarico era spesso incorporato nel pavimento per raccogliere l'acqua piovana che filtrava nel rifugio. I rifugi misuravano 1,8 m di altezza, 1,4 m di larghezza, e 2 m di lunghezza. Erano sepolti a 1,2 m di profondità nel terreno e poi coperti con un minimo di 40 cm di terra sopra il tetto, il che permetteva di piantare fiori sopra il rifugio! I rifugi Anderson erano consegnati gratuitamente a tutte le famiglie che guadagnavano meno di £250 all'anno, mentre quelle con un reddito più alto dovevano pagare £ 7. 1.500.000 ricoveri di questo tipo furono distribuiti tra febbraio 1939 e lo scoppio della guerra. Durante la guerra furono costruiti altri 2,1 milioni rifugi di questo tipo. Sono sopravissuti tuttora molti rifugi Anderson, anche se molti di loro vennero smontati alla fine della guerra (per recuperare le lamiere, chi voleva tenere il rifugio doveva pagare una piccola tassa). Grazie alla loro robustezza, è possibile vederne ancora molti, trasformati in capanni per gli attrezzi da giardinaggio. I rifugi Anderson erano in grado di assorbire una grande quantità di energia senza essere danneggiati (al contrario di altri tipi di struttura in cemento). Tuttavia erano piuttosto scomodi, perché freddi e umidi. Inoltre non tutte le famiglie potevano disporre di un giardino dove costruire il rifugio: questo portò nel 1941 allo sviluppo del rifugio di tipo Morrison

8 - *Quale bilancio per l'Air Raid Precautions?*

Qualche cifra: il cosiddetto Blitz di Londra durò dal 7 settembre 1940 al 10 maggio 1941, con 57 notti consecutive di bombardamento. Più di 43.000 civili furono uccisi e alcune fonti avanzano la cifra di un milione di abitazioni distrutte o danneggiate per la sola capitale. Dopo il blitz ci furono altri raid, il Baby Blitz (Operazione Steinbock) tra novembre 1943 e gennaio 1944 e infine le campagne di bombardamento con i V1 e V2 tra giugno 1944 e marzo 1945. Il bilancio totale delle vittime civili ammonta a ca. 61.000 morti (8.800 per i soli V1 e V2),[28] delle cifre molto vicino alle stime fatte nel 1924, ma allora valide per soli 6 mesi di guerra aerea, con un evoluzione tecnologica (sia dal punto di vista degli aerei, sia dal punto di vista degli esplosivi) impensabile per l'epoca. Possiamo dire che l'A.R.P. ha compiuto egregiamente la sua missione? Sono convinto di sì, perché la minaccia di una guerra aerea è stata affrontata già a partire del 1924, con un lento, ma continuo, lavoro di preparazione che ha permesso al

Regno Unito di trovarsi non impreparato nel 1940 e capace di dimostrare nello stesso tempo una certa flessibilità nella gestione delle emergenze.

9 - *Note*

[1] J.B.S. Haldane, *A.R.P.*, Left Book Club Edition, Londra, 1938, p. 7.
[2] A. Pearce Higgins (ed.), *The Hague Peace Conferences: And Other International Conferences Concerning the Laws and Usages of War - Texts of Conventions with Commentaries*, Cosimo, Inc., 2010, p.485.
[3] http://www.difesa.it/SMD_/CASD/IM/ISSMI/Corsi/Corso_Consigliere_Giuridico/Documents/65159_convenzione4.pdf, consultato il 24 aprile 2012.
[4] http://www.difesa.it/SMD_/CASD/IM/ISSMI/Corsi/Corso_Consigliere_Giuridico/Documents/36920_convenzione9.pdf, consultato il 24 aprile 2012.
[5] Susan R. Grayzel, *At Home and Under Fire: Air Raids and Culture in Britain from the Great War to the Blitz* Cambridge University Press, p. 26, nota 29 (The Air raids, Daily Chronicle, 7 giugno 1915).
[6] J.B.S. Haldane, *op. cit.*, p. 41.
[7] Susan R. Grayzel, *op. cit.*, p. 21.
[8] Enemy Air Raids, Times, 10 giugno 1915, citato in Susan R. Grayzel, *ibidem*, p. 26.
[9] Susan R. Grayzel, *ibidem,* p. 47.
[10] Advice on Air Raids, Times, 18 giugno 1915, citato in Susan R. Grayzel, *ibidem*, p. 47.
[11] London in the Dark, Time 2 ottobre 1915, citato in Susan R. Grayzel, *ibidem*, p. 47
[12] Susan R. Grayzel, *ibidem*, p. 56, nota 120.
[13] Susan R. Grayzel, *ibidem*, p. 59.
[14] Susan R. Grayzel, *ibidem*, p. 65, nota 3.
[15] J.B.S. Haldane, *op.cit.*, p. 40
[16] Susan R. Grayzel, *op. cit.*, p. 78.
[17] Susan R. Grayzel, *ibidem*, p. 81.
[18] http://www.dannen.com/decision/int-law.html#C, consultato il 24 aprile 2012.
[19] Giulio Douhet, *Il dominio dell'aria*, Verona, 1932, p. 166.
[20] "Effects of Aerial Attack on the United Kingdom during the Great War", Susan R. Grayzel, *op. cit.*, p. 125.
[21] Susan R. Grayzel, *ibidem*, p. 132.
[22] Susan R. Grayzel, *ibidem*, p. 133.
[23] J.B.S. Haldane, *op.cit.*, p. 48.
[24] J.B.S. Haldane, A.R.P., *ibidem.*
[25] Susan R. Grayzel, *op. cit.*, p. 193.
[26] Susan R. Grayzel, *ibidem*, p. 218.
[27] Susan R. Grayzel, *ibidem*, p. 84.
[28] http://centres.exeter.ac.uk/wss/bombing/britain.htm, consultato il 24 aprile 2012

10 - *Bibliografia*

A.R.P. leaflet on lighting restriction, 14 febbraio 1938.

Susan R. Grayzel, *At Home and Under Fire*, Cambridge University Press, 2011.

J.B.S. Haldane, *A.R.P.*, Left Book Club Edition, London, 1938.

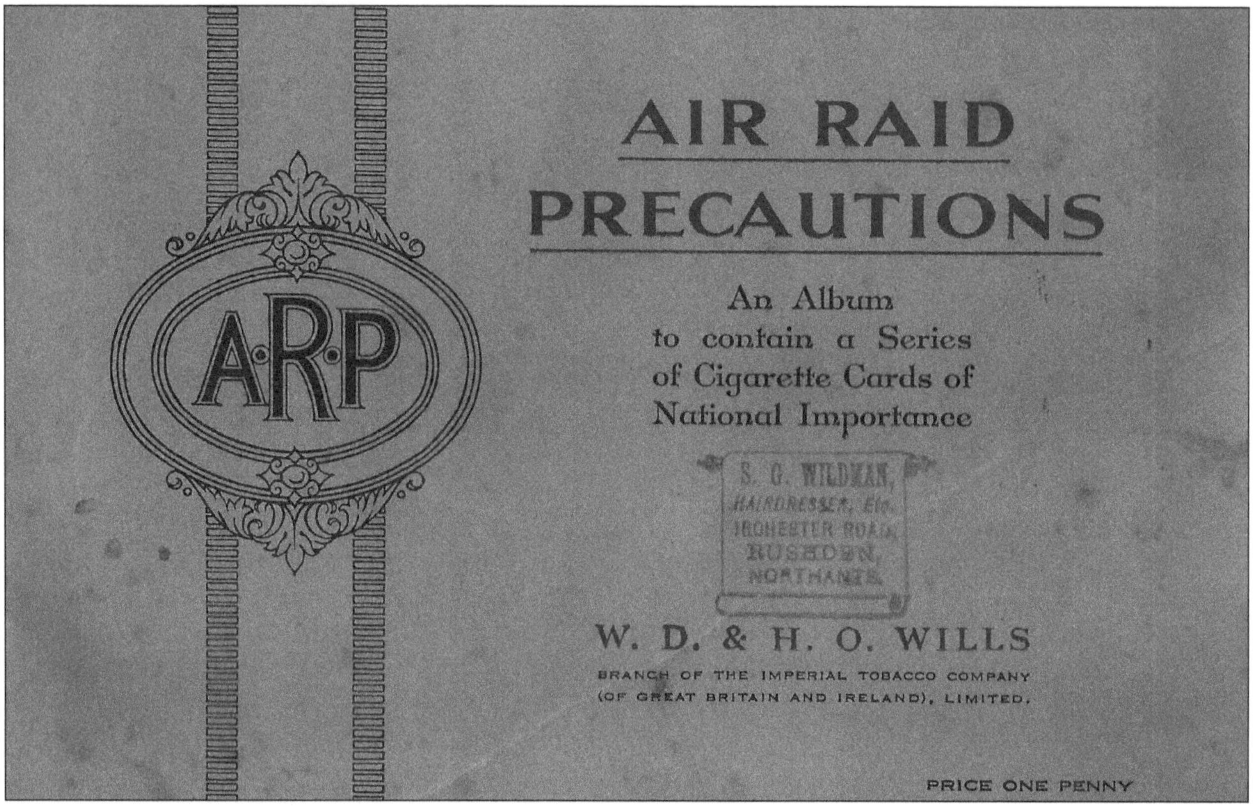

Libretto informativo pubblicato in 1938 (collezione dell'Autore).

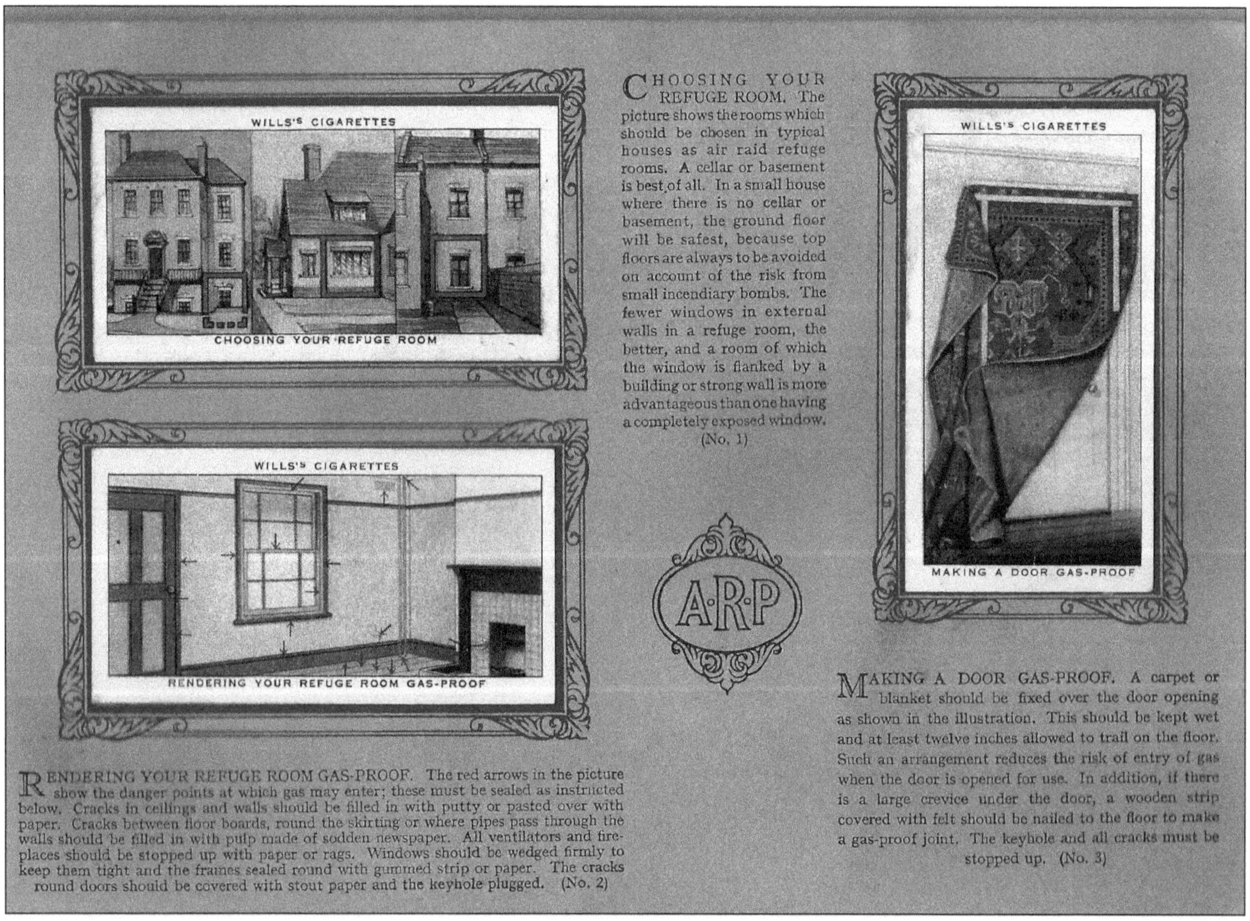

Le misure da adottare in casa (collezione dell'Autore).

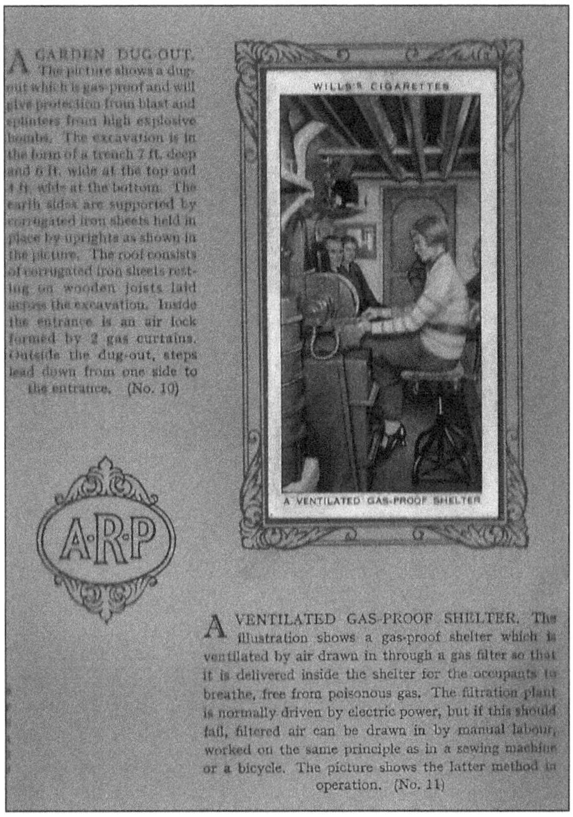

Come spegnere un incendio (collezione dell'Autore).

L'ingresso di un rifugio pubblico.

La distribuzione dei rifugi Anderson.

La costruzione di rifugio Anderson.

All'interno di un rifugio Anderson.

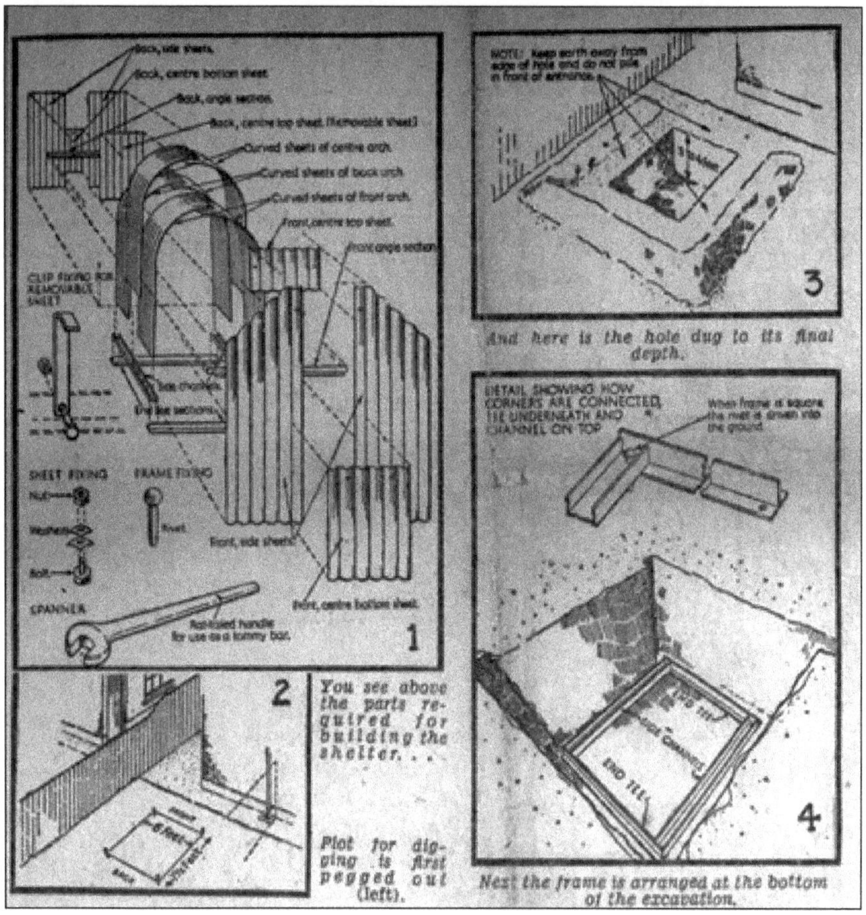

Lo schema di costruzione di un rifugio Anderson.

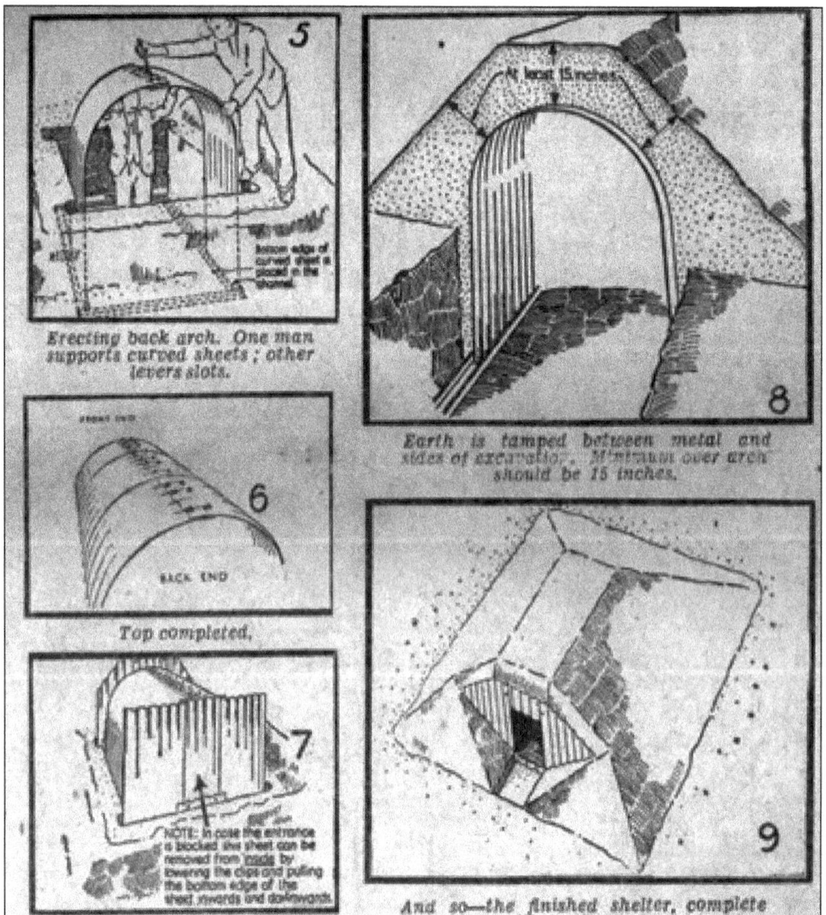

Un rifugio di tipo Morrison.

La resistenza dei rifugi Anderson ai bombardamenti, come documentato nella stampa dell'epoca.

Un'altra testimonianza della resistenza di questi rifugi.

IV

IL «TESTIMONE DI CEMENTO». LE FORTIFICAZIONI DEL «VALLO ALPINO DEL LITTORIO» IN ALTO ADIGE, CADORE, CARNIA E TARVISIANO

Autore
Alessandro Bernasconi Storico

Sommario

Le fortificazioni del "Vallo Alpino del Littorio" alla frontiera Nord, costruite cioè a ridosso della linea confinaria italo-germanica negli anni immediatamente precedenti e susseguenti lo scoppio della seconda guerra mondiale, furono volute da Benito Mussolini a difesa dei confini italiani minacciati dal potente vicino e alleato. Il Capo del Governo italiano, nonostante la firma del "Patto d'Acciaio" e durante tutto il periodo della "non belligeranza", nell'eventualità di un repentino cambio di alleanze che fino al maggio del 1940 era teoricamente possibile, pensò di premunirsi mediante la costruzione di una complessa e potente linea difensiva. Anche dopo l'entrata in guerra dell'Italia, seppure a rilento, i lavori di costruzione del Vallo continuarono: il loro scopo finale rimase concettualmente identico, divenendo il "Testimone di cemento" delle paure e diffidenze di Mussolini nei riguardi dello scomodo alleato germanico. Nelle province interessate ai lavori di fortificazione il Vallo fu scherzosamente battezzato "Linea non mi Fido" e, tuttora, con tale soprannome, è sovente ricordato. Oggi nei boschi dell'Alto Adige, Cadore, Carnia e Tarvisiano, rimangono i resti di queste opere difensive le quali attendono di essere scoperte e valorizzate, testimonianza di un controverso periodo storico e della illusione difensiva di Mussolini.

Abstract

THE CEMENT WITNESS. THE FORTIFICATIONS OF THE VALLO ALPINO LITTORIO IN SOUTH TYROL, CADORE, CARNIA AND TARVISIO.
The fortifications of the Alpine Wall at the North frontier, that is to say built closet o the border between Italy and Germany during the years immediately before and after the outbreak of World War II, were wanted by Benito Mussolini to protect the Italian border threatened by the close and powerful ally. The Italian head of government in spite of the Pact of Steel and during the non-aggression period, thought of secure itself building a complicated and powerful defense line, in the event of a sudden change in the alliances that was theoretically impossible until May 1940. Even after the Italian entry into war, the building of the wall slowly went on: its aim remains the same and became "The Witness of Cement" of Mussolini's fears and wariness towards germany. The wall was jokingly named "I don't trust line" and this nickname is used even nowadays. Today we can find the remains of these defensive buildings in Alto Adige, Cadore, Carnia and Tarvisiano woods, as testimony of a controversial era and of the defensive Mussolini's illusion, and they are waiting for us to discover and improve them.

1 - *Le fortificazioni del «Vallo Alpino del Littorio» in Alto Adige, Cadore, Carnia e Tarvisiano*

Dieci anni dopo la fine della Prima Guerra Mondiale ebbe inizio una considerevole politica fortificatoria da parte di quasi tutte le Nazioni Europee. I problemi del nuovo assetto politico-territoriale, lasciati aperti dal Trattato di Versailles, diedero il via alla corsa «all'intangibilità delle frontiere», rendendo di fatto, fra il finire degli anni 20' e gli anni 40', «murate» le Nazioni d'Europa, erigendo alle frontiere un autentico baluardo di cemento. (Linea Sigfrido, Maginot, Rupnik, Stalin ecc...) L'Alto Adige, il Cadore, la Carnia ed il Tarvisiano, terre da sempre interessate dalla presenza di fortificazioni, negli anni 1938-39-40 videro il frenetico lavoro di costruzione delle opere del «Vallo Alpino del Littorio», proseguimento della ininterrotta linea difensiva che, partendo da Ventimiglia e seguendo tutto il crinale confinario delle Alpi, terminava a Fiume (oggi Rijeka in Croazia). Inizialmente il progetto di difesa permanente voluto da Mussolini dette la precedenza costruttiva al versante confinante con la Francia e la Jugoslavia, nazioni con le quali i pericolosi attriti sarebbero infine sfociati nei noti eventi bellici del 1940 e 1941. La costruzione del sistema fortificato prese il via essenzialmente dopo l'Anschluss austriaco (13-3-1938): occupata militarmente l'Austria, il nuovo «vicino» dell'Italia era diventato la Germania di Hitler. Dall'ascesa al potere di Hitler (1933) al 1939, al di là delle apparenze, i rapporti diplomatici fra l'Italia di Mussolini e il Reich non furono floridi. In quegli anni, in più occasioni, Mussolini, cercò un avvicinamento con la Francia e l'Inghilterra, mentre Hitler, durante la campagna militare per la conquista dell'Etiopia da parte dell'Italia, aiutò con armi il Negus Hailé Selassié. Inoltre la Germania stava riprendendo a crescere ed a riarmarsi e questo non contribuì certo a rassicurare Mussolini. Già nel 1935, in risposta ai fatti austriaci, l'Italia organizzò le grandi manovre del suo esercito in Alto Adige: il tema delle esercitazioni fu l'ipotesi di un'invasione da nord. Nel 1938, dal punto di vista fortificatorio, la frontiera nord italiana era praticamente sguarnita, esistevano cioè solo poche opere difensive di prima linea a guardia delle principale direttrici stradali. Si trattava di realizzazioni alquanto modeste per composizione in quanto contavano solo tre opere ciascuna, che risultavano di dubbia efficacia per una prima interdizione delle comunicazioni rotabili. Furono quindi i fatti austriaci del 1938 a convincere Mussolini dell'opportunità di rafforzare le fortificazioni alle frontiere alpine dell'Italia: per prime quelle a nord, dal passo Resia a Tarvisio. A nulla valsero le rassicurazioni fornite da Hitler circa il suo disinteresse per la provincia dell'Alto Adige e il riaffermare l'intangibilità della frontiera del Brennero: la prova migliore di quanto poco Mussolini si fidasse realmente delle dichiarazioni di Hitler è costituita dal fatto che, come abbiamo avuto occasione di dire, fu proprio dopo l'invasione dell'Austria che egli prese la decisione di « rendere ermetica» la frontiera con la Germania e « semi ermetica» quella con la Jugoslavia» (De Felice, 1996, pp. 471). I comandi del Genio Militare, nel corso della stagione estiva, svilupparono vari progetti con l'intento di sbarrare le direttrici principali e secondarie (fig.1), completando le sistemazioni di:

- Resia – Pian dei Morti – S.Valentino (V. Venosta);
- Periferica Brennero (P.so Santicolo-M.Croce-M.Sasso);
- Passo e Terme del Brennero (V. Isarco);
- Prato Drava – Versciaco (V. Pusteria);
- Timau – Torre Moscarda (V. But);
- Stua Ramaz (V. Chiarsò);
- Casarotta – Case Marco (V. Pontebbana);
-Pramollo – Tratte – Sella Barizze (solco del Rio Bombaso);
- Acomizza-Osternig (vallone di Ugovizza);
- Val Bartolo;
- Coccau – M. Coppa – completamento di Ratece (V. Canale);

allo stesso tempo pianificarono i primi sbarramenti del II° sistema, e precisamente:

- Malles – Glorenza – P.ta Calva (V. Venosta);
- Mules (V. Isarco);
- Perca (V. Rienza);
- Landro Sorgenti (V. di Landro);
- Cereschiatis – Cuel des Jerbis – Glazzat (V. Aupa e Studena);
- Sella Somdogna (V. Dogna);
- Malborghetto – Lusnizza – S.Rocco (V. Canale).

Il 3 ottobre 1938 venne inoltre emanata dal Corpo di Stato Maggiore (C.C.S.M) la circolare n° 7000, firmata dal Capo di S.M. Gen. A. Pariani. Questa normativa mirava a completare quanto fino ad allora realizzato lungo l'intero sviluppo delle frontiere alpine, completamento che in realtà era subordinato alla necessità di ottenere un sistema fortificato efficiente in breve tempo nonostante le scarse disponibilità finanziarie. Con le nuove disposizioni si intendeva integrare l'azione delle opere «complesse» dei preesistenti capisaldi, con postazioni di tipo «semplice» (ed economico) allo scopo di dare profondità alle sistemazioni difensive già in atto. Tecnicamente, le opere tipo 7000, note anche come «postazioni Pariani», erano costituite, di norma, da manufatti in calcestruzzo di piccole dimensioni e con resistenza prevista ai colpi di piccolo o medio calibro (spessore delle coperture da 1,5 a 2,5 metri, rispettivamente). Il loro armamento era composto da una o due mitragliatrici, o un pezzo anticarro, per la cui installazione non erano previsti particolari accorgimenti: le armi utilizzavano per lo più il proprio affusto campale mentre le camere di tiro in genere erano prive di corazze a rinforzo delle feritoie. Anche gli allestimenti interni erano essenziali e limitati a vani per le munizioni, brande

Fig. 1. Vienna nel giorno dell'Anschluss- 15 marzo 1938 illustrazione comparsa su rivista d'epoca.

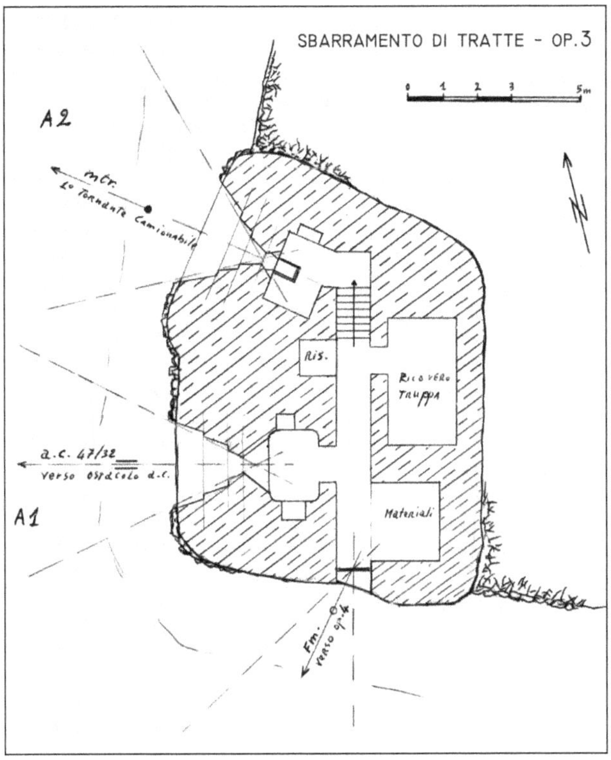

Fig. 2. Appostamento tipo circolare 7.000 in calcestruzzo (A.U.S.S.M.E.).

per il presidio, nicchie per i lumi a petrolio (fig. 2). La protezione di tali postazioni, viste le loro caratteristiche costruttive, era affidata, oltre alle ridotte dimensioni, al migliore adattamento al terreno e al mascheramento: questi ultimi dovevano risultare particolarmente accurati. Alcune delle sistemazioni, cioè quelle del Cadore e Carnia, si sviluppavano su posizioni già organizzate a difesa durante il precedente conflitto. Si trattava di manufatti di piccole dimensioni ricavati soprattutto in caverna che, per ragioni di tempo e di denaro, venne ritenuto conveniente riutilizzare modificando semplicemente la struttura delle feritoie e apportando piccole migliorie in modo da adeguarli alle nuove esigenze difensive. Nel corso del 1938 iniziarono anche i lavori per il miglioramento delle comunicazioni rotabili, secondo i criteri già presi in considerazione negli studi iniziali del 1931. Furono inoltre elaborati i progetti per la costruzione, sul I° sistema, di una serie di casermette difensive atte al ricovero delle truppe di presidio dei principali sbarramenti, nonché dei capisaldi campali previsti per il controllo dei passi montani di una certa importanza. L'anno successivo, oltre al proseguimento dei lavori già intrapresi, si ebbe un ulteriore rafforzamento dell'organizzazione difensiva nei due settori di competenza del XIV° Corpo d'Armata., compresa quindi anche la zona del Cadore. Un anno dopo, una volta approvati i progetti particolareggiati, presero il via i lavori per lo sbarramento delle più importanti direttrici di penetrazione, lavori che dovevano dare profondità al sistema difensivo, rendendo estremamente difficile superare i numerosi sbarramenti fortificati posti nei punti strategici delle valli. Di pari passo al rafforzamento delle difese italiane erano anche le pretese espansioniste di Hitler: nell'autunno del 1938 venne l'annessione della regione dei Sudeti (1-10-1938) e di conseguenza l'inizio della dissoluzione dello stato cecoslovacco. Un po' alla volta l'assetto politico territoriale scaturito alla fine della Prima Guerra Mondiale si stava sbriciolando. Per Mussolini, interessato alla situazione geopolitica ad est e «grande protettore» dell'Ungheria, i nuovi fatti cecoslovacchi furono un'altro duro colpo da incassare. La paura del potente vicino germanico spinse il Duce, proprio durante i giorni dell'invasione della Cecoslovacchia, ad ordinare al Generale Emilio De Bono (uno degli artefici della «Marcia su Roma») una serie di visite ai cantieri del Vallo Alpino. De Bono iniziò le sue ispezioni dalla frontiera con la Francia (3-7 aprile 1939): al suo rientro dalla ricognizione riferì a Mussolini gli esiti, evidenziando comunque l'arretratezza dei lavori. A seguito della preoccupante evoluzione politica in Europa, quindi, il 1938-39 fu un periodo determinante per la fisionomia complessiva delle opere fortificate in Alto Adige, Cadore, Carnia e Tarvisiano, lungo cioè tutta la frontiera con la Germania. E' dei primi mesi del 1939, infatti, l'inizio della progettazione di un vasto e complesso sistema di sbarramenti che avrebbe dovuto completare l'assetto difensivo già in cantiere, permettendo l'interdizione delle principali e secondarie direttrici di penetrazione, oltre i passi montani, articolandosi su tre sistemi difensivi: I° sistema: a ridosso della linea confinaria, data la riluttanza a cedere territorio nazionale; II° sistema: nei tratti mediani delle valli ad arrestare o rallentare eventuali sfondamenti; III° sistema: sbarramenti a difesa dello sbocco in pianura di valli e strade. Questi lavori, condotti nella massima segretezza possibile, comportarono in Alto Adige l'occupazione di vasti appezzamenti di terreno di proprietà di cittadini sudtirolesi: contemporaneamente alla costruzione delle opere fortificate erano in pieno svolgimento le opzioni; i cittadini di lingua tedesca furono chiamati a scegliere fra il mantenimento della cittadinanza italiana o l'adozione di quella tedesca. In parecchi casi, l'esproprio retribuito dei terreni destinati alla costruzione delle opere, coincise con la scelta di emigrare in Germania. Diversamente, in Cadore, Carnia e Tarvisiano i bunker vennero costruiti senza procedere agli espropri dei terreni e, ancora oggi, per buona parte, essi non sono registrati al Catasto. Nonostante il patto militare firmato con la Germania nel 1939, Mussolini, allo scoppio della II Guerra Mondiale, dichiarò la propria «non belligeranza» (fig. 3). L'alleato germanico non sollecitò l'intervento nel conflitto dell'Italia, anzi, Hitler fu sostanzialmente ben contento della neutralità italiana. E fu durante i quasi dieci mesi che l'Italia non partecipò al conflitto che i lavori di fortificazione alla frontiera germanica ebbero il massimo impulso. L'ordine di implementare i lavori fu dato il 15-12-39 al Generale Edoardo Monti, il quale venne incaricato di sovrintendere alla costruzione del Vallo Alpino alla frontiera con il Reich. Il giorno dopo, il 16-12-1939, il Ministro degli Esteri Galeazzo Ciano pronunciò il famoso discorso alla Camera, discorso che segnò il maggiore momento di crisi fra Italia e Germania dopo la firma del «Patto d'Acciaio»;

Fig. 3. Il vallo Littorio durante la non belligeranza italiana- cartolina di propaganda.

non si può fare a meno di notare la stretta relazione fra l'ordine a Monti di fortificare e il discorso sostanzialmente antitedesco di Ciano. Quindici giorni dopo, e precisamente il 31-12-1939, venne emanata dal Corpo di Stato Maggiore la circolare 15.000 a firma del Maresciallo d'Italia Gen. Rodolfo Graziani, quest'ultimo da poco subentrato al Pariani nel Comando dello Stato Maggiore. La circolare forniva nuove direttive per la «Fortificazione permanente alla frontiera alpina» che saranno determinanti per la futura evoluzione tecnica, tattica e costruttiva del Vallo Alpino del Littorio alla frontiera settentrionale. Tale normativa insisteva sulla necessità di mettere in pratica la difesa su più sistemi fortificati successivi, rinforzati da eventuali raddoppi e bretelle laterali. Nei vari sistemi erano da realizzare sistemazioni di differente composizione; in sintesi:

- tipo A: a difesa delle principali vie di comunicazione che permettevano attacchi in massa, costituite da opere resistenti ai tiri di grosso calibro e dislocate in profondità;
- tipo B: a protezione delle comunicazioni secondarie che permettevano il movimento a singole colonne, composte da opere con resistenza ai tiri di medio e grosso calibro;
- tipo C: a difesa della viabilità minore (valichi montani, ecc.) che permetteva il passaggio a reparti di piccola entità, formate da opere con protezione al piccolo o medio calibro che integravano le "sistemazioni campali", queste ultime previste a protezione delle zone più impervie ed affidate alle truppe mobili.

Le singole fortificazioni erano a loro volta classificate secondo il numero delle armi e l'entità del presidio; in linea di massima:

- opere piccole: da una a due armi, presidio inferiore o equivalente alla squadra; (fig. 4)
- opere medie: da due a quattro armi, presidio superiore ai 10 uomini; (fig. 5)
- opere grosse: da cinque armi a oltre, presidio corrispondente o superiore ad un plotone. (fig. 6)

L'emanazione di questa circolare diede « l'impronta» tecnica e se vogliamo anche architettonica alla sistemazione difensiva della frontiera nord: infatti, solo in questo tratto della frontiera alpina sono presenti così tante opere costruite ottemperando ai dettami di questa normativa, differenziando questo settore del confine alpino da tutti gli altri. Nonostante i rigori invernali, nei primi mesi del 1940, i lavori procedettero rapidamente, ciò anche tenendo conto della mancanza di materie prime che, a causa del conflitto in corso, erano di difficile approvvigionamento. Uno dei minerali che maggiormente scarseggiava era il ferro e perciò vennero adottati sistemi poco ortodossi per reperirlo requisendo e rottamando le cancellate e le recinzioni delle case italiane per i fabbisogni delle acciaierie. Anche il cemento non era sufficiente, questo a causa della concomitante «ossessione edilizia» di Mussolini che continuava imperterrito, in piena guerra, nella costruzione di borghi e città di nuova fondazione, oltre, naturalmente,

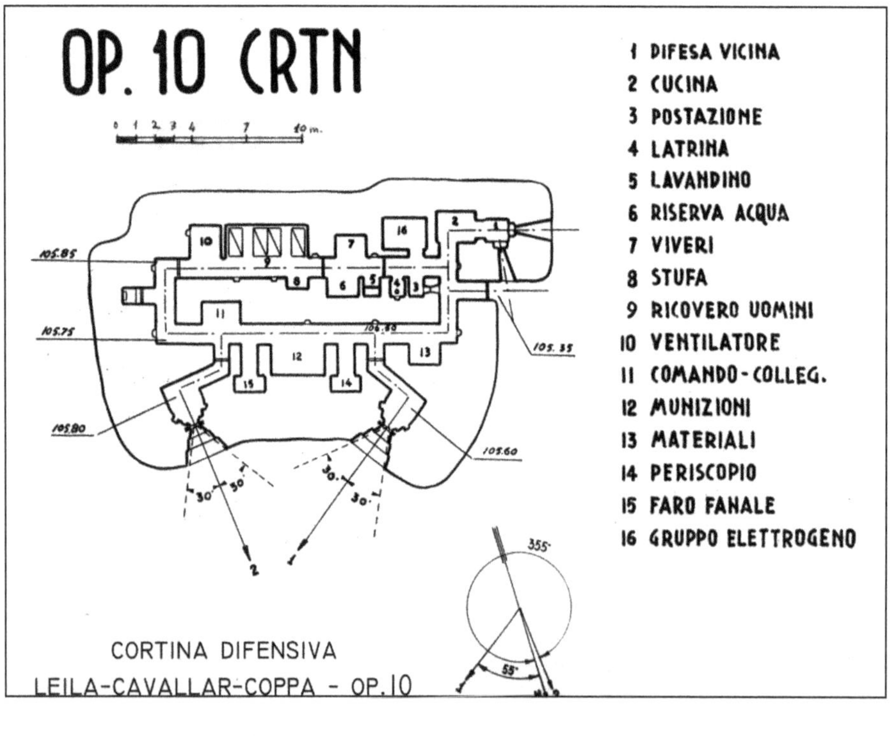

Fig. 4. Pianta di opera piccola in calcestruzzo tipo circolare 15.000 (A.U.S.S.M.E.).

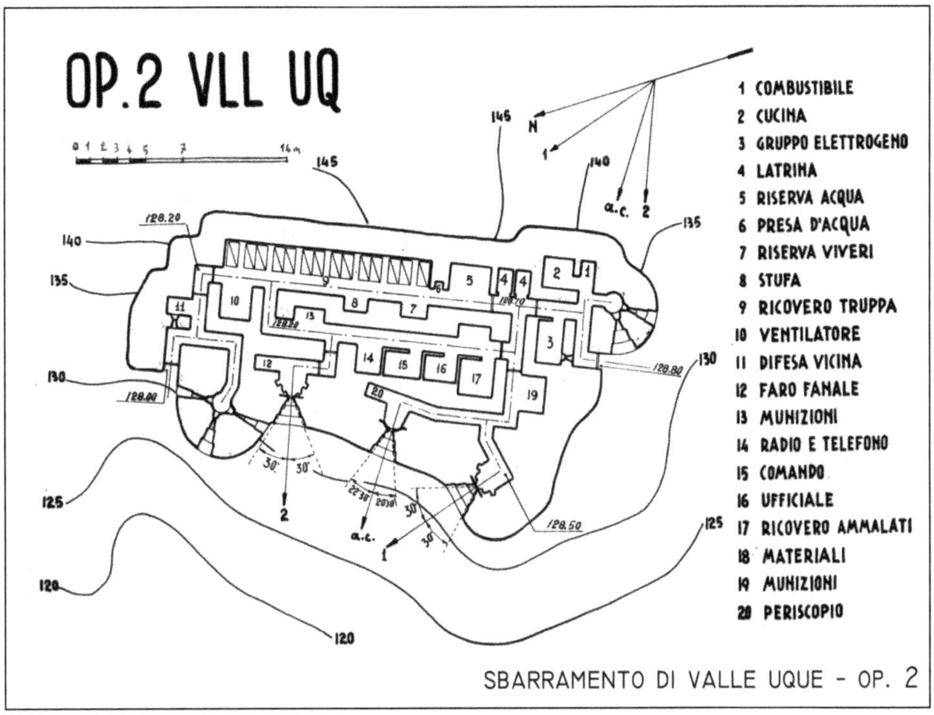

Fig. 5. Pianta di opera media in calcestruzzo tipo circolare 15.000 (A.U.S.S.M.E.).

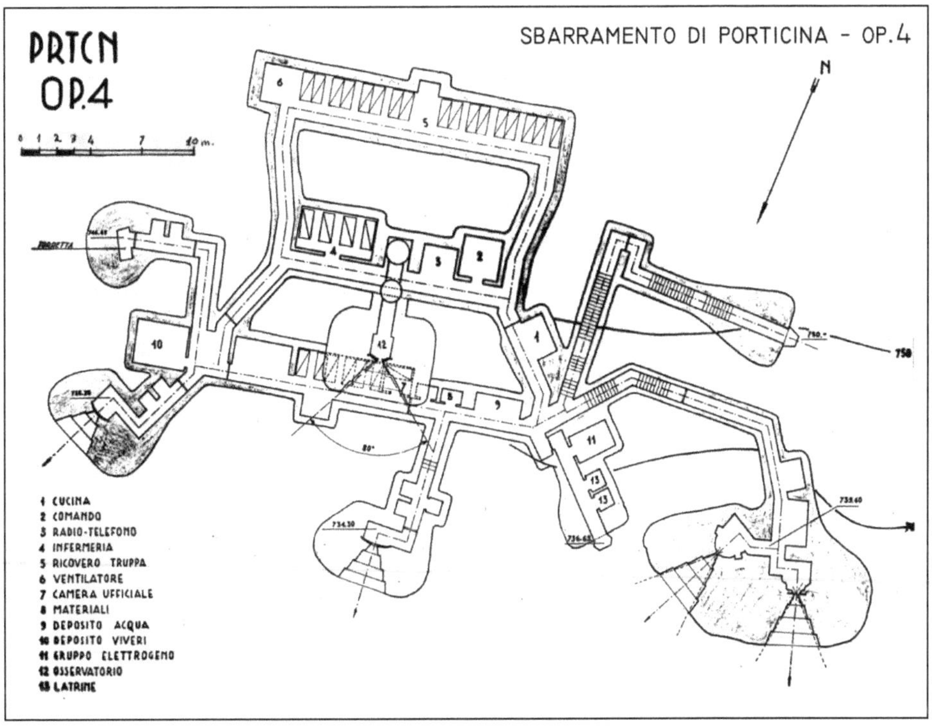

Fig. 6. Pianta di opera grossa in caverna tipo circolare 15.000 (A.U.S.S.M.E.).

alla mancanza di combustibile che condizionava pesantemente la produzione stessa del cemento. Le fortificazioni volute da Mussolini ebbero il loro «battesimo» ufficiale in occasione del discorso tenuto dal Gen. Soddu alla Camera dei Fasci e Corporazioni illustrante lo stato di previsione di spesa del Ministero della Guerra per l'esercizio finanziario dal 1 luglio 1940 al 30 giugno 1941: «(...) molteplici provvidenze ha richiesto la Guardia alla Frontiera. Lo sviluppo della fortificazione ha, infatti, comportato un ampliamento del corpo, che della nostra fortificazione rappresenta l'anima. E' stato necessario altresì: completare i depositi settoriali; riordinare le artiglieria; aumentare i capi tecnici e gli specialisti, così da risolvere integralmente l'importante problema della manutenzione e del funzionamento degli impianti interni delle opere. La Guardia alla Frontiera, ormai del tutto consolidata nel suo assetto definitivo, forte di spiriti, non di meno che di armi, ha assunto una personalità inconfondibile ed è perfettamente degna del suo compito d'onore. Si tratta di una guardia solida e sicura che merita l'ammirazione del Paese. (...) Particolare rilievo meritano nel momento attuale gli apprestamenti delle frontiere. In questo campo la nostra situazione è notoriamente privilegiata in quanto la cerchia alpina costituisce di per se un baluardo importante. La nostra fortificazione va intesa per ciò non sotto l'aspetto del sistema rigido e artificiale, ma come elemento di integrazione e potenziamento dell'ostacolo naturale (fig. 7). Questa fortificazione abbiamo da tempo iniziata e curata su tutte le frontiere,

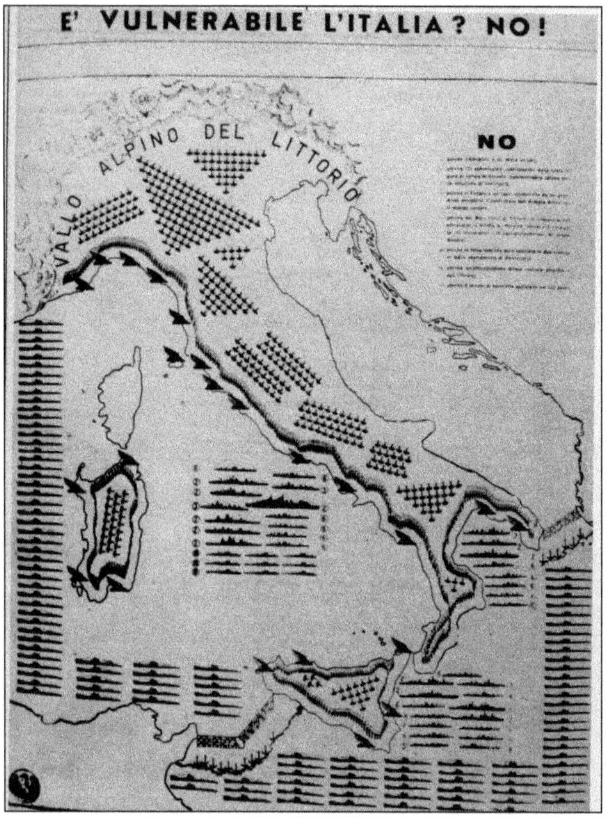

Fig. 7. Il Vallo Alpino del Littorio e l'Italia- illustrazione comparsa su rivista d'epoca.

convinti che prima necessità di un popolo forte sia quella di garantire l'inviolabilità del suo territorio. Tale inderogabile dovere ci ha portato oggi a potenziare le difese, per creare, dal Mar Ligure a quello del Carnaro un poderoso Vallo Alpino del Littorio: ostacolo atto a stroncare qualsiasi velleità e a consentire la maggiore possibile libertà d'azione. Le notevolissime difficoltà frapposte dall'inverno, specie alle alte quote, non sono valse a rallentare il ritmo poderoso di lavoro. Un giorno sarà noto lo sforzo in materiali, in energie, in intelligenze, in mezzi di ogni genere ed il popolo italiano potrà essere orgoglioso di quanto il Duce, in silenzio, ha fatto per preparare questo ostacolo che per sempre stroncherà, a chi sta fuori dalla cerchia alpina, ogni velleità di scendere in Italia (la Camera sorge in piedi fra vivissime prolungate acclamazioni)». (Resoconto stenografico della riunione di mercoledì 13 marzo 1940 - XVII E.F) (fig. 8). La notizia fu riportata sulle pagine dei maggiori quotidiani italiani il giorno dopo, 14 marzo, portando bene in vista, in prima pagina (Corriere della Sera): «Il Vallo Alpino del Littorio garantisce la Patria dalla Liguria al Carnaro». E' da quella data, quindi, che le fortificazioni ebbero il loro «battesimo», tutto ciò mediante un documento ufficiale emesso da una così importante organo legislativo del Regno d'Italia. Durante il 1940, quindi, la «Linea non mi Fido», nomignolo attribuito alle fortificazioni del Vallo dalle popolazioni abitanti nelle zone interessate ai lavori, assunse i connotati di un'autentica muraglia di cemento, contribuendo, nelle intenzioni di Mussolini, a consentire ancora margini di manovra politica con l'Inghilterra e la Francia. Una volta che il Duce si decise per l'intervento a fianco dell'alleato tedesco, il Vallo andò ad assumere il compito di garante della intangibilità della frontiera nord qualora i successi militari tedeschi avessero determinato il crollo delle democrazie europee, deterrente ad eventuali intenzioni di espansione germanica verso i «mari caldi e i cieli blu» dell'Italia. Anche nel corso del conflitto i lavori proseguirono a costo anche di pesanti sacrifici in uomini impegnati nei lavori (nel luglio/agosto del 1940 circa 19.000 lavorarono nelle valli dell'Alto Adige e circa 44.000 uomini in Cadore, Carnia e Tarvisiano, alloggiati in baraccamenti o presso camere private nelle località interessate ai lavori), in cemento e acciaio oltre che in denari spesi (nel 1942, alle imprese che lavorarono al Vallo Littorio in Alto Adige, vennero liquidati importi pari a Lire 554.000.000 dell'epoca: si stima che approssimativamente le fortificazioni alla frontiera nord vennero a costare complessivamente circa 2 miliardi di Lire dell'epoca). Durante la costruzione delle fortificazioni nelle zone del Friuli e del Cadore si verificarono oltre 3000 infortuni e 21 lavoratori persero la vita nei cantieri. Oltre alla presenza di queste maestranze vanno aggiunte le truppe della Guardia

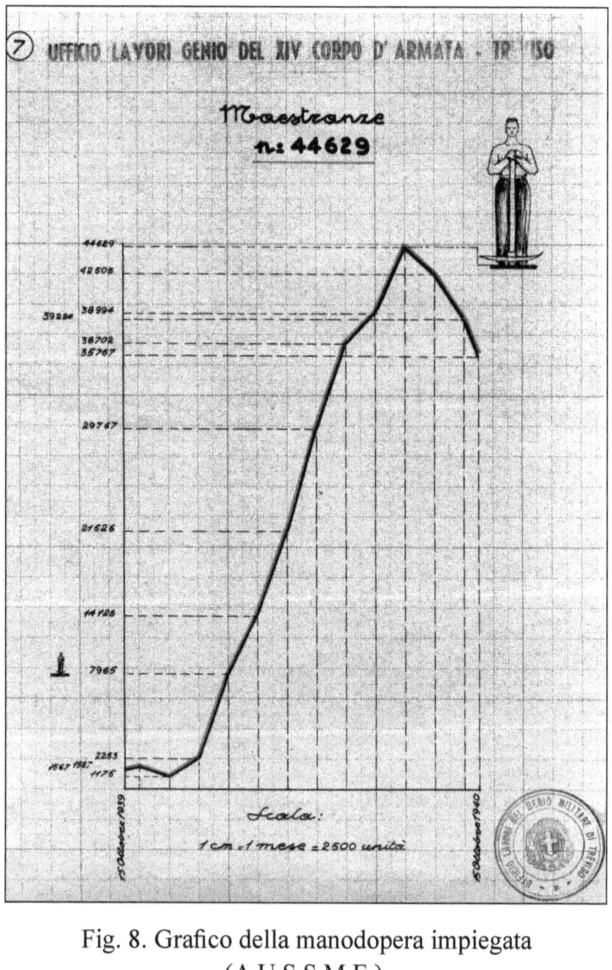

Fig. 8. Grafico della manodopera impiegata (A.U.S.S.M.E.).

alla Frontiera cui erano affidate le opere di prima linea già costruite anni prima, queste ultime incaricate di impedire eventuali passaggi della frontiera attraverso i valichi di alta montagna. Durante i primi sei mesi del 1940 vennero portati a termine i lavori di costruzione delle opere, lasciando agli anni a venire il completamento delle stesse e il loro armamento, fatto quest'ultimo mai realizzato. Le armi destinate ad armare queste fortificazioni, in realtà, non si resero mai disponibili in quanto vennero dirottate a colmare le perdite subite sui vari fronti di guerra, rendendo di fatto le opere alla frontiera nord incomplete. Alla fine di ottobre quasi due terzi dei manufatti difensivi previsti dai progetti risultavano comunque ultimati come scavi, rivestimenti e colate di cemento, compresa la maggior parte delle opere «monoblocco» in calcestruzzo. Con l'avvicinarsi della stagione invernale l'attività lavorativa rallentò progressivamente fino ad arrestarsi (con il 30 novembre 1940 i lavori furono sospesi). Alla data del 31 dicembre 1940, in Cadore, Carnia e Tarvisiano, la situazione lavori presentava qualche ulteriore miglioramento: in effetti, su 537 opere previste, ripartite in 53 sbarramenti, ben 325 risultavano completate nella parte muraria e 123 in costruzione; le rimanenti erano ancora da iniziare. E venne il 1941. Questo fu l'anno delle ispezioni degli «alti gradi militari» ai lavori già eseguiti alla frontiera germanica; soprattutto durante il mese di luglio vennero espressi giudizi sia militari che politici sulle fortificazioni del Vallo Alpino del Littorio. Iniziamo dalle considerazioni politiche: i rapporti con il Terzo Reich si andavano deteriorando e nel diario del Conte Ciano il mese di luglio 1941 é denso di riferimenti ai rapporti con l'alleato germanico che, nel mese di giugno, aveva attaccato l'Unione Sovietica, come al solito senza preavvisare di ciò Mussolini. Anche i rapporti con il nuovo stato croato, sorto dalle ceneri della ex Jugoslavia e dove era stato instaurato un regime di orientamento nazista più che fascista, (tutto ciò con la complicità dei tedeschi che controllavano una buona fetta di territorio croato), non fecero che inasprire i sentimenti del Duce verso gli alleati germanici. Inoltre, sempre in quel mese, la situazione in Alto Adige non era per niente rosea; su questo argomento é interessante leggere ancora il Diario del Ministro degli Esteri Italiano che così si esprime: 6 luglio: «Un rapporto del nostro Console a Innsbruck segnala la ripresa dell'irredentismo altoatesino sotto gli auspici dello stesso Gaulaiter Hofer. Il Duce ne è colpito e indignato «Segna nel tuo Diario» dice « ch'io prevedo come inevitabile una crisi tra Italia e Germania. Ormai é evidente che si preparano a chiederci di portare il confine a Salorno, e forse anche a Verona. Il che produrrà una formidabile crisi in Italia anche per il Regime. La supererò, ma sarà la più dura di tutte. Sento ciò nel mio istinto di animale ed ormai mi pongo seriamente il quesito se per il nostro futuro non è più auspicabile una vittoria inglese» (Ciano 1998, pp. 531). 20 luglio: «Il Duce continua i suoi sfoghi germanofobi. Stamane ha detto: meditando sulle parole di Villani, domando se anche noi, ormai, non facciamo parte delle Nazioni vassalle. Ed anche se non lo siamo oggi, lo saremo il giorno della vittoria totale della Germania (.....) Bisogna mettere migliaia di cannoni lungo i fiumi del Veneto, perché sarà lì che i Tedeschi lanceranno l'invasione in Italia e non attraverso le forre dell'Alto Adige ove sarebbero facilmente maciullati (....)» (Ciano 1998, pp.535). Già un mese prima e precisamente il 10 giugno, primo anniversario dell'entrata in guerra dell'Italia, Ciano riportò nel suo Diario le dure parole di Mussolini verso l'Alleato, citando il Vallo Alpino come la fortificazione destinata a fermare un'eventuale invasione tedesca: 10 giugno: «(....)e personalmente ne ho le tasche piene di Hitler e del suo modo di fare. Questi colloqui preceduti da una chiamata col campanello non mi piacciono: col campanello si chiamano i camerieri. Poi che razza di colloqui sono? Debbo per ore assistere ad un monologo, abbastanza noioso e inutile. Ha parlato per ore e ore di Hess, della Bismarck, di cose più o meno attinenti alla guerra, ma senza un ordine del giorno, senza sviscerare un problema, senza prendere una decisione. Io intanto continuo le fortificazioni del Vallo Alpino. Un giorno serviranno. Per il momento non c'é niente da fare. Bisogna urlare con i lupi. Ed é così che oggi alla Camera farò una sviolinata alla Germania. Ma il mio cuore é pieno d'amaro» (Ciano 1998, pp.521-522). Ma tornando allo stato dei lavori, una relazione del Gen. Mario Roatta, Capo di Stato Maggiore Regio Esercito, indirizzata al suo superiore in grado, Gen. Cavallero, ben riassume la situazione difensiva alla frontiera nord sempre alla data del luglio 1941. Roatta fu preciso e meticoloso nel segnalare le carenze e arguto a coglierne anche il forte significato politico in quell'estate del 1941. Da questo importante documento due sono essenzialmente le osservazioni che si possono trarre: una di carattere militare e l'altra di ordine politico. Roatta rilevò che non era possibile costruire opere fortificate così complesse per poi armarle, in modo prevalente, con mitragliatrici, questo anche alla luce dei nuovi dettami difensivi che il conflitto in corso andava delineando. Nella parte finale del documento in questione, affiora la preoccupazione politica del Gen. Roatta: «Diversi fra tali provvedimenti non comportano lavori grossi e vistosi ma ugualmente comporterebbero un impiego di uomini, materiali e macchinari vistosissimo, certamente maggiore e più appariscente di quello della estate scorsa in cui sono state costruite le opere. Molto minore sarebbe l'impiego di uomini e materiali qualora si limitasse al comportamento dei soli sbarramenti già costruiti, ma l'effetto non sarebbe molto diverso, perché é appunto in corrispondenza di detti sbarramenti che passano ferrovie e strade e che vive la popolazione. Concludendo: sono di avviso che se non si vuole dare al Reich la persuasione che ci prepariamo a difenderci da lui, non ce che da lasciare le cose come stanno; se, viceversa, intendiamo di premunirci da quella parte, tanto vale riprendere i lavori in pieno, secondo il programma originale». (Diario Storico del Comando Supremo, allegato N.312, 25 luglio 1941). E' quindi lecito supporre che questa ispezione compiuta per rendere edotto il Capo di Stato Maggiore Gen. Cavallero sullo stato dei lavori delle fortificazioni servì allo stesso, anche per avere ulteriori elementi che gli permettesse di esprime un giudizio da sottoporre a Mussolini in vista della decisione di proseguire i lavori o fermarli definitivamente. Ma Mussolini, nell'ottobre dello stesso anno, diede ordine a Cavallero «affinché, nella primavera del 1942 , si possano realmente riprendere i lavori in grande». (Comando Supremo, I Reparto Ufficio Operazioni scacc. orient. risposta al Foglio del 12 sett. 1941). Nel frattempo, per la fine del 1941, il Ministero della Guerra dette disposizione di completare i lavori in corso, conservare le opere già realizzate e mascherare quella già ultimate. Nel contempo l'Italia si accingeva ad affrontare il secondo anno di partecipazione alla guerra. Durante il 1942 i lavori di fortificazione alla frontiera germanica proseguirono, seppure a rilento, completando anche numerose strade militari tracciate nelle vicinanze del confine per meglio servire le opere fortificate. Mentre da una parte v'era l'intenzione di proseguire nei lavori, le necessità della guerra esigevano il proprio tributo: le fortificazioni del Vallo Alpino, quelle poste nelle immediate vicinanze dei passi di confine principali, ad esempio il Brennero, Resia, Prato alla Drava, Passo di Monte Croce Carnico, Coccau, incaricate di interdire le principali vie di comunicazione, erano state parzialmente disarmate e buona parte delle truppe della Guardia alla Frontiera addette alla loro custodia vennero inviate lungo le coste della penisola in funzione antisbarco. Nel contempo, e già dal 1941, il servizio segreto germanico seguiva con particolare attenzione i lavori fortificatori del Vallo Littorio. I servizi segreti germanici fotografarono, anche con tecniche all'avanguardia, usando ad esempio pellicole fotografiche all'infrarosso, i progressi costruttivi del Vallo: in Alto Adige gli agenti tedeschi, assistiti e «coperti» da elementi della popolazione di lingua germanica, operarono a ridosso dei cantieri, per nulla preoccupati di essere sorpresi dalla sorveglianza dei Carabinieri. Era infatti facile comprendere quando la ronda di sorveglianza sarebbe passata in ispezione avendo gli agenti già sul territorio e quindi ben informati sugli orari di ispezione. I risultati di tale servizio di spionaggio sono oggi delle splendide fotografie scattate a pochi metri dalle opere, alcune talmente ricche di particolari che sembrano riprese non da spie in maniera frettolosa ma da fotografi incaricati dal Comando del Genio Militare italiano per documentare i progressi nei lavori. Per quanto riguarda le zone del Cadore, della Carnia e del Tarvisiano le fotografie vennero riprese tramite potenti teleobbiettivi da distanze considerevole, anche da 6.000 m. e ciò, probabilmente, a causa di mancanza sul territorio di agenti locali. Nel complesso, comunque, il progredire delle costruzioni difensive venne ben documentato e non solo con delle fotografie ma anche con circostanziati rapporti sulle caratteristiche belliche delle opere qualora esse fossero terminate e armate. La guerra, intanto, andava depauperando le già magre risorse industriali dell' Italia. Nell'ottobre 1942, in concomitanza con l'utopica speranza di convincere Hitler a concludere una pace di compromesso con l'Unione Sovietica, o di costruire un potente «Vallo Orientale» che congelasse il conflitto in corso sulle posizioni raggiunte dalle due parti, Mussolini decise di sospendere i cantieri del Vallo Littorio alla frontiera germanica. Questa decisione venne certamente sollecitata anche da Hitler il quale fingeva di non «vedere» le fortificazioni della «Linea non mi Fido» ma che sicuramente le considerava come un oltraggio all'alleanza fra i due regimi. Al momento della chiusura dei cantieri (15-10-1942), lungo tutta la frontiera terrestre interessata ai lavori del Vallo Littorio, erano state ultimate 1475 opere difensive e 700 casermette ed erano in costruzione 450 opere e 60 casermette. Anche la rete stradale militare ebbe un largo sviluppo: erano già stati completati ben 700 Km. di strade oltre a 500 Km. ancora in costruzione. Tanti sforzi, fatiche, vicende umane, politiche ed economiche stavano «racchiuse» fra quell'ordine di sovrintendere alla costruzione delle fortificazioni dato al Gen. Monti il 15 dicembre 1939 e la disposizione di sospensione emanata da Cavallero: quello che è certo, è che il primo, ma non ultimo, periodo storico del Vallo Littorio si era completato. Per Mussolini, tutto ciò, abbisognava di un finale appropriato: la «Staffetta Alpina del Vallo Littorio». Poco dopo aver dato ordine a Cavallero di chiudere la partita con i lavori, a celebrazione dell'edificazione del Vallo, che da Ventimiglia a Fiume coronava le Alpi, Mussolini volle che fosse iniziata e portata a termine un'impresa alpinistica di grande rilievo sportivo. Questa gara a tappe, indetta dal Comando Generale della G.I.L. (Gioventù Italiana del Littorio), si svolse su un percorso di 2400 km., con un dislivello complessivo di 218.000 m. in 865 ore di marcia, durante le quali furono toccate 59 vette. I giovani avanguardisti di tutte le valli alpine, inquadrati in squadre che si alternarono senza interruzione in questa staffetta alpina, recarono un messaggio vergato di proprio pugno da Mussolini e custodito in un cilindro di latta che, di volta in volta, veniva consegnato nelle mani dei capisquadra impegnati in questa impresa alpinistica (fig. 9). La Staffetta, principiata il 30 agosto 1942 dalla Casa del Fascio di Mentone, dopo aver superato innumerevoli difficoltà tecniche e vissuto perigliose avventure, giunse a Sussak (Fiume) il 7 ottobre, dove venne accolta dalla popolazione e dalle autorità che avevano organizzato la manifestazione. Durante il 1943, lungo tutto il tratto di frontiera interessato ai lavori, al fine di evitare il deterioramento di quanto era già stato costruito, furono eseguiti, unicamente con mano d'opera militare, lavori di consolidamento degli scavi nei manufatti non ancora ultimati e il completamento dei mascheramenti, lavoro quest'ultimo affidato ai «nuclei mascheratori» oltre, naturalmente, alla manutenzione, da parte dell'Ufficio Lavori del Genio, delle opere ultimate ma ancora da consegnare alla Guardia alla Frontiera (fig. 10). Dopo il Convegno di Feltre, vista vana ogni insistenza, il Duce si accinse a denunciare l'alleanza con la Germania, ma il colpo di stato del 25 luglio pose fine ai suoi tardivi intenti, decretando anche la sua fine politica. Il 9-9-43 le truppe

Fig. 9. Staffetta Alpina del Vallo Littorio a Pontebba, Vittorio Marcon, partecipante alla Staffetta, terzo il alto partendo da sinistra (foto per gentile concessione della nipote Lara Magri).

Fig. 10. Opera mascherata a maso in Alto Adige (A.U.S.S.M.E.).

germaniche, ben dislocate nei punti nevralgici e perfettamente al corrente delle potenzialità difensive italiane, occuparono caserme, depositi e naturalmente le fortificazioni di frontiera. In Alto Adige, e precisamente al Passo di Resia, la Guardia alla Frontiera del XIII Settore oppose resistenza per un'intera giornata. Anche in Friuli, e precisamente nella località di Tarvisio e sue adiacenze , le truppe addette alle fortificazioni del XVII Settore opposero accanita resistenza presso la Caserma Italia. Le fortificazioni del Vallo, costruite per combattere un nemico che si doveva presentare sul campo di battaglia «frontalmente», nulla poterono contro le truppe del Reich che erano già in maniera preponderante sul territorio, frammischiate alle truppe italiane e a ridosso delle opere stesse. Quindi, nel momento in cui il Vallo e gli uomini che lo presidiavano avrebbero dovuto contrastare l'aggressione nazista, l'importante appuntamento con la storia venne meno: la fortificazione del Littorio e il corpo della Guardia alla Frontiera seguirono quindi le sorti dell'esercito italiano in quei giorni di tragedia per l'Italia tutta. Già alcuni giorni dopo gli scontri i treni fermi alle stazioni caricarono i militari italiani avviandoli ai campi di detenzione in Germania e nei territori controllati dal Reich. Quello che avrebbe dovuto essere il baluardo a garanzia delle frontiere italiane, al momento della prova, fallì il suo scopo. Oggi, nei boschi dell'Alto Adige, Cadore, Carnia e Tarvisiano, rimangono i resti di queste opere difensive le quali attendono di essere scoperte e valorizzate, testimonianza di un controverso periodo storico e della illusione difensiva di Mussolini.

2 - *Le opere del vallo alpino del littorio alla frontiera nord all'alba del XXI secolo: passo monte croce carnico, esempio di ripristino conservativo di una fortificazione*

Un esempio pratico di recupero "museale" di un'opera fortificata può essere quello messo in atto da alcuni anni dall'Associazione per lo Studio e la Salvaguardia delle Fortificazioni a Nord-Est (ASSFN-E), presso l'opera n° 1 del passo di M. Croce Carnico. Ma cos'è l'ASSFN-E e quali sono le sue finalità (fig. 11)? L'Associazione per lo Studio e la Salvaguardia delle Fortificazioni a Nord-Est è stata fondata nell'estate del 1997 da un piccolo gruppo di appassionati e si è legalmente costituita nel Marzo del 1998. Si tratta di un sodalizio nato con lo scopo principale di «tentare» (prendendo spunto da quanto realizzato da tempo in altri paesi europei, quali ad esempio Francia e Svizzera e, in tempi più recenti, in Polonia, Rep. Ceca o nella vicina Slovenia) il recupero e la conservazione di alcune opere difensive appartenute al sistema fortificato realizzato in Friuli dall'Esercito Italiano nel secondo dopoguerra (e dismesso nel 1992) ubicate al passo di M.te Croce Carnico. Altre finalità dell'ASSFN-E stabilite nel suo statuto sono:

Fig. 11. Logo dell'Associazione per lo studio e la Salvaguardia delle Fortificazioni a Nord-Est.

- lo studio, storico e tecnico, delle fortificazioni risalenti al Vallo Alpino, dal 1931 al '43, ed al nuovo sistema difensivo realizzato dall'Esercito Italiano, a partire dal 1952, alla frontiera Nord orientale;
- il recupero e conseguente restauro di reperti, documenti e testimonianze che possono contribuire a quanto sopra descritto ed inoltre la collaborazione con Enti, sia civili che militari, ed altre associazioni operanti nello stesso campo d'interesse. Per raggiungere l'obiettivo primario, ovvero l'affidamento di ex manufatti difensivi, furono inoltrate, fin dall'inizio, le usuali richieste di concessione alle amministrazioni militari di competenza quali: il Comando Regione Militare N-E (Padova), la Direzione Genio Militare di Udine e lo Stato Maggiore Esercito in Roma. Nel frattempo, e nella speranza di ottenere risposte positive, l'Associazione effettuò numerose escursioni e visite di studio presso sbarramenti e/o singole opere fortificate, appartenute alle sistemazioni difensive citate in precedenza, per valutarne lo stato di conservazione. Successivamente (in accordo con le direzioni militari sopra elencate), vennero effettuati interventi di chiusura, piccola manutenzione e controllo per un certo numero di opere particolarmente interessanti dal lato storico e tecnico, ed in particolare per i manufatti oggetto delle richieste di concessione. Tutto ciò nel tentativo di rallentare il loro progressivo degrado dovuto all'abbandono e ad eventuali spogliazioni e atti vandalici subentrati in seguito alla loro dismissione. Finalmente, dopo quasi dieci anni dalla prima richiesta, dopo aver «stressato» i vari uffici militari con raccomandate di sollecito e/o richieste di spiegazioni, l'Assfn-e raggiunge il suo obbiettivo principale solo nel dicembre del 2005, ottenendo in concessione le opere n° 1 e 2 dell'ex sbarramento difensivo di M.te Croce Carnico. Concessione che arriva però dal nuovo proprietario, il Comune di Paluzza , il quale entra in possesso dei due manufatti nel marzo 2003 tramite il decreto legislativo dell'aprile 2001 in seguito a nostra precedente richiesta del mese di aprile. Il contratto di comodato con il Comune venne stipulato il 25 marzo del 2006 ed il mese successivo iniziò il restauro dell'opera n°1 con il preciso intento di renderla fruibile al pubblico, mediante visite guidate, il prima possibile (per l'opera n°2 è prevista, al momento, solo una attività di controllo). La nostra scelta cadde sul P.so di M Croce per vari motivi (fig. 12):
- conosciuto fin dall'antichità il passo è ancora oggi il principale valico di confine delle Alpi Carniche e presenta una continuità e sovrapposizione di lavori fortificatori di vari periodi che spaziano dalla 1ª G.M. al Vallo Alpino fino

Fig. 12. Veduta del Passo Monte Croce Carnico (foto Andrea Povolo).

al sistema difensivo (E.I.) del secondo dopoguerra;
- la zona è base di partenza per numerose escursioni sui monti circostanti e nel periodo estivo è particolarmente frequentata da turisti e quindi da potenziali visitatori. A questo punto è doverosa una breve descrizione storico/tecnica della sistemazione difensiva in oggetto: un primo progetto per la sistemazione a difesa del passo fu presentato, dall'XI° Corpo d'Armata di Udine, nell'aprile del 1935. Pochi mesi dopo prese il via la costruzione di tre centri di resistenza rispondenti ai dettami della normativa vigente in materia di fortificazioni, ossia la circolare n° "200" emessa dallo Stato Maggiore Regio Esercito il 6 gennaio 1931. Si trattava di opere ricavate in caverna, con protezione ai colpi di medio calibro, che nel complesso schieravano 9 mitragliatrici Fiat mod. 35 ed un fucile mitragliatore. Nel dettaglio la sistemazione difensiva era così composta:

- Op. 1: situata sulle pendici est della Creta di Collinetta a quota 1380 m. Armata con 3 mitragliatrici e munita di osservatorio attivo in torretta metallica (fig. 13);
- Op. 2: situata sulle pendici ovest del Pal Piccolo a quota 1385 m. era invece armata con un fucile mitragliatore e 3 mitragliatrici;
- Op 3: arretrata rispetto alle precedenti era situata sulla «quota 1379», alla destra del Rio Collinetta. Contava 4 mitragliatrici. Era l'opera comando sbarramento e, successivamente, nel 1939, venne munita di osservatorio in calcestruzzo. Al suo interno erano ricoverati i mortai da 81 che «"nuclei armi supplementari» dovevano schierare all'esterno dell'opera. A partire dal mese di marzo del 1937 la sistemazione difensiva del passo fu interessata da ulteriori lavori di completamento: vennero così realizzati gli ostacoli anticarro passivi che, nell'assetto definitivo del 1939, provvedevano all'ostruzione della rotabile mediante due cancellate metalliche scorrevoli con ricovero in caverna. Allo scopo di impedire l'aggiramento degli ostacoli mobili venne prevista la realizzazione di una fascia di circa 160 m. di spezzoni di rotaie, su triplice ordine, e la costruzione di un muro di calcestruzzo in corrispondenza della strada d'accesso all'albergo turistico ivi esistente. Nel periodo Luglio-Settembre '38, iniziarono i lavori per la costruzione di una casermetta difensiva della capacità di 60 uomini: quest'ultima oltre ad alloggiare il presidio delle opere aveva il compito di battere, con tiro di fucileria e fucili mitragliatori, la zona a tergo delle opere 1 e 2 e la fascia di reticolato dell'opera 3. (Fig. 14) Nel mese di novembre vennero progettate due postazioni tipo «7.000» per pezzo da 47/32 allo scopo di rendere «attivi» gli ostacoli anticarro: si trattava delle seguenti opere;
- Op. 4c: postazione per un pezzo anticarro da 47 in caverna e munita di ricovero per il personale. Era situata

Fig. 14. Caserrmetta dello sbarramento di M. Croce Carnico (foto A. Povolo).

Fig. 13. Opera 1 dello sbarramento di Monte Croce Carnico-malloppo (foto A. Povolo).

presso l'opera 1 e posta a battere d'infilata il cancello anticarro arretrato;
- Op. 5c: postazione per pezzo anticarro da 47 in calcestruzzo. Realizzata presso l'opera 3, alla quale si appoggiava per il ricovero del personale, disponeva di un magazzino materiali fuori opera costruito in posizione defilata. Le due postazioni furono in seguito collegate con cunicoli ai limitrofi centri di resistenza 1 e 3, aumentandone così lo sviluppo sotterraneo. All'inizio del 1940 lo sbarramento, ormai da tempo in consegna alla G.a.F. (Guardia alla Frontiera), costituiva una posizione del I° sistema difensivo nel territorio del XVI° Settore «Cadore – Carnia» con sede a Tolmezzo e alle dipendenze del XIV° Corpo d'Armata di Treviso, sottosettore XVI/c «Val But». Il passo di M. Croce Carnico fu ritenuto dallo S.M. «sufficientemente protetto» e quindi «non bisognoso di ulteriori lavori». Al momento della sospensione dei lavori difensivi alla frontiera Nord, nell'ottobre del 1942, la situazione tecnico/tattica dello sbarramento di M. Croce Carnico risultava la stessa della fine del 1940: la sistemazione difensiva non subì ulteriori modifiche. Nei giorni seguenti all'armistizio dell'8 settembre 1943 non venne impegnato in combattimenti e, a quella data, il caposaldo di M. Croce concluse il suo ciclo operativo. Le fortificazioni del passo tornarono di interesse militare circa 10 anni dopo nell'ambito del nuovo sistema difensivo volto a contrastare eventuali minacce provenienti dall'est europeo. Causa il perdurare della presenza sovietica in Austria, all'inizio degli anni '50, iniziò il ripristino di alcuni sbarramenti dell'ex «Vallo Alpino del Littorio» in Alto Adige, Cadore, Carnia e Tarvisiano. Nel 1952 presero il via i lavori per il riutilizzo parziale delle fortificazioni del passo di Monte Croce; la nuova sistemazione venne affidata nel maggio del 1953 al 12° Raggruppamento di Frontiera (II° gruppo sbarramenti). Lo sbarramento «Cherso», questa era la sua denominazione in codice, aggiornato alle nuove esigenze (prevalenza dell'azione controcarro), schierava nel complesso 4 cannoni anticarro e 4 mitragliatrici cal. 8 (Breda 37).

Allo scopo di aumentare la capacità di arresto delle armi anticarro ed impedire infiltrazioni di truppe appiedate, il progetto definiva anche l'organizzazione dell'ostacolo minato da mettere in opera al momento del bisogno. Tale organizzazione comprendeva: un campo minato protettivo, composto da fasce di mine antiuomo e miste profonde 50 metri, integrato da recinzione con reticolato basso. Vennero mantenute in efficienza anche le cancellate scorrevoli costruite nel periodo 1937/38, almeno fino all'inizio degli anni '70, quando la realizzazione del parcheggio, tuttora esistente, le rese inutili. Nel 1963 lo sbarramento divenne di competenza dell'11° Raggruppamento Alpini d'Arresto (Battaglione «Val Tagliamento» - distaccamento di Paluzza - 212ª compagnia). il quale lo ebbe in consegna definitivamente, dalla 12ª D.G.M. di Udine, nel maggio del '71. Nel tempo rimase sempre affidato alla 212ª cp. del btg. «Val Tagliamento» (dal 1975 alle dipendenze della Brigata Alpina «Julia»), la quale lo mantenne fino alla dismissione dell'intero sistema difensivo nel 1992 e al conseguente scioglimento dei reparti. Tredici anni dopo entra in scena l'ASSFN-E con il suo «utopico» progetto per il recupero dell'opera 1. Vediamo di seguito una sommaria descrizione dei più importanti interventi da noi svolti nei primi 4 anni di attività. La prima e più urgente necessità era ottenere l'energia elettrica per illuminare il manufatto e poter impiegare vari utensili (quali saldatrice, trapani,ecc.) atti a proseguire ogni ulteriore lavoro. Al momento della dismissione la linea elettrica esterna, e relativa cabina di trasformazione, venne messa fuori servizio, unitamente al generatore ausiliario a suo tempo alienato dall'Esercito. Nei primi dell'aprile 2006 si rese così necessaria l'installazione di un nuovo gruppo elettrogeno, da noi preventivamente acquisito e revisionato, il quale viene smontato in ogni sua parte, trasportato in opera a più riprese (30 aprile - 6 maggio) e rimontato nell'apposito vano. Il 3 giugno il gruppo elettrogeno iniziava il suo funzionamento. Di conseguenza si rese necessario il controllo dell'impianto elettrico e la sua riparazione con sostituzione di interruttori, scatole di derivazione, lampade, ecc., lavori portati avanti dal luglio al settembre '06 e che si concludono con l'accensione di tutti i 60 punti luce (ulteriori interventi vengono eseguiti da gennaio a giugno '07). Sempre nel giugno '06 viene rimosso (e temporaneamente sostituito con uno provvisorio) il quadro elettrico originale per eseguirne il restauro in separata sede. A restauro ultimato l'armadio degli interruttori torna in opera il 5 maggio 2007 e il 25 agosto riprende a funzionare (figg. 15-16). Altro intervento importante era il restauro dei due ventilatori (interno ed esterno) necessari al ricambio d'aria nel vano del gruppo elettrogeno e al raffreddamento del motore a scoppio. Smontati nel giugno 2006 tornano al loro posto, restaurati e funzionanti, in tempi diversi: ottobre '06 quello interno e nel maggio del 2009, causa difficoltà nel reperire ricambi e avverse condizioni climatiche, quello esterno. Ulteriori lavori di una certa entità eseguiti all'esterno interessarono, fin dall'inizio, gli accessi al manufatto con la sistemazione delle porte d'ingresso e di mascheramento (agosto/settembre 2006 - giugno/luglio '07) e della nicchia del ventilatore esterno, gravemente danneggiata dalle gelate invernali (riparazione iniziata nell'ottobre '06 e ultimata circa un anno dopo). All'interno dell'opera, oltre alla pulizia del manufatto (la manutenzione degli scoli per il drenaggio delle acque di condensa e/o infiltrazione e altri interventi vari), sono stati intrapresi i lavori per il restauro delle postazioni d'arma (mitragliatrici e pezzo anticarro). Questi lavori, nel complesso, consistono nell'eliminazione della ruggine e verniciatura delle parti metalliche (porte stagne, ecc,), tinteggiatura delle murature, interventi sui pannelli per il mascheramento delle feritoie e installazione dei verricelli per la loro manovra. Tra il dicembre '07 e il maggio '08 è stata così ultimata la postazione M1, mentre nella M2 i lavori hanno avuto inizio nel giugno '08 e sono tuttora in corso, come del resto nella postazione anticarro, anche se in via di ultimazione (fig. 17). Le attività fin qui descritte sono stati eseguite, nel tempo libero, in modo

Fig. 15. Opera 1 dello sbarramento di M. Croce Carnico - diramazione del corridoio verso le postazioni d'arma (foto A. Povolo).

Fig. 16. Opera 1 dello sbarramento di M. Croce Carnico - camerata- (foto A. Povolo).

del tutto "autonomo" e volontario e con il solo contributo dei soci. Fin dal 2007 si sono avute svariate occasioni per far visitare il manufatto a turisti occasionali o a gruppi di persone, appassionati o meno dell'argomento, sia su loro richiesta che su nostro invito. Negli ultimi due anni, nel mese di luglio, si è organizzato una «giorno di apertura» dove, per l'occasione, sono state allestite alcune parti dell'opera con attrezzature varie (ad esempio: simulacri d'arma, stazioni radio, apparati telefonici, ecc.). Allo stato attuale, presso l'opera 1 del passo di M. Croce Carnico, l'ASSFN-E è in grado di guidare in una agevole visita piccoli gruppi di persone su precedente richiesta. La nostra iniziativa può quindi essere inserita in eventuali proposte turistiche o didattiche organizzate in zona da terzi.

3 - *Lo sbarramento di Bolzano sud: la sua parziale demolizione, alcune puntualizzazioni storico-politiche e osservazioni sul riuso museale delle fortificazioni in Alto Adige*

Sono trascorsi settantadue anni da quando, nel gennaio 1940, iniziavano i lavori per la costruzione dello sbarramento difensivo di «Bolzano Sud» raddoppio

Fig. 17. Opera 1 dello sbarramento di M. Croce Carnico - camera di combattimento con postazione per mitragliatrice (foto A. Povolo).

del III° Sistema delle fortificazioni del «»allo Alpino del Littorio" in Alto Adige. Nonostante la stagione inclemente, gli operai civili, dipendenti delle imprese appaltatrici, iniziarono i getti delle opere di quello che sarebbe diventato il più esteso e numeroso (in termini di opere) sbarramento dell'Alto Adige. Il sistema fortificato può essere diviso, grosso modo, in due tratti, a causa della particolare conformazione orografica della piana di Bolzano. Quest'ultima, nella parte sud, è divisa di netto dalla presenza del promontorio nord di Monte di Mezzo, una bassa collina porfirica che taglia in due la valle dell'Adige, ergendosi nei pressi del paese di Ora e terminante, appunto, a sud di Bolzano. La parte più cospicua delle opere dello sbarramento si trova ancor oggi a controllare il saliente morenico a ovest di Bolzano, denominato Oltradige. Ben mimetizzate dalla vegetazione spontanea, queste fortificazioni fanno buona guardia alle viti da cui si traggono ottimi vini rossi, famosi sin dai tempi dell'Impero Romano, e, per il momento, unitamente ai castelli medioevali eretti nelle vicinanze, non sono minacciate dalla demolizione: solo l'opera 32 , anni addietro, è stata demolita in quanto costruita in quella che è diventata una cava di sabbia e pertanto ritenuta «incompatibile» al destino estrattivo della zona. Per risalire ad un'altra demolizione bisogna andare al 1945 e precisamente al 27 febbraio: l'opera 21, adibita a deposito di esplosivi dalle truppe tedesche che occupavano l'Alto Adige dal settembre del 1943, a causa di un'imprudenza nello stoccaggio e maneggio dell'esplosivo, saltò in aria, causando la morte di 12 uomini, parte personale militare tedesco e altri prigionieri polacchi adibiti al lavoro coatto. Ben diversa è stata la sorte delle opere realizzate nella cosiddetta «Piana dell'Agruzzo», zona immediatamente a sud di Bolzano, ove si trovavano, immerse negli ordinati frutteti di mele, ben 18 fortificazioni, di cui otto monoblocco in calcestruzzo. Nel mese di febbraio del 2002 è stato, infatti, completato l'abbattimento dell'opera 13, ultimo di una lunga serie di interventi di demolizione, i cui inizi risalgono alla fine degli anni '70. In realtà, il destino di queste opere era già segnato al momento della loro costruzione, in quanto la Piana dell'Agruzzo, allora ancora a frutteto, era la naturale prosecuzione della Zona Industriale di Bolzano, anch'essa sorta negli anni 1935-40. Lo scopo di queste realizzazioni industriali fu, a quel tempo, quello di riaffermare la presenza economica e militare dell'Italia fascista. Le nuove industrie attrassero a Bolzano numerosa manodopera, proveniente dalle provincie italiane, le quali popolarono così velocemente la città da costringere le autorità a edificare nuovi quartieri operai (Dux e Littorio). Le ragioni militari della costruzione del Vallo Alpino alla frontiera germanica ci sono note; meno nota è la determinazione del Capo di Stato Maggiore dell'Esercito, Maresciallo d'Italia Graziani, nell'arrestare l'espansione della Zona Industriale di Bolzano già nel 1940. Il lungo fossato anticarro che attraversava la «Piana dell'Agruzzo», colmato e definitivamente scomparso verso la fine degli anni '60, fungeva anche da limite all'espansione industriale di Bolzano. Fino al 1980 non vennero realizzate in quell'area costruzioni industriali o commerciali; poi l'espansione dell'edilizia commerciale decollò, rendendo quasi irriconoscibile, persino a chi è nato in questa città, la Piana dell'Agruzzo.

3.1 - XIV° Settore "Isarco" - Sbarramento di Bolzano Sud - III° Sistema difensivo

Lo sbarramento era composto da 67 opere del tipo circolare 15.000 (compreso il Caposaldo di Predonico), di cui 34 in caverna e 33 in calcestruzzo. Completavano la sistemazione 6 nicchie in roccia per la difesa vicina e 6 ricoveri in caverna per truppe di contrattacco. L'armamento complessivo previsto era di 14 cannoni da 75/27 mod.06, 6 cannoni controcarro da 47/32, 160 mitragliatrici e 35 fucili mitragliatori. Il costo, ancorché approssimativo, della sua realizzazione era, nell'ottobre del 1940, di £.55.000.000. In questa trattazione prenderemo in esame il tratto Castel Flavon - Castel Firmiano, composto da 18 opere, divise in cinque gruppi, con sede del Comando di Sbarramento presso l'Opera 5. La zona pianeggiante a sud di Bolzano, compresa tra le pendici ovest di Monte Rosso e la riva sinistra del fiume Isarco, costituiva un terreno di facile percorribilità per truppe e mezzi corazzati avversari. Di conseguenza, nel 1940 venne realizzato uno sbarramento anticarro composto da un fosso, del tipo trapezoidale per carri pesanti, che attraversava la Piana di Agruzzo con una larghezza di circa 1.700 m. e otto opere fortificate. Tre di queste vennero poste a battere materialmente l'ostacolo anticarro. Le altre cinque furono ubicate a tergo di quest'ultimo, tra il rilevato della ferrovia Verona - Brennero e l'argine dell'Isarco, con disposizione a scacchiera ed una profondità di circa 900 m.

Per aumentare l'efficacia della sistemazione difensiva venne preso in considerazione l'allagamento (e il conseguente impaludamento) dell'intera zona. Le fortificazioni, dato il terreno su cui vennero costruite, erano del tipo monoblocco in calcestruzzo ed erano in grado di resistere al tiro dei grossi calibri (copertura variabile da 3 a 4 metri di spessore). Simili tra loro per forma e dimensioni, si sviluppavano su due livelli: al piano superiore erano ricavate le postazioni per le armi, gli ingressi, i depositi ed i servizi; al piano inferiore si trovavano gli alloggi, il vano ventilazioni ed ulteriori depositi (fig. 18).

3.2 - *Le singole opere nel dettaglio*

Il gruppo di Castel Flavon si componeva di quattro opere in caverna (opere 1, 2, 3 e 4), atte a presidiare le mulattiere ed i sentieri che si dipartivano dal castello e ad impedire l'eventuale aggiramento delle opere di fondovalle. L'opera 1 avrebbe dovuto essere dotata di

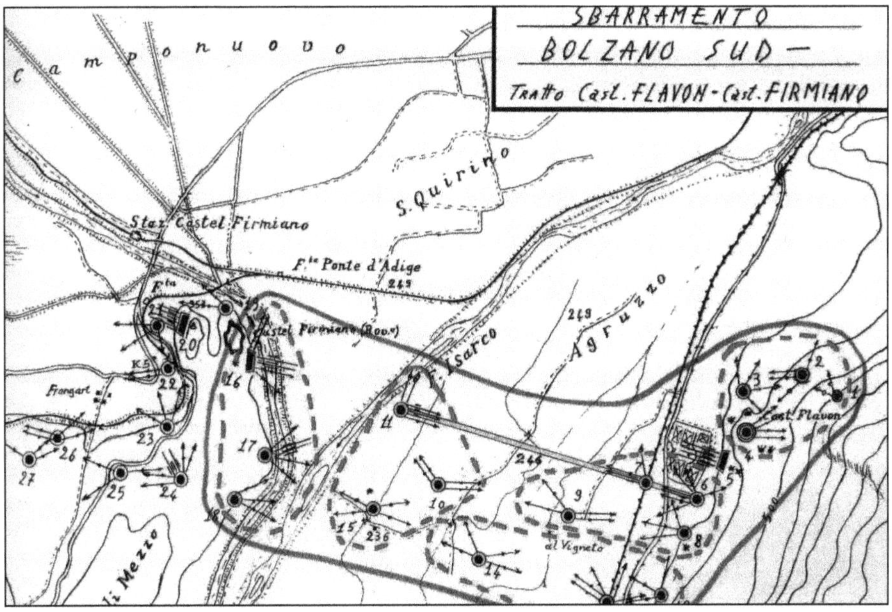

Fig. 18. Piantina Sbarramento di Bolzano.

due mitragliatrici con azione di tiro verso l'opera 2 e di due mortai da 81, destinati a battere la strada che sale da Oltrisarco verso Castel Flavon.

L'opera 2 era invece prevista per tre mitragliatrici, di cui una a coprire il terreno antistante e due con direttrice verso l'opera 3. L'opera 3 avrebbe dovuto schierare quattro mitragliatrici, con azione, rispettivamente, sulla zona di Oltrisarco, sulla mulattiera e sulla strada che risalgono verso il castello, sull'opera 2 e sulla sella ad est di Castel Flavon. In tempi recenti questa fortificazione è stata adibita a luogo di addestramento dei Vigili del Fuoco locali. L'opera 4, infine, era stata progettata per ospitare quattro mitragliatrici, di cui due con azione verso la sella poc'anzi citata, una con direttrice verso l'opera 1 ed una a fiancheggiare l'opera 2. Erano inoltre previste due postazioni per mortai. In qualità di opera capogruppo, avrebbe dovuto essere dotata di una torretta osservatorio. Di tre di queste opere (1, 2 e 4) furono, tuttavia, ultimati solo gli scavi in roccia. L'opera 3 venne invece completata nelle strutture murarie, ma non ricevette mai gli allestimenti previsti. Come detto in precedenza, il comando del tratto Flavon-Firmiano avrebbe dovuto essere ubicato nell'opera 5. Concepita come batteria in caverna per pezzi da 75/27 con azione verso la stazione ferroviaria di Castel Firmiano, l'opera avrebbe dovuto essere dotata di un proiettore da120 mm. e di un osservatorio d'artiglieria in casamatta con piastra corazzata. Per i pezzi da 75/27 era inoltre prevista l'installazione in casamatta di calcestruzzo, su affusto Tipo 4 (o «Tre Croci»). Al pari delle precedenti, anche l'opera 5 non venne ultimata. Di essa furono infatti completati solo gli scavi in roccia. Un secondo gruppo, comprendente le opere 6, 7, 8 e 9, venne posto a protezione del fossato anticarro. L'opera 6, situata sulle pendici di Monte Rosso, immediatamente a sud - est del cimitero di Bolzano, era prevista per un pezzo anticarro e quattro mitragliatrici, di cui una con azione sul fossato, due con azione frontale e di fiancheggiamento verso l'opera 5 ed una con direttrice verso le case a sud dell'opera 9. L'opera era stata inoltre progettata per ospitare un lanciafiamme, destinato a battere l'ostacolo, formato da blocchi di calcestruzzo, del fronte nord -ovest. L'opera 7 era invece posizionata nel fosso anticarro, sul lato ovest del rilevato ferroviario e doveva battere il medesimo con un pezzo anticarro, una mitragliatrice ed un lanciafiamme con caratteristiche d'impiego analoghe a quello dell'opera 6. L'opera 8, situata sulle pendici di Monte Rosso, a sud del cimitero di Bolzano, era un'opera in caverna, di tipo medio, che avrebbe dovuto fungere da capogruppo ed essere dotata di tre mitragliatrici con azione, rispettivamente, sulla statale in direzione dell'ostacolo anticarro, sull'opera 9 e sul tratto di terreno compreso tra quest'ultima e l'opera 13. Anche per essa era prevista l'installazione di un osservatorio in casamatta con piastra corazzata. Alla fine del 1942, periodo cui risale la sospensione definitiva dei lavori difensivi alla frontiera nord, essa risultava, tuttavia, ultimata nelle sole strutture murarie (scavi e getti di calcestruzzo). L'opera 9 si trovava a circa 400 m. a sud - ovest dell'opera 7 ed era munita di 4 postazioni per mitragliatrici, di cui due destinate a coprire l'opera 7, una a fiancheggiare l'opera 10 ed una a battere il terreno antistante. Un terzo gruppo, anch'esso deputato alla protezione del fosso anticarro, venne formato dalle opere 10, 11 e 15. L'opera 10 era situata a sud-est dell'opera 11, a circa 300 m. a sud del fosso, ed era prevista per quattro mitragliatrici, di cui due a fiancheggiare l'opera 7 e due con analogo compito in direzione dell'opera 11. L'opera 11, posta all'estremo ovest del fossato anticarro, sull'argine del fiume Isarco, avrebbe dovuto schierare due pezzi anticarro ed una mitragliatrice con azione lungo l'ostacolo anticarro. Era inoltre previsto un lanciafiamme, che doveva assolvere il medesimo compito già descritto per le opere 6 e 7. L'opera 15 era posta a sud - est dell'opera 11, a circa 400

m. dall'argine del Fiume Isarco. Era prevista per quattro mitragliatrici, di cui due destinate a fiancheggiare le opere 10 e 14 e due con direttrice di tiro verso le opere 17 e 18. Al pari delle altre opere capogruppo, anch'essa avrebbe dovuto essere dotata di un osservatorio attivo in torretta che, tuttavia, non venne mai installato. Il quarto gruppo era costituito dalle opere 12, 13 e 14. L'opera 12, posta sulle pendici del Monte Rosso, a sud del cimitero, era un'opera in caverna di tipo medio che avrebbe dovuto fungere da capogruppo e fiancheggiare, con le sue tre mitragliatrici, le opere 8, 9 e 13. Al pari dell'opera 8 essa fu ultimata nelle strutture murarie, ma non venne mai dotata degli allestimenti interni. L'opera 13 era situata a cavaliere della linea ferroviaria, immediatamente a nord del cimitero di guerra, a circa 800 m. dal fossato. Era composta da due distinti blocchi, collegati tra loro da un cunicolo sotterraneo. Differiva dalle altre per il fatto di essere costruita su un solo livello e perché, sulle cinque postazioni per mitragliatrice previste nel progetto, solo due vennero effettivamente realizzate nel blocco est. Una di esse aveva azione frontale lungo il rilevato ferroviario, mentre l'altra fiancheggiava l'opera 12. Nel blocco ovest furono ricavati i locali logistici (figg.19-28). L'opera 14 era ubicata più o meno al centro della piana, a circa 800 m. a sud del fosso anticarro, e comprendeva quattro postazioni per mitragliatrice, destinate, prevalentemente, a fiancheggiare le opere 10, 13 e 15. Il gruppo di Castel Firmiano si componeva di tre opere in caverna (opere 16, 17 e 18), situate sul versante est del Monte di Mezzo, che agivano prevalentemente sulla Piana dell'Agruzzo. L'opera 16 avrebbe dovuto ospitare una sezione d'artiglieria di piccolo calibro (65 o 75 mm.), con direttrice verso il fosso anticarro, e quattro mitragliatrici, due delle quali con azione verso il fosso stesso e l'opera 15. Era l'opera capogruppo, per la quale erano anche previsti un osservatorio d'artiglieria in casamatta con piastra ed una fotoelettrica da 120 mm.: essa venne, tuttavia, ultimata solo negli scavi. L'opera 17 avrebbe dovuto schierare tre mitragliatrici e due pezzi da 75/27, con direttrice verso l'opera 11 ed azione anticarro sul terreno compreso tra l'Adige e l'Isarco. Al pari della precedente avrebbe dovuto impiegare un osservatorio in casamatta con piastra. L'opera 18 era infine prevista per tre mitragliatrici con azione verso le opere 11 e 15 ed il terreno a tergo dell'opera 14. Sia l'opera 17 che la 18 vennero, tuttavia, completate nelle sole parti murarie.

3.3- *La situazione attuale*

La progressiva ed inarrestabile espansione della zona industriale a sud di Bolzano, già messa in preventivo nel 1940, ha gradualmente inglobato le opere dell'Agruzzo tra caseggiati e insediamenti produttivi, così da renderle sempre più scomode e d'intralcio. I primi manufatti a subirne le conseguenze sono stati il fosso anticarro, ricoperto nel 1970, e l'opera 9, che è stata demolita in occasione della realizzazione del nuovo tracciato della linea ferroviaria Bolzano - Merano. Dopo un periodo di tregua e pacifica convivenza durato più di venti anni, improvvisamente, nei primi mesi del 1995, è stata demolita l'opera 10, che ha lasciato il posto ad un parcheggio rimessa per gli autobus cittadini. In breve, dimostrato che l'eliminazione di queste opere era possibile, ancorché costosa, si è innescata un'irrefrenabile reazione a catena. Nella primavera del 1997 è stata la volta dell'opera 15, che si trovava sul tracciato di uno svincolo della superstrada per Merano. Sventrata e poi ricoperta, fa ora parte del terrapieno di supporto ad una rampa d'accesso alla Bolzano - Merano. Di lì a poco è stata abbattuta anche l'opera 6, da tempo ridotta al «controllo» del cimitero cittadino, che, nel frattempo, aveva avuto un'ulteriore espansione. Sul sito dell'opera è stato ricavato il crematorio del cimitero stesso. Venne poi «l'attacco» in direzione dell'opera 13. I lavori di demolizione, iniziati nell'autunno del 2001, sono stati ultimati nel mese di febbraio del 2002. Il manufatto è stato sacrificato per permettere il passaggio di una variante stradale volta ad alleggerire il traffico nel tratto cittadino della congestionata statale del Brennero. Le superstiti opere 7 e 11, vista la loro posizione, non sembrano, per il momento, correre pericoli. Lo stesso dicasi per le opere 8 e 12, attualmente nascoste da impianti sportivi e da alcuni caseggiati, che, siccome realizzate in roccia, non dovrebbero essere di intralcio. Risulta inoltre che esso siano state vendute a privati.

3.4 - *Alcune considerazioni di ordine storico-politico e osservazioni sul riuso museale delle opere del Vallo Alpino del Littorio in Alto Adige*

Prendiamo spunto dalla sorte dell'opera 14 che, rimasta isolata nel mezzo della piana, ha assistito impotente alla scomparsa delle opere che avrebbe dovuto proteggere con il fuoco delle sue armi, per fare il punto sulla situazione «storica», di riuso museale e anche «politica» delle opere del Vallo Littorio in Alto Adige. Iniziamo quindi dall'opera 14: circa la sorte di questa fortificazione si è sollevato recentemente un dibattito sulla destinazione d'uso della stessa. L'area dove sorge l'opera è destinata a verde pubblico, ciò in «compensazione» per le aree adiacenti destinate ad un'ulteriore sviluppo commerciale della «Piana dell'Agruzzo»: ancora pochi ettari separano le piste dell'Aeroporto di Bolzano dall'espansione edilizia che negli ultimi 20 anni ha visto trasformare questa zona di Bolzano. Molte sono le idee per rendere fruibile l'area dell'Opera 14: diverse Associazioni sono interessate all'area per trasformarla in un centro di aggregazione giovanile, il tutto nell'ambito di uno spazio culturale che coinvolgerebbe la cittadinanza e la fortificazione stessa (fig.29). Momentaneamente, causa anche lo stato di crisi che attanaglia il paese e quindi le disponibilità economiche delle amministrazioni locali, l'eventuale

Fig. 19. Opera 13, blocco Ovest (foto G. Muran).

Fig. 20. Opera 13, blocco Ovest (foto G. Muran).

Fig. 21. Opera 13, blocco Ovest: si noti il rilevante spessore del calcestruzzo di copertura (foto G. Muran).

Fig. 22. Opera 13, blocco Ovest: inizio dei lavori di demolizione con corda diamantata (foto G. Muran).

Fig. 23. Opera 13, blocco Est: la fortificazione completamente circondata dalle costruzioni civili del dopoguerra (foto G. Muran).

Fig. 24. Opera 13, blocco Est: lato ingresso (foto G. Muran).

Fig. 25. Opera 13, blocco Est: feritoia arma 1 (foto G. Muran).

Fig. 26. Opera 13, blocco Est: feritoia arma 2 (foto G. Muran).

Fig. 27. Opera 13, blocco Est: zona arma 2 e cunicolo verso blocco Ovest (foto G. Muran).

Fig. 28. Opera 13, blocco Est: cunicolo di collegamento con blocco Ovest (foto G. Muran).

recupero dell'opera 14 e relativa aerea è entrato in una fase di stallo. Recentemente, chi scrive, ha partecipato ad un dibattito pubblico avente come modello di discussione il destino dell'aerea, raccomandando nel proprio intervento un «momento di riflessione» sul da farsi, occasione da sfruttare per non incorrere in scelte frettolose delle quali pentirsi a breve tempo. Ora qualche appunto di carattere storico e politico circa il modo cui è stato trattato l'argomento Vallo Littorio in Provincia di Bolzano traendo spunto proprio dalle notizie date dai giornali locali che hanno dato ampio risalto alla discussione sull'opera 14. Essi, raccontando per sommi capi la storia delle fortificazioni del Vallo Littorio in Alto Adige, hanno descritto la loro storia inserendo alcune inesattezze, ciò a causa della distratta lettura di un testo pubblicato dalla Provincia Autonoma di Bolzano nel 2006. Infatti, questo lavoro voluto dall'ente pubblico, enfatizza soprattutto la nuova destinazione d'uso delle fortificazioni del Vallo Littorio, le quali, nel dopoguerra, vennero riattate in funzione antisovietica. In questo libro poche e frettolose righe vengono riservate alle motivazioni storico-politiche che indussero Mussolini a volere la costruzione di un'estesa linea difensiva alla frontiera italo-germanica: questo «orientamento storico» può indurre il lettore in errore circa le vere origini del Vallo in Provincia di Bolzano. Anche presso l'opera 3 dello sbarramento di Fortezza, una delle fortificazioni riattata nel dopoguerra dall'Esercito Italiano quale sbarramento ad una eventuale penetrazione delle forze del Patto di Varsavia e recentemente ripristinata a museo dai competenti enti della Provincia di Bolzano, il visitatore ritrova questa impostazione volutamente limitativa della storia del Vallo Littorio, tanto da indurlo a pensare che l'opera stessa abbia avuto origine dalla situazione politico militare venutasi a creare dopo la fine della Seconda Guerra Mondiale e degenerata poi nel periodo storico denominato della «contrapposizione dei blocchi» russo-statunitensi (Boglione M. 2012, pp 326). Crediamo che questo tipo di «impostazione» storica esprima, purtroppo ancora una volta, la volontà di celare i fatti come essi si sono manifestati nella realtà, il tutto a fini strumentalmente politici. Le fortificazioni del Vallo vengono oggi viste come una risorsa turistica da valorizzare, omettendo sapientemente però le vere ragioni per cui vennero edificate. Tutto ciò in aperta contraddizione con la polemica in atto circa l'abbattimento dei cosiddetti «relitti fascisti» presenti nel territorio, opere edilizie costruite durante gli anni del regime fascista in tutte le città d'Italia e non per questo oggetto di attenzioni iconoclaste. Probabilmente ci vorrà ancora del tempo perché la classe politica locale «metabolizzi» questo periodo storico il quale, altrove, è stato già ampiamente fatto. Un caso tipico da portare quale esempio di valorizzazione e di accettazione dei fatti storici quali realmente si sono realizzati in quel periodo è quello delle opere della linea Maginot francese, complessa e vastissima barriera difensiva che in parte venne costruita su territori ciclicamente contesi da Francia e Germania durante i secoli passati. Non per questo le opere fortificate francesi, dopo la Seconda Guerra Mondiale, vennero demolite o abbandonate alla totale incuria e all'oblio storico: le più importanti di esse vengono manutenzionate e aperte al pubblico in innumerevoli località di quel territorio così conteso, permettendo alla popolazione di conoscere quella che a cavallo delle due Guerre Mondiali fu ritenuta una barriera difensiva invalicabile. Tutto ciò a dispetto dei risultati bellici offerti dalla Linea

Fig. 29. Opera 14, veduta zona ingresso (foto G. Muran).

Maginot la quale, ben sappiamo, venne aggirata e sorpassata dalle truppe germaniche attaccanti, tanto da risultare, come concetto difensivo, «perdente» nel contesto delle tecniche militari della Seconda Guerra Mondiale. Ci asteniamo di considerare altri esempi di valorizzazione delle fortificazioni presenti sui territori di quello che fino a poco tempo addietro erano appartenenti ai paesi aderenti al Patto di Varsavia ma che nel nuovo assetto geopolitico europeo sono state giustamente valorizzate ed ora sono friubili al pubblico. Concludendo l'argomento segnaliamo che in Alto Adige, e precisamente a Moso in Passiria, è possibile visitare il Bunker Mooseum, realizzato all'interno dell'Opera 3 dell'omonimo sbarramento. Prevalgono le tematiche legate alle attività legate all'economia e alla storia dell'Alta Val Passiria. Durante l'estate è anche possibile visitare l'opera Caposaldo di M.Mais presso il Passo delle Palade. La fortificazione è veramente grande e, sebbene incompleta, la sua visita rende alla perfezione l'idea di quello che sarebbe stata un'opera in caverna di quelle dimensioni qualora perfettamente operativa.

4 - *L'arte della G.a.F. gli affreschi della casermetta difensiva di monte Coppa Pendici*

Sono numerose le casermette della Guardia alla Frontiera che diedero ricovero alle truppe incaricate di presidiare le opere fortificate e i confini del XVI e XVII settore; alcune si sono conservate bene, altre, dopo gli oltre 65 anni che ci separano dalla loro edificazione, recano i segni del tempo e il vandalismo degli uomini. Tutte sorgono in luoghi bellissimi, da cui si può godere panorami mozzafiato (figg. 30, 31). Durante le nostre ricognizioni sul terreno, alla verifica di ciò che gli archivi ci dicono per mezzo delle relazioni tecniche, numerose volte abbiamo

Fig. 30. Casermetta di Monte Coppa (foto C. Finozzi).

Fig. 31. L'ingresso della Casermetta di Monte Coppa (foto C. Finozzi).

sperato di imbatterci in qualche segno lasciato dalla mano di un ignoto milite della G.a.F. Questa nostra speranza nacque spontanea dopo aver studiato le fredde relazioni compilate dai tecnici dei vari uffici del Genio Militare, quasi il desiderio di compenetrare meglio quei giorni ormai lontani in cui fervevano i lavori per la costruzione del Vallo. Forse, pensavamo, durante i lavori o la lunga permanenza solitaria degli uomini della G.a.F., qualcuno avrà sentito il bisogno di tracciare un segno nel cemento fresco, oppure un motto (l'epoca ne fu prodiga) dipinto nella camerata. Raramente ne abbiamo rintracciato qualcuno, timida conferma che anche lì vissero degli uomini. Poi, un giorno, quando ormai avevamo perso ogni speranza ed eravamo rassegnati a rimirare solo bianche pareti affrescate di calce, ecco che il nostro "desiderio" di arte fu di colpo appagato. Rischiarando i nostri passi con la luce delle torce elettriche, scorgemmo, sulle pareti di una di queste casermette della G.a.F., numerosi affreschi, ormai anch'essi impegnati in una impari lotta contro le ingiurie del tempo. Gli uomini, forse dopo l'8 settembre o a conflitto concluso, tentarono di cancellarli, accendendo il fuoco nei locali e affumicando le pareti: quegli affreschi erano simboli di fatti d'arme gloriosi ma anche di anni di privazioni e sofferenza. Il tentativo iconoclasta si risolse, quindi, in una grossa affumicatura delle stanze, non compromettendo fortunosamente la loro lettura. I soggetti raffigurati, sostanzialmente, si possono dividere in due categorie: una «profana» e l'altra «sacra». Tralasciando un affresco appena abbozzato e ormai non più riconoscibile posto in una stanzetta vicina all'entrata della casermetta e un accenno pittorico raffigurante verosimilmente Diana cacciatrice, andiamo a descrivere la stanza dove sono raffigurati i soggetti di arte profana in buono stato di conservazione. Il primo affresco, ambientato nel Sahara libico, rappresenta un Ascaro nell'atto di suonare il tamburo; sullo sfondo palme e case tipiche delle oasi del deserto (fig. 32). Nel secondo affresco, dipinto sempre sulla parete di sinistra, viene raffigurata una procace portatrice d'acqua: l'improbabile raffigurazione, avente anch'essa sullo sfondo un'ambientazione urbana sahariana, lascia chiaramente intendere gli ideali femminili dell'ignoto artista, un misto di erotismo-esotismo, modello eloquente dello stereotipo femminile che circolava in Italia dopo la conquista della "Quarta Sponda" (fig. 33). Il terzo affresco, che si presenta centralmente, cioè sulla parete dirimpetto all'entrata, è, nell'intenzione dell'artista, destinato a suscitare l'emozione di appartenere ad un popolo di conquistatori illuminati, portatori di civiltà nelle regioni desertiche della Libia e sulle ambe etiopiche, queste ultime recenti conquiste dell'Italia di Mussolini (fig. 34). Quattro sono le figure che compaiono in questa composizione: la prima a sinistra raffigura il soldato italiano, armato di fucile e in posa marziale, avente sullo sfondo un'ambientazione sahariana nel cui cielo volteggia un aereo, quest'ultimo simbolo della modernità del nuovo Impero. A legittimare le nuove conquiste, nella seconda immagine, vengono evocate ectoplasmiche schiere di eroi rappresentate da un virile guerriero ignudo levante il braccio destro in segno di saluto romano e coadiuvato, in questa sacrale rappresentazione, dalla presenza della terza figura, ossia la Vittoria, portante lo scudo crociato, doppia simbolica rappresentazione dello stemma araldico sabaudo e della religione cattolica. A «spezzare» questa guerriera rappresentazione soggiunge la quarta raffigurazione, una donna seduta reggente in grembo un bimbo, simbolo della crescita demografica dell'italica stirpe. A completamento di questa complessa coreografia, v'è l'ultima figura, rappresentante una giovane donna con una mantellina sulle spalle, reggente nel braccio destro un libro e avente innanzi un giovane indicante la donna con il bambino. Questa scena, probabilmente, simboleggia la cultura con sembianze di donna e comunica l'intenzione emancipatrice del regime fascista. Usciti da questa prima stanza e trascurandone altre prive di affreschi, percorrendo il lungo corridoio di servizio si giunge innanzi all'entrata della stanza denominata «Sacrario» e che noi abbiamo ribattezzato «la Sala del Giuramento» in quanto, gli affreschi e l'architettura della sala, evocano riti all'iniziazione guerriera. Appena varcata la soglia, sulla parete di sinistra, troneggia un grande affresco (larghezza m. 1,50 – altezza m. 3,00) raffigurante un'aquila nell'atto di posarsi su un cippo confinario, chiara allusione al compito primario della G.a.F. ossia la sorveglianza in armi del confine. Il dipinto è una mediocre riproduzione di una cartolina espressamente edita, a cura delle Edizioni Boeri, per la G.a.F. del XVII Settore di Copertura. Il suo stato di conservazione è pessimo in quanto fortemente danneggiato dal nerofumo provocato dall'incendio volutamente appiccato molti anni addietro. Vicino a questo affresco, su sfondo color ocra scuro, un motto ci riporta nel clima dell'epoca: «*Quando si è dato tutto alla Patria non si è dato abbastanza*» (fig. 35). Sempre sulla parete di sinistra, al centro di essa, un monumentale portale introduce alla prossima stanza; sull'architrave, retta da due finte colonne, un iscrizione:

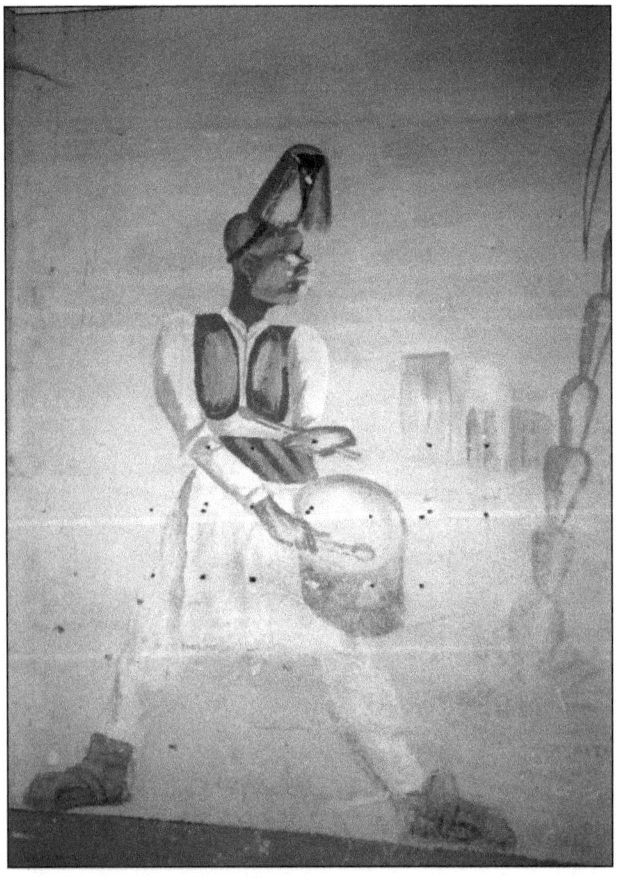

Fig. 32. Il tamburino (foto S. Degrassi).

Fig. 33. La portatrice d'acqua (foto S. Degrassi).

Fig. 34. Itala Gente (foto S. Degrassi).

«*Salve a te soldato d'Italia Gloria a te soldato d'Italia*» (fig. 36). Sul primo frontone interno il nome della medaglia d'oro Ten. Bandini Mario; sul secondo frontone interno «*Presente*»

Delle due colonne portanti l'architrave, quella di destra, reca una lunga iscrizione in caratteri "stile Littorio":

Giuro di
Essere
Fedele
Al Re
Ed ai suoi
Reali
Successori
Di osservare
Lealmente
Lo Statuto
E le altre
Leggi dello
Stato e di
Adempiere a
Tutti i
Doveri del
Mio Stato
Al solo
Scopo
Del Bene
Inseparabile
Del Re
E della
Patria

Il «finto» portale e l'iscrizione rappresentano, senza ombra di dubbio, il percorso iniziatico che il soldato doveva adempiere per essere degno di entrare a far parte della schiera dei guerrieri (fig. 37). Dopo aver pronunciato l'impegnativo giuramento, il milite avrebbe varcato la soglia del portale e, protetto in questo suo percorso dal nume tutelare dell' eroe caduto, sarebbe passato dalle «tenebre»della vita borghese alla «luce» di quella militare (fig. 38). L'impatto scenografico di questa stanza lascia ben pochi dubbi circa l'interpretazione della commedia iniziatica. Sulla parete posta dirimpetto al portale, una scritta esalta l'eroica sconfitta: *Tobruck – Cheren – Giarabub* (fig. 39). Le tre località africane ricordarono alla guarnigione della casermetta che anche nella sconfitta, se questa è avvenuta dopo avere dato tutto, si possono gettare le basi della riscossa e della vittoria; a noi, meno eroicamente, queste località del nostro passato coloniale ci aiutano a datare quando, approssimativamente, la «sala del Giuramento» venne approntata. Dato che l'epopea delle tre località africane si compì nel 1941 (escludendo la riconquista di Tobruck e Giarabub nel giugno del 1942) è lecito supporre che l'impianto scenografico assunse l'odierno aspetto nel 1942: anche l'intitolazione del sacrario alla memoria della Medaglia d'Argento Ten. Mario Bandini,caduto in Russia nel 1941,ci aiuta a datare questi affreschi. Sempre sulla stessa parete,in alto a destra,si può ancora scorgere il profilo del Re Vittorio Emanuele III: la cospicua presenza di richiami alla monarchia sabauda lasciano intendere che il complesso pittorico fu probabilmente creato in funzione della visita di un importante personaggio alla guarnigione della casermetta. Azzardiamo l'ipotesi che possa essersi trattato della visita di un componente della famiglia reale, con molta verosimiglianza del Principe Umberto II, il quale aveva «un occhio di riguardo» per la G.a.F., al punto tale da vergarne il nuovo motto,ossia «*Dei Sacri Confini Guardia*

Fig. 35. Quando alla Patria...stanza 2 (foto G. Muran).

Sicura» (il vecchio era «*Resistere ad ogni Costo»*). Anche l'affresco situato alla fine del corridoio (larghezza m.1.30 – altezza m.2.00) , rappresentante il Re Vittorio Emanuele III recante l'elmetto e affiancato da un imponente fascio littorio dipinto negli spazi orizzontali dei gradini in ferro che conducono alle feritoie del piano superiore adibito a difesa vicina, è un chiaro messaggio di glorificazione della Monarchia (fig. 40). Due motti, sulle vicine pareti, completano l'apoteosi reale: «*O tu mio fucile difendi con me la Patria e il Re»–«Chi dice Fante dice Eroe»*. Curiosamente non abbiamo trovato traccia di affreschi ritraenti Mussolini, assenza che rafforza la nostra ipotesi circa la presenza in quella casermetta di qualche personalità della casa regnante in visita ai reparti della Guardia alla Frontiera. All'esterno della casermetta, a circa un centinaio di metri da essa, in uno spiazzo appositamente approntato allo scopo, fu edificato un monumento alla Madonna della Guardia alla Frontiera;il complesso, restaurato di recente, faceva parte integrante della casermetta e per la cura posta nella sua realizzazione possiamo immaginarlo come uno dei "pezzi forti" della scenografia che vi abbiamo descritto. Nulla fu trascurato, tanto meno l'aspetto devozionale delle truppe della Guardia alla Frontiera (fig. 41). Siamo arrivati alla fine di questo nostro percorso nell'arte della G.a.F. Noi l'abbiamo vissuto dapprima con lo stupore di chi è sorpreso di trovare « troppo» dopo tanto «digiuno»; poi, in seguito, il tutto venne osservato con l'intenzione di comprendere, calarsi nell'epoca e nelle motivazioni che portarono a questa creazione artistica. Pensiamo di essere riusciti a ricostruire le varie «fasi iniziatiche» che l'ignoto artista ha voluto trasmetterci; per quanto riguarda il ritornare a ritroso nel tempo per provare le stesse emozioni dell'ignara recluta che varcò il portale, ciò lo lasciamo alla sensibilità di ognuno di voi... provare per credere...

5 - *Crediti e ringraziamenti*

La stesura della relazione è stata possibile sintetizzando i testi pubblicati in due libri che, gli autori Alessandro Bernasconi e Giovanni Muran, hanno dedicato alle fortificazioni del Vallo Alpino del Littorio:

Ha partecipato alla stesura di questa relazione Giovanni Muran, autore di «Le opere del Vallo Alpino del Littorio alla frontiera nord all'alba del ventunesimo secolo: Passo Monte Croce Carnico, un esempio di ripristino conservativo di una fortificazione» e coautore con Alessandro Bernasconi di «Lo sbarramento di Bolzano Sud: la sua parziale demolizione, alcuni puntualizzazioni storico-politiche e osservazioni sul riuso museale delle fortificazioni del Vallo in Alto Adige».

Il Sig. Andrea Povolo ha illustrato con le sue fotografie il capitolo «Le opere del Vallo Alpino del Littorio alla frontiera nord all'alba del ventunesimo secolo: passo Monte Croce Carnico, esempio di ripristino conservativo di una fortificazione».

Giovanni Muran, Sandro Degrassi e Corrado Finozzi hanno contribuito ad illustrare il capitolo «L'Arte della G.a.F: gli affreschi della casermetta difensiva di Monte Coppa pendici».

Fig. 36. Il Portale Iniziatico-stanza 2 (foto G. Muran).

Fig. 37. Il Portale Iniziatico. Si noti a destra il testo del giuramento (foto G. Muran).

Daniela Collavo è coautrice con Alessandro Bernasconi del capitolo « L'Arte della G.a.F: gli affreschi della casermetta difensiva di Monte Coppa pendici».

Un sincero ringraziamento alla Casa Editrice "La Nuova Base" di Udine per il supporto.

6. - *Bibliografia*

Bernasconi A., Muran G., 1999, *Le fortificazioni del Vallo Alpino Littorio in Alto Adige,* TEMI editrice, Trento.

Bernasconi A., Muran G., 2009, *Il Testimone di Cemento,* La Nuova Base Editrice, Udine.

Biagini A., Frattolillo F., *Diario Storico del Comando Supremo, Voll. IV, Tomo 2°, allegato N.312, 25 luglio 1941.* Stato Maggiore Esercito- Ufficio Storico, Roma 1992.

Boglione M., 2012, *L'Italia Murata,* Edizioni Blu, Peveragno (CN).

Ciano G., 1998 etc, *Diario 1937-1943,* RCS Libri S.p.A, Milano p 521- 522- 531- 535.

De Felice R., 1996, *Mussolini il duce- Lo Stato Totalitario 1936-1940,* Giulio Einaudi Editore, Torino.

7. - *Fonti archivistiche*

Archivio Storico della Camera dei Deputati, Camera dei Fasci e Corporazioni, XXX Legislatura, Assemblea plenaria, *Resoconto stenografico della riunione di mercoledì 13 marzo 1940- XVII E.F*. Roma.

Comando Supremo, I° Reparto Ufficio Operazioni scacc. orient.- *risposta al Foglio del 12 sett. 1941.* Archivio Storico Stato maggiore Esercito, Roma, Repertorio L1, Faldone 139.

Fig. 38. Particolare del Portale (foto S. Degrassi).

Fig. 39. L'Eroica Sconfitta (foto G. Muran).

Fig. 40. Il Re e il Regime (foto G. Muran).

Fig. 41. La Madonna della Guardia (foto G. Muran).

V

MILANO. UN MONUMENTO, UNA FONTANA ED IL RIFUGIO ANTIAEREO DI PIAZZA GRANDI

Autore
Alfredo Bonfanti — Comune di Milano Settore Arredo Urbano e Verde

Sommario

Il 30 novembre 1936 presso l'attuale Piazza Giuseppe Grandi viene inaugurata l'imponente e scenografica fontana/monumento, opera architettonica di Werther Sever ed Emilio Winderling, completamente realizzata in masselli di granito bianco di Montorfano e dominata dal colosso bronzeo rappresentante lo "scapigliato" scultore e pittore Giuseppe Grandi, autore a sua volta di importanti opere monumentali a Milano, quali il monumento celebrativo a Cesare Beccaria e commemorativo ai Caduti delle Cinque Giornate di Milano nelle rispettive omonime piazze. La particolarità di questa opera monumentale in carico all'Amministrazione cittadina è la presenza di un rifugio antiaereo sottostante ad essa e ricalcante il sedime, a suo tempo progettato e realizzato per consentire il ricovero di circa 400/450 persone. L'accesso originario all'ambiente sotterraneo, realizzato attraverso l'utilizzo delle migliori tecniche costruttive allora sviluppate basate sull'impiego del calcestruzzo armato, avveniva attraverso quattro scalinate disposte sui lati corti dell'impianto planimentrico della fontana monumentale, delle quali oggi permane solo una di esse, tamponata da una botola d'acciaio collocata lungo il lato ovest ed utilizzata dal personale manutentivo del Comune di Milano per poter accedere ai vani del rifugio dove trovano sede gli impianti idraulici dell'imponente gioco d'acqua a cascata che caratterizza scenograficamente il manufatto esterno. Il rifugio antiaereo, ad eccezione degli ingressi, si presenta inalterato dal punto di vista architettonico e strutturale, rinvenendo ancora oggi al suo interno, in buono stato conservativo, le tipiche indicazioni a vernice sulle pareti dei locali.

Abstract

MILAN. A MONUMENT, A FOUNTAIN AND THE AIR RAID SHELTER OF PIAZZA GRANDI.
On 30 November 1936 in the present Piazza Giuseppe Grandi the impressive and spectacular fountain/monument by Werther Sever and Emilio Winderling has been unveiled: it was completely made of white Montorfano granite and dominated by the bronze colossus that represents Giuseppe Grandi, a famous Italian sculptor and painter author of important monuments in Milan, like the one representing Cesare Beccaria or the war memorial dedicated to the fallen during the Five Days of Milan. The peculiarity of this monument is the air-raid shelter underneath it, that could give hospitality to 400/450 people. The original shelter's entrance, built using the best concrete techniques available at the time, was made of four staircases on the shorter fountain's sides: nowadays we can see just one of them, shut by a steel trapdoor on the West wing and used by Milan maintenance men to enter in the shelter where the fountain's plumbing is. Except for the entrances, the air-raid shelter is architecturally and structurally unchanged and we can see typical wall painted signs in good condition on the inside.

1 - *La fontana/monumento e il rifugio antiaereo*

Il 30 novembre 1936 presso l'attuale Piazza Giuseppe Grandi viene inaugurata l'imponente e scenografica fontana/monumento (fig. 1), opera architettonica di Werther Sever ed Emilio Winderling, completamente realizzata in masselli di granito bianco di Montorfano e dominata dal colosso bronzeo rappresentante lo "scapigliato" scultore e pittore Giuseppe Grandi, autore a sua volta di importanti opere monumentali a Milano, quali il monumento celebrativo a Cesare Beccaria e commemorativo ai Caduti delle Cinque Giornate di Milano nelle rispettive omonime piazze. La particolarità di questa opera monumentale in carico all'Amministrazione cittadina è la presenza di un rifugio antiaereo – sottostante ad essa e ricalcante il sedime – a suo tempo progettato e realizzato per consentire il ricovero di circa 400/450 persone. L'accesso originario all'ambiente sotterraneo, realizzato attraverso l'utilizzo

Fig. 1. Cerimonia di inaugurazione della fontana monumentale dedicata a Giuseppe Grandi.

delle migliori tecniche costruttive allora sviluppate basate sull'impiego del calcestruzzo armato gettato in opera, avveniva attraverso due scalinate contrapposte – oggi murate – disposte sul lato corto orientale dell'impianto planimetrico della fontana monumentale, mentre il sistema di uscite di sicurezza e/o alternativo era garantito da altrettante scalinate contrapposte collocate lungo il lato corto occidentale rispetto il medesimo impianto planimetrico, delle quali oggi permane solo una di esse, chiusa da una botola d'acciaio ed utilizzata dal personale manutentivo del Comune di Milano per poter accedere ai vani del rifugio dove trovano sede gli impianti idraulici dell'imponente gioco d'acqua a cascata che caratterizza scenograficamente il manufatto esterno.

2 - *L'evoluzione della piazza*

Piazza Grandi, su cui sorge il rifugio antiaereo studiato, incrocia Corso XXII Marzo, all'altezza della vecchia stazione merci di Porta Vittoria. La piazza così come la vediamo oggi è frutto di alcuni interventi urbanistici susseguitisi dagli inizi del Novecento ad oggi. Nei primissimi anni del Novecento, come previsto dal piano urbanistico vigente (Piano Beruto), quest'area è oggetto di una'importante lottizzazione che ha comportato anche una nuova viabilità. (fig.2). Al 1925 la piazza è ormai definita dal punto di vista urbanistico e viabilistico (fig. 3) e nel 1930 risulta essere presente un edificio proprio sul sedime che ospiterà alcuni anni dopo la fontana/monumento (fig. 4). La sistemazione definitiva, corrispondente all'oggi, è raggiunta nel 1936 (figg. 5-12).

3 - *La documentazione storica sul rifugio antiaereo*

La consistenza del ricovero antiaereo è ben documentata in un fascicolo del Comune di Milano dove il rifugio è censito al progressivo numero 56. Come si evince dall'immagine (fig. 13) nel fascicolo di consistenza sono annotate le condizioni manutentive generali dell'opera, la dotazione complessiva delle attrezzature di servizio e, infine, le date dei sopralluoghi di verifica effettuati presso il complesso edilizio del rifugio. L'assenza di note nella scheda nel campo "osservazioni" e la classificazione di regolarità apposta nei campi riservati alle condizioni generali manutentive degli accessi, delle segnalazioni, dell'illuminazione e dello stato di pulizia degli ambienti, lasciano supporre un buono standard di efficienza della struttura del ricovero. Si fa notare che nel catalogo, la rappresentazione planimetrica del rifugio è stata effettuata, curiosamente, con orientamento contrario rispetto la realtà (figg. 14). In origine l'accesso e l'uscita del rifugio erano garanti dalle due scalinate poste ai lati est ed ovest della fontana (fig. 15). Attualmente l'accesso agli ambienti sottostanti avviene dall'unica rampa di scale non tamponata

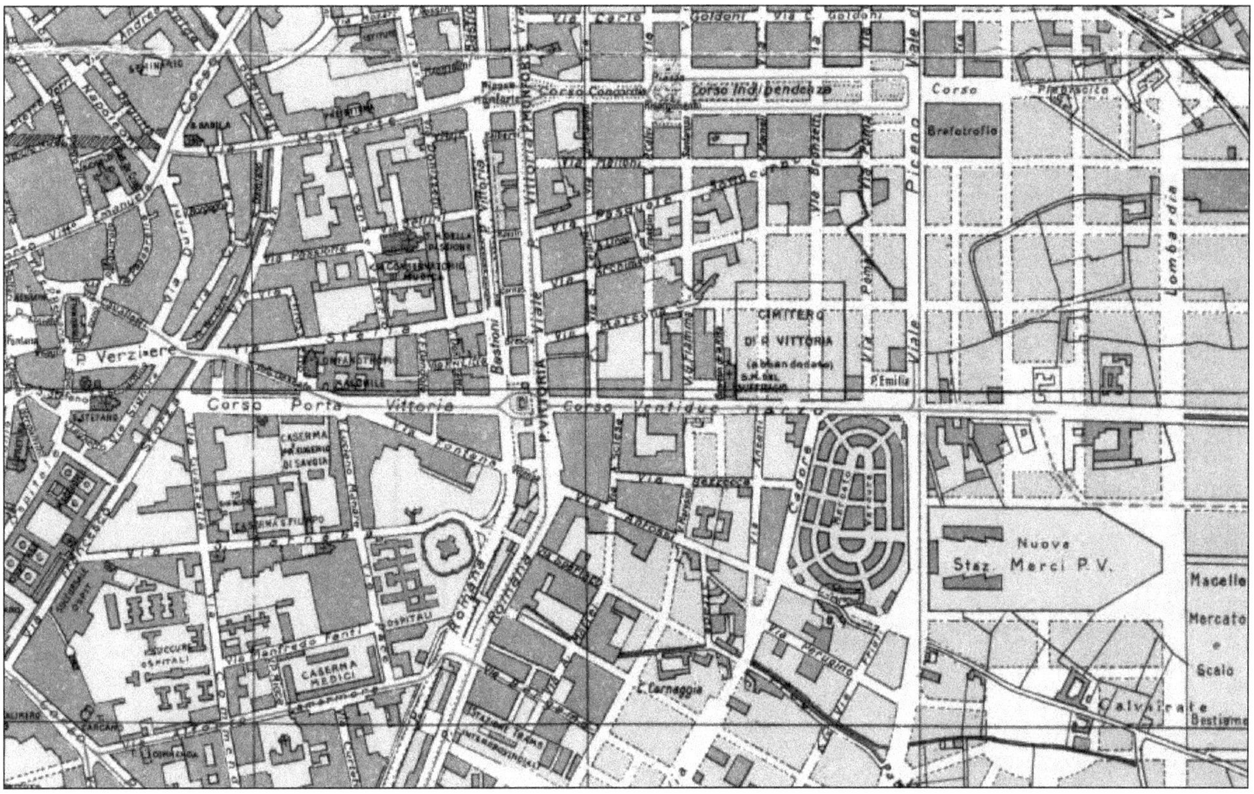

Fig. 2. La cartografia rappresenta la nuova lottizzazione e la nuova viabilità così come prevista dal Piano Beruto oltre la delimitazione dei Bastioni, lungo Corso XXII Marzo, in fase di completamento. (Mappa di Milano, Edizione Artaria, 1910).

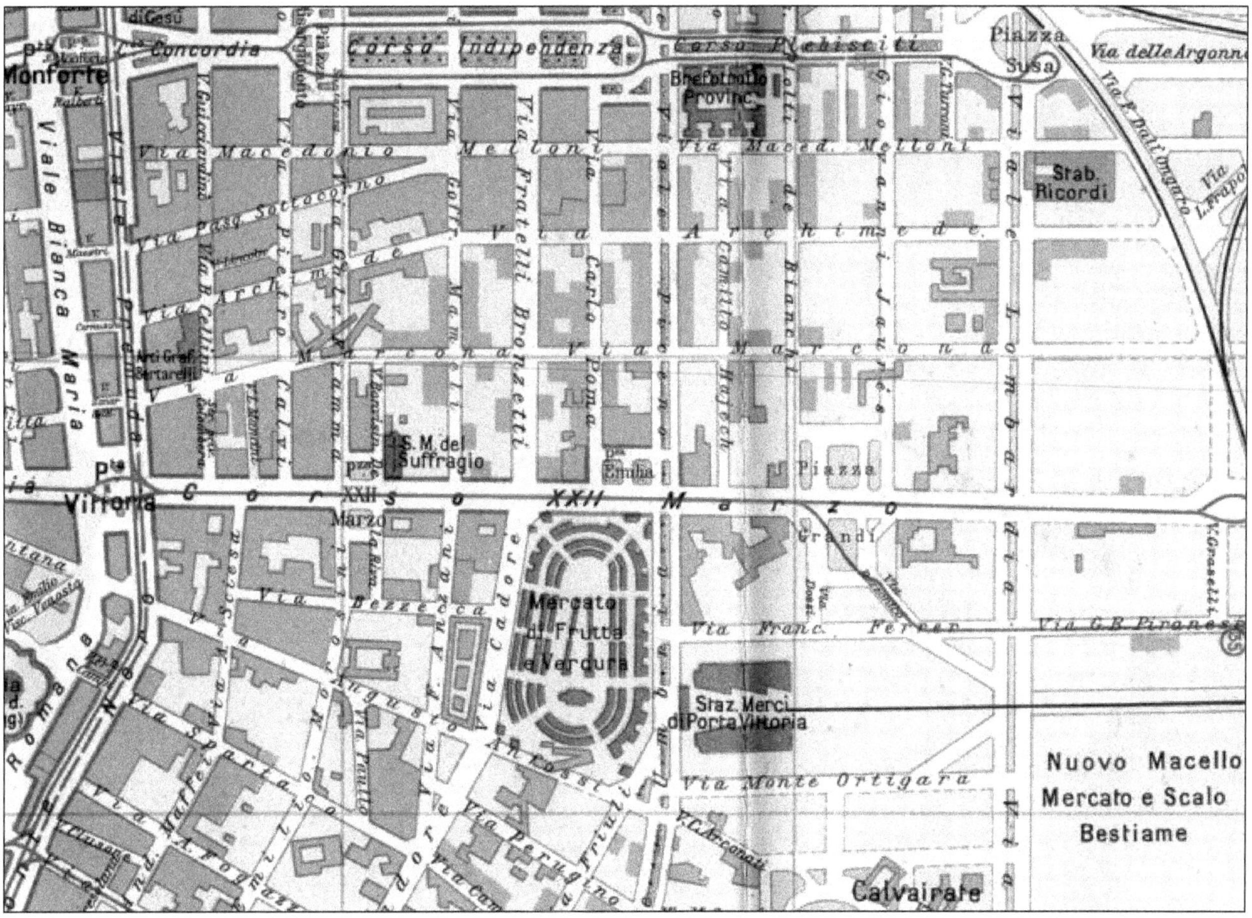

Fig. 3. La cartografia rappresenta Piazza Grandi già definita dal punto di vista sia urbanistico che viabilistico. (Mappa di Milano, Edizione Vallardi, 1925).

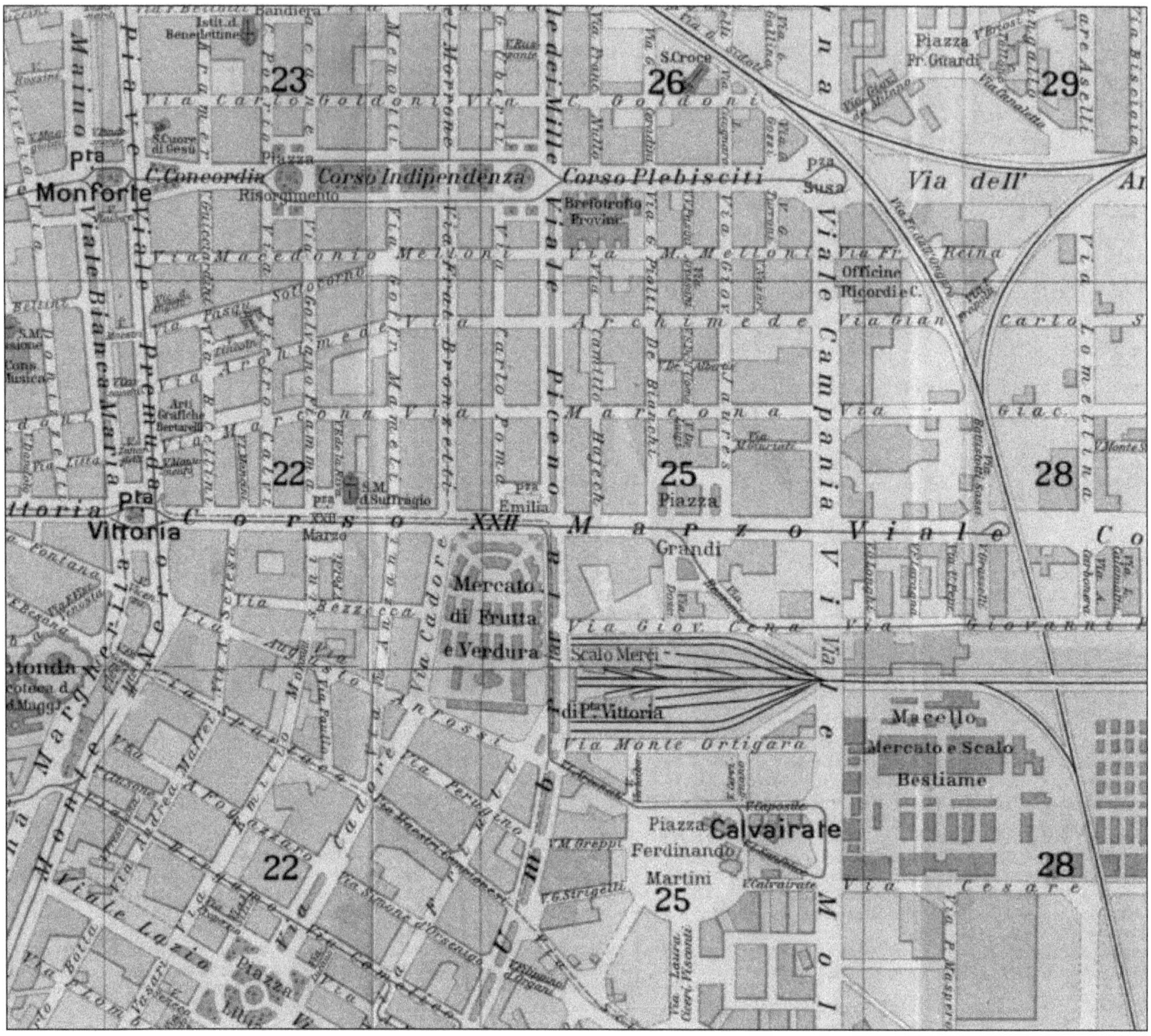

Fig. 4. La cartografia rappresenta, curiosamente, un corpo di fabbrica in corrispondenza dell'attuale monumento/fontana. (Mappa di Milano, Edizione Vallardi, 1930).

(lato ovest), allo scopo di raggiungere gli impianti di adduzione e scarico della soprastante vasca (fig. 16).

4 - *Il rifugio antiaereo oggi*

Il rifugio antiaereo, ad eccezione degli ingressi, si presenta inalterato dal punto di vista architettonico e strutturale, rinvenendo ancora oggi al suo interno, in buono stato conservativo, le tipiche indicazioni a vernice sulle pareti dei locali. Periodicamente, su richiesta di Enti e gruppi di studio, vengono organizzate delle visite agli ambienti sotterranei del rifugio, allo scopo di mantenere vivo il ricordo e l'interesse per le opere di ingegneria minore, spesso dimenticate, che hanno però contribuito al panorama infrastrutturale dell'epoca, quale strumento di difesa passiva della collettività. Appena scesi nel rifugio, ci si presenta uno dei tanti vani che caratterizzano l'ambiente. Si notino le frecce che indicano la direzione verso l'uscita di soccorso. Tali indicazioni apposte con vernice nera sui muri erano indispensabili per orientare le persone che vi sostavano durante gli allarmi aerei (figg. 17-20) Procedendo verso est si incontra uno degli ambienti più grandi del complesso. Le indicazioni riprodotte sulle pareti, anche sovrapposte in più tempi successivi, disponevano il divieto di fumare e di introdurre cani nel ricovero Nel locale si possono notare due dei tanti varchi che rendono intercomunicanti gli ambienti del ricovero, dove alcune indicazioni apposte alle pareti, talvolta, informavano gli utilizzatori circa i percorsi da seguire (fig. 21). In diversi punti del ricovero erano collocate le stazioni di approvvigionamento dell'acqua potabile, equamente distribuite nella conformazione planimetrica del complesso (fig. 22). Oltre ai punti di approvvigionamento dell'acqua potabile, alcune indicazioni alle pareti orientavano gli utilizzatori del rifugio agli ambienti adibiti a servizi igienici (fig. 23). Proseguendo verso l'angolo nord- ovest, e guardando verso l'alto, si può ammirare il cavedio verticale del corpo turrito del monumento dove, alla sommità, esternamente, scaturisce la cascata. Sono chiaramente visibili la tubazione di mandata della cascata e, al centro, il ripartitore del gioco d'acqua (fig. 24). L'ambiente su cui si apre il cavedio è prossimo all'uscita di soccorso, come precedentemente detto, collocata sul lato corto occidentale della fontana (fig. 25). Gli ambienti che si sviluppano lungo il lato nord non sono dissimili da quelli precedentemente illustrati. Vi si ritrovano ancora diverse scritte e le murature presentano importanti fenomeni di degrado del cemento armato con caduta dello strato superficiale ed esposizione della maglia strutturale metallica (figg. 26-29). Ancora sul lato nord. Contro terra, vi era un varco di areazione oggi murato (fig. 30) Oltre alle vestigia del periodo bellico, all'interno del rifugio rimane ancora pienamente efficiente, l'originario impianto del sistema di scarico della fontana, risalente all'epoca della costruzione dell'opera monumentale e collocato nella parte più ad est del lato sud (fig. 31). All'estemità opposta (parte occidentale del lato sud) è visibile invece punto di immissione della tubazione di alimentazione del gioco a cascata (fig. 32). La scala originaria di accesso dell'intero complesso, costituita da due rampe in pietra posizionate sul lato corto orientale della fontana, è oggi tamponata con un solaio realizzato in calcestruzzo armato e profili trafilati in acciaio (fig. 33).

5 - *Ringraziamenti*

Si ringrazia il Direttore del Settore Arredo Urbano e Verde del Comune di Milano – Ing. Luigi Vigani per avere permesso la concretizzazione di questo contributo informativo e di approfondimento sulla tematica del rifugio antiaereo collocato sotto al monumento/fontana dedicato a Giuseppe Grandi presso la omonima piazza.

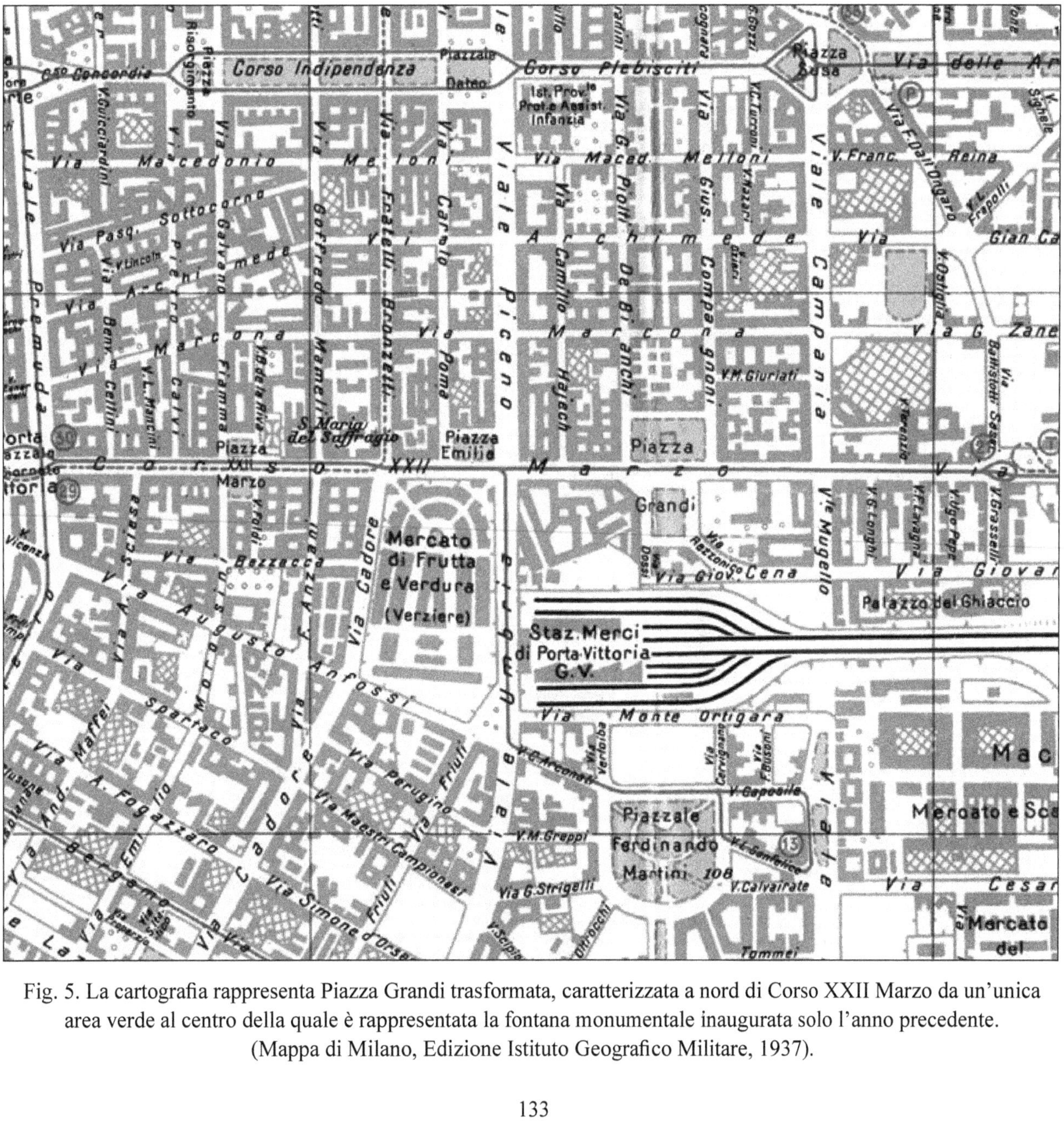

Fig. 5. La cartografia rappresenta Piazza Grandi trasformata, caratterizzata a nord di Corso XXII Marzo da un'unica area verde al centro della quale è rappresentata la fontana monumentale inaugurata solo l'anno precedente. (Mappa di Milano, Edizione Istituto Geografico Militare, 1937).

Fig. 6. Rappresentazione aerea dell'attuale conformazione urbanistica di Piazza Grandi, sostanzialmente immutata nel corso dell'ultimo mezzo secolo.

Fig. 7. Inserimento generale del monumento/fontana all'interno delle aree verdi di Piazza Grandi.

Fig. 8. Vista generale della fontana monumentale dedicata a Giuseppe Grandi, realizzata in masselli di granito bianco di Montorfano, il cui specchio d'acqua è dominato dal colosso bronzeo dello "scapigliato".

Fig. 9. Vista generale della fontana monumentale. Il gioco d'acqua a cascata scaturisce in modalità compositive "quasi naturalistiche" dal corpo turrito la cui struttura interna, vuota a formare un camino di areazione, realizzata in muratura di mattoni, è rivestita esternamente in lastroni di granito bianco di Montorfano.

Fig. 10. Vista particolare della statua bronzea di Giuseppe Grandi e del sottostante sistema di regimentazione del livello dello specchio d'acqua attraverso grigliati di troppopieno.

Fig. 11. Vista particolare della sommità del corpo turrito collocato agli antipodi rispetto il colosso bronzeo raffigurante Giuseppe Grandi, caratterizzato dalle coreografiche concrezioni di calcare e muschio verde.

Fig. 12. Vista particolare della botola di accesso agli ambienti del ricovero sottostanti la fontana monumentale.

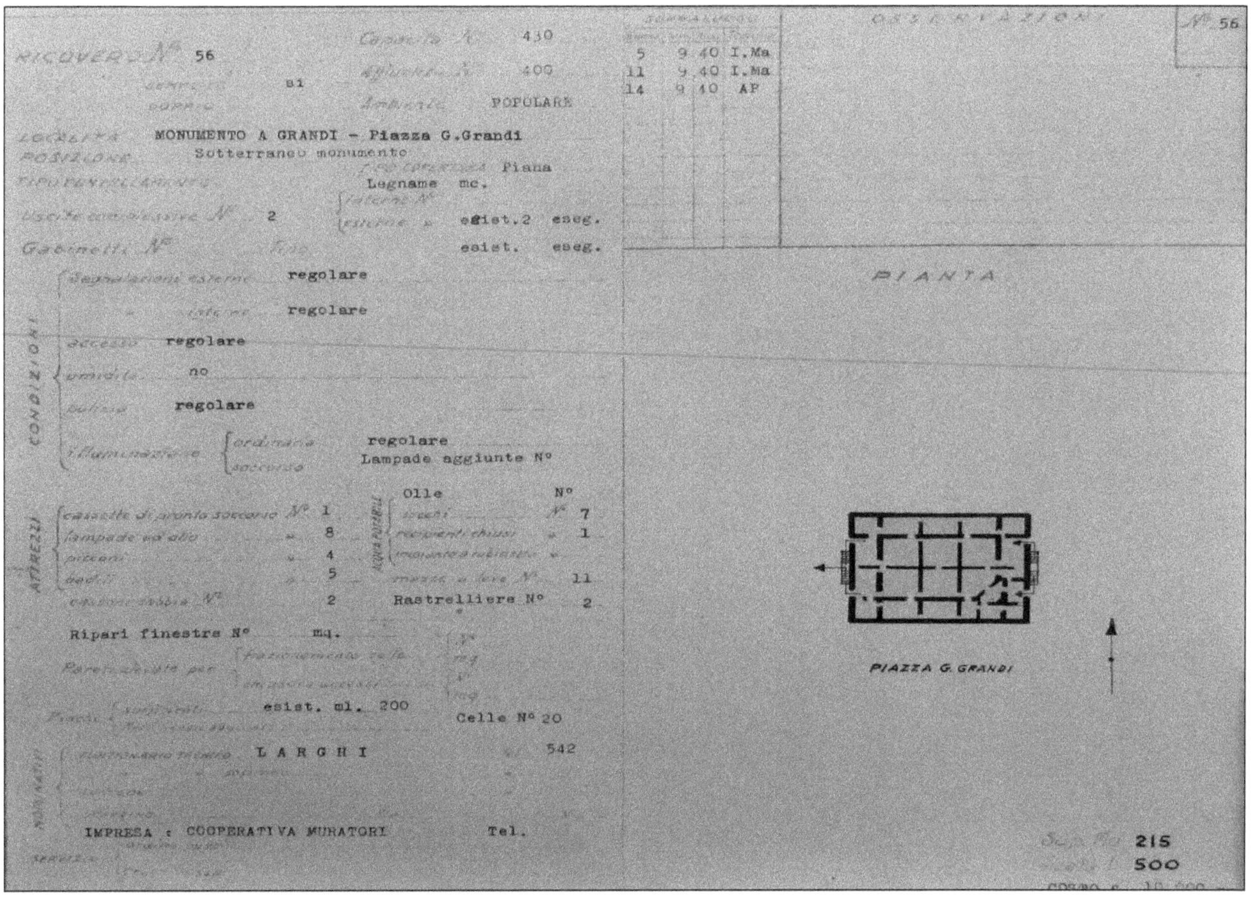

RICOVERO N° 56
81
Capacità N° 430
Affollamento N° 400
Ambiente POPOLARE
5 9 40 I.Ma
11 9 40 I.Ma
14 9 40 AF
OSSERVAZIONI
N° 56
LOCALITÀ MONUMENTO A GRANDI - Piazza G.Grandi
POSIZIONE Sotterraneo monumento
Piana
Legname mc.
Uscite complessive N° 2
esist.2 eseg.
Gabinetti N°
esist. eseg.
CONDIZIONI
regolare
regolare
accesso regolare
umidità no
regolare
illuminazione ordinaria regolare
Lampade aggiunte N°
ATTREZZI
cassette di pronto soccorso N° 1
lampade ad olio 8
picconi 4
badili 5
2
Olle N°
N° 7
recipienti chiusi 1
11
Rastrelliere N° 2
Ripari finestre N° mq.
esist. ml. 200
Celle N° 20
L A R G H I
542
IMPRESA : COOPERATIVA MURATORI
Tel.
PIANTA

215
500

Fig. 13. Fascicolo di consistenza del ricovero censito al progressivo n. 56 identificato come ambiente sotterraneo collocato in corrispondenza del monumento celebrativo a Giuseppe Grandi (Archivio Comune di Milano, 1940).

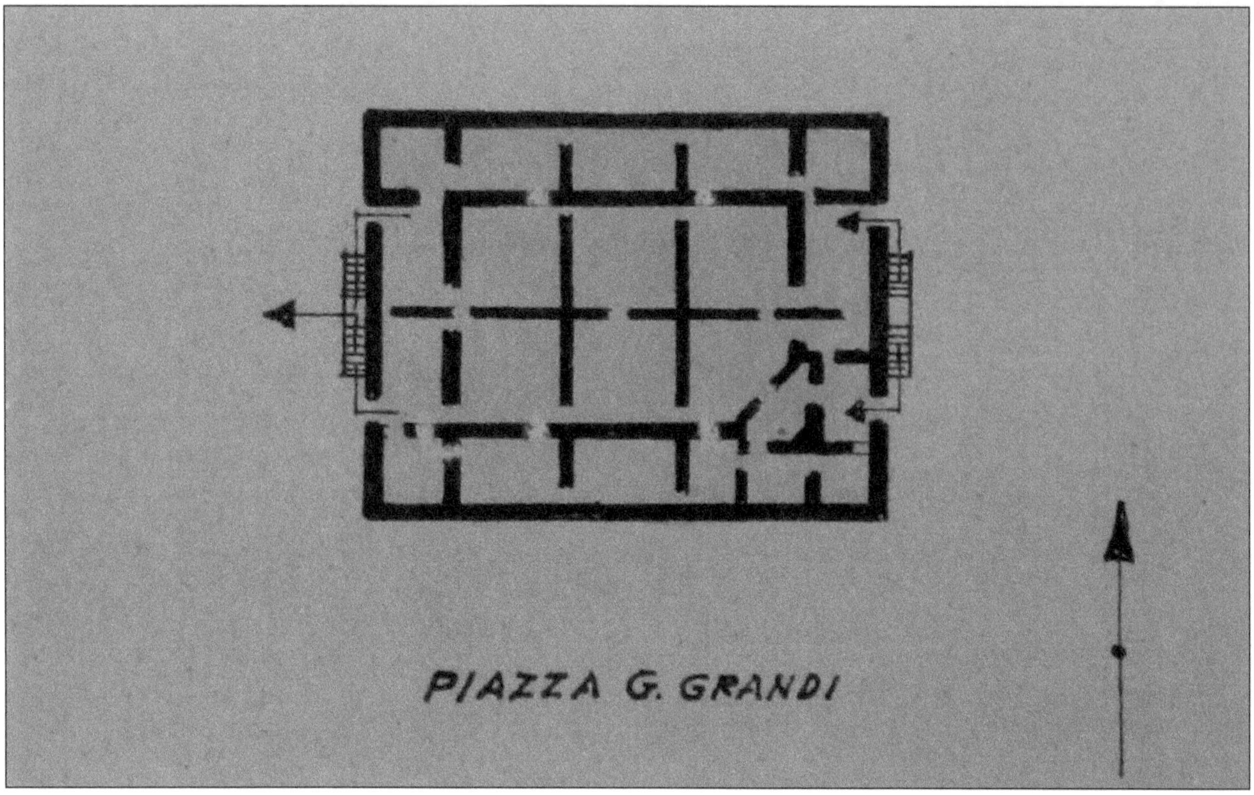

Fig. 14. Planimetria generale del rifugio antiaereo sottostante il monumento/fontana dedicato a Giuseppe Grandi con orientamento contrario rispetto la realtà.

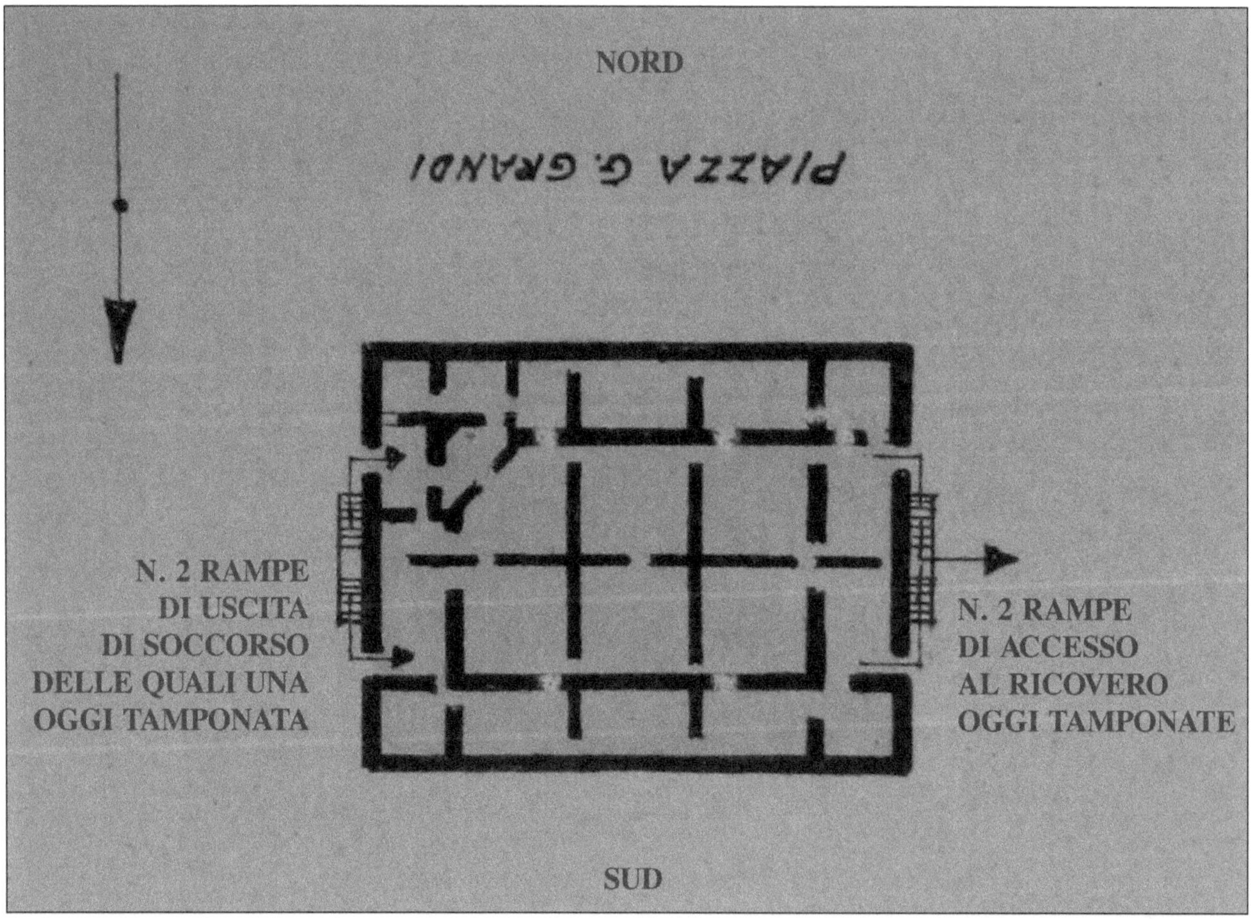

Fig. 15. Rappresentazione corretta dell'orientamento della planimetria generale del rifugio antiaereo sottostante la fontana monumentale e contestuale ubicazione corretta degli accessi e delle uscite di soccorso (invertite).

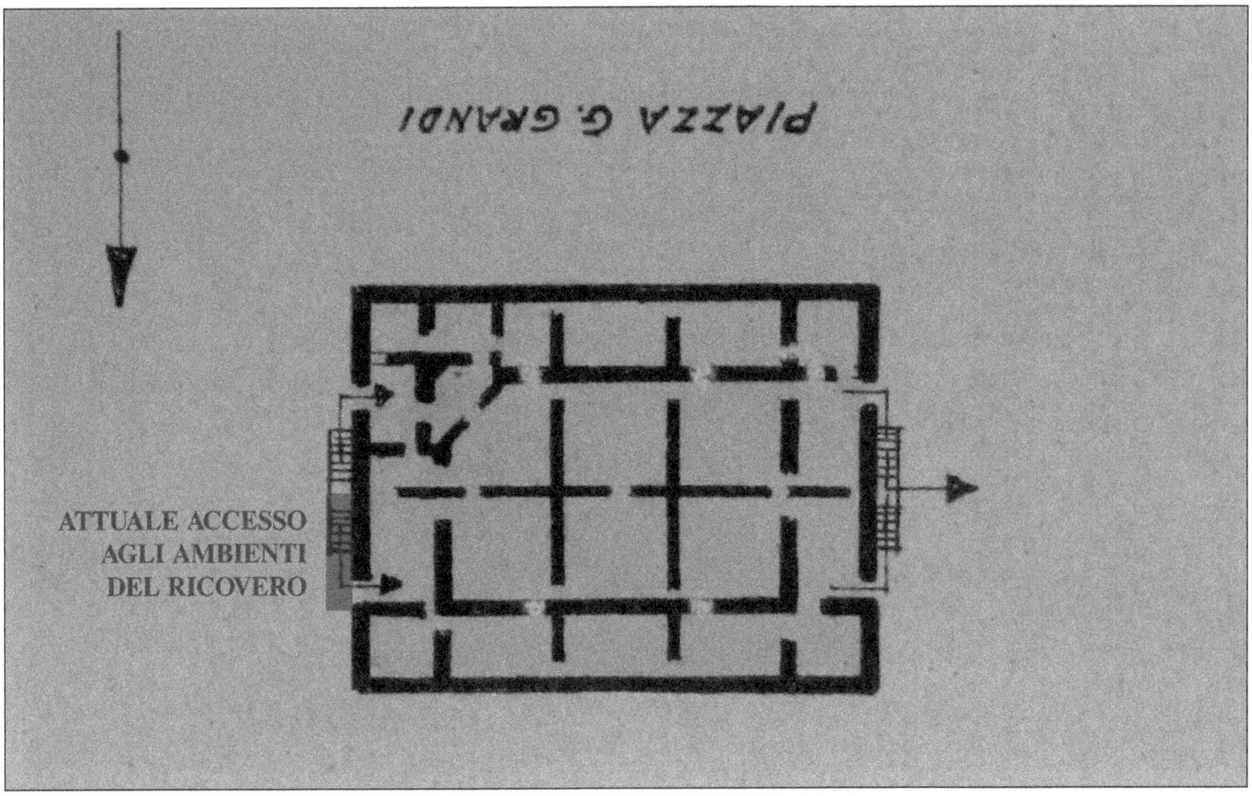

Fig. 16. La posizione dell'attuale accesso agli ambienti sottostanti la fontana monumentale.

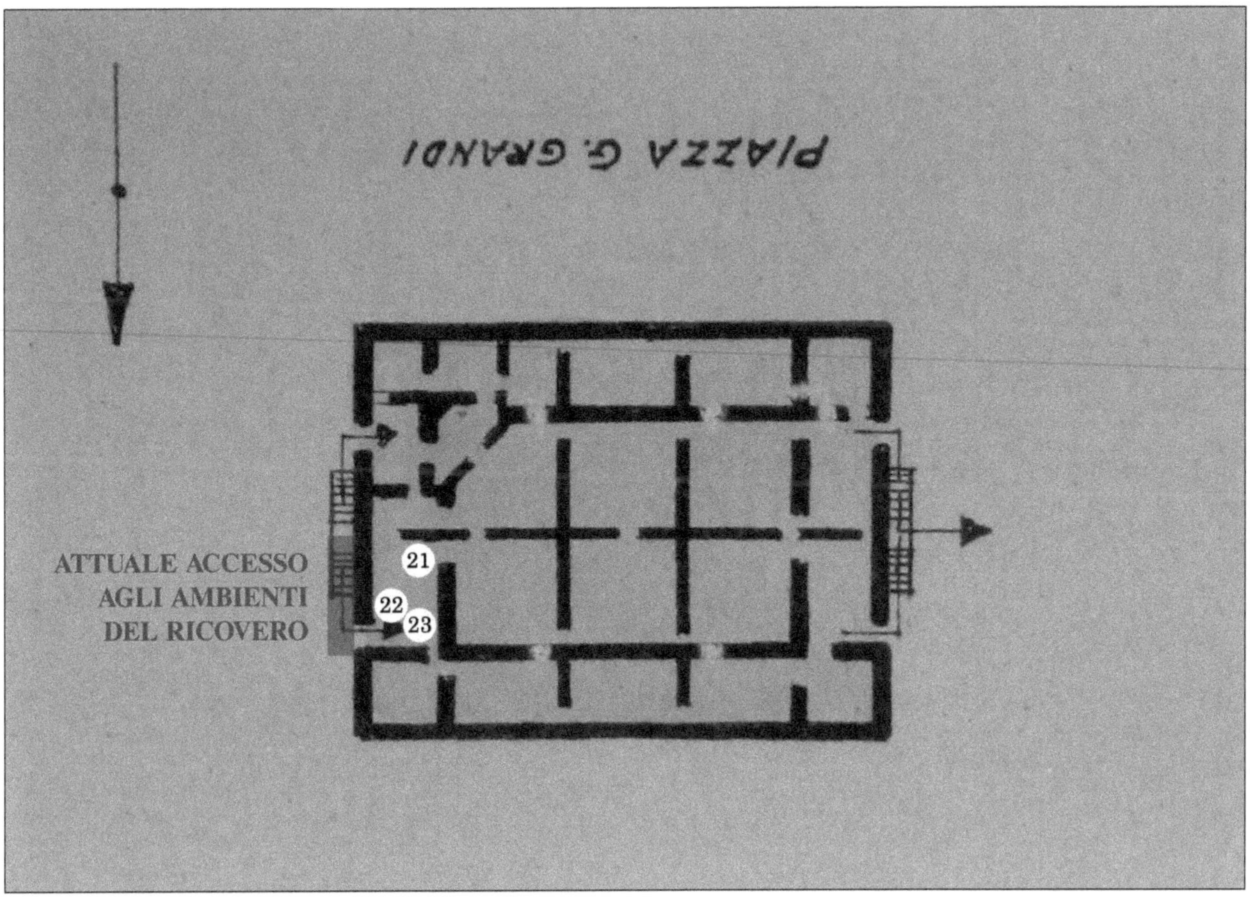

Fig. 17. Quadro di insieme delle riprese fotografiche di cui alle figure 18, 19 e 20, effettuate percorrendo i tratti agevoli all'interno del ricovero antiaereo.

Fig. 18. Vista particolare del primo ambiente del ricovero, in prossimità dell'attuale unico accesso conservato ed un tempo utilizzato quale uscita di soccorso (emergenza) assieme ad un ulteriore corrispettivo contrapposto (la sua posizione è indicata col n. 21 sulla planimetria in fig. 17).

Fig. 19. Dettaglio dell'indicazione "USCITA DI SOCCORSO" apposta sulla parete in prossimità dell'attuale unico accesso conservato, utilizzato dai manutentori per raggiungere gli impianti idraulici della fontana (la sua posizione è indicata col n. 22 sulla planimetria in fig. 17).

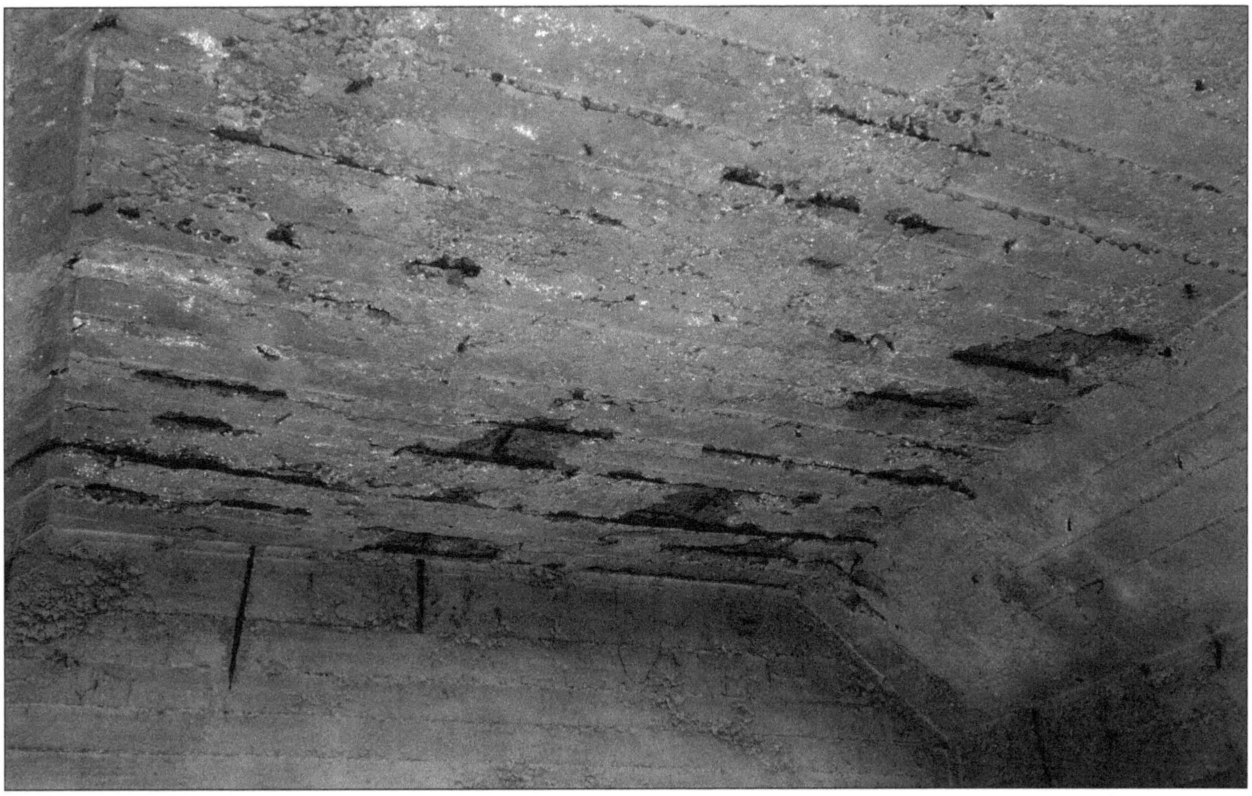

Fig. 20. Vista particolare dell'intradosso del solaio di copertura del primo ambiente del ricovero, realizzato, come tutta la struttura sotterranea, in calcestruzzo fortemente armato – per l'epoca – gettato in opera (la sua posizione è indicata col n. 23 sulla planimetria in fig. 17).

Fig. 21. Vista particolare di uno degli ambienti più grandi del complesso, ad est dell'ingresso.

Fig. 22. In diversi punti del ricovero erano collocate le stazioni di approvvigionamento dell'acqua potabile, equamente distribuite nella conformazione planimetrica del complesso.

Fig. 23. Oltre ai punti di approvvigionamento dell'acqua potabile, alcune indicazioni alle pareti orientavano gli utilizzatori del rifugio agli ambienti adibiti a servizi igienici.

Fig. 24. Vista interna del cavedio verticale del corpo turrito del monumento dove, alla sommità, esternamente, scaturisce la cascata. In primo piano la tubazione di mandata della cascata e, al centro, il ripartitore del gioco.

Fig. 25. Vista particolare, sullo sfondo, del varco di accesso alla scalinata adibita ad uscita di soccorso, oggi murata, ripresa dal varco di areazione intercomunicante con il cavedio verticale del corpo turrito.

Fig. 26. Vista particolare di uno degli ambienti più a nord del complesso del ricovero, aggirando, attraverso i varchi intercomunicanti, le strutture del cavedio verticale del corpo turrito.

Fig. 27. Vista particolare di uno dell'ambiente più a nord-ovest – con pareti contro terra – del complesso del ricovero, aggirando, attraverso i varchi intercomunicanti, le strutture del cavedio verticale del corpo turrito.

Fig. 28. Vista particolare dell'atrio di accesso (a destra) alla rampa di scale dell'uscita di soccorso, oggi murata.

Fig. 29. Vista particolare, in corrispondenza di uno dei diversi punti dove l'esplosione del copriferro ha permesso la messa a nudo del fitto sistema di armature incrociate annegate nel calcestruzzo gettato in opera.

Fig. 30. Vista particolare di uno dei diversi varchi di areazione di cui era dotato il ricovero antiaereo lungo la parete contro terra – lato nord, tamponato con una muratura in mattoni pieni.

Fig. 31. Vista particolare del sistema di scarico della fontana, impianto originale risalente all'epoca della costruzione dell'opera monumentale, ancora pienamente efficiente

Fig. 32. Vista particolare del punto di immissione della tubazione di alimentazione del gioco a cascata, in corrispondenza dell'ambiente più a sud-ovest dell'impianto planimetrico del ricovero antiaereo.

Fig. 33. Vista particolare di una delle due rampe in pietra che originariamente costituivano l'accesso al ricovero antiaereo, oggi tamponate con un solaio realizzato in calcestruzzo armato e profili trafilati in acciaio.

VI

ITALIA 1919 – 1939: ARCHITETTURA «INTERRATA» O «DIRADATA» E PROTEZIONE DEI CIVILI NELL'ESEMPIO DI MONZA

Autore
Maria Antonietta Breda — Politecnico di Milano - Dipartimento di Architettura e Studi Urbani

Sommario

Il rapido progresso dell'arma aerea costrinse ad adottare già durante la Prima Guerra Mondiale nuovi ed energici provvedimenti per la protezione dei civili. Tali misure di previdenza vennero maggiormente precisate nel 1931 quando fu emanata l'istruzione "L'offesa antiaerea e i mezzi di protezione", a cura dell'Organo Centrale interministeriale per la protezione anti-aerea del territorio nazionale (costituito nel 1930). Essa prevedeva il servizio d'allarme, il mascheramento e l'oscuramento, la costruzione di ricoveri, lo sfollamento, l'organizzazione di speciali servizi sanitari antigas e antincendi, e le norme per rendere i fabbricati di nuova costruzione meno vulnerabili ai bombardamenti aerei. Tra il 1931 e lo scoppio della Seconda Guerra Mondiale, le ordinanze, gli studi, gli accorgimenti tecnici si moltiplicarono. La protezione dei civili da possibili bombardamenti aerei entrò a far parte dei programmi delle amministrazioni locali. Si apprestarono ricoveri pubblici, si ordinarono gli adeguamenti degli edifici privati esistenti e si dettarono le regole per le nuove costruzioni. Ad un osservatore attento non sfuggono oggi le molteplici, ma spesso deboli, tracce di quel passato. Occorre l'impegno di tutti per conservarle.

Abstract

ITALY 1919 - 1939: ARCHITECTURE «UNDERGROUND» O «THINNED OUT» AND PROTECTION OF CIVILIANS IN THE EXAMPLE OF MONZA.

The fast progress in the air force led to the adoption, ever since World War I, of new and powerful measures for civilians protection. These providence measures were improved in 1931, when the interdepartmental office for the air-raid protection of the national territory (formed in 1930) issued the "Anti-aircraft offence and means of protection" order. It provided the alarm service, the masking and the blackout, the construction of shelters, the evacuation, the organization of special medical anti-gas and anti-fire services and rules for making new building less vulnerable to air-raids. Decrees, studies, technical expedients, invention patents multiplied between 1931 and the beginning of World War II. The protection of civilians from possible air-raids became part of local administrations' programs. Public shelters were prepared, existing building were adapted and rules for new ones were issued. It is impossible to a careful observer not to notice signs of that past. Everyone's commitment is required to preserve them.

1 - *Antefatti: la guerra aerea e chimica*

Cominciata come la replica in grande stile di una guerra ottocentesca, la Prima Guerra Mondiale impone immediatamente il proprio carattere tecnologico con l'impiego delle moderne armi a ripetizione e delle artiglierie d'ogni calibro. Il fronte s'immobilizza nel quadrinomio trincea-mitragliatrice-reticolato-cannone e gli sforzi delle industrie, per mettere in campo prodotti tecnologici di morte sempre più avanzati, non pervengono a tangibili risultati. Si tratterà di una guerra d'usura, di logoramento. Gli eserciti si battono inizialmente per terra e per mare, successivamente anche nel cielo. L'aeroplano e, inizialmente, anche il dirigibile, vengono impiegati in modo sempre più massiccio sul fronte per contrastare le azioni degli aeromobili avversari. Ma li si utilizza anche per osservare le difese e i movimenti delle truppe a terra e per bombardarle. In breve le azioni di mitragliamento e di bombardamento si spostano dal fronte alle retrovie e da queste ai centri abitati. L'arma più temuta è l'aggressivo chimico, rappresentato prima dai gas venefici e successivamente anche dai liquidi chimici che devastano l'epidermide, diffusi mediante sia appositi proiettori sia mediante le bombe. Nelle retrovie il pericolo è costituito soprattutto dal possibile impiego di ordigni chimici contro i civili inermi. Questi non sono addestrati alle nuove tecniche belliche e alla protezione da adottare in caso d'attacco. L'elementare quanto istintivo sistema di «difesa passiva» viene rispolverato: gli ambienti sotterranei, come ad esempio le cantine, divengono il primo, immediato, luogo eletto a protezione dei civili, soprattutto nelle città. Altri sistemi di difesa sono costituiti dai velivoli da caccia e dall'artiglieria antiaerea. Ma ben poche città italiane dispongono di tali sistemi di «difesa attiva».

Questo è il quadro, appena tratteggiato, che servirà da fondale alle iniziative prese nell'intervallo 1919 – 1939 per la protezione della popolazione civile inerme europea. Tali iniziative, pur lodevoli, rimarranno nella gran parte dei casi meri palliativi rispetto a quanto sarebbe servito ai civili per essere effettivamente protetti innanzitutto dai bombardamenti aerei indiscriminati condotti da ogni belligerante nel corso della Seconda Guerra Mondiale. Per quanto concerne la protezione dagli aggressivi chimici in Italia si è fatto ancor meno, ma fortunatamente tali armi non sono mai state adoperate. Di contro, vi è una produzione di materiale cartaceo fatto di disposizioni, ordinamenti, leggi, prescrizioni e manualistica varia a dir poco esorbitante. In pratica, la produzione cartacea è stata inversamente proporzionale alla realizzazione di seri ed adeguati rifugi antiaerei ad uso civile. E questo si cercherà di dimostrarlo soprattutto con i documenti alla mano.

1a - S*i allertano i civili*

Così annotano gli autori della raccolta dei *Canti della Grande Guerra*, a proposito della passione del volo acquisita solo per compiacere al cuore di una donna: «Gli stornelli furono portati al successo nel 1914 dal cantante-fantasista napoletano Armando Gill, traendo profitto dal momento di grande interesse del pubblico verso le sorprendenti imprese aviatorie di cui i giornali davano notizie dal fronte franco-tedesco».[1]

«Stornelli dell'aviatore
(Versi e musica di Armando Gill [M. Testa]; Edizioni Bideri, Napoli 1914)
Fior d'ogni fiore,
ed ho imparato l'arte di volare
per secondare il gusto del mio amore,
fior d'ogni fiore.
Passo sui monti senza mai tremare,
passo sul mare senza aver timore,
il sol pensiero che mi faccio amare
mi allieta l'alma e mi solleva il core.
Vola il mio core vola,
passa sui monti e il mare.
Oh! come è bello amare
se corrisponde amor!»[2]

24 maggio 1915: l'Italia entra in guerra con almeno un terzo dell'esercito armato con fucili ad avancarica, ma con uno sguardo al cielo, pensando all'aeroplano. La realtà è ben diversa da quello che si canta, con reale o falso entusiasmo, tutti in colonna, verso il fronte. Per comprendere l'organizzazione militare, la competenza dallo Stato Maggiore «sabaudo-italiano» e degli ufficiali di carriera del Regio Esercito crediamo basti leggere le prime poche, concise e inequivocabili pagine d'introduzione di Luciano Viazzi al suo libro *I diavoli dell'Adamello*. Eccone un breve stralcio: «occorre anche rilevare che lo stesso generale Luigi Druetti, comandante del settore, non era proprio all'altezza della situazione. Non siamo noi a dirlo (con il senno di poi) ma lo scrive il suo più diretto collaboratore, colonnello Giulio Douhet nel suo *Diario critico*: "Il mio generale ha il nome di Comandante di settore, ma nessuno comanda meno di lui; e lui, meno comanda, più è contento e tranquillo"».[3]

Per completare il quadro si possono citare anche le parole di chi la guerra «la fece per davvero», ovvero l'ufficiale sardo Emilio Lussu, il quale combatté sul Carso e in prima linea: «Il duca d'Aosta, nostro comandante d'Armata, la citava ogni volta [Trieste. *N.d.A.*], negli ordini del giorno e nei discorsi, per animare i combattenti. Il principe aveva scarse capacità militari, ma grande passione letteraria. Egli e il suo capo di stato maggiore si completavano. Uno scriveva i discorsi e l'altro li parlava».[4] La conduzione della difesa dei civili inermi subì, come il riflusso di un'ondata bellica male diretta e peggio equipaggiata, le fasi drammatiche della guerra. Ci si basò quasi esclusivamente sulla difesa passiva, redigendo tante lettere, tante circolari, spendendo tante promesse, ma con l'ordine ben preciso ad arrangiarsi e impiegare meno denaro pubblico possibile.[5]

Le Amministrazioni Comunali e Provinciali, con l'appoggio delle Associazioni e dei Civili, si dimostrarono comunque in grado di fare fronte alla situazione e con un innegabile successo. Basti solo pensare al numero, drammatico certamente, ma comunque contenuto dei civili morti e feriti, in rapporto ai bombardamenti e ai mitragliamenti aerei avvenuti. Riguardo alle disposizioni emanate in favore della popolazione civile si riporta l'esempio di Monza, città della Brianza lombarda. Dopo cinque giorni dal principio delle ostilità il Comune di Monza allerta i propri cittadini mediante l'ordinanza N. 8738, emessa in data 29 maggio 1915:

«1°- È fatto obbligo a tutti gli esercizi pubblici (osterie, trattorie, bar, caffè, alberghi, ecc.) ed ai conduttori di luoghi di spettacoli e di trattenimenti pubblici, di tenere costantemente acceso, in ciascun locale un lume a petrolio od a candela durante tutto il periodo serale in cui esercizi e luoghi di spettacoli saranno aperti al pubblico.
2°- Nel caso di segnalazione dell'avvicinarsi di un apparecchio mobile aereo verrà tolta immediatamente la corrente elettrica e tutta la illuminazione pubblica e privata cesserà: il gas verrà fortemente diminuito di pressione. I cittadini, in tal caso, dovranno provvedere a chiudere tutti i contatori del

gas, a chiudere le imposte delle finestre, lasciando aperti i vetri, le porte delle botteghe e delle case, e a spegnere tutti i lumi che potrebbero essere visti dall'esterno.
3°- Le segnalazioni notturne oltreché dalla mancanza di corrente elettrica verranno date dal suono del campanone dell'Arengario e dai civici pompieri con suoni di corno per le vie e per le piazze.
4° nel caso di incendi o di danni causati da eventuale gettito di esplosivi, i singoli cittadini provvederanno ad avvertire immediatamente e con qualunque mezzo il posto dei civici pompieri per tutte le occorrenze».[6]

Le disposizioni non saranno definitive e prima che la guerra termini saranno cambiate, come i carteggi conservati presso l'ordinatissimo Archivio Storico del Comune di Monza ben testimoniano. Ad esempio, per quanto concerne l'allerta della popolazione, vi è la Circolare n. 3510 del Comune di Monza, datata 1 marzo 1916, firmata dal Sindaco e dal Segretario Generale, indirizzata ai sindaci dei comuni limitrofi a Monza. Il documento offre un'interessante spaccato di realtà dell'epoca, rammentando, in apertura, come già un'incursione aerea sulla città abbia causato dei morti. Eccone la parte principale:

«A seguito delle incursioni nella nostra zona da parte di aereoplani austriaci nei giorni 14 e 21 dello scorso Febbraio, con le dolorose conseguenze a tutti note, quest'Amministrazione, dopo aver vagliato ed esperimentato varie proposte per ottenere una segnalazione immediata, efficace e percettibile a tutti, anche nell'interno delle case, ha deciso, di pieno accordo con le altre Autorità civili locali, con le autorità militari e con la Federazione degli Industriali, di adottare il seguente sistema di segnalazione di eventuali incursioni di aereoplani nemici. Si sono installate in questo osservatorio militare principale due potenti sirene elettriche da Marina, le quali per dare il segnale d'allarme emetteranno, sincronicamente, un suono continuo e prolungato della durata di cinque minuti e per indicare la cessazione di ogni pericolo daranno tre suoni brevi e distinti alla distanza di un minuto uno dall'altro. Ad evitare però che i suoni delle sirene elettriche dell'osservatorio principale potessero, comunque, essere scambiati con quelli delle sirene dei numerosi stabilimenti industriali locali, si è ottenuto che queste cessassero completamente, da Lunedì 28 Febbraio, di funzionare per dare i soliti segnali a cui sono esclusivamente adibite, quelli cioè dell'inizio e della cessazione del lavoro, e si è convenuto che alle segnalazioni, di stato d'allarme e di cessazione d'ogni pericolo, date dalle sirene elettriche dell'osservatorio Militare, avrebbero concorso, contemporaneamente, tutte le sirene degli stabilimenti con le istesse forme e durata dei suoni. È sembrato questo il modo più pratico e più efficace per far sì che la popolazione avvertita del pericolo, possa – seguendo le norme dettate dalla ordinanza del Commissario Civile della Provincia di Milano 14 giugno 1914 – mettersi a tempo e più convenientemente a riparo dai pericoli più imminenti e più gravi delle incursioni di aereoplani nemici. Se non che l'adozione di tale sistema nei riguardi di questo Comune ha fatto già rilevare che la continuazione dell'uso di sirene da parte dei numerosi stabilimenti esistenti nei Comuni limitrofi, taluni dei quali vicinissimi a Monza, produce apprensioni ed allarmi in quella numerosa parte della nostra popolazione che abita nelle zone periferiche della Città, e che percependo distintamente i suoni di quelle sirene non può subito rendersi immediato conto se essi rappresentino o no il segnale d'allarme. Da questa constatazione è sorta l'idea della utilità di unificare i sistemi di segnalazione di aereoplani nemici nell'interesse precipuo delle popolazioni. Ma tale unificazione dovrebbe essere quanto più possibile estesa per evitare che, in altri Comuni rispetto a quelli viciniori, si verifichi l'inconveniente sovraesposto e già verificatosi a Monza. Sottopongo quindi l'idea della S.V. Ill.ma e a codesta On. Amministrazione nella speranza che trovi il loro consenso e il loro appoggio assieme a quello degli industriali locali, che sono condizioni essenziali per tradurla, eventualmente, in atto con quella sollecitudine che il caso richiede. Credo opportuno aggiungere che la sirena elettrica del nostro osservatorio è messa in funzione sotto la diretta responsabilità della autorità Militare, alla quale spetta tutto il servizio delle segnalazioni a distanza, dimodoché anche nei Comuni limitrofi, la segnalazione dello stato d'allarme può essere dato in modo certo, in tempo utile e con risultati efficaci. Aggiungo infine che si sono fatte e si stanno facendo ottime pratiche per ottenere qui una squadriglia di aereoplani, che possa in caso di bisogno servire di difesa di tutta la vasta zona intorno a Monza».[7]

1b - *L'«allarme – gaz» nella Grande Guerra*

Il pericolo dei bombardamenti chimici, come già accennato, rimane lo spauracchio di chiunque nel corso della Grande Guerra e così si protrae fino alla Seconda. Al fronte i militari italiani disponevano di maschere antigas e d'indumenti protettivi inadeguati e in numero insufficiente. Solo verso il termine del conflitto la situazione migliorò. I civili non vennero dotati di materiali protettivi né furono adeguatamente edotti in merito al rischio teso dagli aggressivi chimici. Per molti aspetti si cercò di ovviare all'inconveniente nel ventennio tra le due guerre, ma si trattò sostanzialmente di mera attività propagandististica, tesa innanzitutto a rassicurare e imbonire la popolazione. A questo proposito si riporterà, in chiusura di contributo, l'esemplificativo testo di un documento reperito presso l'Archivio del Comune di Como e datato «27 febbraio 1943».

Un documento del Sindaco di Monza, non datato, probabilmente risalente al 1917, così dispone per la popolazione civile in merito al timore dell'utilizzo di bombe a gas contro i civili: «Richiamate le ordinanze 15 giugno e 3 agosto del Commissario Civile della Provincia di Milano, nonché le ordinanze Comunali 29 maggio 1915 e le altre susseguenti della R. Prefettura e del Comune a parziale deroga delle stesse per prevenire tristi conseguenze del getto di esplosivi contenenti gaz asfissianti da apparecchi aerei nemici: AVVERTE che la segnalazione di pericolo verrà data oltre che dal suono prolungato (5 minuti) della sirena, anche dallo scoppio di petardi alla periferia della Città:

1°- Appena dato l'allarme aprire le vetrate delle finestre. In caso però di diffusione dall'esterno di gaz asfissianti le vetrate dovranno essere chiuse per impedire la penetrazione di essi negli ambienti interni.
2°- Non scendere nelle cantine né in altri locali sotto il livello stradale, dove maggiormente tendono ad addensarsi i gas asfissianti, in genere più pesanti dell'aria. Ricoverarsi a preferenza nei piani intermedi dell'edificio.
3°- Avvenuto lo scoppio di una bomba le persone che si trovassero nelle immediate vicinanze del luogo ove esso si verifica devono allontanarsene rapidamente se sono in strada, quelle che si trovassero nelle case non appena avvertito qualche odore speciale penetrante ed irritante, dovranno chiudere i vetri e le porte. Sarà in ogni modo opportuno rimanere in piedi, prendendo in collo i bambini affinché le loro teste siano più alte che si possa dal pavimento. Se poi l'odore dovesse aumentare sarà bene ritirarsi al più presto altrove, preferibilmente ai piani superiori. È consigliabile che le persone che debbono allontanarsi da ambienti invasi da gas asfissianti usino la precauzione di coprirsi il naso e la bocca con un fazzoletto bagnato con l'acqua.
4°- Per evitare aumento di vittime dovranno avvicinarsi a coloro che presentassero sintomi di asfissia solo persone provviste di quei mezzi di protezione che consentono loro la necessaria libertà dei movimenti e garantiscono la efficacia del soccorso.
5°- Per soccorrere i caduti sono organizzati a cura delle Autorità Governative e Municipali speciali posti di servizio: all'Ospedale Civile Umberto 1°, all'Ospedale del Seminario, all'Ambulanza di Via Lecco N. 4.
6°- L'avviso al posto di servizio potrà essere dato a mezzo: di qualunque apparecchio telefonico pubblico, Militare o privato. In caso d'interruzione della linea telefonica si ricorrerà alla più prossima stazione dei RR.CC. e della P.S. a cui i cittadini devono fare appello in caso di bombe scoppiate nelle vicinanze. Nelle comunicazioni telefoniche usare la maggiore concisione possibile: basta indicare la località dove avvenne lo scoppio e la richiesta del posto di servizio più vicino per il soccorso.
7°- Anche dopo il segnale di cessazione di allarme, per un raggio di almeno 300 metri dal punto dello scoppio di bombe a gas asfissiante, si dovrà astenersi assolutamente dal discendere nelle cantine; se prima non sarà intervenuto l'apposito personale ad eliminarli.
8°- Nelle vie e nei luoghi pubblici nei quali sia avvenuto lo scoppio sarà impedita la circolazione dovendo l'Autorità provvedere a disperdere i residui di gaz».[8]

A tale proposito è interessante anche la Circolare Riservata N° 4770 del 5 maggio 1917, trasmessa dal Comando della Divisione Territoriale di Milano. Eccone un paio di stralci, relativamente ai posti di ricovero: «Si pone in rilievo dei Comandi cui la presente è diretta che tali disposizioni oltre ad integrare la succitata circolare N° = 3709 ne modificano lievemente qualche punto giacché, mentre al N° = 2 di detta circolare erano ammessi per il ricovero delle truppe anche i piani terreni, dalle nuove disposizioni che qui di seguito si riportano i locali a piano terreno sono da scartarsi completamente»; più avanti, al punto secondo, si legge: «2°= Dato l'allarme i cittadini non devono scendere nelle cantine ed altri locali sotto il livello stradale, ma devono preferenza cercare di ricoverarsi nei piani intermedi dell'edilizio che possono essere considerati come i meno esposti al pericolo prodotto dalle bombe esplodenti e diffondenti gas asfissianti».[9]

In pratica si escludono i locali a piano terreno, seminterrati e sotterranei perché l'eventuale gas venefico potrebbe penetrarvi, essendo più pesante dell'aria. Si valuta, invece, che i piani intermedi possano, da un lato, essere sufficientemente staccati dal terreno da preservare gli occupanti da eventuali gas. Dall'altro, si considera che una bomba d'aereo possa esplodere impattando contro il tetto della casa e non danneggi chi occupa, per l'appunto, piani intermedi. Si tratta comunque di soluzioni del tutto improvvisate, le quali evitano di porre rimedio in anticipo al pericolo reale, costando indubbiamente soldi, impegno e tempo (fig. 1).

Il Comune di Monza si premura comunque di richiedere, e con una certa urgenza, che alla sua cittadinanza siano fornite le necessarie protezioni individuali. Ovvero sollecita l'invio di maschere antigas per i civili al Comando della Difesa Contro Aerei di Milano. Tale Comando, con molta diplomazia, in data 31 maggio 1917 invia al Comune di Monza la missiva di risposta: «ACQUISTO MASCHERE POLIVALENTI. In risposta al foglio citato, si ha il pregio di far conoscere che questo Comando ha chiesto al Ministero della Guerra la necessaria autorizzazione per l'acquisto delle maschere polivalenti da impiegarsi contro i gas asfissianti che possono essere prodotti da bombe lanciate da areoplani nemici. Il Superiore Dicastero non si è ancora definitivamente pronunciato in merito. Lo scrivente si riserva di rispondere esaurientemente alla richiesta fatta; intanto trasmette copia di due stralci di fogli dell'Ispettorato di Sanità e del Comando Supremo trasmessi dal Ministero stesso con foglio 7895, stralci dai quali appare non così grave come era stato prospettato il pericolo delle bombe asfissianti».[10] Le maschere antigas per i civili si attenderanno per lungo tempo e per quanto concerne la Grande Guerra non se ne farà alcunché.

1c - *La difesa offerta dalle Scuole di Monza: atto primo*

Datata 17 novembre 1917, la missiva dall'Ufficiale sanitario G. Galbiati è vergata a mano su carta intestata del Municipio di Monza – Ufficio d'Igiene. Si tratta di

N. 4369 Prot. Gen.

COMUNE DI MONZA

Segnalazioni d'allarme in caso di incursioni di apparecchi aerei nemici

IL R. COMMISSARIO

Vista la propria precedente ordinanza 19 Novembre 1917 N. 20590 sulle misure di precauzione da osservarsi in caso di incursioni aeree nemiche;

Sentita la speciale Commissione tecnica mista militare e civile

NOTIFICA E DISPONE:

I.° - **Alla segnalazione d'allarme con la sirena elettrica viene sostituita la segnalazione con il suono a martello della campana dell'Arengario e con lo scoppio in aria di petardi lanciati da stazioni a ciò predisposte, in vari punti della città.**

II.° - Tutti i proprietari di case d'abitazione e di qualsiasi altro stabile dovranno provvedere immediatamente ad assicurare il facile accesso alle cantine a ai locali sotterranei di ogni fabbricato per il pronto e sicuro rifugio delle persone che al momento dell' allarme si trovano negli stabili suddetti ed alla illuminazione delle cantine pel caso di bisogno. Una speciale Commissione tecnica eseguirà speciali visite per accertare che le cantine e gli altri locali sotterranei si trovino nelle condizioni prescritte. In caso che qualche proprietario non ottemperi alla presente ingiunzione si provvederà d'ufficio.

Qualsiasi reclamo contro l'inadempienza all' obbligo sovraesposto potrà essere presentato all' Ufficio Tecnico Comunale e la constatazione dell' inadempienza darà luogo ai procedimenti e alle penalità portate dalle vigenti disposizioni in materia.

A maggior garanzia della cittadinanza si stanno predisponendo speciali posti di ricovero pubblico in caso di incursioni aeree nemiche e ne sarà indicata la apertura e la ubicazione con particolare notificazione.

Con altro avviso sarà dato notizia del giorno ed ora in cui sarà fatto un esperimento di segnalazione di allarme.

Rimangono ferme tutte le altre disposizioni della precedente ordinanza 19 Novembre 1917 N. 20590 non modificate dalla presente.

Monza, dalla Residenza Municipale, addì 26 Febbraio 1918.

IL R. COMMISSARIO
P. D'ANCORA

Il Segr. Gen. D. Dalla Motta

Monza - Stab. Tipo-Litografico L. PALEARI

Fig. 1. Manifesto datato 26 febbraio 1918 in cui si avvisano i civili del Comune di Monza al riguardo delle segnalazioni in caso di avvistamento di velivoli avversari (Archivio Storico Civico Monza).

una succinta relazione sullo stato degli stabili destinati ad ospitare scuole ed asili, sul numero degli studenti e, soprattutto, sulla possibilità o meno di ricoverarli nelle cantine in caso di attacco aereo. Suggerisce che si compiano le opportune esercitazioni, andando a preludere al leitmotiv delle onnipresenti esercitazioni di protezione antiaerea che caratterizzeranno il Ventennio italiano. A cinque mesi dalla precedente circolare N° 4770 del 5 maggio 1917 si parla ancora di ricoverare i civili, in questo caso gli alunni e le alunne, nei sotterranei. Ecco integralmente il testo:

«Rese note alla cittadinanza: le misure che possono giovare ad allontanare attacchi di aerei nemici, principalmente la diminuzione assoluta e costante della luce; quelle che riguardano l'avvicinarsi di tali attacchi (suono della sirena, colpi di petardo); quelli riguardanti l'incolumità dei cittadini nel periodo dell'attacco e quelli di soccorso in caso di sinistri causati dal getto di bombe; rimane al Comune di provvedere, oltre alla difesa preventiva dei monumenti storici, alla difesa e tutela nei limiti del possibile degli scolari che trovansi nei caseggiati scolastici, lasciando agli industriali di provvedere agli operai negli stabilimenti. Giustamente preoccupato, il R. Commissario ha dato incarico all'Ingegnere Capo, all'Ufficiale Sanitario agli Ing.ri Mina, Osculati, Sirtori di conferire col Direttore delle Scuole e dopo sopraluogo nei vari caseggiati suggerire quei provvedimenti che giudicassero del caso. Il caseggiato scolastico di San Rocco (Cassignolo) si trova in località eccentrica consta di piano terreno rialzato e due piani, le finestre del piano terreno sono elevate, vi è cantina. Gli scolari troverebbero conveniente ricovero sia nella cantina che deve essere costantemente sgombra, sia al piano terreno. Il caseggiato scolastico di La Santa trovasi nelle identiche condizioni del precedente e valgono le stesse misure. Il caseggiato scolastico di Cascine Bastoni si trova in località eccentrica consta di piano terreno rialzato ed un piano superiore con finestre elevate e cantina. Anche qui la cantina deve essere pulita e sgombrata di ogni oggetto e gli scolari troverebbero ricovero sia nella cantina che nel piano terreno rialzato. Lo stesso dicasi pel caseggiato scolastico di Cascine Bovati per cui valgono le stesse norme. Nell'interno della città abbiamo:

1°. La scuola professionale (Piazza E. De Amicis) 1° e 2° cortile classi sette alunni 300.
2°. La scuola di disegno (idem) classi 3 alunni 120.
3°. L'Orfanotrofio (idem) classi 2 alunni 80 orfane 85.
Queste scuole sono situate in vicinanza di cascine, in locali vecchi ed incomodi con cantine insufficienti e di difficile accesso, le condizioni statiche di detti locali sono infelici tanto da bastare lo spostamento dell'aria in seguito ad esplosione di bombe a causarne dei danni.
4°. Scuola ex Casa Riva (Piazza Roma) classi 4 scolari 160. Anche in questa casa l'accesso alla cantina è incomodo, questa è piccola ed ingombra.
5°. Scuola di Via Lecco 4 classi 5 scolari 200. Parte degli

scolari troverebbero riparo nella cantina della palazzina. L'altra parte nelle scuole vicine.
6°. Scuole di Via E. Da Monza (Caseggiato ex Puzziosine) classi 13 scolari 600 a cui vanno aggiunti gli allievi delle Scuole Tecniche in numero di 450. Queste scuole posseggono vasti sotterranei capaci di contenere sia gli scolari sopradetti che quelli delle scuole confinanti di Via Lecco 4. Il caseggiato è di recente costruzione a tre piani fuori terra per cui una relativa garanzia offrirebbe anche il piano terreno. Due ampie scale conducono ai sotterranei che però vanno sgomberati del materiale che attualmente vi si trova.
7°. Scuole di Via Sempione classi 10 scolari 400 a cui vanno aggiunti gli allievi del Corso Magistrale circa 90. Caseggiato a tre piani fuori terra con 2 scale di accesso a due cantine, incommode, cantine ampie capaci di contenere tutti gli scolari, vanno sgombrate dalla legna e di quanto ora le occupa, in una va rifatto l'intonaco al pavimento, come per le altre cantine vanno munite di candele a supporto.
8°. Scuole di Via Cavallotti 13 classi 3 allievi 120. Piccola cantina assolutamente insufficiente allo scopo.
9°. Scuole di Via Monti Tognetti classi 11 scolari 500. Non vi è cantina. I locali a piano terreno sono malsicuri va sgombrata la sala a piano terreno che serve a refezione scolastica.
10° Collegio Bianconi. Alunni 300. Ampi sotterranei capaci di ricoverarli tutti.
11°. Ginnasio Zucchi. Alunni 300. Ampie cantine capaci di ricoverarli tutti, vanno sgomberate dalla legna, ripulite illuminate e rassodati i pavimenti.
12°. Asilo infantile Umberto I (Convento dei Barnabiti) alunni 250. Ampi sotterranei liberi capaci di ricoverarli tutti.
13°. Asilo infantile e scuole Maria Bambina (Via L. Manara) alunni 700. Nessuna difesa. Fabbricato a due piani fuori terra con ampie vetrate. Cantina piccola e ingombra.
14°. Asilo infantile S. Gerardo. Quanto detto pel precedente vale anche per questo.
Riassumendo occorre ordine di sgombro e riordino delle cantine e sotterranei anzidetti, occorre sieno muniti detti locali di abbondanti candele a supporto, occorre siano fatte esercitazioni di ricovero in cantina anche familiarizzare gli alunni a tale pratica difensiva».[11]

2 - *L'intervallo armato: 1919 – 1939*

Tra il 1919 e il 1939 tutti i paesi industrializzati del Mondo si rendono conto che una successiva guerra andrà a colpire innanzitutto la popolazione civile inerme. Da un lato i Governi studieranno le necessarie misure preventive da mettere in atto. Dall'altro numerose ditte e industrie si prodigheranno per migliorare sia gli usi e gli effetti degli aggressivi chimici, sia i sistemi di difesa passiva come maschere, tute protettive «antigas» e rifugi a prova di bomba e di gas. Sull'argomento così informa Giuseppe Stellingwerff: «Gli aggressivi chimici, detti anche comunemente gas asfissianti, con dicitura impropria, dovuta al fatto che i primi aggressivi adoperati furono gassosi, possono essere diversamente classificati a seconda del criterio che si vuol seguire. Essi, per quanto riguarda l'effetto prodotto, possono suddividersi in:
a) asfissianti (principali il cloro, il fosgene, la cloropicrina);
b) vescicanti (principali l'iprite, la leusite);
c) irritanti, che, a loro volta, possono suddividersi in lacrimogeni (quali bromuro, cloruro e ioduro di benzile e di xilile) ed in starnutatori (quali le arsine);
d) tossici, come l'acido cianidrico, per il sistema nervoso, e gli ossidi di carbonio e di azoto per il sangue.
Naturalmente, oltre alla principale, un aggressivo chimico può anche avere azioni nocive di carattere secondario. Altra classificazione può venir fatta in base al criterio della durata della azione aggressiva e dell'immediatezza di tale azione, ed infatti alcune di tali sostanze sono fugaci ed altre persistenti; alcune agiscono prontamente sull'organismo ed altre sono ad effetto tardo. Ve ne sono poi di aeriformi, di liquide e di solide: le ultime due però vengono spruzzate in minuscole goccioline oppure vengono proiettate suddivise in piccolissime particelle, generalmente aghiformi, dotate di una certa capacità di penetrazione».[12]

2b - *Organizzazioni per la difesa passiva*

In Italia, a seguito dell'impiego sempre più consistente dell'arma aerea, nel 1915 si costituisce il Reparto Artiglieria Contraerei. Successivamente, all'interno della Milizia Volontaria della Sicurezza Nazionale (M.V.S.N.), trova posto la Milizia Difesa Antiaerea Territoriale. Con il Regio decreto legge del febbraio 1930 la Milizia diviene Difesa Contraerei Territoriale, ovvero DI.CA.T. Sempre in Italia ci si mobilitò per creare le organizzazioni che dovevano coadiuvare gli sforzi del Governo nella protezione delle città, dei centri di produzione (come opifici, acciaierie, ecc.) e dei cittadini. Si istituirono due tipi di difesa: attiva e passiva. La «difesa attiva» era composta dagli aeroplani della Regia Aeronautica, genericamente denominati «cacciatori», o semplicemente «caccia», aventi il compito d'intercettare e abbattere gli aerei avversari; a terra vi era l'artiglieria contraerei, destinata all'abbattimento degli aeroplani avversari. La «difesa passiva» provvedeva all'istruzione della popolazione civile sul comportamento da tenersi in caso di attacco aereo, sia con bombe convenzionali, sia con ordigni a gas nonché al mantenimento in efficienza dei rifugi antiaerei; facevano seguito tutta una serie di organizzazioni e associazioni volontaristiche le quali dovevano coadiuvare la difesa. Nel tempo si avranno il *Comitato Centrale Interministeriale per la protezione antiaerea* (C.C.I.P.A.A.), il *Servizio Chimico Militare* (S.C.M.), la Protezione Anti Aerea (P.A.A.), l'*Unione Nazionale per la Protezione Antiaerea* (U.N.P.A.), la *Federazione Tecnica dei corpi di Pompieri d'Italia*, ecc. Per quanto concerne la protezione dei civili, in Italia il Ministero della Guerra – Comando di Stato Maggiore – Comitato Centrale Interministeriale Protezione

Antiaerea emana le *Nome Tecniche* al fine di garantire una consona costruzione degli edifici e dei relativi rifugi antiaerei. Negli anni si susseguiranno circolari ministeriali, decreti, provvedimenti e quant'altro per fare in modo che i centri abitati siano dotati di un sufficiente numero di rifugi antiaerei. Si provvederà altresì ad istruire la popolazione sull'uso delle maschere antigas, sui sistemi antincendio e sull'utilizzo dei rifugi stessi. La manualistica e le pubblicazioni dedicate alla protezione antiaerea e antigas saranno numerosi. Non si può invece dire altrettanto per quanto concerne la costruzione di ricoveri a prova di bomba e di gas: essi furono pochi e ancor meno in rapporto alla popolazione civile da difendere.

Tra il 1919 e il 1921 vengono emessi alcuni ordinamenti che portano ad una sostanziale riduzione della difesa antiaerea attiva, a causa dei gravi fattori economici che in Italia si stanno affrontando. In ogni caso rimane in vigore l'«Istruzione sulla difesa antiaerea» del 1917, dove al Comando Supremo spetta la direzione del servizio di difesa antiaerea. Con il Regio Decreto del 16 gennaio 1921 s'istituisce il Consiglio dell'Esercito il quale, tra i vari compiti, si deve occupare anche dell'organizzazione della difesa nazionale. Come ricorda Nicola Della Volpe: «Gli avvenimenti politici del 1922, l'istituzione della Milizia (1923), i nuovi ordinamenti e riforme (Diaz 1923, Di Giorgio 1924-1925, Mussolini 1926), lasciarono il problema della difesa del territorio insoluto ancora per diversi anni. Nel 1927 la situazione era così precaria da suscitare serie preoccupazioni nei vertici militari. Il capo di Stato Maggiore dell'Esercito, Giuseppe Ferrari, si sentì in dovere di compilare una memoria (...). La memoria conteneva anche un documento sul concorso degli enti civili e della nazione per la difesa passiva, che era in effetti un'istruzione per la protezione civile con alcune novità rispetto al passato».[13]

In tale memoria di Ferrari il paragrafo *Ricoveri e costruzioni speciali* è interessante per quanto concerne la protezione dei civili, ma sostanzialmente non fa che sistematizzare quanto appreso e parzialmente applicato nel corso della Grande Guerra. Oltre ad affermare l'impossibilità di costruire rifugi antiaerei a prova delle bombe più grandi per tutta la popolazione, suggerisce la realizzazione di rifugi piccoli e diffusi ovunque: «In massima i ricoveri saranno di due specie: *ricoveri privati* e *ricoveri pubblici*. I primi sistemati nelle singole case, a cura dei proprietari, utilizzeranno le cantine o sottosuoli con opportuni adattamenti, o speciali costruzioni (trincee) praticati nei cortili delle case stesse. I secondi sistemati nelle piazze, giardini, ed altre località di uso comune, a cura delle amministrazioni comunali. Serviranno per gli abitanti delle case che non hanno ricovero proprio, o per quelle persone che al momento dell'allarme si trovano lontane dalla propria casa. Speciale importanza hanno i ricoveri nelle stazioni ferroviarie, obiettivi preferiti dall'aviazione da bombardamento».[14]
Sempre Nicola Della Volpe c'informa che «L'Ufficio del Capo di Stato Maggiore Generale, Maresciallo Badoglio, censurò duramente la memoria presentata dal generale Ferrari, con critiche formali e sostanziali».[15]

2c - *Interramento dei servizi e costi di protezione antiaerea*

È del 1929 un articolo congiunto del tenente colonnello del Genio Alessandro Romani e dell'ing. Giuseppe Stellingwerf in cui si parla della protezione dei civili, dei costi da sostenere e dell'utilità che civili e militari cooperino nella costruzione di qualsiasi nuovo edificio. Il titolo è quanto meno interessante: «I ricoveri nella "difesa aerea". Utilizzazione allo scopo della progettata metropolitana di Roma». In primo luogo si considera che la città di Roma, in caso di conflitto, potrebbe essere agevolmente raggiunta da aeroplani avversari provenienti sia da est che da ovest. A questo punto il ricovero dei suoi abitanti potrebbe essere non solo oneroso oltre ogni possibilità, ma pure difficilmente realizzabile. Si propone quindi di scavare la progettata rete metropolitana ad un livello più profondo per consentirne l'utilizzo come grande rifugio antiaereo collettivo: «ove la profondità della galleria non risultasse sufficiente sarà il caso, almeno in alcuni tratti, di approfondirla. Non si può quindi dare una quota fissa di profondità, tanto più che non sarà sempre possibile mantenerla negli imbocchi, nei raccordi colle linee di superficie, negli incroci a varie quote spesso imposte, ecc., ma si dovrà studiare la resistenza degli strati sul progetto particolareggiato. Questo approfondimento, in molti casi, non porterà una sensibile maggiore spesa, anzi potrà riuscire di vantaggio, perché, a parità di altre condizioni, i lievi svantaggi di una maggiore altezza delle stazioni di accesso, sarebbero largamente compensati dal minor disturbo arrecato ai fabbricati sovrastanti nella costruzione e nell'esercizio delle linee metropolitane. Ci limiteremo quindi ad esporre, come assioma, il principio che, ai fini della difesa aerea, è opportuno che la profondità delle gallerie sia la maggiore possibile»[16] (figg. 2 – 7).
Si propone, inoltre, d'interrare innanzitutto la Stazione Termini, così motivando: «La rete metropolitana è, naturalmente, collegata, ed, in certo modo, dipendente da quella che sarà la sistemazione dei servizi ferroviari e delle tramvie foranee di Roma. Studi e progetti fino ad oggi eseguiti, fanno ritenere che, principalmente, il problema ferroviario della capitale verrà risolto con l e seguenti opere: a) Abbassamento del piano del ferro nella stazione ferroviaria di termini, ottenendo così un duplice scopo e cioè di restituire alla città, per edificarvi sopra, la vasta area oggi occupata dai binari e fabbricati e, allo stesso tempo, di conservare la stazione in località centrale, senza doverla arretrare, come era stato previsto in un primo tempo, fino a Porta Maggiore od anche più in là. Anche qui sarà opportuno, ai fini della difesa, che la profondità o la copertura della nuova stazione, siano tali da dar buona garanzia di resistenza alle bombe degli aerei»[17] (fig. 8).
Si prosegue parlando della costruzione della stazione

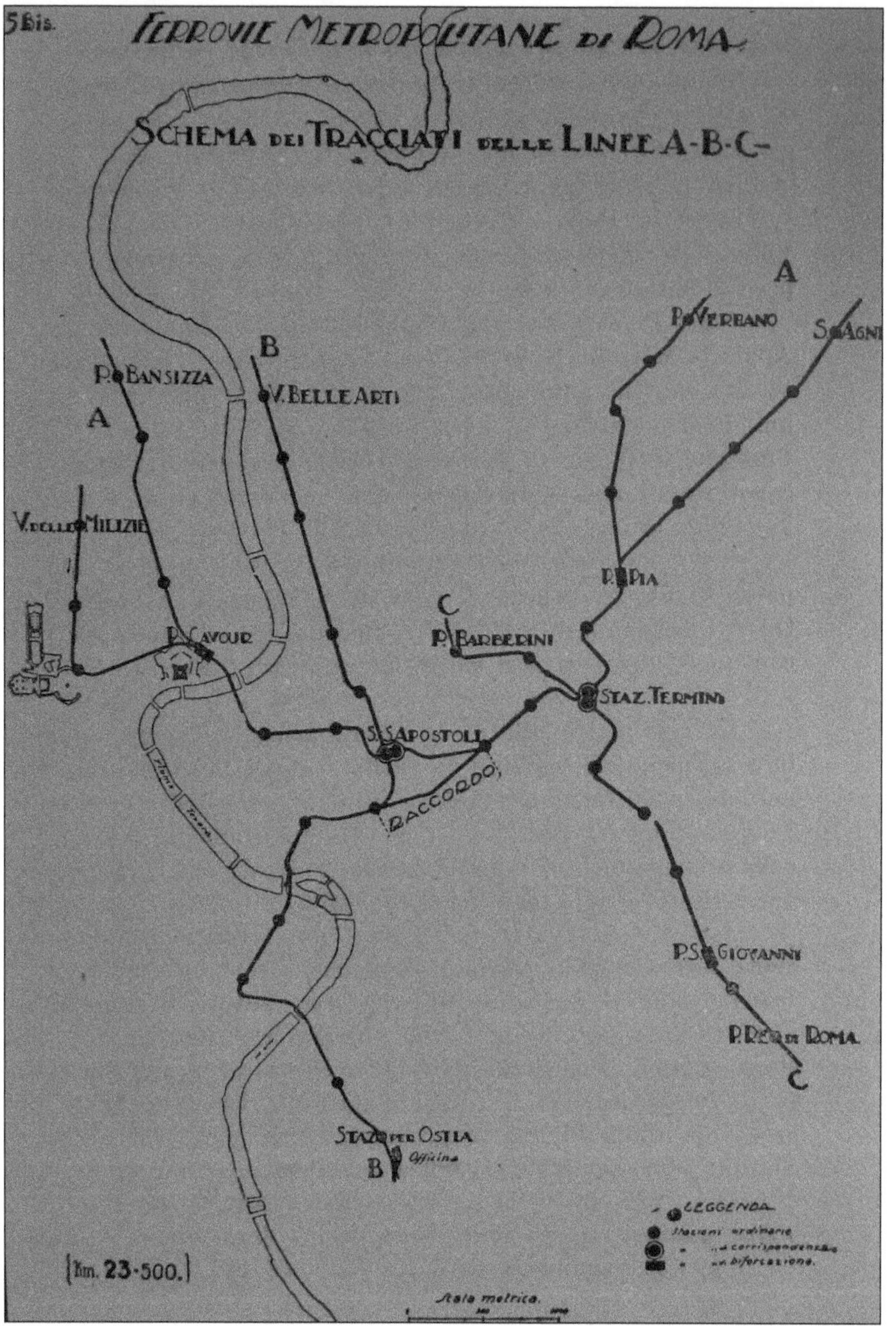

Fig. 2. 1929: progetto di tracciato delle «Ferrovie Metropolitane di Roma» (Romani A., Stellingwerf G. 1929, *I ricoveri nella "difesa aerea". Utilizzazione allo scopo della progettata metropolitana di Roma*, in Rivista di Artiglieria e Genio, 68a annata, Fascicolo VII, Roma, p. 1057).

Fig. 3. Metropolitana si Roma: scavo in galleria (La Redazione 1940, *Il cemento per la metropolitana di Roma, in L'industria italiana del cemento*, Anno XII – N. 4, Roma, p. 108).

Fig. 4. «Nel lavoro di costruzione della tratta di ferrovia metropolitana, Roma – Esposizione Universale eseguita in penetrazione sotterranea da quest'impresa [Impresa Simoncini. N.d.A.], i leganti idraulici usati prevalentemente sono stati l'agglomerato cementizio a lenta presa, il cemento nei due tipi 450 e 600, dello Spett. Consorzio Tirreno Produttori Cemento. Nella parte di galleria eseguita a foro cieco, ove il cemento 450 è stato usato nella confezione delle malte per tutti i diversi tipi di muratura, il cemento ha corrisposto con sicura efficacia conferendo alle malte la necessaria e sufficiente resistenza nei limiti di tempo imposti, specie per la calotta di galleria, dal disarmo relativamente sollecito (3-4 giorni) pure in considerazione della entità, per effetto della immediata entrata in funzione dei carichi sovraincombenti. È inoltre da notarsi in alcuni casi la forte presenza d'acqua» Le foto sono dell'Impresa Simoncini (La Redazione 1940, *Il cemento per la metropolitana di Roma, in L'industria italiana del cemento*, Anno XII – N. 4, Roma, p. 109) .

Fig. 5. Veduta del cantiere della Metropolitana di Roma verso Porta San Paolo (La Redazione 1940, *Il cemento per la metropolitana di Roma, in L'industria italiana del cemento*, Anno XII – N. 4, Roma, p. 109).

Fig. 6. Tratto della Metropolitana di Roma in via di ultimazione (La Redazione 1940, *Il cemento per la metropolitana di Roma, in L'industria italiana del cemento*, Anno XII – N. 4, Roma, p. 110).

Fig. 7. Rivestimento della volta in un tratto della Metropolitana di Roma (La Redazione 1940, *Il cemento per la metropolitana di Roma, in L'industria italiana del cemento,* Anno XII – N. 4, Roma, p. 110).

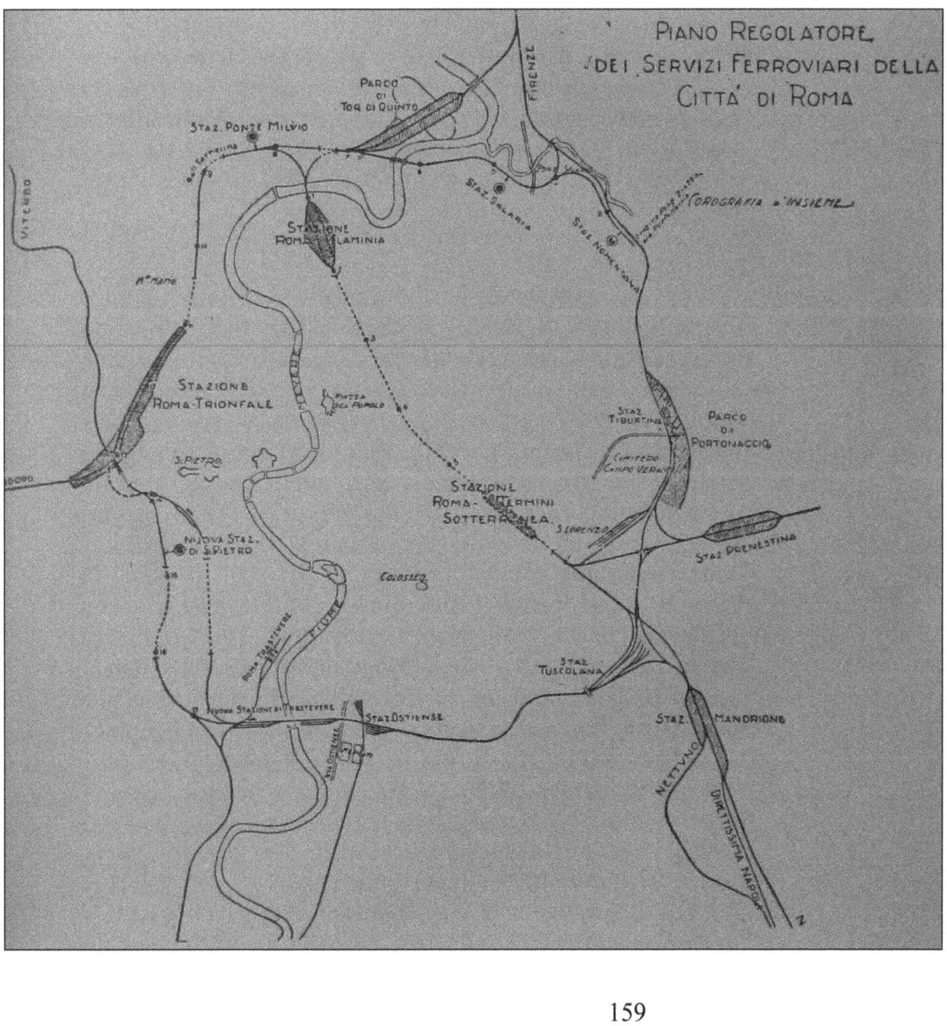

Fig. 8. 1929: «Piano Regolatore dei Servizi Ferroviari della Città di Roma» (Romani A., Stellingwerf G. 1929, *I ricoveri nella "difesa aerea". Utilizzazione allo scopo della progettata metropolitana di Roma, in Rivista di Artiglieria e Genio,* 68ª annata, Fascicolo VII, Roma, p. 1059).

Flaminia e di rendere sotterranee, ovvero di convertirle in tracciato metropolitano, le due principali linee foranee tramviarie: quella dei Castelli Romani e quella di Ostia. In pratica si sollecita la presa di coscienza che «anche negli studi preliminari e nei progetti, occorre tenere presenti le esigenze militari e della difesa aerea, che possono aver influenza sui tracciati, sulla profondità, nonché sui vari dettagli e particolari tecnici. Tale necessità è intuitiva: si consideri che così occorrerà fare il lavoro una volta sola, senza dover poi modificare o rettificare, con maggiore spesa e minor efficienza, ottenendone un tutto armonico, rispondente sia alle esigenze del traffico che a quelle della difesa aerea».[18]

L'interramento dei servizi tramviari e ferroviari urbani e la costruzione di una metropolitana rispondente a criteri antibomba e antigas avrebbe abbattuto, in una città come Roma, la spesa per la realizzazione di consoni rifugi per la numerosa cittadinanza. Se l'arma avversaria avrebbe potuto essere l'aviazione, il primo ostacolo da superare per correre ai ripari è rappresentato dai costi da sostenere: «Una città di un milione di abitanti di cui il 90% alloggiato in immobili da 3 a 5 piani ed il 10% in fabbricati di minor altezza con densità di 30 persone circa per i primi e 15 per i secondi, avrebbe 30.000 immobili di più piani e 660 case di minor mole. Vi saranno inoltre circa 1.000 fabbricati per servizi generali, officine, scuole, ospedali, ecc. La protezione dalle bombe medie non potrà ottenersi che in cortili, piazze, parchi ed i ricoveri ivi costruiti dovranno avere anche solidità tale da sostenere i rottami delle case distrutte nelle vicinanze. Prevedendo per una città di 1.000.000 d'abitanti circa, 2000 ricoveri di 250 m^2 per 50 persone, suddivisi, ventilati, con varie uscite, chiusura ermetica, ecc., al prezzo di 600.000 lire ciascuno più circa 100.000 per accessi, comunicazioni, macchinari, ecc. si avrebbe un totale di spesa di circa un miliardo e mezzo. Vi sarebbe poi la protezione dei 1.000 palazzi per servizi pubblici, adattamenti alle gabbie delle scale, ricoveri, lavori vari per un importo di circa 650 milioni di lire. Per proteggere inoltre circa 30.000 immobili di abitazione dalle bombe incendiarie leggere ed a gas, nonché da quelle di potenza minore: circa 70 milioni. In totale dunque risultano circa tre miliardi e cioè L. 3.000 a testa e questo solo per proteggere ed in limitata misura la vita degli abitanti di una grande città».[19]

In Italia, tranne rari casi, si provvede alla protezione dei civili solamente a guerra cominciata. Basti pensare a Milano, in cui solo a settembre del 1940 il Comune provvede a realizzare la maggior parte dei rifugi antiaerei pubblici, nonché n° 21 trincee coperte, con funzioni prevalentemente antischegge e antisoffio. Alla data del 10 ottobre 1940 i dati statistici riguardanti le opere di protezione pubblica collettiva sono: «Ricoveri pubblici antiaerei: N° 135; superficie complessiva: mq. 27.330; capacità complessiva: N° 55.050; celle complessive: N° 1.094», per un costo complessivo di £ 5.000.000, trincee coperte escluse.[20] La massima parte di tali rifugi pubblici sono ricavati in preesistenti spazi cantinati, puntellati per l'adeguamento ai criteri anticrollo. Un chiaro esempio di tali lavori eseguiti sia in cantine con volte a botte, sia dotate di solette di calcestruzzo armato, unitamente alla realizzazione delle trincee coperte, lo si riscontra nella documentazione d'archivio del Comune di Monza. In alcune cartelle sono contenuti i dettagli costruttivi inerenti i rifugi antiaerei realizzati nei sotterranei di taluni edifici scolastici.

3 - *Studi in materia di protezione antiaerea e proposte di «diradamento»*

Nel 1930 si costituisce l'Organo Centrale Interministeriale per la protezione «anti-aerea» del territorio nazionale. L'anno successivo viene emanata l'istruzione «L'offesa antiaerea e i mezzi di protezione», a cura dell'Organo Centrale stesso. Si parla di protezione collettiva e individuale dei civili, anche nell'eventualità di una guerra condotta con armi chimiche. Si analizzano i provvedimenti da prendere concernenti i servizi d'allarme, il mascheramento e l'oscuramento dei centri sensibili e degli abitati, la costruzione di adeguati rifugi antiaerei, lo sfollamento dei civili dalle città, l'organizzazione delle squadre antincendio e dei servizi sanitari. Si parla anche delle norme per rendere meno vulnerabili dai bombardamenti aerei tutti i fabbricati di nuova costruzione. Con estrema chiarezza e sinteticità nel 1931 il generale di Divisione Alfredo Gianuzzi Savelli considera come vadano realizzati dei sicuri rifugi antiaerei a prova di bomba da destinarsi alla popolazione civile nell'articolo «Come possiamo proteggere in caso di guerra la popolazione civile da attacchi aerei?». Nella seconda parte del lavoro risponde poi chiaramente alla domanda d'apertura, affermando l'impossibilità di proteggere adeguatamente la popolazione italiana in caso di una nuova guerra. E, questo, a dispetto di quanti affermeranno il contrario, pur senza fare alcunché, nel corso dei successivi dieci anni. Sulla questione dell'eventuale utilizzo dei gas contro i civili così si esprime il generale Savelli: «Taluni ritengono che contro le grandi città difficilmente saranno adoperate bombe ad alto esplosivo o incendiarie, poiché ciò che più interessa è il terrorizzare le popolazioni anziché distruggere gli edifici e le abitazioni e lo scopo si può meglio raggiungere con larghi spruzzamenti tossici o con il lancio di bombe a liquidi speciali aventi vasta diffusione, che il vento può estendere anche a zone non direttamente colpite; mentre le bombe ad alto esplosivo o incendiarie hanno bensì un effetto distruttivo superiore, ma limitato agli edifici colpiti e a qualcuno di quelli adiacenti. Si aggiunga che, a parità di peso trasportato da un certo numero di velivoli, gli effetti si esplicano sopra una zona assai più vasta adoperando aggressivi chimici, mentre per ottenere con questi aggressivi effetti di pari estensione superficiale basta un numero assai minore di velivoli, poiché ciascuno può portare una maggior quantità di bombe a liquidi speciali che non di bombe esplosive o incendiarie di adeguata potenza e ciò consente di risparmiare apparecchi e piloti, elementi preziosi e dei quali non conviene fare spreco, data la difficoltà di continuamente rinnovarli specie se la guerra si prolunga. A prima vista questo ragionamento può sembrare logico e la ipotesi accettabile, ma quando si farà cenno dei mezzi di protezione contro le varie offese aeree, si vedrà come sia assai più facile proteggere la popolazione dagli aggressivi chimici comunque impiegati anziché dalle bombe ad alto esplosivo e incendiarie e quindi vien fatto di domandarsi se effettivamente le aviazioni preferiranno le offese contro le quali più facile è la protezione o quelle contro le quali la protezione è tanto difficile da potersi qualificare quasi impossibile. La questione non è quindi tanto semplice, nè il ragionamento suesposto è valido in ogni circostanza. L'aviazione preferirà forse contro le città l'offesa con aggressivi chimici quando avrà necessità di risparmiare apparecchi e piloti, per gravi perdite subite o per difficoltà nei rifornimenti; preferirà invece le altre offese più potenti quando si troverà in piena efficienza, non avrà bisogno di fare economie di alcuna specie e vorrà esplicare azioni efficaci contro le quali siano assai difficili le difese».[21] A riguardo dell'impeccabile esposizione si potrebbe obiettare che si sarebbero potute utilizzare, così come avvenuto al fronte nel corso della Grande Guerra, la combinazione di armi convenzionali con armi chimiche, anche sugli insediamenti civili. Rimangono poi due cose su cui riflettere e la prima è un dato di fatto. Nel corso della Seconda Guerra Mondiale si sono utilizzate bombe perforanti, dirompenti e incendiarie, ma non venefiche. Rimane infine la considerazione dettata dalle indagini sul campo, effettuata in varie città italiane, e la disamina di alcuni archivi, non ultimo quello di Monza, per affermare che buona parte dei rifugi antiaerei italiani era ricavata nelle cantine e nei seminterrati degli edifici pubblici e privati. Tali opere non erano né a prova di bomba, né a prova di gas, trattandosi di semplici spazi puntellati. Essi erano denominati «ricoveri di circostanza» o «rifugi casalinghi» oppure «rifugi di fortuna». Ma non è tutto: «vi è un altro genere di offesa subdola e pericolosa specialmente, o per meglio dire esclusivamente, per la popolazione civile ed è la guerra batteriologica. (...) chi vuole adoperarla cercherà di diffondere i germi delle malattie epidemico-contagiose non all'esercito che ha di fronte nè alle sue immediate retrovie, per il pericolo che nei contatti o in caso di eventuali avanzate ne sia egli stesso vittima, ma all'intero paese, lontano dalla zona delle operazioni. (...) Si aggiunga che, a differenza degli altri mezzi di offesa, l'impiego della batteriologia non richiede né impianti costosi né personale numeroso».[22] Per quanto concerne l'apporto di modifiche all'architettura non solamente urbana, il generale Savelli parla di mascheramento, in questi termini: «si deve cercare di modificare l'aspetto esterno degli obiettivi allo scopo d'impedire o quanto meno rendere difficile agli aerei nemici l'identificazione della destinazione degli obiettivi stessi. Per raggiungere tale scopo si dovrà curare che le nuove opere da costruirsi come caserme, stabilimenti, magazzini, depositi di combustibili o di esplosivi, centrali elettriche, ecc., abbiano un tipo rigorosamente ambientale: simile cioè a quello dei caseggiati della regione, sopprimendo le caratteristiche spesso monumentali che si ha la tendenza a dare a tali opere. Tale provvedimento addolorerà gli architetti appassionati della bellezza esteriore delle loro costruzioni edilizie e contrasta con uno dei principii architettonici per cui un edificio dovrebbe svelare dalle sue forme esterne lo scopo a cui è destinato, ma è doveroso far tacere le tendenze artistiche di fronte alla necessità di proteggere queste opere mascherandole, dando cioè loro forma tale da non svelare assolutamente lo scopo per cui sono state costruite».[23] Si suggerisce inoltre la piantumazione irregolare, la predisposizione all'oscuramento nel corso delle ore notturne, per non segnalare ad eventuali velivoli avversari gli obiettivi da colpire, andando poi a introdurre l'argomento principale: i rifugi, denominati «ricoveri» per non intimorire i civili e, in un certo e fallace senso, cercare di rassicurarli. Innanzitutto si ricordi che nella manualistica d'epoca degli anni Trenta si tende a minimizzare la grandezza delle bombe d'aereo che potrebbero essere impiegate e si tende a tarare le protezioni dei «rifugi casalinghi» per bombe che non superino i 100-300 chilogrammi di peso. Più avanti il Generale ce lo spiega, esponendo le sue valutazioni, per altro assai aderenti a quello che sarebbe avvenuto una decina d'anni più tardi: «Questa considerazione condurrebbe a ritenere che in avvenire le grandi bombe saranno lanciate soltanto contro bersagli molto resistenti; ma contro bersagli comuni, come gli edifici di una città e con lo scopo di offendere le persone, più che danneggiare i manufatti, saranno di preferenza impiegate bombe piccole e più numerose con le quali sarà assai più facile colpire determinati bersagli da alte quote. Nel calcolo della resistenza delle coperture dei piccoli ricoveri non sembra quindi che sia il caso di considerare le massime bombe che potranno essere lanciate nell'avvenire, ma limitarsi alle piccole o medie, ad es. 50 a 100 kg. Non si avrà una protezione assoluta contro le maggiori offese meno probabili, ma un qualche passo si sarà fatto in favore di chi per motivi inerenti alla guerra o alla vita della nazione deve rimanere nelle grandi città. È ovvio poi che tutti i ricoveri dovranno essere sistemati contro gli effetti dei gas tossici con i noti provvedimenti. Non è inoltre da escludere la possibilità di usufruire di gallerie, metropolitane e grotte esistenti, se non molto lontane dai luoghi ove stazionano normalmente le persone».[24] In seguito soggiunge che la protezione antigas può essere efficacemente svolta non tanto dai rifugi antigas, ma dalle protezioni individuali contro gli aggressivi chimici fornite dagli autoprotettori ad ossigeno e dalle maschere dotate di appositi filtri. Inoltre: «Per proteggersi dalle bombe esplosive di 800 kg che non sono le maggiori di cui le aviazioni potranno disporre in avvenire occorre una copertura costituita da una cappa di calcestruzzo cementizio da 3 a 4 metri di grossezza o uno strato di terreno variabile da 30 a 10 m, secondo che si tratta di terreno naturale o di terreno ghiaioso compatto. (...) si rileva come volendo costruire ricoveri collettivi per una popolazione di circa 1 milione di persone, come Roma, Napoli, Milano, occorrerebbe una spesa di un miliardo e mezzo per ciascuna città. Basta l'enunciazione di tale cifra per fare comprendere come si debba senz'altro scartare l'idea di ricorrere a tale provvedimento, poiché esso non sarebbe attuabile neppure da uno stato ricchissimo».[25] La formula di ripiego a questo insolubile fattore, dovuto essenzialmente alla cronica mancanza di denaro, viene di seguito prospettato con lo sfollamento: «Si dovrebbero cioè allontanare dalle città tutte le persone che non sono adatte a servizi pubblici o a compiti aventi attinenza con la guerra e con la vita delle persone che devono necessariamente rimanere nelle città».[26] E proprio lo sfollamento verrà predisposto nel corso dell'ultima guerra mondiale al fine di preservare, almeno in parte, la popolazione civile dai pressanti bombardamenti anglo-americani, come si vedrà nel successivo paragrafo. Ma il Generale lascia intendere che l'ipotetico avversario saprà già queste cose, ovvero che non vi saranno, in Italia, rifugi antiaerei a prova di bomba e di gas, ma si conterà anche e soprattutto sullo sfollamento dei cittadini nelle campagne. Un ultimo, profetico punto, riguarda il bombardamento aereo utilizzando gli ordigni incendiari: «Un altro pericolo non meno grave per la popolazione delle grandi città è costituito dagli incendi che possono essere prodotti da velivoli nemici col lancio di bombe incendiarie. Mentre le bombe esplosive hanno effetti terribili di distruzione, ma limitati alle località che colpiscono, le bombe incendiarie al pari degli aggressivi chimici possono avere effetti assai più estesi, poiché specie nelle città ove le case sono a contatto e ciò avviene in quasi tutti i quartieri centrali delle vecchie città, riesce assai difficile isolare gli incendi e impedire che si propaghino ad interi rioni. Necessita quindi organizzare uno speciale servizio adeguato di squadre di pompieri per poter accorrere tempestivamente sui luoghi ove gli incendi si producono e provvedere tali squadre di mezzi potenti per spegnerli prima che si propaghino agli edifici vicini».[27] A prevenzione di tale ulteriore pericolo il Generale suggerisce il diradamento degli edifici, lasciando ampi spazi liberi tra le strutture in modo da diminuire sia le probabilità che esse siano colpite in caso di bombardamento aereo, sia che un incendio si possa propagare. Ma, anche in tale caso, vi sarebbero degli inconvenienti, i quali sono ben argomentati e a cui, intelligentemente, il Generale cerca di fornire delle soluzioni: «Ciò condurrebbe naturalmente a dare alle città o ai loro ampliamenti estensioni notevolissime con le conseguenti difficoltà di provvedere alla viabilità, ai mezzi di trasporto collettivi, alle condotte di acqua potabile e di gas, alla illuminazione, alla fognatura, ecc. Per evitare tali difficoltà si pensa da taluno di compensare con le maggiori altezze dei fabbricati quanto si perde in superficie ed architetti francesi hanno proposto fra l'altro di ricorrere alla costruzione di grattacieli tipo americano largamente intervallati. Questi edifici avrebbero, oltre al vantaggio di non aumentare notevolmente la estensione delle città, anche quello di presentare nei loro piani intermedi sia una resistenza alle bombe esplosive, dato il numero dei solai che le bombe dovrebbero sfondare e che ne procurerebbe lo scoppio, prima che giungano ai piani destinati a ricovero degli abitanti, sia un riparo dagli effetti dei gas tossici che com'è noto, essendo più pesanti dell'aria, tendono a penetrare nei piani inferiori e nei sotterranei. Un apostolo russo della difesa contro aerei scrive: "È incomprensibile come l'architettura civile creda tuttavia di non avere nulla da fare con la difesa del paese. Le case nelle città dell'avvenire dovranno essere ognuna molto distante dalle vicine per evitare la propagazione degli incendi, costruite con materiali refrattari, munite di robuste cupole di cemento armato in luogo dei deboli tetti cari ai nostri ricordi romantici».[28]

3a - *Il decentramento*

Nel 1933 il «Ministero della Guerra – Comando di Stato Maggiore – Comitato Centrale Interministeriale Protezione Antiaerea» emana le «Nome Tecniche» al fine di garantire una consona costruzione degli edifici e dei relativi rifugi antiaerei. Le «Norme Tecniche» indicano le accortezze da seguire nell'individuare e diversificare le aree destinate alle strutture ad uso abitativo e quelle dove erigere i complessi industriali. Nel 1935 il «Comitato Centrale Interministeriale Protezione Antiaerea (Comando del Corpo di Stato Maggiore – Ministero della Guerra)»[29] pubblica l'«Istruzione sulla Protezione Antiaerea», un dettagliato testo su come organizzare la protezione dalle incursioni aeree, soprattutto in ambito della difesa dei civili inermi. In quattro capitoli e 308 pagine fornisce un quadro chiaro:

- parte prima: «I mezzi di offesa e i loro effetti» tratta i vari tipi di ordigni dirompenti, incendiari e a gas;
- parte seconda: «Provvedimenti generali di protezione Anti Aerea», in cui s'illustrano i compiti dei Comitati Provinciali di Protezione Antiaerea, parlando delle segnalazioni, dell'oscuramento, dello sfollamento e del servizio di polizia antiaerea;
- parte terza: «La protezione diretta contro le offese aeree»; si tratta di una parte specifica per la protezione della popolazione civile, dove s'illustra l'operato della Protezione Sanitaria Antiaerea, delle norme edilizie e della protezione dei beni monumentali;
- parte quarta: «Provvedimenti complementari del tempo di pace», dedicata all'addestramento dei civili e alla propaganda.

Al capitolo «La protezione contro le bombe dirompenti e contro la penetrazione dei gas negli ambienti chiusi» si individuano i due punti salienti: «La protezione contro le bombe dirompenti lanciate contro un obiettivo, dovrà essere ricercata seguendo due ordini di provvedimenti: 1° Diminuire la probabilità, con l'adozione di appropriate norme urbanistiche, che l'obiettivo venga colpito; 2° Dare all'obiettivo la capacità di resistere nella maggior misura possibile agli effetti dei bombardamenti».[30] Le norme urbanistiche vanno a considerare che gli obiettivi possono essere semplici o complessi, dove i primi sono edifici isolati, gli altri sono la risultante di più edifici singoli, addensati in un'unica e ristretta area. Si rileva che i primi devono essere costruiti sviluppandosi in altezza, piuttosto che in estensione orizzontale. Questo sarà recepito e applicato innanzitutto nella progettazione e nella realizzazione di grandi complessi in calcestruzzo di cemento armato in elevato, come ad esempio i «rifugi antiaerei di tipo speciale in elevato», denominati anche «rifugi a torre».[31] Esempi eclatanti sono stati costruiti ad opera dei Tedeschi, come le torri con funzioni antiaeree di Berlino, Amburgo e Vienna, queste ultime tutelate dalle Belle Arti.[32] Per quanto concerne i secondi: «Gli obiettivi complessi potranno essere costituiti da centri demografici od industriali, nodi del traffico, luogo di stazionamento dei mezzi di trasporto terrestri, marittimi od aerei, ecc. Per diminuire la probabilità che un centro demografico possa essere gravemente danneggiato da un bombardamento aereo, occorre diminuire al massimo, compatibilmente colle esigenze di vita del centro, il rapporto fra le aree fabbricate e le aree libere, in modo da rendere più alto possibile il per cento dei colpi che cadono sulle seconde. Nella compilazione dei piani regolatori delle città o nelle varianti ed ampliamenti di quelli esistenti, occorrerà perciò distanziare gli edifici, creando fra essi larghe strade, ampie piazze e giardini e ciò specialmente al centro delle città, che più probabilmente sarà preso di mira sotto attacchi aerei. Secondo i moderni urbanisti, il rapporto fra aree costruite ed aree libere dovrebbe essere da 1/10 ad 1/6, mentre oggi il valore di tale rapporto è di 1 ad 1 ed anche superiore. Poiché l'adozione di tale rapporto condurrebbe ad estensioni eccessive dei centri urbani, rendendo più difficile lo svolgersi dell'attività cittadina e più onerosi i servizi generali, l'altezza dei fabbricati potrà essere aumentata nei limiti del rapporto di 1/1,6 rispetto alla larghezza delle strade, mantenendo fra le strade un interasse non superiore ai 100 metri ed alla fronte dei fabbricati un'ampiezza di 50. Da evitare però la costruzione di edifici eccessivamente elevati, tipo grattacielo, dovendosi prevedere le possibilità future dell'aviazione che, in un avvenire non lontano, sarà certamente in grado di trasportare a bordo degli aeroplani artiglierie di medio calibro col relativo munizionamento, trasformandoli in batterie volanti, capaci di battere efficacemente, sia pure con tiri in depressione, bersagli a grande sviluppo verticale, oltre che bersagli orizzontali. Di massima, perciò, il numero dei piani sopraterra dei fabbricati potrà variare dagli 8 ai 12 piani. Alla periferia, ragioni igienico-sanitarie, consigliano costruzioni meno elevate, a tipo villini, palazzine o case comuni, con limitato numero di alloggi, e circondate da giardini, orti, frutteti, ecc.».[33] Questo è il tipo di sviluppo urbanistico proposto negli anni Trenta in Italia, anche frutto di attenti studi e consone applicazioni dell'utilizzo del calcestruzzo armato in ambito civile.

3b - *La protezione dei fabbricati*

I nuovi criteri costruttivi vanno ad applicare nuovi materiali e a modificare negli edifici innanzitutto le fondazioni, le solette, le pareti e le coperture. Tutto ciò serve alla deflessione degli ordigni e ad ostacolarne la propagazione dello scoppio e delle relative onde d'urto, nonché alla propagazione degli incendi. Se la funzione del tetto è anche quella di deviare le bombe sganciate dagli aerei, è pur vero che forme e strutture consone sarebbero non solo assai pesanti, ma pure di costo elevato senza per altro garantire una assoluta protezione. Si conviene quindi che: «Un tale tipo di tetto non rappresenta perciò una soluzione che possa essere adottata nella generalità dei casi, ma solo per qualche edificio di speciale conformazione, di limitato sviluppo orizzontale, di molta importanza ed isolato, dovendosi evitare che le bombe cadute sopra un edificio rimbalzino su edifici vicini. I materiali più convenienti per la loro costruzione sono ad ogni modo il cemento armato e l'acciaio, il secondo dei quali presenta rispetto al primo il vantaggio di conferire al manufatto una maggiore elasticità ed un minor peso».[34] La struttura di un edificio a più piani dovrà servire, a cominciare dalla sua copertura, a frenare l'azione di penetramento delle bombe d'aereo, per proseguire attraverso i vari piani sottostanti «che debbono avere struttura tale da offrire, colla necessaria resistenza all'urto, anche la possibilità di sopportare il carico del materiale eventualmente crollato dei piani superiori, senza che sia compromessa l'integrità dei corpi portanti. A queste condizioni soddisfano bene i solai di cemento armato di notevole robustezza, rafforzati da nervature sfalsate nei vari piani od incrociate, quando non vi si opponga una grande differenza fra la larghezza e la lunghezza degli ambienti. Lo spessore che si dovrà dare ai solai dipenderà dal numero dei piani dell'edificio e dovrà essere tanto maggiore quanto questo è minore, tenendo presente che una bomba da 50 kg. è in grado di perforare una casa di ordinaria costruzione di tre piani arrivando sino al piano delle cantine».[35] Si considera inoltre la tenuta dei solai variamente rinforzati e la necessità di eventuali puntellature, passando a considerare che l'ossatura degli edifici dovrà essere necessariamente di calcestruzzo di cemento armato, seppure l'acciaio «ha però l'inconveniente, in caso di incendi di vaste proporzioni, di incurvarsi e deformarsi per effetto della dilatazione, determinando il crollo dei solai e delle pareti. Costruzioni ad ossatura in cemento armato od in acciaio, sono tuttavia poco esposte al pericolo di estesi incendi e l'inconveniente ora accennato è perciò di importanza limitata».[36] Gli effetti di un eventuale scoppio possono poi essere attenuati dando alle pareti interne degli edifici uno spessore minimo, offrendo poca resistenza alla pressione dell'onda d'urto e dei gas generati dall'esplosione. Per il calcolo delle fondazioni occorrerà ricordare che al di sotto di un edificio vi saranno uno o più piani sotterranei, con la possibilità che più spazi siano destinati ad essere utilizzati come rifugi antiaerei. Inoltre, una bomba che cada nelle immediate vicinanze di un

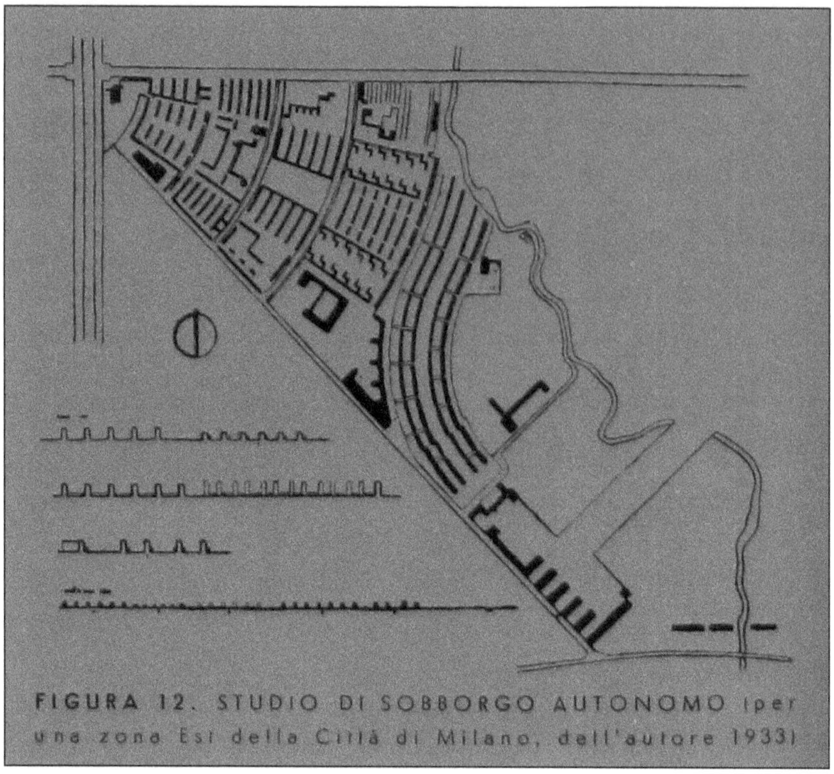

Fig. 9. «Studio di sobborgo autonomo (per una zona Est della Città di Milano, dell'autore 1933)» (Campanini R. 1935, *La tecnica della difesa aerea nei riflessi urbanistici*, estratto dalla Rivista "Urbanistica" N. 6 Novembre - Dicembre 1935-XIV, Tip. L. Rattero, Torino, p. 356).

edificio sarà pericolosa nella misura in cui la spinta orizzontale della terra non troverà muri di adeguato spessori che la contengano. L'ulteriore protezione contro gli effetti di un bombardamento va ricercata ed ottenuta anche «nella pianta degli edifici, che non dovrà contenere cortili chiusi o ristretti, ed avere invece forma a C o ad L, od a croce, in modo che la pressione dell'aria conseguente allo scoppio trovi una o più direzioni di minore resistenza verso le quali esaurirsi».[37]

3c - *Ancora sul decentramento*

Gli anni successivi e lo sviluppo della tecnologia in ambito militare ne rendono obsolete alcune parti, che sono aggiornate, ma i principi di base si mantengono validi. L'istruzione della popolazione civile e la predisposizione di adeguate strutture antibombardamento occupano i pensieri di svariati tecnici e militari, nonché numerose pagine di circolari comunali, prefettizie e ministeriali fino a tutto il periodo della Seconda Guerra Mondiale. L'addestramento dei civili è il leitmotiv degli anni Venti e Trenta, in previsione di un conflitto che la gran parte della popolazione non desidera. Tutto ciò non frena talune spinte architettonico – urbanistiche le quali vedono nello sviluppo graduale delle città il motivo stesso della loro possibile morte in caso di guerra. Nel 1935 l'architetto Raimondo Campanini fa osservare che la difesa delle città è venuta a mancare, sostituita dalla sicurezza del confine. Egli ricorda che l'«Urbanistica come descrissi sommariamente prima, che ha risolto la città moderna con tutte le sue esigenze dovute alla nostra vita, ha trascurato l'invasione per terra o per mare, non ha pensato all'incursione aerea, o per scetticismo o per ignoranza».[38] Individuati i tre sistemi con cui un avversario può condurre l'offensiva aerea (dinamico, chimico e batteriologico), l'architetto individua nel decentramento la soluzione. Contro l'offesa dinamico-chimica egli propone: «Decentramento compreso come zonizzazione residenziale. Costruzioni sensibilmente superiori, in altezza, alle attuali e quindi la determinazione delle distanze fra le linee delle case (determinata dalla luce solare che definendo le ombre proietta l'oscurità) è maggiore che non quelle odierne (questi rapporti sono già risoluti dal lato igienico ed economico). Case aventi protezioni a prova di bomba (rifugi) dove installazioni d'ossigeno, d'acqua, di viveri, di servizi igienici, potranno prolungare la permanenza dell'abitante. Da ciò, sommariamente possiamo dare uno schema di sistema contro un'offesa chimica e dinamica in pari tempo. La lontananza (relativa) delle residenze dalla vita pulsante della città è la prima difesa; la seconda è l'incremento del rapporto fra l'area scoperta e coperta; la terza è l'elevazione del fabbricato che ci garantisce contro i gas venefici (giacché questi tendono a disporsi nei bassi strati dell'aria). Non bisogna escludere i collegamenti sotterranei tra i rifugi sotterranei e l'eventuale rete metropolitana che correrà attraverso la metropoli. Gallerie delle metropolitane, studiate anch'esse a prova di bomba, con stazioni di facile isolamento esterno, per vietare l'infiltramento del gas; metropolitane nelle quali i mezzi di locomozione, potranno circolare anche indipendentemente dalle centrali elettriche, a tenuta stagna ed inalati da ossigenatori, in maniera tale che la popolazione possa avere una uscita dal nucleo urbano e raggiungere campi di concentramento: difese di maggiori garanzie e comodità».[39] Per quanto concerne, invece, un possibile attacco batteriologico: «Non meno importante (perché strettamente legata con la salute pubblica) è la protezione delle condutture e delle centrali dell'acqua (serbatoi); la guerra è anche batteriologica. Si provvederà quindi a porre dette condutture (dove pure potranno essere inclusi cavi dell'energia e del gas luce) a profondità maggiore che non le attuali (facili a determinarsi, sapendo la penetrazione di bombe perforanti o dirompenti). In quanto ai serbatoi essi pure dovranno essere oggetti di prevenzioni o ponendoli a distanza dai centri abitati o costruendoli con tecnica adeguata. Questi sopracitati provvedimenti è logico che debbano essere adottati anche nelle attuali fabbriche cittadine; in quanto il concetto di pace permanente è un'idea poco felice e troppo semplice»[40] (figg. 9 – 10).

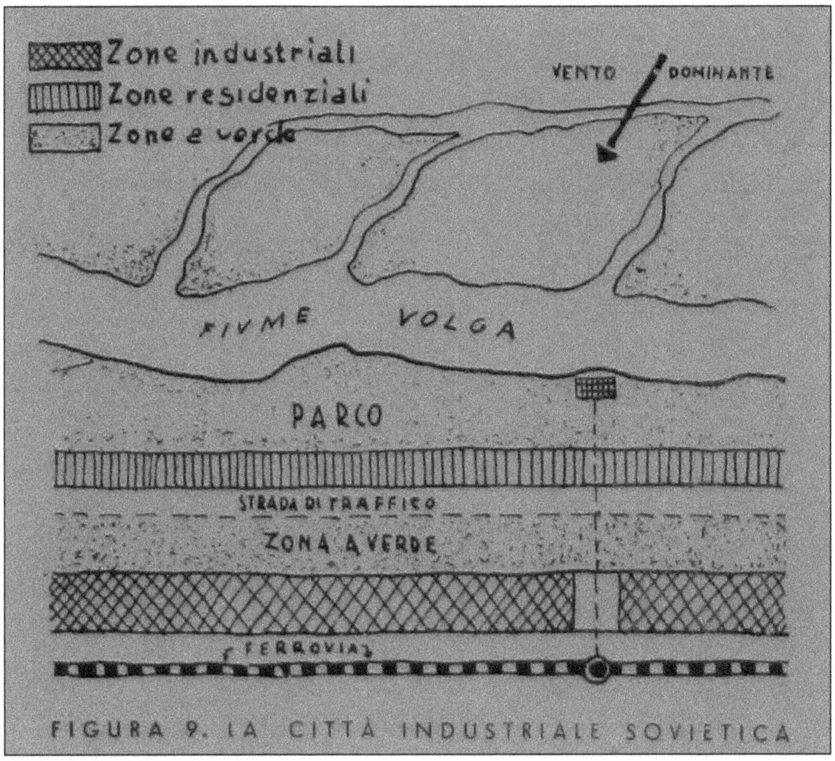

Fig. 10. «La città indistriale sovietica» (Campanini R. 1935, *La tecnica della difesa aerea nei riflessi urbanistici*, estratto dalla Rivista "Urbanistica" N. 6 Novembre-Dicembre 1935-XIV, Tip. L. Rattero, Torino, p. 354).

4 - *Dalle Norme Tecniche al Regio Decreto*

Nel 1936 il *Regio Decreto – Legge 24 settembre 1936-XIV, n. 2121*, poi trasformato nella *Legge del 10 giugno 1937 n. 1527*, obbliga a costruire in ogni nuovo fabbricato ad uso abitativo il relativo e opportuno rifugio antiaereo. L'Articolo n° 1 recita: «È fatto obbligo agli Enti o privati che costruiscono fabbricati destinati ad abitazione civile o popolare, di provvedere – a proprie spese – per l'adattamento a ricovero antiaereo di parte del sotterraneo o del seminterrato o, in mancanza, del pianterreno. L'obbligo al cui precedente comma ricorre anche per i fabbricati in corso di costruzione alla data di entrata in vigore del presente decreto». Nel 1938 una considerazione dell'ing. Luigi Secchi fornisce la chiara indicazione sui rifugi antiaerei di Milano, lasciando intendere che nel resto dell'Italia si è fatto ancor meno: «La mia esposizione ha cercato di dare soprattutto l'idea di quanto è stato fatto nei diversi campi delle costruzioni milanesi, di questa Città che ritengo sia all'avanguardia delle costruzioni protettive private, perché sino ad oggi sono stati costruiti 450 ricoveri [sia pubblici, sia privati. *N.d.A.*] per una capienza complessiva di 17.000 persone. Poca cosa per una città di 1.200.000 abitanti, ma che in relazione all'apatia pressoché generale con cui viene considerata la costruzione dei ricoveri, è un sicuro indice di volontà e di aderenza alla realtà».[41] Datata 22 dicembre 1938, la Legge n. 2224 agevola e disciplina la costruzione di rifugi antiaerei ad uso civile sul territorio nazionale. Si tratta della presa di coscienza che i rifugi antiaerei a prova di bomba e di gas esistenti sono pochi e assolutamente insufficienti al ricovero della popolazione. In pratica si demanda ai privati cittadini e ai singoli Comuni di provvedere in proprio alla incolumità dei cittadini e, conseguentemente, alla realizzazione di consone strutture protettive in caso di conflitto. I contenuti della legge, nonché la conclamata perenne penuria di materie prime, non consentiranno comunque la costruzione di un numero bastevole di rifugi antiaerei e antigas.

4a - *1938: «Classificazione dei ricoveri»*

Studi, ordinanze, leggi, decreti e semplici suggerimenti su come si debbano realizzare i rifugi antiaerei e antigas in ogni tipo di ambiente e nelle più disparate circostanze sono a dir poco numerosi. A titolo informativo si riporta la «Classificazione dei ricoveri» del 1938, redatta dal Ministero della Guerra italiano (Comando del Corpo di S.M. – Sottocapo di S.M. per la Difesa Territoriale – Comitato Centrale Interministeriale Protezione Antiaerea). Eccone lo stralcio:
«Si dividono in due categorie: pubblici e privati (fig. 11):

Ricoveri pubblici – costruiti a cura e spese di Enti Pubblici, servono ad ospitare le persone che siano sorprese in strada al manifestarsi dell'attacco aereo.
Ricoveri privati – suddivisi a loro volta in tre sotto categorie:
a) *ricoveri collettivi* – costruiti negli edifizi sedi di uffici statali e parastatali o di enti pubblici e militari (figg. 12, 13), di aziende private, stabilimenti industriali; ecc.; servono a dare rifugio al personale dirigente, di comando o di servizio degli enti suddetti, che non deve allontanarsi dagli edifizi stessi durante gli attacchi aerei;
b) *ricoveri casalinghi* – costruiti negli edifizi adibiti normalmente ad abitazioni private e servono a dare asilo alle persone che vi dimorano stabilmente (fig. 14);
c) *ricoveri individuali* – costruiti in casi particolari per la protezione dei singoli individui aventi compiti speciali».[42]

5 - *La protezione dei civili a Monza tra le due guerre mondiali*

Tra il 1919 e il 1939 a Monza si seguono le disposizioni Nazionali in materia di protezione dei civili. Si riscontra, sempre dai documenti di archivio, che la città si doterà innanzitutto di rifugi antiaerei di circostanza, ovvero dei «ricoveri casalinghi o di fortuna», caratterizzanti l'intero panorama italiano. Pochi saranno i rifugi antiaerei e

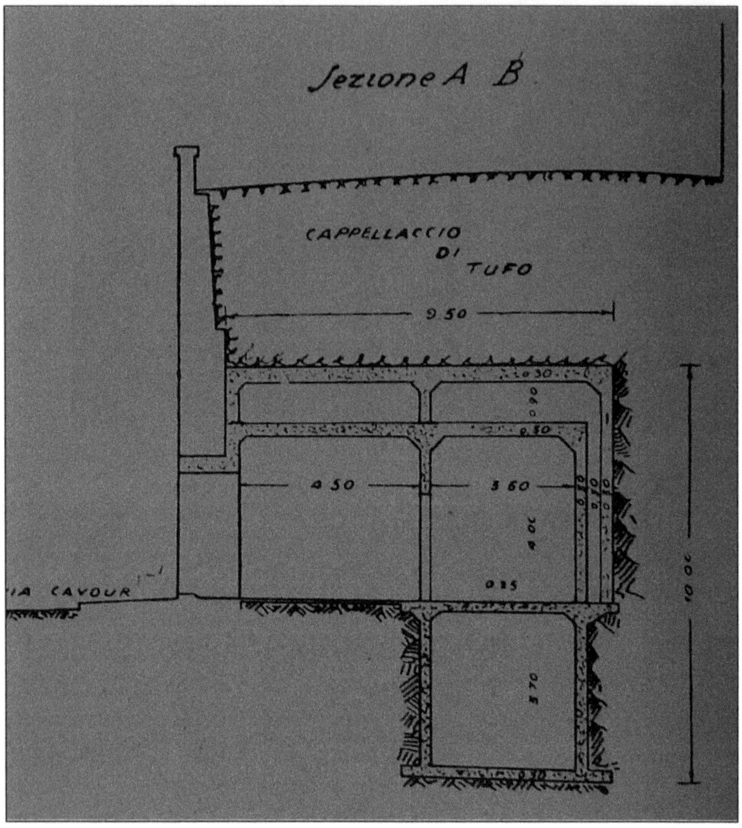

Fig. 11. «Ricovero antiaereo ricavato in un terrapieno. Ci è grato presentare un progetto di massima di un ricovero antiaereo , studiato sotto la guida e secondo le direttive impartite dagli ingg. On. Del Bufalo e Stellingwerff. Da notare il fatto che il reddito dei locali ricavati può dare congruo interesse al capitale impiegato per la costruzione del ricovero, che, naturalmente può essere, in pace, utilizzato per negozi, uffici e magazzini. Particolarmente interessante il sotto-retro negozio, che dà sicurezza pressoché assoluta anche ai colpi in pieno di grosso calibro. Inutile dare ulteriori spiegazioni che risultano dai disegni» (N. D. G. 1936, *Ricovero antiaereo ricavato in un terrapieno*, in *L'industria italiana del cemento*, Anno VIII – N. 1, Roma, p. 26).

Fig. 13. Ricovero antiaereo nel Palazzo del Governo a Padova: sezione (La Redazione 1938, *Il ricovero antiaereo nel Palazzo del Governo a Padova*, in *L'industria italiana del cemento*, Anno X – N. 6, Roma, p. 197).

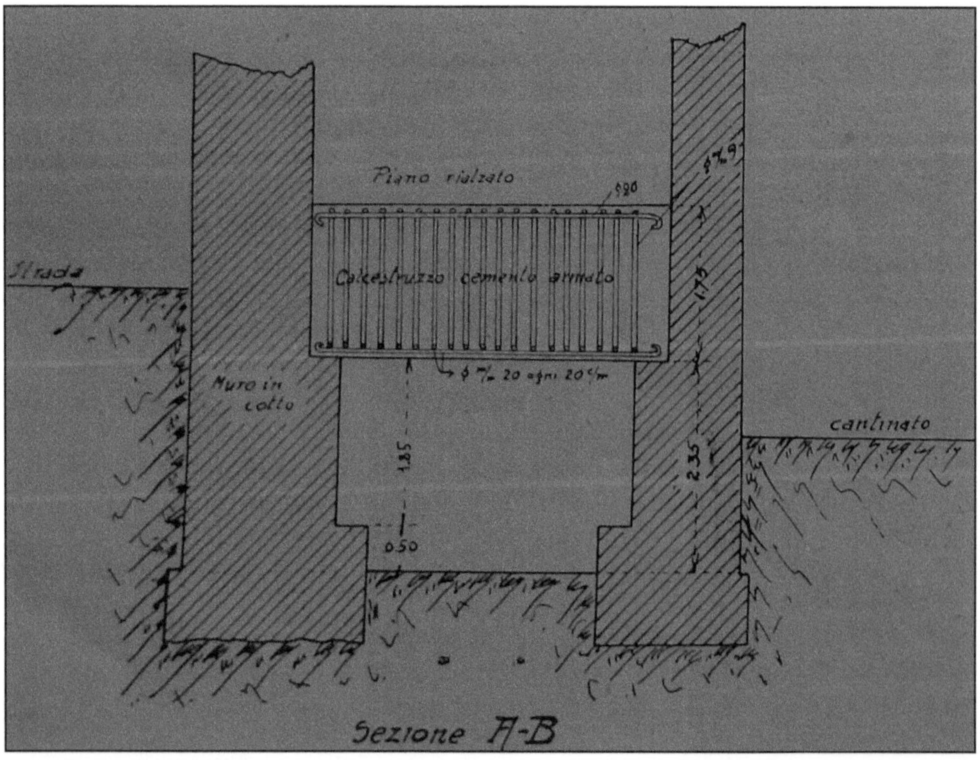

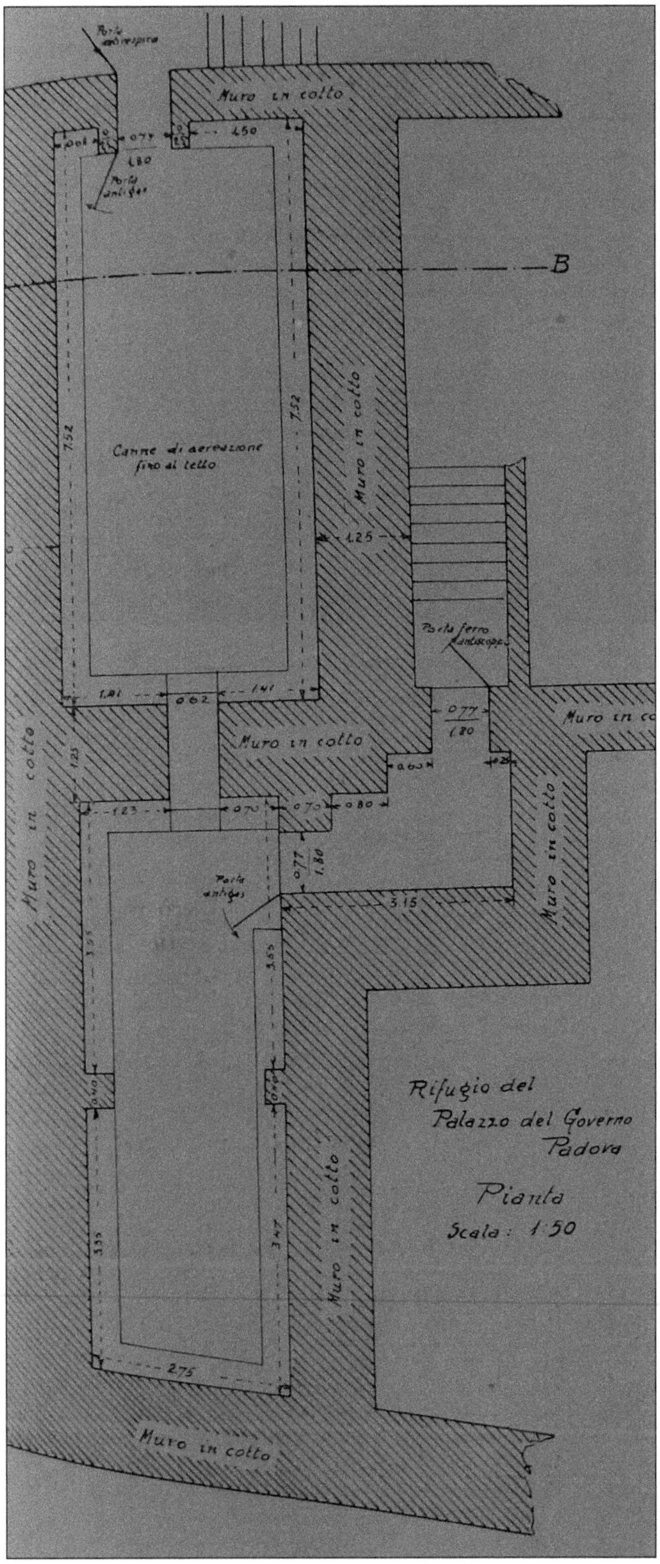

Fig. 12. «Ricovero antiaereo nel Palazzo del Governo a Padova. (...) Nella parte sotterranea del Palazzo compresa fra lo scalone d'onore e la riviera Tito Livio sono stati ricavati due locali aventi un'area complessiva di circa 50 metri quadrati ed un'altezza di m. 2,35 (dei quali circa metà sotto il piano stradale), e protetti da muri dello spessore variabile da m. 1,80 a m. 1,25 e da un solettone in calcestruzzo di cemento tipo 450 dello spessore di m. 1,75 ed armato con doppio ordine di barre di ferro tondo omogeneo del diametro di 20 m/m. disposte a maglia quadrata avente il lato di cm. 20 e collegati da staffe pure di ferro tondo del diametro di 9 m/m. L'interno di detti ricoveri cui si accede da due diverse aperture ciascuna munita di doppia porta speciale antiscoppio ed antigas, è provvisto di una banchina in muratura costruita lungo l'andamento dei muri, nonché di una canna di aerazione che si protende fino al disopra del tetto del Palazzo. La costruzione è stata eseguita dall'Impresa Ing. Cavallini e Zanon» (La Redazione 1938, *Il ricovero antiaereo nel Palazzo del Governo a Padova*, in *L'industria italiana del cemento*, Anno X – N. 6, Roma, p. 197).

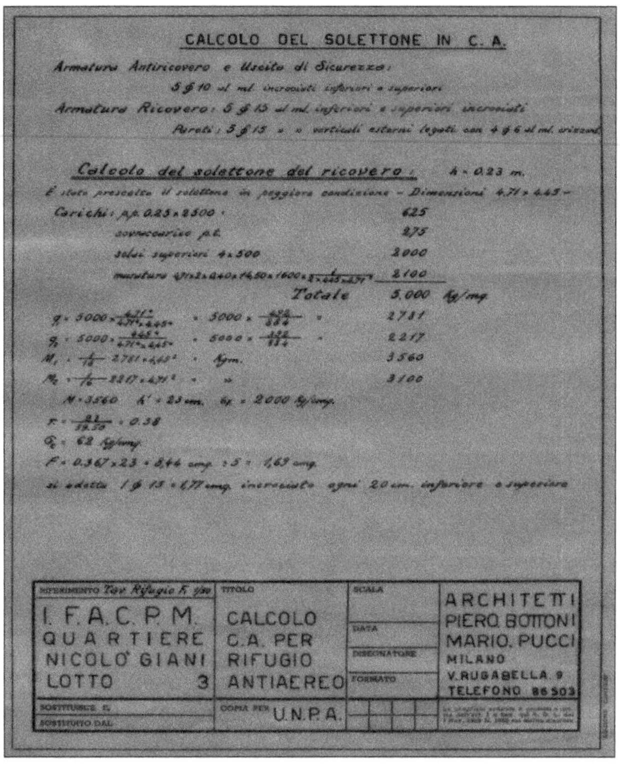

Fig. 14. Calcoli per il solettone in calcestruzzo di cemento armato in un rifugio antiaereo privato, situato a Milano nel Quartiere Nicolò Giani Lotto (Archivio Piero Bottoni Urbanistica Architettura Design Arte, DAStU, Politecnico di Milano).

antigas propriamente detti e, quasi sempre, fatti costruire da privati. In realtà, una più puntuale classificazione per comprendere il panorama dei rifugi antiaerei, realizzati in Italia prima e durante la Seconda Guerra Mondiale, è la seguente: 1. Struttura semisotterranea o sotterranea antica utilizzata come rifugio antiaereo. 2. Locale cantinato semisotterraneo o sotterraneo puntellato e utilizzato come rifugio antiaereo. 3. Rifugio ricavato sotto un portico o sotto un androne oppure a ridosso di un edificio. 4. Rifugio realizzato mediante semplice scavo del terreno, denominato «rifugio seminterrato». 5. Rifugio realizzato mediante semplice scavo del terreno, denominato «trincea antischegge». 6. Rifugio in galleria espressamente scavata e galleria stradale, ferroviaria o pedonale a quota campagna, semisotterranea o sotterranea, utilizzata come rifugio antiaereo. 7. Rifugio antiaereo realizzato internamente a un edificio, in fase o meno con esso, anche in calcestruzzo di cemento armato. 8. Rifugio antiaereo in calcestruzzo e/o calcestruzzo di cemento armato, sotterraneo o semisotterraneo. 9. Rifugio antiaereo di tipo speciale, in elevato. 10. Rifugio individuale (o mono persona).[43] Indubbiamente i rifugi antiaeri migliori erano quelli espressamente costruiti secondo i più moderni criteri antibomba e antigas. Una ditta specializzata era la Bergomi di Milano, la quale realizzava soprattutto macchinari per la ventilazione, filtrazione e rigenerazione dell'aria da installarsi nei rifugi antiaerei a tenuta stagna (figg. 15, 16).

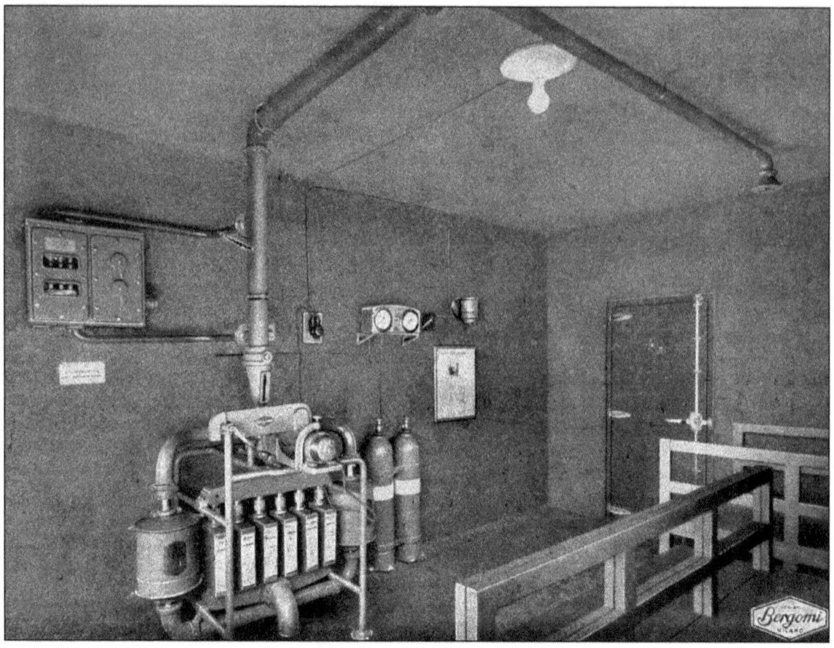

Fig. 15. Ricovero collettivo antigas con sistemi di ventilazione, depurazione e rigenerazione dell'aria della Ditta Bergomi (Bergomi Soc. An., *Ricoveri collettivi antigas*, Opuscolo 21, Milano 1938, p. 1).

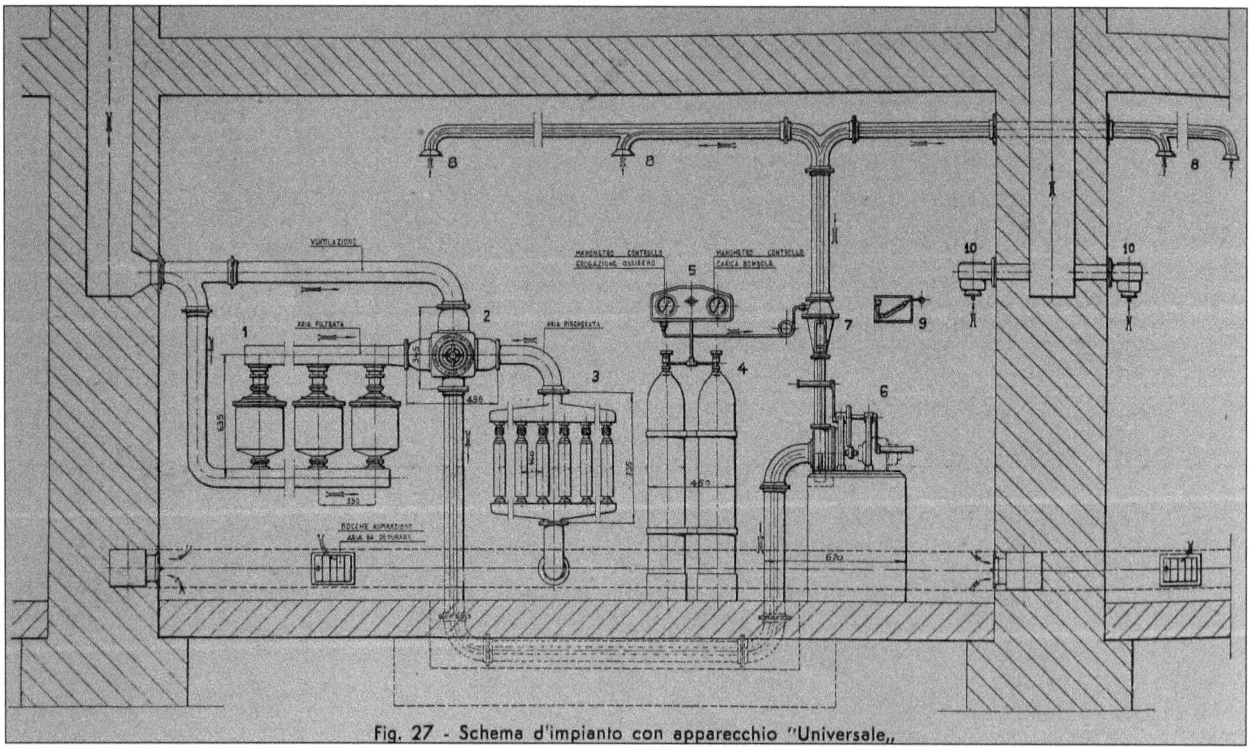

Fig. 16. Schema d'impianto con apparecchio "Universale" della Ditta Bergomi: «1. Batteria di filtri; 2. Valvola di smistamento; 3. Batteria di depuratori; 4. Bombole di ossigeno; 5. Quadro di controllo; 6. Ventilatore; 7. Flussimetro; 8. Bocche erogazione aria filtrata; 9. Manometro a liquido; 10. Valvole regolatrici della pressione» (Bergomi Soc. An., *Ricoveri collettivi antigas*, Opuscolo 21, Milano 1938, p. 18).

Costruiva anche vari modelli di porte antiscoppio e antigas. La sua illustrazione dei rifugi antiaerei moderni è chiara e concisa: «Se l'impiego di aggressivi chimici nelle azioni guerresche, risalendo anche a qualche secolo addietro, non è un fatto nuovo nella storia, è facile prevedere che esso assumerà ben maggiore gravità nelle conflagrazioni future. La chimica, in continuo grande progresso, fornirà ai belligeranti mezzi di distruzione potentissimi».[44]

La fine degli Anni Trenta vede tutte le città italiane ancora impreparate a proteggere adeguatamente la popolazione civile. I rifugi antiaerei sono stati sì approntati, ma in modo inadeguato e in numero assolutamente insufficiente. Pochi sono i rifugi antibomba e antigas. Per la maggior parte si tratta di opere sotterranee già esistenti e semplicemente riutilizzate, ma non sempre con i prescritti accorgimenti. La situazione a Monza non differisce dal panorama nazionale. L'entrata in guerra dell'Italia farà prendere coscienza del pericolo e frettolosamente si correrà ai ripari: si appronteranno, come già accennato, i cosiddetti «rifugi di fortuna» o «ricoveri casalinghi di circostanza», ovvero le cantine puntellate, nonché ogni altro tipo di opera a basso costo e di pronta realizzazione. Rendendosi conto del pericolo che corre ogni giorno di più la popolazione civile e capendo l'inadeguatezza dei sistemi messi in atto per la loro protezione, ci si risolve a «svuotare» i centri abitati a maggiore concentrazione. Dalle città sono evacuati, ovvero sfollati, coloro i quali non direttamente legati alla gestione della vita cittadina. Molti civili faranno poi i pendolari tra le località limitrofe agresti e la città, per recarsi quotidianamente al lavoro. Questo garantirà il diradamento dei civili, la diminuzione dei pericoli di grandi stragi in caso d'attacco e la possibilità di proteggere meglio coloro i quali rimarranno, volenti o nolenti, negli agglomerati urbani e nei centri di produzione. Nell'Archivio Storico del Comune di Monza vi è un interessante documento. Si tratta delle bozze relative allo sfollamento, datate 9 dicembre 1939 e trasmesse il giorno 10 dicembre 1939 dal Comitato Provinciale Protezione Antiaerea al Podestà di Monza, con la richiesta di leggerle e di comunicare le eventuali osservazioni entro il 12 dicembre 1939.[45]

6 - *Il rifugio antiaereo del Municipio*

Il Comune di Monza delibera di ultimare la costruzione del rifugio antiaereo nei sotterranei del Palazzo Civico, nell'attuale Piazza Trento e Trieste (figg. 17 – 23): «N. 23865//4380 – Città di Monza – L'anno millenovecentotrentanove (1939) anno XVII addì 12 del mese di luglio. In Monza nel Palazzo Civico il Signor Comm. Avv. Ulisse Cattaneo Podestà della Città di Monza, assistito dal sottoscritto Segretario Generale del Comune stesso Cav. Avv. G. Pizzen ha adottato la seguente deliberazione: Oggetto N. 801, Attrezzatura antigas Ricovero Antiaereo Palazzo Civico. Ritenuta la necessità di completare l'allestimento del ricovero antiaereo costruito nella parte di completamento del Palazzo Civico, e precisamente di provvedere all'attrezzamento antigas. Ritenuto che trattative sono all'uopo intervenute con la Soc. An. Bergomi di Milano per l'installazione del suo impianto "universale" per ricovero collettivo antigas per 130 persone, giusta l'offerta 4 luglio N. 8227 (atti del Comune N. 23345) escludendo però la fornitura delle porte per cui viene provveduto diversamente come in appresso; Ritenuto che l'impianto predetto è calcolato in base ai dati seguenti:

ventilazione semplice = 50 litri di aria per persona al minuto primo
filtraggio = 45 litri di aria per persona al minuto primo
rigenerazione = 30 litri di ossigeno persona/ora, assorbendo nello stesso tempo 25 litri di anidride carbonica.

Ritenuto che per la fornitura e posa in opera di sei porte antigas fu interpellata la Soc. An. Officiana Brevetti Sisti di Milano per il tipo di porta "Securitas" in puro cemento, a sei catenacci, con movimento di chiusura compensato e manovra centrale, pressione uniforme sul corpo, elastico per la tenuta antigas, resistenza Kg. 0,500 per cmq. luce netta del telaio cm. 74 x 174, telaio a zanche a doppio armeggio da terra; Ritenuto che la fornitura Bergomi comprendente l'impianto "universale" per ricovero collettivo antigas per 130 persone, tubazioni ed accessori relativi, un bonificatore per antiricovero della capacità di litri 10, importa una spesa di L. 33.000.= con le condizioni seguenti: materiale franco in opera = montaggio a carico della Ditta, escluse le opere murarie, posa in opera dell'impianto funzionante in 120 giorni dal perfezionamento dell'ordine, pagamento entro gennaio 1940; Ritenuto che la fornitura e la posa in opera delle 6 porte antigas "Securitas" della Ditta Sisti importa una spesa di L. 4.440.= Ciò premesso e ritenuto, e attesa l'urgenza

DELIBERA

1°) di approvare l'allestimento dell'attrezzatura antigas nel ricovero antiaereo costruito nella parte di completamento del Palazzo Civico mediante l'installazione:
a) = dell'impianto "universale" della Soc. An. Bergomi di Milano alle condizioni, norme e requisiti specificati in premesse al prezzo globale di L. 33.000.=
b) = di N. 6 porte antigas "Securitas" della Soc. An. Officiane Brevetti Sisti aventi i requisiti specificati in premesse, al prezzo globale di L. 4.440.=
2°) di imputare la spesa complessiva di L. 37440.= sul fondo che verrà all'uopo stanziato in Bilancio 1940 tra le obbligatorie straordinarie = Cat. IV = Protezione Antiaerea.
Fatto e sottoscritto.

IL PODESTÀ
F.to: Avv. Ulisse Cattaneo

IL SEGRETARIO GENERALE
F.to: Avv. Giovanni Pizzen»[46] (figg. 24 – 32).

Fig. 17. Il Palazzo del Comune di Monza in un disegno del 1934 (Comune di Monza, Archivio storico, Sezione quarta (1946-1954), 253/1, 28.4).

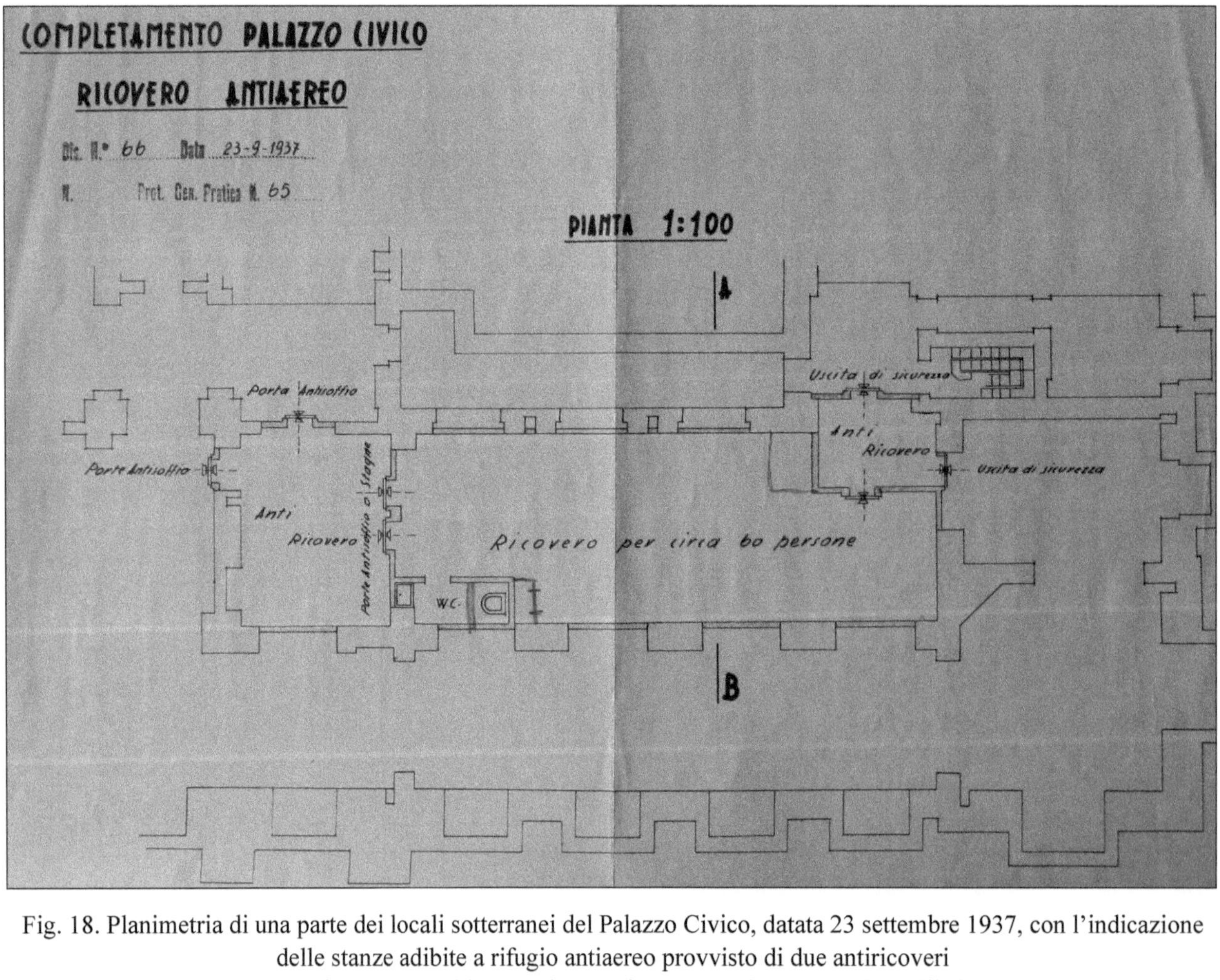

Fig. 18. Planimetria di una parte dei locali sotterranei del Palazzo Civico, datata 23 settembre 1937, con l'indicazione delle stanze adibite a rifugio antiaereo provvisto di due antiricoveri
(Comune di Monza, Archivio storico, Sezione quarta [1946-1954], 256/1, 28.4).

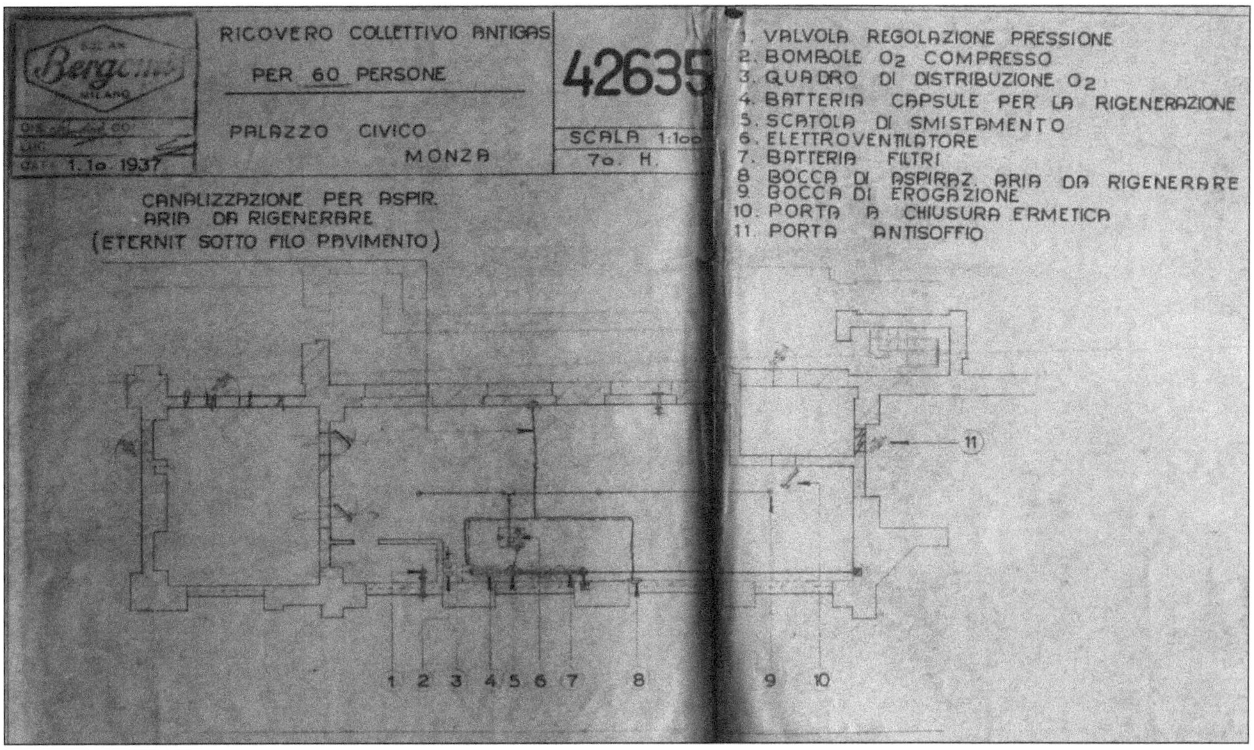

Fig. 19. Planimetria, datata 1 ottobre 1937, del «ricovero collettivo antigas per 60 persone», da realizzarsi nei sotterranei del Palazzo Civico (Comune di Monza, Archivio storico, Sezione quarta [1946-1954], 256/1, 28.4).

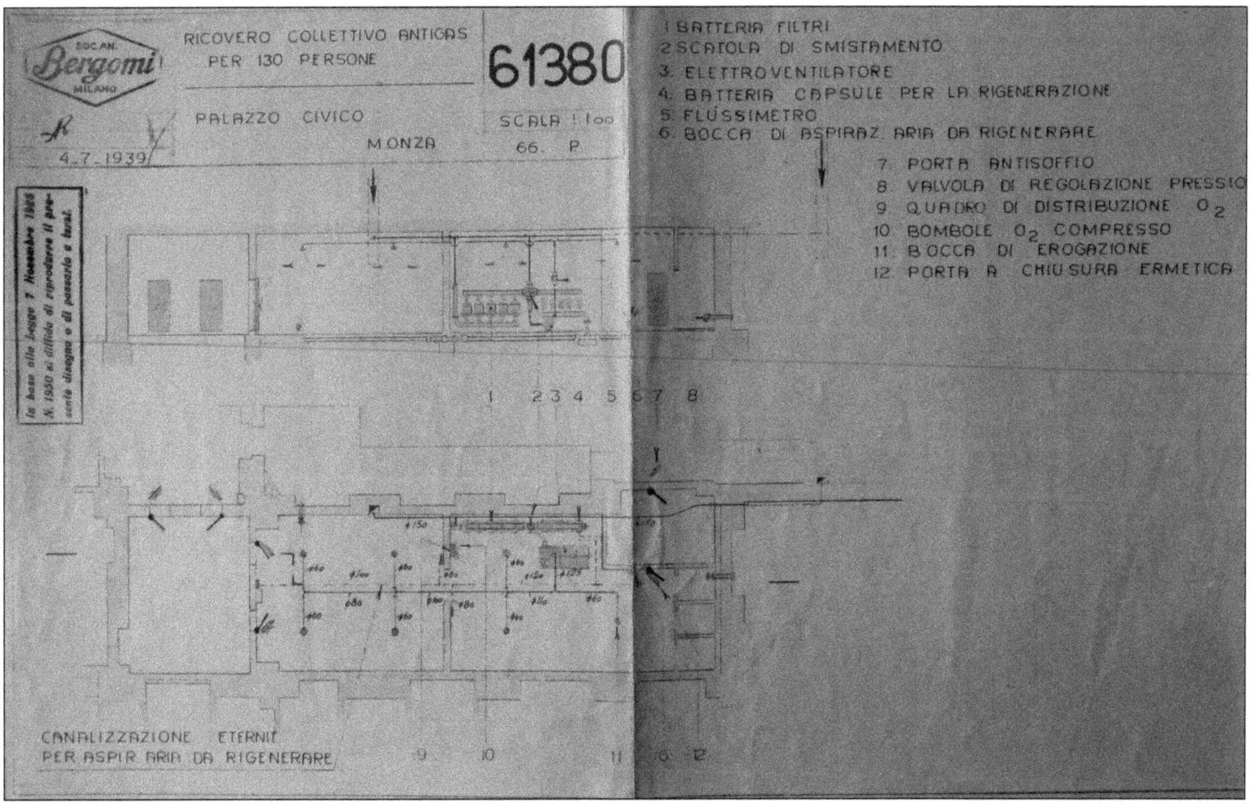

Fig. 20. Planimetria (pianta e sezione) datata 4 luglio 1939 del «ricovero collettivo antigas per 130 persone», con macchinari per la ventilazione, filtrazione e rigenerazione dell'aria forniti dalla Ditta Bergomi, da realizzarsi nel Palazzo Civico; rispetto agli intenti originari la capacità di accoglienza è più che raddoppiata e si è suddiviso l'ambiente principale in celle, mantenendo due antiricoveri (Comune di Monza, Archivio storico, Sezione quarta [1946-1954], 256/1, 28.4).

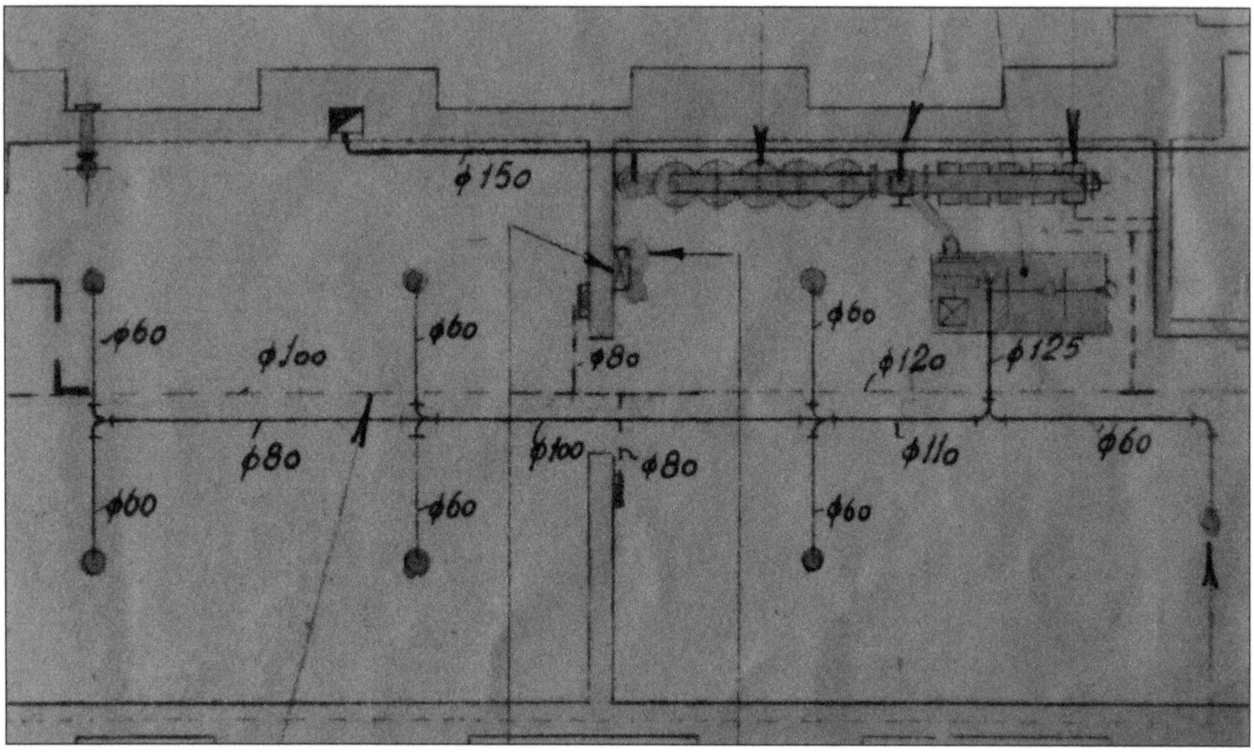

Fig. 21. Dettaglio della pianta, con macchinari per la ventilazione, filtrazione e rigenerazione dell'aria forniti dalla Ditta Bergomi (Comune di Monza, Archivio storico, Sezione quarta [1946-1954], 256/1, 28.4).

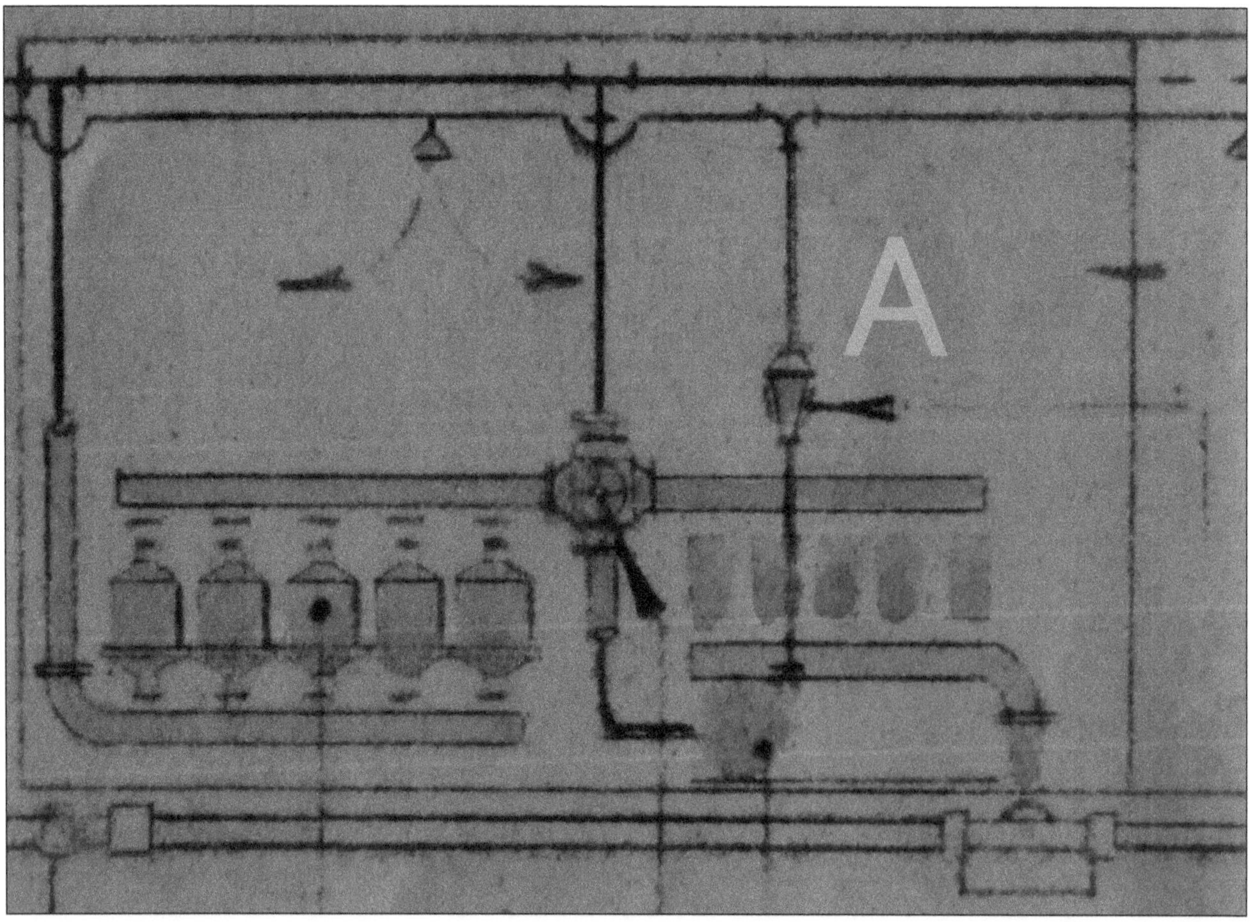

Fig. 22. Dettaglio della sezione del ricovero antigas dove la lettera verde A indica il «flussimetro a cono» della Ditta Bergomi; nella fig. VI.3 rimane al di sopra dell'elettroventilatore, indicato con il n. 3 (Comune di Monza, Archivio storico, Sezione quarta [1946-1954], 256/1, 28.4).

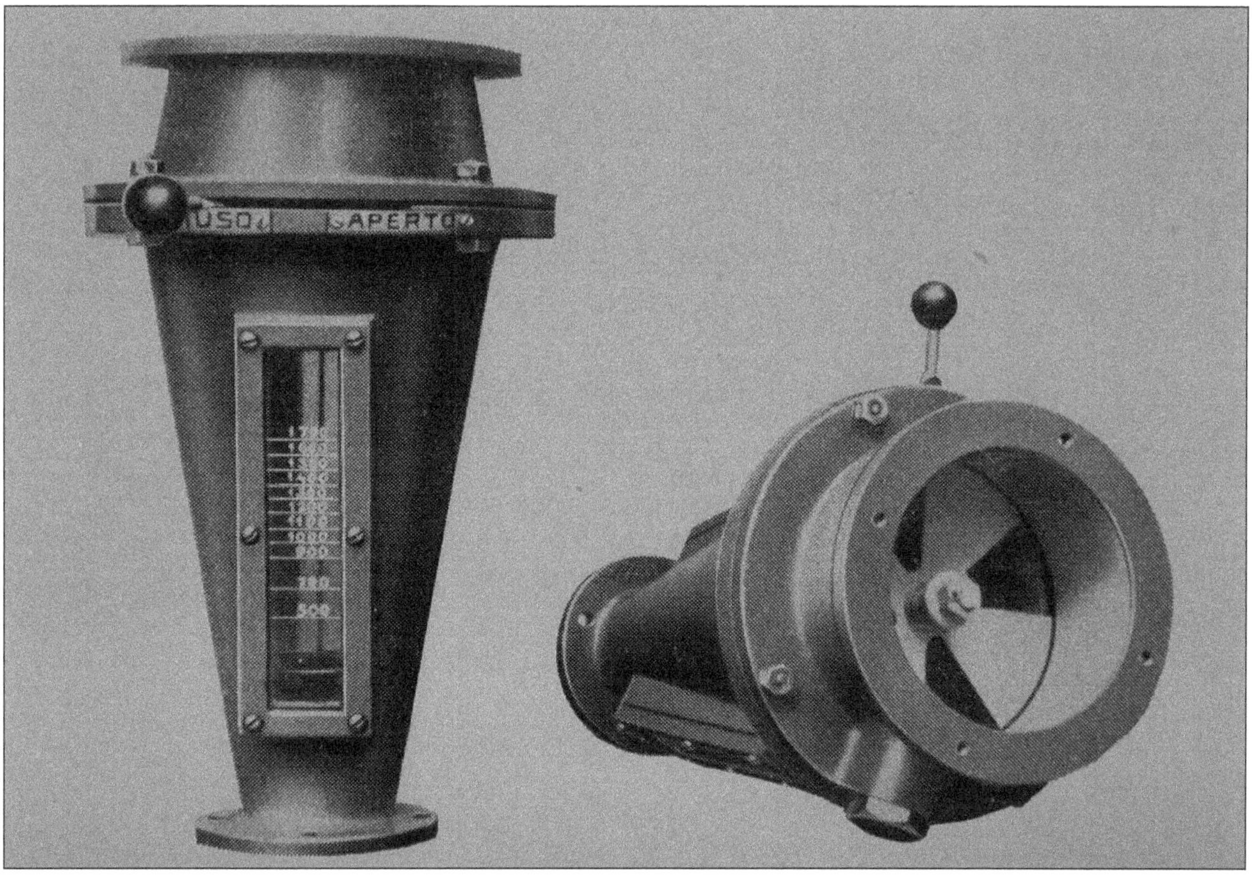

Fig. 23. Il flussimetro a cono della Ditta Bergomi veniva applicato al ventilatore per controllare che quantitativamente il passaggio d'aria attraverso il medesimo fosse sufficiente ad effettuare la depurazione dell'aria (Bergomi Soc. An., *Ricoveri collettivi antigas*, Opuscolo 21, Milano 1938, p. 14).

Fig. 24. Porta in «ferro cemento» "Securitas", attualmente ancora in sede nei sotterranei del Palazzo Civico (foto G. Padovan).

Fig. 25. Porta in «ferro cemento» "Securitas", attualmente ancora in sede nei sotterranei del Palazzo Civico (foto G. Padovan).

Fig. 26. Interno dell'ex rifugio antigas del Palazzo Civico, oggi destinato ad archivio; si notino le due porte in «ferro cemento» "Securitas" (foto G. Padovan).

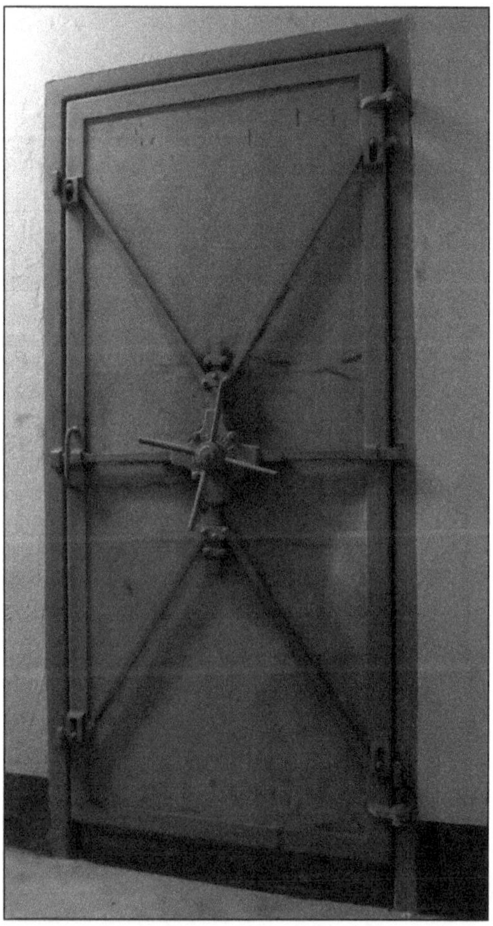

Fig. 27. Primo piano della parte interna in cemento lisciato di una delle porte della Officine Brevetti Sisti S. A. (foto G. Padovan).

Fig. 28. Primo piano della valvola di aspirazione della «canalizzazione eternit per aspir[azione] aria da rigenerare»: si veda utilmente la fig. VII.3 (foto G. Padovan).

Fig. 30. Dettaglio del volantino di chiusura della "Securitas" (foto G. Padovan).

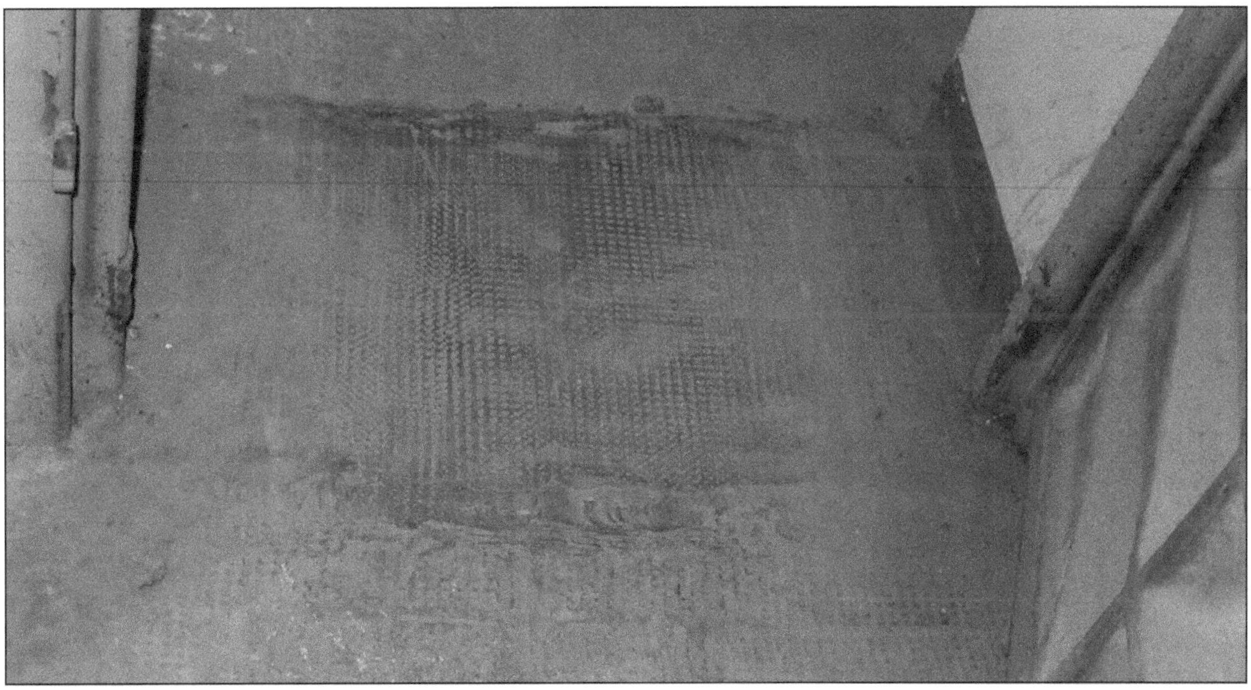

Fig. 29. Con il riutilizzo del rifugio ad archivio le battute rilevate delle porte stagne sono state eliminate e a queste ultime, inferiormente, è stata applicata una sorta di "prolunga" metallica; la foto mostra il dettaglio del pavimento bocciardato con l'evidente "rappezzo" (foto G. Padovan).

7 - *La protezione dei civili a Monza nel 1942*

I dati contenuti in altri fascicoli dell'Archivio Storico del Comune di Monza rendono abbastanza bene la situazione della protezione dei civili già in piena guerra, ovvero al settembre del 1942. Ecco un elenco dei rifugi antiaerei a quella data, pur contando che non è plausibilmente completo. Nei vari documenti vengono segnati il nome dell'edificio o dell'azienda a cui il rifugio appartiene, l'ubicazione, la superficie interna espressa in metri quadrati, il suo volume o cubatura, il numero di persone che poteva contenere.

Fig. 31. Disegno a matita rinvenuto all'interno di una delle porte del rifugio antigas del Palazzo Civico (foto G. Padovan).

Fig. 32. Data stampigliata internamente a una delle porte del rifugio antigas del Palazzo Civico (foto G. Padovan).

RIFUGI ALLA PROVA DI BOMBA

Erigenda Cassa di Risparmio delle PP.LL., Piazza Trento e Trieste, 270 m², 695 m³, 540 p.

RIFUGI ANTIAEREI ANTICROLLO

Albergo Cappello Nuovo, Via M. Bianchi 14, 35 m², 105 m³, 70 p.
Asilo Infantile Suore di Carità, Via C. Cattaneo 2, 28 m², 75 m³, 56 p.
Banco Ambrosiano, Piazza Carducci, 50 m², 125 m³, 100 p.
Banca Commerciale, Via Vittorio Emanuele 5, 25 m², 62,5 m³, 50 p.
Banca d'Italia, Via Carlo Alberto 40, 30 m², 84 m³, 60 p.
Banca Popolare Cooperativa di Novara, Piazza Duomo 3, 25 m², 80 m³, 50 p.
Banca Popolare di Milano, Via Zucchi 26, 70 m², 182 m³, 140 p.
Casa del Fascio, Via del Littorio 5, 60 m², 180 m³, 120 p.
Cassa di Risparmio PP. LL., Via Aliprandi 3, 14 m², 38 m³, 28 p.
Collegio Bianconi, Via Como 11, 160 m², 480 m³, 320 p.
Collegio della Guastalla, Viale Lombardia 80, 45 m², 112,5 m³, 90 p.
Collegio San Giuseppe, Via Volta 27, 183 m², 549 m³, 366 p.
Credito Italiano, Piazza Roma 1, 56 m², 112 m³, 112 p.
Istituto Artigianelli, Via Magenta 2, 61 m², 240 m³, 122 p.
Istituto Buon Pastore, Via Cavallotti 8, 72 m², 172,8 m³, 144 p.
Istituto Tecnico, Via Enrico da Monza 9, 87 m², 326 m³, 174 p.
Istituto Tecnico, Via Enrico da Monza 9, 515 m², 1985 m³, 1030 p.
Orfanotrofio Femminile Bellani, Via L. Solera 1, 46 m², 138 m³, 92 p.
Palazzo Civico, Largo 4 Novembre, 100 m², 350 m³, 200 p.
Palazzo degli Studi, Piazza Trento e Trieste 6, 293 m², 674 m³, 586 p.
Piccola Opera per la Salvezza del Fanciullo, Viale C. Battisti 7, 48 m², 124,8 m³, 96 p.
Scuole Elementari E. De Amicis, Vicolo Scuole 2, 142 m², 355 m³, 284 p.
Scuole Elementari U. Foscolo, Via Ferrari, 126 m², 378 m³, 252 p.
Scuole Magistrali delle Suore Canossiane, Via S. Croce 1, 56 m², 140,9 m³, 112 p.
Società Telefonica Interr. Piemontese Lombarda STIPEL, Via Missori 1, 15 m², 37,5 m³, 30 p.
Stazione Ferroviaria, Piazzale Italo Balbo, 30 m², 69 m³, 60 p.
Stazione Monza Sobborghi, Via C. Rota 1, 30 m², 81 m³, 60 p.
Villa Reale, Ingresso Via G. Boccaccio, 112 m², 336 m³, 224 p.
Villa Reale, Viale Regina Margherita 2, 220 m², 770 m³, 440 p.

RIFUGI ANTISCHEGGE

Asilo Infantile delle Suore Canossiane, Via S. Martino 6, 85 m², 295 m³, 170 p.
Palazzo Civico, Portici di Piazza Carducci, 124 m², 967 m³, 496 p.

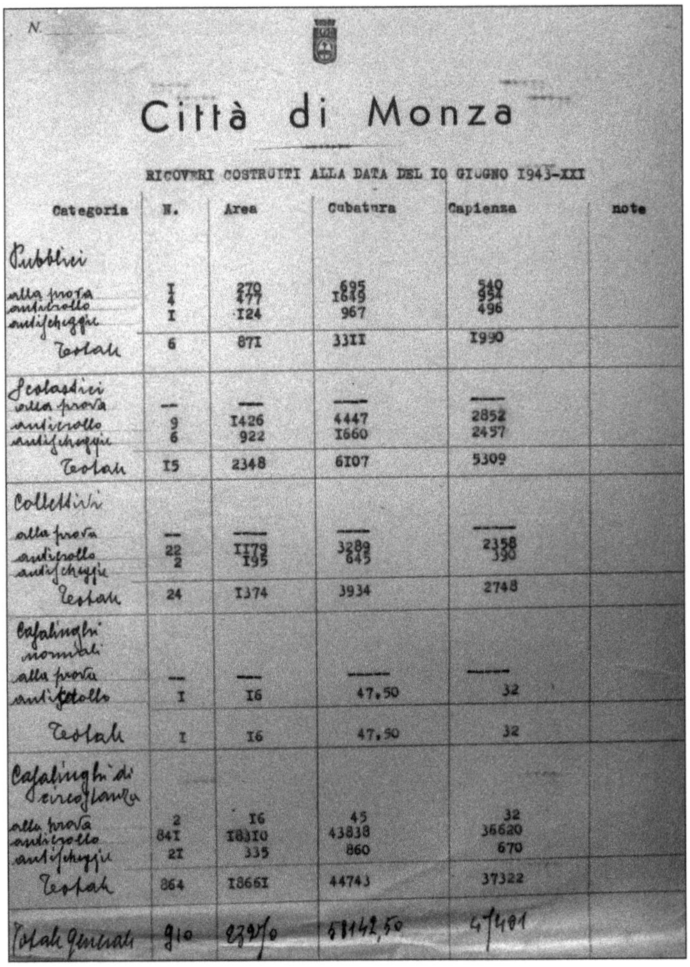

N.

Città di Monza

RICOVERI COSTRUITI ALLA DATA DEL IO GIUGNO 1943-XXI

Categoria	N.	Area	Cubatura	Capienza	note
Pubblici					
alla prova	I	270	695	540	
anticrollo	4	477	I649	954	
antischegge	I	I24	967	496	
Totale	6	871	33II	I990	
Scolastici					
alla prova	—	—	—	—	
anticrollo	9	I426	4447	2852	
antischegge	6	922	I660	2457	
Totale	I5	2348	6I07	5309	
Collettivi					
alla prova	—	—	—	—	
anticrollo	22	II79	3289	2358	
antischegge	2	I95	645	390	
Totale	24	I374	3934	2748	
Casalinghi normali					
alla prova	—	—	—	—	
anticrollo	I	I6	47,50	32	
Totale	I	I6	47,50	32	
Casalinghi di circostanza					
alla prova	2	I6	45	32	
anticrollo	84I	I83I0	43838	36620	
antischegge	2I	335	860	670	
Totale	864	I866I	44743	37322	
Totale Generale	910	23270	58142,50	47401	

Fig. 33. Al 10 luglio 1943 erano stati approntati 910 rifugi per una superficie complessiva di 23.270 m^2, un volume di 58142,50 m^3, una capienza di 47.401 persone (Comune di Monza, Archivio storico, Sezione terza [1936-1945], 17/1, 2.3).

Scuole Elementari Dante, Via XX settembre 12, 141 m^2, 253 m^3, 375 p.
Scuole Elementari E. De Amicis, Vicolo Scuole 2, 136 m^2, 245 m^3, 362 p.
Scuole Elementari U. Foscolo, Via Ferrari, 200 m^2, 360 m^3, 533 p.
Scuole Elementari R. Maltoni, Via Sempione 18, 152 m^2, 274 m^3, 405 p.
Scuole Elementari N. Tommaseo, Strada Comunale per S. Rocco 53, 157 m^2, 283 m^3, 420 p.
Scuole Elementari A. Volta, Via Caronno 12, 136 m^2, 245 m^3, 362 p.
Scuole Magistrali delle Suore Canossiane, Via S. Croce 1, 110 m^2, 350 m^3, 220 p.

RIFUGI PRIVATI

Per quanto riguarda le abitazioni private, un documento del Comune di Monza informa che vi sono, alla data del 24 settembre 1942, un rifugio alla prova di bomba, 767 rifugi anticrollo (con ogni probabilità si tratta di semplici locali cantinati puntellati) e 21 rifugi antischegge (che dovrebbero essere semplici trincee più o meno coperte).[47] Poco meno di un anno dopo risultano approntati 910 rifugi antiaerei di vario tipo (fig. 33). Agli elenchi si potrebbero aggiungere, ad esempio, il rifugio antiaereo e antigas per centoventi persone, realizzato nelle cantine del Palazzo Civico nel 1939, alcuni rifugi antiaerei alla prova di bomba presso abitazioni signorili, altri rifugi antischeggia e quanti sono stati costruiti presso le aziende, come si evince dalla consultazione di altre cartelle. Questo senza contare quelli realizzati tra il mese di settembre 1942 e la fine della guerra e pure quanti cominciati e mai portati a termine.

8 - *La circolare del 1° gennaio 1943*

Finita l'epoca delle grandi esercitazioni corali, delle Fiere di Milano con le belle e dotte esposizioni dell'U.N.P.A., la guerra si rivela per quello che è, ovvero per quello preconizzato fin dagli inizi dello sviluppo dell'«Arma Aerea». In Europa i civili vengono sistematicamente bombardati e in Italia la situazione non muta. L'aggravante è che i rifugi antiaerei approntati sono inadeguati e in numero insufficiente. Al di là di tante circolari, prescrizioni e decreti legge, il documento che si sotto riporta, ben chiarisce la realtà dei fatti in materia di protezione dei civili. Si tratta della Circolare N. 282 del Ministero dell'Interno – Direzione Generale dei Servizi per la Protezione Anti Aerea, è datato 1 gennaio 1943 ed è firmato da Guido Buffarini Guidi.[48] L'oggetto è il seguente: Ricoveri antiaerei casalinghi.

«In vista della maggiore potenza distruttiva dei mezzi di offesa adoperati dal nemico il Ministero ritiene di dover dettare ulteriori prescrizioni per l'apprestamento dei ricoveri antiaerei casalinghi. Premesso che nelle attuali contingenze non sarebbe possibile stabilire norme precise, generalmente applicabili, ma solo direttive di massima, è ovvio che queste saranno, se necessario, rese più aderenti alle situazioni locali purché nell'introduzioni di eventuali temperamenti siano seguiti con scrupolosa cura i criteri informatori delle direttive in parola. Giova ancora avvertire che non è parso necessario ripetere in questa sede le disposizioni emanate in precedenza sull'argomento, le quali, per tanto, conservano pieno vigore salvo che – beninteso – non contrastino con qualcuna delle nuove direttive che di seguito si espongono. Nell'apprestamento dei ricoveri casalinghi, premesso che non sempre sarà possibile la resistenza al colpo in pieno (caso per altro raro), e cioè al colpo che penetri nel ricovero o scoppi così vicino da investirlo con gli effetti della detonazione, è necessario sia assicurata almeno la resistenza alle schegge, al soffio ed ai crolli superiori. A tale scopo è indispensabile, oggi, operare in modo intelligente ed accorto sì da eseguire i lavori strettamente necessari evitando ogni spreco di materiale e di mano d'opera. Al riguardo è opportuno che la superficie dei ricoveri non sia superiore a un metro quadrato ogni due effettivi abitanti nella casa. Il progettista deve avere innanzitutto cura di scegliere, nell'edificio, quel locale o quei locali che meglio si prestino ad essere adattati a ricovero e cercare possibilmente di utilizzare le caratteristiche più favorevoli. Occorre considerare che il ricovero nella casa offre notevoli vantaggi per gli accessi coperti, per la rapidità e comodità di accorrervi e per la conoscenza che gli inquilini hanno dello stabile, sicché anche di questi fattori è da tener conto prima di dichiarare che nell'edificio, date le sue particolari condizioni, non è conveniente realizzare alcun apprestamento protettivo. Nel procedere a tale disamina si avrà riguardo altresì all'esistenza o meno, oppure alla possibilità di ricavare nella zona vicina altri ricoveri, anche pubblici, che presentino un grado di sicurezza effettivamente maggiore. Com'è noto, le case intelaiate con struttura in cemento armato a quelle con muri portanti, grossi e ben costruiti e con robuste strutture orizzontali sono le più adatte allo scopo; quelle meno adatte con forti strutture in legno, le quali sono esposte altresì al grave pericolo d'incendi, il che può essere di serio pregiudizio per quanti si trovino nel ricovero. Gli edifici con pesanti volte, specie se mal costruite, possono costituire grave pericolo per il crollo, a meno che le volte non siano sufficientemente contrastate nella spinta, cosa che generalmente avviene per quelle interrate. Esaminato il fabbricato nella sua struttura e nel suo stato attuale, si potrà precisare sia l'efficienza della massa coprente, sia l'entità del crollo eventuale. Per quanto riguarda la massa coprente, si tenga presente che non sempre le bombe giungono verticalmente: spesso, anzi, hanno notevole obliquità tanto più sensibile quanto maggiore è la velocità dell'apparecchio da cui sono lanciate e quanto minore è la quota da cui avviene lo sgancio. Perciò anche i piani bassi possono essere direttamente colpiti se danno su piazzali, giardini, vie larghe o simili. Circa l'entità dei crolli, si consideri anche lo stato delle strutture sovrastanti il ricovero e la possibilità che l'effetto di scoppio determini la direzione di caduta. È avvenuto infatti che il crollo di masso murario e solai ha fatto si che le macerie si siano notevolmente scostate dalla verticale. Infine, per quanto riguarda le sollecitazioni dinamiche dovute al crollo, è da notare che esse, particolarmente sentite per i primi materiali che cadono sul cielo del ricovero, vengono poi attutite dal cuscinetto automaticamente formato dai materiali stessi. Il ricovero quindi dovrà essere ubicato in quella parte del fabbricato che presenti tra l'altro:

a) la maggiore massa coprente sia superiore, sia laterale a questa non solo come entità, ma anche come qualità e stato di conservazione delle strutture;

b) accesso facile, comodo, igienico, sicuro;

c) uscite di sicurezza (meglio se plurime) lontano dall'ingresso principale e tra loro opportunamente distanziate affinché un eventuale crollo non ostruisca facilmente i diversi aditi. Si cerchi, sempre ché possibile, di render intercomunicanti fabbricati contigui, tanto più che tale soluzione consente, nei casi di nuclei cospicui d'inquilini, la creazione di un minor numero di ricoveri per isolati. In tal caso, è bene puntellare possibilmente anche gli accessi. L'apertura predisposta potrà essere chiusa con muretto in foglio, facilmente abbattibile in casi di bisogno, essa potrà anche consentire l'occupazione, nei limiti di capienza, del ricovero più protetto. Qualora una casa sia colpita, gli abitanti potranno rifugiarsi nel ricovero della casa vicina, senza bisogno di uscire all'aperto, esponendosi al tiro nemico;

d) impossibilità di incendio vicino, di allagamento, d'invasione di gas illuminante o di altro danno, specie derivante da condutture che potrebbero essere direttamente od indirettamente lesionate dagli scoppi;

e) aerazione sufficiente e sicura;

f) possibilità di chiusura ermetica in casi di attacco con aggressivi chimici.

Normalmente, dovranno essere scelti locali interni e centrali, e non esterni che diano cioè su vie e cortili, specie se ampi, evitando particolarmente i locali di angolo, dove maggiori sono le possibilità di effetti di scoppi vicini. Nei centri marittimi è consigliabile tenersi, di massima, nella parte degli edifici opposta al mare. I vani da adibire a ricovero dovranno avere, oltre che robusta copertura, anche muri solidi e spessi, molto indicati, ove esistono, sono senza dubbio i corridoi interni, tra doppio muro di spina. Dovranno inoltre essere, per quanto raggiungibile, lontane dalle trombe delle scale (specie se ampie), dei vani ascensori, da ampi camini e, comunque, da zone in cui può infilarsi la bomba che giunga verticalmente. Anche per quanto concerne la resistenza ai colpi "a soffio", il ricovero dovrà essere, di massima, interrato o, almeno, solo parzialmente sopraelevato: in casi eccezionalissimi, potrà essere anche completamente sopraelevato, e ciò quando sia del tutto impossibile provvedere diversamente e quando, in vicinanza, non esistono ricoveri interrati. In tale ultima ipotesi, ai ricoveri dovrà essere data particolare robustezza. Per contro il pavimento del ricovero dovrebbe essere a quota tale da assicurare il libero deflusso, per esempio verso una vicina fognatura, delle acque che vi potessero comunque precipitare. Specialmente quando il pericolo di allagamento è grande, per la presenza, in vicinanza, di canali, d'importanti fogne o grandi condutture e depositi, dovrà essere in ogni caso assicurato un rapido smaltimento delle acque. Nei piccoli edifici molto vicini a costruzioni di notevole altezza e che possono eventualmente essere coperti con le macerie di quelle non si farà luogo all'apprestamento del ricovero. Ciò premesso, e nella considerazione che, nelle attuali contingenze, le opere permanenti di rinforzo e di adattamento hanno carattere del tutto eccezionale, i lavori da eseguire si riducono essenzialmente alla costruzione di paraschegge e di puntellatura nonché all'esecuzione, se necessario, di miglioramenti negli accessi, e di quelle modeste opere igieniche che valgono rendere il ricovero pulito e sano. I paraschegge da mettere contro le aperture dalle quali possono appunto passare schegge o frammenti proiettati dall'esplosione, vanno studiati tenendo presente che tali proiezioni, anche nel primo ramo della parabola, non è detto debbano essere dirette dal basso in alto, spesso infatti, come ad esempio per i colpi obliqui scoppianti in alto, possono essere pur dirette dall'alto verso il basso. Di massima i paraschegge dovranno essere in muratura o formati con sabbia o terra o simile materiale minuto, contenuto però in solidi casseri bene appoggiati alle murature perimetrali del vano da proteggere. Lo spessore dei paraschegge formati con sabbia sarà al minimo di cm. 75. Qualora siano in calcestruzzo cementizio, lo spessore dovrà essere almeno di 30 cm.; di almeno 45 cm. se in muratura di mattoni; di 60 cm. se in muratura ordinaria di pietrame. Nel caso in cui si adotti struttura muraria, il paraschegge, oltre ad avere saldo contrasto contro le pareti, dovrà essere a pianta arcuata, con la convessità verso l'esterno. Nel formare le murature stesse si eviti, data la resistenza specifica da offrire, la formazione dei consueti piani di posa a ricorsi orizzontali. Nei paraschegge saranno lasciati, per l'aereazione, fori obliqui a pareti nette, si che possono all'occorrenza essere chiusi bene e con facilità. Per le puntellature occorre contemperare l'esigenza della protezione con quella della necessaria economia di materiale: evitare, quindi, ogni spreco, ma non far mancare quanto può risultare necessario. Si considerino all'uopo sia le sollecitazioni orizzontali derivanti dagli scoppi, sia quelle dinamiche, derivanti dai crolli e dai carichi eccentrici, sia, infine, le particolari condizioni del ricovero da apprestare. Si tenga altresì presente che i materiali, pure in considerazione della limitata durata del loro impiego, potranno essere caricati non nei limiti consueti, ma assai di più, e cioè si potranno raggiungere in genere i due terzi del carico di rottura sempre che il materiale, per qualità e stato, sia in condizioni di sopportarlo e la puntellatura sia eseguita a perfetta regola d'arte. Ad evitare sprechi, pur rifuggendo da ogni dannoso e pericoloso empirismo, attenersi a calcoli speditivi. si tenga presente la necessità di avere opportuni contrasti e collegamenti: questi ultimi saranno robusti, pur senza eccedere, ed in armonia con l'entità della puntellatura. Le puntellature dovranno essere emesse quando il solaio o la volta se interrata, sovrastanti il ricovero, siano in condizioni di poter sopportare il crollo delle strutture superiori. Per calcolare l'entità di tali crolli, si consideri che sul cielo del ricovero potrà gravare, in edifici fino a tre piani, l'intero peso della volta e dei solai sovrastanti ed il 50% delle murature perimetrali limitamente all'area occupata dal ricovero. In caso di fabbricati a maggior numero di piani il progettista potrà opportunamente ridurre le percentuali dai carichi di cui sopra, tenendo particolare conto dell'eventuale esistenza di copertura a volta, specie se con rinfianchi incoerenti. Sarà preciso dovere del progettista ottenere la massima economia di materiali, pur assicurando la necessità stabilita. Si tenga, poi, conto della necessità che la puntellatura poggi sul pieno e non su vuoti sottostanti; in tal caso è indispensabile assicurare l'assoluta solidità degli appoggi. Di massima occorrerà rinunciare a rinforzare locali di notevole ampiezza (oltre i 5 metri) e di notevole altezza (come prima oltre i 5 metri) si potranno frazionare i ricoveri nella casa mediante diaframmature robuste, in modo da suddividerli in vani che non superino ciascuno i 40 mq. Tutto ciò, beninteso, è da escludersi nel caso, eccezionale, che il ricovero possa resistere con sicurezza al colpo in pieno. Tali diaframmature dovranno essere bene ancorate, possibilmente ubicate in modo da rinforzare volte e solai sovrastanti. La protezione nei ricoveri, dagli aggressivi chimici sarà affidata alla maschera antigas di cui tutti dovrebbero essere provvisti. Si cercherà peraltro di assicurare la chiusura ermetica dei ricoveri, escludendo però l'uso dei vetri a meno però che siano di piccole dimensioni e di notevole spessore (per esempio vetro, cemento, spie e simili). Nei ricoveri dovranno essere apposti cartelli sia per l'indicazione del percorso e dell'ubicazione dei vari servizi, sia per la conoscenza delle norme da osservarsi durante la permanenza in essi o in caso di sinistri.

Può accadere, ed è accaduto, che in caso di crolli di notevole entità vengano ostruite le due uscite del ricovero: di qui la necessità di assicurare l'aereazione del ricovero, in attesa dell'opera di dissotterramento che, per varie ragioni, può essere di notevole durata. E per tanto si dovrà:

a) attuare tutto quanto è possibile affinché il ricovero non resti privo di comunicazioni con l'esterno, tali da permettere, attraverso di esse l'aerazione;

b) far si che gli occupanti stessi possano aprire, attraverso le macerie, delle vie d'aria.

In conseguenza, nell'apprestamento di un ricovero si cercherà di disporre opportunamente canne di ventilazione, utilizzando, se del caso, tubi esistenti o comunque disponibili, oppure ricavando nelle murature le aperture stesse. Si dovranno scegliere, per eseguire tali lavori, i punti che meglio si prestano e che più difficilmente possono essere offesi. Per lo stesso motivo le canne di aereazione dovranno essere multiple ed il più possibile distanti tra di oro. Infine, per quanto riguarda il capo b), nell'attrezzamento del ricovero dovranno essere compresi un palo a leva, piuttosto lungo, scalpelli e mazzetti.

Nello stabilire l'ordine di precedenza per l'esecuzione dei lavori tornerà utile attenersi ai seguenti criteri preferenziali tecnici per quanto concerne le case:

a) le più grandi e maggiormente abitate;

b) quelle che si prestino all'adattamento di un ricovero che offre elevato grado di sicurezza;

c) quelle nelle quali, per tali adattamenti, sono necessari pochi lavori e, conseguentemente, un più modesto impiego di materiale;

d) l'esistenza, nelle vicinanze, di altri ricoveri capaci di ospitare gli abitanti dell'edificio che si considera.

Il Ministero ritiene superfluo illustrare l'importanza delle direttive fin qui esposte, tanto essa appare evidente ed essenziale ai fini della più larga efficienza protettiva che s'intende realizzare nella casa, in relazione alla sempre crescente entità dell'offesa aerea nemica. Ove non si perda di vista il concetto fondamentale che nel ricovero casalingo vi è da riconoscere la prima, immediata, e talvolta, insostituibile difesa del cittadino; ed ove l'azione pratica dei tecnici sia rigorosamente informata, oltreché ad una chiara consapevolezza e responsabilità, anche ad un alto spirito di solidarietà umana, non potranno non raggiungersi risultati fecondi in un campo che presenti certamente non poche non lievi difficoltà, rese ancora più sensibili dalle eccezionali circostanze del momento. Nessun dubbio, poi, che l'iniziativa, l'intelligenza operosa e la sperimentale disciplina dei Prefetti alle direttive del Regime saranno come sempre, ancora una volta, all'altezza della situazione. Si attende un pronto cenno di ricevuta».

8a - *La circolare del 29 gennaio 1943 sui "rifugi che non si trovano"*

In caso d'allarme i cittadini dovevano già sapere dove potersi rifugiare, ma in quei drammatici momenti si doveva fornire loro un aiuto. Si pensò quindi di stampare e affiggere lungo le vie dei cartelli che indicassero soprattutto i rifugi antiaerei pubblici. Oggi i muri delle case che hanno visto la guerra non conservano tracce di quel passato. In altre città d'Italia, come ad esempio a Milano, vi sono ancora le scritte dipinte sui muri con colori neri, gialli, rossi e bianchi, sono le cosiddette «frecce». Esse indicano la direzione da seguire per raggiungere i rifugi pubblici, oppure dove siano ubicate le uscite di soccorso dei rifugi casalinghi. A questo proposito si riporta l'indicativa Circolare N. 299 del 29 gennaio 1943, del Ministero dell'Interno – Direzione Generale dei Servizi per la Protezione Antiaerea. L'oggetto è l'«Ubicazione dei ricoveri antiaerei casalinghi e delle uscite di sicurezza» e anch'essa porta la firma di Guido Buffarini Guidi.

«A seguito delle ultime incursioni è avvenuto talvolta che le squadre incaricate delle opere di primo soccorso non hanno potuto indirizzare opportunamente il lavoro di rimozione delle macerie e recare, in conseguenza, tempestivo aiuto alle persone ricoverate perché ignoravano l'esatta ubicazione dei ricoveri antiaerei apprestati negli stabili colpiti dall'aviazione nemica. Affinché l'opera di soccorso si svolga senza intralci e con la maggiore celerità possibile il Ministero desidera che, a cura dei Comandi Provinciali e dei gruppi rionali di codesta Unione siano redatte nel più breve tempo schematiche piante planimetriche del ricovero di ciascun edificio abitato, con la chiara e precisa indicazione di esso e delle relative uscite di sicurezza. Tali piante in vari esemplari devono essere poi distribuite e custodite, oltre che dalle formazioni di codesta Unione, dai Comitati Provinciali di P.A.A., dalle sedi dei gruppi rionali fascisti, dagli uffici municipali o di p.s., dai reparti dei Vigili del Fuoco, dalle unità della C.R.I., dai capi-fabbricato vicini o dovunque si riterrà opportuno a giudizio delle singole prefetture. Si prega pertanto codesto Comando Generale di disporre subito in conseguenza o di curare che i comandi provinciali prendano immediato contatto con le Prefetture perché le disposizioni in parola siano concretate ed attuate nel miglior modo possibile».

9 - *La difesa offerta dalle Scuole di Monza: atto secondo*

Nel 1941 l'ing. Angelo Pagnoni dell'Ufficio Tecnico Comunale predispone i progetti per la realizzazione di rifugi anticrollo e trincee coperte per gli edifici scolastici comunali. Tra il 18 settembre e il 24 ottobre 1941 i lavori sono avviati in una decina di scuole, questo in «in ottemperanza agli ordini impartiti dalla R. Prefettura (Comitato Provinciale Protezione Antiaerea) con foglio N° 117/5° del 10 settembre 1941».[49] I lavori si concluderanno agli inizi del mese di dicembre dello stesso anno, salvo qualche ultima migliorìa. Si riportano gli stralci degli appalti di costruzione e le tavole in pianta e in sezione di quanto realizzato, per dare un'idea dell'articolazione della protezione per i civili in tali strutture (figg. 34 – 36). Si tenga presente che in taluni casi, soprattutto per quanto concerne le trincee coperte, si avranno delle modifiche anche in corso d'opera che renderanno le strutture differenti, seppure in modo non sostanziale, rispetto al progetto originario. Per questioni dettate dallo spazio a disposizione non si riportano, quindi, tutti i progetti rinvenuti in Archivio.

9.a - *Rifugio anticrollo della Scuola Comunale Femminile di Avviamento e Istituto Industriale Artistico presso Villa Reale*

L'appalto di costruzione, datato 1 novembre 1941, riporta quanto segue: «1) Il Podestà del Comune di Monza affida all'Impresa Antonio e Roberto Galbiati, che accetta, l'allestimento di un rifugio anticrollo nello stabile Villa Reale, di proprietà dei Comuni di Monza e di Milano secondo il disegno allegato al presente sub. per le scuole ivi allogate. Descrizione dei lavori e dei materiali:
a) Muratura di mattoni nuovi e malta di calce idraulica a chiusura di coperture e vani, formazione tramezze, ripari di uscite di sicurezza come a disegno.
b) Armature in legname sano, in parte nuovo ed in parte usato, per puntellazione e uscite di sicurezza, nelle misure e nelle disposizioni come a disegno, lavorate e poste in opera a regola d'arte, con relativa chioderia, reggie, grappe, gatelli, speroni e spessori. Sarà ammessa la variazione nelle sezioni dei legnami segnati nei disegni, purché le diverse sezioni adottate assicurino la stessa resistenza e sovraccarichi di quelle segnate.
c) Formazione e successiva sigillatura con malta di cemento di incassatura nei muri per teste di travi, centine, filagne, per zanche e occhielli.
d) Rimozione d'opera di inferriate e serramenti e ripristino relativo dei muri e intonachi.
e) Cartone catramato a copertura sacchetti di protezione delle uscite di sicurezza.
f) Riempimento con sabbia vagliata e posa in opera di sacchetti a terra forniti dal committente a protezione uscite di sicurezza»[50] (figg. 37, 38).

9.b - *Rifugio anticrollo della Scuola elementare De Amicis*

L'appalto di costruzione, datato 1 novembre 1941, riporta quanto segue: «1) Il Podestà di Monza affida alla Impresa Antonio e Roberto Galbiati, che accetta, l'allestimento di un rifugio anticrollo nello stabile adibito alla Scuola Elementare "De Amicis", in Monza, Vicolo Scuole, secondo il disegno che si allega al presente sotto la lettera A). Descrizione dei lavori e dei materiali:
a) Muratura di mattoni nuovi e malta di calce idraulica a chiusura di coperture e vani, formazione tramezze, ripari uscite come a disegno.
b) Armature di legname sano, in parte nuovo ed in parte usato, per puntellazione e uscite di sicurezza, nelle misure e nelle disposizioni, come a disegno, lavorate e poste in opera a regola d'arte con relativa chioderia, reggie, grappe, gatelli, speroni e spezzoni. Sarà ammessa la variazione nelle sezioni dei legnami segnati nei disegni, purché le diverse sezioni adottate assicurino la stessa resistenza e sovraccarichi di quelle segnate.
c) Formazione e successiva sigillatura con malta di cemento di incassatura dei muri per teste di travi, centine, filagne, zanche e occhielli.
d) Rimozione d'opera di inferriate e serramenti e ripristino relativo di muri ed intonachi.
e) Cartone catramato a copertura sacchetti di protezione delle uscite di sicurezza.
f) Riempimento con sabbia vagliata e posa in opera di sacchetti a terra forniti dal committente a protezione uscite di sicurezza.
g) Formazione di panche e sedili come a disegno con relativi sostegni.
h) Formazione di latrine con tavolato di mattoni pieni di quarto e antiporto sfiatatoio in tubo eternit cm. 20 x 20 fino all'esterno, con relativo cappellotto.
i) Fornitura di materiali e manodopera per eventuali rimozioni e spostamenti di tubazioni, condotto, fognatura, aperture e scale»[51] (figg. 39, 40).

9.c - *Trincee della Scuola elementare De Amicis*

L'appalto di costruzione, datato 1 novembre 1941, riporta quanto segue: «1) Il Podestà di Monza affida alla Impresa Antonio e Roberto Galbiati, che dichiara di accettare, la costruzione di trincee di protezione antiaerea nel cortile dello stabile Comunale "Scuola Elementare De Amicis", in Vicolo Scuole. La costruzione sarà fatta in conformità dei disegni che si allegano al presente sotto le lettere A) e B.
2) Descrizione dei lavori e dei materiali.
I legnami nuovi od usati, dovranno essere sani. Le tavole dovranno essere accuratamente accostate e fissate ai telai di sostegno con adattata chioderia. I telai saranno di legname tondo o squadrato, sarà tollerata una maggiore distanza tra di essi, di quella segnata nel disegno, fino ad un massimo di m. 1,35 qualora la sezione utile sia proporzionalmente maggiore di quella prescritta nel disegno. Le panche saranno superiormente ed anteriormente piallate. Lo strato di ghiaia sul fondo dovrà essere ben livellato e costipato. Il cartone catramato di copertura sarà del peso minimo di Kg. 0.400 per mq. con sovrapposizioni di cm. 15 tra i diversi fogli e lembi sporgenti dall'armatura e ripiegati verso il piano del terreno per almeno cm. 50. Il piano delle pedate delle scale sarà coperto di uno strato di almeno cm. 5 di spessore, i fianchi saranno armati; la larghezza minima netta dovrà essere di almeno m. 1»[52] (fig. 41).

9.d - *Rifugio anticrollo della Scuola Elementare Ugo Foscolo*

L'appalto di costruzione, datato 3 novembre 1941, riporta quanto segue: «1) Il Comune di Monza appalta al Sig. Farina Giovanni, che accetta, l'allestimento di un rifugio anticrollo nello stabile adibito a scuole elementari Ugo Foscolo in Monza, via G. Ferrari, secondo il disegno che si allega al presente sub. a). Descrizione dei lavori e dei materiali.
a) Muratura di mattoni usati e malta di calce idraulica a chiusura di apertura e vani, formazione tramezze, ripari uscite, come a disegno;
b) Armatura di legname sano in parte nuovo ed in parte usato, per puntellazione e uscite di sicurezza nelle misure e nelle disposizioni, come a disegno, lavorate e poste in opera a regola d'arte con relativa chioderia, reggie, grappe, gatelli, speroni e spezzoni. Sarà ammessa la variazione nella sezione dei legnami segnati nei disegni, purché le diverse sezioni adottate assicurino la stessa resistenza e sovraccarichi di quelle segnate.
c) Formazione e successiva sigillatura con malta di cemento di incassature nei muri per teste di travi, centine, filagne, zanche e occhielli.
d) Rimozione d'opera di inferriate e serramenti e ripristino relativo dei muri ed intonachi.
e) Cartone catramato a copertura sacchetti di protezione delle uscite di sicurezza.
f) Riempimento con sabbia vagliata e posa in opera di sacchetti a terra forniti dal committente, a protezione uscite di sicurezza.
g) Formazione di panche e sedili, come a disegno, con relativi sostegni.
h) Formazione di latrine con tavolato di mattoni pieni di quarto e antiporto, sfiatatoio in tubo eternit cm. 20 x 20 fino all'esterno col relativo cappellotto di riparo.
i) Fornitura di materiali e manodopera per eventuali rimozioni e spostamento di tubazioni, condotte, fognatura, aperture e scale»[53] (figg. 42 – 44).

9.e - *Trincee delle scuole Ugo Foscolo e Dante Alighieri*

L'appalto di costruzione, datato 5 novembre 1941, riporta quanto segue: «1) Il Podestà di Monza affida alla Ditta G. B. Rovelli, che accetta la costruzione di trincee di protezione antiaerea negli stabili di proprietà comunale in Monza, Via

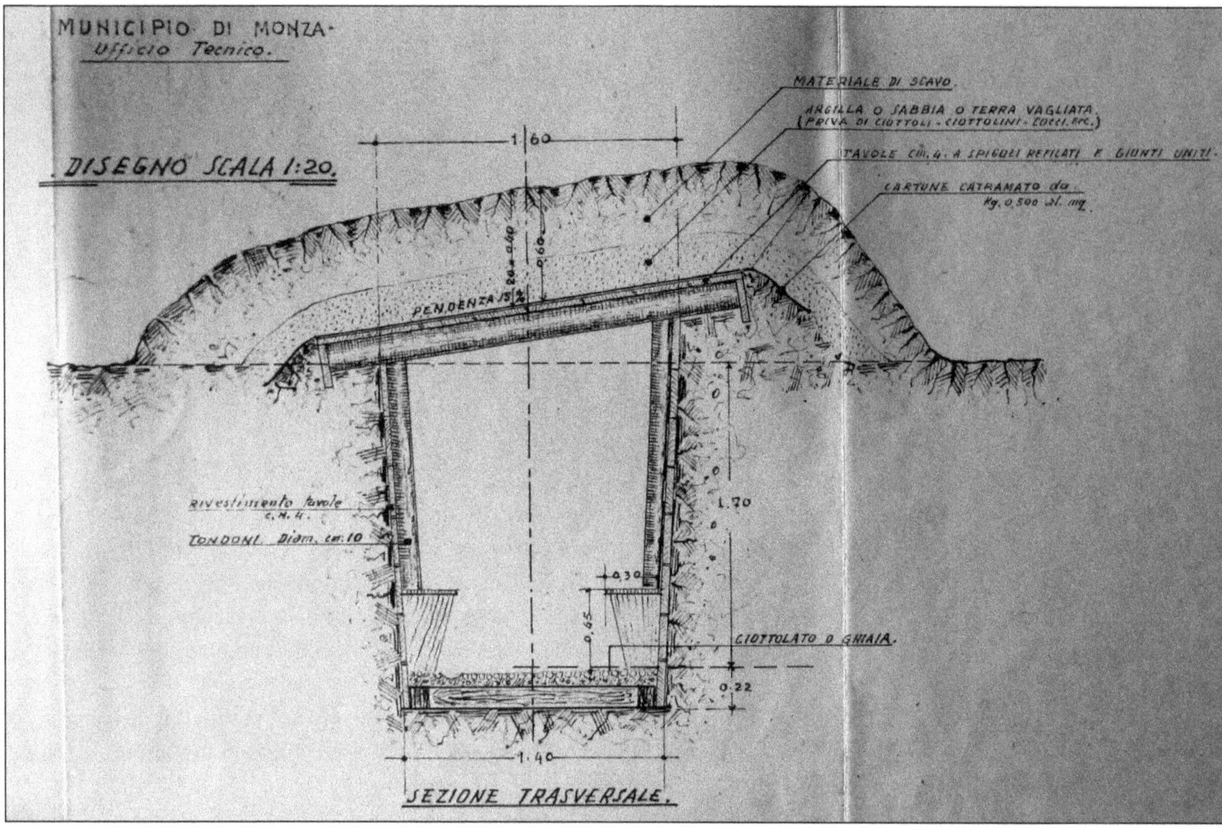

Fig. 34. Disegno esecutivo dell'Ufficio Tecnico del Municipio di Monza che indica come vada realizzata una trincea coperta (Comune di Monza, Archivio storico, Sezione terza [1936-1945], 453/1, 28.4.

Fig. 35. La foto d'epoca mostra l'accesso ad una trincea coperta, realizzata secondo i disegni di progetto (Comune di Monza, Archivio storico, Sezione terza [1936-1945], 17/3, 2.3).

Fig. 36. Locale cantinato destinato a rifugio anticrollo; sul fondo si noti il divisorio in muratura (Comune di Monza, Archivio storico, Sezione terza [1936-1945], 17/3, 2.3).

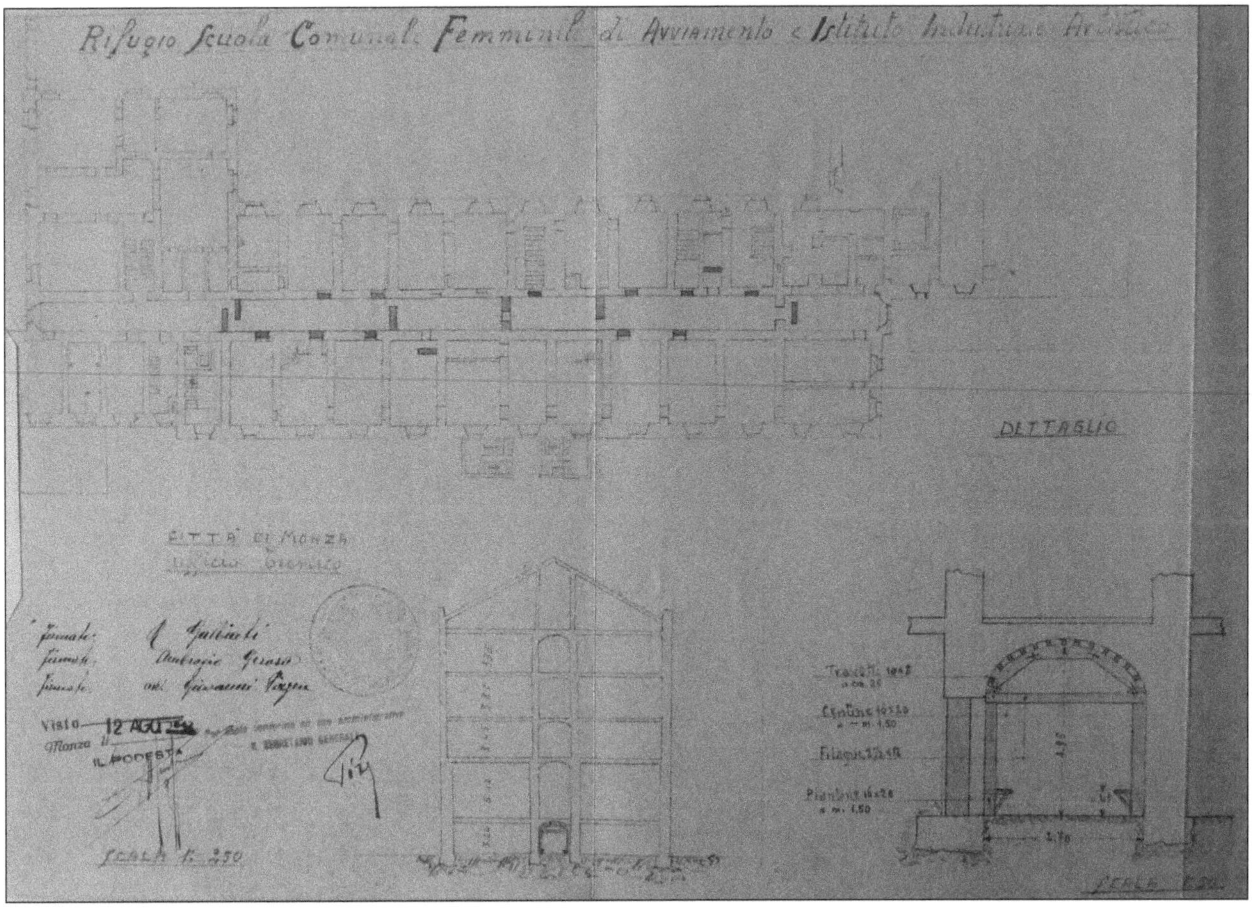

Fig. 37. Scuola Comunale Femminile di Avviamento e Istituto Industriale Artistico presso la Villa Reale: progetto dell'Ufficio Tecnico del Comune di Monza per la realizzazione di un rifugio anticrollo nei sotterranei (Archivio storico, Sezione terza [1936-1945], 453/1, 28.4).

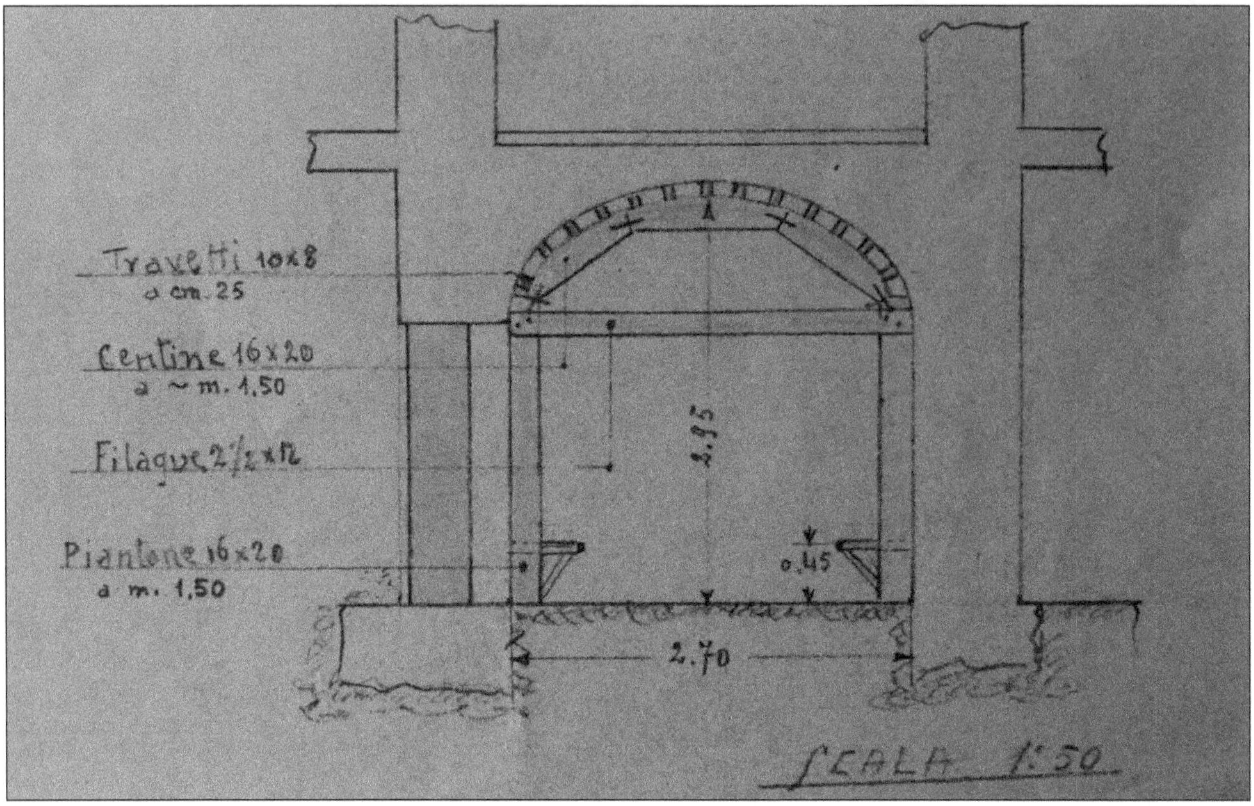

Fig. 38. Scuola Comunale Femminile di Avviamento e Istituto Industriale Artistico presso la Villa Reale: dettaglio della sezione dell'ambiente cantinato destinato a rifugio anticrollo; si noti la nomenclatura degli elementi che costituiscono la struttura lignea (Archivio storico, Sezione terza [1936-1945], 453/1, 28.4).

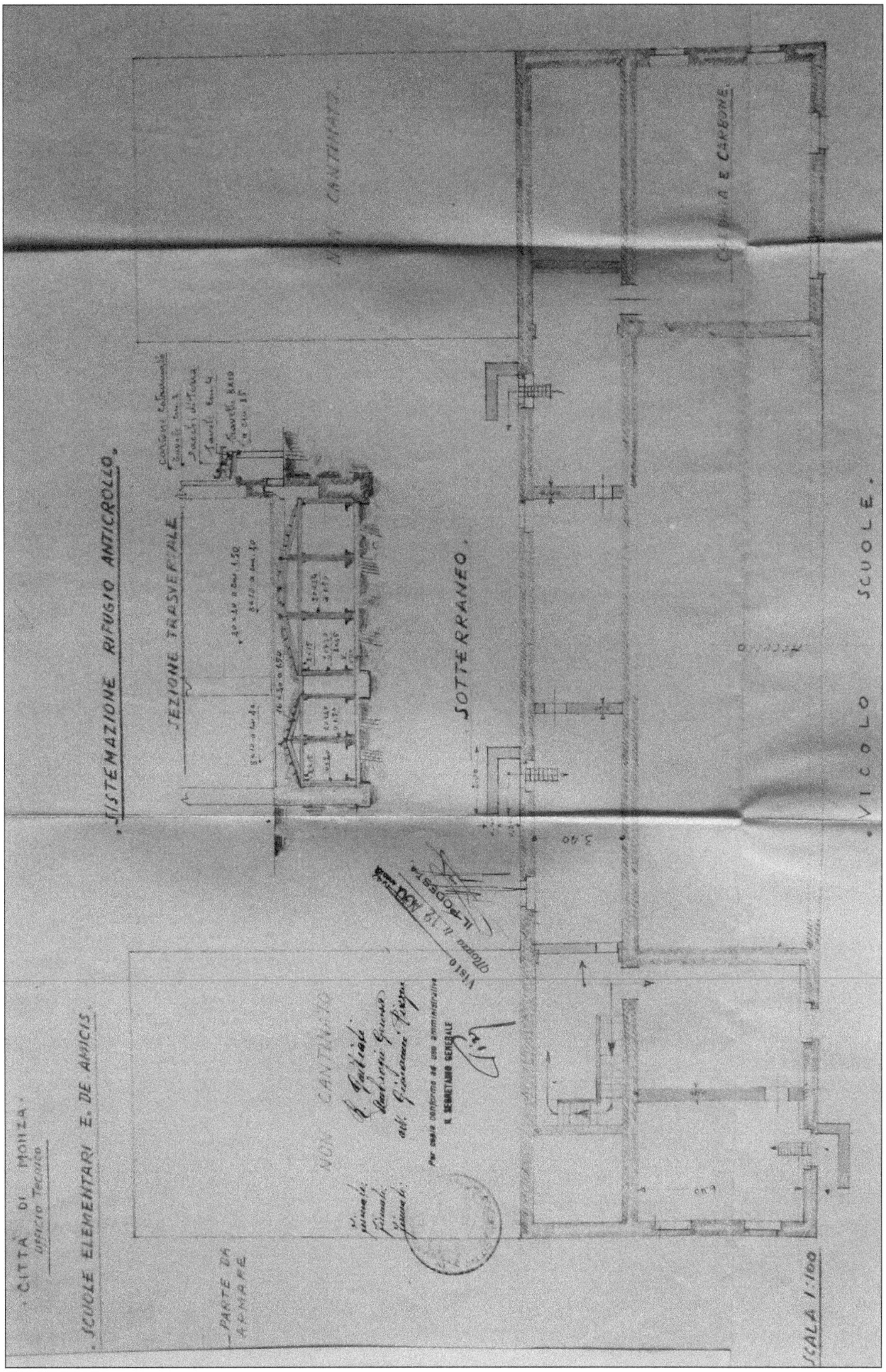

Fig. 39. Scuola elementare De Amicis: progetto dell'Ufficio Tecnico del Comune di Monza per la realizzazione di un rifugio anticrollo nei sotterranei (Archivio storico, Sezione terza [1936-1945], 453/1, 28.4).

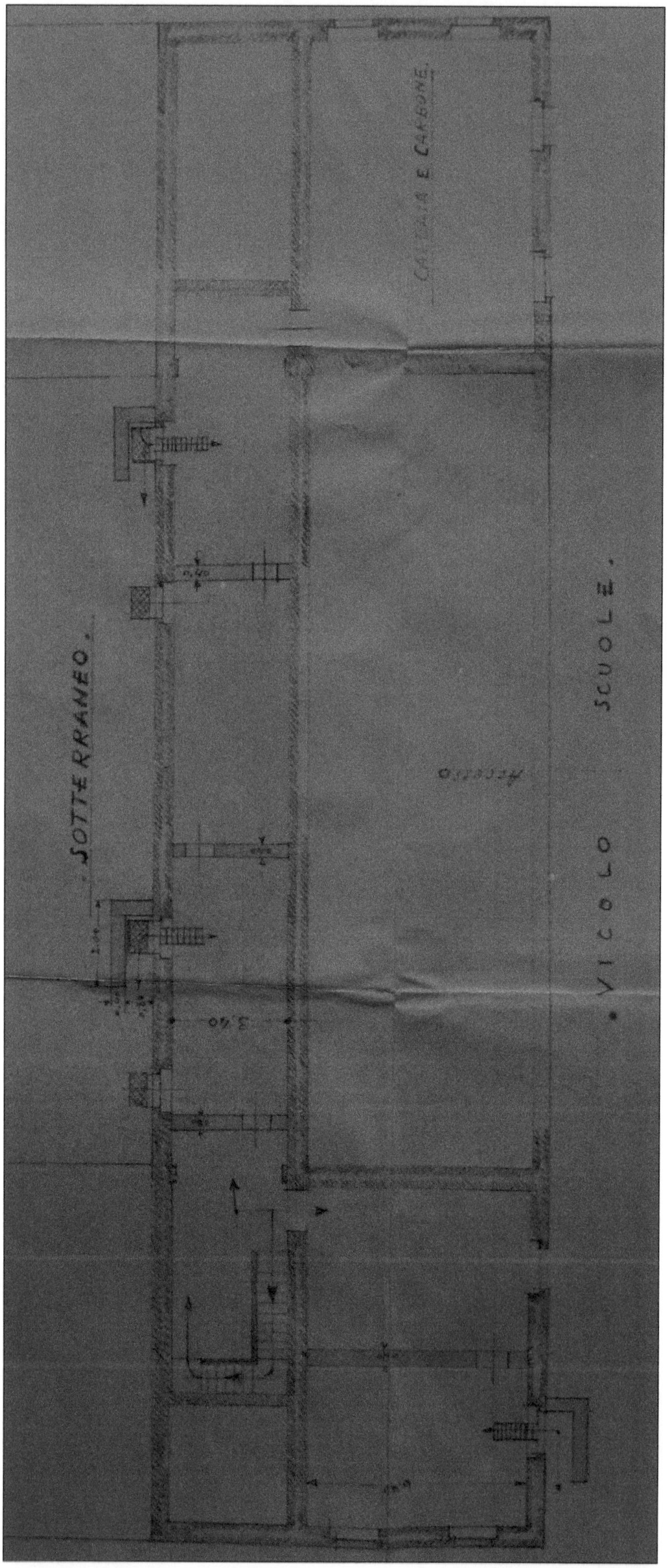

Fig. 40. Pianta della porzione dei sotterranei da adattarsi a rifugio anticrollo evidenziata in celeste; sono invece colorate in rosa le parti da erigersi, come i muri parasoffio e la protezione delle uscite di soccorso (Archivio storico, Sezione terza [1936-1945], 453/1, 28.4).

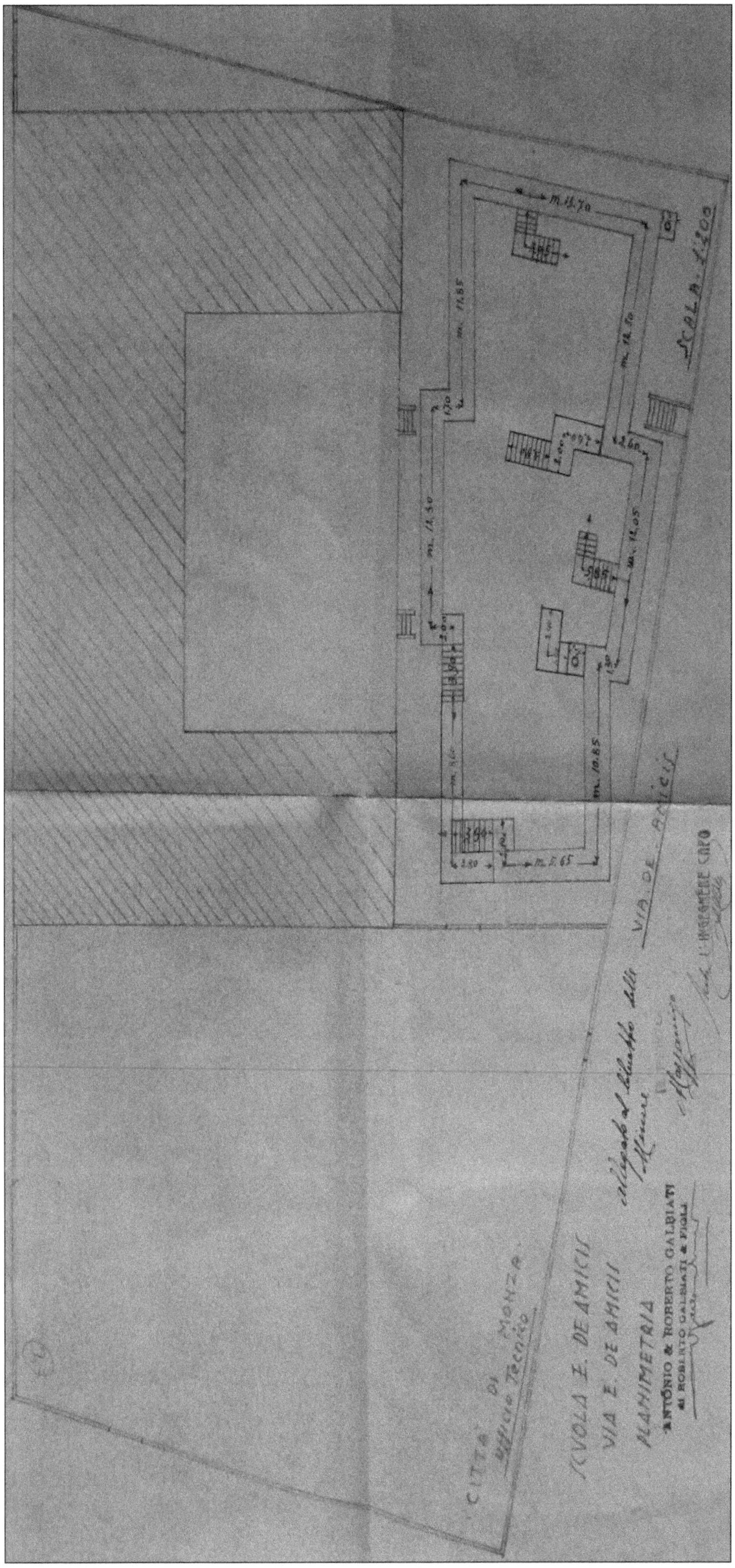

Fig. 41. Scuola elementare De Amicis: disegno della trincea coperta realizzata dalla Ditta Antonio e Roberto Galbiati; stando al «Libretto delle Misure» si evince che sono stati portati a compimento i soli tracciati evidenziati in rosa, perché le parti in giallo sono state scavate e poi colmate: «Scavo e successivo rinterro delle trincee eseguito e poi soppresso per ordine del Comitato Provinciale di Protezione Antiaerea» (Archivio storico, Sezione terza [1936-1945], 453/1, 28.4).

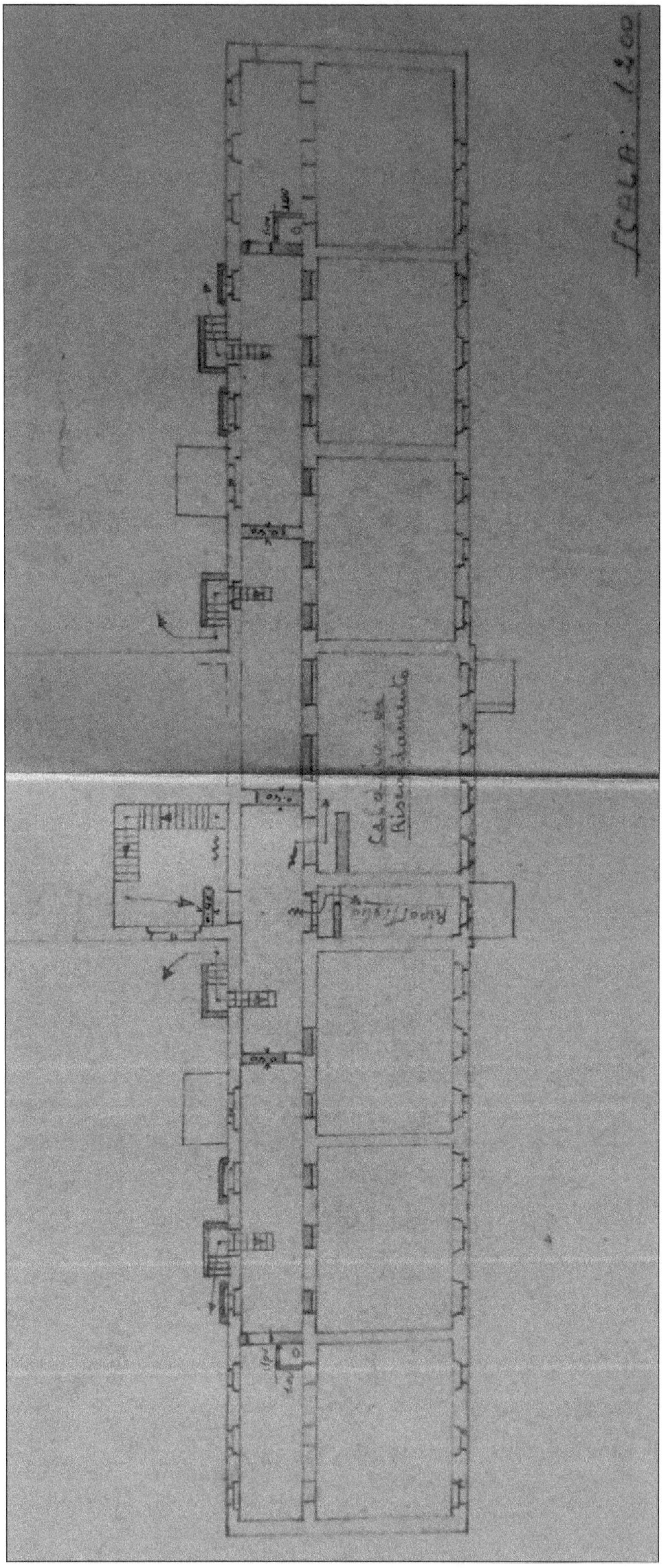

Fig. 42. Scuola Elementare Ugo Foscolo: pianta dei sotterranei con la destinazione a rifugio anticrollo mediante la costruzione di setti divisori, chiusura di preesistenti aperture e protezioni delle uscite di soccorso (Archivio storico, Sezione terza [1936-1945], 453/1, 28.4).

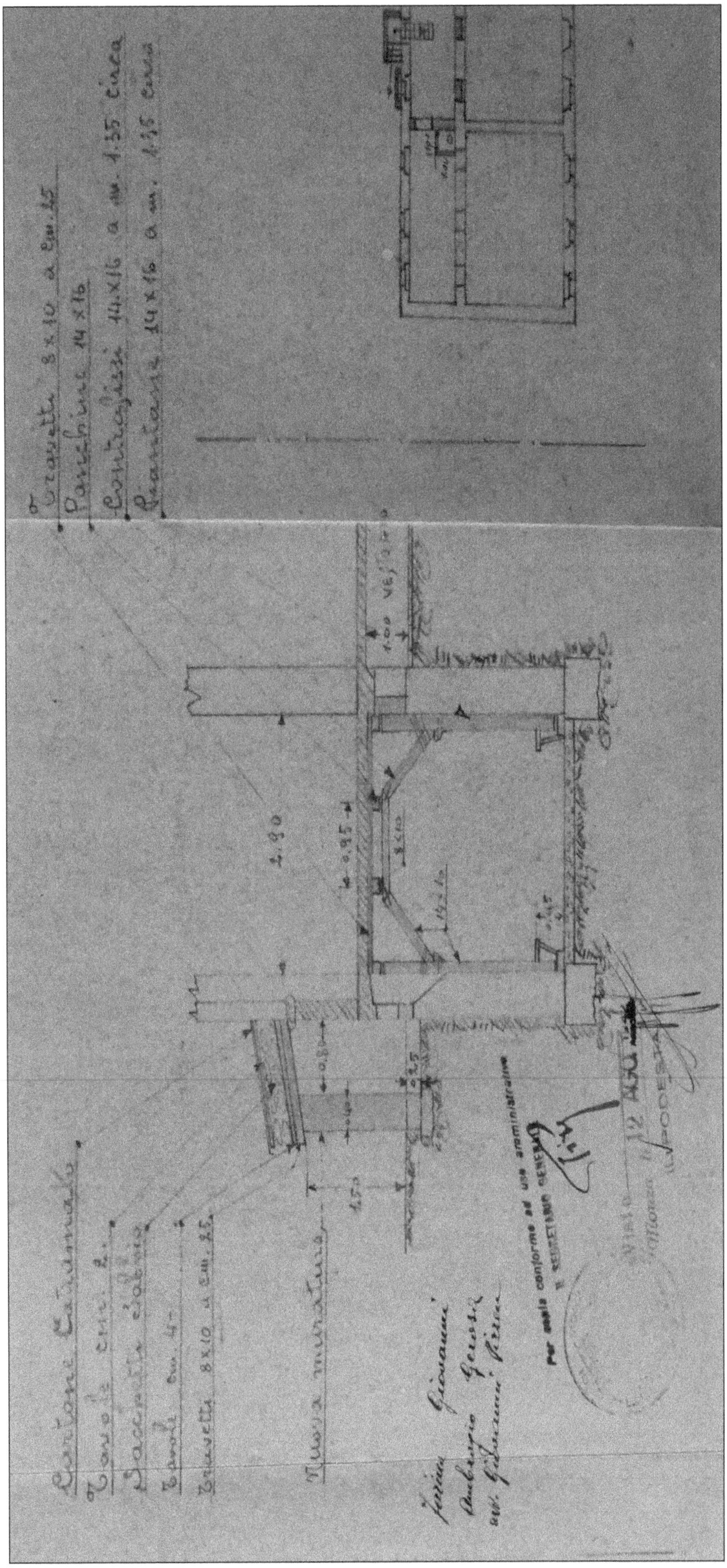

Fig. 44. Sezione dell'edificio sede della Scuola Elementare Ugo Foscolo, con evidenziata la parte dei locali semisotterranei destinati a rifugio anticrollo (Archivio storico, Sezione terza [1936-1945], 453/1, 28.4).

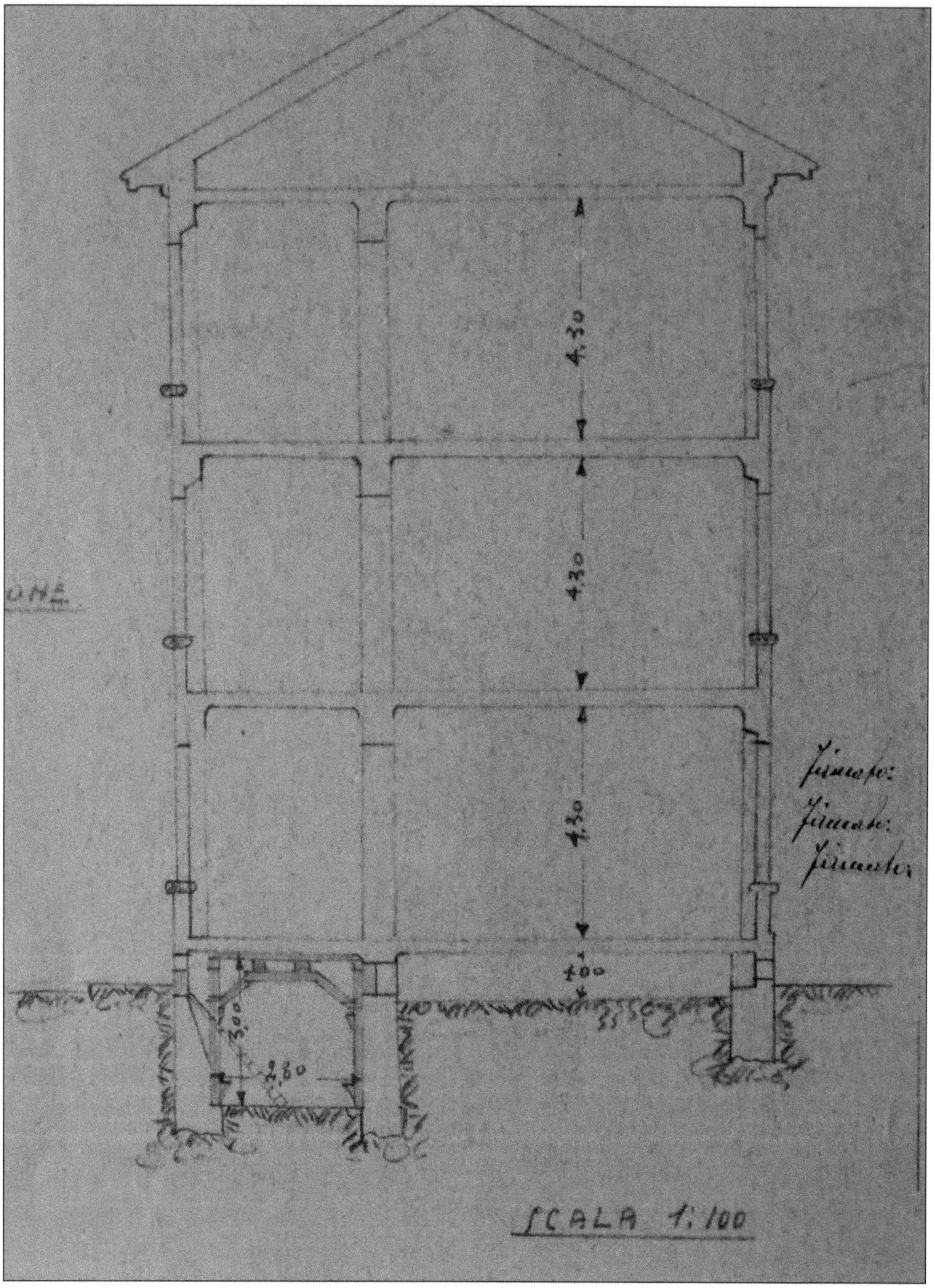

Fig. 44. Sezione dell'edificio sede della Scuola Elementare Ugo Foscolo, con evidenziata la parte dei locali semisotterranei destinati a rifugio anticrollo (Archivio storico, Sezione terza [1936-1945], 453/1, 28.4).

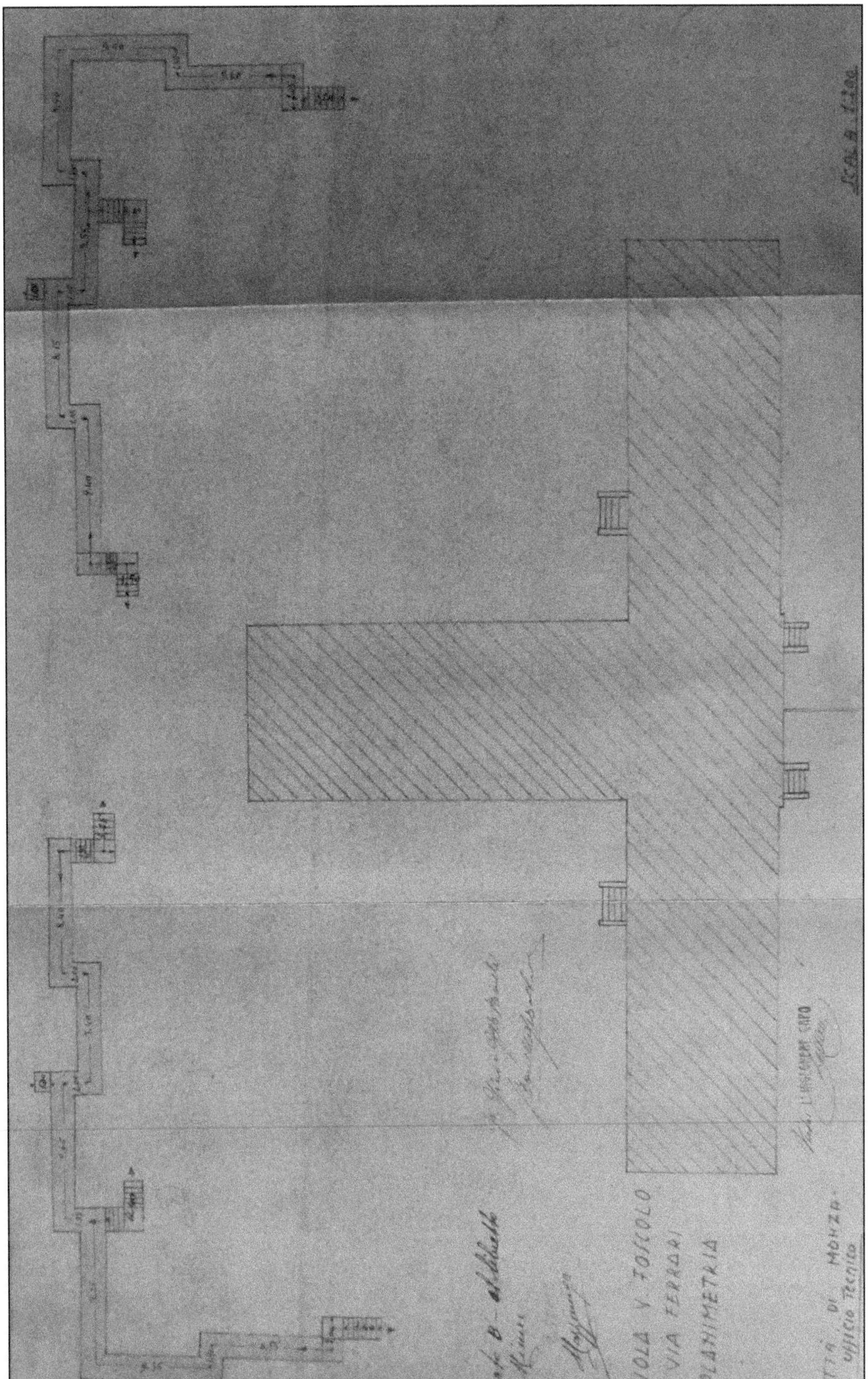

Fig. 45. Scuola Elementare Ugo Foscolo: trincee coperte, ognuna delle quali dotata di tre accessi, realizzate all'esterno dell'edificio (Archivio storico, Sezione terza [1936-1945], 453/1, 28.4).

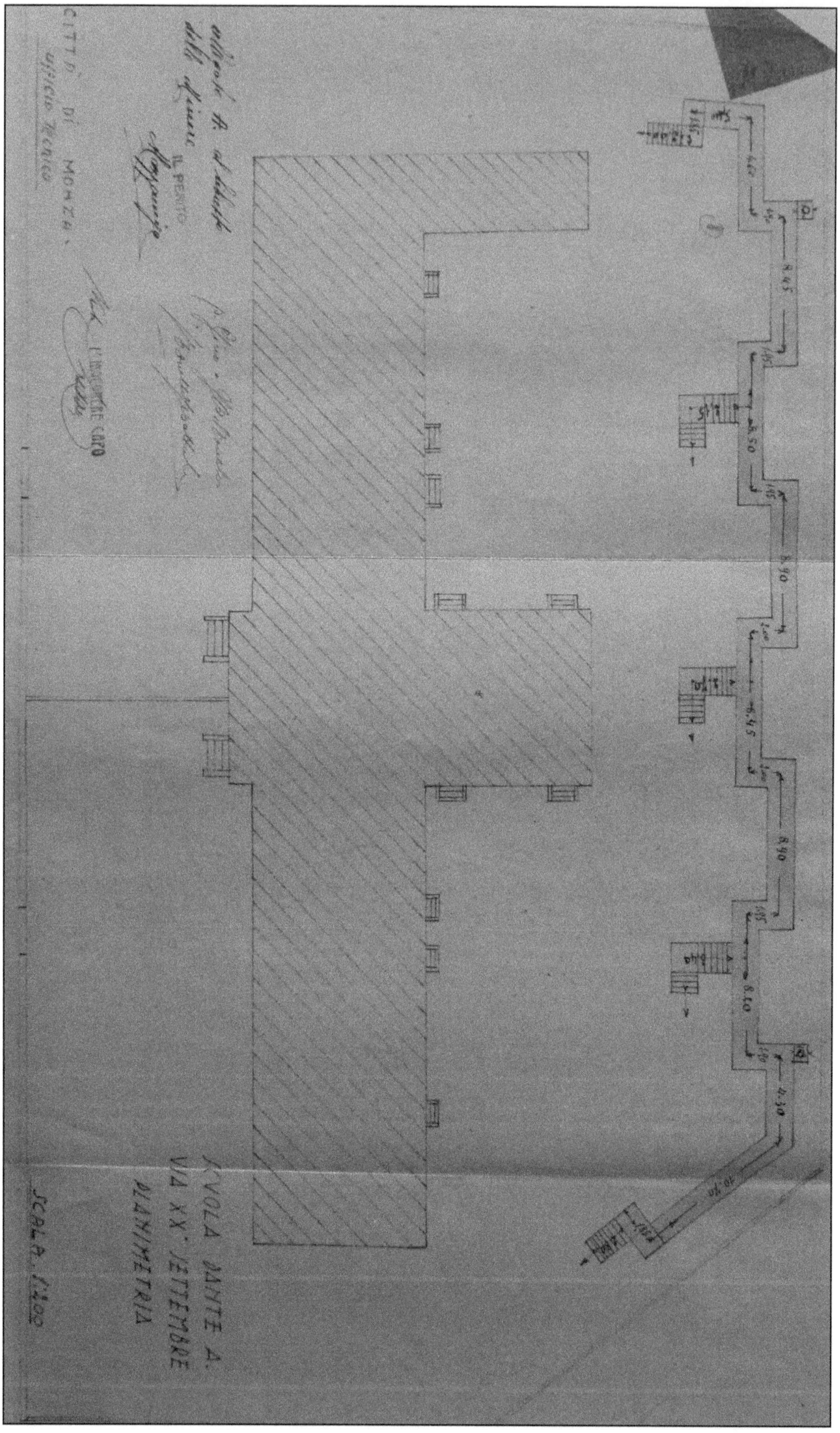

Fig. 46. Scuola Elementare Dante Alighieri: trincea coperta dotata di cinque accessi, realizzata sul retro dell'edificio (Archivio storico, Sezione terza [1936-1945], 453/1, 28.4).

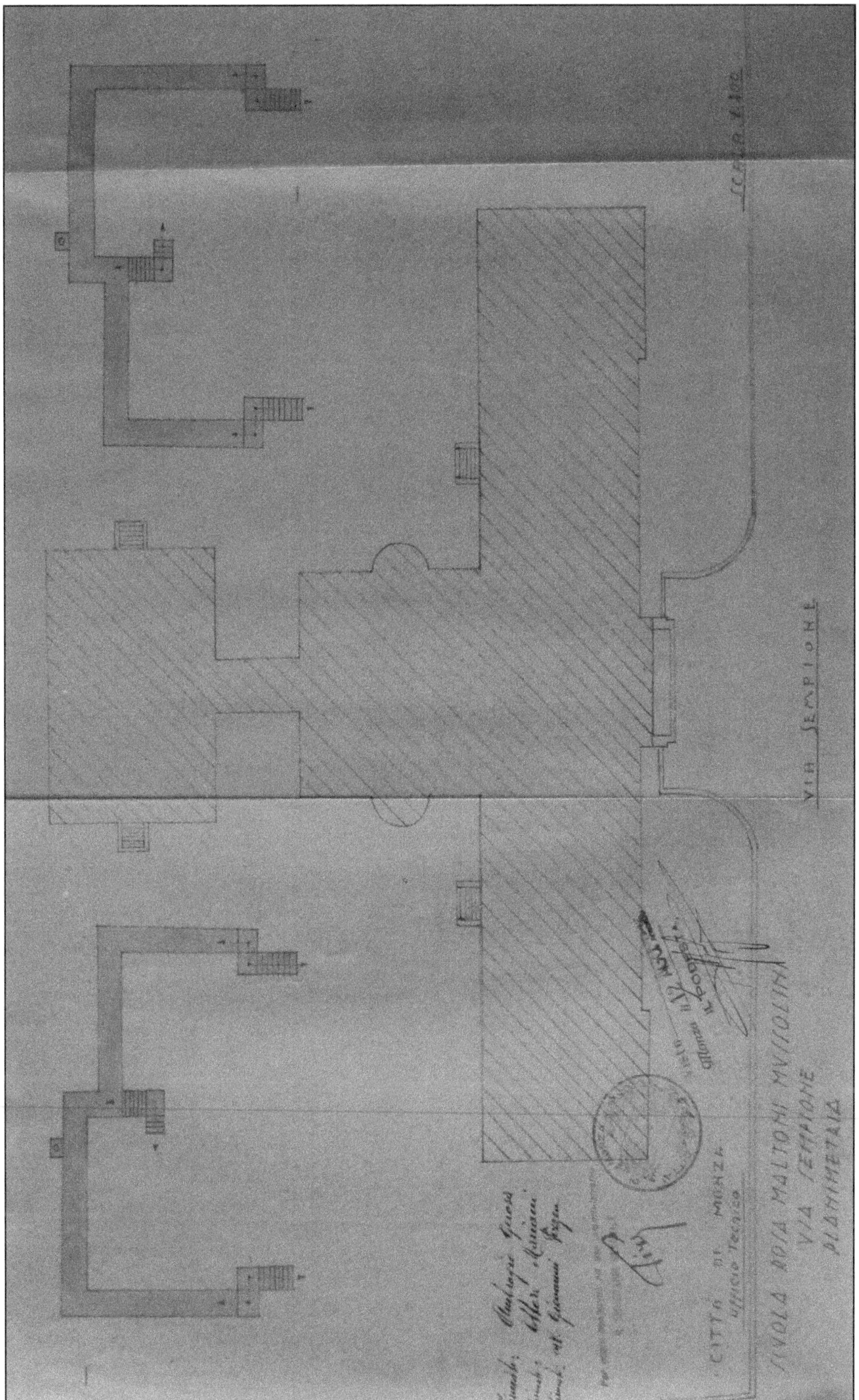

Fig. 47. Scuola Elementare Rosa Maltoni Mussolini: posizione delle trincee coperte da realizzarsi nel cortile, ai lati dell'edificio (Archivio storico, Sezione terza [1936-1945], 453/1, 28.4).

G. Ferrari adibito a scuola elementare denominata "Ugo Foscolo", e Via XX Settembre adibito a scuola elementare denominata "Dante" secondo i disegni allegati al presente sotto le lettere A. B. e C».[54] La descrizione dei materiali da utilizzarsi è sostanzialmente identica a quanto riportato nell'appalto relativo alla Scuola Elementare De Amicis (figg. 45, 46).

9.f - *Trincee della Scuola Elementare Rosa Maltoni Mussolini*

L'appalto di costruzione, datato 1 novembre 1941, riporta quanto segue: «1) Il Podestà di Monza affida al Signor Giuseppe Mariani, che accetta, la costruzione di trincee di protezione antiaerea nello stabile di proprietà Comunale in Monza, Via Sempione adibito a Scuola Elementare Rosa Maltoni Mussolini, costruzione che avverrà secondo i disegni allegati al presente sub. A e sub. B».[55] La descrizione dei materiali da utilizzarsi è sostanzialmente identica a quanto riportato nell'appalto relativo alla Scuola Elementare De Amicis (fig. 47).

9.g - *Trincee della Scuola Elementare Nicolò Tommaseo*

L'appalto di costruzione, datato 5 novembre 1941, riporta quanto segue: «1) Il Podestà di Monza affida al Signor Casiraghi Alfredo, che accetta, la costruzione di trincee di protezione antiaerea nello stabile di proprietà comunale in Monza, Via Gaetano Casati, adibito a scuola elementare denominata Nicolò Tommaseo, costruzione che avverrà secondo i due disegni allegati al presente sub. a) e sub b)».[56] La descrizione dei materiali da utilizzarsi è sostanzialmente identica a quanto riportato nell'appalto relativo alle altre scuole dove si sono realizzate le trincee (fig. 48).

9.h - *Trincee della Scuola Elementare Alessandro Volta*

L'appalto di costruzione, datato 4 novembre 1941, riporta quanto segue: «1) Il Podestà di Monza affida al Signor Gritti Ezio, che accetta, la costruzione di trincee di protezione antiaerea nello stabile di proprietà comunale in Monza, Via Caronno, adibito a Scuola elementare, denominata "Alessandro Volta", costruzione che avverrà secondo i due disegni allegati al presente sub A e B».[57] Anche in questo caso la descrizione dei materiali da utilizzarsi è sostanzialmente identica a quanto riportato nell'appalto relativo alle altre scuole dove si sono realizzate le trincee (figg. 49, 50).

9.i - *Rifugio anticrollo del Regio Ginnasio Liceo Zucchi*

L'appalto di costruzione, datato 6 novembre 1941, riporta quanto segue: «1) Il Podestà di Monza affida alla Ditta Mariani Giuseppe, che accetta, la costruzione di un rifugio anticrollo nel Palazzo Studi di proprietà Comunale in Piazza Trento e Trieste, secondo il disegno allegato al presente sub. A). Le opere da eseguirsi comprendono:
a) Escavi di terra per fondazioni con trasporti interni ed esterni alle discariche.
b) Riempimento delle fondazioni con calcestruzzo di calce idraulica e mista di sabbia viva di ghiaia di cava.
c) Muratura di mattoni usati misti con blocchi compatti di materiale proveniente da demolizioni e malta di calce idraulica a sostegno volte al centro del locale.
d) Murature di mattoni nuovi forti e malta di calce comune a sostegno volte, lungo i muri esistenti.
e) Volte di mattoni pieni nuovi forti e malta di calce idraulica, di spessore uniforme di m. 0,25 con superiore manto di malta di calce idraulica.
f) Formazione di imposte delle volte con calcestruzzo di Kg. 200 in cemento tipo R. 500 per mc. di mista di sabbia e ghiaietta viva lavata.
g) Formazione di rinfianchi e appianamento volte con calcestruzzo di Kg. 300 di calce idraulica per mc. di mista di sabbia e ghiaia viva di cava.
h) Intonaco rustico di malta di calce dolce tirato a fratasso fino sulle pareti verticali e squarci aperture di porta»[58] (figg. 51, 52).

9.l - *Rifugio anticrollo del Regio Istituto Tecnico Mosé Bianchi*

L'appalto di costruzione, datato 13 novembre 1941, riporta quanto segue: «1) Il Podestà del Comune di Monza affida alla Ditta Antonietti e Biffi, che accetta, la costruzione di un ricovero antiaereo anticrollo nello stabile di proprietà comunale adibito ad Istituto Tecnico Mosé Bianchi in Monza, via Enrico da Monza. Si allegano al presente contratto, sotto la lettera a) b) c) i disegni di insieme e di dettaglio dei lavori, che dovranno essere eseguiti come alla seguente descrizione:
a) Muratura di mattoni usati e malta di calce idraulica a chiusura di aperture e vani: a formazione di tramezze per ripari di uscite di sicurezza come a disegno.
b) Armature di legname nuovo, sano per puntellazione e uscite di sicurezza nelle misure e disposizioni come a disegno, lavorate e poste in opera a regola d'arte con relativa chioderia, reggie, grappe, gatelli, speroni e spezzoni. Sarà ammessa la variazione nelle sezioni dei legnami segnati nei disegni, purché le diverse sezioni adottate assicurino la stessa resistenza e sovraccarichi di quelle segnate.
c) Muratura a formazione di tramezze ed otturamento aperture in calcestruzzo di calce idraulica e cemento.
d) Formazione e successiva sigillatura con malta di cemento di incassatura nei muri per teste di travi, centine, filagne, per zanche e occhielli.
e) Rimozione d'opera di inferriate e serramenti e ripristino relativo dei muri e intonachi.
f) Cartone catramato del peso di Kg. 0.400 alla mq. a copertura sacchetti di protezione delle uscite di sicurezza, con sovrapposizione di cm. 15, assicurato con listelli di cm. 2,5 x 5 ogni metro.
g) Riempimento con sabbia vagliata e posa in opera di sacchetti a terra forniti dal committente a protezione uscite di sicurezza.
h) Formazione di panche e sedili, come a disegni, con relativi sostegni.

i) Formazione di latrine con tavolato di mattoni pieni di quarto e antiporto, sfiatatoio in tubo eternit 20 x 20 cm. fino all'esterno col relativo cappellotto di riparo. L'ubicazione delle latrine sarà determinata in posto.
l) Fornitura di materiali e manodopera per eventuali rimozioni e spostamenti di tubazioni, condotte, fognature, aperture, scale».[59] Il grande edificio, oltre ad ospitare il Regio Istituto Tecnico, era anche sede della Regia Scuola Media, della Regia Scuola di Avviamento al Lavoro e della Scuola Elementare Raiberti (figg. 53 – 55).

10 - *Rifugi antiaerei negli edifici scolastici delle frazioni rurali*

In data 11 novembre 1942 il Podestà di Monza Ulisse Cattaneo adotta la delibera 688 «Apprestamento di ricovero antiaerei negli edifici scolastici delle frazioni rurali». Il documento così ci informa: «Premesso che nel piano di massima predisposto da questa Amministrazione nel febbraio del 1941-XIX (Atti N. 5598) per l'allestimento di ricoveri negli edifici scolastici, per la protezione antiarea, piano importante una spesa di £ 774.000 erano tra gli altri compresi anche i caseggiati delle scuole elementari delle frazioni S. Alessandro, Cascine Bastoni e S. Fruttuoso: che successivamente furono date disposizioni perché fermo l'importo della spesa autorizzato dal Ministro dell'Interno Lire 774.000 si omettesse l'apprestamento dei ricoveri nei caseggiati rurali: che in tale senso questa Podesteria ha adottato la deliberazione 17 settembre 1941 XIX N. 935/33485 (visto prefettizio I° ottobre successivo N. 56726 Div. 4) escludendo i caseggiati scolastici delle tre frazioni sopracitate: Ritenuto tuttavia, che l'esperienza dettata dalle recenti incursioni nemiche consiglia, anzi impone di provvedere anche nei riguardi delle tre frazioni ripetute che o per la loro ubicazione prossima alla città (Cascine Bastoni e S. Fruttuoso) o agli stabilimenti siderurgici di Sesto S. Giovanni (Frazione S. Alessandro) sono esposte al pericolo in misura non inferiore a quella cui è esposto il resto del territorio Comunale: Ritenuto che trattasi di una popolazione scolastica complessiva di circa 900 persone: Ritenuto che l'apprestamento dei ricoveri nei caseggiati scolastici delle tre frazioni anzidette importa una spesa complessiva di £ 38.000 così suddivisa:
Scuola Manzoni Frazione Casc. Bastoni £ 10.000.
Scuola Alfieri Frazione S. Fruttuoso £ 15.000.
Scuola Frazione S. Alessandro £ 13.000.
Secondo i progetti preventivi rassegnati dall'Ufficio Tecnico Comunale. Ritenuto che l'urgenza, la natura e l'importo dei lavori consigliano di affidare l'appalto, per trattativa privata, a tre imprese locali, una per caseggiato»[60] (fig. 56).
Si delibera quindi l'immediato avvio dei lavori. Intanto, l'Ufficio Tecnico di Monza aveva predisposto le seguenti osservazioni: «1°- Scuola Sant. Alessandro sita in frazione di S. Alessandro, la popolazione scolastica complessiva è di 236 persone, lo stabile ha due piani fuori terra, il sotterraneo è in cemento armato con relative travature, data la natura della costruzione si presta benissimo, mediante puntellazione, a rifugio anticrollo. 2°- Scuola Vittorio Alfieri, frazione S. Fruttuoso la popolazione complessiva è di 380 persone lo stabile ha due piani fuori terra, il sotterraneo è a volta a botte in muratura, si presta benissimo mediante puntellazione a rifugio anticrollo. 3°- Così dicasi per la scuola Alessandro Manzoni alla Cascine Bastoni con una popolazione di 260 persone»[61] (figg. 57 – 61).

11 - *Lo scampato pericolo chimico*

Nel paragrafo 1b (*L'«allarme – gaz»)* si è accennato all'inadeguatezza delle operazioni di sensibilizzazione e di istruzione della popolazione civile e, soprattutto, del personale medico e paramedico in caso di attacchi con gli aggressivi chimici. Una circolare della Croce Rossa Italiana, datata 20 febbraio 1943, ha per oggetto la «Protezione contro gli aggressivi chimici. Istruzione squadre U.N.P.A.». Dalle tre pagine del documento traspare il timore di un attacco con armi non convenzionali e ricorda le disposizioni ministeriali in merito: «Il Ministero del'Interno ha diramato in data 5 corrente la circolare n. 303/AG 12/3714 che qui appresso si riproduce: "L'intensificarsi dell'attività aerea nemica ha suggerito che venga ulteriormente potenziata e perfezionata la protezione antiaerea in generale: ed in questa è, come è ovvio, compresa la protezione antigas. Sono noti i dati che si riferiscono alle caratteristiche, all'impiego ed ai conseguenti effetti delle sostanze tossiche e sono parimenti noti i provvedimenti individuali e collettivi destinati ad annullarne, o quanto meno, a ridurne l'efficacia, quanto siano applicati razionalmente. Il lavoro di preparazione svolto dai Comitati Provinciali di P.A.A. e lo studio accurato che ha permesso la compilazione dei progetti in tutte le provincie, danno affidamento dell'efficacia dei provvedimenti attuati secondo le direttive contenute nel fascicolo ottavo delle "Istruzioni sulla protezione antiaerea". La quasi totalità dei sevizi di cui trattasi è affidata alla C.R.I. che provvede sia ai compiti di carattere sanitario, sia alla complessa ed importante opera di bonifica delle zone e dei materiali contaminati, per cui sono costituite apposite squadre di specializzati, dotate del materiale bonificatore occorrente"».[62]

Le disposizioni ministeriali, redatte a Roma in modo ineccepibile, sono e rimangono rassicuranti direttive esistenti solo sulla carta, perché la cronica penuria innanzitutto di mezzi e di un adeguato coordinamento si riscontrano nella documentazione conservata negli archivi locali. Ad esempio, una velina dell'Archivio della Croce Rossa di Como, da indirizzare al Prefetto di Como e Presidente del Comitato Provinciale di Protezione Antiaerea, così in forma in merito alla succitata circolare n. 303/AG 12/3714: «Questo Comitato ha sede provinciale in Como e sottocomitati e sezioni in Lecco, Cantù, Merate, Erba, ecc. Presso queste sezioni sono costituite squadre volontarie di militi e infermiere, i quali però, in seguito alla mobilitazione, sono ridotti a numero esiguo. Queste

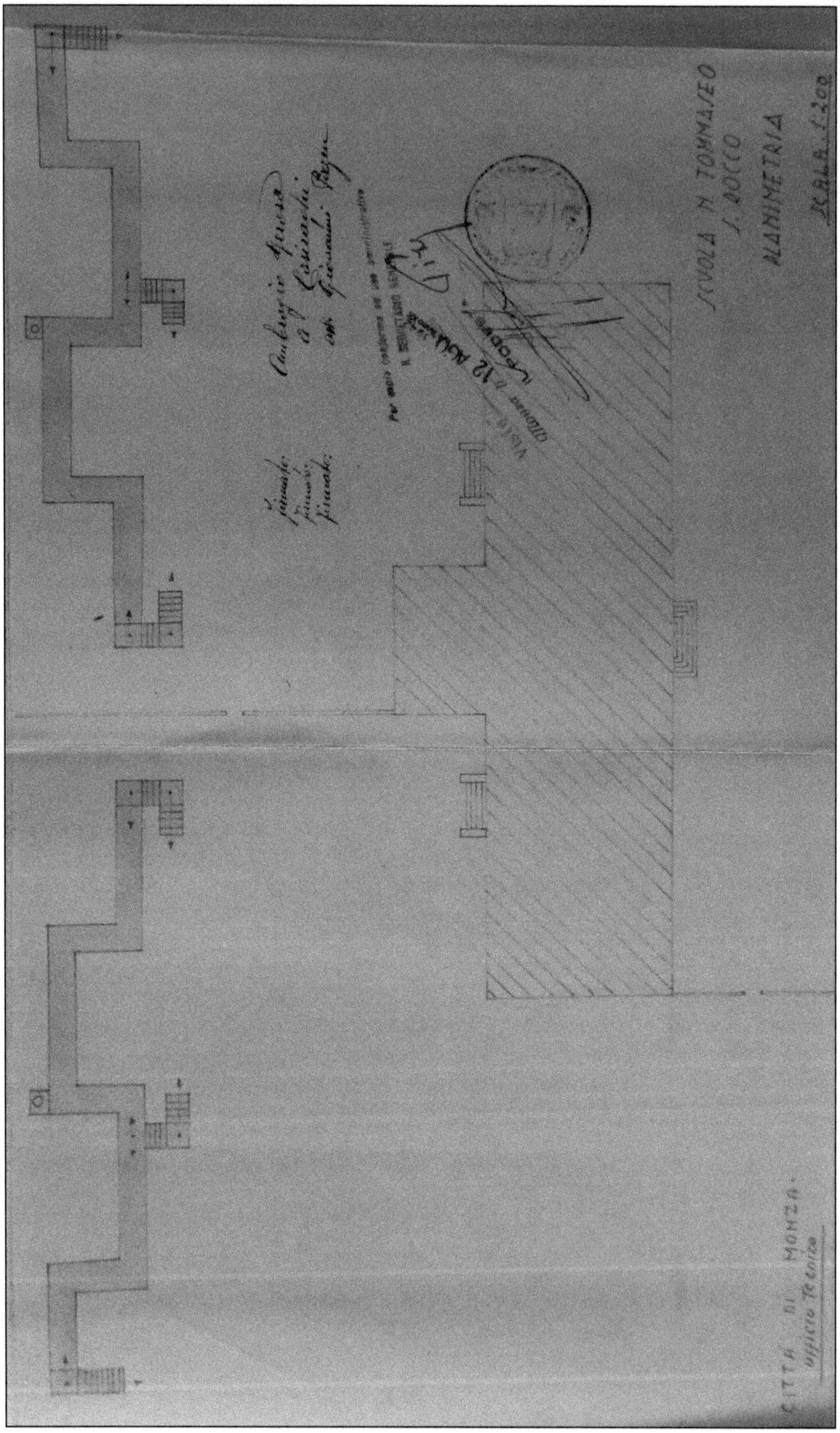

Fig. 48. Scuola Elementare Nicolò Tommaseo: planimetria delle due trincee coperte realizzate nel cortile situato nel retro della scuola e diviso da un muro per separare la parte femminile da quella maschile. (Archivio storico, Sezione terza [1936-1945], 453/1, 28.4).

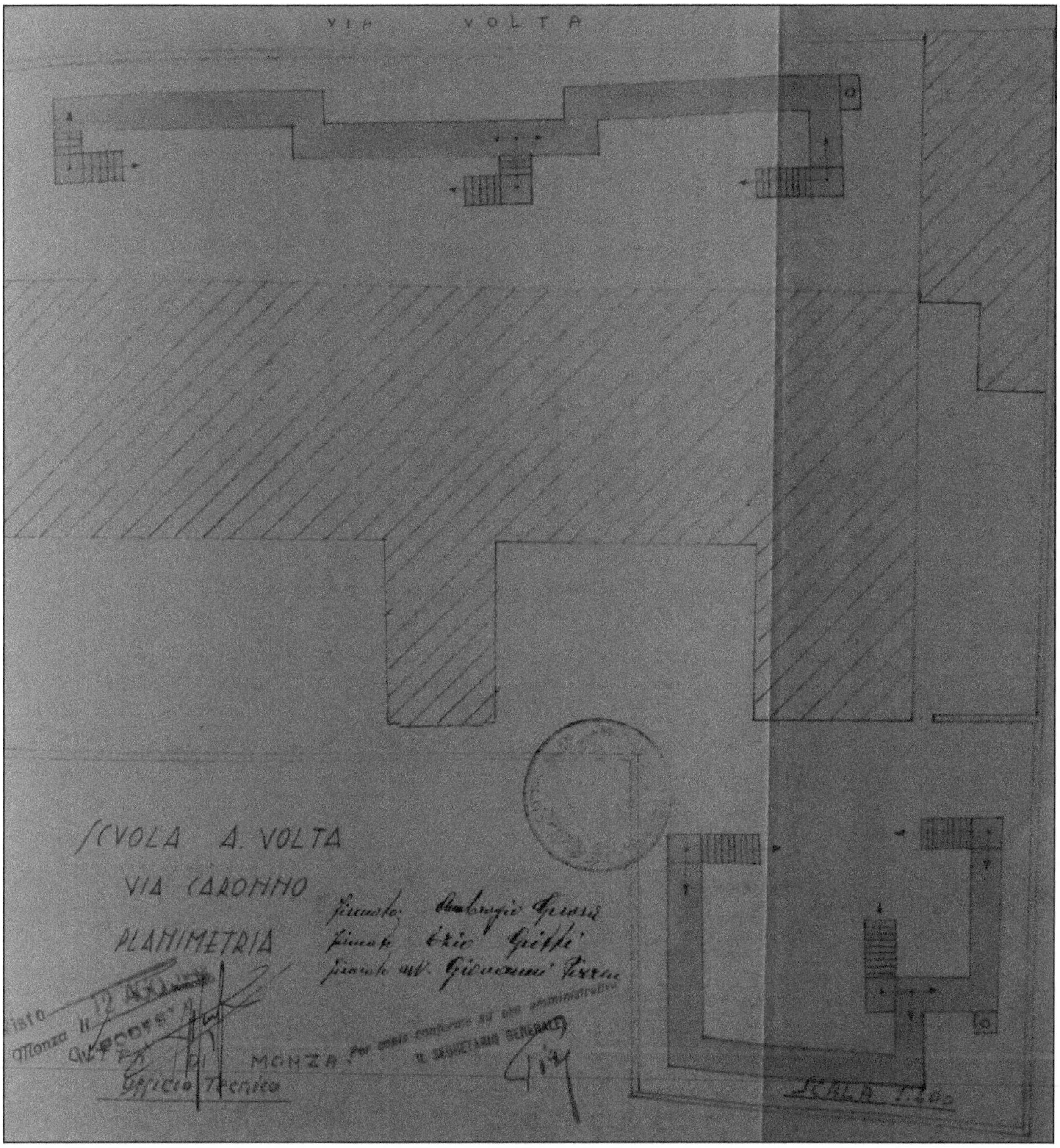

Fig. 49. Planimetria della Scuola Elementare Alessandro Volta, con l'indicazione di dove effettuare lo scavo per la realizzazione di due distinte trincee coperte (Archivio storico, Sezione terza [1936-1945], 453/1, 28.4).

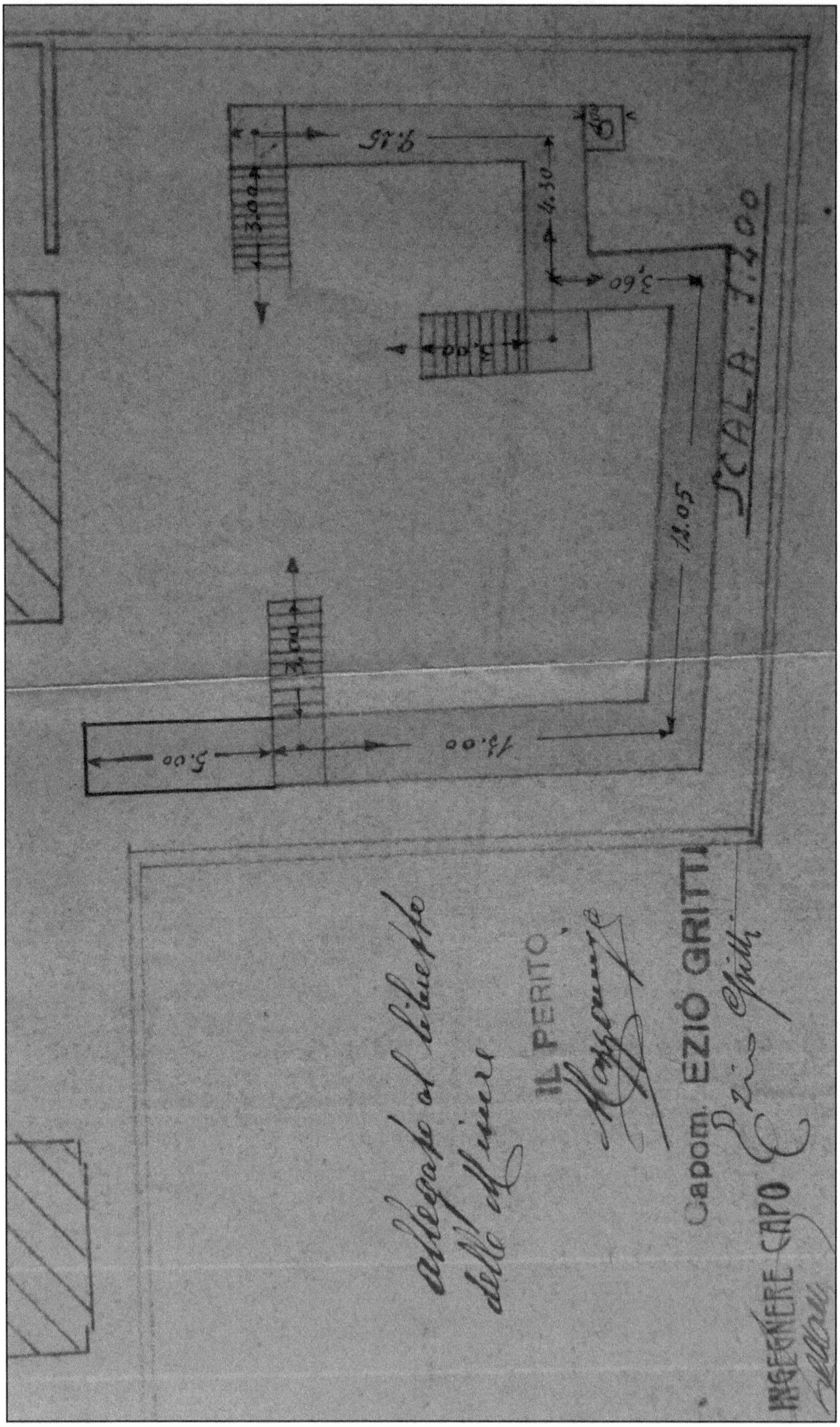

Fig. 50. Dettaglio della seconda trincea coperta a servizio della Scuola Elementare Alessandro Volta; anche in questo caso la parte evidenziata in giallo è stata cassata (Archivio storico, Sezione terza [1936-1945], 453/1, 28.4).

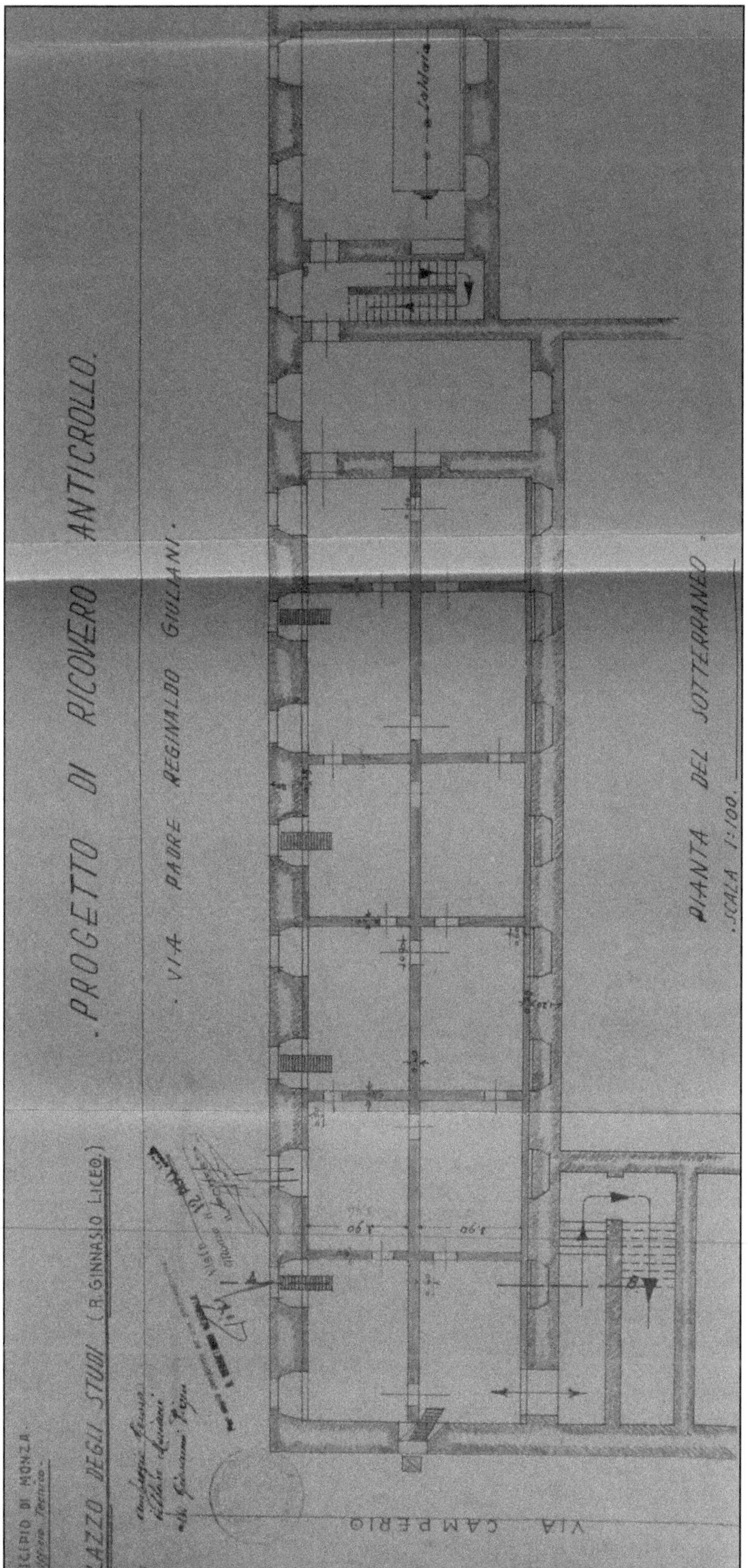

Fig. 51. Regio Ginnasio Liceo Zucchi, situato nel Palazzo degli Studi: progetto di rifugio anticrollo, da realizzarsi nell'ala che da su Via Padre Reginaldo Giuliani, angolo Via Camperio; il grande ambiente è suddiviso mediante murature in dodici celle, le quali sono servite da due accessi principali tramite preesistenti scalinate e cinque uscite di soccorso (Archivio storico, Sezione terza [1936-1945], 453/1, 28.4).

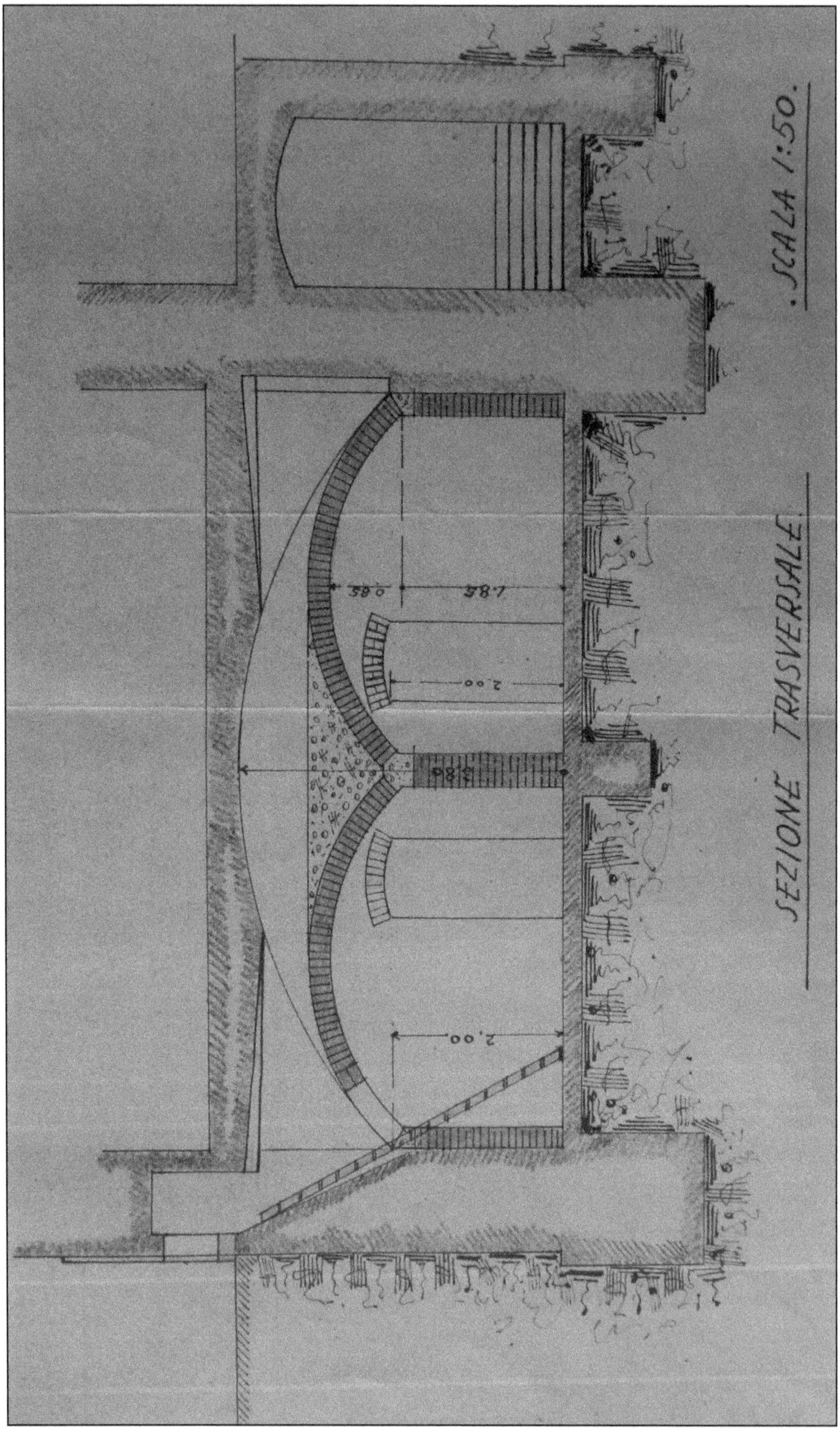

Fig. 52. A differenza di altri rifugi anticrollo approntati nelle scuole monzesi, quello del Regio Ginnasio Liceo Zucchi è stato costruito in muratura, pur sfruttando i lucernai del sotterraneo come uscite di soccorso (Archivio storico, Sezione terza [1936-1945], 453/1, 28.4).

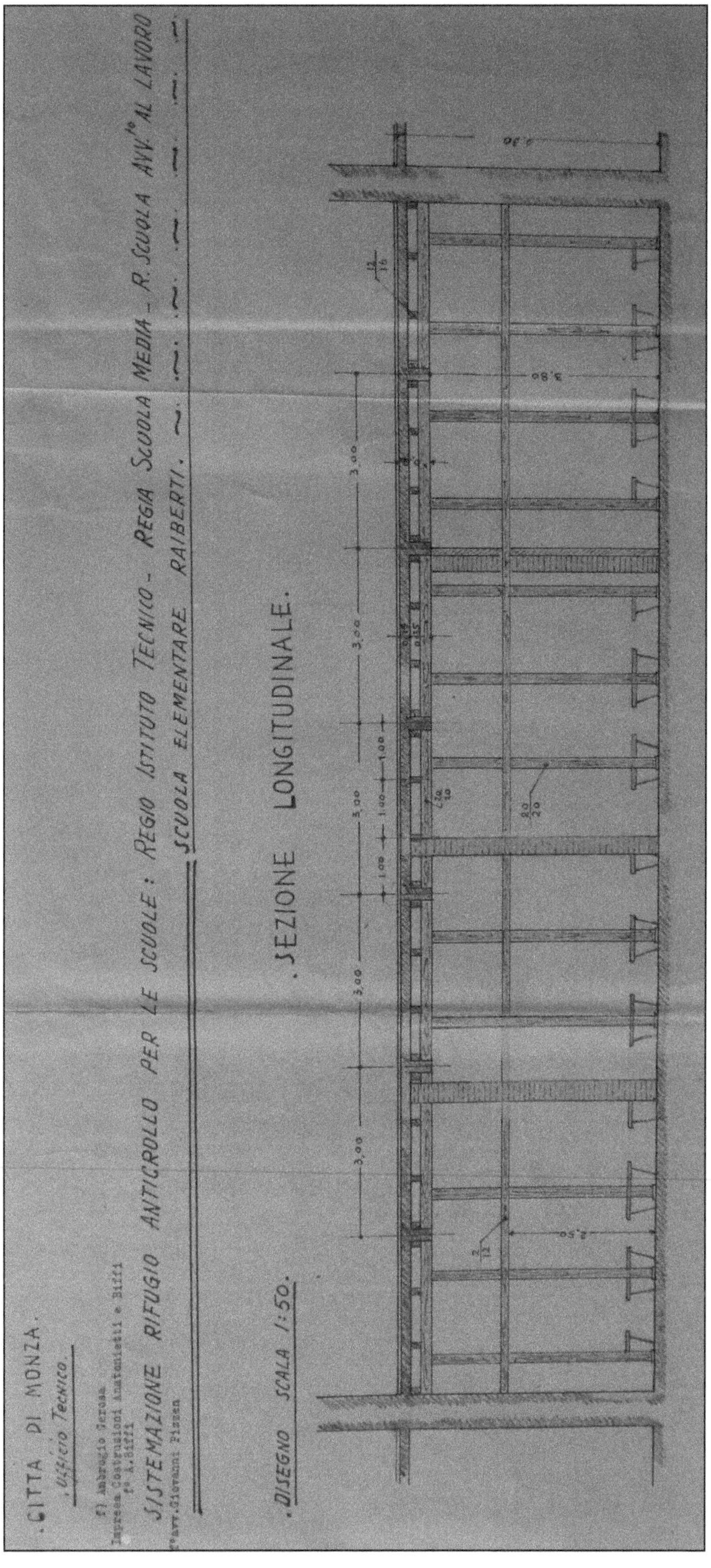

Fig. 53. Regio Istituto Tecnico Mosé Bianchi: sezione longitudinale del rifugio anticrollo approntato nei locali semisotterranei (Archivio storico, Sezione terza [1936-1945], 453/1, 28.4).

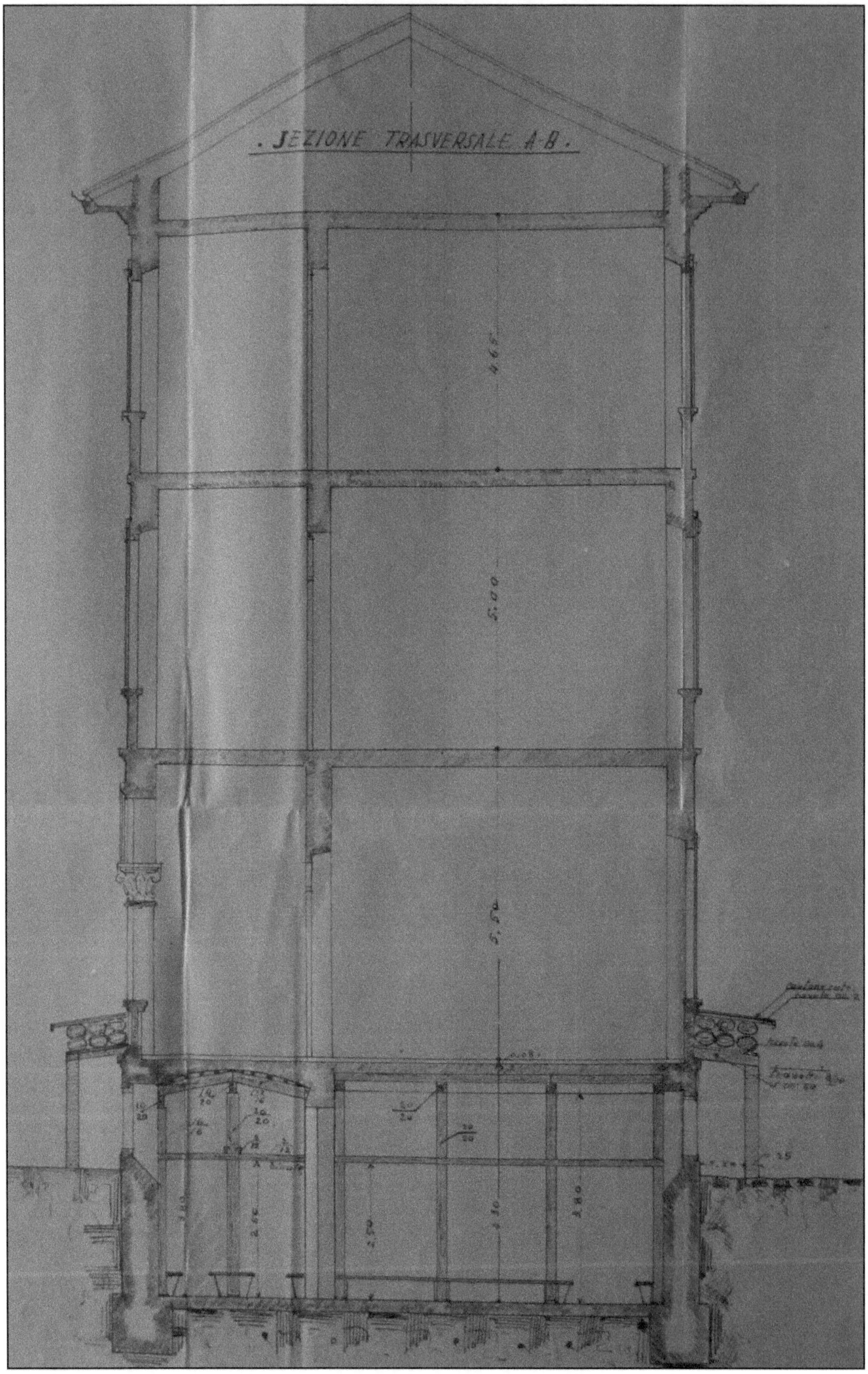

Fig. 54. Sezione trasversale del Regio Istituto Tecnico con il locale seminterrato adattato a rifugio anticrollo (Archivio storico, Sezione terza [1936-1945], 453/1, 28.4).

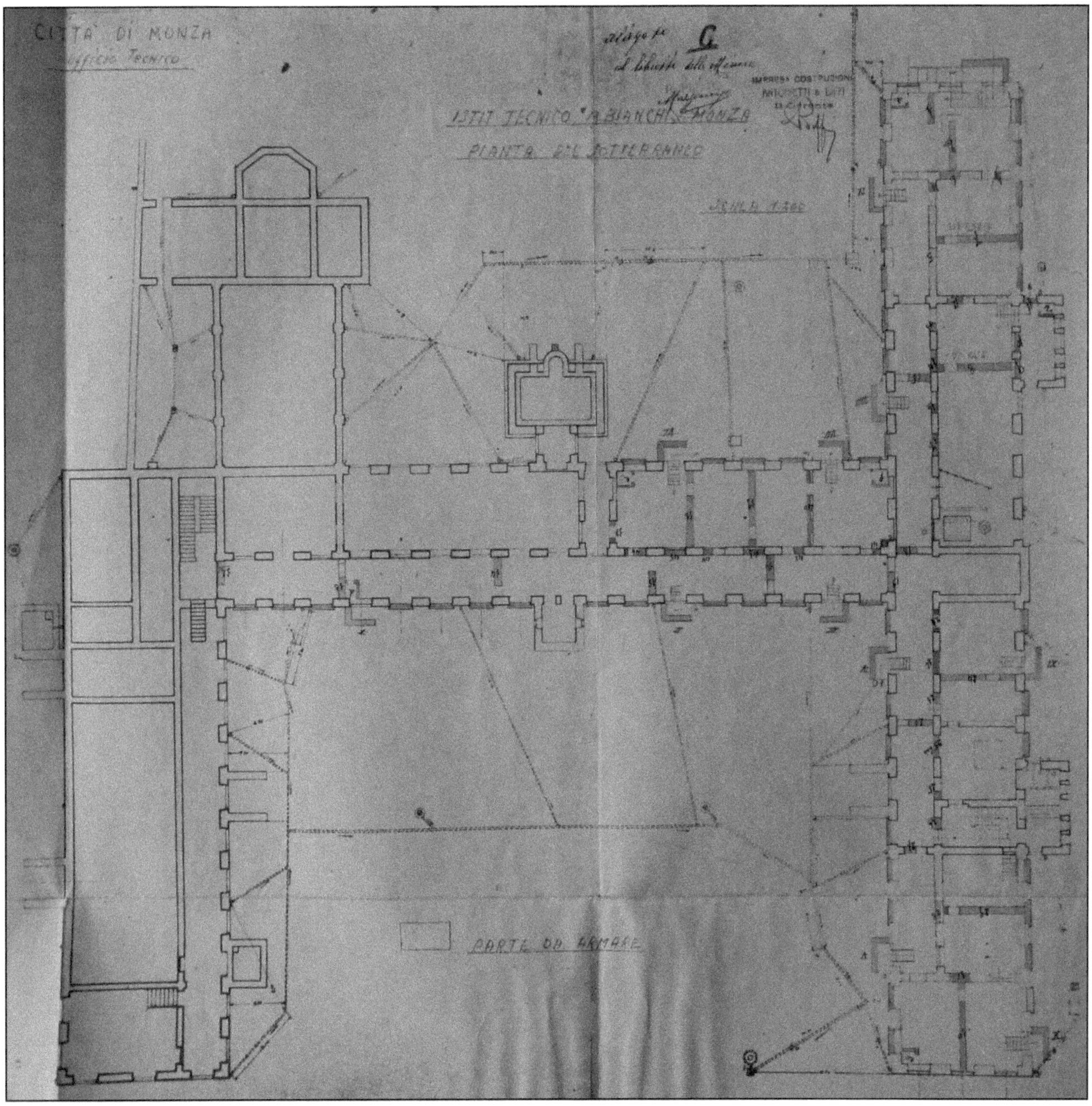

Fig. 55. Pianta complessiva dell'intero piano seminterrato dell'edificio ospitante il Regio Istituto Tecnico Mosé Bianchi, con i setti murari da realizzarsi per l'approntamento dei rifugi anticrollo, per accogliere anche le altre scuole ivi presenti (Archivio storico, Sezione terza [1936-1945], 453/1, 28.4).

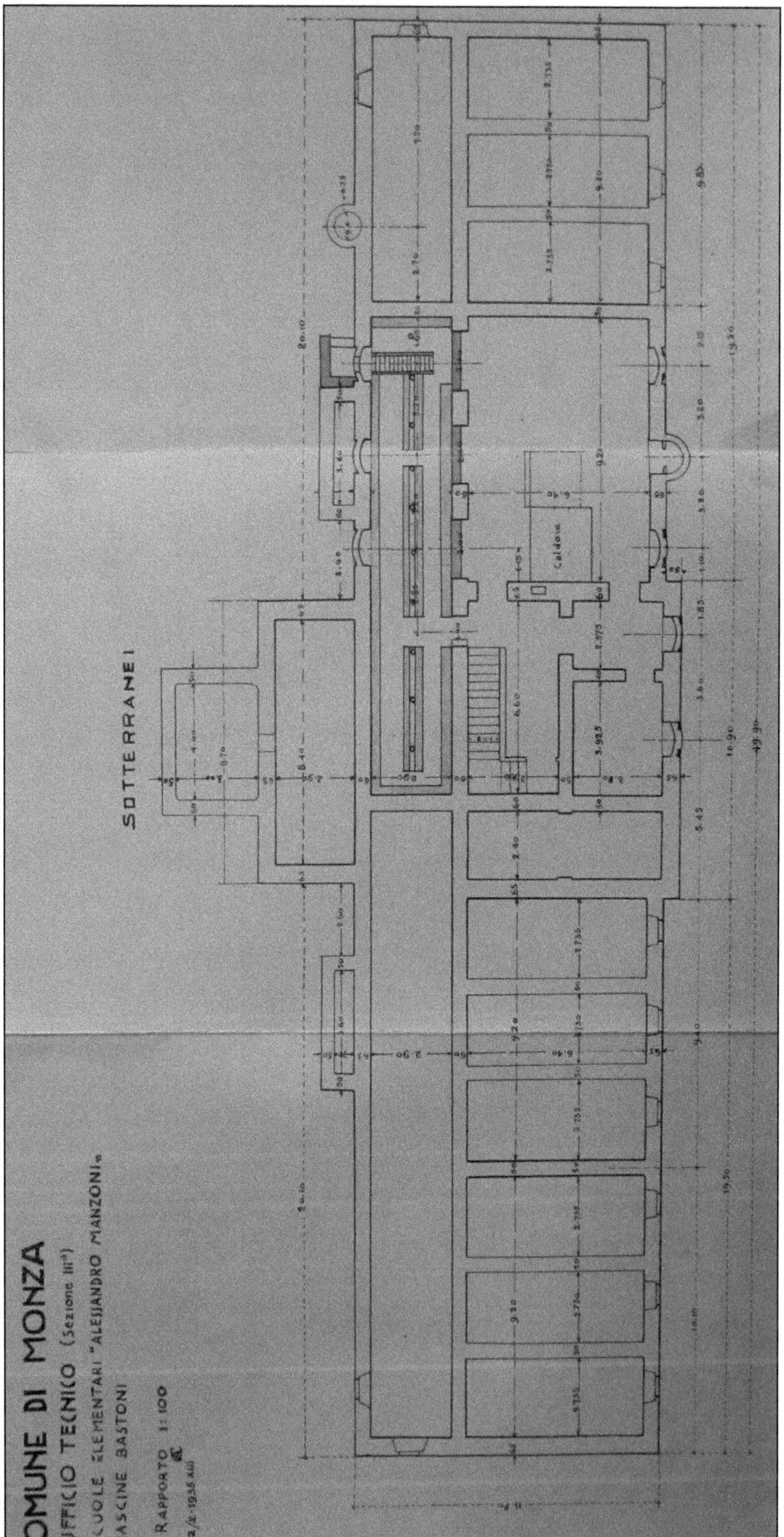

Fig. 56. Frazione Cascine Bastoni, Scuole Elementari Alessandro Manzoni: pianta dei sotterranei dell'edificio, con evidenziate le parti da sistemare per la realizzazione di un rifugio anticrollo (Comune di Monza, Archivio storico, Sezione terza [1936-1945], 17/2, 2.3).

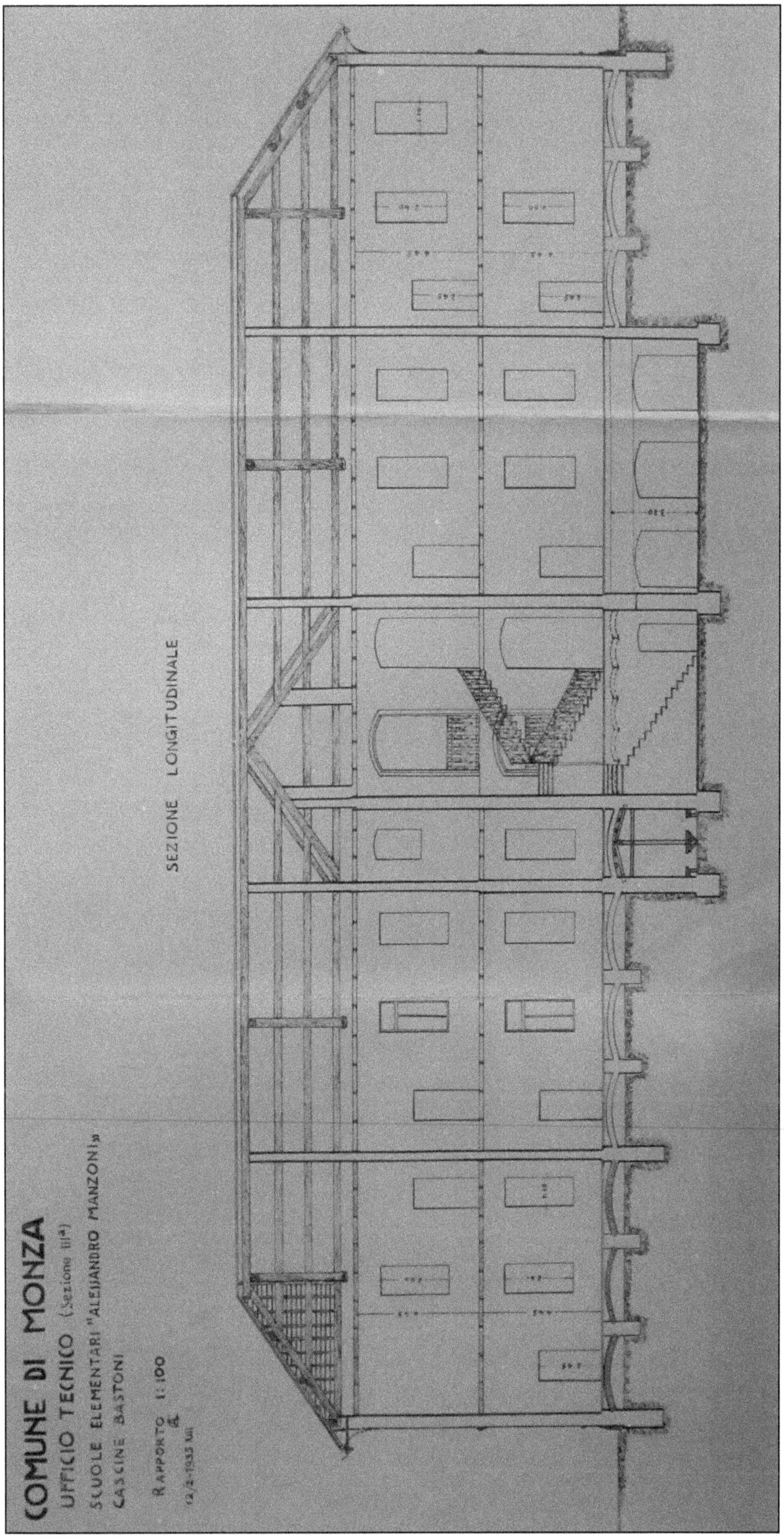

Fig. 57. Sezione longitudinale dell'edificio scolastico Alessandro Manzoni, situato nella frazione monzese Cascine Bastoni. (Comune di Monza, Archivio storico, Sezione terza [1936-1945], 17/2, 2.3)

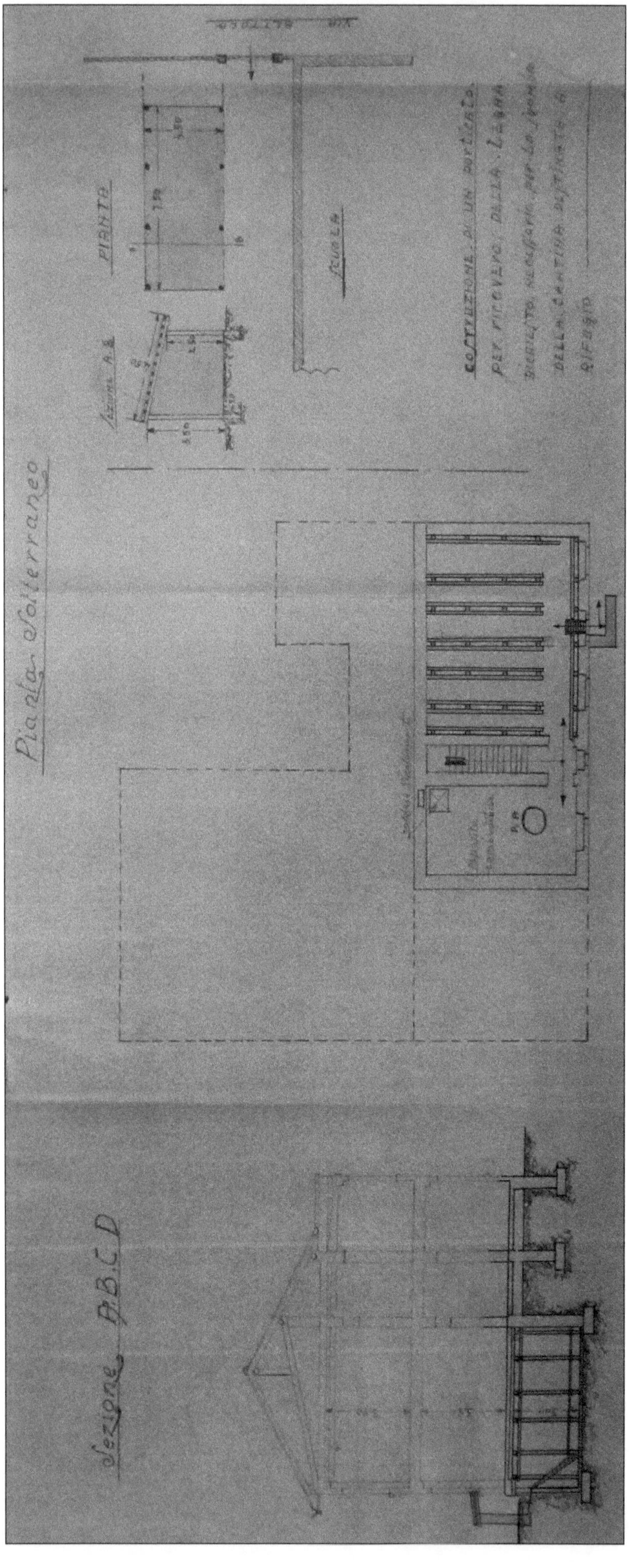

Fig. 58. Frazione Sant'Alessandro, Scuole Elementari omonime: Pianta e sezione dell'edificio in cui ricavare un rifugio anticrollo; dovendo occupare lo spazio sotterraneo adibito a legnaia si richiede la costruzione di un deposito esterno per la legna (Comune di Monza, Archivio storico, Sezione terza [1936-1945], 17/2, 2.3).

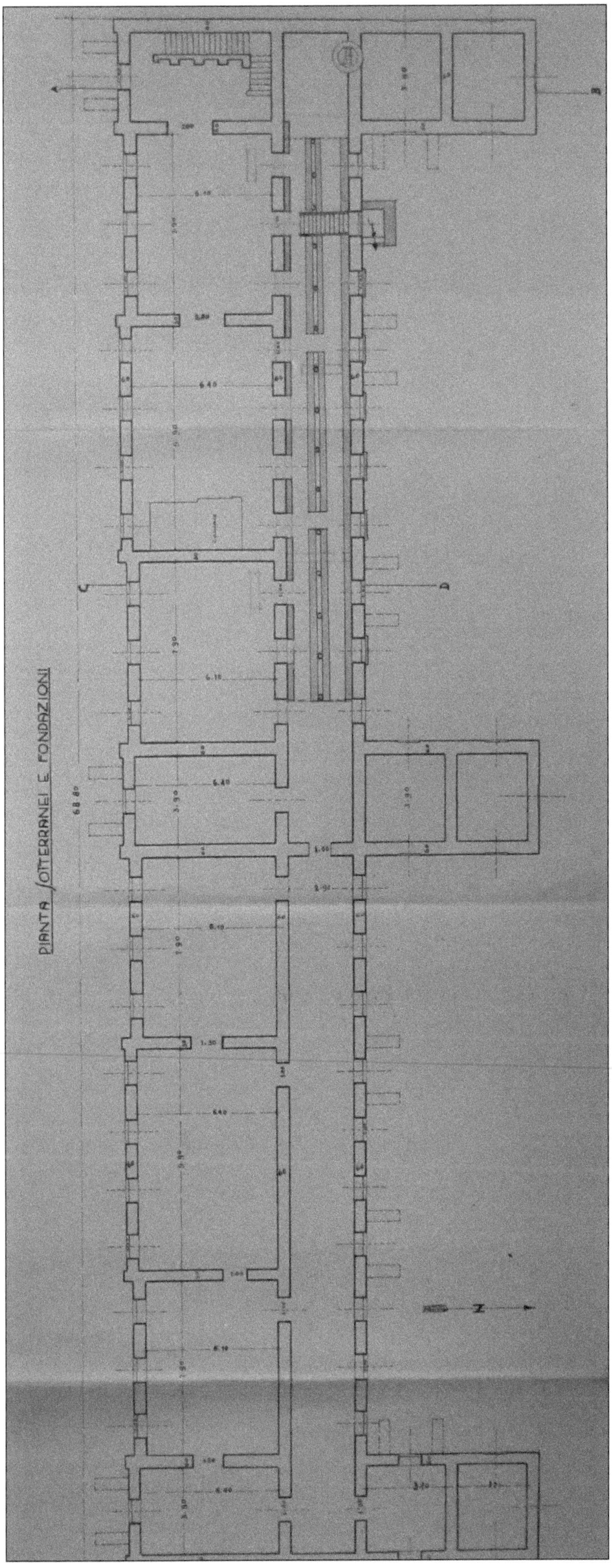

Fig. 59. Frazione S. Fruttuoso, Scuola Elementare Vittorio Alfieri: pianta dell'edificio con lo spazio sotterraneo da adibire a rifugio anticrollo, dotato di un'uscita di soccorso da proteggersi con una muratura (Comune di Monza, Archivio storico, Sezione terza [1936-1945], 17/2, 2.3).

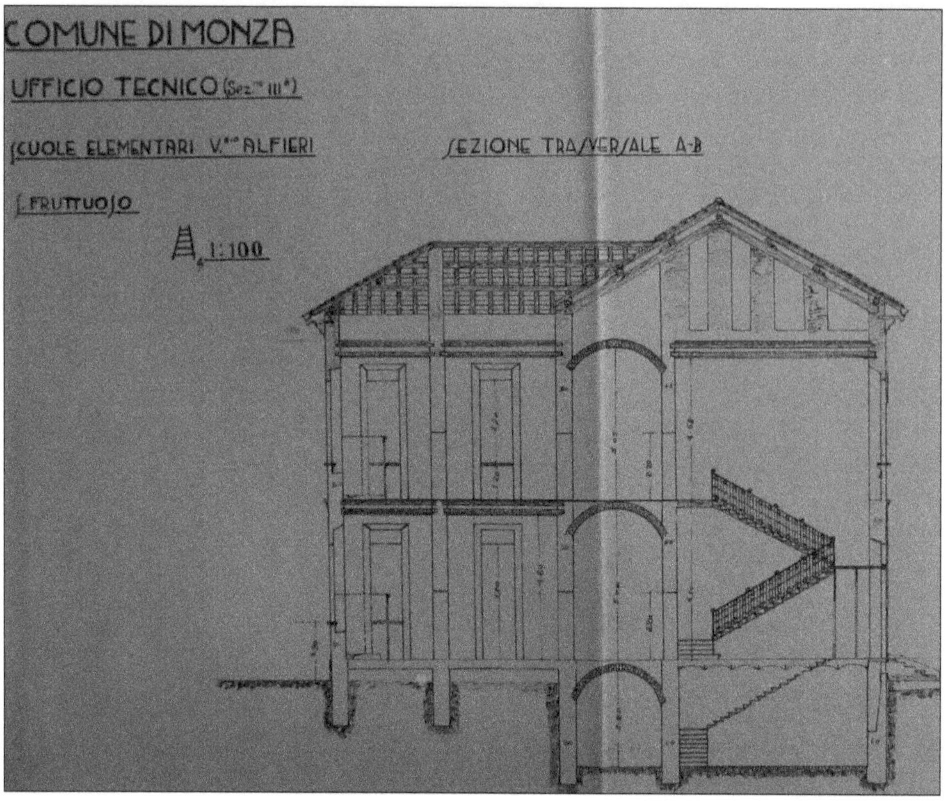

Fig. 60. Sezione trasversale A-B della Scuola Elementare Vittorio Alfieri, con i vani sotterranei; per la realizzazione del rifugio anticrollo si utilizzerà una porzione del lungo ambiente posto centralmente, dotato di volta a tutto sesto in muratura (Comune di Monza, Archivio storico, Sezione terza [1936-1945], 17/2, 2.3).

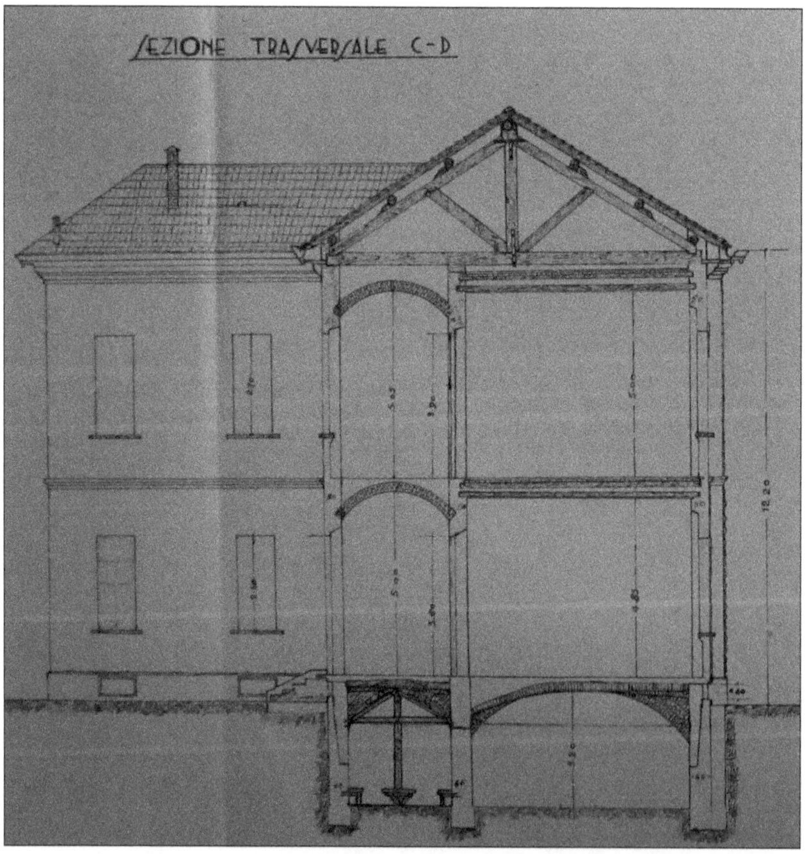

Fig. 61. Sezione trasversale C-D della Scuola Elementare Vittorio Alfieri: la volta a botte dell'ambiente sotterraneo è stata armata con legname e lungo le pareti sono state disposte le sedute, sempre in legno (Comune di Monza, Archivio storico, Sezione terza [1936-1945], 17/2, 2.3).

sezioni si sono prestate per la costituzione di posti di pronto soccorso in caso di incursioni aeree, e dispongono di mezzi limitati e poche autoambulanze e qualche automobile. Altri mezzi meccanici, di mole piccola o notevole, che potrebbero essere impiegati per protezione contro gli aggressivi chimici, non ne posseggono: hanno una piccola dotazione, cassette contenenti reattivi chimici adatti allo scopo, particolarmente contro azioni soffocanti, vescicatorie, lacrimogene e starnutatorie (in proposito ha a disposizione una piccola pubblicazione che volgarizza tutte queste norme di primo intervento), non hanno però che minimo numero di maschere antigas, scarpe di gomma, e nessun indumento di gomma necessario a proteggere la persona disposta a intervenire in questi contingenti. Colle disposizioni sopracitate viene affidato alla C.R.I. di provvedere sia ai compiti di carattere sanitario, sia alla complessa opera di bonifica delle zone contaminate chimicamente e viene disposto che al Comitato Provinciale della C.R.I. siano segnalati i mezzi disponibili quali autoinnaffiatrici, autospazzatrici, rulli compressori a caldo, ecc. Questo Comitato fa presente che non ha la possibilità di persone e di mezzi per essere in condizioni di assolvere, come l'importanza del mandato richiede, i compiti che si vorrebbe a lui affidare. Questi compiti potrebbero essere svolti solo in armonia di prestazione, di lavoro, con le altre istituzioni che hanno mandati analoghi in caso di incursione aerea: vigili del fuoco, Unpa, squadre rionali e organizzazioni sanitarie, che sono alla dipendenza del Medico Provinciale, degli Uffici Sanitari Comunali, del Partito ecc. Noi per la conoscenza che abbiamo delle condizioni della nostra provincia, possiamo dire che non esiste quasi alcuna preparazione per intervenire se fosse intensificata l'offesa aerea aggravata con aggressivi chimici. Non si è pensato sufficientemente a questa materia e bisognerebbe prontamente disporre perché, secondo il nostro modo di vedere, fossero istituiti dei centri sanitari di circondario a cui convergere le azioni dei Comuni».[63] La comunicazione del Comitato Provinciale della C.R.I. è datata 27 febbraio 1943.

12 - *Cessato allarme*

Monza subirà i bombardamenti anche nella Seconda Guerra Mondiale e ci sarebbero da scrivere interi capitoli di storia sui lavori svolti dalle squadre che si occuparono di spegnere gli incendi, di soccorrere i feriti e di sgomberare le macerie (fig. 62), non solo nella città brianzola, ma in ogni città e paese d'Italia. Le applicazioni dell'utilizzo del calcestruzzo di cemento armato dagli anni Trenta fino al termine della guerra, diedero ottime prove di resistenza, laddove queste erano state effettuate in ottemperanza ai dettami. Sono poi servite come base per le successive opere sia civili sia industriali le quali hanno caratterizzato la ripresa economica ed edilizia degli anni Cinquanta e Sessanta. A conclusione del contributo si desidera ricordare lo sviluppo delle applicazioni del calcestruzzo cementizio e del cemento armato nell'ambito delle fortificazioni e della opere di protezione dei civili ed in particolare l'operato del prof. ing. Giuseppe Stellingwerff.

Fig. 62. Manifesto datato 12 dicembre 1945; la guerra è terminata da alcuni mesi, ma non si sono invece concluse le problematiche legate al conflitto stesso (Comune di Monza, Archivio storico).

13 - *Il materiale utile per eccellenza nell'edilizia per la protezione antiaerea e la figura dell'Ingegner Giuseppe Sterllingwerff*

Negli anni Trenta del Novecento vi è la consapevolezza che la protezione dagli attacchi aerei debba essere estesa a tutto il territorio nazionale. La risoluzione del problema della difesa delle vite umane e del patrimonio costruito di una nazione non compete quindi più solo ai politici, esso diventa anche un fatto tecnico; il calcestruzzo cementizio e il cemento armato divengono i materiali utili per eccellenza. Nelle facoltà di Ingegneria sviluppano ricerche specifiche sull'applicazione di questi materiali nelle costruzioni civili ma anche nella costruzione delle fortificazioni e per le opere cosiddette di "difesa passiva": i rifugi antiaerei in ambito urbano. Inoltre si istituiscono corsi specifici sulla tematica dell'edilizia ed urbanistica antiaerea per Ingegneri e Architetti. Il primo Corso Nazionale di Edilizia ed urbanistica antiaerea, indetto dal Comitato Centrale Interministeriale per la Protezione Anti Aerea (C.C.I.P.A.A.) si tiene a Roma nel 1935 ed è aperto a 500 professionisti. Medesimi corsi sono organizzati in molte altre città negli anni successivi[64], tra di esse Bari, Bologna, Genova, Milano[65], Napoli, Padova Palermo, Torino, e tutte le edizioni hanno un alto numero di iscritti. Se si leggono i programmi dei corsi si può notare che l'argomento dell'applicazione del calcestruzzo e del cemento armato è sempre presente[66]. Inoltre, a Milano, la Scuola di Specializzazione per le Costruzioni in Cemento Armato Fondazione "Fratelli Pesenti", invita il prof. Giuseppe Stellingwerff, uno dei massimi esperti di tali materiali e della loro applicazione nelle opere di protezione antiaerea, a tenere lezioni su «L'applicazione del cemento armato alla protezione antiaerea», negli anni accademici 1935-1936 e 1936-1937[67].

Anche l'industria del cemento e le relative associazioni di categoria, in sinergia con il mondo accademico, danno forte impulso all'utilizzo di questi materiali e soprattutto alla diffusione delle conoscenze in materia di utilizzo nelle fortificazioni e nelle opere di protezione antiaerea. La rivista «L'industria del cemento»[68], rivista mensile portavoce dell'Associazione Italiana tecnico economica del cemento (A.I.T.E.C.) e dell'Associazione dell'Industria Italiana del cemento, amianto-cemento, calce e gesso (Assocemento), tra il 1930 ed il 1945 pubblica numerosi articoli su questa tematica e uno dei più assidui autori è proprio Giuseppe Stellingwerff, direttore della medesima rivista dal 1941 al 1960.

Sull'importanza del calcestruzzo di cemento nelle fortificazioni così scrive l'Ing. Nino Di Giorgio: «Tutte le nazioni europee, belligeranti, non belligeranti e neutrali, stanno chiudendo le loro frontiere con imponenti sistemi fortificati e, poiché i metalli sono appena sufficienti per armi e per le altre esigenze in cui il loro impiego è indispensabile, è al calcestruzzo cementizio che viene commesso il compito principale di tali costruzioni. Ed effettivamente il cemento è proprio il materiale che meglio si presta alla costruzione delle opere difensive e questo sia per le sue doti di robustezza, tenacità, compattezza (che rispondono perfettamente allo scopo voluto) sia per l'indifferenza all'azione dell'umidità, per l'impermeabilità (opportunamente accresciuta, se del caso, da adatti impermeabilizzanti) per l'incombustibilità, ecc., sia infine per la sua particolare resistenza alle offese, vuoi per quanto riguarda la penetrazione che per quanto ha tratto per lo scoppio. Si aggiunga ancora la facilità dei trasporti; l'aver quasi sempre in sito sabbia e ghiaia o pietrisco o, almeno di potersene facilmente procurare, sia pure producendolo con frantoi; la formazione dei manufatti rapida, agevole, perfettamente aderente al terreno scavato e si avrà la spiegazione intuitiva del perché in tutto il mondo, nelle opere fortificate, il calcestruzzo cementizio ha larghissimo impiego ed assume funzione essenziale.»[69] Nelle opere di protezione antiaerea le sopracitate caratteristiche di resistenza alle offese (penetrazione e scoppio) sono garantite dall'utilizzo dal cemento armato. Così scrive a proposito Giuseppe Stellingwerff: «occorre prevedere la costruzione di ricoveri alla prova, che diano alla popolazione, non appena dati i segnali di allarme dalla rete di avvistamento e dai centri di segnalazione, dei locali in cui si sia al sicuro dai proiettili e dai loro effetti. In questo campo il cemento armato, che pure negli altri trova applicazione, ad esempio per piazzuole per artiglierie e mitragliatrici, per opere protettive di monumenti, ecc., trova il massimo della sua applicazione, economica ad un tempo e di grandissima efficacia protettiva. Naturalmente la protezione deve intendersi in senso relativo e cioè per le medie bombe, perché per quelle maggiori (ve ne sono oggi di 1000 ed anche fino a 2000 Kg.!) non è possibile proteggersi a meno di costruire a profondità assai forti e con notevolissimi spessori.»[70]

12.a - Giuseppe Stellingwerff (1894 - 1961), «il D'Artagnan del cemento» e della difesa dei civili dai bombardamenti aerei

Tra i molteplici autori di articoli e monografie sulla protezione antiaerea stampati tra le due guerre, il nome di Giuseppe Stellingwerff (fig. 63) ricorre per la maggiore. I suoi, sono testi di carattere scientifico ben argomentati ed approfonditi, sono costruiti con un linguaggio che oggi appare per nulla accademico, nonostante egli appartenesse al mondo intellettuale. Ingegnere, libero docente alla Regia Università di Roma dove insegna Viabilità militare e Balistica, é per alcuni anni Rappresentante del Sindacato Nazionale Ingegneri. Oltre ad essere ingegnere è militare di carriera per dodici anni. Il 1915 lo vede giovane sottotenente dell'Arma del Genio impegnato al fronte e così per tutti gli anni della Grande Guerra. Si congeda volontariamente nel 1927, all'età di trentatre anni, con il grado di capitano e si dedica alla libera professione[71].

Queste due "anime" sono sempre presenti nell'opera incessante di istruzione, di sensibilizzazione e, forse, sono determinanti per accettare il 12 dicembre 1935 di stare in prima linea sul fronte dell'organizzazione della protezione dei civili in Italia, come Vice Presidente dell'Unione Nazionale Protezione Antiaerea (U.N.P.A.A.), di cui sarà anche presidente per alcuni anni. Permeato dello spirito della sua epoca e attento osservatore degli avvenimenti, l'Ingegner Stellingwerff é ben conscio del pericolo che le nazioni corrono in caso di una Seconda Guerra Mondiale. Conduce la sua "missione": la difesa dei civili dai bombardamenti aerei, anche attraverso le pagine della rivista mensile: *L'industria italiana del cemento* di cui é collaboratore, dal 1929 (I° anno della rivista) e Direttore (dal 1941 al 1961). Attraverso le pagine della rivista animava il dibattito e spesso ricorreva all'apologo per rispondere a chi sminuiva l'importanza della protezione Antiaerea e per illustrare il suo pensiero. Sono ancora le parole di Edmondo del Bufalo ad illustrare molto bene l'apporto dell'Ing. Stellingwerff allo sviluppo degli studi sul cemento: «La sua specializzazione nel campo del cemento e delle sue applicazioni, gli ha consentito di dare un contributo veramente notevole alla relativa tecnica. Prezioso collaboratore dell'Associazione Industriale del settore la rappresentava nelle numerose organizzazioni tecniche italiane ed estere cui essa aderiva. Di questa rivista, [L'industria del cemento, N.d.A]» di cui dal 1929 fino all'ultimo giorno di Sua vita fu animatore e redattore principale, ha fatto la palestra dove dibattere le questioni riguardanti il cemento (il materiale che caratterizza il secolo) le sue molteplici applicazioni che vanno dai manti stradali, ai ponti, ai viadotti, alle dighe, all'edilizia, dalla più modesta a quella monumentale, il tutto fatto con quella competenza e quell'entusiasmo sempre accompagnati da un equilibrio e da un'onestà che erano le Sue peculiari caratteristiche personali»[72]. La sua attività è continua durante tutta la sua vita, ancora nel 1957 il giorno 12 marzo, tiene una conferenza: *La moderna tecnica europea delle pavimentazioni in cemento armato*, presso la Società degli Ingegneri e degli Architetti di Torino. La morte lo coglie quasi all'improvviso il 29 Gennaio del 1961, sulla rivista« L'industria Italiana del Cemento» scrivono su di lui gli amici e colleghi A. Aonzio e L. Buzzi (N. 2/1961, p. 63) e E. del Bufalo (N. 2/1961, p. 64). Nel 1962 l'A.I-T.E.C. dedica il premio annuale per laureandi in Ingegneria a Giuseppe Stellingwerff. Il Premio consiste in un viaggio studio di una settimana in Europa per conoscere le migliori realizzazioni in cemento armato[73].

La sua vasta conoscenza in materia di cemento armato si può evincere scorrendo l'elenco dei suoi articoli pubblicati sulla rivista *L'industria italiana del cemento,* tra il 1930 ed il 1949:

- *Muri di sostegno per gallerie,* 1930, N. 4
- *La metropolitana di Roma e le opere di sostegno in c.a.,* in «L'Industria Italiana del Cemento», 1930, N. 5
- *Il c.a. e le costruzioni antisismiche,* 1930, N. 8 e N. 9
- *Il terremoto del vulture e le costruzioni antisismiche,* 1930, N. 10
- *Il cemento armato nella difesa antiaerea passiva,* 1931, N. 10
- *Tipi standardizzati per alcune opere in c.a.*, 1931, N. 10
- *Penetrazioni di proiettili ed effetti di scoppio,* 1932, N.11.
- *Muri in c.a. a sostegno delle terre*, 1932, N. pag. 360.
- in «L'Industria Italiana del Cemento», 1934, pag. 55.
- in «L'Industria Italiana del Cemento», 1936, pag. 170.
- in «L'Industria Italiana del Cemento», 1936, pag. 305.
- *Autoposteggi sotterranei e ricoveri antiaerei,* 1939, N. pag. 44.
- *Esempi di autorimesse sotterranee,* 1939, pag. 141.
- *Ricoveri antiaerei nei fabbricati di nuova costruzione,* 1939, pag. 253.
- *Le strade e la guerra,* 1942, pag. 42.
- *Cemento e strade,* 1942, pag. 46.
- *Qualche osservazione di attualità sull'impiego di esplosivi per le mine,* 1947, pag. 13.
- *Ricoveri antiaerei per le case di nuova costruzione,* 1947, pag. 38.
- *Cemento e bomba atomica,* in «L'Industria Italiana del Cemento», 1947, pag. 260.
- *Come, dove, e quando costruire,* in «L'Industria Italiana del Cemento», 1948, pag. 99.
- *Necessità di costruzioni sotterranee urbane per viabilità negozi e magazzini,* 1948, pag. 114.
- *Urbanistica e protezione antiaerea,* 1948, pag. 202.
- *Quanti vani di abitazione servono oggi in Italia. Come costruirli,* 1948, pag. 223 e 249.
- *Qualche elemento circa l'azione della Bomba atonica sulle varie costruzioni* 1949, pag. 7.
- *Gli effetti della bomba atonica sul calcestruzzo* in 1949, pagg. 12 e 89.
- *Influenza della durata delle sollecitazioni sulle reazioni prodotte,* 1949, pag. 290.

Nella vita Giuseppe Stellingwerf ha avuto anche diverse onorificenze: nel 1935, il 31 ottobre é Commendatore dell'Ordine della Corona d'Italia su nomina del Re (G.U. del Regno d'Italia n.87, del 14-4-1936 p. 1070), nel 1939, il 30 marzo, è Grand'Ufficiale dell'Ordine della Corona d'Italia e l'8 Ottobre 1942 è Cavaliere dell'ordine dei SS. Maurizio e Lazzaro (in supplemento ordinario alla Gazzetta Ufficiale n. 28 del 4 febbraio 1943 p. 22).

13 - *Memoria e riuso dei rifugi antiaerei nella città contemporanea*

Un "museo vivente,
come organismo autonomo,
a funzioni multiple e complementari,
innestato nell'attuale vita sociale"
(Franco Albini, *Funzioni e architettura del museo)*

Un'ultima precisazione sul ruolo dei rifugi antiaerei nel paesaggio urbano contemporaneo.
Il museo diffuso dovrà essere in linea con le più recenti acquisizioni teoriche ed esperienze concreta di musealizzazione.
Dovrà avere funzioni molteplici:

- la conservazione degli edifici nella loro consistenza materica e funzionale dove possibile,
- la ricerca,

- la didattica,
- la divulgazione
- la promozione,
- la valorizzazione del bene e degli oggetti in esso contenuti.

L'occasione dell'Expo 2015 in cui Milano sarà una città vetrina è vicino. Ad un secolo di distanza, dopo un periodo, almeno per l'Europa di pace, che ci auguriamo rimanga tale ancora a lungo, sarebbe bello accompagnare i molti visitatori lungo l'itinerario culturale dei Rifugi antiaerei . Per non dimenticare, per ripensare e per progettare una città del presente e del futuro che faccia tesoro del suo passato.

14 - *Note*

[1] Savona A. V., Straniero M. L., *Canti della grande Guerra*, vol. I, Garzanti, Milano 1981, p. 36.
[2] Ibidem, pp. 35-36.
[3] Viazzi L. 1982, *I diavoli dell'Adamello. La guerra a quota tremila 1915-1918*, Mursia Editore, Milano, pp. 15-16.
[4] Lussu E., 1971*Un anno sull'altipiano*, Mondadori Editore, Milano, p. 21.
[5] I paragoni sono sempre antipatici, ma talvolta utili: per farsi anche una semplice e sommaria idea di come una nazione europea affrontò la protezione dei propri civili si suggerisce la lettura di un libro chiaro e discorsivo, ma puntuale, a proposito della difesa civile a Londra: Fredette R.H., *La prima Battaglia d'Inghilterra 1917-1918*, Longanesi & C., Milano 1970.
[6] Comune di Monza, Archivio storico, Sezione seconda (1871-1935), 34/1, 2.3.
[7] Comune di Monza, Archivio storico, Sezione seconda (1871-1935), 34/1, 2.3.
[8] Comune di Monza, Archivio storico, Sezione seconda (1871-1935), 34/1, 2.3.
[9] Comune di Monza, Archivio storico, Sezione seconda (1871-1935), 34/1, 2.3.
[10] Comune di Monza, Archivio storico, Sezione seconda (1871-1935), 34/1, 2.3.
[11] Comune di Monza, Archivio storico, Sezione seconda (1871-1935), 34/1, 2.3.
[12] Stellingwerff G. 1938, *Protezione dei fabbricati dagli attacchi aerei con particolare riguardo al cemento armato*, Regio Istituto Superiore d'Ingegneria (R. Politecnico) – Milano, Hoepli U. Editore, Milano, pp. 16-17.
[13] Della Volpe N., *Difesa del territorio e protezione antiaerea (1915-1943). Storia, documenti, immagini*, Stato Maggiore dell'Esercito – Ufficio Storico, Roma 1986, pp. 25-26.
[14] Ibidem, p. 130.
[15] Ibidem, p. 27.
[16] Romani A., Stellingwerf G. 1929, *I ricoveri nella "difesa aerea". Utilizzazione allo scopo della progettata metropolitana di Roma*, in *Rivista di Artiglieria e Genio*, 68ª annata, Fascicolo VII, Roma, p. 1056.
[17] Ibidem, p. 1058.
[18] Ibidem, p. 1053.
[19] Ibidem, p. 1043.
[20] Archivio del Comune di Milano, Ripartizione Servizi e Lavori Pubblici, Prot. Gen. N. 99863/942, Prot. Particolare 1048.
[21] Giannuzzi Savelli A. 1931, *Come possiamo proteggere in caso di guerra la popolazione civile da attacchi aerei?*, in Rivista di Artiglieria e Genio, LXX annata, Fascicolo V, Maggio, Roma, pp. 555-556.
[22] Ibidem, p. 572.
[23] Ibidem, p. 563.
[24] Ibidem, p. 569.
[25] Ibidem, p. 565.
[26] Ivi.
[27] Ibidem, p. 573.
[28] Ibidem, pp. 575-576.
[29] Comitato Centrale Interministeriale Protezione Antiaerea – Ministero della Guerra – Comando del Corpo di Stato Maggiore, *Istruzione sulla Protezione Antiaerea*, Istituto Poligrafico dello Stato, Roma 1935.
[30] Ibidem, p. 137.
[31] Breda M. A., Padovan G. 2012, *Milano: Rifugi Antiaerei. Scudi degli Inermi contro l'Annientamento*, Lo Scarabeo, Milano, pp. 71-72.
[32] Foradini F., Conte E. 2009, *I Templi incompiuti di Hitler. Archeologia bellica viennese*, Provincia di Milano, Milano, p. 10.
[33] Comitato Centrale Interministeriale Protezione Antiaerea – Ministero della Guerra – Comando del Corpo di Stato Maggiore, op. cit., pp. 138-139.
[34] Ibidem, p. 143.
[35] Ibidem, p. 146.
[36] Ivi.
[37] Ibidem, pp. 149-150.
[38] Campanini R. 1935, *La tecnica della difesa aerea nei riflessi urbanistici*, estratto dalla Rivista "Urbanistica" N. 6 Novembre-Dicembre 1935-XIV, Tip. L. Rattero, Torino pp. 350-351.
[39] Ibidem, 354.
[40] Ibidem, pp. 354-355.
[41] Secchi L. L., *Alcuni tipi di ricovero antiaereo costruiti a Milano. Loro caratteristiche tecnico costruttive, Conferenza tenuta dal Dott. Ing. Luigi L. Secchi al corso di Urbanistica ed Edilizia Antiaerea per Ingegneri ed Architetti, svoltosi presso la R. Scuola di Ingegneria di Roma, dal 15 al 19 Novembre 1937-XVI*, Estratto dagli "Atti dei sindacati provinciali fascisti ingegneri di Lombardia", Febbraio, Industri Grafiche Italiane Stucchi, Milano 1938-XVI, p. 11.
[42] Comando del Corpo di S.M. – Sottocapo di S.M. per la Difesa Territoriale – Comitato Centrale Interministeriale Protezione Antiaerea 1938, *Istruzione sulla Protezione Antiaerea. Fascicolo V. Urbanistica, edilizia antiaerea e ricoveri*, Istituto Poligrafico dello Stato, Ministero della Guerra, Roma.
[43] Breda M. A., Padovan G. 2012, op. cit., pp. 67-72.

[44] Bergomi Società Anonima 1938, *Ricoveri collettivi antigas*, Opuscolo 21, Milano, p. 2.
[45] Comune di Monza, Archivio storico, Sezione seconda (1871-1935), 34/1, 2.3.
[46] Comune di Monza, Archivio storico, Sezione terza (1936-1945), 15/3, 2.3.
[47] Comune di Monza, Archivio storico, Sezione terza (1936-1945), 18/3, 2.3.
[48] Guido Buffarini Guidi, Pisa 4 gennaio 1895 – Milano 10 luglio 1945. Volontario nella Grande Guerra, dal 1933 al 1943 è Sottosegretario agli Interni, poi Ministro degli Interni nella Repubblica Sociale Italiana. Catturato dai partigiani, non riesce a suicidarsi e viene condannato alla fucilazione, sentenza eseguita il 10 luglio 1945 allo Stadio Giuriati di Milano.
[49] Comune di Monza, Archivio storico, Sezione terza (1936-1945), 453/1, 28.4.
[50] Comune di Monza, Archivio storico, Sezione terza (1936-1945), 453/1, 28.4.
[51] Comune di Monza, Archivio storico, Sezione terza (1936-1945), 453/1, 28.4.
[52] Comune di Monza, Archivio storico, Sezione terza (1936-1945), 453/1, 28.4.
[53] Comune di Monza, Archivio storico, Sezione terza (1936-1945), 453/1, 28.4.
[54] Comune di Monza, Archivio storico, Sezione terza (1936-1945), 453/1, 28.4.
[55] Comune di Monza, Archivio storico, Sezione terza (1936-1945), 453/1, 28.4.
[56] Comune di Monza, Archivio storico, Sezione terza (1936-1945), 453/1, 28.4.
[57] Comune di Monza, Archivio storico, Sezione terza (1936-1945), 453/1, 28.4.
[58] Comune di Monza, Archivio storico, Sezione terza (1936-1945), 453/1, 28.4.
[59] Comune di Monza, Archivio storico, Sezione terza (1936-1945), 453/1, 28.4.
[60] Comune di Monza, Archivio storico, Sezione terza (1936-1945), 17/2, 2.3.
[61] Comune di Monza, Archivio storico, Sezione terza (1936-1945), 17/2, 2.3.
[62] Archivio C.R.I. – Comitato Provinciale di Como.
[63] Archivio C.R.I. – Comitato Provinciale di Como.
[64] Cfr. Giuseppe Stelligwerff, *Protezione dei fabbricati dagli attacchi aerei. Con particolare riguardo alle applicazioni del cemento armato,* Ulrico Hoepli, Milano 1938, p.7.
[65] A Milano il C.C.I.P.A.A., con il R. Istituto Superiore di Ingegneria e con il Comitato Provinciale di Protezione Antiaerea, organizzò dal 15 al 18 Aprile 1936 il «II corso di edilizia antiaerea e ricoveri». Il corso fu pubblicizzato sulle pagine della rivista "Il Politecnico", anno LXXXIV, N. 2, Febbraio 1936, pp. 42-43. Ad esse si rimanda per l'approfondimento sugli argomenti trattati. Il medesimo corso venne anche replicato nel 1937.
[66] La documentazione sui programmi dei corsi é conservata presso l'Archivio del Politecnico di Milano (SEG. VI,3,22 e SEG. VI,3,23).
[67] Il prof. Giuseppe Stellingwerff tenne le sue lezioni nei giorni 3-4 giugno 1936 e 31 maggio-1 giugno 1937. Gli argomenti trattati dal prof. Giuseppe Stellingwerff alla Scuola di Specializzazione per le Costruzioni in Cemento Armato "Fratelli Pesenti", sono raccolte nel volume: R. Istituto Superiore di Ingegneria (R. Politecnico), Scuola di Specializzazione per le costruzioni in cemento armato, Prof. Ing. Giuseppe Stelligwerff, *Protezione dei fabbricati dagli attacchi aerei. Con particolare riguardo alle applicazioni del cemento armato.* Quarta edizione ampliata, aggiornata e corredata di una raccolta di progetti di ricoveri a.a. e dei dati legislativi in materia, 61 figure e 5 tabelle, Editore Ulrico Hoepli, Milano 1938[68]. La rivista, ancora oggi un importante rivista di settore, inizia ad essere pubblicata nel 1929. Il comitato di redazione è composto da personalità di spicco del mondo imprenditoriale e Accademico. Nel 1941, anno in cui l'Ing. Stellingwerff diviene direttore, fanno parte del Comitato di redazione: Gr Uff. Antonio Pesenti, Ing. Luigi Scarfiotti, Gr. Uff. Dott. Ottavio Marchino, Dott. Guido Prato, Prof. Ing. Arturo Danusso, Prof. Ing. Aristide Giannelli, Comm. Dott. Ing. Luigi Bruschetti, Comm. Dott. Ing. Vincenzo Musso, Dott. Luigi Visintainer, Dott. Ing. Giuseppe Nusiner.
[69] Di Giorgio Nino, *Fortificazioni e cemento, in L'industria italiana del cemento,* Anno XII – N. 3, 1940, p. 8.
[70] Giuseppe Stellingwerff, *Il cemento armato nella difesa antiaerea passiva*, in *L'industria italiana del cemento,* Anno III – N. 5, 1931, p. 148.
[71] Edmondo del Bufalo, 1961, *Ricordo dell'amico, L'industria italiana del cemento*, Anno XXXI – N. 2, Roma, p. 64.
[72] Ivi.
[73] «L'industria Italiana del cemento» N. 1/1962 p. 3; 8/1962 p. 437; 11/1962 p. 437.

15 - *Bibliografia*

- Bergomi Società Anonima 1938, *Ricoveri collettivi antigas*, Opuscolo 21, Milano, p. 2.
- Breda M. A., Padovan G. 2012, *Milano: Rifugi Antiaerei. Scudi degli Inermi contro l'Annientamento*, Lo Scarabeo, Milano, pp. 67-72.
- Campanini R. 1935, *La tecnica della difesa aerea nei riflessi urbanistici*, estratto dalla Rivista "Urbanistica" N. 6 Novembre-Dicembre 1935-XIV, Tip. L. Rattero, Torino pp. 349-358.
- Comando del Corpo di S.M. – Sottocapo di S.M. per la Difesa Territoriale – Comitato Centrale Interministeriale Protezione Antiaerea 1938 – Anno XVI, *Istruzione sulla Protezione Antiaerea. Fascicolo V. Urbanistica, edilizia antiaerea e ricoveri*, Istituto Poligrafico dello Stato, Ministero della Guerra, Roma.
- Comitato Centrale Interministeriale Protezione Antiaerea – Ministero della Guerra – Comando del Corpo di Stato Maggiore 1935, *Istruzione sulla Protezione Antiaerea*, Istituto Poligrafico dello Stato, Roma.

- Del Bufalo E. 1961, *Ricordo dell'amico,* in *L'industria italiana del cemento,* Anno XXXI – N. 2, Roma, pp. 64-65.
- Della Volpe N. 1986, *Difesa del territorio e protezione antiaerea (1915-1943). Storia, documenti, immagini,* Stato Maggiore dell'Esercito – Ufficio Storico, Roma.
- Di Giorgio N. 1940, *Fortificazioni e cemento,* in *L'industria italiana del cemento,* Anno XII – N. 3, Roma, p. 81-82.
- F.M., *Il corso di edilizia antiaerea e ricoveri,* Il Politecnico", anno LXXXIV , N. 2, Febbraio 1936, pp. 42-43.
- Foradini F., Conte E. 2009, *I Templi incompiuti di Hitler. Archeologia bellica viennese,* Provincia di Milano, Milano.
- Giannuzzi Savelli A. 1931, *Come possiamo proteggere in caso di guerra la popolazione civile da attacchi aerei?,* in Rivista di Artiglieria e Genio, LXX annata, Fascicolo V, Maggio, Roma, pp. 555-572.
- La Redazione 1938, *Il ricovero antiaereo nel Palazzo del Governo a Padova,* in *L'industria italiana del cemento,* Anno X – N. 6, Roma, p. 197.
- La Redazione 1940, *Il cemento per la metropolitana di Roma,* in *L'industria italiana del cemento,* Anno XII – N. 4, Roma, pp. 108-110.
- Lussu E. 1971, *Un anno sull'altipiano,* Mondadori Editore, Milano.
- N. D. G. 1936, *Ricovero antiaereo ricavato in un terrapieno,* in *L'industria italiana del cemento,* Anno VIII – N. 1, Roma, p. 26).
- Romani A., Stellingwerf G. 1929, *I ricoveri nella "difesa aerea". Utilizzazione allo scopo della progettata metropolitana di Roma,* in *Rivista di Artiglieria e Genio,* 68ª annata, Fascicolo VII, Roma, pp. 1041-1066.
- Savona A. V., Straniero M. L. 198, *Canti della grande Guerra,* vol. I, Garzanti, Milano.
- Secchi L. L. 1938, *Alcuni tipi di ricovero antiaereo costruiti a Milano. Loro caratteristiche tecnico costruttive, Conferenza tenuta dal Dott. Ing. Luigi L. Secchi al corso di Urbanistica ed Edilizia Antiaerea per Ingegneri ed Architetti, svoltosi presso la R. Scuola di Ingegneria di Roma, dal 15 al 19 Novembre 1937-XVI,* Estratto dagli "Atti dei sindacati provinciali fascisti ingegneri di Lombardia", Febbraio, Industri Grafiche Italiane Stucchi, Milano.
- Stellingwerff G. 1931, *Il cemento armato nella difesa antiaerea passiva,* in *L'industria italiana del cemento,* Anno III – N. 5, Roma, pp. 148-151.
- Stellingwerff G. 1938, *Protezione dei fabbricati dagli attacchi aerei con particolare riguardo al cemento armato,* Regio Istituto Superiore d'Ingegneria (R. Politecnico) – Hoepli U. Editore, Milano.
- Viazzi L. 1982, *I diavoli dell'Adamello. La guerra a quota tremila 1915-1918,* Mursia Editore, Milano.

16 - *Archivi consultati*

Archivio Piero Bottoni Urbanistica Architettura Design Arte, DAStU, Politecnico di Milano
Archivio Croce Rossa Italiana – Comitato Provinciale di Como
Biblioteca e Archivio di Presidio Caserma Teullié – Milano
Civiche Raccolte Storiche Milano
Comune di Milano, Archivio storico
Comune di Monza, Archivio storico
Provincia di Milano, Archivio storico

VII

LA PROTEZIONE DEI CIVILI A COMO TRA LE DUE GUERRE MONDIALI

Autori:

Maria Antonietta Breda	Politecnico di Milano - Dipartimento di Architettura e Studi Urbani
Sara Fumagalli	Ass. Speleologia Cavità Artificiali Milano, Federazione Nazionale Cavità Artificiali
Gianluca Padovan	Ass. Speleologia Cavità Artificiali Milano, Federazione Nazionale Cavità Artificiali

Sommario

La protezione antiaerea a Como tra le due guerre mondiali: localizzazione e disamina dei principali rifugi antiaerei ad uso pubblico. Il rifugio antiaereo della Croce Rossa di Como ultimato nell'ottobre del 1937.

Abstract

THE AIR-RAID PROTECTION IN COMO BETWEEN THE TWO WORLD WARS.
Localization and analysis of the major air-raid shelters for public use. The air-raid shelter of the C.R.I. completed in october 1937.

1 - *La difesa antiaerea delle città italiane nella Grande Guerra*

Nel maggio 1915 le Forze Armate Italiane emanano il seguente documento: «Previdenze e norme di sicurezza contro i bombardamenti aerei delle città» a cui faranno seguito numerose altre disposizioni, poiché la «linea del fronte» va a toccare paesi e città. Nel libro «Difesa del territorio e protezione antiaerea (1915-1943)», pubblicato da Nicola della Volpe nel 1986, per quanto concerne la difesa dei centri abitati e la protezione della popolazione civile italiana così informa: «Per la protezione civile, fu ribadito ancora una volta il concetto che il ricovero era il mezzo più efficace per la difesa delle persone; pertanto al momento dell'allarme la popolazione doveva essere avvertita con segnali ad essa noti (fischi di sirene, suono di campane, sparo di cannoni, ecc.), sussidiati da altri servizi organizzati per lo specifico scopo (pattuglie della forza pubblica che invitavano a ritirarsi nelle case, preventive ordinanze che stabilivano l'apertura dei portoni per consentire il ricovero). C'erano, inoltre, norme e consigli minuti cui bisognava attenersi; tra gli altri i tram ed i veicoli dovevano arrestarsi per consentire ai passeggeri di ricoverarsi; sui tetti e sui terrazzi era consigliabile predisporre uno strato di sacchetti di sabbia di protezione; gli inquilini dei piani superiori dovevano scendere ai piani inferiori; gli alunni delle scuole, e gli operai nelle fabbriche, dovevano radunarsi nei sotterranei o al pianterreno; i parenti dovevano evitare di recarsi per le strade. Chi, malauguratamente, si trovava per la via al momento della caduta di una bomba, "avvertito il sibilo caratteristico" doveva "prudentemente" gettarsi per terra, per non "essere investito dal cono d'esplosione dell'ordigno"».[1]

Dal punto di vista strettamente funzionale per la protezione dei civili si ricorre ad ogni tipo di riparo, prediligendo le cavità artificiali già esistenti, tra cui figurano le cantine e i locali anche semplicemente seminterrati. Molti rifugi antiaerei sono approntati nei piani terreni, puntellando le volte, e al di sotto di porticati, proteggendo gli accessi con tavole di legno e sacchi di terra e/o sabbia. Ben pochi di questi rifugi è a prova di bomba e nessuno a prova di aggressivo chimico. Il 31 maggio 1915 il Prefetto della Provincia di Como emana un'Ordinanza per la popolazione civile, da cui si comprende che non esiste una difesa antiaerea organizzata nelle città e nei paesi italiani non direttamente interessati dalla linea del fronte.[2]

Il sistema di salvaguardia è dato principalmente dall'oscuramento di ogni possibile obiettivo, mentre la difesa preventiva è costituita dall'istituzione di un servizio d'osservazione per individuare l'arrivo di aeroplani avversari e avvisare per tempo i civili (figg. 1 – 3). Si provvede inoltre ad istituire i servizi di pompieri per lo spegnimento degli incendi causati dalle bombe e per la rimozione delle macerie. I servizi di pronto soccorso, assicurati anche dalla Croce Verde, devono poi garantire la

Fig. 1. Agli inizi della Prima Guerra Mondiale questi due cannoni storici furono collocati al Castello Baradello allo scopo di allertare la popolazione comasca in caso d'attacco aereo; oggi sono esposti nel cortile del Municipio di Como. (Foto di S. Fumagalli)

prima cura dei feriti. Non si fa menzione né agli aggressivi chimici, né alla protezione dei civili contro l'attacco con i «gas» e le normative in merito saranno emanate solo nei mesi e negli anni a venire. In una relazione del giugno 1918, della «Commissione di Vigilanza contro i bombardamenti aerei», vi è l'elenco dei rifugi antiaerei pubblici ad uso civile approntati a quella data.[3] A Como sono quindi approntati all'interno del nucleo storico n. 18 rifugi antiaerei pubblici e n. 15 nei sobborghi.[4] In massima parte si tratta di rifugi ricavati nei piani terreni e pochi nel sottosuolo. Prima che a Como si torni a parlare concretamente di rifugi antiaerei dovranno passare diversi anni.

Fig. 2. Torre del Castello Baradello (1156), sovrastante la città di Como. (Foto di G. Padovan)

2 - *1935: «progetto per la difesa antiaerea» del Municipio di Como*

Dall'Archivio Storico del Comune di Como è recentemente emersa una lunga relazione del 1935, la quale servirà successivamente alle Autorità da base per lo studio pratico della difesa antiaerea passiva cittadina. Difatti il «PROGETTO PER LA DIFESA ANTIAEREA. Relazione informativa dei dati richiesti con Nota riservata della R. Prefettura di Como – N° 9932 Div. Gab. dell'11 gennaio 1935 – XIII°» servirà alla «compilazione del progetto di difesa antiaerea di questa città». In pratica si esamina quali siano le reali possibilità di difendere la popolazione in caso d'attacco aereo, anche sottintendendo l'eventualità di un rapido sfollamento. Si considerano, inoltre, le capacità di resistenza passiva basate sull'approvvigionamento idrico e la produzione di energia elettrica. Nel documento si forniscono i dati richiesti in base all'esame di due planimetrie:

- la prima, in scala 1:5000 comprende tutto il territorio di Como;
- la seconda, in scala 1: 2000 comprende il solo centro urbano di Como e i Borghi.

In primo luogo il territorio Comunale di 2.145 ettari è suddiviso tra Città murata, Sobborghi e Frazioni. Si

Fig. 3. Veduta della città di Como dal castello Baradello; la freccia indica l'edificio della Croce Rossa Italiana. (Foto di G. Padovan)

considerano le altimetrie differenti di ogni area, la densità della popolazione e delle strutture abitative, concludendo che nel nucleo storico della Città «La possibilità di efficaci e sufficienti ricoveri [per la] popolazione oltre che dal tipo delle costruzioni, è reso difficile anche dalla generica mancanza di sotterranei dovuta per grande parte della zona bassa alla immediata vicinanza della falda acquea del lago. Provvedimenti al riguardo potrebbero essere prescritti d'autorità per le eventuali nuove costruzioni di rilevante importanza o per lo mano studiati espressamente in opportune località collinose».[5]

Si indicano quindi le strutture, non solo abitative, le quali possiedono sotterranei eventualmente sfruttabili come rifugi. Una seconda parte della relazione è dedicata all'esame dell'economia locale e soprattutto agli stabilimenti industriali, specificando che «l'autorizzazione all'impianto di nuove industrie che interessino la nazione in caso di guerra, non potrà essere concessa che ad un numero limitato d'industrie». Si prosegue considerando la fornitura dell'energia elettrica e la sua distribuzione, lo sfruttamento delle risorse idriche da parte della Società Idroelettrica Comacina, la consistenza degli impianti d'acqua potabile e la rete per la distribuzione del gas anche a scopo d'illuminazione. Al punto n. 8 si tratta il sistema di comunicazione e di trasporto, garantito dalle reti ferroviaria, stradale e dalla navigazione lacuale. In pratica ci si preoccupa soprattutto di fare realizzare presso abitazioni private, condomini, luoghi di lavoro e scuole gli adeguati rifugi antiaerei, oltre ad organizzare i servizi di soccorso in caso di bombardamenti aerei. I successivi decreti e le conseguenti leggi del regno faranno da sfondo anche all'organizzazione di protezione antiaerea del Comune di Como. Se ne riportano quindi le principali.

2a - «*Regio Decreto 25 maggio 1936-XIV, n. 1553*»

L'anno seguente al documento sopra riportato è pubblicato dalla Gazzetta Ufficiale n. 198 del 27 maggio 1936 il «REGIO DECRETO 25 maggio 1936-XIV, N. 1553. NORME PER LA UTILIZZAZIONE, COME RICOVERI PERMANENTI CONTROAEREI, DELLE GALLERIE URBANE DA COSTRUIRE». La parte introduttiva ne riporta l'oggetto: «Visti gli articoli 1 e 2 della legge 20 dicembre 1932-XII, n. 1915, recanti disposizioni concernenti le modalità di costruzione delle metropolitane e delle gallerie urbane, affinché possano anche soddisfare al compito di ricoveri antiaerei; Visto l'art. 1, n. 1, della legge 31 gennaio 1926-IV, n. 100; Udito il parere del Consiglio di Stato; Sentito il Consiglio dei Ministri; Sulla proposta del Capo del Governo, Primo Ministro Segretario di Stato, Ministro Segretario di Stato per la guerra, per l'interno, per la marina e per l'aeronautica, di concerto coi Ministri Segretari di Stato per la grazia e giustizia, per le finanze, per i lavori pubblici, e per le comunicazioni; Abbiamo decretato e decretiamo: Art. 1. – Sono approvate le annesse norme, firmate, d'ordine Nostro, dal Ministro per la guerra, concernenti la utilizzazione, come ricoveri permanenti contraerei, delle gallerie urbane da costruire. Ordiniamo che il presente decreto, munito del sigillo dello Stato, sia inserito nella raccolta ufficiale delle leggi e dei decreti del Regno d'Italia, mandando a chiunque spetti di osservarlo e farlo osservare. Dato a Roma, addì 25 maggio 1936 – Anno XIV. Vittorio Emanuele. Mussolini – Solmi – Di Revel – Cobolli-Gigli – Benni. Visto, il Guardiasigilli: Solmi. Registrato alla Corte dei conti, addì 22 agosto 1936 – Anno XIV. Atti del Governo, registro 376, foglio 109. – Mancini».

Nelle «NORME PER LA UTILIZZAZIONE DELLE GALLERIE URBANE COME RICOVERI PERMANENTI ANTIAEREI» le disposizioni generali così prescrivono all'articolo n. 1, di cui si riporta la primissima parte: «Tutti i progetti delle gallerie di cui all'art. 1 della legge 20 dicembre 1932-XII, n. 1915, debbono essere debbono essere redatti previ accordi con il Comitato provinciale per la protezione antiaerea e quindi sottoposti all'approvazione del Comitato centrale interministeriale per la protezione antiaerea, allo scopo di stabilire se e quali tratti delle gallerie debbano essere utilizzati come ricoveri permanenti. Sotto questo aspetto: a) Le gallerie e le stazioni ferroviarie metropolitane saranno da considerare alla stessa stregua delle gallerie ferroviarie, limitatamente però, a quelle adibite ad uso urbano e nelle quali il transito dei treni può essere interrotto senza pregiudizio del servizio ferroviario generale; e ciò per non impedire alle metropolitane stesse di assolvere il compito di utile mezzo di trasporto della popolazione. Per esse, quindi, non si farà luogo, in generale, ad utilizzare le gallerie e le relative stazioni, per non pregiudicarne l'esercizio, e ciò in analogia a quanto previsto per le gallerie ferroviarie. Però, nelle stazioni meglio indicate allo scopo, saranno previsti ricoveri da costruire in modo da risultare accessibili, tanto direttamente dalle vie cittadine, quanto dalle stazioni adiacenti alle metropolitane. Tali locali per ricovero non potranno essere in tempo di pace adibiti ad altri usi (rimesse, alberghi diurni, magazzini, negozi, ecc.). Saranno previsti nel progetto dei ricoveri i provvedimenti di trasformazione ed eventuale rinforzo da adottare al momento della mobilitazione. Il progetto dei ricoveri darà compilato secondo le direttive che saranno stabilite dal Comitato centrale interministeriale per i ricoveri collettivi». Seguono le prescrizioni tecniche, comprendenti le dimensioni da adottarsi, gli accessi, le chiusure ermetiche antiscoppio e antigas, la pavimentazione, la ventilazione con predisposizione di sistemi antigas, l'illuminazione, ecc.

2b - «*Regio Decreto – Legge 24 settembre 1936-XIV, n. 2121*»

I Decreti, le Leggi e le Prescrizioni si susseguiranno fino al termine della Seconda Guerra Mondiale. Per quanto concerne il presente contributo si ritiene utile riportare, almeno parzialmente, un Decreto di poco posteriore al precedente. Si tratta del «REGIO DECRETO – LEGGE 24 settembre 1936-XIV, N. 2121». Esso obbliga a dotare di rifugio antiaereo ogni fabbricato di nuova costruzione. Eccone uno stralcio iniziale: «Art. 1. – È fatto obbligo agli Enti o privati che costruiscono fabbricati destinati ad abitazione civile o popolare, di provvedere – a proprie spese – per l'adattamento a ricovero antiaereo di parte del sotterraneo o del seminterrato o, in mancanza, del pianterreno. L'obbligo al cui precedente comma ricorre anche per i fabbricati in corso di costruzione alla data di entrata in vigore del presente decreto. Art. 2. – Il detto ricovero deve avere le seguenti caratteristiche tecniche: 1° l'area del ricovero si deve stabilire in ragione di mq. 1 per ogni mc. 200 di volume (vuoto per pieno) del fabbricato, calcolando questo volume in base alla superficie coperta e all'altezza della linea di gronda sul piano stradale. Di detta area quella destinata a soggiorno dei ricoverati si deve suddividere in celle della superficie di mq. 15 circa ciascuna e non superiore ai mq. 20; 2° l'altezza utile del ricovero non deve essere minore di m. 2; 3° le pareti del ricovero devono essere di cemento armato dello spessore minimo di cm. 15. Ciascuna parete si deve armare con due reti di tondini di ferro a maglie quadrate di lato cm. 20 e distanti, ciascuna, cm. 2 dal rispettivo paramento. I tondini debbono avere il diametro non minore di mm. 10 per l'altra ed essere convenientemente collegati fra loro. Quelli verticali devono collegarsi anche all'armatura del cielo del ricovero. Le pareti devono essere prive di finestre; 4° il cielo del ricovero, che può essere costituito anche pavimento per il piano soprastante, deve essere formato da un solettone di cemento armato con armatura doppia simmetrica. Il solettone deve resistere ai crolli delle strutture soprastanti, oltre al carico di kg. 450 per mq.». Tale Regio Decreto Legge n. 2121 sarà convertito nella Legge n. 1527 del 10 giugno 1937, la quale andrà a disciplinare la costruzione dei rifugi anticrollo nelle case di abitazione private.

2c - «*Regio Decreto – Legge 29 ottobre 1936-XIV, n. 2216*»

Datato 29 ottobre 1936 e registrato alla Corte dei conti il 9 gennaio 1937, il «Regio Decreto – Legge 29 ottobre 1936-XIV, n. 2216» dispone i fondamenti in materia di protezione antiaerea. Così principia: «Vista la legge 8 giugno 1925-III, n. 969, sulla organizzazione della Nazione per la guerra; Ritenuta la necessità urgante ed assoluta di dettare norme fondamentali in materia di protezione antiaerea; Visto l'articolo 3, n. 2, della legge 31 gennaio 1926-IV, n. 100; Visto il R. Decreto 1° ottobre 1936-XIV; Sentito il Consiglio dei Ministri; Sula proposta del Capo del Governo, Primo Ministro Segretario di Stato, Ministro Segretario di Stato per l'Interno, per la guerra, per la marina, per l'aeronautica, di concerto con i Ministri Segretari di Stato per gli affari esteri, per le colonie, per la grazia e giustizia, per le finanze, per l'educazione nazionale, per i lavori pubblici, per l'agricoltura e le foreste, per le comunicazioni, per le corporazioni, per la stampa e la propaganda: Abbiamo decretato e decretiamo: Art. 1. La protezione contro gli effetti degli attacchi aerei riveste interesse nazionale ed è regolata dallo Stato. Art. 2. L'organizzazione e il funzionamento della protezione antiaerea sono affidate per il territorio del Regno al Ministero della guerra, che si avvale del Comitato centrale interministeriale per la protezione antiaerea quale organo consultivo, e per il territorio delle Colonie al Ministero delle colonie. In tempo di guerra e nel territorio dichiarato in stato di guerra il coordinamento fra le attività relative alla protezione antiaerea e quelle delle truppe operanti spetta al comando di queste ultime. Art. 3. La protezione antiaerea implica: - predisposizioni organizzative: sfollamento, oscuramento, allarme, mascheramenti, tecnica edilizia urbanistica, ricoveri; addestramento del personale addetto, delle scuole ausiliarie, della popolazione; protezione del patrimonio artistico e scientifico; - Provvedimenti immediati contro gli effetti in atto degli attacchi aerei, protezione sanitaria e antigas, protezione incendi». L'Art. 7 riguarda, nello specifico, i rifugi antiaerei privati: «All'esecuzione delle misure di protezione obbligatorie di cui all'art. 3, concernenti la proprietà privata immobiliare, provvedono i privati interessati a loro spese entro i limiti e con le modalità che saranno stabiliti con le norme di cui all'articolo precedente. Lo Stato e gli enti pubblici provvedono all'attuazione delle misure di protezione antiaerea, per quanto concerne i rispettivi servizi, nel limite delle disponibilità esistenti in bilancio». In pratica, i cittadini devono provvedere a proprie spese alla loro salvaguardia, mentre lo Stato s'impegnerà all'espletamento di servizi, tutt'altro che specificati, solamente nella misura in cui avrà il denaro per farlo.

2d - «*Legge 22 dicembre 1938-XVII, n. 2224*»

Successivamente, la «Legge 22 dicembre 1938-XVII, n. 2224» in quindici articoli disciplina la costruzione di rifugi antiaerei pubblici. Il primo articolo detta il tenore dei seguenti: «È data facoltà alle competenti amministrazioni dello Stato e alle amministrazioni delle provincie e dei comuni, di concedere, secondo i vigenti ordinamenti, per una durata non superiore ai sessanta anni e mediante il pagamento di un canone annuo di lire cento, il sottosuolo dei beni di loro pertinenza a chi ne faccia domanda per costruire in detti sottosuoli locali da adibirsi a ricoveri antiaerei pubblici. Dalle predette concessioni non debbono derivare servitù o aggravamenti di servitù nei riguardi dei beni oggetto della concessione o qualsiasi pregiudizio ai fabbricati costituenti i beni stessi e alle persone che vi abitano. Scaduto il termine della concessione tutti i locali costruiti nel sottosuolo dell'area concessa e i relativi impianti fissi e mobili attinenti alla protezione antiaerea diventano di proprietà dell'ente concedente, senza che il concessionario abbia diritto ad alcun compenso. Le concessioni di sottosuolo di cui trattasi non importano ricerca o utilizzazione del sottosuolo minerario nè delle acque sotterranee; restano in materia ferme e impregiudicate le norme di cui al Regio decreto 29 luglio 1927-V, n. 1443, e al Regio decreto 11 dicembre 1933-XII, n. 1775». Con queste premesse il regno d'Italia muove alcuni passi per fare fronte alla richiesta di rifugi antiaerei ad uso pubblico, vista la conclamata impossibilità a costruire specifiche strutture in previsione di una guerra. L'impossibilità è data dalla scarsa disponibilità di materiali da impiegarsi, dai costi complessivi di tali strutture, nonché dalla conseguente alternativa di prevedere sia la limitata costruzione di pochi e sicuri rifugi per coloro i quali dovranno provvedere al funzionamento di ogni città in caso di conflitto e dallo sfollamento che svuoterà le stesse dalle persone non necessarie.[6]

3 - *1937 – 1938: norme di protezione antiaerea a Como*

In data 31 maggio 1937 il Prefetto di Como Piero Duccheschi trasmette al Podestà di Como una lettera, segreta e da consegnare a mano, la quale recita: «Il R. D. Legge 24 settembre 1936 n° 2121 pubblicato nella Gazzetta Ufficiale del 21 dicembre 1936 n° 294 impone l'obbligo di apprestare in determinati comuni, un ricovero antiaereo in ciascun fabbricato ad uso di abitazione di nuova costruzione o in corso di costruzione alla data di entrata in vigore del Decreto stesso. In base al R./D. gennaio 1937 pubblicato per sunto nella Gazzetta Ufficiale del Regno, il Comune di Como, quale capoluogo di Provincia ha l'obbligo di ottemperare a tale prescrizione, e pertanto in conformità alle disposizioni contenute nel sopraccitato R.D. ho stabilito d'accordo con l'autorità militare competente, il perimetro del territorio comunale, entro il quale è obbligatoria l'applicazione del R. D. Legge 24 settembre 1936 n° 2121. Accludo pertanto l'unita pianta, da me controfirmata, nella quale è esattamente indicato il perimetro stabilito. Richiamo quindi, l'esatta applicazione delle disposizioni dell'articolo 4 del sopraccitato R. D. L. 24.9.1936 n° 2121, specialmente per ciò che concerne i fabbricati attualmente in corso di costruzione o per i quali sia stato già dato il nulla osta a termini ed agli effetti del regolamento edilizio. La S.V. dovrà altresì introdurre nel regolamento edilizio comunale un opportuno richiamo all'osservanza del R. D. Legge di cui trattasi».[7] L'oggetto è quindi il Regio Decreto Legge 24 settembre 1936 n° 2121, con il quale il regno d'Italia tenta di premunire la difesa antiaerea passiva dei capoluoghi di provincia con qualche rifugio antiaereo ad uso privato costruito a norma di legge.

3a - *La protezione degli alunni*

A pochi passi dalla Seconda Guerra Mondiale anche a Como ci si preoccupa della protezione degli alunni, nonché della salvaguardia degli edifici scolastici e del materiale in essi contenuto. A tale proposito si provvederà a creare dei locali protetti anche per il materiale didattico e scientifico. Il Regio Provveditore agli Studi di Como Di Tucci predispone una circolare, datata 22 dicembre 1937, che trasmette «AI CAPI DI ISTITUTI, SCUOLE E CORSI DI ISTRUZIONE MEDIA DI OGNI ORDINE E GRADO, AI RR. DIRETTORI DIDATTICI; e, per conoscenza, AI RR. ISPETTORI SCOLASTICI», con il seguente oggetto: «Protezione antiaerea – Servizio di primo intervento». In essa chiede innanzitutto «a persistere per la risoluzione integrale di tutti i problemi riguardanti la difesa antiaerea».

Datata 1° febbraio 1938, una lunga lettera di Antonio Barbiani, Preside del Regio Liceo Ginnasio Alessandro Volta, esprime preoccupazioni riguardo innanzitutto la mancanza di spazi adeguati a ricavarvi un rifugio antiaereo per gli studenti, proponendo il parziale o totale sfollamento degli stessi in caso di pericolo: «Data la natura del nostro edificio privo di scantinato, e del sottosuolo alluvionale e per l'estrema vicinanza al lago, è difficilissima la costruzione di sotterranei per il ricovero sicuro di scolaresche in caso di incursione aerea». In secondo luogo, per quanto concerne «l'addestramento e l'equipaggiamento di una squadra di soccorso di primo intervento», il Preside informa che non dispone di personale, sia docente, sia non docente, impiegabile. Per quanto riguarda l'addestramento opportuno e il materiale necessario, chiede «Fornitura da parte del Comune di tutto il materiale occorrente per l'addestramento e l'equipaggiamento di una squadra, che rimarrebbe in consegna all'Istituto e conservato sia per le esercitazioni che per il caso di estremo bisogno»; inoltre: «Assegnazione da parte della G.I.L. o meglio dell'Esercito o della M.V.S.N. per intercessione del Comune e del R. Provveditorato, di un esperto Ufficiale, quale istruttore».[8]

Nei primi giorni del mese di febbraio del 1938 il Podestà di Como risponde alle missive inoltrategli da alcuni Presidi d'istituti comaschi, dando assicurazioni in merito alla protezione antiaerea. Sulla realizzazione di rifugi antiaerei così risponde, in particolare, al Preside dell'Istituto Tecnico Commerciale Caio Plinio Secondo: «Circa infine la creazione di ricoveri per la popolazione scolastica, date le particolari condizioni del sottosuolo della Città, che hanno sempre impedito la formazione di opportuni scantinati, e la sostituzione di questi data la mancanza di locali disponibili da adattare al piano terreno di codesto Istituto, ritengo opportuno prevedere per ora uno sfollamento degli alunni diretto ad un rapido avvio a ricoveri esistenti presso le rispettive abitazioni e a quelli collettivi presentemente allo studio».[9] In pratica ci si affida ai rifugi antiaerei privati, lasciando trasparire un dato di fatto comune al resto d'Italia: i rifugi antiaerei pubblici non sono approntati o, nei casi migliori, in alcuni Comuni lo sono in minima e insufficiente parte.

3b - *Protezione antiaerea ed equipaggiamento delle squadre*

La lettera del dr. Leonetto Ciucci, indirizzata al Podestà di Como in data 15 marzo 1939, sollecita garbatamente che «in ottemperanza alle disposizioni emanate per la protezione antiaerea, occorre provvedere all'equipaggiamento della squadra di primo intervento di questo Istituto», elencando il materiale di cui si necessita. Conclude richiamando l'attenzione sullo sgombero di un locale «quale ricovero, sufficientemente sicuro del materiale artistico, scientifico e didattico di proprietà di questo Istituto».[10] Il 21 dicembre 1939 l'Ispettore Capo del Comitato Provinciale Protezione Antiaerea della Regia Prefettura di Como informa che i

dati inerenti ai rifugi antiaerei cittadini saranno compilati in base alla «seguente classificazione dei ricoveri», facendone seguire l'elenco tipologico:
I. Ricoveri pubblici;
II. Gallerie urbane adattabili a ricoveri pubblici;
III. Ricoveri collettivi;
IV. Ricoveri di stabilimenti industriali;
V. Ricoveri casalinghi;
VI. Ricoveri di fortuna (ottenuti dall'adattamento di locali esistenti).
Nell'allegato ricorda la già citata «Classificazione dei ricoveri» del 1938, redatta dal Ministero della Guerra italiano. Allo scoppio delle ostilità anche a Como si è fatto ben poco sul fronte della protezione dei civili. Si corre dunque ai ripari, optando per la veloce ed economica realizzazione dei «ricoveri anticrollo», definibili come «rifugi casalinghi» e «rifugi di fortuna», ricavati nei locali sotterranei e nei piani terreni degli edifici. Sono sostanzialmente dotati accessi protetti, di rinforzi lignei anticrollo e uscite di soccorso.[11]

4 - *1935: la costruzione della sede della Croce Rossa Italiana a Como*

Nel 1935 si decide di usufruire di un lotto di terreno di proprietà del Comune di Como che fa parte dell'area su cui sorgeva il demolito Ospedale Sant'Anna. In accordo con il Presidente del Comitato Provinciale di Como della Croce Rossa Italiana, il Podestà Attilio Terragni dispone che si possa costruirvi la nuova Casa della Croce Rossa. Stando alla documentazione d'archivio in data 21 dicembre 1936 «i sottoscritti Ing. Lodovico Alfieri Dirigente l'Ufficio Urbanistica Piano Regolatore della Città di Como, assistito dal Geom. Carlo Clerici, e Dott. Ing. Carlo Mantegazza fu Giacomo di Menaggio (Como) a ciò incaricato dalla C.R.I. sede di Como – in dipendenza dei citati atti, hanno proceduto alla misurazione e consegna della porzione di proprietà Comunale ex-Ospedale di S. Anna, che il Comune di Como ha donato alla Croce Rossa Italiana per l'erigenda nuova sede cittadina».[12] Il lavori hanno poi inizio, proseguendo tra alterne vicende, con la modifica dell'originario progetto e la realizzazione del un rifugio antiaereo nel piano cantinato, di cui si vedrà nel successivo paragrafo. Il giorno 26 ottobre 1937 l'Ufficio Igiene e Sanità di Como autorizza l'abitabilità dell'edificio. Dagli anni Trenta ad oggi la palazzina della Croce Rossa Italiana è rimasta sostanzialmente immutata nelle sue principali caratteristiche. Si compone di un piano terreno, un piano superiore con sala conferenze, un sottotetto, mentre il preventivato secondo piano non è mai stato costruito (fig. 4).

4a - *1935: note per la costruzione del rifugio antiaereo*

Ancora prima di dare inizio alla costruzione della palazzina della Croce Rossa si prevede di realizzarvi un rifugio antiaereo per il personale, variando così il progetto originario. L'informazione ci viene da una lettera datata 25 luglio 1935, scritta dall'ing. Carlo Mantegazza, che si occuperà della direzione dei lavori, e ricevuta dal Prof. Attilio Buschi, Presidente del Comitato Provinciale di Como della C.R.I.: «Nel trasmetterLe la variante della pianta del sotterraneo della progettata costruzione per la Sede della C.R.I., variante studiata per ricavare nel detto sotterraneo un ricovero da usarsi in caso di attacchi aerei, aggiungo le seguenti brevi note esplicative: 1. SCOPO ED EFFICIENZA del ricovero. Il ricovero ha lo scopo di resistere alle offese che possono giungere dal cielo, siano esse costituite da proiettili esplodenti, incendiari o contenenti sostanze tossiche o da emissioni di gas o da irrorazioni con sostanze emananti gas. Esso è stato studiato secondo le Norme tecniche suggerite dal Comitato Interministeriale di protezione antiaerea. La protezione contro i proiettili esplodenti e dirompenti è ottenuta con una massa coprente in calcestruzzo armato calcolata per resistere efficacemente all'azione di bombe dal peso di kg. 200 e che abbiano ad esplodere dopo aver attraversato il fabbricato ed essere entrate nella copertura di protezione. Detta massa coprente è costituita da uno strato di calcestruzzo dello spessore di un metro, armato superiormente ed inferiormente con tondini di ferro formanti maglie di cm. 20. Tale strato protettivo poggia sulla soletta portante (dello spessore di cm. 25 e colle necessarie armature in ferro) che è saldamente collegata alle pareti di sostegno (di cm 40 di spessore ed esse pure di cemento armato) ed alla soletta di fondo. Lo

Fig. 4. Facciata della palazzina sede della Croce Rossa Italiana di Como, come si presenta oggi, anno 2013. (Foto di S. Fumagalli)

strato protettivo è però separato dalla soletta portante da un interposto piccolo spessore di materia sciolta avente lo scopo di impedire che si trasmettano allo strato sottostante le eventuali crepature che gli urti e le esplosioni possono provocare nella parte superiore. Per la stessa ragione tutto il ricovero è mantenuto completamente indipendente ed isolato dal resto del fabbricato, onde evitare trasmissioni di lesioni o crepature attraverso le quali potrebbero verificarsi infiltrazioni di gas tossici. Contro i proiettili incendiari e le loro conseguenze la struttura è saldamente difesa sia dal materiale che lo compone (cemento armato) totalmente incombustibile, sia dalla sua resistenza che può con largo margine sopportare il peso delle macerie che potrebbero provenire dal crollo parziale o totale del fabbricato, comune conseguenza di un incendio. Contro i gas tossici la difesa la si ottiene mediante doppie porte a tenuta di gas. La respirabilità dell'aria del ricovero viene ottenuta introducendo aria dall'esterno presa a mezzo di canne di aereazione che si aprono a livello della gronda del tetto, ad una quota cioè che dovrebbe ritenersi superiore al livello dei gas, notevolmente più pesanti dell'aria. Nell'eventualità che la nube di gas avesse uno spessore sorpassante la quota delle bocche d'aria, dette bocche possono essere egualmente usate purificando l'aria a mezzo di filtri accoppiati agli aspiratori. Se infine poi le canne di aspirazione ed i filtri avessero a risultare insufficienti, si può provvedere al totale isolamento del ricovero chiudendo tutte le comunicazioni coll'esterno e mantenendo la respirabilità dell'aria interna mediante rigeneratori che assorbano l'anidride carbonica e forniscano la necessaria quantità di ossigeno. L'illuminazione del ricovero non può essere che elettrica e la necessaria energia deve essere fornita dalla normale rete di distribuzione, colla predisposta possibilità di sostituirvi quella di accumulatori (che dal momento della mobilitazione in poi dovranno sempre essere mantenuti in efficienza) nel caso di interruzione della rete pubblica. 2. DISTRIBUZIONE E DIMENSIONI dei vani. Il ricovero, per essere veramente utilizzabile e non risultare una trappola, deve avere il maggior numero possibile di accessi e di uscite con sbocchi il più possibile divergenti e lontani, onde facilitarvi l'accesso in caso di allarme e consentire l'uscita anche se il crollo parziale o totale del fabbricato abbia ad ostruire alcune delle porte. Nel caso nostro il ricovero è situato nel centro del fabbricato e può essere raggiunto dal sotterraneo, da due scale interne e da una scala esterna. Le persone che in caso di attacco aereo vi accorrono trovano anzitutto un antiricovero nel quale possono eventualmente depositare indumenti che fossero già avvelenati dai gas o intrisi di liquidi esalanti tossici, dove si conservano maschere e indumenti antigas, picconi, badili per aprirsi occorrendo una via di uscita, etc. Dall'antiricovero si passa nel ricovero propriamente detto, costituito da un vano lungo sei metri e largo due e quaranta. Lungo le pareti corrono sedili fissi sui quali possono trovar posto 12-14 persone mentre un'altra decina può sostarvi in piedi. Tre bocche di aereazione coi relativi filtri e chiusure ermetiche ed un rigeneratore d'aria completano la sistemazione. In comunicazione con l'antiricovero è ricavato un W.C. 3. SPESA DI COSTRUZIONE. La spesa per la costruzione del ricovero va suddivisa in due parti: una parte comprende la sistemazione degli accessi e la predisposizione, nel fabbricato, delle canne di ventilazione etc., mentre l'altra parte si riferisce al ricovero propriamente detto e locali ad esso necessariamente annessi. L'importo della prima parte (comprendente i maggiori scavi ed il maggior quantitativo di muratura necessaria, i gradini in più da aggiungere alle scale esistenti per prolungarle fino al livello del ricovero che è m. 1.40 più basso del pavimento del sotterraneo, la soletta a sostegno del pavimento di piano terreno sulla parte cantinata in più per far posto al ricovero) è di L. 8000 (ottomila). L'importo della seconda parte che comprende la costruzione del ricovero e dei locali annessi, con parti murarie, pavimenti, porte etc. ed esclude gli impianti meccanici ed elettrici, raggiunge, con approssimazione la somma di L. 18000 (diciottomila)».[13]

4b - *1936: note sulla realizzazione del rifugio antiaereo*

Nonostante l'intenzione di costruire il rifugio antiaereo con caratteristiche antibomba e antigas nel piano cantinato, quindi sotterraneo, la sua realizzazione avviene dopo la costruzione del piano cantinato stesso e non in fase. Le uniche opere in fase con il piano cantinato sono la predisposizione dei fori e l'installazione delle tubature per l'aerazione (fig. 5). Questo lo si è dedotto sia dalle planimetrie d'epoca rinvenute in archivio, sia dall'esame delle murature nel corso dei lavori di ristrutturazione dei locali in oggetto avviati nel 2013. Una velina del Comitato Provinciale di Como della Croce Rossa Italiana, datata 25 maggio 1937, ci fa capire che il rifugio è stato costruito, ma non è provvisto dell'impianto di riscaldamento e di ventilazione: «Ci permettiamo di unire domanda alla Ditta Maero di qui, a seguito della decisione N° 186040 C.G.F.G. di Roma su domanda Maero Luigi del 13 Aprile scorso, per raccomandarVi la decisione favorevole alla fornitura necessaria per l'impianto di riscaldamento e di aerazione camere antiaeree e antigas del nuovo palazzo. Ringraziando porgiamo saluti [timbro rosso del Comitato Provinciale Como – Croce Rossa Italiana. N.d.A.]».[14]

L'impianto non viene installato e lo si deduce dal fatto che in data 7 novembre 1938 la Società Anonima Bergomi di Milano risponde ad una richiesta della Croce Rossa Italiana – Comitato Provinciale di Como in merito all'acquisto di un «IMPIANTO A FILTRAGGIO PER RICOVERO COLLETTIVO ANTIGAS PER 30 PERSONE» (figg. 6 – 9). Anche in questo caso l'impianto non è acquistato, deducendolo dalla successiva corrispondenza. In data 2 marzo 1939 si ordinano, invece, «N° 4 porte a tenuta ermetica in acciaio», due delle quali dotate di spioncino, alla Società Bergomi, «Come da offerta 7/11/1938». (fig. 10). A ciò fa seguito la risposta della Società Bergomi in data 17 marzo 1939, con l'importo delle porte richieste, ma con la proposta d'installarne tre dotate di spioncino. (figg. 11, 12). La commissione va senza dubbio a buon fine, dal momento

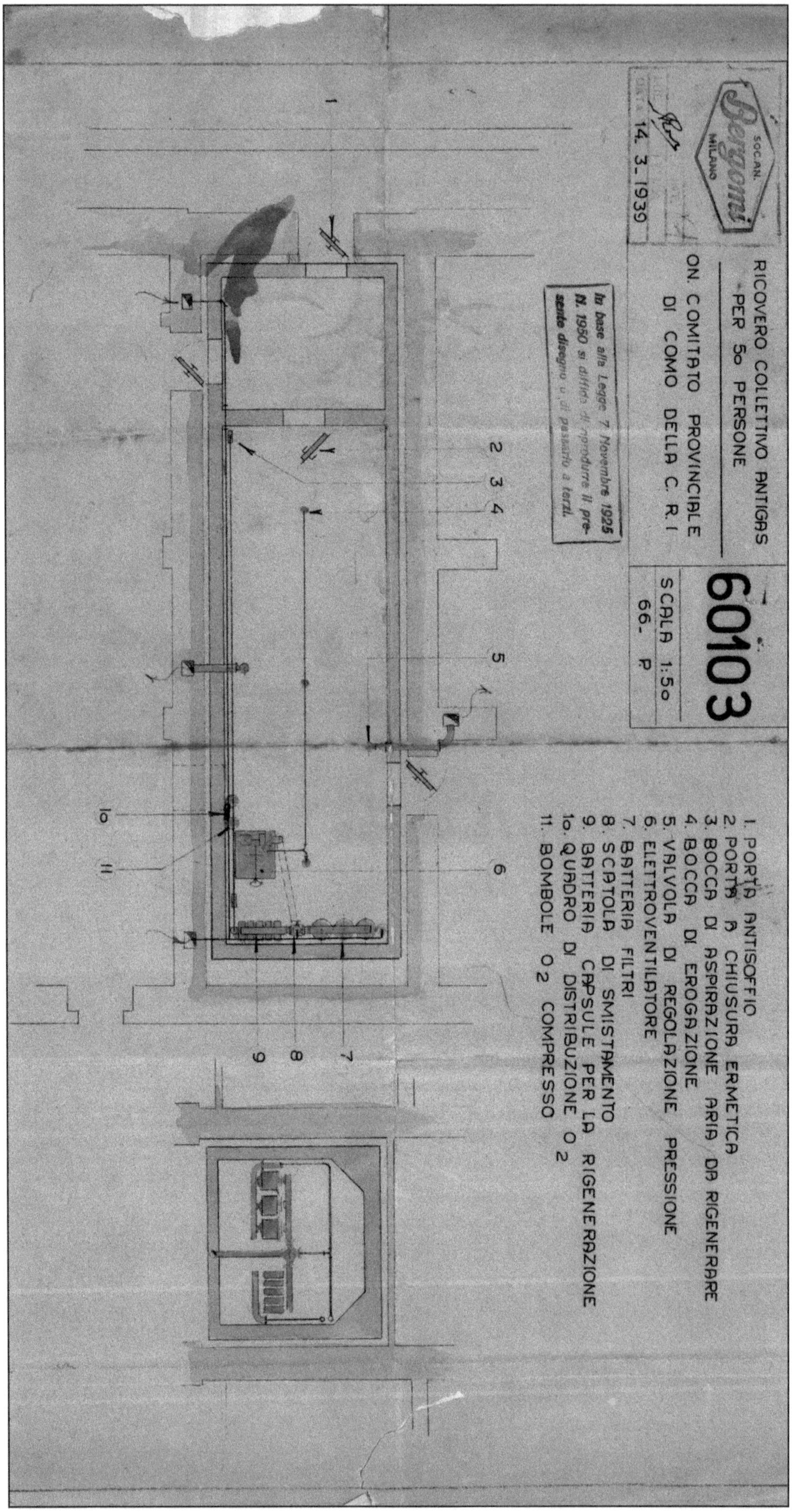

Fig. 5. Piano sotterraneo della palazzina della C.R.I. di Como. In questo dettaglio della planimetria generale si può vedere il lungo vano rettangolare in cui è stato successivamente realizzato il rifugio antiaereo. (Archivio C.R.I. – Comitato Provinciale di Como)

che tali porte sono tutt'oggi visibili, nella loro sede, presso il rifugio antiaereo; tre sono dotate di spioncino. In data 22 marzo 1939 la società Bergomi fa pervenire alla Croce Rossa di Como la planimetria del rifugio antiaereo con lo schema dell'impianto antigas per 50 persone che vi si potrebbe installare (figg. 13, 14). Il 31 marzo 1939 la Società Bergomi scrive nuovamente alla «CROCE ROSSA ITALIANA Comitato Provinciale di COMO», stavolta proponendo le condizioni di vendita per un «IMPIANTO "UNIVERSALE" PER RICOVERO COLLETTIVO ANTIGAS» per ben cinquanta persone (figg. 15 – 18). Nella documentazione fin'oggi consultata non vi sono comunicazioni d'accettazione a tale proposta e all'installazione dell'impianto antigas. Rimangono aperte le ipotesi che l'impianto della Bergomi o non sia mai stato acquistato e quindi installato, oppure che sia stato installato quello di un'altra ditta e, a fine guerra, sia stato completamente rimosso. Per quanto invece riguarda l'analisi del rifugio prima del suo recupero, il pavimento in cemento non presentava alcun segno che indicasse l'esistenza di basamenti e fori per l'alloggiamento dei perni di fissaggio dell'impianto di ventilazione. Inoltre non si sono trovate tracce di eventuali fissaggi a soffitto per le tubature portanti le bocche di erogazione dell'aria filtrata e/o rigenerata. Rimane aperta la plausibile ipotesi che nel rifugio non sia stato installato alcun impianto antigas e che il ricambio d'aria avvenisse per così dire naturalmente, tramite le tubature. Sul fatto che verso la metà del 1939 il rifugio fosse lungi dall'essere ultimato, una conferma ci è data dall'Amministrazione di Como, la quale con lettera del 22 aprile 1939 «Prot. N. 4893», trasmessa al «Signor PRESIDENTE DELLA CROCE ROSSA ITALIANA COMITATI PROVINCIALE di COMO» così recita: «In riferimento alla Vostra richiesta 19 Aprile and., mi è gradito assicurarVi di avere disposto perché questo Ufficio Tecnico abbia a prestarVi la propria assistenza per la sistemazione del ricovero antiaereo della Sede di codesta Croce Rossa. Vi prego prendere gli opportuni accordi col nostro Ing. Nallerini». Firmato «IL PRESIDE».[15]

4c - *Descrizione del rifugio antiaereo della C.R.I.*

Stando ai progetti iniziali il rifugio è stato realizzato all'interno di un vano centrale a pianta rettangolare di 12,2 x 3,5 metri, i cui lati minori sono rivolti normalmente all'attuale via Italia Libera (lato ovest) e al retro dell'edificio (lato est). Il vano presentava inoltre quattro aperture larghe 0,85 metri, due per parte lungo i lati maggiori. Una quinta apertura, larga 0,9 metri, costituiva e costituisce ancor'oggi l'accesso al rifugio dal lato est, alla base della cosiddetta «intercapedine», servita da una scalinata (figg. 19 – 21). In pratica, si è costruito all'interno del sopracitato vano un rifugio antiaereo con la predisposizione per poter diventare anche antigas, suddiviso in due distinti ambienti e chiudendo due delle cinque aperture. Scendendo attraverso la citata scalinata, sulla destra una porta della Ditta Bergomi dà accesso ad un primo vano, destinato ad antiricovero, le cui dimensioni sono 2,31 x 3,04 metri. La piccola stanza presenta un foro dove verosimilmente poteva essere alloggiato il tubo del sistema di ventilazione. Altre due porte blindate comunicano a destra con un altro settore delle cantine, centralmente con il rifugio antiaereo propriamente detto. Questo misura 2,31 x 8,68 metri, lungo le pareti ha i fori per l'alloggiamento delle tubature dell'impianto di ventilazione e un'ulteriore porta blindata comunica con la seconda parte dei locali sotterranei, in direzione sud. Curiosamente possiede un pozzo, costituito in elevato da un basso cercine di mattoni chiuso superiormente da un coperchio circolare in pietra, mentre sotto si sviluppa una breve canna foderata in mattoni; tale opera non figura in alcun progetto d'epoca. Prima del recupero il pavimento in cemento, per altro assai rovinato, non recava tracce evidenti della presenza di sedute in muratura. Si pensa quindi che le persone che vi trovavano ricovero potessero usufruire di panche in legno mobili o di seggiole. Sul soffitto era invece presente il sistema d'illuminazione costituito da paralumi circolari in metallo smaltato, recanti al centro la lampadina. Questo è stato rimosso nel corso della recente ristrutturazione del piano cantinato e sostituito con un moderno impianto a norma di legge.[16] Nell'occasione si è non solamente esaminato il rifugio, dal momento che diverrà parte integrante di un museo, come si vedrà nell'ultimo paragrafo, ma si è anche dato l'avvio alla catalogazione dei numerosi oggetti d'epoca in esso contenuti.

5 - *I reperti conservati nel rifugio*

Successivamente all'evento bellico il rifugio antiaereo è stato destinato ad archivio e magazzino, nonché utilizzato per conservarvi numerosi oggetti d'epoca, tra cui oggetti che servivano alla protezione individuale contro i gas, materiale medico e didattico. Nello specifico si sono catalogate una cinquantina di maschere antigas propriamente dette e tre autoprotettori (autorespiratori) ad ossigeno. La maschera antigas è un dispositivo di forma varia e costituito da differenti materie, che si applica sul viso, come una maschera, ed è dotato di uno o, più di rado, due filtri. Il suo scopo è di trattenere le sostanze tossiche contenute nell'atmosfera, nello specifico a causa di emissioni o bombardamenti con aggressivi chimici. In generale la maschera si compone di un tessuto impermeabile che copre il viso, provvisto di due lenti per gli occhi; è collegata direttamente, o mediante un tubo, ad una scatola-filtro dove l'aria è depurata in fase d'inalazione, ed è inoltre provvista di una membrana protetta esternamente dove l'aria viene espulsa in fase d'espirazione. Le maschere anti-gas rinvenute sono tutte «Maschera Pirelli Tipo "Pir. 35"», in dotazione con la custodia e il filtro (talune hanno i filtri civili, color arancione, ma la maggior parte hanno quello militare, color marrone scuro). Non tute sono complete degli accessori, come la valvola di scarico, i dischi antiappannanti, il libretto d'istruzioni ecc.. Alcune sono state trovate ancora sigillate con un tratto di cordino, i cui due capi sono fermati da un piombino circolare punzonato. La custodia di canapa, color marrone chiaro, ha forma troncoconica ed è provvista di un nastro-cinghia per il trasporto a tracolla o a spalla. La chiusura sommitale, o patta, ha forma triangolare, è provvista di linguetta telata in finto cuoio forata e tagliata a mo' di asola, mentre sul corpo della custodia è fissato, mediante un dischetto sempre telato in finto cuoio, il bottone metallico verniciato in colore verde. In alcuni esemplari la linguetta e il dischetto erano in cuoio. Sul fronte è dipinto in nero il numero della taglia: I, II, III o IV. Una ventina di custodie recano i nomi delle persone a cui erano state assegnate. Quasi tutti i nomi e i cognomi sono scritti a macchina su di una striscia di carta velina, poi incollata sul fondo in tela del contenitore della maschera antigas; alcune strisce sono state trovate staccate. Taluni contenitori sono stati invece contraddistinti in modo differente (figg. 22 – 25).

Il libretto d'istruzioni della «Maschera Pirelli Tipo "Pir. 35"» («Approvata dal Servizio Chimico Militare – Licenza n.10 in data 23 novembre 1935-XIV») così informa:
1) - Descrizione della maschera "Pir. 35". Questo apparecchio di protezione è costituito dalla maschera propriamente detta; dal filtro; dalla custodia metallica o di canapa.
2) - La maschera propriamente detta si compone delle seguenti parti:
I). il facciale – parte che aderisce alla faccia – costituito da un foglio di gomma a stampo sul quale sono applicati: a) l'alloggiamento della valvola di scarico; b) il bocchello metallico portante la filettatura per l'avvitamento del filtro e l'alloggiamento della valvola di aspirazione; c) gli occhiali. Il facciale porta in rilievo il contrassegno "Pir. 35" ed un numero indicante la taglia (I o II o III o IV). I numeri più alti corrispondono alle taglie più piccole. In linea generale si può dire che la taglia IV è adatta per ragazzi; la taglia III per giovanetti; la taglia II si adatta alla maggioranza degli adulti; infine la taglia I è indicata per visi molto sviluppati.
II). La valvola di inspirazione, che permette di aspirare l'aria purificata attraverso il filtro e impedisce il ritorno dell'aria espirata nel filtro stesso. Detta valvola è di gomma ed è disposta nell'alloggiamento del bocchello metallico.
III). La valvola di scarico, che permette di scaricare all'esterno l'aria espirata e impedisce di aspirare aria direttamente dall'esterno. Essa è di gomma; si apre sotto la leggera pressione esercitata dalla espirazione, e si chiude ermeticamente sotto la depressione provocata dalla inspirazione. Può essere ispezionata ed eventualmente ricambiata svitando il coperchio dell'alloggiamento della valvola stessa.
IV). Gli occhiali, costituiti da dischi di vetro composto (di sicurezza), formato da due vetri semplici racchiudenti tra loro un foglio di celluloide. Tali vetri, anche se colpiti da un corpo duro, non subiscono soluzioni di continuità, ma soltanto "si sgretolano" garantendo ancora la tenuta della maschera ai gas ed evitando all'occhio il pericolo delle schegge. Gli occhiali sono fissati al facciale a mezzo di armature di alluminio.
V). La bardatura elastica, che ha lo scopo di assicurare e adattare il facciale al viso, in modo da assicurare una perfetta tenuta. È costituita da cinque tiranti regolabili (uno frontale non elastico, due temporali e due guanciali elastici), fissati al bordo del facciale e che si riuniscono ad un cuscinetto nucale.
VI). I dischi antiappannanti, tenuti aderenti ai vetri degli occhiali, a mezzo di speciali mollette. Hanno lo scopo di impedire l'appannamento degli occhiali e di mantenere in tal modo una buona visibilità.
3) - Il Filtro. È formato da una scatola metallica, verniciata esternamente e internamente, che contiene le sostanze assorbenti e neutralizzanti, attraverso le quali l'aria gassata viene purificata e resa respirabile. Il filtro si avvita alla maschera, dopo di aver tolto il cappellotto di chiusura, svitandolo. Nella parte inferiore del filtro vi è un foro di entrata per l'immissione dell'aria esterna, normalmente chiuso da un pappo trattenuto da una cordicella, il quale si toglie al momento dell'uso. Dopo l'uso poi, per assicurare una buona conservazione del filtro, occorre ricordarsi di richiudere i due fori rimettendo il tappo di fondo e il cappellotto superiore di chiusura.

5a - *Gli autoprotettori*

Due Autoprottetori sono della ditta Bergomi: «TIPO R. I. 1H», del tipo a riserva d'ossigeno. Il primo ha matricola «N° 09252», l'altro«N° 09257». Sostanzialmente identici anche nel contenuto, il primo si compone di uno zaino in alluminio di colore verde militare con bardatura in cuoio regolabile; la struttura portante, a contatto con la schiena, presenta una serie di grandi fori per l'areazione e alle estremità due paraschiena in cuoio imbottite. La parte frontale è composta da due ante completamente apribili fermate da ganci (figg. 26, 27). L'anta di sinistra reca la targhetta in alluminio «SOC. AN Bergomi MILANO AUTOPROTETTORE R. I.». Lateralmente, alla destra, esce il manometro indicatore con il tubo di collegamento provvisto di molla metallica e moschettone d'aggancio (ancora incartato con carta oleata fissata da un breve tratto di spago). Inferiormente esce il volantino d'avviamento della bombola d'ossigeno e un'apertura centrale consente di azionare la valvola a pulsante per l'erogazione di ossigeno supplementare. In alto vi è l'apertura per il raccordo a vite del tubo corrugato collegato alla maschera in gomma.

All'interno abbiamo:
- la bombola metallica contenente l'ossigeno compresso con annesso riduttore di pressione, di colore verde con fascia centrale bianca e due scritte stampigliate e colorate di bianco, le quali riportano le caratteristiche della bombola;
- la capsula metallica, contenente soda caustica assorbente l'anidride carbonica e il vapore acqueo emessi nella respirazione, di colore verde con etichetta di carta a tutto corpo, arancione, con le indicazioni di massima e la data di caricamento: novembre 1939;
- il sacco polmone dove avviene il miscelamento tra

l'ossigeno puro proveniente dalla bombola e l'aria espirata proveniente dalla capsula di soda (depurata dall'anidride carbonica);
- il tubo di unione tra la bombola d'ossigeno e il sacco polmone;
- l'armatura metallica di sostegno per fissare le varie parti, dove è apposta la targhetta metallica della Società Anonima Bergomi di Milano, la quale reca le seguenti indicazioni: «APPARECCHIO N° 09252 COLLAUDATO IL OTT 39».

Una scatola di legno rettangolare, mancante di un lato, reca frontalmente una targhetta metallica avvitata con la seguente dicitura «SOC. AN. Bergomi MILANO AUTOPROTETTORE TIPO R.I. 1H N° 09252». Essa contiene l'Autoprotettore completo con una bombola e un filtro di scorta, una borsetta piatta in cuoio color marrone con due chiavi inglesi, un cacciavite e guarnizioni. La bombola metallica di scorta reca, analogamente all'altra, due scritte stampigliate e colorate di bianco, una delle quali recita: «S.A. BERGOMI - MILANO -». La seconda scritta riporta le caratteristiche della bombola, indicandola come costruita a Dalmine, con un peso di 1,75 chilogrammi, una capacità di 0,88 litri e la data di fabbricazione: 13 giugno 1939. La capsula di riserva è analoga a quella montata sull'Autoprotettore ed è sigillata con un bottone metallico recante centralmente in rilievo un quadrifoglio stilizzato con attorno la scritta: «BERGOMI SOC. AN.». Si ha inoltre il facciale, composto da un foglio di gomma stampato, con rinforzo interno in gomma nera, su cui è applicato il tubo corrugato in gomma, all'estremità opposta dotato di cappellotto metallico con guarnizione e raccordo a vite all'Autoprotettore. Gli occhiali sono costituiti da dischi di vetro composto, fissati al facciale mediante armatura di alluminio verniciato; internamente gli occhiali vi sono i dischi antiappannanti, tenuti aderenti ai vetri mediante mollette semicircolari. Al facciale è inoltre applicata e cucita la bardatura elastica, costituita da cinque tiranti regolabili, che si uniscono ad un cuscinetto nucale. Il foglio di gomma porta in rilievo, sul lato sinistro, la seguente scritta: «SAB M. 33 II».

Il terzo autoprotettore è un «Pirelli Mod. 135». L'Autoprotettore si presenta chiuso e non apribile, in quanto verosimilmente ossidatosi il meccanismo che fissa il coperchio al supporto principale. È stato trovato privo della cassa-contenitore e quindi mancante degli elementi di ricambio e di manutenzione, eccettuata la bombola e privo di maschera Anch'esso del tipo a riserva d'ossigeno con cicli distinti di aspirazione e di scarico, è completamente automatico. È composto da uno zaino d'alluminio color verde militare con bardatura in cuoio da cui escono, alla destra, il manometro indicatore con il tubo di collegamento, i due tubi corrugati di aspirazione e di scarico, uniti in un bocchettone metallico a cui andava collegata la maschera «granfacciale». A sinistra esce il volantino comando del rubinetto della bombola d'ossigeno. Lo zaino è in lamiera di alluminio, irrobustita da nervature, provvisto di alette di ventilazione per la circolazione dell'aria nell'interno e per il raffreddamento della cartuccia depuratrice. La valvola metallica è automatica e comprende a sua volta la valvola per l'immissione di ossigeno supplementare; un tubo corrugato in gomma è collegato con il sacco polmone, mentre l'altro è collegato alla cartuccia fissatrice del CO_2. Il manometro, indicante la pressione e la quantità di ossigeno contenuto nella bombola, è dotato di un quadrante fosforescente, dato per «visibile anche di notte». La bombola di ossigeno compresso è in metallo, fornita di rubinetto e risulta essere compresa nella dotazione dell'apparecchio.

In origine l'Autoprotettore Pirelli «Mod. 135» veniva fornito in una cassetta-custodia di legno lucidato, internamente foderata con panno, composto dai seguenti principali elementi:
- maschera con bocchettone e valvole,
- tubi corrugati di collegamento,
- cartuccia di assorbimento dell'anidride carbonica,
- bombola di ossigeno compresso,
- rubinetto della bombola,
- gruppo riduttore della pressione,
- valvola automatica di erogazione supplementare e scarico,
- sacco polmone,
- manometro indicatore con tubo di collegamento,
- zaino di alluminio con bardatura.

Era inoltre corredato di una bombola carica e di una cartuccia depuratrice di riserva.

5b - *«Sauerstoff 1942»*

Un altro oggetto particolare rinvenuto nel rifugio è il «Sauerstoff 1942». Si tratta di un apparecchio per la respirazione artificiale automatica, consentendo d'inalare ossigeno. L'ossigenoterapia era una pratica fondamentale nella cura dei gassati, come ben espresso dal prof. Alessandro Lustig in «Effetti e cura dei gas di guerra ad uso dei medici».[17] Tuttavia Lustig precisa come «l'Ossigeno puro abbia per sè tuttavia un serio inconveniente: esso è in certo qual modo un deprimente respiratorio. Quest'azione deprimente in generale non si rende manifesta quando l'Ossigeno è inalato da un uomo che respira normalmente, ma si fa sentire quando viene somministrato con la respirazione artificiale o a respirazione depressa, ostacolando, sebbene leggermente, il ritorno alla respirazione normale. Questo svantaggio dell'Ossigeno viene eliminato, come hanno proposto i due fisiologi americani sopra ricordati [Henderson e Haggard. N.d.A.], con l'aggiunta del 5% di Anidride carbonica. L'Anidride carbonica rappresenta, come si sa, lo stimolo naturale dei centri della respirazione. Con l'aggiunta di questo gas le somministrazioni di Ossigeno risultano molto più efficaci, la respirazione viene stimolata e si fa più ampia».[18] L'attrezzatura, in buono stato di conservazione, è contenuta in una scatola in legno provvista di due chiusure e due maniglie metalliche, con i bordi rinforzati anch'essi in metallo; misura 70 x 40 cm, altezza 22,5 cm. Internamente contiene una bombola d'ossigeno, con la data marcata sul corpo: «28. 1. 42». È dotata di manometri e riduttore di pressione, collegati al sacco-polmone e al tubo corrugato. Il tutto è provvisto di due bocchini doppi, quattro mascherine in gomma e in un apposito scompartimento in legno vi sono le fascette nucali per il fissaggio delle mascherine alla testa (fig. 30). Il coperchio della scatola reca una targhetta metallica indicante i componenti della scatola, un contenitore in alluminio a vite per le guarnizioni di ricambio, ancora presenti. Mancano invece il manuale d'istruzioni e la chiave a pappagallo a doppia testa. Internamente al coperchio uno scomparto alloggia i tubi corrugati di ricambio, due lunghi e due corti.

5c - *Le daghe*

Nel rifugio erano poi conservati strumenti medici e medicali, casse in legno della Croce Rossa e un'infinità d'altri oggetti tra cui barelle, proiettori, una campana in bronzo e daghe d'artiglieria poi in dotazione alla Croce Rossa. La daga è un'rma bianca corta, più lunga del pugnale, il cui termine proviene dal latino *daca*, sottintendendo *spatha*, ovvero la «spada dei Daci». Taluni fanno derivare il termine dal tardo latino *dagua*, a sua volta derivante, con ogni probabilità, dal greco *dolon*. È generalmente caratterizzata da una impugnatura simmetrica, per mano singola, quindi corta. La lama a uno o, più comunemente, a due tagli, è predisposta a colpire anche di punta.

Le daghe conservate presso la C.R.I. di Como sono in numero di 23, di cui n° 22 sono pulite e lucidate, mentre una conserva l'invecchiamento originale, dato dal tempo. Si tratta di daghe italiane, del Regno di Sardegna, modello 1859 da cannoniere. Tale modello deriverebbe la sua forma, seppure alla lontana, dal gladio romano ed era anche chiamata "daga da artiglieria" o "daga da artigliere"; veniva fornito in dotazione ai serventi ai pezzi e ai conducenti dei traini d'artiglieria. Nella seconda metà dell'Ottocento modelli analoghi sono prodotti dalla Real Fabbrica d'Armi di Torre Annunziata (Napoli) e forniti in dotazione anche a reparti della Croce Rossa Corpo Militare (fig. 31). Le daghe in oggetto hanno la lama diritta a sezione romboidale, a due fili, punta mediana; talune recano sul tallone (talvolta indicato come ricasso) tracce di punzonatura. Il fornimento è in ottone, in fusione unica; è composto dall'elsa a crociera diritta, dall'impugnatura a solcature ellissoidali regolari, dal pomo e dal bottone del codolo in ferro stondato. Sulla crociera, in alcuni esemplari, vi sono lettere punzonate. La lunghezza delle lame esaminate varia da mm 446 a mm 454, mentre i fornimenti sono lunghi mm 13; le daghe, comprendendo la misura dei bottoni, hanno una lunghezza totale compresa tra mm 579 e mm 584. La guaina (o fodero) è in cuoio marrone, con puntale e gancio per dragona in ottone; la bocchetta, anch'essa in ottone, è provvista di doppia guancia ferma lama a corpo unico in ferro, con due alette lunate sporgenti normalmente. La sospensione è in cuoio marrone.

6 - *Considerazioni e valutazioni*

Dallo spoglio degli Archivi risulta che tra le due guerre mondiali la protezione dei civili di Como era assolutamente carente e con una sorta d'ironia si potrebbe definire inversamente proporzionale al volume di circolari, ordinanze e leggi emesse in quel periodo. Per quanto la ragione principale fosse da imputare alla cronica carenza di materiale da poter impiegare per l'allestimento sia dei rifugi sia della protezione individuale, taluni documenti parlano chiaro anche al proposito della mancanza di preparazione degli addetti ai soccorsi in caso di conflitto. Solo verso la fine del 1940 il Municipio di Como provvederà ad allestire un certo numero di rifugi pubblici e per tutto il corso della guerra continuerà a costruirne, nonché a dismettere quelli rivelatisi inadeguati.

Nel 1940 la situazione dei rifugi antiaerei ad uso civile della Città di Como e della Frazioni era ancora nebulosa. Il Municipio (o Comune) provvide solo verso la fine dell'anno a completare un certo numero di rifugi pubblici e per tutto il corso della guerra continuò a costruirne, nonché a dismettere quelli rivelatisi inadeguati. In ogni caso tutti i rifugi, sia pubblici sia privati, erano ben lungi dall'essere sicuri in caso di bombardamento con ordigni ordinari, mentre pochissimi erano anche a prova di aggressivi chimici. Nel resto del Regno d'Italia la situazione non era affatto diversa, tranne qualche raro caso. Nei mesi successivi al 1940 si provvide allo sfollamento dei civili dalle città, diradandoli nella campagne, per evitare inutili stragi.[19] Il documento d'archivio «RICOVERI costruiti al 15.3.1943 in COMO» illustra la situazione aggiornata al terzo anno di guerra dei rifugi antiaerei comaschi: in totale vi sono 2.096 rifugi tra anticrollo e antischegge.[20] Oltre a questi esistevano pochi rifugi a prova di bomba e di gas, costruiti presso stabili privati.

Le disposizioni ministeriali, redatte a Roma in modo ineccepibile, erano e rimanevano rassicuranti direttive esistenti solo sulla carta perché, ad esempio, una velina datata 27 febbraio 1943 e conservata presso l'Archivio della Croce Rossa di Como, così chiarifica: «Questo Comitato [C.R.I. N. d. A.] ha sede provinciale in Como e sottocomitati e sezioni in Lecco, Cantù, Merate, Erba, ecc. (...). Altri mezzi meccanici, di mole piccola o notevole, che potrebbero essere impiegati per protezione contro gli aggressivi chimici, non ne posseggono: hanno una piccola dotazione, cassette contenenti reattivi chimici adatti allo scopo, particolarmente contro azioni soffocanti, vescicatorie, lacrimogene e starnutatorie (in proposito ha a disposizione una piccola pubblicazione che volgarizza tutte queste norme di primo intervento), non hanno però che minimo numero di maschere antigas, scarpe di gomma, e nessun indumento di gomma necessario a proteggere la persona disposta a intervenire in questi contingenti (...). Questo Comitato fa presente che non ha la possibilità di persone e di mezzi per essere in condizioni di assolvere, come l'importanza del mandato richiede, i compiti che si vorrebbe a lui affidare (...). Noi per la conoscenza che abbiamo delle condizioni della nostra provincia, possiamo dire che non esiste quasi alcuna preparazione per intervenire se fosse intensificata l'offesa aerea aggravata con aggressivi chimici. Non si è pensato sufficientemente a questa materia e bisognerebbe prontamente disporre perché, secondo il nostro modo di vedere, fossero istituiti dei centri sanitari di circondario a cui convergere le azioni dei Comuni».[21] Siamo del parere che altro non vi sia da aggiungere.

Nel 2013 lo stabile della Croce Rossa Italiana Sezione di Como è stato oggetto del recupero e della valorizzazione del rifugio antiaereo come «modello museale di un patrimonio storico sotterraneo», ad opera degli architetti Marco Castiglioni e Gianmarco Martorana, con la consulenza storica e scientifica dell'architetto Maria Antonietta Breda e di Gianluca Padovan. Per il 2014 si prevede l'inaugurazione del M.R.A.C.: Museo Rifugi Antiaerei Como. La Storia va conosciuta e divulgata in ogni suo dettaglio affinché gli eventi delittuosi, come ad esempio le guerre, non debbano ripetersi.

8 - *Note*

[1] Della Volpe N., *Difesa del territorio e protezione antiaerea (1915-1943). Storia, documenti, immagini*, Stato Maggiore dell'Esercito – Ufficio Storico, Roma 1986, p. 22.
[2] Archivio Storico Comune di Como – Cart. 3780, Categoria 15, Classe 1, Fascicolo 2, Bombardamenti Aerei Disposizioni.
[3] Archivio Storico Comune di Como – Cart. 3780, Categoria 15, Classe 1, Fascicolo 2, Bombardamenti Aerei Disposizioni.
[4] Un lavoro che tratta anche dei rifugi antiaerei approntati a Como nel 1918 è pubblicato in: Breda M. A., *La difesa delle città dall'arma aerea durante la Prima Guerra Mondiale. La protezione dei civili a Monza e i rifugi pubblici di Como attraverso la documentazione degli archivi civici*, in Società Storica per la Guerra Bianca, *Aquile in guerra*, n. 21, Buccinasco (Mi) 2013, pp. 14-30.
[5] Archivio Storico Comune di Como – Cart. 3779, Categoria 15, Classe 1, Fascicolo 2, Difesa antiaerea della Città di Como.
[6] A tale proposito si veda utilmente il contributo di Maria Antonietta Breda «Italia 1919 – 1939: architettura "interrata" o "diradata" e protezione dei civili nell'esempio di Monza», in questi Atti.
[7] Archivio Storico Comune di Como – Cart. 3779, Categoria 15, Classe 1, Fascicolo 2, Difesa antiaerea della Città di Como.
[8] Archivio Storico Comune di Como – Cart. 3779, Categoria 15, Classe 1, Fascicolo 2, Difesa antiaerea della Città di Como.
[9] Archivio Storico Comune di Como – Cart. 2180, Categoria 5, Classe 1, Fascicolo 2, Costruzione dei ricoveri antiaerei nei fabbricati comunali.
[10] Archivio Storico Comune di Como – Cart. 2180, Categoria 5, Classe 1, Fascicolo 2, Costruzione dei ricoveri antiaerei nei fabbricati comunali.
[11] Breda M. A., Padovan G., *Como 1915-1945: protezione dei Civili e rifugi antiaerei*, Editrice Lo Scarabeo, Milano 2014, p. 72.
[12] Archivio Croce Rossa Italiana – Comitato Provinciale di Como.
[13] Archivio Croce Rossa Italiana – Comitato Provinciale di Como.
[14] Archivio Croce Rossa Italiana – Comitato Provinciale di Como.
[15] Archivio Croce Rossa Italiana – Comitato Provinciale di Como.
[16] Breda M. A., Padovan G., op. cit., pp. 69-70.
[17] Lustig. A., *Effetti e cura dei gas di guerra ad uso dei medici (in collaborazione con i dottori G. Rovida e Cap. Med. G. Ferraloro*, Istituto Sieroterapico Milanese, Milano 1936, pp. 298-301.
[18] Ibidem, p. 291.
[19] Breda M. A., Padovan G., op. cit., p. 76.
[20] Archivio Storico Comune di Como – Cart. 3779, Categoria 15, Classe 1, Fascicolo 2, Difesa antiaerea della Città di Como.
[21] Archivio Croce Rossa Italiana – Comitato Provinciale di Como.

8 - *Bibliografia citata*

Breda M. A., *La difesa delle città dall'arma aerea durante la Prima Guerra Mondiale. La protezione dei civili a Monza e i rifugi pubblici di Como attraverso la documentazione degli archivi civici*, in Società Storica per la Guerra Bianca, *Aquile in guerra*, n. 21, Buccinasco (Mi) 2013, pp. 14-30.

Breda M. A., Padovan G., *Como 1915-1945: protezione dei Civili e rifugi antiaerei*, Editrice Lo Scarabeo, Milano 2014.

Della Volpe N., *Difesa del territorio e protezione antiaerea (1915-1943). Storia, documenti, immagini*, Stato Maggiore dell'Esercito – Ufficio Storico, Roma 1986

Lustig. A., *Effetti e cura dei gas di guerra ad uso dei medici (in collaborazione con i dottori G. Rovida e Cap. Med. G. Ferraloro*, Istituto Sieroterapico Milanese, Milano 1936.

9 - *Archivi consultati*

Archivio Croce Rossa Italiana – Comitato Provinciale di Como.
Archivio del Comune di Milano.
Archivio Storico del Comune di Como.

VIII

LA PROTEZIONE ANTIAEREA PIACENTINA NEI FONDI DELL'ARCHIVIO DI STATO DI PIACENZA (1915-1939)

Autore
Paolo Conte Politecnico di Milano, Scuola Architettura e Società

Sommario

La città di Piacenza, per storia ed ubicazione territoriale è da sempre uno straordinario sito di importanza strategica. Guardiana del commercio fluviale padano e del passaggio sul Po' dalle terre lombarde verso il sud della penisola italiana, è stata caratterizzata sin da epoca romana dalla presenza di diverse cinte murarie difensive costruite a più riprese di cui, soprattutto per l'ultima di esse risalente all'età farnesiana, rimangono ampie porzioni ancora oggi. Naturale quindi che questa vocazione strategica venisse confermata nel XX secolo – il secolo delle due guerre mondiali – con l'insediamento di grandi aree militari. Particolarmente interessante fu in quel secolo, causa il forte avvento dell'aviazione, l'approntamento della difesa antiaerea terrestre di cui Piacenza venne dotata.
L'Archivio di Stato di Piacenza conserva, all'interno dei propri fondi archivistici, testimonianze storiche che illustrano questo particolare aspetto. Il saggio che qui si presenta quindi, si propone di restituire questa testimonianza attraverso l'illustrazione di tale documentazione che, tenendo ferma la soglia temporale presa in considerazione dal convegno, prende tuttavia avvio illustrando sinteticamente la difesa antiaerea messa in campo dalla città durante la prima guerra mondiale dato che, a partire dagli anni '30 del secolo scorso su tale scenario, si imposterà il nuovo progetto di difesa antiaerea che porterà Piacenza alla soglia della seconda guerra mondiale. In particolare verranno mostrati i provvedimenti, la formazione tecnica specifica, l'informazione di massa ed i progetti messi in atto dalla pubblica amministrazione per far fronte a questa nuova situazione legata alla pubblica sicurezza. Verranno infine mostrati i progetti e le realizzazioni dei primi rifugi antiaerei della città.

Abstract

THE AIR-RAID PROTECTION IN PIACENZA IN THE FUNDS OF THE ARCHIVE STATE (1915-1939).
The city of Piacenza is an extraordinary site of strategic importance. Guardian of the river trade and of the passage over the Po' river from the Lombard lands to the south Italian peninsula. Characterized, from Roman age to XIX century, by the presence of several defensive walls built on several occasions referred to large portions still remain. This strategic position was confirmed in the twentieth century - the century of two world wars - with the advent of large military areas inside of the city. Particularly interesting was in that century, due to the strong technological development of military aviation, the project from air raid protection of Piacenza.
The State Archives of Piacenza preserves historical documents that show this particular aspect. The essay presented in particular, from 1915 to 1939, it will list the measures, the specific technical training, the mass information and the projects implemented by the government to deal with this new situation related to public safety. Finally, will be presented the projects and the achievements of the first air raid shelters of the city.

1 - *Premessa*

> «Dormi sepolto in un campo di grano,
> non è la rosa non è il tulipano,
> che ti fan veglia all'ombra dei fossi,
> ma sono mille papaveri rossi.»
> (F. De Andrè, *La guerra di Piero*, 1964)

Viene presentato in questo testo il frutto di una ricerca nata *ad hoc* per questo convegno. A partire dall'analisi dei fondi archivistici conservati presso l'Archivio di Stato di Piacenza, riguardanti le attività di protezione antiaerea del Comune di Piacenza, il suo scopo principale è quello di fornire un primo sintetico quadro della situazione istituzionale e dei relativi provvedimenti formali intrapresi sino al 1939, su questa particolare tematica. La ricerca, infine, si conclude illustrando la storia dei rifugi antiaerei individuati e riferibili esclusivamente al periodo temporale preso in considerazione dal convegno. La ricerca prende avvio a partire dal 1915, ovvero da qualche anno prima del periodo considerato. Questo, per due ragioni:

1) si è potuto fortunatamente rinvenire all'interno della documentazione archivistica visionata, un circostanziato blocco documentale (ASPC Fondo Archivio Storico Comune di Piacenza, serie leva, truppa e servizi militari, busta 16) che illustra le attività di protezione antiaerea attuate a Piacenza durante il periodo della Prima Guerra Mondiale;

2) dall'analisi di tale documentazione, si è reso evidente che il 'sistema' della protezione antiaerea adottato da Piacenza e dal suo territorio di riferimento durante la Seconda Guerra Mondiale, prende avvio da quanto era già stato in precedenza posto in essere per la Prima.

2 - *La Prima Guerra Mondiale (1915-1918)*

La 'storia' della protezione antiaerea per la città di Piacenza, prende avvio il 25 maggio 1915. Il giorno precedente, infatti, il 24 maggio (primo giorno di guerra per l'Italia), Venezia era stata bombardata dagli austriaci, infatti, l'aviazione austriaca, contemporaneamente al grande attacco navale contro tutta la costa adriatica, eseguì un bombardamento aereo su Venezia. Furono colpiti forte S. Nicolò, l'arsenale e i cacciatorpediniere ormeggiati alla riva degli schiavoni. Il giorno successivo all'accaduto, la prefettura di Piacenza organizza una riunione allo scopo di definire le prime disposizioni da attivare in caso di attacco aereo. I primi provvedimenti presi in quella sede dalla Prefettura e trasmessi all'amministrazione comunale per renderli eseguibili, riguardano i seguenti punti:

1) decidere le modalità operative delle segnalazioni da porre in essere durante un ipotetico attacco aereo;

2) verificare l'effettiva efficacia del servizio pompieristico cittadino al fine di valutarne un possibile complessivo potenziamento;

3) compilare una pianta schematica della città su cui predisporre tutte le iniziative riferibili alla protezione antiaerea;

4) fornire i primi rudimenti di protezione antiaerea a tutte le associazioni cittadine esistenti in città adatte «allo scopo (volontari ciclisti, giovani esploratori, Comitati preparazione civile, ecc.)» (ASPC Fondo Archivio Storico Comune di Piacenza, serie leva, truppa e servizi militari, busta 16), in maniera tale che, sotto la direzione del Commissario di Pubblica Sicurezza, si potessero utilizzare in caso di attacco aereo, di concerto con il gruppo degli 'ascoltatori' (gli apparecchi aerei erano infatti facilmente udibili anche a grande distanza a causa dei loro motori. La presenza di gruppi di 'ascoltatori' organizzati, equipaggiati con particolari dispositivi meccanici in grado di captare suoni anche molto distanti, permetteva di avvertire per tempo, tramite un sistema di segnalazione a rete, le successive postazioni di controllo prima dell'arrivo dei veivoli nemici) (Ministero della Guerra 1931, fascicolo III, p. 16), come servizio di staffetta e di segnalazione;

5) organizzare, di concerto con gli altri enti competenti in materia, l'ubicazione e il funzionamento dei posti di soccorso da predisporre in tutta la città. (ASPC Fondo Archivio Storico Comune di Piacenza, serie leva, truppa e servizi militari, busta 16).

L'esito operativo di queste prime disposizioni, si trova tutto nell'Ordinanza n. 375 del 28 maggio 1915 del Prefetto Poggi, a seguito della quale lo stesso giorno, il Sindaco di Piacenza Ing. E. Ranza, dispone tramite avviso pubblico i seguenti provvedimenti:

1) riduzione o sospensione dell'illuminazione pubblica notturna;

2) istituzione di una sorta di 'coprifuoco' per la popolazione a partire dalle ore 22;

3) in caso di attacco di aerei nemici, viene stabilito che il segnale d'allarme sarà dato dal suono a martello del campanone di Palazzo Gotico;

4) in caso di attacco di aerei nemici, la popolazione dovrà rientrare nelle proprie case, spegnere ogni luce e, se possibile, gli inquilini dei piani superiori dovranno scendere a quelli inferiori;

5) in caso di attacco di aerei nemici, i magazzini con merce infiammabile dovranno essere presidiati con grande attenzione per avvertire in tempo in caso di incendio;

6) tutti i funzionari incaricati di un quasiasi ruolo durante tali attacchi, dovranno portarsi nei luoghi loro designati;

7) il cessato allarme avverrà tramite segnali a tromba e con avvertimenti a voce (successivamente sostituiti dal suono a festa di tutte le campane delle chiese di Piacenza);

8) viene infine stabilito che per qualsiasi richiesta telefonica di aiuto si dovrà chiamare il telefono n. 36 del Corpo di Guardia dei Sorveglianti Comunali (ASPC Fondo Archivio Storico Comune di Piacenza, serie leva, truppa e servizi militari, busta 16).

Come si può notare da queste prime semplici disposizioni, la protezione antiaerea cittadina si configura come un "sistema" di azioni e di provvedimenti che tendono, integrandosi a vicenda, a rendere la difesa più efficace. Nel corso degli anni successivi – soprattutto in vista della Seconda Guerra Mondiale – a partire da qui, tale 'sistema' vedrà i propri capisaldi ampliarsi e stabilizzarsi, sino ad assumere le vesti di una vera e propria 'standardizzazione'. Una pubblicazione a carattere militare del 1931 (Ministero della Guerra 1931, fascicolo III), infatti, afferma che tale "sistema" debba essere strutturato sui seguenti mezzi: attivi (artiglierie antiaeree, mitragliatrici, apparecchi di illuminazione, di ascolto e le ostruzioni antiaeree) (Ministero della Guerra 1931, fascicolo III, p. 7) e passivi (il mascheramento, l'oscuramento, i ricoveri di difesa contro i bombardamenti e contro i gas, il servizio sanitario, il servizio contro gli incendi e lo sfollamento della popolazione a rischio) (Ministero della Guerra 1931, fascicolo III, p. 17). In pochi anni questa impostazione viene sviluppata e diventa la regola, tanto che i dodici fascicoli della «Istruzione sulla protezione antiaerea», distribuita nel 1938 alle Prefetture su tutto il territorio nazionale dal Ministero della Guerra, prendono i seguenti significativi titoli: I – «Organizzazione delle P.A.A.», II – «Mezzi di offesa e loro effetti», III – «La segnalazione dell'allarme», IV – «L'oscuramento delle luci», V – «Urbanistica, edilizia antiaerea e ricoveri», VI – «Dissimulazione degli obbiettivi», VII – «Lo sfollamento della popolazione», VIII – «Protezione sanitaria antiaerea», IX – «Protezione antincendi», X – «Protezione del patrimonio artistico e culturale», XI – «Provvedimenti complementari della protezione antiaerea» e a conclusione si trova il necessario fascicolo XII – «Indice generale» (Ministero della Guerra 1938).

La rete di segnalazione che si estende attorno a Piacenza nel corso del 1915, integrandosi con essa, si estende su tutte le principali piazzeforti militari del nord Italia che sono particolarmente esposte al pericolo di attacco aereo, quali: Bologna, Milano e Torino. Inoltre, «per miglior garanzia del territorio circostante è stata stabilita una serie di posti avanzati di segnalazione in Verolanuova, Piadena, Casalmaggiore e Parma», gestiti da volontari del Genio Civile (ASPC Fondo Archivio Storico Comune di Piacenza, serie leva, truppa e servizi militari, busta 16). Nonostante tutto però, al primo concreto e reale segnale di allarme lanciato da Bologna verso Piacenza nella notte del 13 giugno 1915 causato da un semplice sorvolo aereo nemico, il Prefetto deve purtroppo constatare «il completo disordine e la deficienza del servizio all'uopo prestato» (ASPC Fondo Archivio Storico Comune di Piacenza, serie leva, truppa e servizi militari, busta 16). A seguito della segnalazione pervenuta da Bologna infatti, il campanone del Gotico non aveva suonato e solo dopo un'ora si era riuscita a spegnere l'illuminazione pubblica, il tutto coordinato peraltro – *obtorto collo* – dagli uffici della stessa prefettura dato che «la segnalazione al telefono N. 36 (Corpo di guardia Municipale) venne omessa dalla Centrale di Piacenza e fu fatta invece da questo Ufficio, cui non incombe tale compito, il personale addetto a codesto Corpo di guardia non solo non fece nulla di quanto gli spettava giusta le preordinate istruzioni, ma neppure dimostrò di conoscere il compito assegnatogli» (ASPC Fondo Archivio Storico Comune di Piacenza, serie leva, truppa e servizi militari, busta 16). La conseguenza di questo insuccesso fu che il Prefetto Poggi, pochi giorni dopo, tramite il Comando della Divisione Militare di Piacenza, affiancò al Corpo di Guardia Municipale «un caporale e tre soldati del 3° Reggimento Genio» (ASPC Fondo Archivio Storico Comune di Piacenza, serie leva, truppa e servizi militari, busta 16).

Grande impressione, paura e preoccupazione sull'efficacia del sistema di protezione antiaerea, viene destata nuovamente in città a causa del bombardamento subito da Milano il 14 febbraio 1916, è il primo subito dalla città meneghina nel corso della sua storia. «Al mattino, attorno alle nove, due aerei vengono avvistati. La gente pensa ad un'esercitazione. La guerra è in trincea, è lontana dalle strade e dalle piazze. Gli aerei si avvicinano minacciosi, sono austriaci. I piloti sganciano il loro carico di morte a Porta Romana e a Porta Volta. La zona più colpita è quella di piazzale Adige (in via Tiraboschi un monumento ricorda ancora le vittime di quella mattina di sangue). Il bilancio è spaventoso: sedici morti e una quarantina di feriti. Si alzano subito in volo dal campo di Taliedo i caccia Caproni, Farman e Caneron. Ma i due incursori austriaci sono già lontani. L'attacco dal cielo spaventa Milano. Nessuno si sente più sicuro. Le mitraglie, i cannoni, le baionette e gli assalti al fronte sono ben più terribili, ma gli aerei portano la morte sin dentro le case» (Tettamanti 2006, p. 9). Questo tragico accadimento provoca un rinnovato interesse nella Pubblica Amministrazione di Piacenza per le norme atte alla difesa antiaerea emesse sino a quel momento le quali vengono intensificate, sottoposte a continue verifiche e richiami negli anni successivi, tramite pubbliche affissioni ed alcune esercitazioni, di cui la prima di cui si è trovata notizia risale al 20 aprile del 1916, o come quella della sera del 4 agosto 1916 quando sulla città viene sperimentato un riflettore fotoelettrico di 90 cm di diametro (ASPC Fondo Archivio Storico Comune di Piacenza, serie leva, truppa e servizi militari, busta 16).

Nel corso del 1917 cresce il timore che, oltre agli attacchi aerei, Piacenza possa subire attacchi con gas asfissianti. Non è un caso quindi che Prefettura e Amministrazione Comunale organizzino durante l'estate di quell'anno un sopralluogo all'interno dei quartieri di tutta la città allo scopo di individuare quelli che «maggiormente avrebbero bisogno di ricoveri per la difesa antiaerea» (ASPC Fondo Archivio Storico Comune di Piacenza, serie leva, truppa e servizi militari, busta 16). Il 17 agosto 1917, vengono richiamate e inasprite le norme già in vigore dall'inizio della guerra, perché il detto sopralluogo ha posto in evidenza come le stesse vengano eluse nella loro applicazione. La stessa ordinanza individua negli immobili ad un piano privi di sotterranei e cantine, i luoghi a maggior rischio nell'ipotesi di un attacco aereo, consigliando la popolazione in caso di allarme a radunanrsi nei piani inferiori per i palazzi multipiano, e nelle cantine e nei sotterranei per tutti gli altri (ASPC Fondo Archivio Storico Comune di Piacenza, serie leva, truppa e servizi militari, busta 16). Un rapporto del Comando della Divisione Militare Territoriale di Piacenza, oltre che riconfermare tutte le disposizioni prefettizie per quanto riguarda cosa fare in caso di allarme aereo, ci informa su come è organizzata la difesa antiaerea della città al 14 novembre. Essa dipende dal Comando Militare che ha nel palazzo Gotico la sua sede e si divide in due rami distinti: «Avvistamenti e segnalazioni» e «Mezzi attivi di difesa». Il primo ramo – avvistamenti e segnalazioni – è caratterizzato dalla presenza di due cinture di avvistamento che cingono la città. Il primo anello si trova a 25 km dalla città e comprende le seguenti cittadine: Fiorenzuola d'Arda, Cremona, Soresina, Pizzighettone, Madonna dei Monti, Lodi, S. Angelo Lodigiano, Stradella; mentre il secondo anello si trova a 50 km da Piacenza e comprende le seguenti cittadine: Piadena, Pralboino, Verolanuova, Soncino, Crema, Romano, Dovera, Pandino, Spino, Vailate, Rivolta, Treviglio, Landriano, Pavia, Monte Pennico, Bobbio, Monte Obolo, Monte Canate, Parma, Casalmaggiore. Il secondo ramo invece – mezzi attivi di difesa – è caratterizzato dai seguenti dispositivi militari: due batterie (21-50 effettivi) da 75/911 mm (peso 1100 kg – gittata 7600 mt – peso granata 7,00 kg); una sezione (100-200 effettivi) da 75/911 mm (peso 1100 kg – gittata 7600 mt – peso granata 7,00 kg); undici mitragliatrici; cinque plotoni fucilieri; due stazioni autofotoelettriche (ASPC Fondo Archivio Storico Comune di Piacenza, serie leva, truppa e servizi militari, busta 16).

Il 1918 si apre con una esercitazione cittadina in grande stile svoltasi in città il 15 gennaio in cui tutto funziona secondo le procedure stabilite (ASPC Fondo Archivio Storico Comune di Piacenza, serie leva, truppa e servizi militari, busta 16). Nel corso della primavera di quell'anno, le autorità piacentine tornano ad occuparsi con maggiore continuità dell'allestimento di pubblici rifugi con cui dotare la città. In aprile, l'Amministrazione Comunale acquista 77 lanterne a petrolio «a quattro vetri» per indicare i posti di rifugio messi a disposizione dei cittadini in disponibili in caso di incursioni aree nemiche (ASPC Fondo Archivio Storico Comune di Piacenza, serie leva, truppa e servizi militari, busta 16). Su sollecitazione della Prefettura, è l'Ufficio Tecnico dell'Amministrrazione Comunale di Piacenza, che si occupa di allestire questi rifugi. Dopo un primo censimento degli spazi sotterranei di competenza pubblica (edifici scolastici e ospedali), che per varie ragioni non è possibile utilizzare, (ASPC Fondo Archivio Storico Comune di Piacenza, serie leva, truppa e servizi militari, busta 16) l'attenzione si sposta sui palazzi privati. Tale azione si inserisce in un più ampio piano di provvedimenti da attuare in caso di attacco aereo, che interessano l'intera città e che, il 21 marzo di quell'anno, coordinati dall'assessore comunale ing. Rossi, la giunta municipale ha fatto decretare: oscuramento completo della città; istituzione di ricoveri/sotterranei distribuiti all'interno della città; incremento dei mezzi pompieristici; istituzione di cinque posti di pronto soccorso (Pubblica Amministrazione Croce Bianca; Dogana centrale; Palazzo Vigoleno/Prefettura; Ambulatorio comunale di S. Franca; ufficio tessere di via S. Eufemia 28); allontanamento dai magazzini di tutte le materie infiammabili ed esplosive (ASPC Fondo Archivio Storico Comune di Piacenza, serie leva, truppa e servizi militari, busta 16). Nell'ambito della campagna condotta dalla Municipalità di Piacenza per individuare luoghi sotterranei idonei da poter adattare a rifugi antiaerei, vengono coinvolti, tramite invito, i privati cittadini che, secondo il parere dell'Ufficio Tecnico Comunale, sono proprietari di immobili adatti allo scopo. Fra il 26 marzo e il 3 aprile del 1918, vengono effettuate 57 (in archivio si sono conservate le minute di tali inviti complete di nome del proprietario, via e numero civico dell'immobile) di queste convocazioni (ASPC Fondo Archivio Storico Comune di Piacenza, serie leva, truppa e servizi militari, busta 16). Anche l'autorità militare si dichiara disponibile a fornire locali da destinare a rifugio antiaereo (ASPC Fondo Archivio Storico Comune di Piacenza, serie leva, truppa e servizi militari, busta 16). Intanto l'ordinanza del 7 aprile dello stesso anno emessa dal Prefetto Marcialis, pur abrogando tutte le ordinanze emesse sino a quel momento in materia di protezione antiaerea, recupera molte buone prassi già stabilite da quelle precedenti ordinanze e ci aiuta a comprendere la natura di questo tipo di pubblici rifugi di cui Piacenza si è dotata nel corso del primo conflitto bellico mondiale:

1) Esternamente, tali pubblici rifugi, vedranno l'affisione di un cartello con la dicitura RIFUGIO, accompagnato da una lampada a vetri rossi che prima verrà accesa e poi appesa all'esterno dell'edificio, in caso di pericolo;
2) Ogni pubblico rifugio verrà dotato di lanterne che renderanno visibile il percorso utile a raggiungerlo e l'interno del rifugio stesso.

Infine, sancisce l'obbligo, minacciando per la prima volta denunce e requisizioni in caso di inadempienza, per tutti i proprietari di case con cantine/sotterranei adatti, di approntare e di segnalare con appositi cartelli un rifugio per sé e per gli abitanti delle case vicine prive di cantine (ASPC Fondo Archivio Storico Comune di Piacenza, serie leva, truppa e servizi militari, busta 16). Lo stesso obbligo, investe anche i luoghi in cui normalmente si radunano molte persone. Lo snodo legislativo che ci aiuta a capire questo cambio di passo nella costruzione di pubblici rifugi antiaerei, è rappresentato dall'Ordinanza emessa dal Generale Armando Diaz, probabilmente già in parte nota prima della sua pubblicazione formale alle Prefetture d'Italia, che compare sulla Gazzetta Ufficiale del Regno d'Italia del 30 aprile 1918 (Gazzetta Ufficiale 1918, n. 102). Essa, infatti, sostanzialmente ricalca l'ordinanza già emessa dalla prefettura di Piacenza, obbligando i Comuni a dotarsi di pubblici ricoveri (o privati), ma potenziandone ulteriormente l'azione amministrativa per mezzo della possibilità concessa alle autorità preposte, di disporre l'occupazione temporanea dei locali da destinare a rifugio pubblico, utilizzando la cosiddetta 'Legge di Napoli', n. 2359 del 25/06/1865. (Gazzetta Ufficiale 1918, n. 102, p. 1245). La stessa ordinanza infine, prescrive di utilizzare per la protezione delle aperture verso l'esterno (feritorie e/o finestre), l'utilizzo di sacchi di sabbia o terra, da preparare preventivamente e conservare nei rifugi (Gazzetta Ufficiale 1918, n. 102, p. 1245). Questo particolare sulla possibilità di utilizzare sacchi di sabbia o di terra nella protezione delle aperture dei rifugi, viene precisato perché nel giugno del 1918 il comune di Piacenza dà avvio alla costruzione di tre 'nuovi' rifugi pubblici, in addizione ai circa 60 individuati all'interno di palazzi privati. Essi vengono ubicati in Piazza Cavalli sotto i portici del Palazzo Gotico, in Piazza della Stazione e in Piazza della Cittadella (ASPC Fondo Archivio Storico Comune di Piacenza, serie leva, truppa e servizi militari, busta 16). Gustosa, poiché basata su un equivoco delle rispettive intenzioni in merito agli 'oggetti' da sottoporre a tutela delle due pubbliche amministrazioni, la corrispondenza che si è rivenuta fra l'Architetto Luigi Corsini, Soprintendente ai Monumenti dell'Emilia Romagna e il Comune di Piacenza in relazione alla costruzione del rifugio sotto i portici del Palazzo Gotico. Anzitutto, tale documentazione, ci descrive in maniera puntuale la consistenza di questi 'cosiddetti' rifugi. Essi infatti, consistono in «pareti di sacchi ripieni di sabbia e ghiaia, dell'altezza di due metri circa, da erigersi sui lati scoperti di due o tre campate, e da servire a riparo delle schegge di fianco» (ASPC Fondo Archivio Storico Comune di Piacenza, serie leva, truppa e servizi militari, busta 16). Il Corsini, inizialmente, pur sconsigliando l'utilizzo della ghiaia per confezionare i sacchi in quanto «potrebbe diventare micidiale, funzionando in caso di sinistro come mitraglia» (ASPC Fondo Archivio Storico Comune di Piacenza, serie leva, truppa e servizi militari, busta 16), plaude all'iniziativa, ed aggiunge che oltre a proteggere «contro eventuali incursioni aeree nemiche» (ASPC Fondo Archivio Storico Comune di Piacenza, serie leva, truppa e servizi militari, busta 16), il portico del Palazzo Gotico, sarebbe «cosa ben fatta pensare ai due monumenti equestri in bronzo ad Alessandro e Ranuccio Farnese che sono sulla piazza i quali meritano di esssere tenuti nella dovuta considerazione. Tali monumenti a mio avviso dovrebbero essere circuiti e nascosti da una robusta saccata» (ASPC Fondo Archivio Storico Comune di Piacenza, serie leva, truppa e servizi militari, busta 16). Per niente allusiva è la risposta del Sindaco di Piacenza, Ing. Ranza: «mi pregio far presente che [...] le saccate da erigersi sotto i portici del Palazzo del Comune potrebbero essere soltanto utili alle persone [...] ma non offrirebbero la benchè minima protezione al Monumento. [...] La lettera di questo ufficio era a scopo di preavviso per gli eventuali guasti che potrebbero verificarsi al pavimento o ai pilastri per l'appoggio o l'infissione dei legnami a sostegno delle saccate» (ASPC Fondo Archivio Storico Comune di Piacenza, serie leva, truppa e servizi militari, busta 16). Altro che protezione antiaerea rivolta al Palazzo Gotico quindi, la lettera serviva solo ad avvisare la Soprintendenza dei possibili danni al Monumento causati non dai bombardamenti, ma dalle opere provvisionali messe in atto dal Comune per la realizzazione dello stesso rifugio antiaereo con sacchi di sabbia. Conseguentemente, in merito alla protezione dei monumenti equestri dei Farnese avanzata dalla Soprintendenza, la risposta del Sindaco è coerente con l'incipit della lettera dedicata ai portici del Palazzo Gotico: «Per quanto riguarda i monumenti equestri ai Farnese, l'Amministrazione Comunale non ha creduto finora opportuno né prendere né invocare [...] speciali provvedimenti: essa è in attesa degli ordini di codesta Onorevole Soprintendenza, la quale in ogni modo dovrebbe incaricarsi dello studio ed esecuzione dei relativi presidi e congiuntamente all'Autorità Militare assumersene a carico le spese, pur non rifuggendo il Comune dal contribuirvi modestamente» (ASPC Fondo Archivio Storico Comune di Piacenza, serie leva, truppa e servizi militari, busta 16). La lettera di risposta del Sindaco è datata 15 giugno 1918. Non è dato sapere Corsini abbia poi replicato. Di fatto, in archivio, non è stato possibile ritrovare ulteriori comunicazioni in merito.

Nei mesi successivi, la favorevole sorte e la conseguente positiva conclusione per l'Italia del primo conflitto mondiale, portano il Comando Generale dell'Aeronautica, il 18 novembre 1918, a revocare l'ordinanza del Generale Diaz apparsa nella Gazzetta Ufficiale il 30 aprile dello stesso anno. Questo conduce all'abolizione dei posti di rifugio e dei posti di soccorso (ASPC Fondo Archivio Storico Comune di Piacenza, serie leva, truppa e servizi militari, busta 16). Terminata dunque la guerra, è possibile anche per l'argomento trattato da questo scritto, fare un primo bilancio. A Piacenza dunque, per quanto riguarda la protezione antiaerea, al 1918 si trovano:

1) circa 60 rifugi pubblici ricavati in sotterranei e cantine già esistenti e semplicemente considerati idonei, ubicati all'interno dei palazzi privati i quali, tuttavia, sono stati caratterizzati da un allestimento leggero, che non ha riguardato interventi edilizi di tipo 'strutturale', e solamente dotati di indicazioni e luci esterne ed interne rimovibili, utili per renderli maggiormente visibili ai possibili fruitori;
2) tre rifugi pubblici 'costruiti' ex novo all'interno della città, che però hanno utilizzato tecniche costruttive provvisionali a carattere temporaneo (sacchetti di sabbia e ghiaia) e che, al termine del primo conflitto mondiale, sono stati smantellati proprio a causa del loro carattere 'temporaneo'.
3) ulteriori settori entro i quali si sono sviluppati i provvedimenti formali e le conseguenti numerose esercitazioni cittadine della popolazione in merito alla protezione antiaerea: l'illuminazione cittadina; il sistema di protezione antincendio; il sistema dei soccorsi; gli allarmi sonori di inizio e di cessato allarme.

Saranno proprio questi i 'mezzi' sui quali successivamente verrà reimpostato l'intero sistema della protezione antiaerea che porterà Piacenza ad affrontare la Seconda Guerra Mondiale.

3 - *Dalla sperimentazione dei gas asfissianti alle maschere antigas (1926-1933)*

Dal termine della Grande Guerra sino al 1933, anno in cui vengono trasmesse in via «riservatissima» le prime «norme tecniche costruttive per la protezione antiaerea» dalla Prefettura al Podestà di Piacenza (ASPC Fondo Archivio Storico Comune di Piacenza, pubblica sicurezza, busta 36), dai fondi archivistici consultati non emerge nulla di particolarmente significativo in merito alla protezione antiaerea. E' del 1926 tuttavia, una notizia particolarmente interessante che contribuisce a far intuire il clima che si respirava in quegli anni. Si tratta di un breve scambio epistolare fra il Sindaco ed il Prefetto, nel quale il primo rivolge delle lamentele al secondo «contro la conservazione di depositi militari di bombe di gas asfissianti e più ancora contro lo svuotamento delle bombe e contro la progettata costruzione di una fabbrica di gas asfissianti in prossimità della Città», chiedendo di rimuovere i depositi e di costruire tale fabbrica almeno otto Km lontana dalla città (ASPC Fondo Archivio Storico Comune di Piacenza, pubblica sicurezza, busta 25). La Prefettura, a seguito di questa lettera, risponde al Municipio trasmettendo una nota del Ministero della Guerra interpellato nel merito dallo stesso Prefetto, il quale, pur cercando di ridimensionare l'accaduto, è costretto ad ammettere che «presso la Direzione di Artiglieria di Piacenza (a S. Giuseppe) esiste un piccolo impianto sperimentale per la fabbricazione della cloropicrina e non una Fabbrica di gas asfissianti, come afferma la Giunta Municipale di Piacenza». Tristemente famosa in campo bellico, la cloropicrina fu molto adoperata durante la Prima Guerra Mondiale in quanto, a causa delle modeste dimensioni, la sua molecola era in grado di superare la barriera posta dalle maschere antigas. E' in questo clima di pace armata che si arriva alle 'norme' del 1933.

Tali norme, vengono precedute nella loro emissione, dalla L. 6 aprile 1933, n. 284 che, proprio in materia di protezione dai gas, stabilisce che tutto il personale civile e militare che in caso di guerra debba continuare a svolgere la propria attività anche durante attacchi aerei nemici, debba essere dotato di maschera antigas (ASPC Fondo Archivio Storico Comune di Piacenza, pubblica sicurezza, busta 36). Le successive norme tecniche da adottare nelle costruzioni edilizie, trasmesse in settembre (ASPC Fondo Archivio Storico Comune di Piacenza, serie leva, truppa e servizi militari, busta 28), vengono invece compilate da una apposita Commissione nominata il 19 dicembre 1932 dal Consiglio dei Ministri e presieduta dal Presidente del Comitato Centrale per la protezione antiaerea. Tali norme, stilate su complessivi quindici punti, sviluppano nel dettaglio i tre principali argomenti trattati dalle norme:

1) La posizione, la forma e la struttura degli edifici
Questo punto, di carattere urbanistico, interviene sui nuovi piani regolatori o di ampliamento per i quali suggerisce di aumentare le aree scoperte, di evitare la creazione di zone prettamente industriali ed anche che gli edifici pubblici vengano raggruppati nel centro cittadino preferendo invece la loro ubicazione periferica. Fornisce anche indicazioni sulla struttura (suggerendo quelli multipiano), sui materiali (preferendo il conglomerato cementizio) e sulla forma dei nuovi edifici che non dovranno avere forme «caratteristiche e monumentali» (ASPC Fondo Archivio Storico Comune di Piacenza, serie leva, truppa e servizi militari, busta 28) ma si dovranno preferire «tipi possibilimente ambientali, analoghi cioè, per quanto possibile, a quelli dei caseggiati, ville e borgate esistenti nella regione» (ASPC Fondo Archivio Storico Comune di Piacenza, serie leva, truppa e servizi militari, busta 28).

2) La costruzione dei ricoveri
Questo punto prescrive che ogni nuovo palazzo costruito venga dotato di un ricovero, così come ogni edificio pubblico deve essere dotato di ricovero collettivo, costruito a spese dell'ente pubblico coinvolto, per il personale di servizio. Lo stesso deve essere in grado di contenere fra le 20 e le 30 persone e di proteggerle dagli effetti delle esplosioni (fornendo precise indicazioni tecniche su portate e materiali da utilizzare) e dei gas (fornendo, anche in questo caso, puntuali riferimenti tecnici sulle necessarie immissioni d'aria), nonché dal moto d'aria derivante da eventuali scoppi. I ricoveri, infine, dovranno essere dotati di illuminazione indipendente, acqua e di servizi igienici. (ASPC Fondo Archivio Storico Comune di Piacenza, serie leva, truppa e servizi militari, busta 28)

3) La protezione delle condutture
In questo caso si suggerisce: per l'illuminazione pubblica, di aumentare il numero dei collegamenti fra le centrali e le sottostazioni in maniera tale da avere immediate vie alternative di passaggio del flusso energetico in caso di danneggiamento dei collegamenti principali; per il gas, di decentrare i gasometri e anche in questo caso di aumentare il numero dei collegamenti fra le centrali e le sottostazioni per gli stessi motivi già citati in precedenza; per l'acqua (sia per quella destinata al consumo umano, sia per quella destinata allo spegnimento degli incendi), di aumentare il numero dei serbatoi. Infine, per tutte le reti di distribuzione, viene suggerito di aumentarne la profondità di posa e di collocarle – ad eccezione del gas a causa dei danni potenziali che una ipotetica rottura potrebbe indirettamente provocare – in cunicoli sotterranei protetti (ASPC Fondo Archivio Storico Comune di Piacenza, serie leva, truppa e servizi militari, busta 28).

4 - *Vecchie città ed edilizia nuova (...preferibilmente antiaerea)*

Prima di continuare, mi sia permesso di fare una digressione sul primo punto sopra esposto. E' infatti estremamente significativo come, questo modo di pensare a una 'città ideale' dal punto di vista della protezione antiaerea, che predilige la periferia al centro, che non vuole la creazione di zone funzionali (care al Movimento Moderno) e che preferisce il carattere edilizio 'ambientale' maggiormente prevalente ('tipico', verrebbe da scrivere, se solo questa parola estremamente 'popolare' avesse un qualche fondamento scientifico reale) nella regione, sia estremamente vicino alle teorie urbanistiche e del cosiddetto 'diradamento edilizio', dell'ing. Gustavo Giovannoni (Giovannoni, 1913a. Giovannoni, 1913b. Giovannoni, 1931). Probabilmente non è un caso, infatti, che proprio Giovannoni venga direttamente coinvolto dall'Unione Nazionale Protezione Antiaerea (U.N.P.A.) nelle proprie conferenze «d'istruzione e di propaganda», dove egli partecipa come relatore, sostenendone la causa che probabilmente ritiene compatibile con le proprie teorie. Tiene infatti, almeno una di queste conferenze a Roma il 21 marzo del 1935 intitolata «Urbanistica antiaerea» (Ministero della Guerra, 1935, n. 1, p. 7). Queste felici convergenze fra le teorie urbanistiche del diradamento edilizio di Giovannoni e l'urbanistica antiaerea, trovano esplicita conferma anche negli anni successivi. Apprendiamo infatti dal relativo manuale che, nel 1937, il secondo «Corso di urbanistica ed edilizia antiaerea per ingegneri ed architetti» tenutosi a cura dell'U.N.P.A., venne fatto presso l'Università di Roma proprio grazie ai buoni uffici di Gustavo Giovannoni (Unione Nazionale Protezione Antiaerea, 1937, p. 8), le cui teorie urbanistiche, sempre all'interno del manuale del suddetto corso, vengono spesso positivamente commentate dai relatori che si occupano di urbanistica antiaerea e che le pongono in antinomia con altre (vengono molto citati e commentati soprattutto i contributi dati da Le Corbusier con il Plan Voisin) ritenute meno efficaci di quella proposta da Giovannoni in caso di attacco aereo (Unione Nazionale Protezione Antiaerea, 1937, pp. 51-63 e pp. 95-155). Tale filosofia 'giovannoniana' farà prepotentemente breccia nell'urbanistica antiaerea, tanto da venire in parte cooptata da essa a livello nazionale per mezzo di abbondanti riferimenti che si trovano anche all'interno della già citata «Istruzione sulla protezione antiaerea», distribuita nel 1938 alle Prefetture su tutto il territorio nazionale dal Ministero della Guerra, di cui, proprio al fascicolo V, intitolato «Urbanistica, edilizia antiaerea e ricoveri», si trova un paragrafo dal titolo «Decentramento e diradamento delle città» il quale già da solo sintetizza questa convergenza di vedute fra Giovannoni e l'urbanistica antiaerea: «Costituiscono uno degli elementi essenziali dell'urbanistica antiaerea e coincidono coll'urbanistica moderna che tende appunto a forme aperte, vie larghe, ampie aree a parco. Oltre ai vantaggi igienici, il decentramento diminuisce, per i singoli obiettivi, la possibilità di essere colpiti. Non è però possibile, per esigenze economiche, trasformare in breve tempo redicalmente le topografia delle moderne grandi città, ma nell'ampliamento di esse, nel loro rinnovamento, che oggi si svolge con ritmo molto accellerato, occorre tener presente il pericolo aereo. Particolare sviluppo dovrà perciò darsi alle città giardino e alle borgate satelliti e così pure dovranno essere evitate le 'zone industriali' preferendo invece il decentramento e disseminazione delle industrie in modo da renderle meno vulnerabili, e favorire la costruzione di villaggi operai poco distanti dai rispettivi stabilimenti. [...] Oltre a progetti di 'piani regolatori' si dovrà pertanto procedere a studi di 'piani regionali' in modo che una grande città moderna antiaerea venga a risultare costituita dal nucleo centrale esistente, diradato quanto più possibile, e da aggregati vari circondati e permeati di verde. Il tutto deve essere integrato da una rete di rapidissimi mezzi di comunicazione dando il più ampio sviluppo possibile alla viabilità sotterranea, che, mentre consente agile movimento, può, con opportuni accorgimenti, essere utilizzata per ricovero antiaereo» (Ministero della Guerra 1938, fascicolo V, p. 6). Il riferimento ai 'piani', preconizza in qualche modo anche l'impostazione gerarchica (che sarà ovviamente più complessa di questa) che verrà data alla Legge Nazionale Urbanistica, n. 1150 del 1942 di cui Giovannoni fu, con altri, fra i massimi ispiratori e sponsor (Ventura 1995, pp. XX-XXII).

5 - *Il sistema di protezione antiaerea della città in transizione: organizzazione, istruzione e propaganda (1934-1939)*

A seguito dell'emissione delle norme del 1933, il neonato Comitato Provinciale di Protezione Antiaerea chiede al Comune di Piacenza, sul finire dello stesso anno, di comunicare l'esito dello studio di massima utile a mettere in efficienza i locali prescelti come ricovero e anche di segnalare un locale che, opportunamente adattato, possa essere adibito a ricovero tipo e di trasmettere i relativi disegni completi di piante e sezioni. Di tale 'ricovero tipo', di cui non è stato possibile ritrovare i progetti, la Prefettura trasmette al Podesta nel corso del 1934 (ASPC Fondo Archivio Storico Comune di Piacenza, serie leva, truppa e servizi militari, busta 28), le caratteristiche tecniche che esso dovrebbe possedere (desunte direttamente da quelle già note e descritte all'interno delle norme del 1933). I cosiddetti 'locali prescelti' invece, sono quasi certamente gli stessi che furono selezionati ed utilizzati come ricoveri nel corso della Prima Guerra Mondiale (ASPC Fondo Archivio Storico Comune di Piacenza, serie leva, truppa e servizi militari, busta 16).

Il 1934 diventa dunque l'anno in cui le attività relative all'efficientamento del sistema di protezione antiaerea subiscono un notevole incremento, tanto da portare il Podestà ad assumere temporaneamente, a partire dal primo marzo di quell'anno, un tecnico a cui affidarla in via esclusiva, che viene individuato nella persona del Geom. Giulio Ratti, che si occuperà per conto della municipalità di dirigere e coordinare tutti i lavori relativi all'argomento (ASPC Fondo Archivio Storico Comune di Piacenza, serie leva, truppa e servizi militari, busta 28). Pochi giorni dopo, peraltro, il cinque marzo, il Re Vittorio Emanuele III decreta l'approvazione ufficiale del «Regolamento per la protezione anti-aerea del territorio nazionale e della popolazione civile» (ASPC Fondo Archivio Storico Comune di Piacenza, pubblica sicurezza, busta 36).

Tale regolamento è interessante perché, in pochi articoli (solo 10), sintetizza e conferma i punti operativi, strutturali e formali su cui si vuole rafforzare il sistema di protezione antiaerea. Vengono infatti confermati alcuni capisaldi di tale sistema che sono già noti da tempo. Anzitutto, la suddivisione della difesa territoriale, che fa capo direttamente al Ministero della Guerra, viene confermata in mezzi di difesa (i cosiddetti 'mezzi attivi', cioè le armi, sintetizzati dal regolamento nell'acronimo D.I.C.A.T. – Difesa Contraerei Territoriale) e mezzi di protezione (i cosiddetti 'mezzi passivi', cioè quel corollario di iniziative messe in campo dalle amministrazioni pubbliche per limitare gli attacchi aerei ed i loro effetti, sintetizzati dal regolamento nell'acronimo P.A.A. – Protezione Antiaerea). E' proprio nell'elencare i mezzi di protezione che, il regolamento, conferma ancora una volta dei punti strutturali che ci sono già noti e che in passato sono già risultati capisaldi importanti dello stesso sistema: «1° l'allarme per la popolazione; 2° l'oscuramento degli obbiettivi; 3° il mascheramento degli obbiettivi; 4° lo sgombero o sfollamento dei grandi centri e località speciali; 5° la tecnica costruttiva anti-aerea, la costruzione dei ricoveri e la protezione delle condutture; 6° la protezione sanitaria ed antigas; 7° la protezione antincendi; 8° la protezione del patrimonio artistico e scientifico nazionale e di tutto ciò che in genere sia opportuno sottrarre agli effetti delle azioni di aerei nemici» (ASPC Fondo Archivio Storico Comune di Piacenza, pubblica sicurezza, busta 36). Il Regolamento illustra anche come, dal punto di vista formale, è organizzata la protezione antiaerea che viene messa in capo al Ministero della Guerra che, tramite il Comitato Centrale Interministeriale e i Comitati provinciali e Comunali, provvede a dirigere tutte le attività, comprese quelle di propaganda (ASPC Fondo Archivio Storico Comune di Piacenza, pubblica sicurezza, busta 36).

È proprio la propaganda (assieme all'istruzione) che, nell'attesa che vengano realmente realizzati i primi ricoveri antiaerei, monopolizza le attività delle pubbliche amministrazioni alla metà degli anni '30 del Novecento. È del luglio del 1934, infatti, che il Comitato Centrale Interministeriale Protezione Antiaerea – C.C.I.P.A.A. comincia a pubblicare il proprio notiziario che ha la finalità di raccogliere e di «portare a conoscenza dei Comitati Provinciali quanto di più interessante viene studiato, preparato ed attuato, in fatto di protezione anti-aerea, in Italia ed all'estero» (Ministero della Guerra 1934, n. 1, p. 7). Contemporaneamente alla propaganda, sempre nell'attesa di poter veder realizzati i primi ricoveri, sono gli altri capisaldi ad essere studiati, allo scopo di essere rafforzati ed eventualmente modificati per migliorarne l'efficienza ai fini della P.P.A. A Piacenza nel corso del 1934, questa attività, sollecitata dalla Comitato Provinciale P.A.A. (in capo alla Prefettura, in quanto il nuovo 'regolamento' incaricava il prefetto a presiederlo), riguarda:

1) i Vigili del Fuoco che vengono prima analizzati e successivamente giudicati, al 1934, dal Municipio di Piacenza non «in grado di affrontare sinistri di una certa gravità sia per l'esiguo numero dei pompieri sia per l'attrezzamento del materiale ed anche per la rete idrica della città» (ASPC Fondo Archivio Storico Comune di Piacenza, pubblica sicurezza, busta 34);

2) l'aggiornamento del regolamento edilizio comunale alle norme emanate nel 1933, di cui si è già trattato in precedenza, che si invita ad inserire nel suddetto regolamento come allegato, come del resto ha già provveduto a fare la città di Roma, portata infatti come esempio a cui ispirare l'azione del governo cittadino (ASPC Fondo Archivio Storico Comune di Piacenza, pubblica sicurezza, busta 40). Il Municipio di Piacenza provvederà ad integrare gradualmente tali norme all'interno dei propri regolamenti nel corso del 1936 (ASPC Fondo Archivio Storico Comune di Piacenza, serie leva, truppa e servizi militari, busta 28).

Tornando alle attività di propaganda, è da segnalare che il 15 novembre 1934, presso il Teatro Politeama di Piacenza, il Comitato Provinciale P.A.A., organizza in grande stile (invitando tutte le più alte personalità piacentine attive all'interno del tessuto sociale della città. Sono, infatti, almeno 75 gli inviti *ad personam* che vengono recapitati.), una conferenza del Tenente Colonnello d'Artiglieria Carlo Cav. Siccardi sul tema, «Forme d'offesa aerea e difesa delle popolazioni», seguita dalla proiezione di un «interessante film illustrativo dei mezzi di difesa aerochimica» prodotto *ad hoc* dall'Istituto Luce (ASPC Fondo Archivio Storico Comune di Piacenza, pubblica sicurezza, busta 34). Tale iniziativa è perfettamente in linea con tutte le azioni di propaganda orchestrate dal C.C.I.P.A.A. tramite i propri comitati provinciali che, con dovizia di particolari, vengono poi puntualmente descritte e documentate all'interno del notiziario dello stesso C.C.I.P.A.A. (Ministero della Guerra 1934, n. 2, pp. 28-29)

Tale attività di propaganda trova il suo culmine a Piacenza nel 1934 con la positiva organizzazione di un «esperimento di protezione antiaerea», il 16 dicembre di quell'anno, che riscuote una grande soddisfazione in tutta l'amministrazione pubblica coinvolta nella sua preparazione (ASPC Fondo Archivio Storico Comune di Piacenza, pubblica sicurezza, busta 34). E' lo stesso bollettino del C.C.I.P.A.A. a descrivercelo: «Il giorno 16 dicembre scorso si è svolto un esperimento di protezione antierea organizzato dal locale Comitato Provinciale di P. A. A. allo scopo di rendere edotta la popolazione sui mezzi di difesa contro i pericoli aerei in guerra e di esperimentare, nel campo tecnico-pratico i provvedimenti relativi all'allarme, all'oscuramento ed al funzionamento dei servizi sanitari ed antincendi. L'allarme fu lanciato alle ore 11 da un'apposita sirena impiantata a cura del Comitato Provinciale, dalle sirene degli stabilimenti industriali e dal suono a stormo delle campane. L'offesa aerea doveva essere simulata da due velivoli che però, per le avverse condizioni di atterraggio, non poterono intervenire. Il lancio di bombe, sia esplosive che incendiarie ed a gas, fu effettuato a mezzo scoppio di castagnole. La popolazione sgombrò disciplinatamente le vie rifugiandosi nei porticati e nei portoni. I veicoli si addossarono ai fabbricati Il traffico di arrestò. In piazza Cavalli, presunta gassata con iprite, intervenne, su un automezzo, una squadra della Croce Rossa con militi indossanti indumenti protettivi e che provvide alle operazioni di raccolta e di trasporto dei presunti gassati al posto di soccorso allestito la sera precedente. Contemporaneamente i pompieri, a mezzo autopompe, procedevano all'estinzione si supposti incendi. Un drappello di giovani fascisti indossanti la maschera, percorse le vie della città permanendo quindi in un ambiente gassato. Fu attuato l'oscuramento normale dalle ore 17 fino alle ore 19 e quindi, al secondo segnale di allarme, fu attuato l'oscuramento totale, ambedue limitati all'illuminazione pubblica. I privati si adoperarono affinchè la luce non filtrasse dalle abitazioni. Durante l'allarme notturno fu supposto un lancio di bombe incendiarie sopra un edificio adiacente alla stazione ferroviaria con conseguente intervento dei pompieri e dei reparti della Croce Rossa e furono impiegati due riflettori. Gli esperimenti, preparati da una campagna opportunamente svolta dalla stampa locale e da conferenze, hanno dato buoni risultati» (Ministero della Guerra 1935, n. 3, pp. 9-10). Questo esperimento, ai fini della nostra ricerca, conferma inoltre che i rifugi antiaerei che vennero presi per primi in considerazione, erano proprio quelli riferibili alla Prima Guerra Mondiale. Per questo esperimento, vennero allestiti appositamente due rifugi in due locali sotterranei, il primo in via Scalabrini 7, il secondo in via Gregorio X 27, due indirizzi che, infatti, ritroviamo fra quelli già censiti nel 1918 (ASPC Fondo Archivio Storico Comune di Piacenza, serie leva, truppa e servizi militari, busta 16). I lavori che fece eseguire l'ufficio tecnico del Municipio di Piacenza in tali sotterranei tuttavia, furono comunque «sommari» e di «adattamento», e consistettero «nella chiusura delle finestre, mediante un'intelaiatura in legno e la sigillatura delle fessure, nella sistemazione degl'ingressi con doppi tendaggi, o meglio panni, in modo di ricavare fra le due tende uno spazio libero di sosta. Occorre provvedere all'illuminazione e alla posa di ventilatori per il ricambio dell'aria a mezzo della relativa canna di ventilazione» (ASPC Fondo Archivio Storico Comune di Piacenza, pubblica sicurezza, busta 33)

La propaganda continuò anche nel 1935, tanto che prima il 12 febbraio e poi di nuovo il successivo 11 marzo, con la stessa formula di quella precedente e puntualmente pubblicata anche dal notiziario del C.C.I.P.A.A. (Ministero della Guerra 1935, n. 5, p. 24. Ministero della Guerra 1935, n. 6, p. 41), venne organizzata, sempre al Teatro Politeama di Piacenza, «un interessante conferenza del Sig. Dott. Attilio Mariani ad illustrazione di un film che riprodurrà parte degli esperimenti di protezione anti-aerea recentemente svoltisi a Roma, Milano, Torino, Bari e Venezia» (ASPC Fondo Archivio Storico Comune di Piacenza, pubblica sicurezza, busta 34). Numerossimi, come nella precedente occasione, gli inviti personali a varie personalità pubbliche piacentine (fig. 1). A proposito di queste iniziative di istruzione e propaganda, si riporta di seguito una significativa nota anonima, datata 14 marzo 1935 e inviata al Podestà, che in poche parole ci restituisce il relativo *vox populi* della città di Piacenza: «Si continua a parlare sui giornali della necessità di prepararsi alla difesa contro le incursioni antiaeree e della necessità di provvedersi delle maschere di difesa e si fanno conferenze. E dei rifugi ove ripararsi in caso di urgenza non vi è necessità?? A tale proposito non pare a V. S. che sarebbe conveniente intanto che si sta costruendo il palazzo in piazza Cavalli e che i lavori sono ancora alle fondamenta si pensasse di costruire un rifugio nei modi e nelle forme più convenienti??? Servirebbe molto bene per i molti inquilini che si troveranno in quel fabbricato ed anche per coloro che si trovassero a caso in quei terribili momenti in piazza. Crede V. S. di tenere in considerazione questa mia idea??? Colla massima considerazione. Devotissimo» (ASPC Fondo Archivio Storico Comune di Piacenza, pubblica sicurezza, busta 39). La citazione dell'anonimo autore è riferibile al palazzo dell'I.N.A. che in quegli anni è appunto in costruzione piazza Cavalli. Per la cronaca, come di fatto accadrà per il Liceo Ginnasio in costruzione circa negli stessi anni, il rifugio del palazzo dell'I.N.A. non potrà essere costruito *ex*

Fig. 1. Manifesto per l'affisione cittadina che pubblicizza la conferenza del Dott. Attilio Mariani dell'11 febbraio 1935 al Teatro Politeama di Piacenza (ASPC Fondo Archivio Storico Comune di Piacenza, pubblica sicurezza, busta 35).

novo ed i sotterranei verranno solamente adattati in corso d'opera, in quanto il progetto è antecedente all'uscita delle norme del 1933. Sarà un caso, ma pochi mesi dopo, i due maggiori cruciali edifici pubblici di Piacenza che in caso di attacco avrebbero dovuto continuare ad operare, presentano i primi progetti di 'nuovi' rifugi antiaerei della storia della Città: il Municipio e il Palazzo del Governo (ASPC Fondo Archivio Storico Comune di Piacenza, pubblica sicurezza, busta 43). Ad essi, questo mio contributo scritto, dedicherà due successivi paragrafi specifici ai quali si rimanda.

Intanto, il Consiglio dei Ministri, il 30 marzo (convertito in Regio decreto n. 919, il 18 aprile 1935) approva il regolamento che in tre anni (queste le previsioni) avrebbe dovuto dotare tutto il personale degli enti pubblici (Ministeri, Provincie e Comuni) di maschera antigas personale. Secondo il Regio Decreto-legge n. 551 del 23 maggio 1932, inoltre, informa che le Ditte autorizzate alla fornitura di tale materiale sono: Società Italiana Pirelli di Milano, Società Bergomi di Milano, Società Italiana Costruzioni Antigas (S.I.C.A.) di Roma e la Società Italiana Articoli Caucciù (S.I.A.C.) di Tivoli (Ministero della Guerra 1935, n. 6, p. 3). A Piacenza, sul finire del 1935, coordinato dalla Prefettura, il Podestà comincia a far preparare l'elenco ed il quantitativo necessario di maschere antigas (fig. 2) di cui i dipendenti pubblici dovranno essere dotati (ASPC Fondo Archivio Storico Comune di Piacenza, pubblica sicurezza, busta 36)

L'estate del 1935, vede il Comune di Piacenza impegnato strenuamente sul fronte del consolidamento della P.A.A. della Città. Dal mese di giugno al mese di luglio 1935 (a tappe forzate e a suon di straordinari), si trova impegnato nell'effettuazione e conseguente rafforzamento, di un'altro caposaldo fondamentale della P.A.A.: «lo sgombero o sfollamento dei grandi centri e località speciali». Piacenza, infatti, essendo una città a vocazione militare e ubicata, per di più, in un punto strategico della penisola italiana, si può considerare certamente, se non un grande centro, almeno una 'località speciale'. Quindi, il Podestà, assume in via straordinaria per un mese venti impiegati provvisori per «espletare i lavori del censimento della popolazione della Città e suburbio ai fini dello sfollamento per la protezione anti-aerea» (ASPC Fondo Archivio Storico Comune di Piacenza, protezione antiaerea, busta 54). Tale censimento ha lo scopo di definire quante e quali persone: si debba sfollare d'autorità; sfollano con mezzi propri; hanno obblighi militari; rimangono in città (ASPC Fondo Archivio Storico Comune di Piacenza, protezione antiaerea, busta 31). In agosto viene completato (elenco non rinvenuto in archivio) anche «il censimento dei locali privati da adibirsi a ricoveri antiaerei» (ASPC Fondo Archivio Storico Comune di Piacenza, pubblica sicurezza, busta 43), di cui il dodici ottobre, vengono comunicati i generali criteri che hanno portato a quella scelta:

1) si è partiti dalla planimetria della città dividendola in zone omogenee per esigenze e caratteristiche;

2) successivamente in ogni zona si sono individuati quegli edifici, successivamente poi visitati, che apparentemente fornivano un certo affidamento per stabilità e resistenza (venivano valutati: epoca di costruzione, materiale di costruzione impiegato, tipo di tetto, tipo di orizzontamenti e caratteristiche dei vani);

3) Durante la visita, per ogni vano, veniva riempito un modulo (al 16 ottobre 1935 risultano compilati 92 moduli, non rinvenuti in archivio – ASPC Fondo Archivio Storico Comune di Piacenza, pubblica sicurezza, busta 43) che valutava:

a. se il vano era al piano interrato o semiterrato;

b. se il vano era circondato da muri «ordinari di fabbrica» (spessore di 40-50 cm);

c. il tipo di materiale della copertura (il legno era escluso);

d. se esisteva la possibilità di avere un accesso diretto con l'esterno (anche una finestra era valutata positivamente):

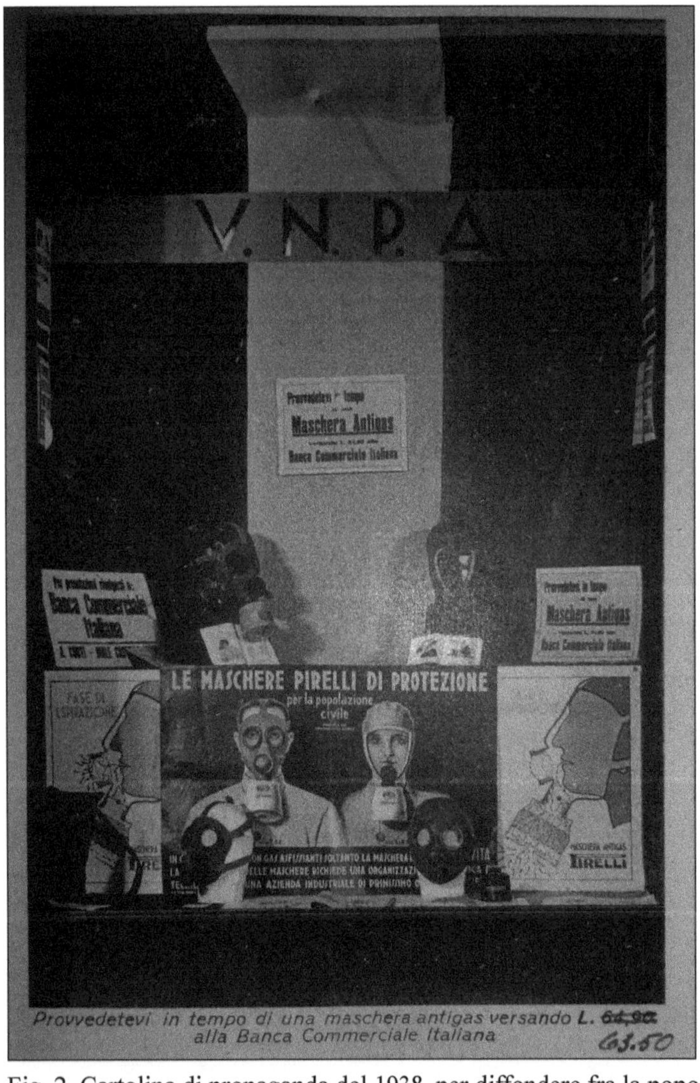

Fig. 2. Cartolina di propaganda del 1938, per diffondere fra la popolazione l'acquisto e l'uso delle maschere antigas (ASPC Fondo Archivio Storico Comune di Piacenza, pubblica sicurezza, busta 36).

e. l'altezza media non inferiore a 2,30 m.;
f. l'esistenza o la possibilità di installazione di una presa d'aria, dell'impianto elettrico, di acqua e di latrine;
Veniva poi annotato anche:
g. lo stato dei serramenti;
h. le condizioni delle connessioni delle singole parti di muratura e intonaco
i. l'uso attuale del sotterraneo.

Un'interessante documento del dicembre del 1935, a proposito degli edifici da adibire a ricovero, ci fornisce ulteriori informazioni riguardo ai rifugi utilizzati durante la Prima Guerra Mondiale. Essi erano circa 50 situati in vari palazzi sparsi nella città ed erano «quanto di più adatto si potè trovare». Scopriamo tuttavia, che le caratteristiche stabilite per i nuovi ricoveri dalla circolare del 1933, ha praticamente reso non conformi quasi tutti i ricoveri della Prima Guerra, tanto che «solo piccola parte di essi potrà essere adattata» (ASPC Fondo Archivio Storico Comune di Piacenza, serie leva, truppa e servizi militari, busta 28). Settembre viene invece dedicato alla preparazione di un «prospetto portante l'elenco delle località nelle quali deve essere organizzata la protezione anti-aerea» (ASPC Fondo Archivio Storico Comune di Piacenza, pubblica sicurezza, busta 34). Lo stesso mese, la Prefettura, richiede di sapere quali edifici statali e parastatali siano dotati di rifugio antiaereo (ASPC Fondo Archivio Storico Comune di Piacenza, serie leva, truppa e servizi militari, busta 28). Nella propria risposta (ASPC Fondo Archivio Storico Comune di Piacenza, pubblica sicurezza, busta 43), il Municipio di Piacenza ci svela la situazione della Città sul fronte dei rifugi antiaerei al 4 ottobre 1935:
1) il Palazzo del Governo è il solo che ha un progetto presentato e con i lavori di costruzione in corso;
2) il Palazzo comunale possiede una deliberazione per costruirne uno;
3) il Tribunale Civile possiede un progetto (progetto non rinvenuto);
4) il Comune ha progettato un tipo di ricovero pubblico (progetto non rinvenuto);
5) il Regio Liceo e Ginnasio ha allo studio la riduzione (in quanto il progetto risale a prima dell'emanazione delle norme tecniche del 1933 – ASPC Fondo Archivio Storico Comune di Piacenza, serie leva, truppa e servizi militari, busta 28) di una parte del sotterraneo a ricovero;
6) L'Istituto Nazionale delle Assicurazioni (I.N.A.), che sta costruendo il suo palazzo, con alcuni accorgimenti dell'ingegnere progettista, potrà adibire una parte delle cantine sotterranee del palazzo a ricovero (ASPC Fondo Archivio Storico Comune di Piacenza, pubblica sicurezza, busta 43).

Intanto, il 27 dicembre del 1935, Piacenza delibera di diventare socio vitalizio dell'U.N.P.A. e nel gennaio del 1936, il Municipio acquista 340 maschere antigas per i propri dipendenti, più altri dispositivi, in quantità minori, di autoprotezione più specifici (ASPC Fondo Archivio Storico Comune di Piacenza, pubblica sicurezza, busta 36).
La novità maggiore di quell'anno tuttavia, è certamente il Regio Decreto-legge 24 settembre 1936, n. 2121 intitolato «Norme circa l'obbligo dell'apprestamento di un ricovero antiaereo in ciscun fabbricato di nuova costruzione, o in corso di costruzione ad uso abitazione». E' la norma che sancisce l'obbligo per tutti (enti pubblici e privati cittadini) di dotare di rifugio antiaereo tutte le nuove abitazioni (tale obbligo, con la Legge n. 1102 del 6 giugno del 1939, verrà esteso anche a uffici, alberghi, scuole, istituti di educazione, case religiose, luoghi di cura e simili – ASPC Fondo Archivio Storico Comune di Piacenza, protezione antiaerea, busta 33) che verranno realizzate d'ora in avanti. Lo stesso decreto, all'art. 2, fornisce le caratteristiche tecniche che devono possedere tali ricoveri, mentre l'articolo 3 rimanda a successivo decreto l'individuazione dei comuni in cui il decreto sarà reso obbligatorio (ASPC Fondo Archivio Storico Comune di Piacenza, protezione antiaerea, busta 33).

Durante l'autunno del 1936 il Municipio di Piacenza, per tramite dell'ufficio

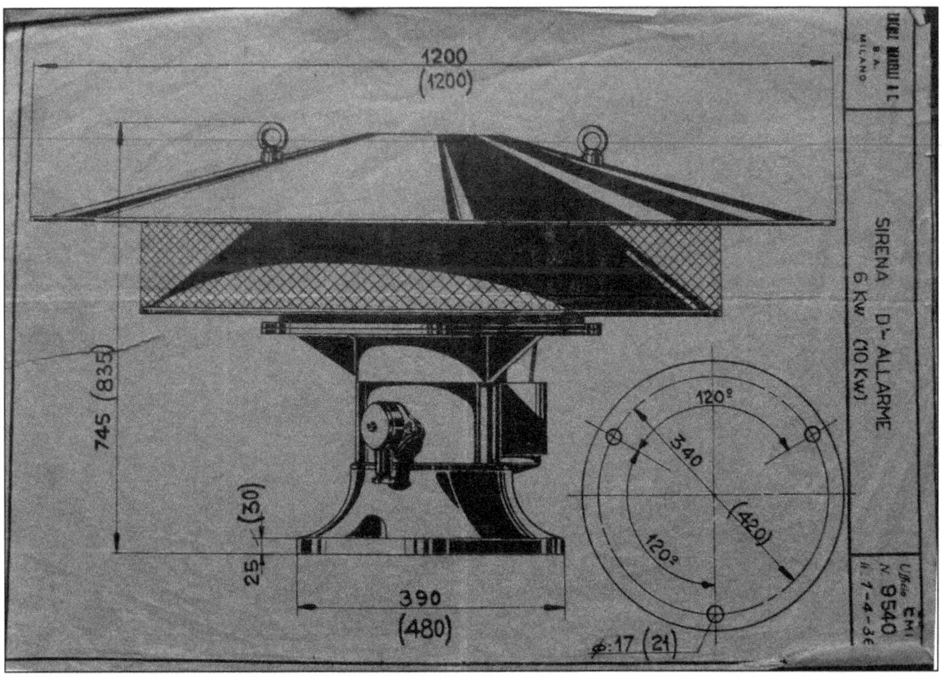

Fig. 3. Sirena d'allarme da 6 Kw (10 Kw) della Ercole Marelli & C. installata a Piacenza nel 1936 (ASPC Fondo Archivio Storico Comune di Piacenza, protezione antiaerea, busta 36).

comunale P.A.A. di concerto con l'ufficio anagrafe, provvede ad aggiornare il censimento degli sfollandi, già condotto dalla stessa amministrazione durante l'estate dell'anno precedente. A rinforzo del personale per eseguire tale operazione, vengono assunti dieci impiegati straordinari in via provvisoria e temporanea. L'operazione, più lunga della precedente, si concluderà solo nel marzo del 1937 (ASPC Fondo Archivio Storico Comune di Piacenza, protezione antiaerea, busta 54). Nel mese di dicembre il comune di Piacenza provvede a colmare un'altra 'lacuna' riferibile ad un altro dei capisaldi della P.A.A.: «l'allarme per la popolazione». Viene infatti consegnata alla città, un nuovo impianto di allarme con quattro sirene (fig. 3) collegate fra loro a rete (ASPC Fondo Archivio Storico Comune di Piacenza, protezione antiaerea, busta 39).

Il rafforzamento dei capisaldi della P.A.A. della città di Piacenza prosegue nel corso del 1937 quando si decide di intervenire sulla dotazione delle squadre di primo intervento chiamate ad intervenire presso i fabbricati comunali. Il 21 gennaio vengono infatti stanziati quasi ventimila lire per dotare di materiale adeguato ad affrontare una eventuale emergenza, le squadre di primo soccorso dei seguenti fabbricati comunali:

1) Edificio municipale (squadra di 5 elementi);
2) Biblioteca comunale e Croce Rossa Italiana (squadra di 3 elementi);
3) Liceo musicale Nicolini (squadra di 2 elementi);
4) Regio istituto magistrale (squadra di 2 elementi);
5) Scuole Taverna-Giordani-Mazzini-Alberoni (squadra di 10 elementi);
6) Regio liceo ginnasio (squadra di 2 elementi);
7) Macello pubblico (squadra di 4 elementi);

I materiali acquistati riguardano soprattutto: caschi metallici; maschere antigas; estintori (di vario tipo e genere); tute; cinture; picozze; secchi (ASPC Fondo Archivio Storico Comune di Piacenza, pubblica sicurezza, busta 36).

Nel corso del 1938, si intensificano nel Governo le preoccupazioni di attacchi aerei con l'utilizzo di gas, pertanto Vittorio Emanuele III, il 27 luglio emette il Regio Decreto-legge n. 1429, con cui estende l'obbligo della distribuzione delle maschere antigas (la durata della distribuzione, per giungere alla copertura del 100% del fabbisogno, viene stimata dallo stesso decreto in dieci anni) a tutti gli operai delle industrie e a tutto il personale delle amministrazioni statali e parastatali. Avendo il Comune di Piacenza già assolto l'obbligo con l'acquisto nel 1936 di 340 maschere antigas per i propri dipendenti, viene incaricato dalla Prefettura di controllare la dotazione di dette maschere anche per le istituzioni di pubblica assistenza e beneficenza, cui il suddetto decreto del 1938 estende l'obbligo di acquisto (ASPC Fondo Archivio Storico Comune di Piacenza, pubblica sicurezza, busta 36).

Tale obbligo, assicurano gli enti piacentini interpellati, verrà assolto entro i primi mesi del 1939. Lo stesso fanno nel corso del primo semestre del 1939, anche buona parte delle attività industriali presenti in città. Lo stesso Municipio, sul finire del 1939, provvede a farsi tramite con la popolazione comune vendendo direttamente le maschere antigas a chiunque lo desideri. Anche i dipendenti comunali provvedono ad acquistarne per i loro famigliari (ASPC Fondo Archivio Storico Comune di Piacenza, pubblica sicurezza, busta 36).

Ulteriori sirene vengono acquistate dal Municipio e destinate ad ampliare il sistema di allarme già in uso. L'impianto, approvato nella seconda del 1939, verrà collaudato nel corso del 1940 ASPC Fondo Archivio Storico Comune di Piacenza, protezione antiaerea, busta 39. Piacenza continua a prepararsi alla Seconda Guerra Mondiale ormai alle porte.

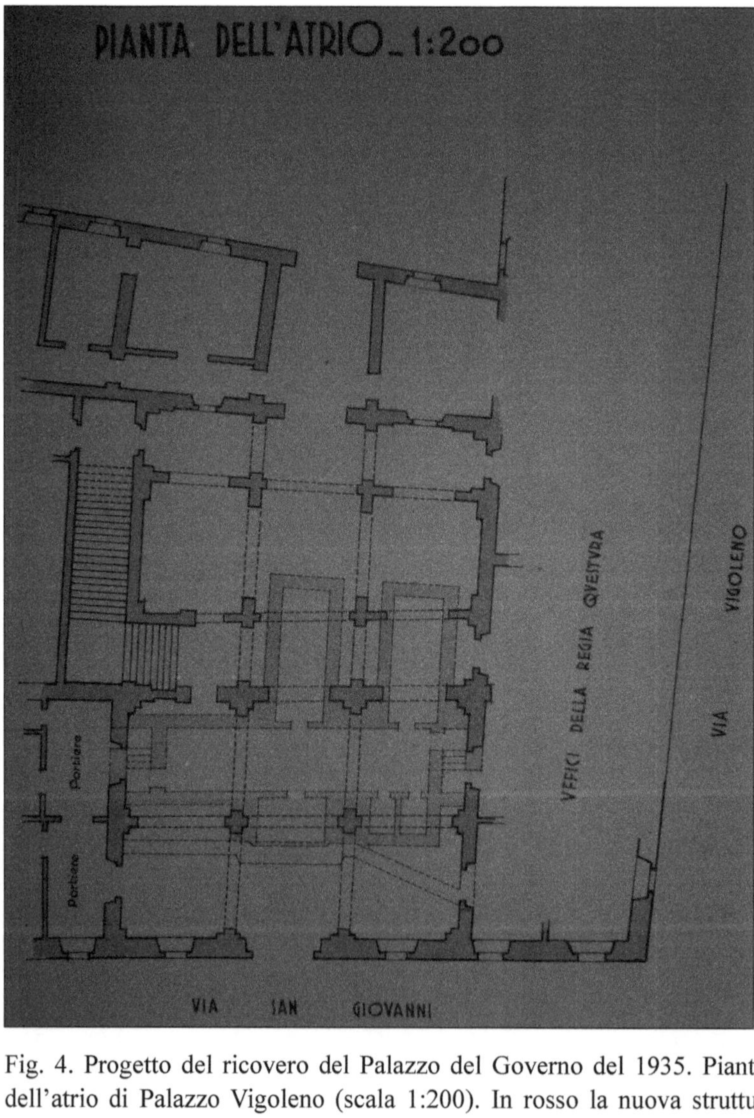

Fig. 4. Progetto del ricovero del Palazzo del Governo del 1935. Pianta dell'atrio di Palazzo Vigoleno (scala 1:200). In rosso la nuova struttura, in grigio le preesistenze (ASPC Fondo Archivio Storico Provincia di Piacenza, Faldone 11, titolo VII, Classe B, Sottoclasse 1).

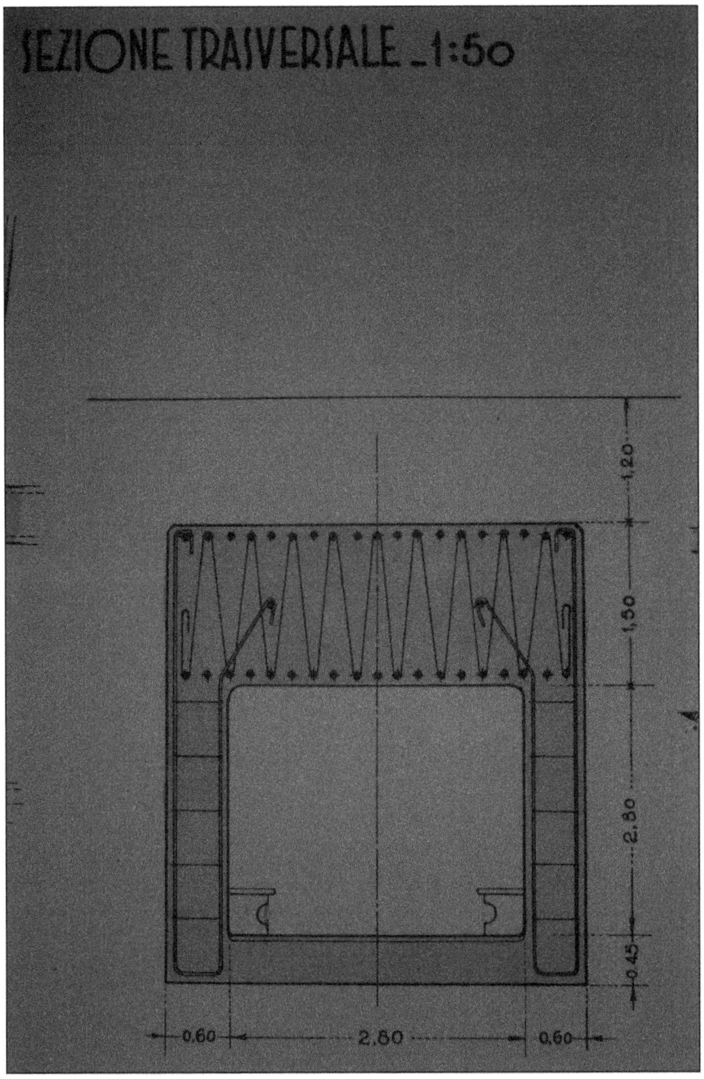

Fig. 5. Progetto del ricovero del Palazzo del Governo del 1935. Sezione trasversale (scala 1:100). In rosso la nuova struttura (ASPC Fondo Archivio Storico Provincia di Piacenza, Faldone 11, titolo VII, Classe B, Sottoclasse 1).

6 - *Il rifugio antiaereo del Palazzo del Governo (1935-1937)*

E' il 26 marzo 1935, quando l'ing. C. Chiappa, capo della Divisione Tecnica Provinciale di Piacenza, scrivendo al Preside dell'Amministrazione provinciale di Piacenza, «trasmette il Progetto di ricovero [...] da costruirsi sotto l'atrio del Palazzo del Governo». Tale progetto, redatto dall'ing. Giovanni Bertocchi (ASPC, Fondo Archivio Storico Provincia di Piacenza, Faldone 11, titolo VII, Classe B, Sottoclasse 1), come è possibile notare anche dalla pianta (fig. 4), si inserisce all'interno di Palazzo Vigoleno come un corpo da esso totalmente autonomo. Le caratteristiche salienti sono le seguenti:

1) il suo piano di clapestio è posto ad una quota inferiore rispetto a quella del sotterraneo, perché «il piano superiore della soletta di copertura del ricovero venne tenuto a m. 1,20, essendo l'atrio percorso dal condotto di scolo delle acque dell'interno del palazzo». Il progetto prevedeva di lasciare inalterato tale condotto (che però in corso d'opera venne rifatto – ASPC, Fondo Archivio Storico Provincia di Piacenza, Faldone 11, titolo VII, Classe B, Sottoclasse 1), dato che la maggiore profondità del ricovero che ne derivava costituiva un vantaggio in termini di difesa, in quanto al di sopra della sua copertura si sarebbero avuti «oltre al pavimento in granito e mattonelle dell'atrio, anche uno spessore di circa 1 m. di terriccio di protezione». Inoltre, le sue fondazioni, sono «anche ben protette da scoppi laterali nel cantinato»;

2) lo spessore della soletta di copertura, realizzata in cemento con doppia armatura metallica, è di 1,50 m. (fig. 5);

3) l'altezza utile del ricovero è di 2,30 m. (fig. 6);

4) la sua distrubuzione interna comprende: un locale comune, due locali ad uso ufficio, un locale ad uso archivio e due latrine (figg. 7, 8);

5) al ricovero si accede dall'esterno tramite due ingressi posti all'estermità del ricovero stesso che comunicano con il piano cantinato dell'edificio esistente, a sua volta raggiungibile tramite tre scale differenti di Palazzo Vigoleno;

6) le quattro porte esterne sono in sono in ferro (quelle più esterne oggi sono state sostituite da altre), a doppia lamiera, mentre le quelle interne sono ancora in ferro ma a lamiera singola (figg. 9 - 11);

7) il locale comune è provvisto, nelle pareti perimetrali, di panchine in cemento e graniglia;

8) gli uffici sono provvisti di tavoli in cemento e graniglia con il piano ricoperto da una lastra di vetro;

9) l'acqua corrente, data la profondità del ricovero, non è prevista e per il funzionamento delle latrine è previsto l'uso di vasi di porcellana asportabili;

10) l'illuminazione è approvvigionata da un sistema di batterie;

11) l'impianto di aerazione, azionato a mano, ha la potenza di almeno 50 mc/ora;

12) la capacità del ricovero è di 50 persone;

13) il costo complessivo previsto è di ottantamila lire (ASPC Fondo Archivio Storico Provincia di Piacenza, Faldone 11, titolo VII, Classe B, Sottoclasse 1).

Il 25 maggio 1935, la Prefettura approvava tale progetto e il 21 giugno, a Giovanni Micheli della ditta F.lli Micheli, vengono aggiudicati i lavori per aver fatto la migliore offerta fra tutte le ditte invitate, con un ribasso del 22,55%, il 20 luglio i lavori venivano consegnati all'impresa per dare avvio ai cantieri (ASPC, Fondo Archivio Storico Provincia di Piacenza, Faldone 11, titolo VII, Classe B, Sottoclasse 1).

Le opere previste non sono tuttavia facili, tanto che il 16 novembre 1935, la Ditta Micheli ottiene una proroga di 40 giorni per l'ultimazione dei lavori di costruzione a causa di

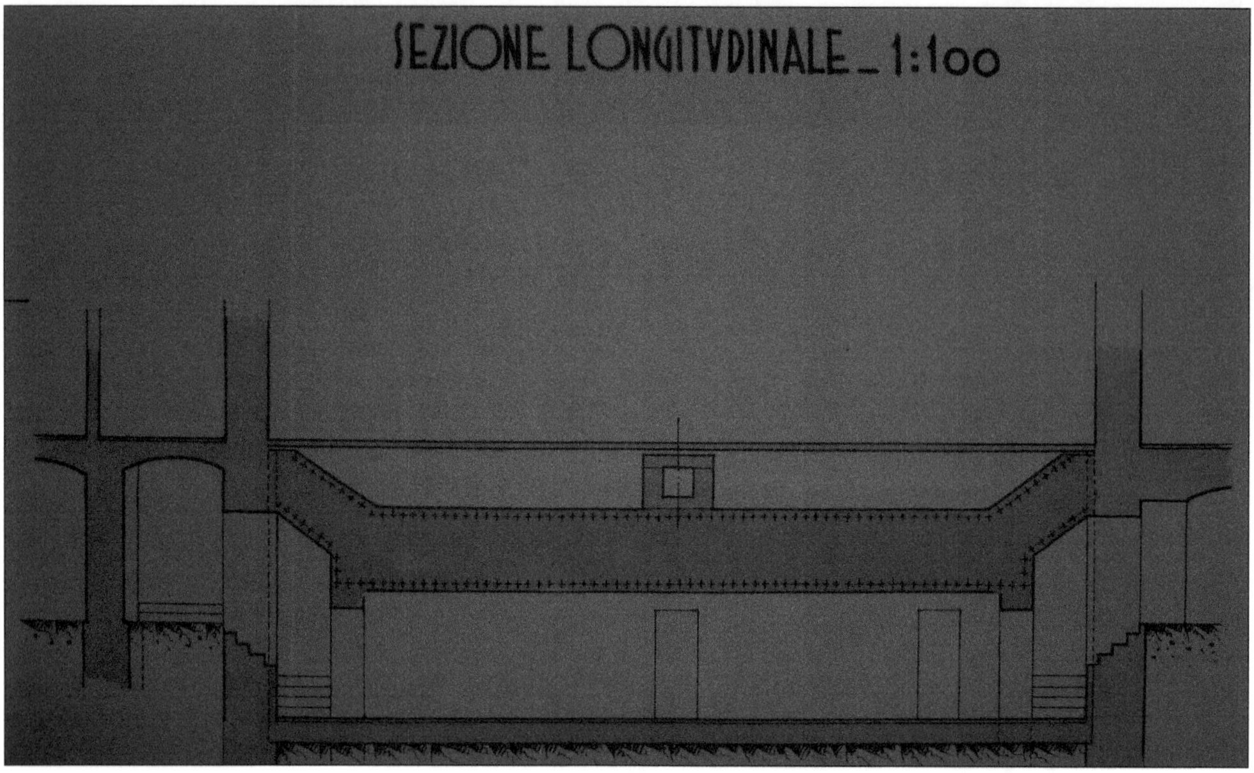

Fig. 6. Progetto del ricovero del Palazzo del Governo del 1935. Sezione longitudinale (scala 1:100). In rosso la nuova struttura, in grigio le preesistenze, in giallo le demolizioni (ASPC Fondo Archivio Storico Provincia di Piacenza, Faldone 11, titolo VII, Classe B, Sottoclasse 1).

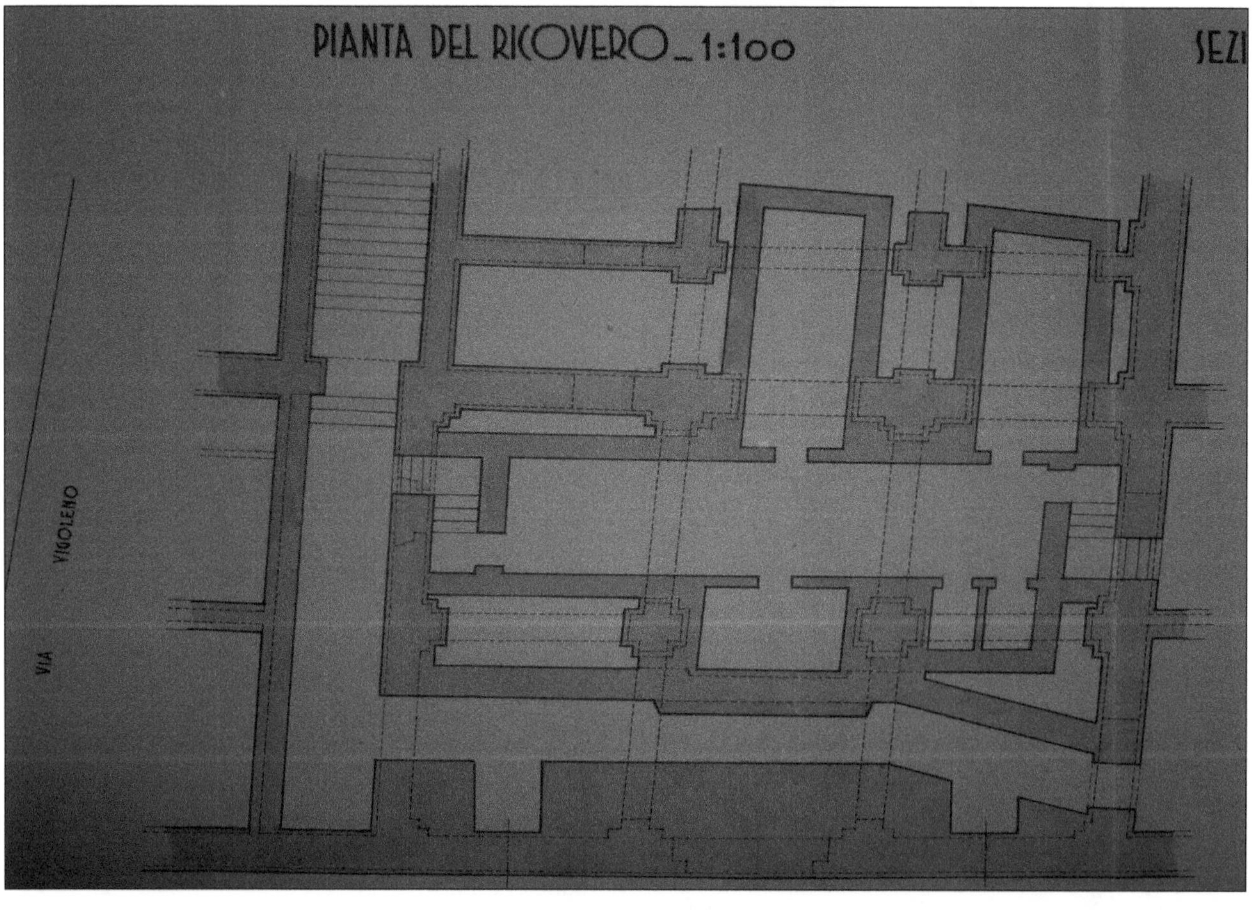

Fig. 7. Progetto del ricovero del Palazzo del Governo del 1935. Pianta del ricovero (scala 1:100). In rosso la nuova struttura, in grigio le preesistenze (ASPC Fondo Archivio Storico Provincia di Piacenza, Faldone 11, titolo VII, Classe B, Sottoclasse 1).

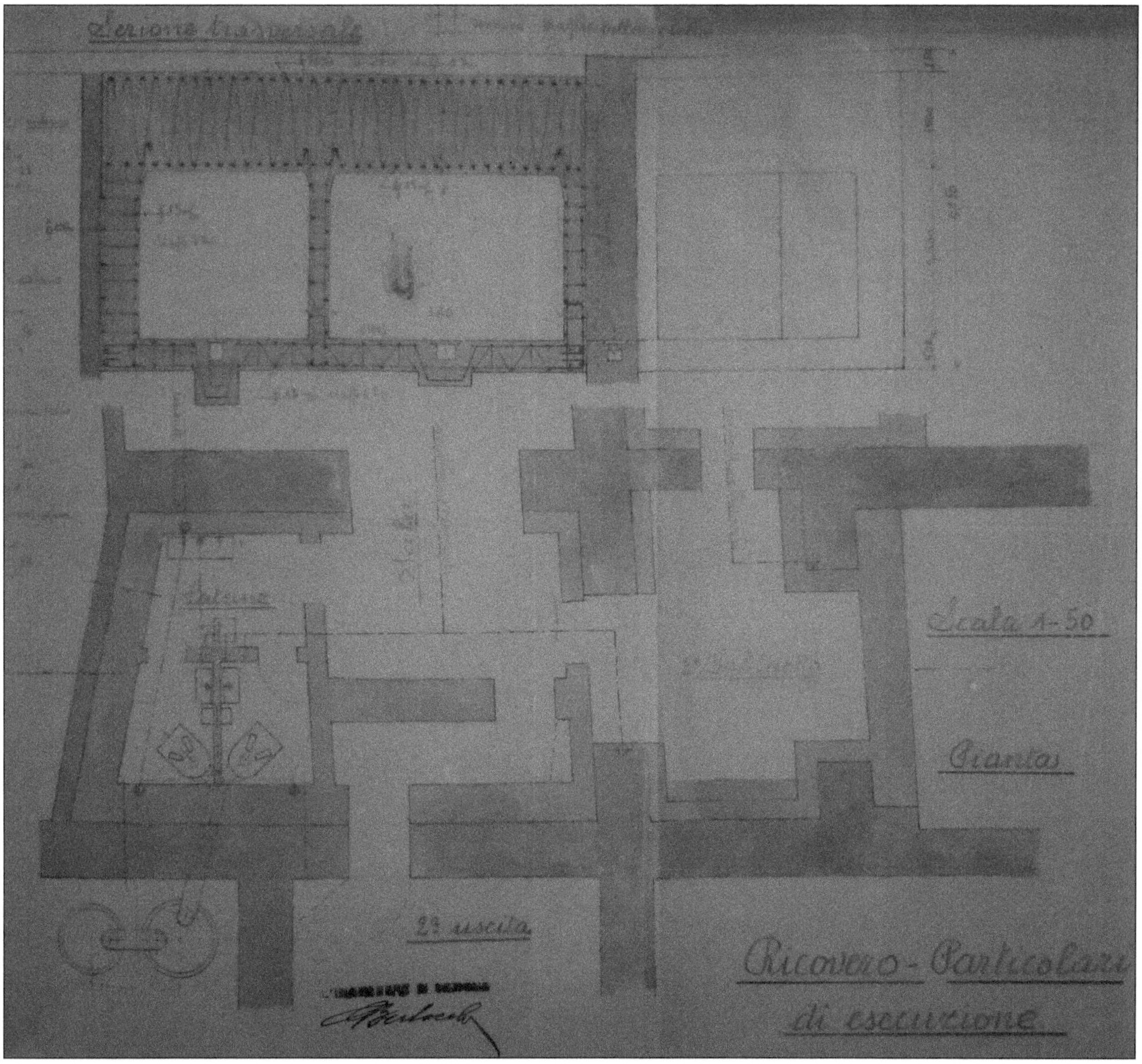

Fig. 8. Progetto del ricovero del Palazzo del Governo del 1935. Particolari di esecuzione delle latrine (scala 1:50). In rosso la nuova struttura, in grigio le preesistenze (ASPC Fondo Archivio Storico Provincia di Piacenza, Faldone 11, titolo VII, Classe B, Sottoclasse 1).

diversi problemi, non preventivati in precedenza e rilevati solamente in corso d'opera (principalmente: fortissima umidità, necessità di fare opere di sottomurazione e parziale rifacimento delle fognature – ASPC, Fondo Archivio Storico Provincia di Piacenza, Faldone 11, titolo VII, Classe B, Sottoclasse 1).

Tali lavori, oltre a provocare un aumento delle spese di circa venticinquemila lire, causò l'ampliamento delle dimensioni complessive del ricovero (e della sua capacità totale che da 50 passò a 85 persone), tanto che lo stesso «venne a trovarsi di capacità assai più grande del previsto ed inoltre si è potuto ottenere un piccolo locale, in più del previsto», destinato poi a sala macchine (ASPC, Fondo Archivio Storico Provincia di Piacenza, Faldone 10, titolo VII, Classe B, Sottoclasse 1). Il 28 marzo del 1936, i lavori alle opere murarie (ufficialmente terminati il 7 dicembre del 1935 – ASPC, Fondo Archivio Storico Provincia di Piacenza, Faldone 11, titolo VII, Classe B, Sottoclasse 1) risultano praticamente ultimati, tanto da poter pensare al progetto dell'impianto di difesa antigas. Tale impianto, affidato alla ditta Costruzioni Industriali Aeromeccaniche di Alessandria, viene acquistato il 10 settembre 1936 (fig. 12) e realizzato nei mesi successivi (ASPC, Fondo Archivio Storico Provincia di Piacenza, Faldone 10, titolo VII, Classe B, Sottoclasse 1). Tale impianto, non è l'unico lavoro di completamento che viene approntato durante l'estate del 1936 al ricovero antiaereo. A settembre, infatti, viene liquidata la ditta Freschi Egidio di Piacenza per la fornitura e la posa in opera di 4 porte antigas in ferro (spessore 5 mm), rovere ed eternit e di tutte le porte interne in ferro semplice ed eternit. (ASPC, Fondo Archivio Storico Provincia di Piacenza, Faldone 10, titolo VII, Classe B, Sottoclasse 1).

Il 27 settembre del 1937, l'ing. Amilcare Fornero emettendo il certificato di collaudo, approva pienamente i

Fig. 9. Foto dell'esterno del ricovero antiaereo della Prefettura (2012, proprietà dell'autore).

Fig. 10. Foto della porta del ricovero antiaereo della Prefettura (2012, proprietà dell'autore).

Fig. 11. Foto dell'interno del ricovero antiaereo della Prefettura (2012, proprietà dell'autore).

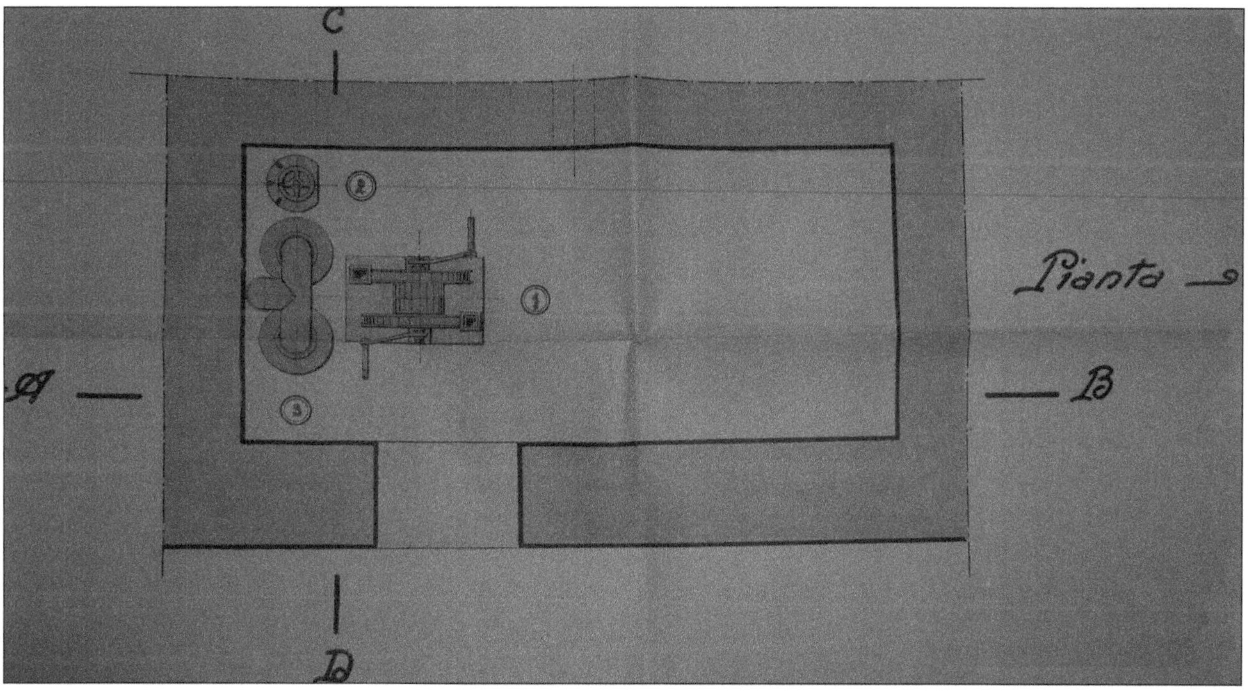

Fig. 12. Progetto dell'impianto di aerazione azionato a mano della ditta Costruzioni Industriali Aeromeccaniche di Alessandria. Pianta in scala 1:20 (ASPC Fondo Archivio Storico Provincia di Piacenza, Faldone 10, titolo VII, Classe B, Sottoclasse 1).

lavori fatti al ricovero antiaereo, scrivendo definitivamente la parola fine ai lavori della sua costruzione (ASPC, Fondo Archivio Storico Provincia di Piacenza, Faldone 11, titolo VII, Classe B, Sottoclasse 1).
Anni dopo, nel maggio del 1938, gli impianti del ricovero furono sottoposti a verifica funzionale e lo stesso venne dotato anche di impianto telefonico (ASPC, Fondo Archivio Storico Provincia di Piacenza, Faldone 10, titolo VII, Classe B, Sottoclasse 1).

6 - *Il rifugio antiaereo del Palazzo Comunale (1935-1943)*

Quasi contemporaneamente alla trasmissione dei progetti del rifugio in progetto presso il Palazzo del Governo, l'ufficio tecnico comunale per mano dell'ingegnere capo Alessandro Ferrari, l'11 aprile 1935, segnala al Municipio, trasmettendone gli elaborati, di aver «redatto un progetto di ricovero – antiaereo», in quanto «era logico iniziare il lavoro con lo studiare una sistemazione del genere nel Palazzo Comunale». Il progetto viene più volte aggiornato nel corso del 1936 (ASPC Fondo Archivio Storico Comune di Piacenza, pubblica sicurezza, busta 40).
La relazione tecnica (ASPC Fondo Archivio Storico Comune di Piacenza, pubblica sicurezza, busta 40) che accompagna gli elaborati, ci informa che:
1) per quanto riguarda l'ubicazione «la scelta è caduta sui sotterranei del braccio a Sud, [...] perché sono quelli che meglio si prestano allo scopo per la loro disposizione che permette di creare un locale di dimensioni sufficienti e conformi alle prescrizioni, che consente, con una certa facilità, di ricavare una scala che sbocchi all'aperto e d'installare rapidamente i servizi d'acqua e luce, allacciandosi agl'impianti dei piani superiori»;
2) il progetto, pur presentandosi come una struttura quasi del tutto autonoma come nel caso della Prefettura, cerca tuttavia di adeguare maggiormente l'impianto planimetrico a quello trovato in loco sfruttandone la struttura esistente che viene inglobata quando possibile ai nuovi manufatti in cemento armato (fig. 13);
3) i lavori effettuati comunque, come per quelli svolti in Prefettura, sono molto invasivi: il piano di calpestio viene complessivamente abbassato di 1,80 m (i muri esistenti per questo motivo vengono sottomurati); le volte soprastanti sono sostituite da una struttura in cemento armato; viene realizzata una nuova scala che conduce all'esterno (fig. 14);
4) il ricovero in questione, che è totalmente indipendente dalla struttura esistente da cui si stacca per mezzo di un'intercapedine di 10 cm riempita di sabbia, è costruito totalmente in cemento armato. Per quanto riguarda lo spessore delle nuove strutture, i muri perimetrali sono di 50 cm, la soletta di calpestio è di 1,30 m, mentre la copertura è di 1,50 m. (fig. 15);
5) il ricovero è provvisto di due uscite. La prima dà accesso alla scala interna al palazzo, mentre la seconda fornisce un collegamento diretto con l'esterno uscendo all'aperto nella piazzetta retrostante a sud dell'immobile (fig. 16);
6) il ricovero, oltre a essere dotato di tutti gli impianti previsti (luce, aria acqua e servizi igienici), prevede di poter essere in grado di conservare una buona scorta di viveri e mezzi di fortuna;
7) la capacità del ricovero è di 40 persone (numero sufficiente a proteggere tutti i dipendenti comunali allora impiegati);
8) la sua distribuzione interna comprende (fig. 17): un locale destinato ai dipendenti (fig. 18) con due latrine, un locale destinato ad ospitare gli amministratori con una latrina e una sala macchine;
9) il costo complessivo previsto è di ottantaseimila lire.
Il 31 marzo 1936, l'ing. Ferrari, invia al Podestà l'intero progetto comprensivo di capitolato di appalto, per procedere all'esecuzione dei lavori e per invitare, tramite licitazione privata, alcune ditte (sono tutte ditte di Piacenza) a presentare delle offerte per realizzare l'opera. Il 10 aprile, il Podestà approva il progetto e tutto il relativo incartamento (ASPC Fondo Archivio Storico Comune di Piacenza, pubblica sicurezza, busta 40).
Tuttavia, alla licitazione indetta per il 9 aprile, nessuna ditta invitata si aggiudica l'appalto in quanto non è «stato raggiunto da nessuno dei concorrenti il ribasso minimo del 6% fissato dalla scheda del Comune» (ASPC Fondo Archivio Storico Comune di Piacenza, pubblica sicurezza, busta 40). Questo è avvenuto in quanto, sentite le ragioni addotte dalle ditte che hanno presentato le offerte, ci sarebbero troppe incertezze e rischi durante la fase di esecuzione dell'opera, specialmente «in relazione alle incognite delle sottomurature del Palazzo Municipale» (ASPC Fondo Archivio Storico Comune di Piacenza, pubblica sicurezza, busta 40). Il Prefetto, interpellato dal Comune sul caso, invita a procedere con nuova licitazione, oppure, a trovare una nuova ditta che non ha partecipato alla precedente licitazione e che offra precise garanzie al ribasso previsto. L'ufficio tecnico comunale, opta per la seconda opzione e il 29 settembre del 1936, stipula un accordo in cui la ditta Mori Pietro, si obbliga ad eseguire i lavori con un ribasso del 6,55%. Mori Pietro, nella stessa obbligazione, nomina suo supplente, il Sig. Micheli Giovanni (della ditta F.lli Micheli che ha eseguito i lavori per la realizzazione del rifugio antiaereo del Palazzo del Governo) e come tecnico laureato il Sig. Ing. Dott. Giovanni Gazzola, padre dell'arch. Piero Gazzola, futuro Soprintendente ai Monumenti di Verona. Giovanni Gazzola, dirigendo il cantiere per conto dell'impresa aggiudicataria, sarà l'autore di tutte le opere in cemento armato che verranno realizzate nel rifugio (fig. 19). Il 6 ottobre dello stesso anno il Podestà approva ed i lavori cominciano. Prima celermente e poi con maggiore difficoltà (sino ad arrivare a 191 giorni di sospensione degli stessi lavori), a causa soprattutto della difficoltà nell'approvvigionare di ferro il cantiere, l'impresa chiede ed ottiene una proroga di 250 giorni. Il 13 ottobre del 1938 i lavori vengono murari

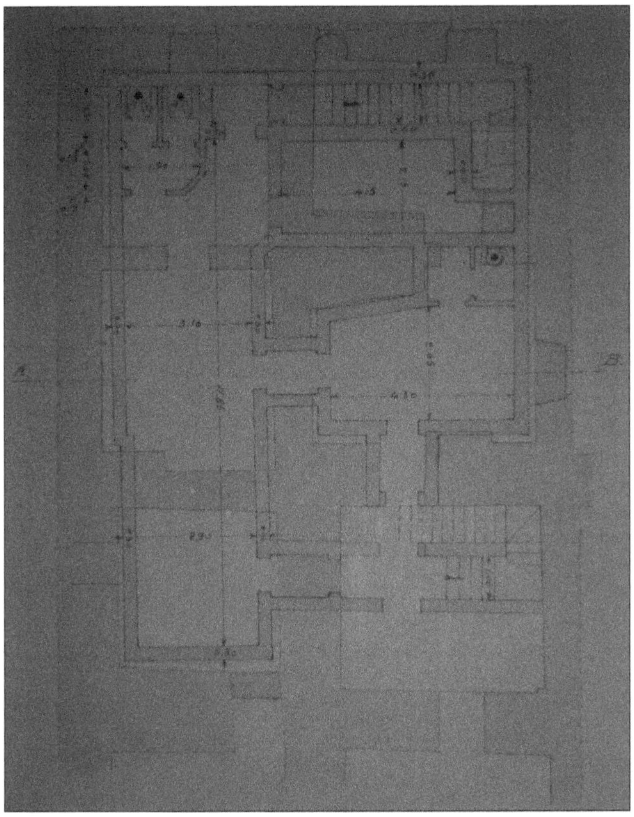

Fig. 13. Progetto del ricovero del Palazzo Comunale del 1935. Pianta per l'esecuzione dei lavori (scala 1:100) (ASPC Fondo Archivio Storico Comune di Piacenza, pubblica sicurezza, busta 40).

Fig. 14. Progetto del ricovero del Palazzo Comunale del 1935.
Sezione A-A (scala 1:100). In rosso la nuova struttura, in grigio le preesistenze (ASPC Fondo Archivio Storico Comune di Piacenza, pubblica sicurezza, busta 40).

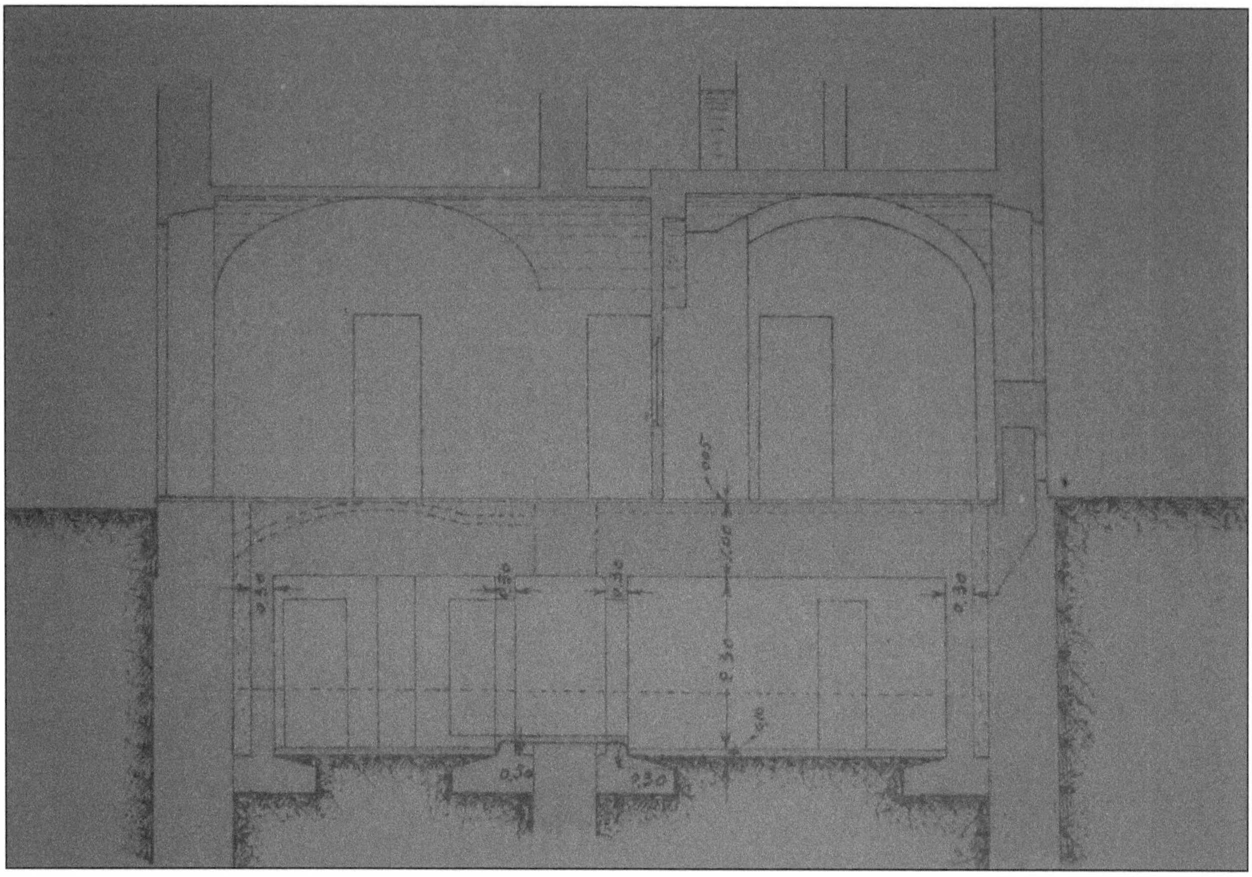

Fig. 15. Foto interrna del ricovero antiaereo del braccio sud del Palazzo Comunale. Scala che dall'interno, conduce direttamente all'esterno del ricovero (2012, proprietà dell'autore).

Fig. 16. Foto del braccio sud del Palazzo Comunale. La porta in legno dà accesso al ricovero. All'epoca era l'uscita che lo collegava direttamente all'esterno (2012, proprietà dell'autore).

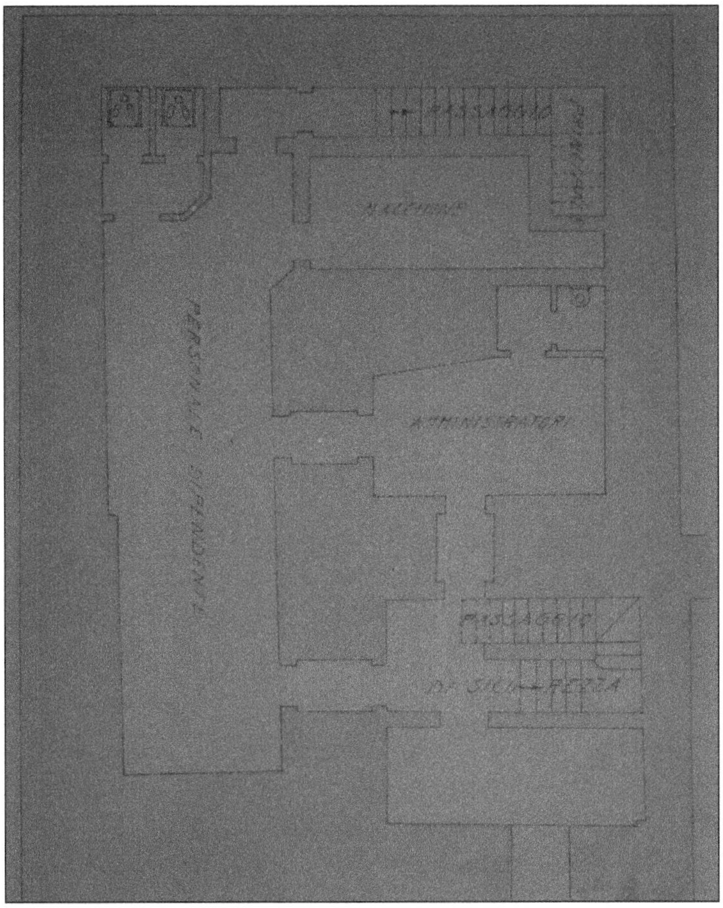

Fig. 17. Progetto del ricovero del Palazzo Comunale del 1935. Pianta a lavori ultimati (scala 1:100). In rosso la nuova struttura (ASPC Fondo Archivio Storico Comune di Piacenza, pubblica sicurezza, busta 40).

Fig. 18. Foto interrna del ricovero antiaereo del braccio sud del Palazzo Comunale. Vista attuale del locale destinato al personale dipendente del comune di Piacenza (2012, proprietà dell'autore).

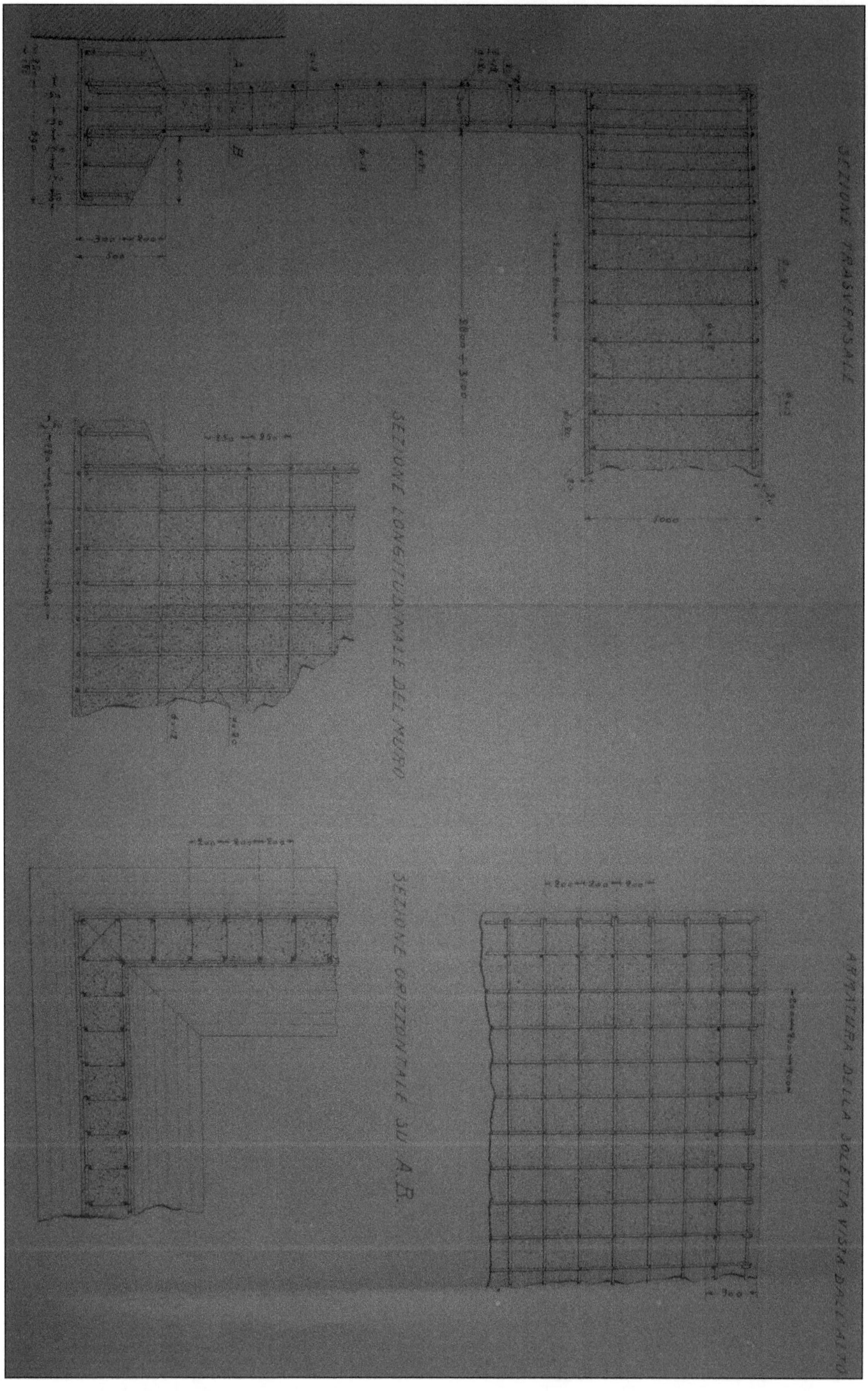

Fig. 19. Progetto del ricovero del Palazzo Comunale del 1935. Particolari dei lavori in cemento armato (scala 1:20). (ASPC Fondo Archivio Storico Comune di Piacenza, pubblica sicurezza, busta 40).

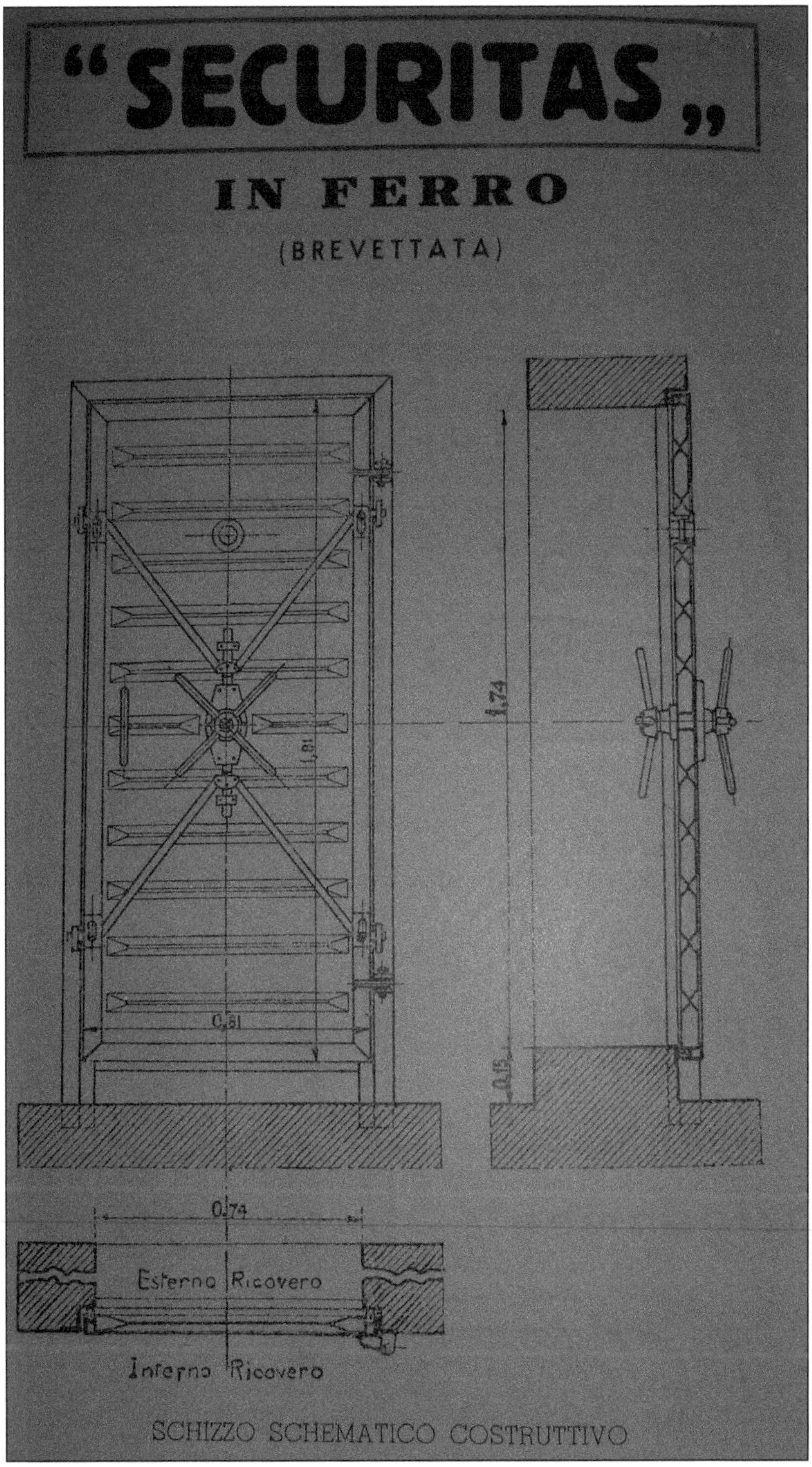

Fig. 20. Progetto-tipo di porta in ferro 'Securitas' prodotta dalla dittà S. A. Brevetti Sisti di Milano acquistata dal Comune di Piacenza per il proprio ricovero antiaereo. Vista frontale e sezioni orizzontale e verticale. (ASPC Fondo Archivio Storico Provincia di Piacenza, Faldone 10, titolo VII, Classe B, Sottoclasse 1).

vengono però definitivamente ultimati (ASPC Fondo Archivio Storico Comune di Piacenza, pubblica sicurezza, busta 40).
Fra marzo e maggio del 1939, l'ing. Ferrari dell'ufficio tecnico del Comune di Piacenza, richiede alcuni preventivi per la fornitura e l'installazione di due porte antisoffio e quattro porte antigas, da destinare al ricovero antiaereo comunale. Il 24 aprile dello stesso anno, «essendo ultimata la parte muraria relativa al ricovero antiaereo del palazzo comunale» (ASPC Fondo Archivio Storico Comune di Piacenza, pubblica sicurezza, busta 40), vengono valutati i precedenti preventivi, fra i quali, il migliore risulta essere quello presentato dalla ditta S. A. Brevetti Sisti di Milano. Il 19 settembre del 1939, il Podestà approva la spesa e le porte (fig. 20) vengono definitivamente acquistate il 24 ottobre dello stesso anno (ASPC Fondo Archivio Storico Comune di Piacenza, pubblica sicurezza, busta 40).
Nel corso dell'estate del 1939, vengono anche completati gli impianti di illuminazione, dell'acqua potabile e dei servizi igienici, realizzati dalla ditta Magnani Giuseppe di Piacenza (ASPC Fondo Archivio Storico Comune di Piacenza, pubblica sicurezza, busta 40).
Sul finire del 1939, invece, tocca all'impianto antigas ad essere progettato e realizzato. E' la società anonima Minimax di Genova che il 29 settembre si aggiudica l'appalto di fornitura al rifugio antiaereo del Comune (le altre ditte interpellate erano la S.I.C.A. di Torino e la Bergomi di Milano) e che nei primi mesi del 1940 provvederà alla sua messa in opera. Solo il 5 luglio 1943, a causa degli eventi bellici, l'ing. Luigi Nasalli Rocca rilascerà il certificato di collaudo del rifugio antiaereo comunale che comunque, di lì a poco subirà lavori di adattamento ed ampliamento per supplire all'emergenza dei sempre più frequenti bombardamenti (ASPC Fondo Archivio Storico Comune di Piacenza, pubblica sicurezza, busta 40).

7 - *Ringraziamenti*

È doveroso che io chiuda questo mio contributo con i ringraziamenti verso alcune persone, senza le quali, esso non avrebbe visto la luce. Maria Antonietta Breda e Gianluca Padovan, per la fiducia, la gentilezza, la competenza, la passione (che fa scalare le montagne della vita e della conoscenza, e inoltrare in architetture ipogee affascinanti e misteriose) ma soprattutto per la pazienza e la comprensione che hanno dimostrato in questi ultimi mesi. La Dott.sa Anna Riva, il Dott. Gian Paolo Bulla, e il Sig. Giovanni Bocaccia dell'Archivio di Stato di Piacenza, per il loro grande aiuto e per la loro pari disponibilità, unite alla passione che nutrono per il loro lavoro e per il territorio piacentino. La Dott.sa Marilena Razza, Vice Prefetto della Prefettura di Piacenza che, fra i numerosi incarichi di responsabilità che caratterizzano la sua professione, è riuscita a dedicarmi un po' del suo tempo per aprirmi letteralmente le porte di Palazzo Vigoleno e per accompagnarmi nella visita al rifugio antiereo della Prefettura. Per gli stessi motivi, ringrazio lo Staff del Sindaco di Piacenza che mi ha dato la possibilità di inoltrarmi nei sotterranei del Palazzo Gotico alla ricerca del rifugio antiaereo comunale. Infine, un ultimo grazie, lo rivolgo a Claudia, Filippo e Gianmarco, che condividono con me il viaggio della vita.

8 - *Bibliografia*

Gazzetta Ufficiale del Regno d'Italia, n. 102, 30 aprile 1918.
Gustavo Giovannoni, *Il diradamento edilizio nei vecchi centri*, in "Nuova Antologia", n. 997, Roma, 1913a.
Gustavo Giovannoni, *Vecchie città ed edilizia nuova*, in "Nuova Antologia", n. 995, Roma, 1913b.
Gustavo Giovannoni, *Vecchie città ed edilizia nuova*, Torino, 1931 (ristampa del 1995).
Ministero della Guerra, *Le difese contro gli aerei e contro i gas*, Roma, 1931.
Ministero della Guerra, *Notiziario n. 1*, Roma, 1934.
Ministero della Guerra, *Notiziario n. 2*, Roma, 1934.
Ministero della Guerra, *Notiziario n. 3*, Roma, 1935.
Ministero della Guerra, *Notiziario n. 4*, Roma, 1935
Ministero della Guerra, *Notiziario n. 5*, Roma, 1935.
Ministero della Guerra, *Notiziario n. 6*, Roma, 1935.
Ministero della Guerra, *Notiziario n. 7*, Roma, 1935.
Ministero della Guerra, *Notiziario n. 8*, Roma, 1935
Ministero della Guerra, *Notiziario n. 9*, Roma, 1935.
Ministero della Guerra, *Istruzione sulla protezione antiaerea*, fascicoli I-XII, Roma, 1938.
Tettamanti Franco, *1916, bombe austriache su Milano Terrore dal cielo a Porta Romana*, Corriere della sera, 27/09/2006.
Unione Nazionale Protezione Antiaerea, *Corso di urbanistica ed edilizia antiaerea per ingegneri e architetti*, novembre 1937, Roma, 1938.
Ventura Francesco, *Attualità e problemi dall'urbanistica giovannoniana*, in Gustavo Giovannoni, "Vecchie città ed edilizia nuova", Torino, 1931 (ristampa del 1995).7 - 7 -

9 - *Sitografia*

http://it.wikipedia.org/wiki/UNPA
http://www.lombardiabeniculturali.it/archivi/profili-istituzionali/MIDL000232/
http://www.friulinprin.beniculturali.it/italiano/quaderni/docs/sezione_1.pdf
http://digilander.libero.it/emcalvino/bombe/unpa.html
http://digilander.libero.it/frontedeserto/diari/cattaneo.htm
http://tpathfinder.blogspot.it/2011/06/piacenza-comando-u.html
http://tpathfinder.blogspot.it/2012/03/piacenza-archeologia-militare.html
http://tpathfinder.blogspot.it/2012/01/aeroporto-di-piacenza-san-damiano.html
http://www.fondazioneisec.it/rsi/

index.php?azione=4&tabella=luogo_riferimento&valore=piacenza&id_fondo=108&firstrec=90
http://tpathfinder.blogspot.it/2011/08/flak.html
http://www.esercito.difesa.it/Storia/UfficioStoricoSME/Storia/Archivi/Documents/fondoL2.pdf
http://collezionismovvf.interfree.it/Guerra.htm
http://tpathfinder.blogspot.it/2011/11/rifugi-antiaerei.html
http://europaconcorsi.com/projects/149213-Recupero-del-rifugio-antiaereo-sotto-piazza-Manin-in-Sacile
http://www.unucipiacenza.it/unucipc/?p=694
http://tpathfinder.blogspot.it/2011/07/piacenza-ex-polveriera-galleana.html
http://books.google.it/books/about/Difesa_del_territorio_e_protezione_antia.html?id=WlIsAAAAYAAJ&redir_esc=y
http://www.archivi.beniculturali.it/DGA-free/Saggi/Saggi_25.pdf

10 - *Cartelle consultate presso l'Archivio di Stato di Piacenza (ASPC)*

ASPC Fondo Archivio Storico Comune di Piacenza, serie leva, truppa e servizi militari, busta 16

ASPC Fondo Archivio Storico Comune di Piacenza, serie leva, truppa e servizi militari, busta 28

ASPC Fondo Archivio Storico Comune di Piacenza, serie leva, truppa e servizi militari, busta 31

ASPC Fondo Archivio Storico Comune di Piacenza, protezione antiaerea, busta 31

ASPC Fondo Archivio Storico Comune di Piacenza, protezione antiaerea, busta 32

ASPC Fondo Archivio Storico Comune di Piacenza, protezione antiaerea, busta 33

ASPC Fondo Archivio Storico Comune di Piacenza, protezione antiaerea, busta 36

ASPC Fondo Archivio Storico Comune di Piacenza, protezione antiaerea, busta 39

ASPC Fondo Archivio Storico Comune di Piacenza, protezione antiaerea, busta 54

ASPC Fondo Archivio Storico Comune di Piacenza, protezione antiaerea, busta 56

ASPC Fondo Archivio Storico Comune di Piacenza, pubblica sicurezza, busta 25

ASPC Fondo Archivio Storico Comune di Piacenza, pubblica sicurezza, busta 32

ASPC Fondo Archivio Storico Comune di Piacenza, pubblica sicurezza, busta 33

ASPC Fondo Archivio Storico Comune di Piacenza, pubblica sicurezza, busta 34

ASPC Fondo Archivio Storico Comune di Piacenza, pubblica sicurezza, busta 35

ASPC Fondo Archivio Storico Comune di Piacenza, pubblica sicurezza, busta 36

ASPC Fondo Archivio Storico Comune di Piacenza, pubblica sicurezza, busta 37

ASPC Fondo Archivio Storico Comune di Piacenza, pubblica sicurezza, busta 39

ASPC Fondo Archivio Storico Comune di Piacenza, pubblica sicurezza, busta 40

ASPC Fondo Archivio Storico Comune di Piacenza, pubblica sicurezza, busta 43

ASPC Fondo Archivio Storico Provincia di Piacenza, Faldone 3, titolo X, Classe A, Sottoclasse 3

ASPC Fondo Archivio Storico Provincia di Piacenza, Faldone 10, titolo VII, Classe B, Sottoclasse 1

ASPC Fondo Archivio Storico Provincia di Piacenza, Faldone 11, titolo VII, Classe B, Sottoclasse 1

ASPC Fondo Archivio Storico Provincia di Piacenza, Faldone 40, titolo VII

ASPC Fondo Archivio Storico Provincia di Piacenza, Faldone 21, titolo VII

ASPC Fondo Archivio Storico Provincia di Piacenza, Faldone 72-7, titolo VII, Classe M, Sottoclasse 1

IX

PIANI DI GUERRA E OPERE FORTIFICATE AL CONFINE EST: 1866 - 1939

Autore
Leonardo Malatesta Fondazione Museo Storico del Nastro Azzurro

Sommario

La relazione tratterà l'argomento dei piani di fortificazione e delle opere permanenti che furono costruite dall'Italia dalla 3ª guerra allo scoppio della 2ª guerra mondiale al confine est. Dopo una breve analisi del territorio di confine, si passa ad analizzare il ruolo che i forti italiani ebbero durante la 1ª guerra mondiale. Nel primo dopoguerra, con la ridefinizione dei confini, la zona del Friuli Venezia Giulia fu interessata dalla pianificazione bellica verso la Jugoslavia. Si tratterà dell'evoluzione della fortificazione permanente in quel periodo, gli studi teorici, per poi passare all'analisi di quello che fu costruito al 1939 e dei piani di guerra.

Abstract

WAR PLANS AND FORTIFICATIONS ON THE EASTERN BORDER: 1866 – 1939.
The report deals with fortification plans and the permanent works, that were built by Italy from the 3rd War of Independence to the outbreak of the 2nd Worl War. After a brief analysis of the border area, it explains the role of the Italian border fortifications during the 1st World War. In the 1st postwar period, with the redefinition of the frontiers, the area of Friuli Venezia Giulia was affected by the war planning towards Yugoslavia. The report also deals with the evolution of the permanent fortification at that time and theoretical studies, in order to explain what was built until 1939 anmd the war plans.

1 - *La politica difensiva italiana ed asburgica in Friuli dal 1866 al 1914*

Il 20 maggio 1882 a Vienna, venne stipulato fra Italia, Germania ed Austria – Ungheria la Triplice Alleanza, un trattato politico - militare antifrancese. Questo accordo, poteva apparire alquanto anomalo, dal momento che dopo l'acquisizione del Veneto nel 1866, per quanto concerne la questione delle terre redente, (Trentino e Venezia Giulia) rimaneva ancora aperta. A proposito, vi fu un compromesso, cioè un male minore rispetto ad altri ipotetici scenari. Da parte tedesca, l'accordo con gli altri due contraenti era conveniente. In caso di guerra con la Francia non poteva fare assegnamento sull'aiuto della Russia e dell'Impero Asburgico. Avendo alleata almeno l'Italia, lo scenario appariva meno delicato. Da parte austroungarica, c'era sempre il problema di Trento e Trieste e il pericolo di un'espansione russa nei Balcani. L'imperatore Francesco Giuseppe pensò di allearsi con l'Italia, dato che l'amicizia con il nostro Paese poteva smorzare le idee irredentiste presenti in Trentino e nella Venezia Giulia. Questo accordo, per la Duplice monarchia, poteva generare condizioni favorevoli per creare all'interno del Paese un fronte monarchico conservatore in grado di opporsi al propagarsi delle sempre più diffuse idee socialiste. Da parte italiana le motivazioni per la firma all'Alleanza furono molteplici, visto che l'occupazione francese della Tunisia il nostro Paese era isolato nel panorama politico internazionale. Inoltre, si doveva consolidare Casa Savoia in un momento in cui le idee socialiste e repubblicane mettevano in pericolo l'esistenza della dinastia. Un altro fattore determinante per la stipula del trattato fu la nota simpatia verso la Germania dell'allora ministro degli Esteri Francesco Crispi. L'accordo, composto da 8 articoli, era della durata di 5 anni, rinnovabile, ed aveva carattere difensivo. La Triplice Alleanza era un accordo difensivo: prevedeva la partecipazione del nostro Paese in un ipotetico conflitto solo nel caso che la Germania fosse stata attaccata dalla Francia. Non prevedeva obblighi verso l'Austria Ungheria. Oltre agli accordi politici, ne erano previsti anche militari di collaborazione, che vennero ratificati dopo il rinnovo dell'alleanza. Pur essendo alleati dell'Austria Ungheria, già all'interno della Commissione di difesa dello Stato si era studiato il teatro operativo di Nord – Est in caso di una guerra, pur affermando che l'ipotesi era alquanto improbabile. Oltre alla firma della Triplice Alleanza, all'interno dell'esercito italiano con il Regio Decreto n. 968 del 1882 venne istituita la carica di Capo di Stato Maggiore. Tale carica aveva la responsabilità suprema, alle dipendenze del ministro della Guerra di tutti gli studi bellici in preparazione ad un possibile conflitto, il Comando sull'intero Stato Maggiore, la supervisione sul reclutamento, attività e promozione e direzione degli studi alla Scuola di guerra. Con la nascita della figura del Capo di Stato Maggiore dell'Esercito si diede inizio non solo agli studi difensivi, ma anche offensivi in caso di guerra contro una potenza straniera. Il Capo di Stato Maggiore aveva poca libertà di manovra, dato che la sua azione era controllata dal ministro competente. La carica fu data ad un generale già noto nel mondo militare, dato che era stato uno dei componenti della Commissione per la difesa dello Stato ovvero il generale Enrico Cosenz. La sua nomina rappresentò una novità, dal momento che non proveniva dalla tradizione militare piemontese, ma era stato educato all'interno del Regno delle Due Sicilie. Garibaldino, partecipò alla spedizione dei Mille. Oltre alle sue doti strategiche e militari, notate durante le manovre del 1877 e apprezzate dal Re Vittorio Emanuele II e dal principe Umberto, Cosenz si era distinto per le sue doti intellettuali pubblicando studi storici sulla guerra del 1866 e sulla guerra franco prussiana del 1870.

Cosenz fu nominato Capo di Stato Maggiore il 3 agosto 1882 e rimase in carica fino al 1893. Uno degli studi innovativi, si può dire fondamentale per i successivi piani operativi, fu quello elaborato in collaborazione con l'allora tenente colonnello di Stato Maggiore Ettore Viganò, che divenne ministro della Guerra nel 1906. Passò alla storia come *Piano Cosenz*. Cosenz seguì personalmente ogni fase del piano operativo, intervenendo con osservazioni e miglioramenti, inoltre esortò Viganò ad effettuare il più possibile ricognizioni sul campo: solo grazie ad un'attenta conoscenza del territorio di frontiera si poteva sviluppare un buon piano operativo. Il suddetto piano prese il nome di *Studio circa la difensiva e l'offensiva a Nord – Est e* fu ultimato nell'aprile del 1885. Per la prima volta si prese in esame il teatro operativo di Nord – Est, sia per le azioni difensive che offensive verso l'Austria Ungheria.

Il documento era articolato in sette paragrafi, nei quali si analizzavano le condizioni generali dell'Italia di fronte all'impero asburgico, le condizioni iniziali dell'offensiva austriaca, il compito del corpo speciale, la radunata dell'esercito italiano, le condizioni iniziali del combattimento ed il passaggio da parte dell'esercito italiano all'offensiva, la ritirata da effettuarsi in caso di sconfitta sulla linea del Piave ed infine lo svolgimento di un'azione offensiva italiano verso Est (Ruffo 1997, p. 48). L'importanza era data dal fatto che questo studio spostò notevolmente più in avanti il luogo della radunata e mobilitazione, si passò, inoltre, dalla zona di Stradella alla pianura friulana, dato che la Triplice Alleanza non aveva previsto accordi militari tra le tre contraenti, questo studio pose le basi per l'accordo che giunse nel 1888. Il generale Cosenz, già durante i lavori della Commissione per la difesa dello Stato, aveva capito l'importanza della frontiera di Nord – Est. Per prima cosa studiò le condizioni iniziali della frontiera italo – austriaca. La radunata dell'esercito italiano, nel caso di un conflitto tra Italia e Austria Ungheria, oppure tra Italia ed un altro stato sempre contro l'impero asburgico, doveva avvenire nella pianura friulana. Il perno della difesa austriaca non sarebbe stato il Trentino, privo di opere fortificate, ma la zona di Tarvisio e Pontebba, dove già esistevano le fortificazioni di Malborghetto, Flitsch e del Predil. L'azione sul fronte montano, pur essendo secondaria, era importante per poter raggiungere Vienna. Il problema era rappresentato dal saliente trentino, fonte di pericolo per i fianchi dell'esercito italiano in avanzata. La sicurezza sarebbe stata assicurata dalle fortificazioni già costruite e quelle in fase di progettazione. Per ottimizzare le truppe e gli sforzi, gli obiettivi dell'esercito italiano consistevano nella conquista dell'Altopiano di Lavarone e della Conca di Dobbiaco. Quindi giungere all' occupazione della fortificazione di Fortezza, della conca di Bolzano e quindi l'accerchiamento del campo trincerato di Trento.

In caso di insuccesso italiano, le fortificazioni avrebbero dato sicurezza per contrastare la controffensiva nemica. Maggior attenzione si doveva dare al Cadore che rappresentava l'anello debole del settore montano.

Dopo il successo sul fronte Trentino, l'azione sarebbe passata sul fronte friulano con l'obiettivo di uno sfondamento per raggiungere Lubiana e Klagenfurt. Per ottenere ciò si dovevano espugnare le fortificazioni di Malborghetto, di Flitsch e del Predil. Tralasciando molti particolari tecnici del piano operativo di Cosenz, questo innovativo progetto mirava a sfondare sia sul fronte trentino che nella zona di Tarvisio e di Pontebba per poter giungere da una parte a Bolzano e dall'altra a Klagenfurt. Cosenz diede molta importanza alle fortificazioni permanenti ed al loro compito difensivo, nonchè alle fasi della mobilitazione e radunata. Il generale Milon, ministro della guerra, nell'ottobre 1880 convocò la Commissione per la Difesa dello Stato, con il compito di redigere un nuovo progetto delle fortificazioni. I lavori della Commissione iniziarono a partire dal 1880 e, al ritmo di due sessioni l'anno, terminarono nel maggio 1883. La Commissione prese in esame cinque teatri di guerra; vi erano due ipotesi di un possibile conflitto: contro l'Austria Ungheria e contro la Francia. Al termine dei lavori non fu stilato un programma definitivo per il rafforzamento dei confini. Nelle varie sessioni, infatti, si analizzarono solo singoli teatri operativi. Inoltre la Commissione non tenne conto che, nel frattempo, l'Italia aveva sottoscritto con gli Imperi Centrali la Triplice Alleanza. Dopo la conclusione dei lavori della Commissione, che aveva solo una funzione consultiva, il nuovo ministro della Guerra, il generale

Emilio Ferrero, presentò in Parlamento il secondo piano generale delle fortificazioni. Il piano, che era già stato analizzato dal Ministero della Guerra ed approvato nelle sue linee principali, prevedeva nuove fortificazioni nella zona alpina, sia alla frontiera Nord – Ovest sia a Nord – Est, la protezione del tratto peninsulare ed insulare con batterie costiere, infine la difesa dell'Appennino e di Bologna. Il programma così stilato prevedeva un esborso finanziario molto elevato, all'incirca un miliardo. Il piano originario dovette esser ridimensionato, prevedendo la costruzione solo delle opere permanenti necessarie e il completamento dei lavori già iniziati. Nel maggio del 1884, il Ministero della Guerra presentò il nuovo progetto corretto e riveduto. Rispetto al precedente erano state tolte tutte le fortificazioni dell'interno del paese, della Sardegna e della Sicilia. I maggiori sforzi erano rivolti verso la frontiera con la Francia. Al confine con l'alleata Austria Ungheria, i luoghi da fortificare erano quelli già disposti dalla Commissione. Dopo il piano di Cosenz nel 1889, venne varato un nuovo piano operativo che non apportò molte correzioni, rispetto al precedente, come la dislocazione per la radunata della 4ª Armata non più sulla destra del Po, ma sulla sinistra tra Rovigo, Legnago e Vicenza. In più, oltre il Tagliamento e il Piave, al posto del Corpo Speciale erano schierati tre Corpi della 1ª e 2ª Armata. Mentre si stavano realizzando i lavori per rafforzare la difesa del Sudtirolo, in seno allo Stato Maggiore imperiale, a partir dal 1875/76, si avviarono gli studi per piani operativi verso l'Italia. Oltre alla minaccia per la Duplice monarchia rappresentata dalla Russia, al secondo posto c'era il nostro Paese. L'appena nato Regno d'Italia, pur avendo conquistato il Lombardo – Veneto, mirava ad ottenere il Trentino e la Venezia Giulia, territori dove il sentimento italiano era molto forte grazie ai movimenti irredentisti. La paura da parte degli alti comandi austroungarici era che in caso di guerra contro la Russia, l'Italia avrebbe preso la palla al balzo per risolvere il problema di Trento e Trieste. Si doveva evitare quest'ipotesi. Il Capo di Stato Maggiore dell'esercito asburgico, Feldmaresciallo Anton Freiherr von Schönfeld ritenne fondamentale elaborare un piano di guerra contro l'Italia. Il generale austriaco addusse come possibile motivazione il fatto che una guerra per l'Austria Ungheria avrebbe portato alla fine della monarchia danubiana. Schönfeld, da militare, non aveva molto simpatia e stima per i politici. Secondo lui la diplomazia austriaca non sarebbe riuscita a tenere tranquilla l'Italia per molto tempo e quindi solo tramite una guerra il problema si sarebbe risolto. Una prima ipotesi di conflitto con l'Italia, molto generica, era stata elaborata dal predecessore di Schönfeld, il generale John. Questa prima elaborazione era di un'azione fiancheggiante contro l'esercito italiano operante nella pianura veneta. Il disegno operativo era molto generico e non prese in considerazione un'irruzione dal Trentino ma solo dal Cadore. Le forze dislocate in Tirolo erano poche per poter effettuare un'offensiva (Rosner 2003, p. 75). Il piano operativo voluto dal Capo di Stato Maggiore fu elaborato nel 1877. Questo piano di guerra, nelle linee essenziali, fu opera dell'Ufficio per la geografia regionale, che prevedeva la radunata dell'esercito austroungarico in territorio italiano, sull'Isonzo. Inoltre, l'avanzata doveva essere molto veloce per raggiungere e superare l'Adige. Secondo la tattica allora in voga, la battaglia decisiva in campo aperto si sarebbe svolta tra l'Adige ed il Po perché l'esercito italiano non poteva attestarsi lungo il Tagliamento, il Piave o il Brenta. Da queste posizioni c'era il pericolo di esser presi ai fianchi dalle valli provenienti dal confine. L'importante novità che questo piano apportava fu che per la prima volta la base di partenza per un'offensiva sarebbero state le Dolomiti ed il Trentino.

Il solco Feltre – Belluno, secondo lo studio, era fondamentale perché qui confluivano le provenienze dalla Valsugana da Dobbiaco – Brennero. Dalla zona di Feltre – Belluno raggiungere la pianura era più comodo, solo un'ora di cammino. Nel piano vennero anche studiate operazioni da effettuarsi dopo la vittoria nella battaglia finale, tendenti ad una riconquista del Lombardo – Veneto. Schönfeld bocciò queste ipotesi: l'obiettivo era sconfiggere l'esercito italiano e non quello di rioccupare gli ex territori asburgici. Le operazioni da svolgersi sulle Alpi erano di tipo offensivo, ma non principali, in quanto erano di mero supporto all'azione principale in pianura. Non era possibile assegnare un ruolo essenziale agli attacchi provenienti dalla zona montana, perché non si potevano impiegare molte forze a causa delle insufficienti vie di comunicazione. L'elemento sorpresa, importante per la buona riuscita di simili operazioni, non poteva esserci. Un altro elemento contrario allo sviluppo di azioni principali in territorio montano erano le fortificazioni che l'Italia stava progettando. Per tutte queste ragioni, da parte dello Stato Maggiore imperiale, questo piano non venne approvato perché ritenuto non attuabile. Nel 1880 ne fu elaborato un altro. Rispetto al precedente la radunata dell'esercito asburgico e lo schieramento dovevano essere sulla linea del Tagliamento, mentre nella zona montana forze esigue dalla zona di Trento, la principale piazzaforte del Sudtirolo, dovevano occupare le valli vicine all'area Feltre – Belluno. In questo nuovo piano, l'obiettivo era di scacciare il nostro esercito dalle Venezie, mentre la battaglia decisiva si sarebbe svolta in un luogo non definito. Il concetto operativo era di sconfiggere l'esercito italiano in guerra e di piegarlo anche dal punto di vista economico per fare in modo che il nostro Paese non potesse rappresentare una minaccia per la duplice monarchia. Non era prevista la fortificazione delle zone di confine perché l'azione spettava alle forze mobili. Nel 1881 ci fu un cambio al vertice dell'esercito asburgico: a causa di continui screzi tra Schönfeld e l'arciduca Alberto, venne rimosso dal suo incarico il Capo di Stato Maggiore e sostituito dal generale Friedrich Freiherr von Beck – Rzikowsky, che godeva della fiducia dell'Imperatore e dell'Arciduca. Dopo il 1882, le agitazioni irredentiste erano aumentate e questo fatto mise in allarme la gerarchia militare. L'arciduca Alberto nel 1886, sostenne che il problema Italia si sarebbe potuto risolvere con una guerra preventiva nel biennio 1878 - 79 (Rothenberg 2004, p. 227). Nel periodo in questione, nelle sue memorie il Feldmaresciallo Daniel Salis – Soglio, allora Ispettore dell'Arma del Genio, in merito ai lavori difensivi sostiene "Erano stati fatti con poco, e a poco sarebbero serviti in caso di emergenza" (Salis Soglio 1908, vol. 2°, pp. 126 – 127). Nel 1885, da parte austroungarica, venne sospeso qualsiasi studio operativo verso l'Italia. Ma l'attenzione verso il nostro Paese era costante: a riprova di ciò i lavori per il rafforzamento dei confini. L'Italia avrebbe avuto un ruolo se fosse rimasta neutrale, in caso di un attacco della duplice monarchia verso la Russia. La motivazione che addusse il Feldmaresciallo Beck, fu che l'Italia era alleata e quindi non avrebbe rappresentato un pericolo per la Duplice monarchia. Nella realtà dei fatti, lasciando da parte le motivazioni di facciata, Beck era consapevole che l'Italia rappresentava un pericolo per la monarchia asburgica, ma per evitare dissidi con l'Arciduca Alberto seguì i suoi consigli. A partire dal 1897, lo Stato Maggiore austriaco, guidato dal generale Anton von Schönfeld, cominciò a porre maggior attenzione verso il confine sud dell'impero. Iniziarono infatti i lavori per il rafforzamento della difesa dei confini, in particolare nel Trentino. Questa maggiore attenzione mise in allarme l'Alto Comando italiano, che proprio quell'anno diede l'inizio ad alcune ispezioni da parte di ufficiali di Stato Maggiore. Nel settembre dello stesso anno, l'allora maggiore Vittorio Zuppelli, che diverrà Ministro della guerra nei primi del '900 e durante la 1ª guerra mondiale e che svolse una dettagliata relazione a seguito di una sua ispezione al confine italo – austriaco. In questo modo, nel documento, l'ufficiale di Stato Maggiore parlò delle fortificazioni austriache: "Credo intanto opportuno segnalare alla S.V. il fatto a mio subordinato avviso, importante che i lavori fortificatori austriaci alla frontiera friulana non si limitano al solo progettato sbarramento della strada Cividale – Caporetto, come risulta dalle informazioni pervenute al Comando del Corpo di Stato Maggiore, ma oltre opere importanti sono altresì in costruzione sia presso la chiusa di Flitsch, sia fra i forti di Predil e quello di Raibl. La relazione prosegue quindi: "...da informazioni assolutamente concordi assunte sul posto mi risultò che il governo austriaco ha già espropriato la chiesa di S. Volario quale sorge sopra un poggio in continuazione della falda settentrionale del M.te Mia sarà demolita e nelle ventura primavera si darà principio alla costruzione di un forte su quell'altura" (Ruffo, 1997, p. 78). La costruzione dei forti carinziani si basò sulle idee strategiche e architettoniche dell'allora colonnello del Genio Julius von Vogl. Vogl, esponente della casta militare austroungarica, fu una figura di spicco degli ingegneri militari dell'800, assieme a von School, Salis – Soglio, Thunkler, solo per citarne alcuni. Prima di giungere in Tirolo, Vogl si era già distinto in Dalmazia dove aveva progettato e diretto i lavori delle opere costiere Ferdinando MaxFeste e del Forte George nell'isola di Lissa e a Olmütz. Oltre a progettare opere fortificate, il colonnello (membro del Comitato tecnico militare) aveva effettuato studi per lo sviluppo di nuove corazzature collaborando attivamente con la Skoda. Dato questo curriculum di tutto rispetto, Vogl era l'uomo giusto per progettare nuove opere fortificate al confine con l'Italia. Vogl per la prima volta si occupò delle fortificazioni del Trentino nel 1881, quale membro del Comitato tecnico militare di Innsbruck. Al termine di questo primo suo incarico, il colonnello stese una memoria su cui basò la sua opera di rafforzamento della difesa dei confini. In questo documento, Vogl partiva dall'analisi strategica, già ipotizzata da Schönfeld, di un attacco dell'Italia all'impero asburgico. L'Italia, sfondando le prime linee nemiche, poteva occupare la zona di Trento per chiedere una pace al nemico (oppure utilizzando la Val Pusteria) andare più in profondità nel Sudtirolo. Secondo Vogl, Bolzano era una zona che poteva essere un obiettivo italiano, perchè attraverso le vie di penetrazione della Valsugana e della zona di Cortina d'Ampezzo potevano giungere nella città dell'Alto Adige. Queste ipotesi dovevano essere evitate, in quanto rappresentavano un pericolo per l'intero impero. La soluzione a questo problema era di costruire fortificazioni che sbarrassero la via all'invasione nemica. Fino ad allora, il concetto principale nella costruzione delle fortificazioni era stato quello di scegliere zone ritenute strategicamente rilevanti, anche se lontane dalla zona di confine. Tali opere, secondo l'analisi di Vogl, avevano il vantaggio di essere collegate fra di loro, ma la difesa doveva esser fatta nelle zone immediatamente vicine al confine. Si doveva oltrepassare insomma questo concetto. Le opere che lui propose, dovevano essere erette nella zona di confine. Pur perdendo il vantaggio di essere in comunicazione fra di loro, avevano molti lati positivi, quali la difesa da un possibile aggiramento avversario. Anche in caso di occupazione nemica di un'opera, la perdita non avrebbe compromesso la difesa. Il concetto base dei nuovi forti stile Vogl fu che ogni singola opera era indipendente dall'altra, libertà d'azione a discrezione di ogni singolo comandante. Oltre a ciò, per ragioni economiche si pensò di ridurre al minimo la guarnigione di ogni singolo forte e che tutte le postazioni fossero in un unico blocco di casamatta, corazzato. Molto simile come concetto fu quello seguito nella costruzione a partire dagli inizi del '900 da parte italiana, ovvero erigere batterie d'artiglieria nella zona di confine in posizioni dominanti sulle vie d'invasione. A partire dai primi del '900, il territorio di confine con l'Austria Ungheria divenne un immenso cantiere per costruire una serie di fortificazioni in montagna. Con l'avvento del Feldmaresciallo Franz Conrad von Hötzendorf al Comando dell'esercito imperiale, nel novembre 1906, cambiarono i piani operativi. Il Sudtirolo, ed in particolar modo il Trentino, assunsero un ruolo importante per un attacco austroungarico verso l'Italia. Le idee operative erano già state elaborate dall'alto ufficiale, quando, a partire del 1903 era Comandante dell'8ª divisione di fanteria ad Innsbruck. L'esercito italiano, secondo l'opinione di Conrad, si sarebbe radunato nella pianura veneta e lì si sarebbe combattuto. Il problema era eliminare i pericoli provenienti dal saliente trentino. Secondo Conrad, due potevano essere le ipotesi da parte italiana per scongiurare il problema: la prima, ritenuta poco probabile, era di abbandonare le Venezie, così che si poteva erigere una lunga linea difensiva sulla frontiera delle Alpi; l'altra opzione era attaccare direttamente il Sudtirolo (Rosner, 2003, p. 78). Il concetto principale dei piani di guerra austroungarici era che lo schieramento del nostro esercito sarebbe stato nella pianura veneta e che solamente una piccola parte avrebbe attaccato il Sudtirolo. Nel 1905 Conrad elaborò un primo documento, incentrato sulla funzione operativa del Sudtirolo, intitolato *Studie üeber Südtirol*. Secondo Conrad nel 1908, dopo l'annessione all'impero asburgico della Bosnia, poteva essere il momento favorevole per agire militarmente contro la Serbia, dal momento che la Russia non si era ancora del tutto ripresa dalla sconfitta subita dal Giappone. Con la Russia temporaneamente fuori gioco, l'Austria – Ungheria avrebbe potuto concentrare la propria attenzione a Sud, dove le sue forze, interamente mobilitate, avrebbero potuto sopraffare la Serbia, il Montenegro e l'Italia assieme.

Risoltasi la crisi balcanica senza l'utilizzo della forza militare, a seguito di questi avvenimenti, ci fu la revisione dei piani bellici austriaci. La sezione operativa del Comando Supremo preparò le nuove versioni dei piani standard B, R, ed I (Balcani, Russia e Italia). allo scopo di assicurare all'esercito la massima flessibilità in tutti i possibili teatri. Conrad lo frazionò in tre scaglioni di mobilitazione. L'ordine di battaglia del scaglione A prevedeva l'impiego di nove (su sedici) corpi d'armata, il I (acquartierato a Cracovia), il II (Vienna), il III (Graz), il V (Bratislava), il VI (Kaschau), il X (Prezmysl), XI (Leopoli), il XII (Sibiu) ed il XIV (Innsbruck), per un totale di ventotto divisioni di fanteria e dieci di cavalleria (Wagner 1987, p. 137). Lo scaglione B contava 4 corpi d'armata: il IV (Budapest), il VII (Timisoara), l'VIII (Praga) ed il IX (Litomerie) per un totale di dodici divisioni di fanteria ed una di cavalleria. Infine, la Minimalgruppe Balkan comprendeva i restanti tre corpi, il XIII (Zagabria), il XV (Sarajevo) ed il XVI (Ragusa), per un totale di otto divisioni di fanteria. Secondo quanto fu stabilito da Conrad, lo scaglione A sarebbe stato la principale forza d'urto da contrapporre all'Italia e alla Russia, mentre la Minimalgruppe avrebbe assunto un atteggiamento difensivo in caso di attacco da parte della Serbia e del Montenegro, ritenuto probabile qualora l'Austria si fosse impegnata in una guerra contro l'Italia o la Russia. Lo scaglione B, una sorta di "riserva strategica", avrebbe rinforzato lo scaglione A in caso di intervento contro l'Italia o la Russia, oppure la Minimalgruppe Balkan contro la Serbi (Wagner 1987, p. 137).

Con l'avvento di Conrad, il fronte principale divenne quello Trentino, relegando quello Carinziano, come gli altri, ad essere trascurati, facendo delle proposte ma non realizzando nessuna nuova opera. Nel gennaio del 1907, venne convocata una Commissione che ebbe il compito di studiare la nuova sistemazione difensiva delle coste dell'impero Asburgico. I punti più importanti della zona costiera che vennero segnalati dalla Commissione furono le Bocche di Cattaro, Lussino, come base per le operazioni avversarie contro Pola. Fiume e Lissa erano il punto centrale nel gruppo delle isole dalmate perché, secondo gli alti comandi militari, il pericolo che si doveva scongiurare era quello dell'interruzione dei collegamenti verso la Dalmazia del sud. Sebenico rappresentava il porto militare che fungeva da riparo e da base centrale della flotta imperiale. Nella zona dell'Isonzo fu prevista la costruzione di alcune opere a Tolmino, Grätz e Monfalcone e il completamento delle difese di Malborghetto e Predil. Tutte queste opere non vennero mai realizzate per mancanza di finanziamenti. La città di Trieste doveva restare aperta, data l'impossibilità di fortificare tutti i punti di sbarco, vennero rafforzate Pola e messe in stato di difesa Sebenico e Trieste. Non venne, invece, preso in considerazione il rafforzamento di Cattaro perché troppo costoso. Le nuove opere da eseguire vennero riunite in alcuni gruppi: il gruppo A comprendeva i lavori in fase di esecuzione che avrebbero dovuto proseguire nel 1907 con lo stanziamento di 2.500.000 di corone, divise in 900.000 per Cattaro e Pola e per Lussina con 500.000; il gruppo B, considerato molto urgente necessitava di una somma pari a 18.700.000 di corone per gli anni 1908 – 1911. Esso comprendeva le zone di Riva, Trento e Lussino (Wagner 1987, p. 411). Dopo la realizzazione di questo gruppo di opere si sarebbe passati al gruppo C, con una spesa di 10.700.00 corone, suddivisa in questo modo: 4.300.000 per Sebenico 2.700.000 per Pola e per la modernizzazione dei forti di Lardaro e Gomagoi 1.200.000 e 1.000.000 per Trento; ultimo gruppo era il D che prevedeva Trieste con 800.000 corone e la conclusione dei forti di cintura di Cracovia e Przemysl con 700.000 corone. La somma totale per la realizzazione di questo progetto ammontava a 33.470.00, 44.000.00 dei quali per l'armamento. Le difese di Ragusa non vennero approntate, mentre vennero mantenuti il forte imperiale gli sbarramenti di Flitsch, Cave del Predil e forte Hermann. L'Ispettore Generale del Genio, Feldmaresciallo Ernest von Leithner prima della crisi in Bosnia – Erzegovina di quegli anni aveva visitato i luoghi e redatto un memoriale dove individuava le zone che necessitavano di fortificazioni. Questo teatro operativo era considerato di secondo piano, anche se necessitava di vie di collegamento ed impianti idrici visto che quelle zone erano prive di qualsiasi risorsa idrica; Leithner considerava importante il rafforzamento della fortezza di Sarajevo e Kalinovick come punto di deposito. Il ministro della guerra Franz von Schönaich, in carica dal 1906, dopo aver ultimato le ricognizioni sul campo, ebbe un'idea precisa dei provvedimenti da prendere in merito alle fortificazioni. Date le già note difficoltà finanziare dello Stato, il costo più elevato era per Sebenico, con 50.000.00 per le costruzioni e 20.000.00 per l'armamento, seguiva il Tirolo, con 25.490.00 corone, la Galizia, con 20.000.00, la

Bosnia – Erzegovina, con 18.600.00, Pola, con 6.600.00, Cattaro, con 2.800.000, e la Carinzia, con 70.000 corone. In totale per la prima ipotesi la spesa era di 124.290.000 per le fortificazioni e 113.100.00 per l'armamento mentre per la seconda soluzione i costi erano pari a 152.900.000 corone (Wagner, 1987, p. 412). Dopo queste proposte, nessun'altra decisione fu presa per la zona carinziana.

Con l'avvento allo Stato Maggiore, in sostituzione di Tancredi Saletta, del giovane generale Alberto Pollio si apportarono correzioni al piano di radunata e mobilitazione. Dopo solo pochi mesi dall'assunzione del nuovo incarico nel luglio 1909 diminuirono i tempi per la radunata, scendendo da 25 a 23 giorni. Era aumentata la velocità dei trasporti ferroviari: si era passati da 50 a 79 treni al giorno (Mazzetti 1980, p. 37). La principale novità, era la dislocazione della 4ª armata, che si posizionava lungo il lato orientale del saliente trentino: quando la situazione lo permetteva si poteva tagliare il cuneo tirolese dividendo le forze austroungariche lì dislocate. Oltre a ciò, venne potenziata la difesa della Val Giudicarie e dell'Altipiano dei Sette Comuni con la 1ª armata, mentre la 4ª era schierata dalla Valsugana al corso del Piave. Per la difesa interna della Sicilia, le forze passarono da una divisione ad un corpo d'armata, mentre rimase invariata la forza per la difesa di Roma. Cambiò anche il concetto strategico di Pollio. Fino ad allora si pensava di attendere le forze austroungariche sul Piave per frenare l'avanzata nemica, ma ora grazie alle nuove fortificazioni in corso di costruzione nel Medio e Basso Tagliamento, si poteva effettuare una difesa basata inizialmente sull'occupazione avanzata senza escludere la possibilità di effettuare colpi di mano in territorio nemico. Dalla Commissione d'inchiesta sull'esercito del 1908, l'attenzione verso le fortificazioni era aumentata, data la loro importante funzione nei piani operativi. Nel settembre del 1908, il colonnello di Stato Maggiore, Vittorio Zupelli, effettuò una ricognizione lungo la frontiera orientale per constatare lo stato dei lavori di fortificazione. L'impressione generale che aveva avuto il colonnello era "molto confortante, perché finalmente si vede lungo tutta la frontiera, un'attività veramente notevole e tale che si può ripromettersi con fiducia un primo assetto difensivo già abbastanza soddisfacente entro due o tre anni al più qualora si perseveri. Con tuttociò però lo scrivente ritiene opportuno fare presenti alcuni appunti ed alcune osservazioni cui la visita ha dato luogo, come pure alcune idee espresse dagli ufficiali che hanno la direzione delle varie costruzioni, idee che acquistano certamente un valore apprezzabile perché frutto di conoscenza perfetta delle varie zone per parte di ufficiali veramente distinti per intelligenza, competenza tecnica ed onore alle questioni che hanno attinenza colla difesa nazionale"[1]. In merito alle opere in costruzione nel territorio friulano nel 1908, il colonnello Zupelli, analizzava i difetti presenti nell'erezione dei forti di Chiusaforte e monte Ercole. Il primo "ha una postazione molto infelice, postazione con un campo di tiro diretto limitatissimo o tutt'al più adatto per una piccola batteria di cannoni a tiro rapido che funzioni da sbarramento della rotabile: l'entità dell'opera è pertanto assolutamente sproporzionata allo scopo che con essa si può raggiungere e che anzi sarebbe forse meglio raggiunto con un armamento più leggero a tiro rapido. Oltre a ciò l'opera non è veramente protetta che nella batteria e nelle riservette mentre i ricoveri pel presidio sono facilmente vulnerabili dalle alture della riva opposta del Fella alle quali si può dal nemico facilmente accedere dalla sella di Nevea e dal Sart".[2] Per quanto riguardava il forte di monte Ercole, le osservazioni dell'ufficiale riguardavano la posizione, era più arretrata rispetto a Chiusaforte, aveva un discreto campo di tiro, ma aveva delle cupole Armstrong molto visibili e di spessore insufficiente per una batteria bassa come quella, dato che queste cupole erano l'installazione Armstrong Montagna che si differenziava dalle altre cupole dell'industria inglese per il suo spessore e per la forma; tale installazione fu utilizzata per il forte Chaberton al confine con la Francia. Oltre ai problemi inerenti la collocazione e l'armamento dei forti, durante i lavori c'era poca collaborazione fra i vari enti militari. A Chiusaforte i lavori dovevano essere sospesi perché non era ancora disponibile la torretta a scomparsa per mitragliatrice. Un altro inconveniente era quello del cambio del personale che sovrintendeva ai lavori, nella sottodirezione del genio di Udine, dove "sono in costruzione molte opere importanti, ed altre in progetto importantissime"[3]. Venne destinato il colonnello Fiorasi che dopo due anni doveva lasciare il servizio attivo. Oltre alla sottodirezione di Udine, per la sistemazione del Friuli si era creata un'altra autorità direttiva per le costruzioni fortificate, comandata dal tenente colonnello Bignami. Quest'unità militare era una brigata mista formata da più compagnie di vari reggimenti del Genio destinate ai lavori di difesa in Friuli. Secondo il colonnello Zupelli, questa strana catena di comando nella zona friulana "è una rete inestricabile di dipendenze ed una fantasmagoria di personale che non può certamente riuscire favorevole al buon andamento dei lavori"[4]. Gli errori sopracitati, secondo le visite effettuate dal colonnello Zupelli, derivavano dal metodo seguito nella scelta delle posizioni da rafforzare e nello stabilire l'armamento e la protezione. Le opere di Chiusaforte e Monte Ercole, che erano ancora in fase di armamento, già evidenziavano difetti: lo spessore delle cupole corazzate previste per le due opere italiane erano insufficienti per poter resistere alle batterie campali austriache da 150 mm. In questo settore della frontiera si erano compiuti errori, data la vulnerabilità di Monte Ercole, che fu declassato come opera di 2ª classe, oltre a Chiusaforte venne progettata un'opera a Monte San Simeone che poi sarà costruita sul vicino Monte Festa. A completare lo sbarramento della linea Pontebbana c'erano le batterie in costruzione nel vecchio forte ottocentesco di Osoppo. Per quest'analisi, si può notare come quel tratto di frontiera era ben difeso, ma il colonnello notava che "sembra vi sia persino eccesso di difesa e ciò non sarebbe male se almeno le opere potessero cooperare l'una alla resistenza dell'altra, ma ciò non potrà accadere per ora fra quelle esistenti, meno che fra m. Ercole ed Osoppo"[5]. Il complesso difensivo friulano verso sud, necessitava della batteria in costruzione a Ragogna e di altre opere per la difesa della frontiera aperta. In questo clima d'allarme si può ben capire perché uno dei primi provvedimenti del ministro Casana fu quello di ristrutturare la Commissione Suprema Mista per la Difesa dello Stato, in cui entrarono a far parte sia i ministri militari, sia il Presidente del Consiglio. Nella prima seduta di tale organo ministeriale, avvenuta il 6 maggio 1908, il Presidente del Consiglio, Giovanni Giolitti "assunse per desiderio di S.M. il Re la presidenza della Commissione che ha per scopo di esaminare le condizioni attuali della difesa nazionale e di stabilire i bisogni in relazione alle attuali condizioni politiche"[6]. Il Capo di Stato Maggiore, Tancredi Saletta[7], poneva all'ordine del giorno 3 questioni relative al fabbisogno di per porre l'esercito in condizioni di piena efficienza:

1° Spesa straordinaria escluse le fortificazioni e loro armamento;
2° Spesa straordinaria per fortificazioni e loro armamento;
3° Aumenti necessari e conseguenti al bilancio ordinario.
Per quanto concerne il primo punto Tancredi Saletta, sostenne che, per l'ammodernamento dell'artiglieria, "si avrebbe un fabbisogno urgente pari a lire 225.000.000 circa da cui deducendo le somme già assegnate fino al 1910 e cioè 74 milioni rimarrebbero circa 181 milioni cui converrebbe provvedere con nuove assegnazioni. Le spese poi aventi carattere di minor urgenza, ammontano a 99 milioni".[8]

Per quanto riguardava l'armamento delle fortificazioni terrestri e marittime, per le opere di maggior urgenza la spesa si aggirava attorno ai 200 milioni così ripartiti:
Frontiera orientale 124 milioni;
Piazze marittime 54 milioni;
Frontiera occidentale 17 milioni;
Piazza di Roma 5 milioni.

Per le spese di minor urgenza si previde una spesa di 175 milioni. In totale si ipotizzava una spesa di 375 milioni per la difesa dello Stato in aggiunta ai fondi già assegnati ai vari capitoli relativi a fortificazioni e loro armamento.
Come si è potuto vedere dalla divisione delle spese per ciascun settore, la frontiera orientale, vale a dire quella con l'Austria, assunse un peso strategico molto importante visto che i piani di mobilitazione prevedevano un attacco austriaco in Friuli. Nella 3ª seduta, tenutasi l'11 maggio 1908, vennero analizzati e approvati i provvedimenti per il rafforzamento dell'intera frontiera orientale. In particolare, la Commissione analizzò la difesa delle valli dell'Alto Tagliamento e del Fella. inoltre, come già ricordato dalla relazione di Zupelli, l'opera di Chiusaforte, vista la sua infelice posizione, era facilmente vulnerabile. Quindi la difesa delle due valli doveva attestarsi alla stretta di Ospedaletto, nelle vicinanze di Gemona, mentre le progettate opere nella zona del Timau non dovevano essere costruite a causa della scarsa efficacia in caso di attacco austriaco. Il generale Majnoni, membro della Commissione, sosteneva, come era già stato ribadito al generale Pedotti, che era opportuno "formare due ridotti uno nel Cadore e uno nel Tagliamento con le opere di S. Simeone, m. Comielli, S. Agnese, Osoppo e Chiusaforte. Sarebbero due piccoli campi trincerati dai quali buon nerbo di truppe avrebbe azione e potrebbe procedere ad atti offensivi, non esclusi fra questi eventuali tentativi di interruzione della ferrovia di valle Drava. Non ritiene invece opportuno stabilire piccoli forti che attrarrebbero l'attenzione del nemico e non avrebbero che il solo scopo di appoggiare questi tentativi di interruzioni ferroviarie"[9]. L'opinione del presidente del Consiglio era che lo sbarramento di Ospedaletto era urgente, mentre le altre opere potevano essere costruite dopo. Oltre a ciò, l'opera di S. Simeone era considerata urgente rispetto ad altre. La discussione continuò con l'esame del Medio e Basso Friuli. Questo era un settore di importanza notevole dato che l'Austria, grazie alla rete ferroviaria molto efficiente, poteva raggruppare un notevole numero di truppe per un eventuale attacco all'Italia. I piani italiani prevedevano la radunata dell'esercito sul fiume Piave, quindi le opere del Friuli dovevano sbarrare le vie di penetrazione al nemico per il periodo necessario per la radunata e la mobilitazione. Dopo alcune vivaci discussioni fra i vari membri della Commissione venne deciso che le opere di Ragogna e di Pinzano erano utili ma non di primaria importanza. Le difese di Latisana e Codroipo dovevano essere opere occasionali e che il Basso Friuli non doveva esser munito di fortificazioni.[10] Nel dichiarare concluse le sedute della Commissione, il Presidente del Consiglio Giolitti espresse l'augurio che queste fossero più frequenti "in modo di dare occasione al Governo di rendersi chiaramente ed in ogni momento ragione delle necessità dell'amministrazione delle guerra e della marina in rapporto alla difesa dello stato ed alla politica generale del paese". [11] Il 5 luglio 1908 venne pubblicata una legge che concedeva all'esercito uno stanziamento straordinario di 223 milioni. Tale somma, ripartita in dieci esercizi finanziari, rinviava il completamento del piano. L'amministrazione militare ebbe i mezzi per dare pratica attuazione al programma studiato pazientemente per anni da Tancredi Saletta. Non riuscì, tuttavia, a sovraintendere alla realizzazione del suo progetto poiché aveva dovuto lasciare l'incarico per raggiunti limiti di età. Dopo le dimissione del ministro Severino Casana, il 4 aprile 1909 fu nominato Ministro della Guerra il generale Paolo Spingardi, già Capo - sezione del Ministero della Guerra nel secondo Governo Crispi.

Il 1° luglio 1908 assunse la carica di Capo di Stato Maggiore il generale Alberto Pollio. Nei primi giorni di permanenza al dicastero della guerra Spingardi ebbe colloqui con le più alte personalità del mondo politico e militare, tra le quali il generale Pollio che conosceva da lungo tempo. Ciò rendeva indubbiamente più facili e fecondi i rapporti di lavoro. Le disposizioni legislative in materia militare facevano del Capo di Stato Maggiore il principale collaboratore del Ministro della Guerra per la preparazione del conflitto (truppe, servizi, assetto difensivo del territorio) (Saccoman, 1995, p. 29). Nella preparazione del programma, Spingardi utilizzò, come interlocutori, il Capo di Stato Maggiore e la Commissione d'Inchiesta per conoscere con esattezza i settori nei quali era necessario intervenire. Il primo punto del programma di Spingardi, presentato alla Camera il 4 maggio 1909 e divenuto legge il 30 giugno 1909 (n. 404), fu l'assetto difensivo della frontiera. Si lasciò sguarnito di opere il settore friulano perché, secondo i piani operativi elaborati dello Stato Maggiore, il progetto, infatti, presentava notevoli differenze con i precedenti. Dopo varie discussioni parlamentari, nel dicembre del 1909 si approvò di sistemare a difesa la linea del Tagliamento, una forte tenaglia protetta dalla testa di ponte di Latisana e Codroipo che avrebbe consentito una pronta controffensiva (Mazzetti 1980, p. 38).

Proprio in quel mese, venne steso dall'Ufficio del Comandante designato della 3ª Armata, alla cui guida c'era il generale Carlo Porro, un documento che riassumeva tutte le decisioni che erano state prese fra il Tagliamento ed il confine[12]. Fin dal 1880, il Comitato di Stato Maggiore prese la decisione di sbarrare le vie delle alte valli del Tagliamento e del Fella. Tre anni dopo, fu nominata una Commissione con l'incarico di studiare il tema. Si propose di sbarrare separatamente ciascuna delle due valli, concentrando le opere permanenti alla confluenza del Fella – Tagliamento, costituendo una sorta di campo chiuso. Le fortificazioni dovevano rappresentare un perno di difesa che doveva far fronte da ogni punto, per impedire sia la discesa quanto la salita verso quelle posizioni. Non solo compiti difensivi, ma anche una minaccia al fianco di un esercito straniero che dalla frontiera aperta del Friuli avesse avuto come obiettivo la pianura veneta. Queste opere potevano essere un completamento della sistemazione difensiva perché potesse esserci una linea continua con il ridotto cadorino, attraverso il Passo della Mauria. In questo modo, l'esercito italiano non avrebbe avuto preoccupazioni sul fianco ed alle spalle verso il Basso Isonzo. Inoltre, in caso di offensiva, per la linea pontebbana ci potevano essere condizioni favorevoli[13]. Il concetto si poteva mettere in pratica, attraverso la costruzione di 3 forti: a Chiusaforte, nel fronte a nord, ad Ospedaletto fronte a sud, uno a Mena, fronti ovest, nord ed est. Inoltre si proposte di trasformare la vecchia fortificazione di Osoppo in modo che potesse avere azione, sia da nord che da sud. Nel 1880 la Commissione per la Valle del Natisone prese in esame le posizioni di Stupizza e di Ponte San Quirico, ma poi si decise di drinunciare all'idea perché la prima zona era troppo avanzata mentre la seconda avrebbe richiesto, a causa della grande vastità del terreno, molte fortificazioni. La zona dove urgeva la costruzione di alcune opere era la frontiera aperta del Friuli, la zona pianeggiante fra il Natisone ed il mare. Una memoria redatta nel marzo 1880, propose una linea di forti, appoggiata a sinistra dalle alture di Buttrio e Manzano e dall'altra parte dalle lagune che si estendevano a mezzogiorno di San Giorgio.[14] Il Comitato di Stato Maggiore riconobbe i vantaggi della linea fortificata (difesa del Basso Isonzo, coprire la mobilitazione anche delle estreme province orientali, far sì che lo stanziamento delle forze italiane fosse fatto nel miglior modo possibile e aiutare una ipotetica offensiva verso l'Austria) ma non ci fu l'assenso per la costruzione di questi forti. Nel dicembre 1882 si ritornò a parlare dell'argomento. Venne presa la decisione di non chiudere con fortificazioni la frontiera del Basso Friuli. Durante il viaggio di Stato Maggiore del 1899 nella zona orientale da monte Peralba al mare, si prese in esame nuovamente la difesa dei confini. Dopo aver effettuato varie ispezioni e considerazioni, a conclusione del Viaggio, fu proposto:

a) Strade del Fella e del Tagliamento:
un forte e una tagliata presso Chiusaforte;
una batteria a Falz presso Timau, in val But;
una batteria a Granvilla di Sappada.
b) Rotabile della Mauria:
un appostamento per pezzi da campagna a Tredolo, presso Forni di Sotto.
c) Stretta di Ospedaletto (a protezione del rovescio delle opere precedenti, sinché non sarà fortificata la frontiera del basso Friuli):
due torri corazzate sul M.te Comielli;
un'opera secondaria alla vicina sella di S. Agnese.
d) Rotabile del Natisone:
un forte corazzato ed una tagliata a Linder.
e) Nella pianura friulana:
6 opere principali e 4 secondarie sopra una linea arretrata fra Cividale e Mozzana sul Turgnano Palmanova; ovvero sopra una linea avanzata fra Cividale e Palmanova".[15]

La Commissione Suprema per la Difesa dello Stato, riunitasi nel dicembre 1900, deliberò che le autorità tecniche provvedessero alla difesa del Basso Friuli. Lavori di limitata importanza nelle Valli del Natisone, la costruzione delle opere a Chiusaforte e a Ospedaletto di Gemona e opere accessorie lungo le Valli del But e del Degano. Venne creata, una Commissione tecnica guidata dal generale Lamberti. Nel corso del 1901, venne svolto il lavoro che portò alle stesse conclusioni del Viaggio di Stato Maggiore del 1899. Non era di quest'avviso il generale Del Mayno, comandante il 5° Corpo d'Armata, il quale suggerì la sostituzione di tale linea con opere disposte a scacchiera. Nessuna novità ci fu, nel 1904, a seguito del Viaggio di Stato Maggiore. Interessanti informazioni giunsero l'anno successivo: nella posizione di Tredolo, si era allo stato progettuale, parimenti a Granvilla di Sappada. Era solo segnalata l'opera di Timau, senza ulteriori informazioni, mentre era già in corso d'opera quella di Chiusaforte e di Monte Ercole. La batteria di Monte Comielli era in corso di studio nel 1906. Per l'ammodernamento del forte di Osoppo si era allo studio del progetto e lo stesso vale per

le fortificazioni di Monte Ragogna e Pinzano sempre nel 1906. Nel Basso Friuli, per lo sbarramento della strada del Pulfero, gli studi nel 1906 non erano ancora iniziati. Si era ordinato quello per l'inondazione di una zona di terreno sulla sinistra del Tagliamento da Codroipo al mare[16].
L'anno successivo il Comando del Corpo di Stato Maggiore incaricò agli Ispettori generali d'artiglieria e Genio di riprendere in mano il problema. Essi sostennero che non potevano esserci solo opere permanenti ma che dovevano avere l'appoggio di truppe mobili. Decisioni più significative vennero prese nel 1908 dalla Commissione Suprema. Nessun sbarramento nel Basso Friuli e nella Val Natisone, opere occasionali per la difesa dei ponti di Codroipo e di Latisana. Era prevista la costruzione di un ridotto controffensivo sul Medio Tagliamento con le opere di Monte San Simeone, Monte Ercole, San Agnese, Monte Chiamparis, Ragogna e Pinzano. Non erano necessarie le difese di Timau e di Sappada, sì invece per l'appostamento di Tredolo. Con un documento del 14 dicembre, lo Stato Maggiore spiegò al Comando del 6° Corpo d'Armata le funzioni che le opere del Medio Tagliamento dovevano espletare. Il ridotto Carnico prevedeva lo sbarramento dell'alto corso del fiume e del Fella, con le opere del gruppo di Monte Comielli, meno la batteria di quota 496, e di San Simeone e di Osoppo. Fungevano da elemento di separazione delle forze avversarie provenienti dalle due valli verso il Basso Friuli, le fortificazioni sopra menzionate ed anche quelle di Monte Ragogna e Chiamparis. Le opere di Osoppo e Ragogna, dovevano controllare il progettato ponte ferroviario di Cornino. Inoltre ci doveva essere una doppia testa di ponte controllata dalle posizioni di Ragogna nord e sud, ponte Pinzano, Col Colal e Castello di Pinzano. "L'insieme di tutte le predette difese dà alla Regione il carattere di ridotto: risultato che meglio si otterrà sostituendo alla progettata opera di M.Chiamparis un'opera permanente a Buia. Allora si avranno in Ragogna, Buia, Comielli e Simeone i capisaldi perimetrali ed in Osoppo il nucleo o ridotto centrale.

Buia, lasciata indifesa, sarebbe assai pericolosa per l'attacco del forte di Osoppo; inoltre, fortificata, completa bene la testa di ponte di Cornino. Buia e m.Ragogna poi, armate con canoni da 149 A.L., della gittata di 12 Km., mettono tutto l'anfiteatro morenico di S.Daniele sotto la propria azione di fuoco, facendone quasi un campo di battaglia preparato[17]. Per poter realizzare questo progetto, lo Stato Maggiore ordinò di studiare al Comando di Corpo del 6°, le posizioni di Monte Ragogna nord, dove doveva esserci un'opera permanente con 4 cannoni in cupola da 149 mm e quella di Buia, armata con 4 o 5 cannoni da 149 mm. Si doveva progettare una strada d'arroccamento tra la batteria di San Pietro di Ragogna e la batteria di Monte Ragogna nord. Si erano identificate nelle posizioni di Susan, Artegna e Montenars, località dove si potevano posizionare artiglierie campali o di medio calibro per controllare gli intervalli fra Monte Ragogna e Buia e fra quest'ultima e Monte Comielli. Il 4 giugno del 1909 lo Stato Maggiore ritornò sulla questione della frontiera aperta del Friuli, benchè le decisioni non avevano portato a risultati concreti. In un secondo momento, si pensò di costituite un ridotto controffensivo sul medio corso del Tagliamento vista la necessità di difendere i ponti di Codroipo e Latisana. L'anfiteatro morenico di San Daniele e Tricesimo, le colline al margine sud dovevano essere occupate da opere permanenti, così come anche Codroipo e Latisana dovevano esser difesi. Entrando nello specifico, la sistemazione difensiva si sarebbe composta di 3 gruppi di opere.

"1° - Attorno a Latisana, immediatamente dietro lo Stella, appoggiato a sud alla laguna di Marano, foggiato a doppia testa di ponte, con sviluppo di 15 km. sulla riva sinistra del Tagliamento, per la forza di una divisione;
2° - Innanzi attorno a Codroipo, con sviluppo di opere tale da consentire di mettere sotto la loro protezione anche più di una divisione;
3° - L'occupazione del margine collinoso Tricesimo, Pagnacco, Moruzzo, Fagagna, Collelungo, darebbe il 3° gruppo di opere, che chiuderebbe verso sud il ridotto del medio Tagliamento: gruppo che farebbe di tutto lo anfiteatro morenico un vero campo di battaglia preparato e coprirebbe indirettamente Udine con l'azione di fuoco delle opere, che si spingerebbe oltre la città". [18] La zona fra i tre gruppi era sotto il tiro dei forti e il terreno fra il primo ed il secondo si prestava a parziali inondazioni.
Se fosse stata attuata questa soluzione difensiva sulla sinistra del Tagliamento, il fronte sarebbe stato come una larga tenaglia, con un numero di opere non eccessivo. Con questa nuova soluzione, la frontiera non sarebbe stata chiusa interamente, ma con le opere permanenti progettate, la nostra radunata, inoltre, sarebbe stata protetta e poche zone della pianura non poteva esser battute dai cannoni. Su queste proposte fu chiesto il parere del Comandante designato della 3ª armata. La sua risposta avvenne il 3 luglio. Porro condivise il concetto della difesa proposta, ma sostenne che si doveva estendere al bacino del Medio Natisone, e su buona parte della pianura, l'azione difensiva e anche modificare la costituzione e dislocazione delle forze in occupazione avanzata.

Si propose, perciò:
a) di costruire opere di fortificazione nel triangolo M. Juanes – M. Madlessena – M. Forchis, collegando, per Costalunga (E. di Faedis), le alture di Savorgnano e la Bernadia, questo gruppo di opere alle fortificazioni di Osoppo;
b) aumentar l'aliquota dell'artiglieria campale addetta alla fanteria destinata in occupazione avanzata e disporre le forze d'occupazione avanzata in guisa che: con nuclei stabiliti a M. Maggiore, Zuffine, M. Carnizza, M. Juanes, M. Matajur, Colovrat, M. Xum, M. Plagnava, sia dato a noi di contrastare lungamente al nemico il possesso della regione montuosa del Natisone;
con forze disposte sulla linea Cividale – Buttrio sulla destra

del Natisone lungo il suo corso in piano, aventi la destra fortemente postata alle alture di Buttrio (da rafforzarsi con lavori occasionali e con l'impiego di bocche da fuoco di medio calibro su rotaie a cingolo) e posti avanzati ad Ipplis e Rosazzo, ci sia consentito di opporre valida resistenza lungo la linea stessa. Le nuove opere di fortificazione da erigersi nel terreno montuoso fra Natisone e Tagliamento non imporrebbero un aumento di spesa troppo forte, perché potrebbero sopprimersi le difese, rese meno necessarie, di Tricesimo – Pagnacco e Collelungo, riducendo le opere dell'anfiteatro morenico del Tagliamento ai soli due punti più salienti del margine meridionali (Moruzzo, Fagagna). Scopo di tali nuove opere (triangolo dei M. Juanes, Madlesena, Forchis) sarebbe: battere a distanza le colonne avversarie procedenti per la rotabile del Pulfero e per le mulattiere ad ovest e ad est di quella; tenere sotto il proprio fuoco quasi tutto il displuvio fra Natisone e Judrio, possibilmente fino a Ipplis e Buttrio; contrastare l'avanzata lungo il Torre; completar la difesa indiretta di Udine; dare protezione ed appoggio alla nostra difesa mobile. +Resterebbe ancora aperta all'invasore la regione a sud della confluenza Natisone – Torre, di cui un tratto si potrebbe rendere impraticabile con inondazioni di facile attuazione, specie a sud di Palmanova, mentre il tratto a nord di questa località dovrebbe in ogni modo rimanere facilmente praticabile, dovendo per essa passare le nostre divisioni di cavalleria, rincalzate da battaglioni ciclisti, per lanciarsi verso ed oltre l'Isonzo allo scopo di disturbare la radunata dell'avversario. Questa massa di cavalleria dovrebbe trovare appoggio e rifornimenti in Palmanova, che ne diventerebbe il magazzino, ed alla cui sicurezza si riterrebbero sufficienti poche truppe di fanteria con cannoni delle stesse batterien a cavallo". [19] Rispetto, alle proposte precedenti, la resistenza sulla linea del Basso Tagliamento consentire al grosso dell'esercito di stanziarsi sul Piave e poi operare contro l'invasore sul Tagliamento e sull'anfiteatro morenico. La zona della radunata rimaneva sul Piave, ma l'attenzione si stava spostando verso la linea del Tagliamento, perché secondo gli studi la battaglia risolutiva si sarebbe svolta in quella zona. Negli anni successivi iniziarono i lavori di fortificazione in tutta la frontiera di Nord – Est: ci furono duri scontri tra il generale Saletta e l'allora Ministro della guerra, generale Ettore Pedotti, causati dalle scarse risorse finanziarie. Dopo le grandi manovre austriache del 1908, l'allora Capo di Stato Maggiore, Tancredi Saletta, aveva studiato i metodi con cui il suo collega austriaco Conrad, avrebbe attaccato l'Italia. In un memoriale inviato al Ministro della Guerra, Tancredi Saletta, dopo aver utilizzato i pareri di Pianell, Cosenz ed altri autorevoli personaggi, si trovava d'accordo nel sostenere che nel piano di mobilitazione per un eventuale attacco dell'Austria - Ungheria, la radunata sarebbe stata sul Piave e, per resistere all'attacco, si doveva sbarrare l'intera frontiera friulana.[20] Il dibattito sulle difese del Friuli, non si svolse solamente all'interno delle Commissioni militari, ma anche nella stampa, come nel giornale *La Preparazione*, fondato da Enrico Barone. L'ex ufficiale, tra il 1909 e il 1910, si interessò alle difese del nord – est e soprattutto del ruolo delle ferrovie nelle operazioni di radunata e mobilitazione. Barone, sostenne con forza l'importanza della costruzione di una nuova tratta, la Montagnana – Camposampiero. Rispetto alle strade ferrate dell'Austria Ungheria che potevano trasportare velocemente molte forze in prossimità della frontiera. Il Governo, fino ad allora era stato titubante, proponendo una soluzione di ripiego, il terzo binario nella Monselice – Padova. "Ma detto questo dobbiamo anche in tale occasione insistere sul nostro motivo dominante: bisogna fare molto più che ora non si faccia; non perdere tempo, perché se ne è perduto già troppo, e se ne sta perdendo ancora. Non questa lentezza accidiosa del suo riordinamento militare il paese si aspettava, quando si dichiarò disposto a tutti i sacrifici che a ciò accorsero. Se pensi che solo ora si promette che si presenterà un progetto di legge per questo tronco ferroviario la cui necessità non poteva che saltare agli occhi, subito, insieme a tante altre cose, a chi avesse affrontato il problema, fin dal primo momento in cui la situazione internazionale ci fece intendere che era venuta l'ora di pensare con un po' più di serenità ai casi nostri, di uscire, finalmente, con uno sforzo di energia intelligente dallo stato di debolezza in cui, supinamente ed incoscientemente eravamo rimasti per tanto tempo. Se tanto ci è voluto per questo semplice tronco – non già per costruirlo, si badi ma soltanto per giungere a promettere che si presenterà un progetto di legge – quanto tempo ci vorrà ancora per risolvere tutto il problema ferroviario del Veneto?" (Gentilucci 2004, pp. 54 – 55). Barone, proponeva al governo, in particolar modo al ministro della guerra, di prendere delle decisioni definitive e veloci perché prima si risolveva il problema ferroviario del Veneto e minori erano i pericoli per il paese. Il direttore della rivista non vedeva il problema ferroviario disgiunto dalle fortificazioni, ma un insieme. Egli era del medesimo avviso del ministro Spingardi. L'eco dei vari articoli sul giornale, erano arrivati anche nella stampa nazionale, provocando un dibattito non solo fra addetti ai lavori. Nel 1911, date le continue voci di un eventuale offensiva da parte dell'Austria Ungheria ed il peggioramento dei rapporti tra i due Paesi, Pollio propose ai Comandanti designati d'armata un cambiamento del concetto strategico del piano operativo italiano: non più un atteggiamento difensivo ma offensivo. Pollio diede il compito ai vari Comandi di Corpo d'Armata, di ricompilare piani d'attacco alle fortificazioni austriache di confine, attraverso nuovi studi. L'obiettivo di questi piani era di realizzare, se le condizioni erano favorevoli, colpi di mano con reparti addestrati per sabotare le difese nemiche e rallentare le operazioni di radunata. Solo per fare un esempio, si può parlare di uno studio effettuato dal generale Pasquale Oro (allora comandante della 3ª brigata alpina e durante la 1ª guerra mondiale comandante della 34ª divisione) sulle interruzioni ferroviarie da effettuare in Val Pusteria (Ruffo 1998, pp. 257 – 275). L'importanza di questa valle, come luogo di penetrazione, era già stata evidenziata da Cosenz a fine '800. Attraverso essa, infatti, si potevano interrompere le comunicazioni tra Innsbruck e Bolzano ed anche attaccare direttamente Fortezza e arrivare a Villach aggirando le opere fortificate della zona. La difesa dei confini assunse una notevole importanza anche in Parlamento. Il ministro Spingardi, in nome del programma minimo, accettò il piano in corso, ottenendo altri fondi per la sua attuazione. Da questo si capì che Spingardi era conscio dell'importanza decisiva che andava assumendo il fattore tempo. Il generale piemontese cercò inoltre di non chiedere ulteriori fondi. Il Parlamento avrebbe infatti potuto credere di esser stato ingannato dal ministro, il quale aveva dichiarato che le cifre concesse erano adatte al fabbisogno. Per chiarire i suoi dubbi Spingardi si recò ad ispezionare i luoghi preposti per la costruzione delle nuove opere nel Basso Friuli. In seguito a tale visita, il ministro si convinse dell'opportunità di fortificare quell'area. Dopo aver richiesto altri fondi al Governo Sonnino, i lavori ebbero inizio nel maggio 1910. Dal 15 luglio 1910 Spingardi fece "una minuziosa visita alle costruzioni al confine, per le quali dimostrò la sua soddisfazione" (Saccoman 1995, p. 48). L'assetto fortificatorio rivelò in quegli anni modifiche sostanziali. Secondo il programma del 1908, le previste artiglierie da 149 mm in cupola corazzata avrebbero dovuto essere 127 e diventarono invece 213, senza contare altri 12 affusti a perno centrale Armstrong. Le fortificazioni in costruzione avevano un duplice scopo: ritardare l'azione iniziale del nemico per dare tempo al grosso dell'esercito di completare la mobilitazione e, indi, raggiungere la linea del monte, per fungere da punto d'appoggio per una sicura resistenza. Nel 1912 ci furono visioni contrastanti sul ruolo delle fortificazioni del Friuli fra Pollio e il comandante della 2ª Armata, Luigi Cadorna. Le fortificazioni avevano un duplice scopo: ritardare l'azione iniziale del nemico per dare tempo al grosso dell'esercito di completare la mobilitazione e poi raggiungere la linea del monte, per fungere da punto d'appoggio per una sicura resistenza.

I forti italiani che vennero costruiti nei primi anni del 1900 seguivano i dettami tecnici del modello ideato dal generale Enrico Rocchi, i cui principi costruttivi furono esposti nel manuale *La fortificazione in montagna* (Rocchi 1898). Essi erano disposti ad intervalli di 4 km l'uno dall'altro. Le opere erano armate con 4 o 6 cannoni da 12 cm. su cupole corazzate. All'esterno di ogni fortezza, se il terreno lo permetteva, potevano essere disposte batterie costituite da obici da 15 cm. Il fortino, con torri girevoli corazzate, era destinato a costituire il nucleo dell'armamento di protezione di uno sbarramento, ovvero un centro di resistenza, in appoggio a batterie scoperte, occasionali od improvvisate. L'ordinamento in linea retta, normale nelle batterie scoperte, si presentava evidenziando opportunismo quando l'armamento era installato in torri girevoli, o in affusti corazzati, essendo anche in questo caso il più conveniente, sia per l'azione del fuoco, sia per attenuare gli effetti del tiro nemico. Il suddetto nucleo difensivo doveva fungere da opera autonoma, occorreva, infatti, l'organizzazione di un recinto di sicurezza, ai cui salienti trovavano impiego alcune torrette corazzate a scomparsa per cannoni a tiro rapido di piccolo calibro. Oltre alla difesa vicina, potevano per la loro gittata (superiore ai 4000 m) concorrere all'azione lontana, tanto più che il settore verticale di tiro, abbastanza ampio in depressione, consentiva di battere, anche con tiri diretti, punti giacenti, in angolo morto delle bocche da fuoco corazzate, di medio calibro. Inoltre l'opera doveva essere dotata di osservatorio in cupola e di proiettori per l'osservazione del terreno circostante il fortino. Rocchi calcolava approssimativamente il costo dell'opera in un milione di lire, di cui 500 mila circa per le installazioni corazzate (nel caso dei cannoni da 12) ed altrettanto per i lavori di calcestruzzo cementizio, di muratura ordinaria, di terra ed accessori. La Commissione Suprema Mista per la Difesa dello Stato, si riunì nuovamente il 24 maggio 1913. Per quanto riguardava la frontiera orientale, per prima cosa il capo di Stato Maggiore dell'esercito tributava "un vivissimo encomio al genio militare italiano per l'opera prestata nel condurre a compimento il programma tracciato dalla Commissione Suprema Mista per la Difesa dello Stato nel 1908, rilevando che il programma vastissimo, mercè l'opera intelligente, solerte e concorde di tutti, fu risolto in tempo relativamente breve ed in modo ammirevole, sia nei riguardi tecnici che in quelli militari. È perciò col più vivo compiacimento che segnala alla Commissione queste benemeranze del genio militare, mostrandosi in questa circostanza, come sempre, all'altezza della sua importante missione".[21] Nel verbale veniva menzionata l'opera di Monte Lonza che costituiva l'appoggio di sinistra del Medio Tagliamento che doveva essere ultimata l'anno successivo. Nel 1913 il generale Pollio approntò un nuovo progetto operativo che teneva conto delle debolezze dello strumento militare italiano. Dopo aver difeso il territorio da un attacco, l'esercito sarebbe passato alla controffensiva per poter riconquistare l'eventuale terreno perduto. Secondo il disegno operativo di Pollio, la 1ª Armata si sarebbe schierata dalla Valtellina fino al Brenta, (copriva tutto il saliente trentino) la 4ª Armata dalla Val Brenta fino al corso del Piave nell'Alto Cadore la 2ª e 3ª Armata tra Montebelluna ed il Piave. Due Corpi d'Armata, dislocati uno a Padova e l'altro sul Mincio erano in riserva a disposizione del Comando Supremo. Oltre allo schieramento a difesa del teatro operativo di Nord – Est, Pollio prevedeva che un Corpo d'Armata ed una divisione fossero dislocati contro eventuali sbarchi. Infine la formazione di un Corpo d'osservazione verso la frontiera con la Svizzera. La difesa si sarebbe imperniata sulla linea montana tra il Veneto e il Trentino. Con questo nuovo progetto, anche se nella prima fase si manteneva la difensiva, non si sarebbe passati subito alla fase offensiva ma ad una controffensiva. Tale operazione sarebbe stata possibile grazie alle fortificazioni che sbarravano la via all'invasore. Se, oltre alle fortificazioni ci fossero state a supporto truppe mobili, questo avrebbe consentito l'arrivo sul Tagliamento di grossi nuclei di soldati italiani prima che la pianura friulana cadesse in mano avversaria (Ruffo 1998, p. 158). Oltre al progetto appena analizzato, Pollio compilò le *Norme generali per l'impiego delle Grandi Unità di guerra* nel 1913 ispirate ad un concetto offensivo. Il 1914 vide l'introduzione di due cambiamenti nello strumento militare italiano. Ci fu la sostituzione del ministro della Guerra e del Capo di Stato Maggiore dell'Esercito. A seguito delle dimissioni del governo Giolitti, Spingardi, dopo un periodo di convalescenza, rientrò a Roma l'11 marzo e gli fu proposto dal nuovo Primo ministro, Antonio Salandra, di mantenere il suo incarico anche nel nuovo gabinetto. Ma il generale di Spigno Monferrato non accettò per motivi di salute. Il 24 marzo venne nominato il nuovo ministro, il generale Domenico Grandi. Il 1° luglio, durante un'ispezione a Torino, il generale Pollio morì improvvisamente, a causa di un attacco cardiaco. Il 27 luglio venne nominato il suo successore, il generale Cadorna. Tali cambiamenti, soprattutto quello al vertice dello Stato Maggiore, mutarono notevolmente le cose in materia militare. Rispetto al suo predecessore, Cadorna era nettamente contrario a qualsiasi alleanza con gli Imperi centrali. Il 21 agosto 1914 fu pubblicato un documento con il titolo *Memoria riassuntiva circa un'azione offensiva verso la Monarchia a.u. durante l'attuale conflagrazione europea". –Possibili obbiettivi. –Presumibili* operazioni da svolgersi. Era suddiviso in nove paragrafi nei quali erano illustrate le linee guida da seguire in caso di conflitto. Nell'introduzione, il generale Cadorna sosteneva che il progetto per la radunata e la mobilitazione dell'esercito italiano alla frontiera di Nord – Est non poteva esser stravolto perché l'ordinamento militare e la rete ferroviaria rendevano molto difficili eventuali cambiamenti. Dopo questa premessa il documento passò ad analizzare l'obiettivo principale dell'azione offensiva, il Goriziano e il Triestino. Il Trentino era un obiettivo secondario, perché secondo il generale Cadorna, sia per le caratteristiche geografiche sfavorevoli all'esercito italiano sia per le fortificazioni costruite negli ultimi anni, un'avanzata sarebbe stata molto difficile.

Furono presi in considerazioni anche sbarchi italiani nella zona costiera di Trieste e Fiume. Nel caso di Fiume, le truppe italiane avrebbero coadiuvato l'azione dell'esercito serbo verso la Bosnia. Altre operazioni, che poi rimasero allo stato di ipotesi, erano verso Antivari e Metkovic. Per lo svolgimento dell'azione complessiva della *Memoria riassuntiva*, la 1ª e 4ª Armata avrebbero avuto compiti difensivi o parzialmente offensivi, mentre la 2ª e la 3ª Armata solamente offensivi. Dopo la *Memoria Riassuntiva*, il 1° settembre vennero emanate le direttive per la radunata Nord – Est, dove vennero fissati i compiti delle armate. Il 15 ottobre 1914, Cadorna emanò le varianti alla direttive, nelle quali vennero prese in esame le operazioni militari da condurre durante un'ipotetica campagna invernale. Nell'ultimo documento emanato prima dello scoppio della guerra, il generale Cadorna diffuse le varianti alle direttive del 1° settembre 1914 sulla radunata. Venne rivalutata la funzione e l'importanza del teatro operativo con il Trentino. La funzione della 4ª Armata passò da difensiva ad offensiva, dato che il suo obiettivo era quello di sfondare le linee avversarie nella zona degli sbarramenti fortificati di Sesto e Landro e Valparola, per poi giungere a Dobbiaco ed avere uno sbocco nella Val Pusteria. Anche il Corpo d'Armata della Carnia, dopo aver superato le fortificazioni di Malborghetto, di Predil e del Raibl, doveva giungere in Carinzia a Villach e Klagenfurt. All'infuori di queste variazioni, il piano operativo che venne utilizzato all'inizio della guerra ricalcò quello previsto dalla *Memoria riassuntiva*.

Dopo aver firmato in gran segreto il Patto di Londra il 26 aprile, il 16 maggio venne emanato l'ordine di operazione n. 1. Tale documento conteneva tutte le prescrizioni da applicare all'apertura delle ostilità.
Questi furono i piani che si dovevano applicare allo scoppio delle ostilità che, però. non trovarono applicazione, sia per le nuove caratteristiche del conflitto mondiale sia perché i principali combattimenti dei primi mesi di guerra si svolsero in altri settori.

2 - *Le fortificazioni italiane ed austriache del Friuli alla prova bellica*

Allo scoppio delle ostilità il sistema difensivo italiano del Friuli consisteva in 3 settori:
Fortezza alto Tagliamento – Fella;
Fortezza medio Tagliamento; Fortezza basso Tagliamento.
La Fortezza alto Tagliamento – Fella, denominata anche Ridotto Carnico, sotto la giurisdizione del Comando Truppe della Carnia retto dal generale Clemente Lequio, si basava sulle seguenti opere:

- Osoppo 4 cannoni da 149 Armstrong;
- Monte Festa 4 cannoni da 149 Ispettorato;
- Monte Ercole 4 cannoni da 149 Armstrong;
- Chiusaforte 4 cannoni da 120 mm.

Le forze a disposizione per questo settore erano la 5ª, 6ª, 7ª e 14ª compagnia della Milizia Mobile del 2° gruppo dell'8° reggimento artiglieria da fortezza e dal 12° battaglione presidiario con le compagnie 12ª, 34ª e 40ª.
Oltre alle opere permanenti erano state dislocate a Sant'Agnese, 4 pezzi da 75 mm, a monte Cumieli, 4 cannoni da 149 mm G, San Simeone, sempre 4 cannoni da 149 mm, lo stesso a monte Sflincis e a Col Curnic 4 cannoni da 75 mm A.
Lo sbarramento del medio Tagliamento si basava sulle seguenti opere permanenti:

- Col Roncone 4 cannoni da 149 Armstrong;
- Fagagna 4 cannoni da 149 Armstrong;
- Santa Margherita 4 cannoni da 149 Armstrong;
- Tricesimo 6 cannoni da 149 Armstrong;
- Monte Lonza 4 cannoni da 149 Armstrong.

In appoggio alle batterie permanenti, c'erano le batterie esterne a Ragogna alta e bassa con 4 cannoni da 149 mm

G ciascuna, a Buia con lo stesso armamento, a monte Faiet con un armamento non noto, a monte Campeon 4 cannoni da 149 mm G, monte Carnizza con 4 cannoni da 75 mm A, Flaipano con 4 cannoni da 149 mm G, lo stesso per gli appostamenti di Modoletto e Ciuc del Ronco.

La Fortezza basso Tagliamento si divideva in 2 settori:

I settore:

- Beano 6 cannoni da 149 Schneider;
- Rivolto 6 cannoni da 149 Schneider.

A rinforzo delle opere permanenti c'era la batteria di San Martino con 4 cannoni da 149 mm A, quella di Varmo con 4 cannoni da 149 mm G ed una batteria dello stesso tipo in riserva e 3 batterie da 75 mm A.

Le forze a disposizione per il settore erano la 41ª e 102ª compagnia presidiaria dell'11° battaglione presidiario, 8ª e 9ª compagnia dell'esercito permanente e 15ª compagnia di Milizia Mobile dell'8° reggimento artiglieria da fortezza, in più 2 sezioni della 13ª compagnia Milizia Mobile del 5° reggimento artiglieria da fortezza.

II settore:

- Rivarotta 4 cannoni da 149 Schneider;
- Precenicco 4 cannoni da 149 Schneider.

La batterie in zone erano a Corpo Modeani con 4 cannoni da 149 mm G, Titian con 6 cannoni da 75 mm A, Pertegada con 4 cannoni da 149 mm A e 2 cannoni da 75 mm A. In riserva c'era 1 batteria da 149 mm G e 2 batterie da 75 mm A.

Gli uomini per questa settore erano la 42ª compagnia presidiaria, 10ª e 11ª compagnia dell'8° da fortezza, 16ª compagnia Milizia Mobile dello stesso reggimento e 2 sezioni della 13ª compagnia Milizia Mobile del 5° reggimento artiglieria da fortezza (Ministero 1929, vol. 2° bis, pp.69 – 71).

Nel totale, in tutto il Friuli, l'esercito italiano fra fortificazioni permanenti e batterie, disponeva di 4 cannoni da 120 mm, 92 pezzi da 75 mm, 68 cannoni da 149 mm A, 56 da 149 mm G (fig. 1).

Forti (*) Batterie occasionali	Bocche da fuoco e calibri			
	120/G	75	149/A	149/G
Alto Tagliamento-Fella				
Osoppo (*)	–	4	6	–
S. Agnese	–	4	–	–
M. Cumieli	–	–	–	4
M.S. Simeone	–	–	4	–
M. Festa (*)	–	–	–	4
Sflincis	–	–	–	4
Curnic	–	4	–	–
M. Ercole (*)	–	4	4	–
Chiusaforte (*)	4	–	–	–
Totali parziali	4	16	14	12
Medio Tagliamento				
Ragogna Bassa (q. 457)	–	–	–	4
Ragogna Alta (q. 543)	–	–	–	4
Col Roncone (Madrisio) (*)	–	6	4	–
S. Margherita (*)	–	6	4	–
Fagagna (*)	–	6	4	–
Tricesimo (*)	–	6	4	–
Buia	–	–	–	4
M. Lonza (M. Bernadia) (*)	–	4	4	–
M. Campeon	–	–	–	4
Carnizza	–	4	–	–
Flaipano	–	–	–	4
Modoletto	–	–	–	4
Ciuc del Ronco	–	–	–	4
Totali parziali	–	32	22	28
Basso Tagliamento				
Sedegliano	–	–	4	–
Beano (*)	–	4	6	–
Rivolto (*)	–	4	6	–
S. Martino	–	–	4	–
Varmo	–	–	–	4
1ª Riserva Mobile	–	12	–	4
C. Modeano	–	–	–	4
Rivarotta (*)	–	4	4	–
Precenicco (*)	–	4	4	–
Titiano	–	6	–	–
Pertegada	–	2	4	–
2ª Riserva Mobile	–	8	–	4
Totali parziali	–	44	32	16
TOTALE GENERALE	4	92	68	56

Fig. 1. I forti italiani alla frontiera friulana allo scoppio della grande guerra (Archivio Malatesta, A.M.).

Dopo lo scoppio della guerra in Europa, si istituirono tre sbarramenti sul fronte austriaco: il primo di Malborghetto di cui faceva parte Forte Hensel, quello di Predil con il Forte Lago Predil, la batteria Sella Predil ed il Deposito ed infine quello di Flitsch, la Chiusa e il Forte Hermann.

Al Forte Lago Predil c'era una compagnia di riserva del 4° battaglione artiglieria e dal 15 ottobre, 5 compagnie di riserva nelle due opere del Predil. Per la zona di Flitsch, c'era una compagnia del 3° battaglione ed un'altra di riserva del 4° (Grestenberger 2008, p. 32).

Si contrapponevano alle opere italiane, le fortificazioni austriache:

forte Hensel, 2 cannoni da 120 mm nelle torrette corazzate del corpo difensivo B, due obici da 100 mm nel corpo A, due da 90 mm M 4 nel bastione circolare e per la difesa ravvicinata 7 mitragliatrici; (Ebner, 2010, p. 8)

forte Lago Predil, con 3 cannoni da 90 mm M 4, 3 cannoni M 4 da 90 mm per la difesa del fronte di gola, per la difesa ravvicinata erano a disposizione 2 mitragliatrici Maxim M 4 e 2 affusti per fucili;

fortino Gola Alpel, 2 mitragliatrici Maxim M 4 e 2 affusti per fucile;

batteria Sella Predil, in casamatta armata con 3 cannoni da 120 mm M 80, con 2 mitragliatrici Schwarzlose da 8 mm (Schaumann, 1997, pp. 90 – 91). Chiusa di Flitsch, 3 cannoni da 120 mm M 80 in casamatta e 8 mitragliatrici da 8 mm M 07/12 per la difesa ravvicinata;

Forte Hermann, 2 mortai da 100 mm M 80 in cupola corazzata girevole, e 4 cannoni da 120 mm M 96 in casamatta blindata.

I vari presidi delle opere, erano per forte Hensel di 2 ufficiali e 238 uomini del reggimento Landwehr n. 4 di Klagenfurt. 4 ufficiali e 104 uomini del battaglione artiglieria da fortezza n. 4, per un totale di 6 ufficiali e 342 uomini di truppa (Ebner 2010, p. 9) Mentre per il forte Lago Predil, non disponiamo di notizie sul numero della guarnigione.

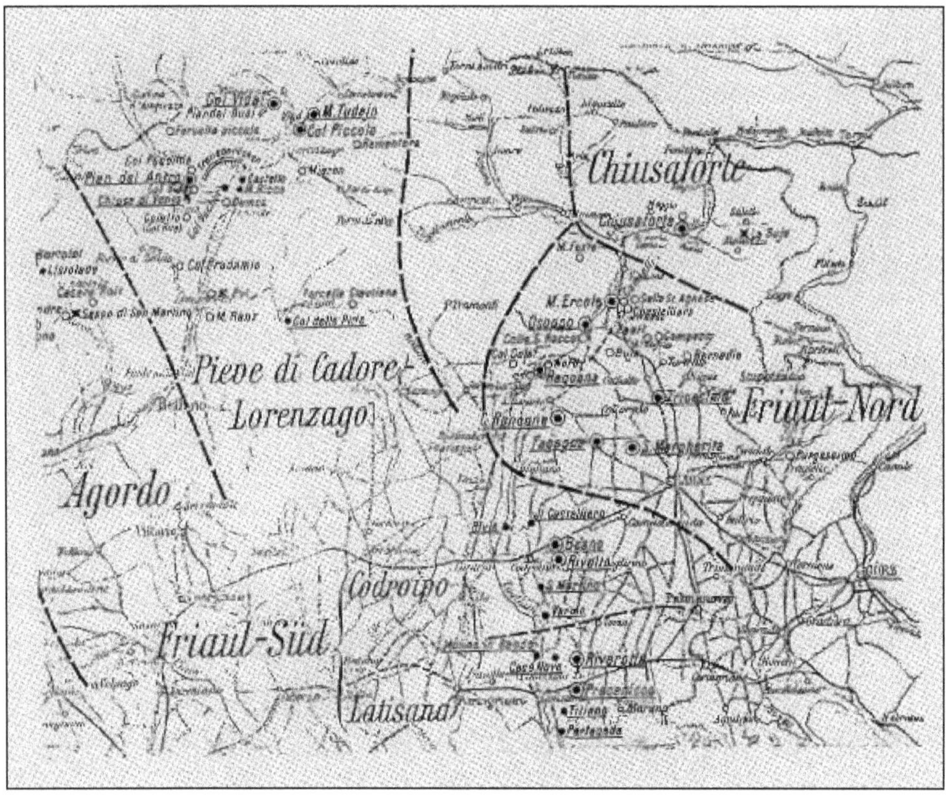

Fig. 2. Cartina raffigurante le opere italiane ed austriache al confine friulano (A.M.).

Il fortino Gola Alpel disponeva di 4 ufficiali e 138 uomini. La batteria Sella Predil aveva come guarnigione 5 ufficiali e 107 uomini (Schaumann 1997, p. 91).

Non abbiamo notizie delle guarnigioni dei forti di Plezzo.

Nella primavera del 1915, il generale Franz Rohr, Comandante delle forze in Tirolo e Carinzia, considerato lo sviluppo delle artiglierie, decise il disarmo parziale di forte Hensel e quasi totale di forte Lago Predil, batteria Sella Predil e anche le opere di Plezzo (Schaumann 1997, p. 91) (fig. 2).

Fig. 3. Forte Hensel allo scoppio della guerra con l'Italia (da K. Ebner, Fort Hensel, Edizioni Saisera, Udine, 2010).

Allo scoppio delle ostilità, il 24 maggio 1915, le opere fortificate italiane in Friuli si trovarono molto lontane dalle prime linee, non sparando nessun colpo. Solamente nel fronte trentino alcune fortificazioni italiane (Verena, Campolongo, Punta Corbin) vennero interessate dalle operazioni militari. A seguito del disastro avvenuto il 12 giugno 1915 al forte Verena nell'altipiano di Asiago dove morirono oltre 40 militari, il Comando Supremo a partire dal luglio 1915 dispose che tutte le artiglierie dei forti fossero tolte dalle cupole corazzate ed installate all'aperto nelle vicinanze dell'opera, quando si trovavano vicino alle prime linee oppure trasportarle in posizione più avanzata. Il provvedimento di disarmo dei forti provocò molte critiche dato che scompaginò l'intero assetto difensivo, svalutando la funzione delle fortificazioni e provocando dei danni al sistema difensivo italiano. I motivi del provvedimento furono per prima cosa la vulnerabilità ai grossi calibri austriaci che si era palesata in tutta la sua tragicità nella vicenda del Verena, poi la cronica mancanza di moderne artiglierie che c'era all'interno dell'esercito italiano.

Dai primi giorni del conflitto, l'opera di Malborghetto effettuò tiri per disturbare l'avanzata nemica (Ebner 2010, p. 10) Il 12 giugno, venne pesantemente bombardato da pezzi di grosso calibro, installati nella zona di Dogna. Il 22 giugno, giorno designato per la visita dell'erede al trono Carlo, in zona per vedere il duello fra artiglierie, un giorno molto triste. Il tiro nemico iniziò verso le 9, ad intervalli molto brevi. Iniziarono ad esserci i primi danni:

4. La copertura del blocco B di forte Hensel distrutta dai bombardamenti italiani (da K. Ebner, *Fort*).

i colpi trapassarono il camminamento di comunicazione nei pressi del bastione circolare e demolirono la sala del corpo di guardia del forte B. Alle 10.45 un colpo cadde sulla copertura, perforandola in una zona già colpita in precedenza, scoppiando soltanto dopo essere penetrato nei vani superiori. Questo provocò il crollo della volta fino ad una stanza adibita al ricovero degli uomini. In quel momento c'erano molti militari che si stavano riposando. Tra di essi, il comandante dell'opera B, sottotenente Bassarab e il comandante del Reparto fotoelettriche, Kummel. Parte degli sfortunati morirono, oppure, se stavano in piedi nelle vicinanze dell'entrata, vennero scaraventati fuori dallo spostamento riportando fratture agli arti e gravi ferite al capo. Due ufficiali e 17 uomini rimasero uccisi, 5 erano feriti in modo grave. I rimanenti se la cavarono con molto spavento. Perdite in percentuale nel Blocco B: Guarnigione: 100% ufficiali, 50% uomini. Reparto Fotoelettriche: 100% ufficiali, 40% soldati (Ebner 2010, p. 12) (figg. 3, 4). Dal 12 giugno fino al 17 luglio sono stati contati 2260 colpi da 210 mm contro il Forte Hensel (Ebner 2010, p. 14). Il record di colpi incassati in un solo giorno è raggiunto il 4 agosto: dalle 6 del mattino alle 2 del pomeriggio caddero sul forte 225 colpi da 210 mm e da 305 mm (Ebner 2010, p. 15). Nei mesi successivi, i bombardamenti italiani, furono semprre più sporadici. L'ultimo bombardamento degno di nota, avvenne il 19 marzo 1916. In totale, il forte di Malborghetto ebbe 3 ufficiali morti, 21 caduti fra la truppa, oltre a molti feriti (Ebner 2010, pp. 12 – 18). Da quel momento, l'opera venne disarmata completamente e presidiata da pochi uomini. Per quanto riguarda le altre opere del settore, già dal primo giorno di guerra, gli italiani iniziarono a sparare in direzione di Sella Nevea con cannoni da 149 mm e dal giorno successivo si aggiunse anche il tiro di mortai da 210 mm. Il tiro fu costante. Nel periodo maggio – agosto 1915, l'opera fu oggetto di ben 1113 proiettili di vari calibro, dal 149 mm, al 210 e 305 mm (Schaumann 1997, p. 92). In questa massa di proiettili, solo pochi raggiunsero

Fig. 5. Forte Lago Predil colpito da un grosso calibro italiano (da D. Tonazzi, *La prima*, vol. 2, p. 142).

Fig. 6. La batteria Sella Predil durante il conflitto (da D. Tonazzi, *La prima*, vol. 2, p. 154).

l'obiettivo: 41 colpirono l'opera. Uno degli effetti si può vedere ancor'oggi. Il 31 luglio un proiettile da 305 scoppiò nello spiazzo davanti al fortino Gola Alpel e una grossa scheggia sfondò la piastra corazzata dell'opera (fig. 5).

Sorte analoga toccò alla batteria Sella Predil. I primi colpi da 350 mm giunsero il 12 giugno provocando forti danni all'opera (Schaumann 1997, p. 93). Nel periodo maggio – agosto , l'opera fu bersaglio di 1288 colpi, di vario calibro, 105, 149, 210 e 305 mm. La maggior intensità fu a luglio, con 200 proiettili da 105 mm, 440 da 149 mm e 40 da 210. La precisione dei cannoni ed obici italiani non era elevata; solo 53 arrivano sulla batteria (Schaumann 1997, pp. 93 – 94). Dall'agosto, le fortificazioni del Predil, non furono più interessante dai bombardamenti italiani perché oramai distrutte (fig- 6). Il Forte Hermann, pur essendo in posizione defilata, fu bersaglio delle artiglierie italiane. I primi colpi, giunsero dalle posizioni italiane della valle dell'Isonzo il 12 giugno 1915 (Simic 2005, p. 257). Da fine maggio fino al settembre 1915, l'opera fu colpita da 3840 proiettili di vario calibro: 1640 da 305 mm, 430 da 210 e 1770 da 149 (Simic 2005, p. 271). Fu anche molto intensa l'attività di tiro dei pezzi dell'opera, verso le posizioni italiane; dal maggio al luglio, 4100 proiettili (2490 dai 4 pezzi da 120 mm e 2018 dai due obici da 100 mm in cupola corazza). Il mese dove si sparò di più fu giugno; 2026 fra granate e shrapnels (Simic 2005, p. 263). Dopo questa prima fase, i bombardamenti, pur in tono minore proseguirono, fino al 2 maggio 1916. L'opera subì parecchi danni, come testimoniano le fotografie dell'epoca. Dall'autunno del 1915, forte Hermann, fu disarmato (figg. 7, 9). A seguito dalla disfatta di Caporetto, in Friuli, il 4 novembre 1917 la 63ª divisione si ritirò dal Tagliamento, diretta su tre colonne alla Valle dell'Arzino. Il Forte di monte Festa, che faceva parte del settore denominato "Ridotto Carnico", rimase isolato a disimpegnare il proprio compito. Era ancora armato; così come quello di Chiusaforte. In quei giorni si diffuse la notizia che la 63ª divisione, assieme al Forte Festa, avevano resistito per 7 giorni alle truppe nemiche, per poi essere sopraffatte dagli austro-ungarici. Questa notizia falsa, venne commentata così dal generale Murari, "nulla è più inesistente e di più infondato si potrebbe immaginare" (Murari 1935, p. 180). La verità era che il 26 ottobre il Comando supremo aveva dato disposizioni telegrafiche al Comando della zona Carnia per l'eventuale ripiegamento sulle prealpi, soggiungendo in merito all'opera di monte Festa: "Quanto al forte di M. Festa esso deve essere messo subito in stato di resistenza et difendersi fino all'ultimo colpo et all'ultima galletta ossia hanno valore a suo riguardo tutte le prescrizioni sancite dal regolamento di servizio di guerra paragrafi 52 e seguenti" (Ministero 1967, vol. 4° tomo 3°, pp. 367 – 368) (fig. 10). Il giorno successivo, giungeva proveniente dall'Alto But, il capitano Riccardo Noel Winderling, di origine milanese

Fig. 7. Forte Hermann durante i primi anni della guerra (da D. Tonazzi, *La prima guerra mondiale sul fronte Carinziano*, vol. 2, Edizioni Saisera, Udine, 2003, p. 166).

Fig. 8. Visione complessiva di forte Hermann durante la guerra (da D. Tonazzi, *La prima*, vol. 2, p. 163;

Alfredo Rocca aveva abbandonato la linea del Tagliamento. Dopo un tentativo di conquista del forte da parte della 5ª compagnia da montagna della 92ª divisione del generale Theodor Hordt e un battaglione del reggimento Pappitz della Jägerdivision, respinto dalla guarnigione dell'opera, il 6 novembre una pattuglia austriaca salì al Festa per portare un messaggio dove si diceva: "Siete accerchiati da ogni parte, vi invitiamo ad arrendervi" (Trevisan 2002, p. 91). La risposta del capitano Winderling indirizzata al comando della 10ª armata non si fece attendere. Essa, ovviamente, fu negativa. Data la situazione drammatica, visto che oramai scarseggiavano i viveri, ma soprattutto si stavano esaurendo le munizioni, la resa era vicina. Furono così distrutti i documenti e resi inutilizzabili i pezzi d'artiglieria. Ma una parte degli uomini preferì rimanere sul posto, soprattutto l'ufficiale medico Del Duca con i feriti e gli ammalati. Il capitano Winderling, con un centinaio di uomini, tentò la fuga. Riuscirono a scendere fino al Lago di Cavazzo, dove ebbero uno scontro con un reparto nemico: alcuni furono fatti prigionieri, mentre il comandante del forte, il tenente Tomei e il soldato Leoni raggiunsero Longarone, Belluno, Fonzaso e Aganna, dove arrivarono il 27 novembre dopo

che si era già distinto per valore nella zona di Pal Piccolo. Il capitano era destinato ad assumere il comando del forte e si pose subito al lavoro con la più grande velocità, ottenendo pronti ed efficacissimi risultati. Quando il capitano raggiunse il forte, il personale per rimettere in efficienza l'apprestamento difensivo era già sul posto: quattro ufficiali, un medico, 5 sottoufficiali (tra cui i friulani Giovanni Segato di Tricesimo, Guglielmo Perosa di Latisana, Rodolfo Munini di Tarcento e Isidoro Vidoni di Cividale) e 177 artiglieri (tra cui i friulani Oreste Bardus di Buttrio, Giovanni Urli di Maiano, Antonio di Lenardo di Moimacco, Umberto Bulfoni di Udine, Ovidio Sicuro di Morsano, Carlo Minisini di Mels, Lodovico Scoziero di Osoppo e Giuseppe Flebus di Remanzacco). Nonostante l'imperversare di continue bufere di pioggia e nevischio, i primi quattro giorni, cioè dal 26 al 29 ottobre, i militari si dedicarono all'addestramento e all'impiego dei pezzi, all'organizzazione degli osservatori (forcella Amariana e Monte San Simeone) e alla preparazione dei dati di tiro relativi agli obiettivi più importanti. La mattina del 30 ottobre, quando il nemico raggiunse il Tagliamento, i pezzi d'artiglieria del forte entrarono subito in azione e per sei giorni svolsero in modo costante e preciso il loro compito di protezione della linea di difesa italiana, battendo la riva sinistra del fiume dove si andavano attestando i reparti nemici. Soprattutto furono prese di mira le rotabili della Val Fella e della Valle del But, che confluivano nella vallata principale proprio davanti al forte e costituivano le direttrici dell'avanzata delle truppe avversarie provenienti della zona di Tarvisio e dalla Carnia. Il 2 novembre il presidio del forte venne rinforzato da un reparto di fanteria, al comando del tenente Luigi Santini, e giunse a monte Festa anche una colonna di muli con viveri e munizioni. Dal 4 novembre, l'opera fortificata fu isolata e circondata dai reparti austriaci, dato che la 63ª divisione del generale

Fig. 9. 2 maggio 1916: ultimi danni a forte Hermann (da D. Tonazzi, *La prima*, vol. 2, p. 165).

Fig. 10. Il Comandante del forte di monte Festa. Il capitano Riccardo Noel Winderling (A.M.).

venti giorni di marcia e di inenarrabili stenti. Nel paesino di Aganna, i tre militari rimasero un'altra ventina di giorni. I loro tentativi di passare attraverso le linee non ebbero successo e il 15 dicembre vennero catturati. Il capitano Winderling si presentò come il comandante del forte di monte Festa: per eliminare ogni dubbio chiese di essere riconosciuto dal parlamentare che era stato ricevuto al forte il 6 novembre. Le peripezie del comandante del Festa non erano ancora finite. Dato il suo cognome venne tradotto al castello del Buonconsiglio a Trento e interrogato perché si credeva che fosse un irredento. Dopo un tentativo di fuga dal carcere di Fortezza, venne inviato in Boemia in un campo di concentramento. Terminata la guerra, il 5 novembre 1918, dalla Boemia raggiunse prima Vienna e poi Trieste trovando le truppe italiane il 7 novembre. Il generale Hordt. l'8 novembre, incontrando alcuni ufficiali italiani prigionieri, chiese a loro il nome del comandante del forte di monte Festa, facendo gli elogi per l'estrema difesa che si compì in quelle zone. Il capo di Stato Maggiore dell'esercito austroungarico, generale Arthur Arz von Strassenburg in merito alla vicenda del Monte Festa scrisse: "il nemico aveva ripreso a ritirarsi su tutto la fronte e solo nel saliente del Tagliamento a nord di Gemona il forte di monte Festa fu conservato dal valoroso presidio nemico fino al 6 novembre" (Trevisan, 2002, p. 92). Nel 1922 il capitano Winderling venne decorato con la medaglia d'argento al valor militare e nel 1925 gli venne conferita la cittadinanza onoraria di Osoppo. Nel 1949, per una cerimonia rievocativa, venne musicato un inno ai difensori di monte Festa. Con quest'episodio, terminò la guerra per i forti del Friuli Venezia Giulia.

3 - *Il primo dopoguerra e la fortificazione del confine est*

La fine della grande guerra portò a delle trasformazioni nei confini italiani, in particolar modo per quello orientale. La Venezia Giulia con Trieste, diventata da poco territorio italiano, fu al centro di vari problemi, come l'instaurarsi del nuovo assetto governativo con il Governatorato militare, la nascita del nuovo regno di Jugoslavia e l'impresa di Fiume. A fine novembre 1918, il Sottocapo di Stato Maggiore dell'esercito, generale Pietro Badoglio, stese un piano operativo da attuare in caso di una mancata attuazione degli accordi territoriali del patto di Londra. Si avrebbe attuato una strategia di guerra non convenzionale a bassa intensità per dimostrare che Belgrado non era capace di mantenere l'ordine interno (Sema 2010, p. 313). Il Trattato di Rapallo del 12 novembre 1920, delineò la conformazione del nuovo confine italiano verso la Jugoslavia. Da esso, iniziò la pianificazione bellica italiana verso il nuovo regno. Nel febbraio 1924, il Comando del 5° Corpo d'Armata, guidato dal generale Giuseppe Vaccari, pubblicò una memoria monografica militare sulla Venezia Giulia. Dopo una spiegazione sulle caratteristiche geografiche, si passò alle considerazioni militari. La zona di confine presentava ottime caratteristiche per la difesa ma c'erano anche delle possibilità offensive: dalla zona Porcen – Pomario si poteva arrivare a Lubiana e al nodo di Steinbruck, mentre dalla zona Terstenico al mare si poteva puntare a Carlovac – Zagabria, nel fulcro della Croazia. L'operazione principale sarebbe stata verso la prima zona, mentre nell'alto territorio l'azione sarebbe stata d'appoggio[22]. Dopo pochi mesi, nel giugno 1924, sempre il Comando di Vaccari, elaborò uno Studio preliminare sulla difesa delle coste veneto – istriane. Anche in questo documento, si evidenziò l'importanza strategica della Venezia Giulia in funzione antislava. Nell'Adriatico, c'era una netta supremazia della marina militare italiana: l'unico pericolo per l'Istria poteva derivare da qualche errore italiano che avrebbe indotto a ripiegare sul Carso goriziano – triestino, lasciando scoperta l'Istria. Il punto debole del sistema difensivo italiano era la zona di Cherso e Lussino, dove ci potevano essere degli sbarchi jugoslavi provocando delle infiltrazioni nelle difese italiane (Sema 2010, p. 314). Lo studio fu approvato dal Comando designato d'armata di Bologna, sostenendo l'importanza della Venezia Giulia ed aggiungendo che lo schieramento dell'esercito alla frontiera orientale poteva essere "gravemente turbato e intralciato dall'opera anche di pochi uomini arditi impiegati in incursioni e sbarchi sul fianco e a tergo del Regio Esercito" (Sema 2010, p. 314).
Nel 1923, Mussolini a causa della situazione europea, ordinò al ministro della guerra, generale Armando Diaz, e della marina, ammiraglio Paolo Thaon di Revel; che entro un anno dovevano preparare le forze armate a combattere una guerra contro la Jugoslavia. L'esercito, svolse il lavoro di pianificazione molto velocemente; il Capo di Stato Maggiore, generale Giuseppe Ferrari già nell'agosto aveva pronto un piano. In caso di conflitto tra Italia e lo stato slavo, in 9 giorni sarebbe stata mobilitata

e schierata un'armata speciale forte di 175.000 uomini. La grande unità partendo dalla linea tra Piedicolle e Postumia, avrebbe dovuto compiere delle azioni offensive di sorpresa a raggio limitato per far sì di creare scompiglio nella radunata dell'esercito jugoslavo, approffitando della temporanea superiorità di forze e anche per guadagnare del tempo (Minniti 2000, p. 40).

L'importanza di questo primo studio fu di porre all'attenzione ai vertici politico – militari italiani , inoltre era necessario studiare in modo approfondito le varie ipotesi strategiche e non di fare tutto ciò solo per motivi contingenti. La politica militare italiana, proseguì e nel 1926 con il Piano 2 contro la Jugoslavia. Rispetto al piano precedente, fu preso in considerazione l'apporto albanese che si poteva ottenere grazie al patto militare segreto del 1925. In quell'anno, per la prima volta si sviluppò un piano operativo verso la frontiera con l'Austria, ad opera del Capo dell'Ufficio Operazioni, colonnello Alberto Pariani. Il 1927, rappresentò un anno particolarmente importante per il confine fra Italia e Jugoslavia. Le autorità militari italiane della zona approntarono dei piani di difesa per scongiurare dei colpi di mano di partigiani jugoslavi. Dal luglio 1927, scongiurato il pericolo di una guerra immediata dal fronte est, ci fu un nuovo corso della pianificazione bellica italiana, voluto da Mussolini. Nel corso di un quinquennio, lo Stato Maggiore Generale doveva effettuare una preparazione sistematica alla guerra con il coinvolgimento di tutte le forze armate e per più ipotesi. Negli anni successivi, sulla scia di ciò, si cercò di migliorare l'addestramento e l'efficienza delle forze armate, con le Grandi Manovre, su varie zone per ricreare il più fedelmente possibile le condizioni di combattimento. Dopo la firma del trattato franco – jugoslavo dell'autunno 1932, la tensione aumentò fra l'Italia e lo stato slavo, tanto che nel gennaio successivo il ministro della guerra, generale Pietro Gazzera, tanto che l'eventualità di un conflitto era molto probabile. Nel caso, la Francia non sarebbe entrata nel conflitto. Il tutto si risolse in un nulla di fatto.

Nel 1934, l'attenzione dello Stato Maggiore, non fu rivolta solo al confine est, ma anche verso l'Austria con dei piani difensivi in caso di occupazione tedesca dello stato confinante. Nel 1936, il Capo di Stato Maggiore dell'Esercito e sottosegretario del ministro della guerra, generale Federico Baistrocchi, durante una riunione con i vari responsabili militari sostenne che non si sapeva allora da dove sarebbe arrivati e che ci si doveva tener pronti a tutte le eventualità. L'esercito doveva essere "un'organizzazione elastica, che ci consenta l'immediato impiego delle nostre forze ispirato al criterio dell'offesa" (Gooch 2011, p. 511). Per la difesa verso la Jugoslavia si sarebbe basata non tanto su delle opere permanenti, ma su appostamenti semipermanenti con dei nuclei mobili, in base al principio che la miglior difesa era l'attacco. Per questo concetto, poco o nulla venne costruito come fortificazioni in quella frontiera. Oltre confine, dal 1935, era iniziata la costruzione della linea difensiva chiamata Rupnik, poche opere armate con armi per la fanteria. L'ultimo piano che venne approntato in funzione antislava, fu l'Appendice J del P.R. 12. In caso di guerra con la Jugoslavia, ci sarebbe stata la rapida occupazione di Slovenia e Croazia, rompendo lo schieramento nemico in una sola direttrice, Gorizia – Lubiana – Zagabria. Sarebbero state impiegate 22 divisioni (dieci mobili) (Minniti 2000, p. 210).

4 - *Conclusioni*

Dopo la 3ª guerra d'indipendenza, con la ridefinizione dei confini, il Friuli divenne una zona interessata dalla strategia difensiva italiana e Austroungarica. Per l'Italia fino ai primi anni del XXI° secolo, il Friuli non fu fortificato perché l'attenzione fu rivolta verso il fronte trentino. Solamente dai primi anni del '900, si iniziò a fortificare il territorio in funzione anti-austriaca, dato che l'alleato già dagli anni '80 dell'800 aveva rafforzato i confini con delle opere permanenti.

Alla prova bellica, le fortificazioni italiane non assolsero il loro compito offensivo durante il primo anno di guerra perché troppo lontane dal confine. Solamente per il caso del forte di monte Festa nel novembre 1917, ci fu una strenua resistenza e grazie al sacrificio della guarnigione si riuscì a rallentare l'avanzata delle forze austroungariche. Le opere austriache, sotto il bombardamento dei grossi calibri avversari, non resistettero perché già antiquate nelle strutture all'inizio del conflitto. Nel dopoguerra, il fronte principale non fu verso l'Austria ma verso la Jugoslavia. Lo Stato Maggiore elaborò vari piani operativi che non furono mai accompagnati dai lavori di costruzione di opere permanenti perché considerate non fondamentali nella difesa del territorio della Venezia Giulia. Le fortificazioni della Venezia Giulia, nel periodo 1866 – 1939 non furono determinanti sia nel conflitto mondiale che anche nella pianificazione operativa.

5 - *Ringraziamenti*

L'autore ringrazia per la collaborazione l'Archivio Centrale dello Stato, l'Archivio Provinciale di Bolzano, l'Istituto Storico e di Cultura dell'Arma del Genio, l'Ufficio Storico dell'Esercito, il dott. Mauro Passarin Conservatore del Museo del Risorgimento e della Resistenza di Vicenza e l'amico Davide Tonazzi.

6 - *Note*

[1]A.U.S.S.M.E., fondo "*Scacchiere orientale (Frontiera italiana con l'Austria)*", repertorio G – 22, racc. 8, appunti ed osservazioni dopo una ricognizione lungo la frontiera orientale avente come iscopo di constatare lo stato attuale dell'assetto difensivo in corso di apprestamento, Roma, 15 ottobre, 1908, p. 1.

[2]Ivi, p. 3.

[3]A.U.S.S.M.E., fondo "*Scacchiere Orientale (Frontiera italiana con l'Austria)*", repertorio G – 22, racc. 8, Appunti ed osservazioni dopo una ricognizione lungo la frontiera orientale aventi come iscopo di constatare lo stato attuale dell'assetto difensivo in corso di apprestamento, cit., p. 4.
[4]Ivi, p. 5.
[5]Ivi, p. 8.
[6]A.U.S.S.M.E., fondo "*Commissioni di Difesa-Consiglio dell'esercito e varie corporazioni e comitati militari*", repertorio F-9, racc. 1 bis, Commissione Suprema per la Difesa dello Stato, Verbali delle sedute tenute nel maggio 1908, Roma, 1909, p. 1.
[7]Comando del Corpo di Stato Maggiore dell'Esercito, *I Capi di S.M. dell'Esercito Tancredi Saletta*, Roma, 1935.
[8] Ivi, p. 4.
[9]Ivi, p. 33.
[10]Ivi, p. 40.
[11] Ibidem.
[12]Archivio Centrale dello Stato (d'ora in avanti A.C.S.), fondo Carlo Porro, b. 1, f. 15, riassunto della questione della organizzazione difensiva della frontiera orientale fra il Tagliamento e il confine, Milano, dicembre 1909.
[13]Ibidem.
[14]Ibidem.
[15]Ibidem.
[16]Ibidem.
[17]Ibidem.
[18] Ibidem.
[19] Ibidem.
[20]A.U.S.S.M.E., fondo "*Commissioni di Difesa-Consiglio dell'esercito e varie corporazioni e comitati militari*", repertorio F-9, racc. 1 bis, Memoriale a S.E. il ministro della guerra circa la difesa della frontiera nord-est, Roma, 14 maggio 1908, p. 5.
21A.U.S.S.M.E., fondo "*Carteggio Commissione di difesa – Consiglio dell'esercito – varie corporazioni militari*", repertorio F – 9, racc. 1 bis, verbale della 4ª seduta della Commissione Suprema Mista per la Difesa dello Stato, s.l., 24 maggio 1913.
22Museo del Risorgimento e della Resistenza di Vicenza (M.R.R.Vi.), archivio Vaccari, opuscoli, Comando del V° Corpo d'Armata, Memoria monografica militasre sulla Venezia Giulia, Trieste, 1924, pp. 74 – 76.

7 - *Bibliografia*

Amaltei Zotti R. 1997, *Strategia militare dal 1866 al 23 maggio 1915 con particolare riferimento alla frontiera nord – est*, in *Confine orientale e strategia difensiva prima della grande guerra*, a cura di De Cillia A., Arti Grafiche Friulane, Udine, pp. 23 – 46.

Bernasconi A. Muran G. 2009, *Il Testimone di cemento*, La Nuova Base Editrice, Udine.

Burgwyn H. J. 1979, *Il revisionismo fascista. La sfida di Mussolini alle grandi potenze nei Balcani e sul Danubio 1925 – 1933*, Feltrinelli, Milano.

Cuttini R. 2008, *Le fortezze del Tagliamento e l'opera di Col Roncone a Rive d'Arcano. Storia, conservazione, progetto*, Arti Grafiche Fulvio, Udine.

De Cillia A. 1997, *La difesa del confine orientale nei giornali friulani, prima della guerra*, in *Confine Orientale e strategia difensiva prima della grande guerra*, a cura di De Cillia A., Arti Grafiche Friulane, Udine, 1997, pp. 99 – 135.

Ebner K. 2010, *Fort Hensel. Il forte di Malborghetto durante la Prima Guerra Mondiale*, Edizioni Saisera, Valbruna.
Gentilucci C. E. 2004, *Il pensiero politico militare di Enrico Barone*, in *Studi Storico Militari 2002*, Roma, 2004, pp. 5 – 120.

Gooch J. 2011, *Mussolini e i suoi generali. Forze armate e politica estera fascista 1922 – 1940*, Goriziana, Gorizia.

Gransinigh A. 1994, *La guerra sulle alpi Carniche e Giulie*, Aquileia, Udine.

Gransinigh A. 1997, *L'apparato difensivo permanente in Friuli e il suo utilizzo nel corso della grande guerra*, in *Confine Orientale e strategia difensiva prima della grande guerra*, a cura di De Cillia A., Arti Grafiche Friulane, Udine.

Grestenberger E. A. 2000, *K.u.K. Befestigungsanlang in Tirol und Karniten 1860 – 1918*, Mittler, Vienna.

Grestenberger E. A. 2008, *K.u.K. Festungsartillerie 1867 – 1918*, H. Weishaupt Verlag, Graz.

Malatesta L. 2010, *Il forte di monte Festa: un protagonista sconosciuto della grande guerra*, in *La Panarie*, n. 166, La Nuova Base Editrice, Udine, pp. 51 – 55.

Malatesta L. 2011, *La Fortezza Cadore – Maè dal Risorgimento alla grande guerra*, in *Quaderni del Risorgimento*, Nuova Serie n. 7, Treviso, pp. 119 – 185.

Malatesta L. 2003, *La guerra dei forti. Dal 1870 alla grande guerra le fortificazioni italiane ed austriache negli archivi privati e militari*, Nordpress, Chiari.

Malatesta L. 2004, *Le opere fortificate italiane della grande guerra in Friuli*, in *Memorie Storiche Forogiuliesi*, n. LXXXIII/MM III, Arti Grafiche Friulane, Udine, pp. 191 – 240.

Malatesta L. 2011, *Lo sbarramento austroungarico di Malborghetto: il forte Hensel*, in *Forte Rivon*, n. 12, Schio, pp. 60 – 83.

Malatesta L. 2002, *Politica militare e progetti di fortificazione nel settore Veneto – Trentino prima della Grande Guerra*, in *Protagonisti*, n. 81 – 82, Cleup, Padova, pp. 16 - 38.

Mast H. 1971, *Die alten österreichischen Befestingungen in Südtirol und Karnïten*, in *Der Schlern*, n. 1-2, Athesia, Bolzano, pp. 55 – 66.

Mazzetti M. 1980, *L'importanza strategica del Trentino dal 1866 alla 1ª guerra mondiale*, in *La prima guerra mondiale e il trentino*, a cura di Benvenuti S., Edizioni Comprensorio della Vallagarina, Rovereto, pp. 25 – 44.
Ministero della difesa, Sme, Ufficio Storico 1929, *L'esercito italiano nella grande guerra (1915 – 1918)*, vol. 2, *Le operazioni del 1915*, tomo 2° bis, *Documenti*, Roma.

Minniti F. 2000, *Fino alla guerra. Strategie e conflitto nella politica di potenza di Mussolini 1923 – 1940*, Edizioni Scientifiche Italiane, Napoli.

Murari S. 1935, *Un episodio di guerra nelle prealpi carniche*, Mondadori, Milano.

Pascoli M. Vazzaz A. 2005, *I forti e il sistema difensivo del Friuli*, Gaspari, Udine.

Puddu F. M. 2011, *La linea Rupnik*, in *Storia Militare*, n. 212, Albertelli, Parma, pp. 42 – 48.

Rosner W. 2003, *La fortificazione degli altopiani trentini e l'offensiva del 1916*, in *1916 – La Strafexpedition*, a cura di V. Corà', P. Pozzato, Gaspari, Udine, pp. 73 - 87.

Rothenberg G. E. 2004, *L'esercito di Francesco Giuseppe*, Libreria Editrice Goriziana, Gorizia.

Ruffo M. 1998, *L'Italia nella Triplice Alleanza*, Roma.

Salis – Soglio D. 1908, *Mein leben und was ich davan erzählen will, konn und darf*, vol. 2°, Stoccarda.

Sema A. 2010, *Minacce su Trieste. Aspetti della pianificazione difensiva italiana al confine orientale tra anni venti e trenta*, in *Conoscere il nemico. Aspetti di intelligence e modelli culturali nella storia contemporanea*, a cura di Ferrari P., Massignani A., Franco Angeli, Milano, pp. 310 - 336.

Schaumann W. 1997, *Valutazione tattico – operativa del confine carinziano nel contesto dell'Austria*, in *Confine orientale e strategia difensiva prima della grande guerra*, a cura di De Cilia A., Arti Grafiche Friulane, Tavagnacco, pp. 79 – 97.
Silvestri S. 2006, *La catena fortificata del Vallo Alpino nella val Tagliamento*, Arti Grafiche Friulane, Udine.

Simic M. 2005, *Utrdbi pod Rombonom predstraža soške fronte*, Lubiana.

Tonazzi D. 2001 - 2003, *La prima guerra mondiale sul fronte Carinziano*, 2 voll., Edizioni Saisera, Udine.

Trevisan T. 2002, *Gli ultimi giorni dell'armata perduta. La grande guerra nelle Prealpi Carniche*, Gaspari, Udine.

Wagner W. 1987, Die *K. u. K. – Gliederung und aufgabenstellung*, in *Die Habsburgermonarchie 1848 – 1918*, band V°, *Die Bewaffnete Macht*, Vienna.

Weiss U. 2007, *Il forte Hensel a Malborghetto 1881 – 1916*, Verlag und Gesamtherstellung, Graz.

X

BORDER AND COASTAL FORTIFICATION OF THE INTER-WAR PERIODE IN THE FORMER KINGDOM OF YUGOSLAVIA

Autore
Pachauer Volker Konstantin — Austrian Society for Fortress Research – Oegf, Graz

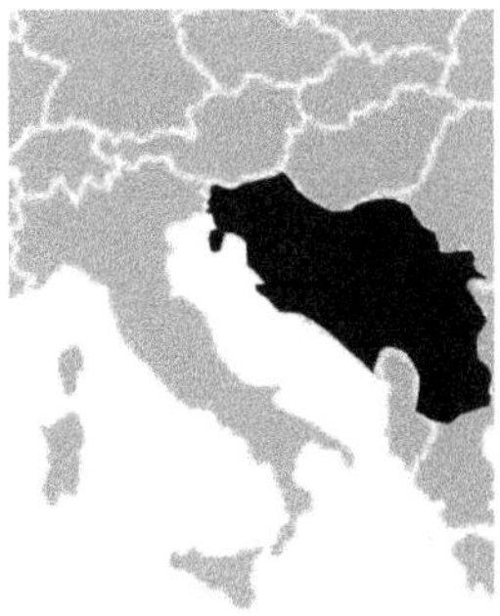

Abstract

This presentation will give an overview of the fortification system built by the former Kingdom of Yugoslavia to protect its borders and long coastline to the Adriatic Sea till the outbreak of WWII. After a short explanation of the strategic situation, that changed from the first projects of the 1920s to prevent its border to Italy ("Rupnik Line") to the large construxtion efforts to secure the eastern and northern frontier against a possible German threat in the early 1940s.
Main focus will be given to the different types of permanent and strengthened field fortification that were developed by Yugoslavian Army engineers for the landside and seaside frontiers. Which fortification lines were stuck in the planning phase and which was at least finished? Which armament came into use? Similarities and differences, respectively influence by the major fortification systems of that time – like the famous French Maginot line and German OWB and Westwall – shall be brought into a larger context.
Last part will include pictures of Yugoslavian fortification that will show the current state of preservation and the actual handling with this singular heritage of military architecture in the case of Yugoslavia's succession states Slovenia, Croatia and Montenegro.

Sommario

LE FORTIFICAZIONI DELLA COSTA E DI CONFINE NEL REGNO DI YUGOSLAVIA NEL PERIODO TRA LE DUE GUERRE.
La presentazione offrirà una visione d'insieme del sistema di fortificazioni costruito dal precedente regno di Jugoslavia per proteggere i propri confini e la linea costiera sul Mar Adriatico fino allo scoppio della seconda guerra mondiale. Dopo una breve spiegazione della situazione strategica che cambiò dai primi progetti del 1920 per difendere i propri confini dall'Italia (Linea Rupnik) al grande sforzo costruttivo, per rendere più sicure le frontiere orientale e settentrionale, contro la possibile minaccia tedesca nei primi anni del 1940. Maggiore importanza sarà data ai differenti tipi di fortificazioni campali permanenti che furono sviluppate dagli ingegneri dell'esercito jugoslavo per le frontiere di costa e di terra. Quali linee di fortificazione rimasero alla fase di progettazione e quali furono effettivamente portate a termine? Che armamenti vennero usati? Somiglianze e differenze, rispettivamente influenzate dal più grande sistema di fortificazioni del tempo – come la famosa linea Maginot francese o le tedesche OWB e Westwall – andrebbero prese in considerazione. L'ultima parte include immagini della fortificazione Jugoslava che mostreranno l'attuale stato di conservazione e l'attuale modo in cui viene trattata questa singolare eredità che l'architettura militare jugoslava ha lasciato ai successori Slovenia, Croazia e Montenegro.

1 - *Introduction*

The First World War followed by the Treaties of Paris caused large territorial changes to almost all of Europe. Probably the biggest shifts formed the western part of the Balkans with the creation of a new multi-national State: the Kingdom of Serbs, Croatians and Slovenes, later renamed into Kingdom of Yugoslavia. As a consequence of inevitable conflict potential with some of its neighbouring countries, this state searched to secure its territory both in a diplomatic way and military protection. The military part set a focus on permanent fortification for the national defense, forming one of the major fortification systems of the inter-war-period in Europe. Although huge in dimension, both in quantity of single structures and total

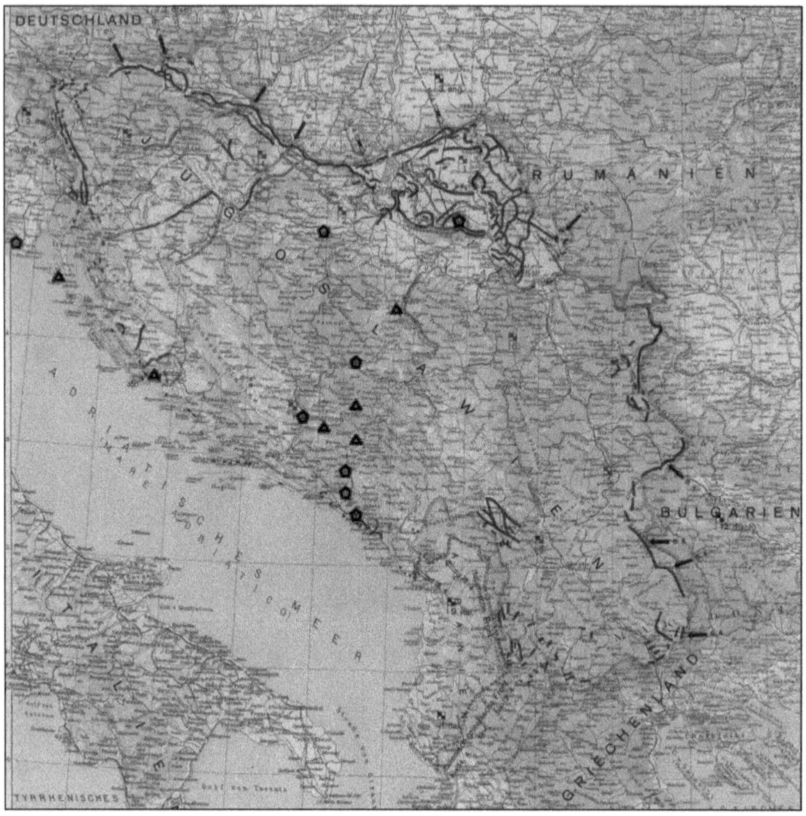

Fig. 1. Modified map of (1).

length – almost continuous along the border of Yugoslavia (graphic 1) at that time, this fortification system is rather unknown and barely researched. Even to compare it with the famous French Maginot Line, its Czechoslovakian "imitation" or the German Westwall, this defense line shows besides analogies some interesting independent solutions for fortification of that time.

2 - *Situation at the Balkans from 1912 to 1918*

As a consequence of increasing problems that went along with growing weakness throughout the 19th Century, the Ottoman Empire had to withdraw from the northern part of the Balkan peninsular at the beginning of the 20th century. In the Balkan Wars of 1912 to 1913 it lost most of its territory on continental Europe except of East Thrace. Major beneficiaries of these wars were Bulgaria, Greece and Serbia. In 1908 the Austro-Hungarian Empire already had annexed Bosnia and Herzegovina. As mentioned before the suburb contracts of Paris, which formed the map of Europe new after the First World War, brought great changes to the Balkan Territory. The contracts of 1919 and 1920 finally defined the borders of the State of Serbs, Croatians and Slovenes, short SHS-State. It can be claimed, that this was a result of the Pan-Slavism Movement of the 19th century under authority of Serbia to form a State of all south Slavs under their leadership. But the drawing up of a frontier caused some conflict with its neighbors, especially the border with Italy. As the regions of Goricia and Istria had a high percentage of Slovenian and Croatian inhabitants, there was a Yugoslavian interest in incorporation of this area. The opposite situation existed along the border to Hungary, where the border region here was former Hungarian territory. The bilateral Treaty of Rapallo signed up between the SHS-State and Italy at the end of the year 1920 should end the question of demarcation. But peace kept only for a couple of years and the free city of Rijeka fell back to Italy.

3 - *SHS and the beginning of a defence concept*

Yugoslavia get hold of some pre-war fortification, mostly of the former Habsburg Empire. As a consequence of the historic geography many fortresses, barrages or single forts divided the country in the middle (figure 1) . The same was with former fortified places of Serbia and Montenegro, like Belgrade, Nis or Cetinje. These cities lay partly far away from the actual border or aimed into wrong direction and were barely a support for a defense system. On the other hand, as many were erected throughout the 19th century, most of these objects were even obsolete. So it can be subsumed, that in principle all borders were undefended. Situation was a little different along the Adriatic shore, as some heavy permanent fortification - in many cases reinforced by field fortification including heavy armament of the First World War - could be adopted there.

4 - *From planning to Building*

The development of the Yugoslavian fortification system between 1918 and 1941 can be divided into five general phases. These must be regarded to the actual situation of the foreign affairs. The first phase from 1918 to 1926 saw not much threat from outside, especially at the land

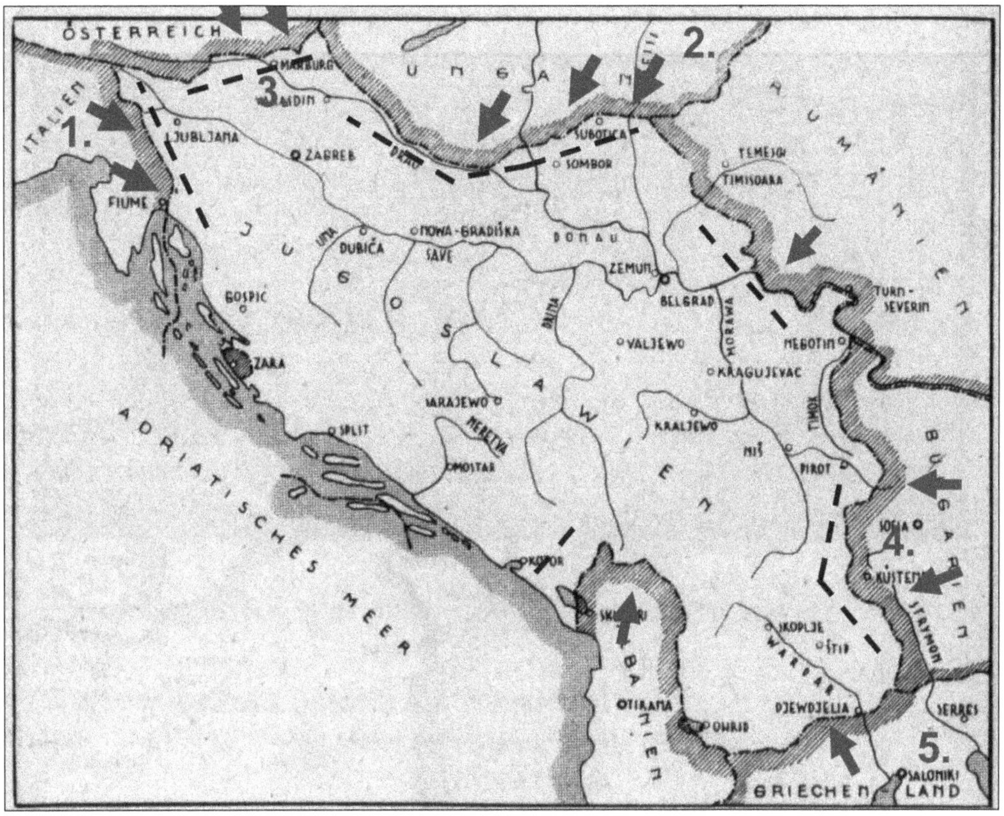

Fig. 2. Map of (1) showing changing situation of threats on the borders.
1 Italy,
2 Hungary,
3 Austria / Germany,
4 Bulgaria,
5 Greece,
then Albania
and Romania.

front. As the Yugoslavian Navy was rather small and outdated, older Austro-Hungarian fortification along the shore with a focus on the naval ports of Kotor and Sibenik were maintained and partly reinforced to secure the Dalmatian coast against attacks from Italian "Regia Marina" (figure 3). During the second periode between 1926 and 1935 and a growing tension with fascistic Italy showed the need to protect the western border and the southern part of the Yugoslavian territory along the border of occupied Albania. In summary not much was built but intense discussion and planning started along the introduction of an engineer staff located at Ljubljana. The following two years faced growing tension with rising Hungary. The flat border terrain only protected by some water bodies needed to be

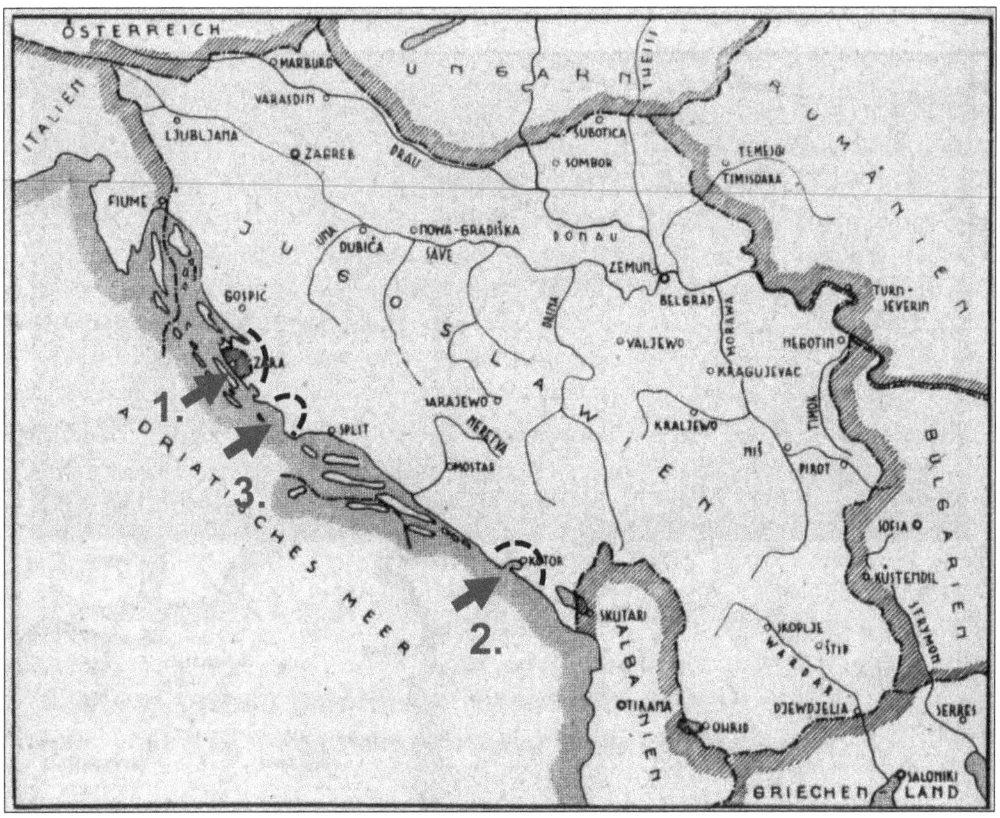

Fig. 3. Map of (1) with exposed parts along the Adriatic coast.
1 Italian bridgehead Zara,
2 and 3 Yugoslavian ports of Kotor and Sibenik.

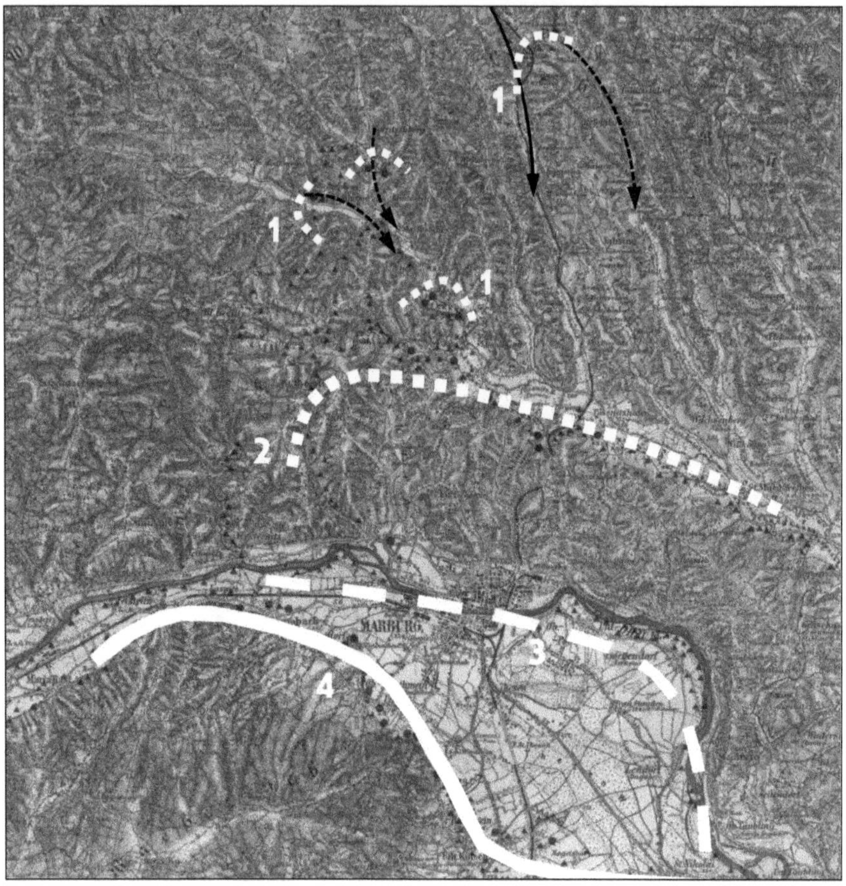

Fig. 4. Map of (1) – sector of Marburg/Maribor. Black: communication lines: railway and major roads; 1 barricade and outposts in the forefront, 2 first line, 3 second line along Drava river, 4 main line.

fortified. To secure important communication lines and major cities even several lines of bunkers were realized. Finally along the Austrian border first fortifications, called "tall bunkers", were erected. From 1937 to 1939 the focus of fortification works was brought back again to the Italian and Austrian (from 1938 on German) border. At that time twelve fortress engineer staffs were headed from the higher staff at Laibach/Ljubljana counting in total 15000 military and civil workers. Additional civil construction companies were commissioned. The years 1939 to 1941 brought further changes in the general situation. France as last important supporter turned out, Bulgaria drew nearer to the Axis which brought Yugoslavia in a very isolated situation. From that time on all borders should be fortified (graphic 2). The total amount of people employed to build the fortification increased to 47000 workers (1).

4.1 - *Strategic concept of the border fortification*

The concept of territorial defense focused on continuous linear fortifications, partly grouped in some depth, consisting - at key positions and main communication axes - of several lines. In theory, a sector should exist of a forefront position, composed of single outposts or strongholds, the main line and a support-line in the back to repel a possible breakthrough. Probably the best example is the defense sector of Maribor (figure 4). The northwestern fortifications along the Italian border, soon after planning by locals called "Rupnik Line", was projected as the most heavily fortified part. Fortified groups, similar to works of the Maginot Line, with combat blocks on the surface linked by a tunnel system cut out of solid rock, were supposed to form a skeleton of the line. These key-positions, located on top of strategic mountains, were linked by strongholds or single bunkers to control the intervals. Generally fortifications should be located close to the border, but depending on the topography.

Yugoslavian permanent fortification can be generally divided into three categories: light, medium and heavy elements. Among the last, the heavy works called "summit forts", only some have been in the phase of building and not one absolutely finished. Most of the sectors consisted of light and middle bunkers. Some very heavy and rather special typologies can be found in coastal fortification particularly around the naval port of Kotor. Even these strong elements were supported by open gun pits of reinforced field fortification. Below, some of the significant types of the light, medium and heavy fortifications are described more in detail. Interesting is the fact, that military engineers of the staff worked close together with faculty of civil engineering from college of technology at Ljubljana.

4.1.1. - *Reinforced Field Fortification*

This was the most common type of fortification that was built. Here we can separate between open positions, similar to Italian and German Tobruk bunkers of the Second World War, and covered emplacements. Both were used generally for light infantry weapons. There was a series of about 30 standardized types, but modification to the local topographic and/or strategic situation lead to a much larger variety of objects. A special feature was the antitank bunker (figures 5 and 6), mainly as result of the larger weapon. All bunkers can be found in combination with covered entrance galleries, partly equipped with rifle embrasures for close defense. These galleries often housed ammunition storages or small chambers for sleeping. Outer entrance was only protected by a lattice door.

Among the light fortifications the so called nests for one or two machine guns was the most common type. They had a small silhouette at the front side with two armored embrasures (figure 7), sometimes only formed by concrete loop holes. Dimension of roof and exposed walls was only 25cm of reinforced concrete. That made it both rather economic and, together with the thin armored plate, very woundable. General purpose of the bunkers saw frontal fire. North of Maribor many examples of these bunkers can be found, nearly all of them showing evidence of the combat in 1941.

4.1.2 - *Standard Unit designs*

A rather common element in the Yugoslavian fortification is the standard type bunkers. Several hundred of them were built in 18 different models. With wall dimensions of 1 to 1.2 meters it was designed to resist 15,5cm field guns. The ground pattern was an almost square shaped pillbox. Interior space was reduced by a defended entrance chamber forming a "L-shaped" combat room (figure 9). The simple ground form saw the use of one machine-gun situated opposite the entrance (figure 10 and 9). Armament was protected by an armored shield with a general size of 8cm of steel. The most common type was a casemate with a three-embrasure-armor for frontal fire (figure 11), providing the main weapon a 150 degree field of fire. Except of frontal fire, many bunkers had one or two additional armored shields in the flanks (figure 12) for further weapons giving these structures much more firepower than the nests of the reinforced field fortification.

Besides the already mentioned entrance defense another big difference to the lighter fortification was the technical fitting. The standard unit designs were projected as gas-proof (but must be believed to be not). Therefore the inner door and the tubes running through the concrete mantle could be closed tight. Combined with the entrance defense was a hand-operated ventilator that should provide fresh air support. The ceiling included different holes, projected for periscope-observation and illumination rockets, but it is not sure if any periscope was ever installed. At least one funnel for an oven was placed at the gorge side. Interesting is the rather massive use of pipes for hand-grenades for close defense (both for embrasures and entrance situation). The combat room also served as accommodation for the small garrison which can be seen by the folding beds

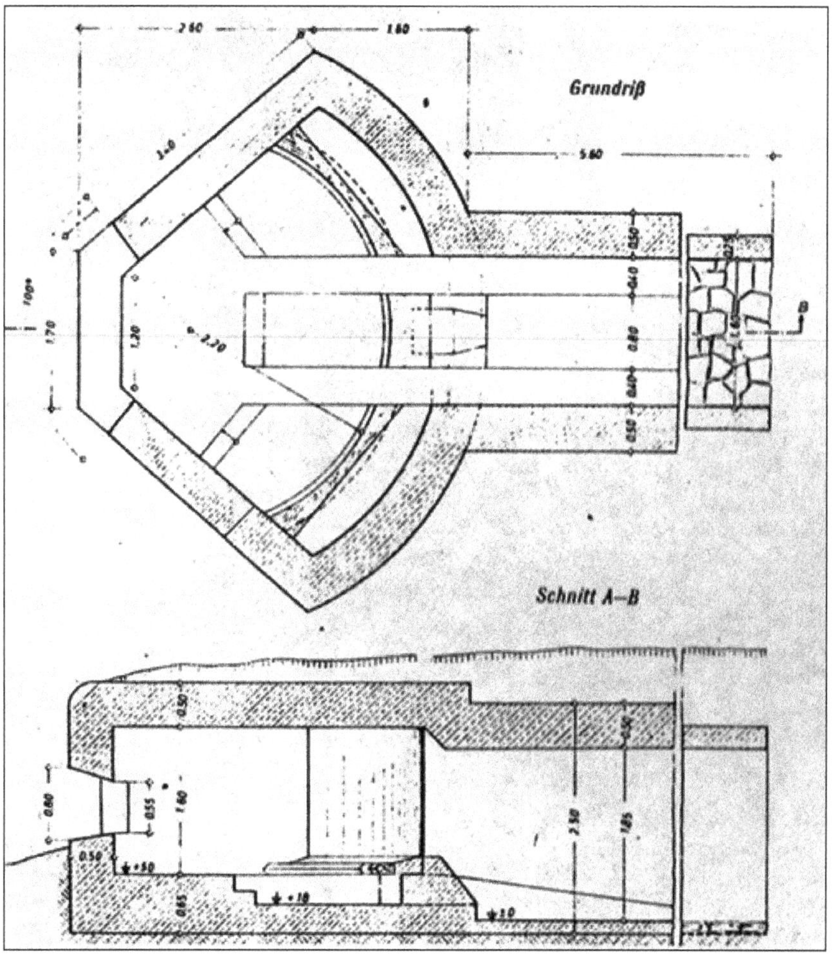

Fig. 5. Ground view and cut section of an antitank bunker (1).

Fig. 6. Combat room of a antitank bunker (VP 2012).

Fig. 7. “Nest” for machine-gun (VP 2012).

Fig. 8. Armored shield with carriage for machine gun (Prattes 2013).

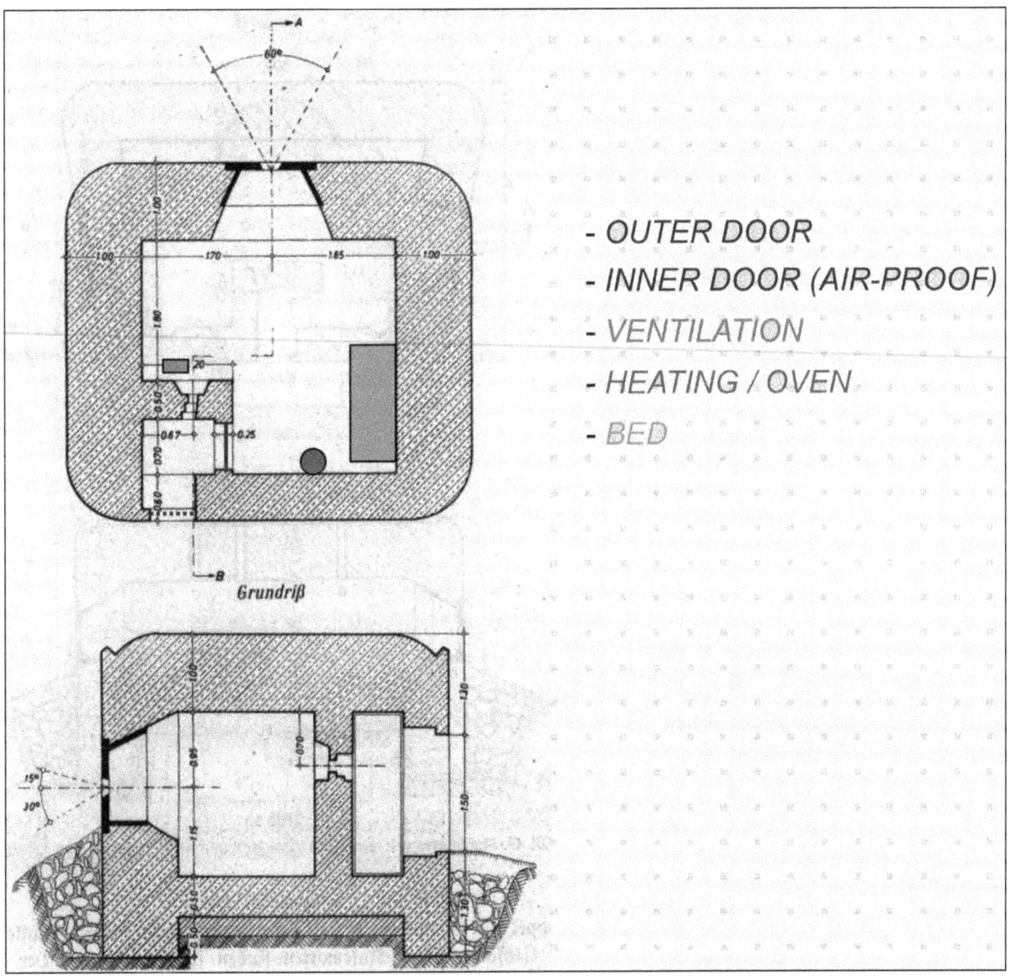

Fig. 9. Standard type - ground view and section (see even at Fig. 10).

(preserved mountings) on the walls (figure 9). Probably for that reason, the wooden planks of the formwork remained in its side. Additionally these boards protected the crew from concrete splinters during shelling. Similar to the "nests", many of this bunkers had an access gallery. Some were even linked to an underground tunnel system.

4.1.3 - *Heavy fortification – group fortification*

The most ambitious designs were made for the western frontier. The so called Rupnik Line should consist at key-positions along important heights west of Ljubljana of several fortified groups, later called "summit forts" as located on the crests. French and Czechoslovakian influence on this type of fortification is distinctive. These large works or fortified groups consisted of two general elements: heavy combat blocks on the surface and an extensive underground tunnel system (figure 13). The underground galleries provided the important facilities like accommodation, storage/ammunition, power supply, ventilation, toilets etc. and were about 30 to 40 meters sunk-in the ground to give maximum protection.

On the surface at least one block served as protected entrance situation at the rear side and two or more blocks were the accurate elements of combat. The early projects of 1936 and 1936 required up to about 15 blocks for machine-gun and cannon fire. In these first designs combat blocks were rather similar to those of French and Czechoslovakian fortification of that time, so large structures on one or two levels with combined armament and almost all-around angle of fire (figure 15). Two typical Yugoslavian singularities was the use of the already mentioned three-embrasure-armor and concrete-type cupolas on top of the structures. These cupolas or towers on top of the ceiling were a result of saving the expensive armor material. They were a combination of the three-embrasure-shields and a cylindrical reinforced concrete element. It is possible, that this armor originally was designed to form these cupolas. According to the resistance class of the armor, cupolas had walls and ceiling of 1m concrete. The dimension of the main part of the block should provide protection against artillery shells up to a caliber of 30.5cm. That means exposed walls and the roof could reach a thickness of up to 2.75m, minimum size should be 1.7m on front and roof as well as 1.5m in flanks (figure 15), but if possible covered with earth.

The change of the political situation in the eve of the Second World War with a modified opinion about the territorial defense widely ceased these compendious works from 1939 on. At all there were insufficient resources to realize such complex fortifications. That in all manners: economic, workers – especially well skilled ones – and high-grade material like construction steel and armor parts. As a conflict with Germany or Italy was evident, there was even just no time for building large objects. On base of the pre-conditions the works were as far as possible reduced. The amount of combat blocks was reduced by up to two-thirds or even three-quarters and only one entrance in a rather simple design was projected (compare figure 13 and figure 14). Besides a general reduction of surface elements, these structures were simplified by itself. They got a rather similar design to compare with the standard design units. One big difference was the use of the concrete turrets, providing these combat blocks with several levels of fire. However it is interesting to see, that the idea of building works was not dropped generally. Like said before, none of the projected fortified groups was ever finished.

4.2. - *Strategic concept of the sea-side fortification*

Regarding the Yugoslavian territorial defense, there was a total different situation at the sea-side frontier. As the young state inherited only a small fleet that was not in the condition to defend whole of the Dalmatian coast, there was a need for fortification too. But, as many parts of the shore with its key-positions and strategic ports were to be fortified throughout the last centuries, there was a good developed basis for further fortification. Main threat was supposed by the Italian Navy. As in general coastal fortification had to resist a shelling from the heavy marine artillery - at that time canons up to 40.6cm caliber – the passive resistance had to be much higher than on the land-side. Along the Yugoslavian coast defenses were focused on several points along the shore (figure 1), with major concentrations around Zadar, Sibenik, the islands opposite the Neretva delta, Dubrovnik and especially the Bay of Kotor with the main naval base of Yugoslavia. The focus was set absolutely on artillery fire. Within coastal defense only a small number of infantry strongholds can be found, a larger quantity only around the cities Zadar and Rijeka.

4.2.1.- *Reuse of existing fortification*

The overtaken features of defenses can be divided into two categories: Permanent coastal forts or batteries most of them erected in the years from 1880 to 1900 and on the other hand war-time, partly reinforced field fortification from WWI. Although the former remained in use and fully armed till outbreak of fights in April 1941 (see figure 19), they are just fragmentary mentioned in German documents (1).

Among the sea-side fortifications that were erected in the period from 1918 to 1941, we have to separate between objects that were continued or at least finished ones already begun earlier and totally independent projects. At the start it was already mentioned, that not much scientific researches on Yugoslavian fortification was done till now. And that is even more valid for the coastal defenses. In German so called "Denkschrift über die Jugoslawische Landesbefestigung" several examples of heavy coastal fortification are mentioned (figures 16 and 18). All located in the district of Kotor. Beside the fact, that these batteries consist of spacious galleries in the underground, linked with shafts or ramps to open gun emplacements – similar to the summit forts – it is clearly mentioned, that the tunnel system and/or the gun emplacements stem from the Austrian time (1). In all examples at least, armament is from Austrian origin. On the other hand, these batteries show absolutely different designs. This will be shown by two examples: batteries of Vitaljine and Molunat. The first one defending the entrance of the Kotor Bay (figure 17) and the second one defending the south-western approach to Prevlaka peninsula, located close to the village of Molunat about 15km north-west of the bay. Both had an armament of two Skoda-type 15cm 40-calibre guns in single open gun-pits. At battery Molunat the guns are situated on top of a three leveled shaft (figure 18) that housed accommodation for the garrison and the ammunition. The platform was reachable by stairs and supplied by an ammunition hoist. This shaft was connected to a tunnel system housing the engine room and main ammunition magazine and a defended entrance at the backside. On the front side to the left an observation post was attached and on the other side a ventilation gallery leading to the rocky shoreline. A second similar structure was located about 100m to the west. Both elements were connected by a cable gallery.

As the existence of a multi-leveled shaft is a strong indication in combination with the existence of another battery in the area of the bay that had a navel turret installed, it can be assumed, that this battery was initially projected for two revolving (naval) turrets. In that sense it is interesting to mention, that from 1915 on there were Austrian considerations to install naval turrets within the area of Kotor naval port. Battery Vitaljine shows some eminent differences. In general, this structure is more a unit. The central element, formed by a straight, almost 130m long gallery contains the accommodation for the crew. At the southern end an engine room is located, the northern part forms the entrance situation consisting of a main entrance and a secondary emergency exit, both defended by a rifle embrasure and secured by a gas lock. Heading southeast two galleries link the main corridor with ramps, leading to the two gun positions for one 15cm L/40 Skoda-type gun each (figure 16). Both ramps are protected by an internal close-defense. In the middle between the gun positions, slightly pushed to the front, an observation post is grouped. Several small chambers along the corridors and ramps serve as further storage facility. There is a similar battery located at the opposite side of the entrance: battery Arza. This one and the existence of another example, battery Punta della Femmina located on Mali Brijuni as part of the Pula defenses, could give more evidence about the origin. In both cases – Molunat and Vitaljine - it is rather difficult to say exactly, which are "Austrian" parts and which elements were built by Yugoslavia during inter-war-time.

A high percentage of Yugoslavian fortification is still preserved, except some sectors west of Ljubljana. Those bunkers were destroyed by using them as shooting targets during WWII. In summary within this territorial defense system influences by supporting powers like the French and Czechoslovakians are clearly visible. To look closely also an impact of overtaken or already existing fortification can be discovered. Furthermore personal influence by incorporated engineer officers of the former Austro-Hungarian Army can be supposed. These outer factors combined with independent solutions led to a remarkable system of European fortification.

5 – Sources

Denkschrift über die Jugoslawische Landesbefestigung, Oberkommando des Heeres, Berlin 1942.

Rudi Rolf, *A Dictionary on Modern Fortification*, PRAK Publishing, Middelburg 2004.

Aleksander Jankovic Potocnik, *Fortyfying Europe's Soft Underbelly – The Rupnik Line, the Vallo Alpino and Other Fortifications of the Ljubljana Gap*, Merriam Press, Bennington 2012.

Miha Naglic, *Pozdravljeni, Ljubitelji Utrdb! – Zemljevid Meja, Vojaskih Objektov in Drugih Znamenitosti Na Zirovskem (map)*, Turisticno drustvo, Ziri 2007.

Radojica Pavicevic, *Werk. Austrougarske tvrđave u Crnoj Gori*, Pobjeda, 2012.

Earth.google.com, 15th of November 2012.

Fig. 10. Frontside with armored round loophole (1) (see even at Fig. 9).

Fig. 11. Inside view of a bunker for two MG. Inner formwork of wood is still in place.

Fig. 12. Inside view of a bunker for two MG. Inner formwork of wood is still in place.

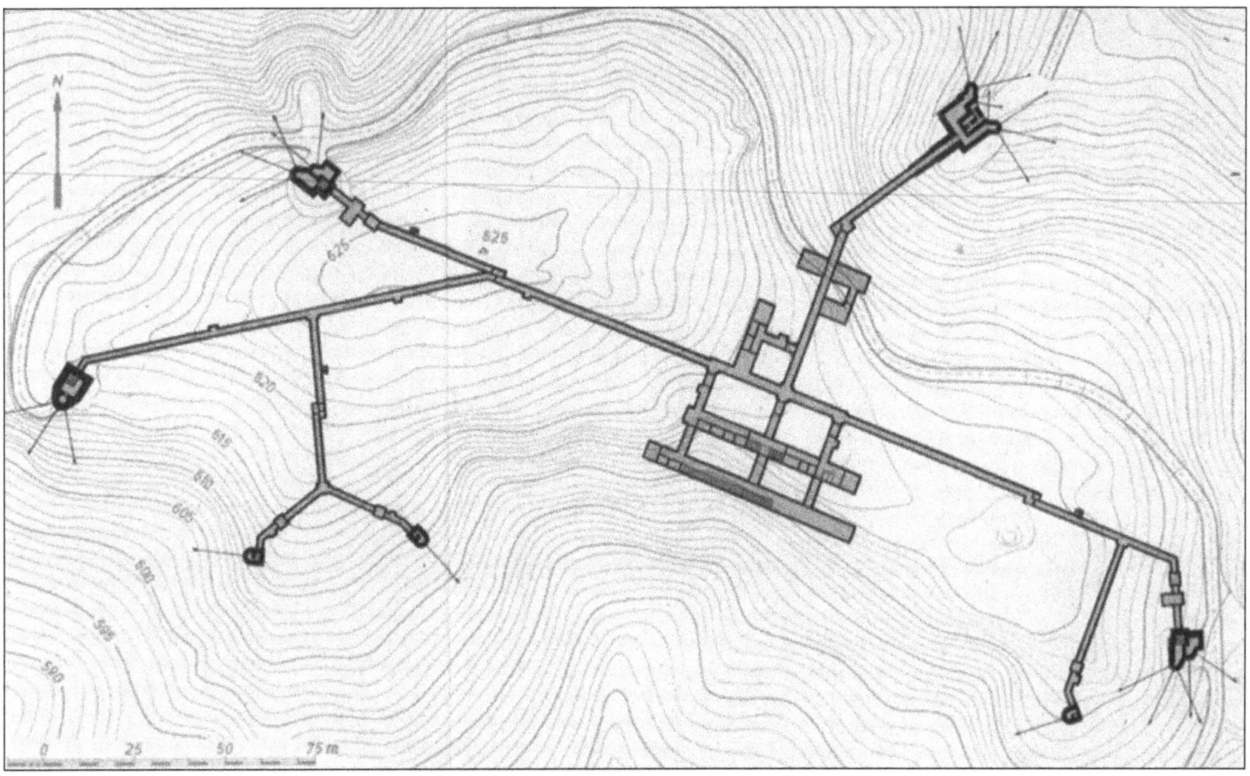

Fig. 13: Project for Stmica work from 1937 (1).

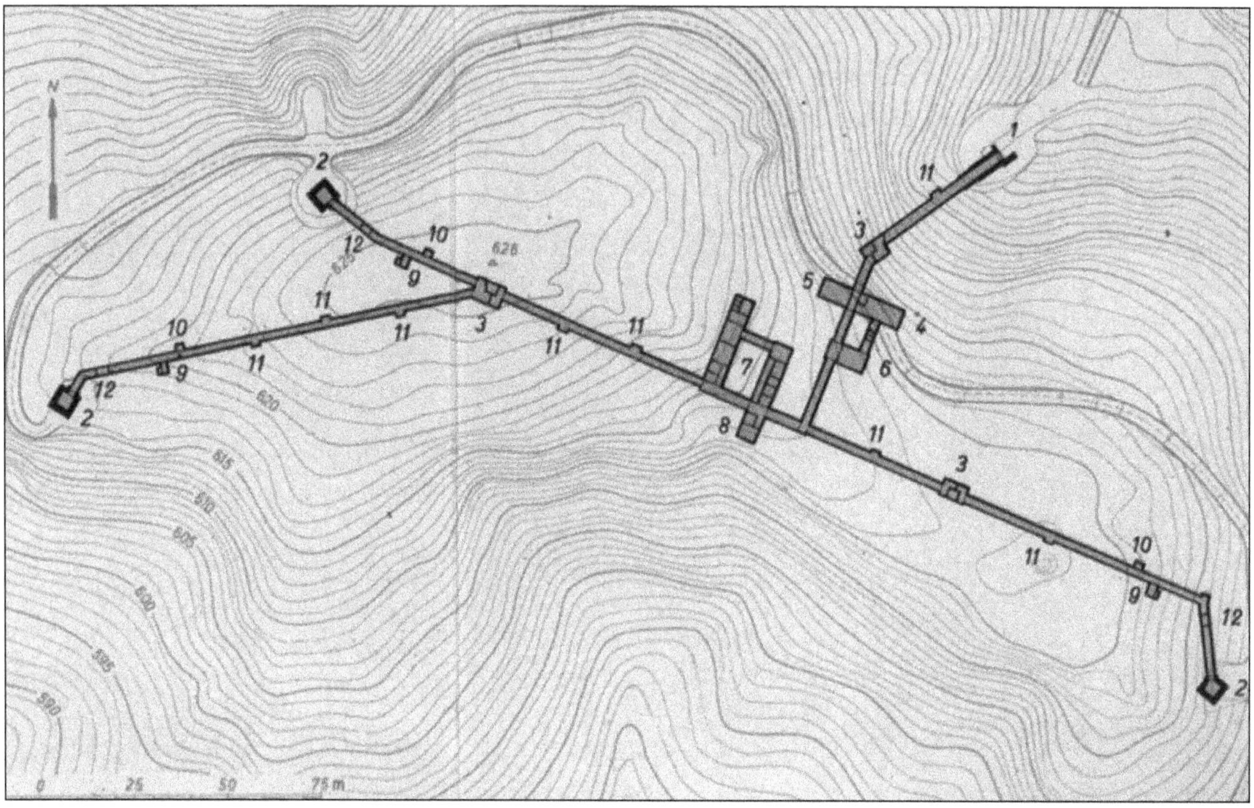

Fig. 14. Reduced and simplified project of Strmica: state of works from 1941 (1).

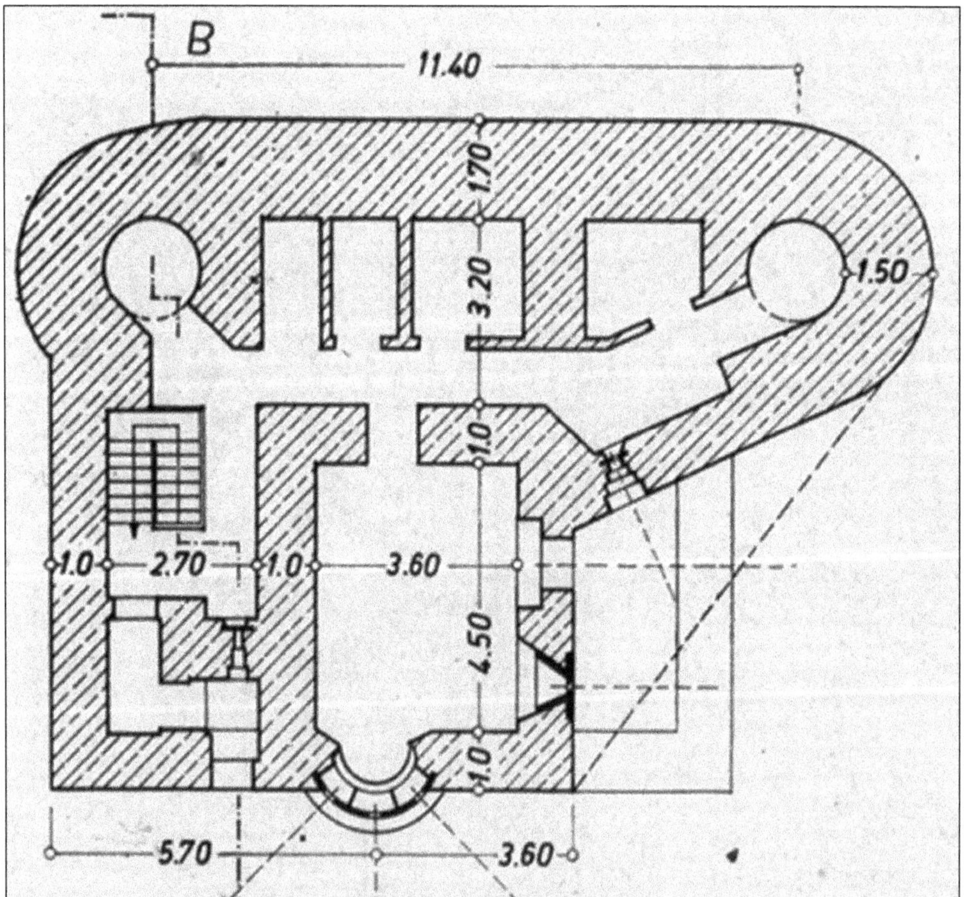

Fig. 15. Example of heavy combat block for works (1).

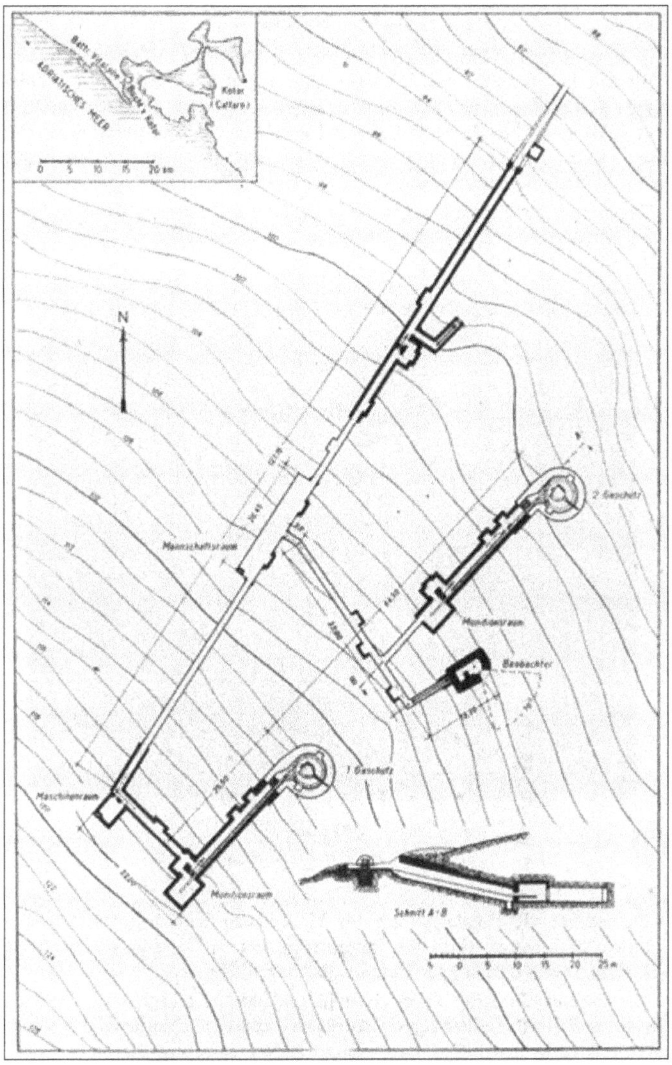

Fig. 16 (left) and 17 (down): Battery Vitaljine.

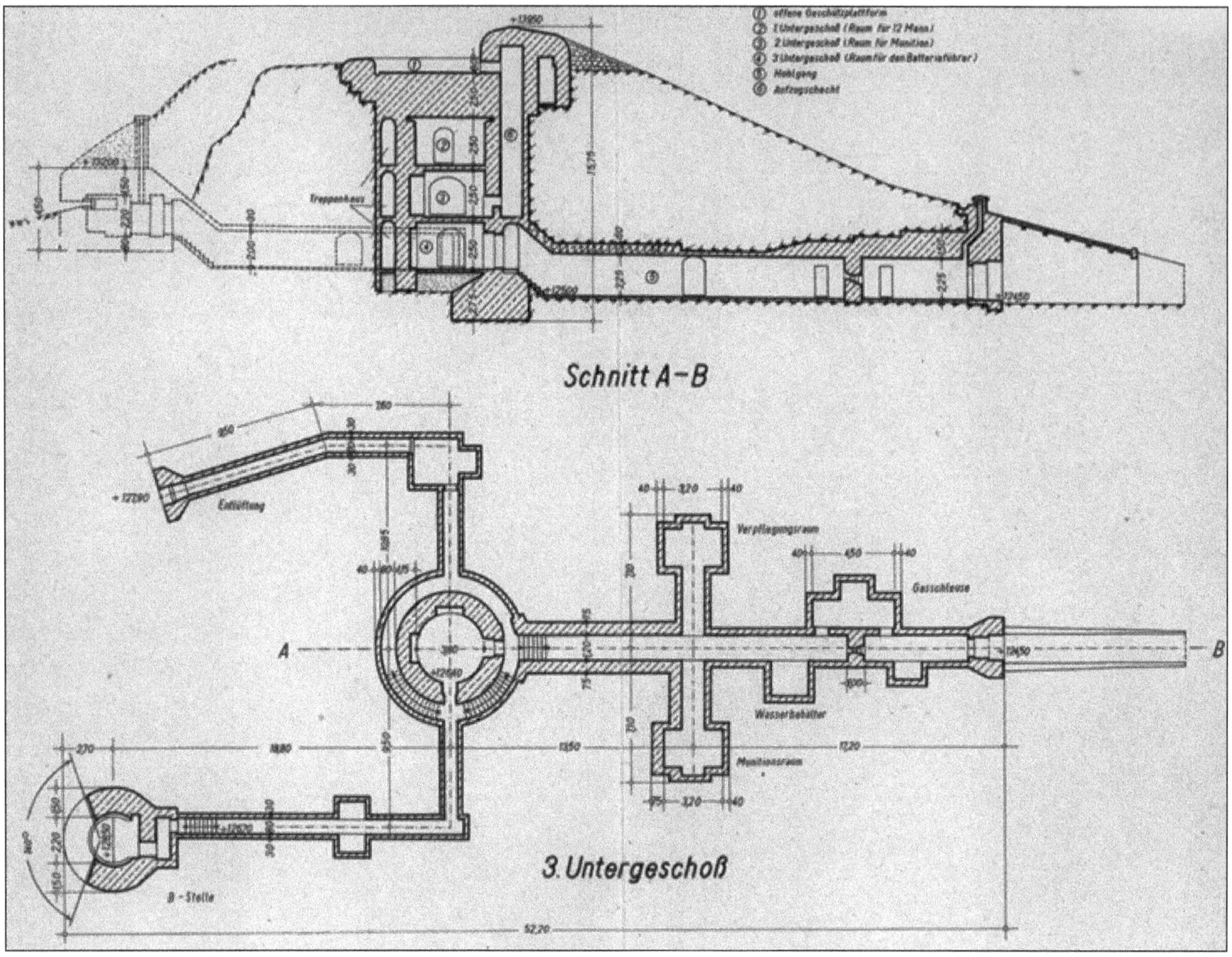

Fig. 18. Battery Molunat, finished 1938 (1).

Fig. 19. Battery Spagnol around 1930 (from 5).

XI

ITALIA: RIFLESSIONI SULLA DIFESA CONFINARIA E NOTE RIGUARDANTI IL VALLO ALPINO

Autore
Gianluca Padovan Associazione Speleologia Cavità Artificiali Milano, Federazione Nazionale Cavità Artificiali

Sommario

Considerazioni sul Vallo Alpino italiano attraverso i documenti dell'epoca. In particolare si riportano gli stralci dei testi delle «Circolari» susseguitesi tra 1931 e 1943 a proposito del Vallo Alpino, fornendo caratteristiche tecniche e difensive. Considerazioni riguardanti l'inefficacia di talune opere permanenti, con trascrizione di osservazioni e di commenti d'epoca.

Abstract

ITALY: REFLECTIONS ON BORDER DEFENSE, AND NOTES ABOUT THE VALLO ALPINO.
Considerations on the Italian Vallo Alpino through the documents of the period. In particular, we report excerpts of the texts of the Circular that continued between 1931 and 1943 in respect of the Vallo Alpino, providing technical and defensive characteristics. Considerations relating to the ineffectiveness of some permanent works, with transcription of observations and comments of 'era

1 - *Considerazioni preliminari sulla difesa di un confine*

Volendo acquistare un determinato strumento si dovrebbe già sapere – almeno in linea teorica – per quale motivo lo si desideri adoperare. Ovvero: tale strumento a che cosa deve servire? Ammesso e non concesso di possedere una larga disponibilità economica, si devono considerare almeno due punti: 1) come funziona; 2) quanto funziona. Ma, in ogni caso, non si può ignorare completamente un terzo punto: quanto costa. Ad un aspetto che per comodità di esposizione possiamo chiamare «tecnico - pratico» ne aggiungiamo un altro, quello (mi si passi il termine) «umorale». In buona sostanza, per quanto esseri umani senzienti e razionali, siamo e rimaniamo umani, quindi perfettibili e suscettibili a «variazioni di campo». Mi spiego. Si sceglie uno strumento piuttosto che un altro perché ha una linea migliore, magari a discapito dell'efficienza; o perché costa meno, ma ugualmente può anche solo minimamente soddisfare le nostre esigenze. Oppure, semplicemente, chi ce lo vende è particolarmente simpatico, o ci è venduto con un forte sconto, magari porta un vantaggio su altri piani e via così. Oppure, che è peggio, si acquista lo strumento in quanto andrà ad esclusivo detrimento di qualcosa o di qualcuno. In pratica, lo strumento non è affatto rispondente alle esigenze, ma intanto è stato acquistato e si può dire che esista. Concludendo, lo strumento il quale soddisfa effettivamente e pienamente le nostre esigenze potrebbe non essere quello che si acquista. Riflettendo, occorre domandarsi se tale strumento è il più consono, oppure se lo sviluppo multiforme della *societas* in cui si vive, e con cui ci si relaziona, unitamente alla tecnologia che in suo seno cresce, lo renderà obsoleto e inefficace in un arco temporale malauguratamente breve. Pertanto, uno strumento o un'altro differente possono comunque andare bene nella sola immediatezza, perché in tempi relativamente brevi diverranno inutili. Ma sono solo questi i punti da esaminare per comprendere la bontà di un'opera-strumento? Se lo strumento che necessita, o che «si crede necessiti» è una fortificazione o una catena di fortificazioni, i ragionamenti debbono essere necessariamente allargati e adeguati. In primo luogo la fortezza è sicuramente uno strumento, in quanto con la parola latina *instrumentum* si identificava il costruire, l'apprestare. In secondo luogo, tanto per non dilungarsi, si può fare ricorso alla storia e vedere quanto e come tale strumento potesse essere utilizzato al meglio. Indiscutibilmente una difesa artificiale (o naturale) consentiva ad un ristretto numero di persone di resistere dietro di essa meglio che ad un assalto in campo aperto, portato da un nucleo avversario ben più numeroso: «Le città e i castelli sono fortificati o dalla natura o dalla mano dell'uomo o da ambedue i fattori: questa terza soluzione si ritiene più valida».[1] Ma le eccezioni non mancano, anzi, sono quelle che fanno la Storia. In secondo luogo, ecco un esempio calzante, di duemila e cinquecento anni fa: «Quanto poi alla via di accesso in Grecia attraverso la Trachinia, là dove era più stretta, misura appena mezzo plettro: non è qui tuttavia il punto più stretto di tutto questo paese, ma esso si trova prima e dopo le Termopili: infatti nei pressi di Alpeni, che viene dopo le Termopili, c'è appena lo spazio sufficiente al passaggio di un carro. (...) Ci sono in questa gola dei bagni caldi, che gli abitanti del luogo chiamano "chitri", e accanto ad essi s'innalza un altare a Eracle; anche un muro era stato costruito attraverso questo passaggio; e in esso, anticamente almeno, c'erano tre porte».[2] Nel 480 avanti l'Anno Zero, un piccolo esercito greco formato da più contingenti inviati dalle *poleis* si attesta alle Porte Calde, ovvero al Passo delle Termopili per frenare e auspicabilmente fermare l'esercito persiano proveniente dall'attuale Turchia. I Greci restaurano in fretta il preesistente muro e si pongono davanti ad esso, non sugli spalti. In pratica la difesa è assicurata non dal semplice muro difensivo in pietra, ma dalle fila degli opliti schierati davanti alla muraglia, dietro cui si ricoverano i feriti, i morti e le salmerie. I persiani, soverchianti in numero d'uomini e di mezzi, non riescono a passare, non riescono in alcun modo a superare il muro d'Uomini: «Ma quando i Medi, preso lo slancio, piombarono sui Greci, molti di essi cominciarono a cadere; altri, però, subentravano nella lotta e non si ritiravano, benché subissero gravi perdite. Dimostravano così chiaramente a tutti e, meglio che a ogni altro, al re stesso, che molti là erano gli uomini, ma pochi gli uomini valenti».[3] L'esempio è indubbiamente significativo. Passiamo ora ad una situazione tutta italiana.

2 - *Il piccolo regno dei Savoia*

A seguito del trattato di Cateau-Cambrésis del 1559 l'Europa si confeziona un nuovo assetto politico-militare unitamente alla speranza di una pace duratura, con gli accordi tra Francia e Inghilterra e Francia e Spagna. Il duca Emanuele Filiberto di Savoia si trova così ad organizzare i suoi possedimenti, cercando di porli in solida difesa, per non rischiare di perderli in una possibile successiva guerra: «Già all'intorno degli anni sessanta del XVI secolo Cassiano Dal Pozzo aveva concluso il Memoriale al duca Emanuele Filiberto sostenendo che "*il paese restituito dai Franciosi si può perder in ventiquattro hore; per il che V.A. gli saprà provveder, con fortificar dove le parerà più comodo et utile, ché ben sa V.A. quanto poco vagliano li Stati senza le fortezze*"».[4] Detto questo, lo staterello sabaudo non è esente dalle manìe di grandezza che attanagliano ducati e regni vari del continente, quindi si prodiga innanzitutto a fare costruire ogni tipo di fortificazione permanente a difesa dei propri confini. Occorre ricordare che tra il XVII e il XVIII secolo i Savoia fanno erigere delle fortificazioni ammirate e invidiate dai maggiori stati europei, seppure a discapito dei sudditi i quali vengono costantemente «capestrati» da sempre nuove tasse. Successivamente le direttive difensive seguono un indirizzo differente. Nella seconda metà dell'Ottocento il nuovo regno italiano, creazione ad ampio spettro della massoneria europea ed extraeuropea, riprende stancamente e debolmente i concetti di fortificazione permanente. Si tracciano piani quasi mai portati a temine, anzi, raramente cominciati in modo organico e moderno, per la difesa totale dei confini, pensando sempre alla difesa del tratto occidentale che confina con l'amica-nemica Francia. I primi passi sono del 1862, con la formulazione del Piano Generale di Difesa, ma come scrive Girotto: «Solo nell'agosto del 1871 però detta commissione presentò al Ministero della Guerra la sua "Relazione a corredo del Piano Generale di difesa dell'Italia", piano che quasi completato nel 1866, aveva dovuto venire completamente rivisto in seguito all'annessione del Veneto e alla successiva presa di Roma».[5]

2.a - *Il nuovo strumento difensivo: la «Linea»*

Solo gli imminenti venti di guerra dei primi del Novecento, uniti alle pressanti richieste dello Stato Maggiore Italiano, danno inizio ad un nuovo piano difensivo che si comincia ad attuare entro pochi anni. In primo luogo si considerano, o si dovrebbero considerare, le esperienze belliche e i nuovi armamenti in corso di sviluppo, per maturare dei tipi di opere permanenti adeguate. In Italia, ma pure in altri stati europei (tranne in Germania), si tende a minimizzare, ad esempio, l'esperienza maturata nella guerra russo-giapponese iniziata nel 1904. A seguito delle disfatte campali l'esercito russo si ritira in fretta nelle fortezze della propria base di Port Artur, in Manciuria. Il generale giapponese Kiten Maresuke Nogi stringe la base nell'assedio e consuma i suoi uomini tentando di prendere d'assalto i forti, ma senza successo. A questo punto si fortifica a sua volta, utilizzando sistematicamente le trincee e il filo di ferro spinato, e attendendo la fornitura delle armi che gli consentiranno di sbriciolare le difese avversarie: gli obici (o mortai) da 280 mm a canna rigata. Nel frattempo rispolvera i concetti della cosiddetta «guerra sotterranea», facendo realizzare nel sottosuolo le gallerie di mina nell'intento di demolire le difese esterne dei forti assediati.[6]

Stando ai documenti d'archivio la difesa confinaria italiana prevede innanzitutto la fortificazione dell'intero arco alpino. In particolare: «Nel gennaio del 1911 l'Ufficio Difesa dello Stato formulò uno schema di sistemazione difensiva della frontiera svizzera, col concetto che sul rispetto della neutralità svizzera in caso di guerra non bisogna farsi alcuna illusione, e che è dubbio che la stessa Svizzera tenga a tale rispetto e non si schieri probabilmente, in entrambe le ipotesi di guerra, contro di noi. È quindi d'avviso che gli studi per la organizzazione difensiva permanente si estendano a questo tratto di frontiera e che acquistino anzi importanza specialmente quelli che meglio si colleghino alle operazioni della frontiera austriaca».[7] La linea che si predispone, ovvero la Frontiera Nord, prende il nome del generale che ne curerà le fasi finali: Cadorna. Ai lati della «Linea Cadorna» (o Frontiera Nord) vengono erette nuove opere, altre sono semplicemente «ammodernate». La frontiera orientale verso i territori dell'Impero Austro-Ungarico presenta un'ossatura costituita da forti (ovvero «batterie corazzate») vecchi e nuovi, ma sostanzialmente tutti inadatti a resistere ai colpi delle artiglierie pesanti come, ad esempio, i mortai Skoda da 305 mm e dei mortai da 420 mm. La frontiera occidentale, verso la Francia, viene guarnita con interessanti quanto inutili batterie corazzate, di cui si può ricordare, tanto per fare un nome, la Batteria dello Chaberton (o Forte Chaberton). Oramai obsoleta già alla data dell'ultimazione, avvenuta il 7 ottobre 1913, era caratterizzata da otto torri armate con cannoni da 149/35 mm. In ogni caso, costruita a 3.130 metri di quota, poteva definirsi la batteria corazzata più alta del mondo. Si può ricordare che alcune delle opere permanenti che sopravvivono alla Grande Guerra vengono comprese nella nuova linea difensiva italiana degli anni Trenta e la Batteria dello Chaberton è una di queste.[8]

2.b - *Dalle batterie corazzate alle batterie in caverna*

A proposito delle strutture betonate che presero parte alla Grande Guerra si possono utilmente riportare alcune annotazioni sulle batterie corazzate sia austriache sia italiane, più comunemente menzionate con il nome generico di «forti». Per quanto concerne quelli italiani: «Si tratta di forti blindati, progettati e realizzati secondo le concezioni tattiche più moderne dell'epoca. I singoli settori delle fortificazioni sono staccati dal blocco principale delle batterie. Le caserme ed i depositi sono collegati con la fortezza centrale per mezzo di postierle. Quasi tutti i forti blindati sono dotati di abbondanti serbatoi o cisterne d'acqua potabile. In altri casi disponevano di efficienti acquedotti. Avevano inoltre delle centrali elettriche capaci di fornire corrente a tutti i settori delle fortificazioni. Il punto debole di queste fortificazioni era rappresentato dalla particolare messa in opera del cemento: coperture e volte in calcestruzzo senza travi di sostegno. A differenza di quelle austriache, costruite in calcestruzzo compresso, nella costruzione delle fortificazioni italiane si usava generalmente il calcestruzzo stratificato, che sotto il pesante fuoco dell'artiglieria rischiava di spezzarsi con una certa facilità».[9] Inoltre, mentre per la resistenza delle batterie corazzate italiane ci si basava sul cannone da 149 mm, ecco qual'era il criterio di resistenza adottato per i forti austriaci: «Per il settore dell'Altipiano di Lavarone i lavori durarono dal 1908 al 1914. Le fortificazioni erano a prova di bomba per calibri fino al 240 (per il calcolo ci si basò sul mortaio austriaco mod. 98). Nel settore di Folgarìa si lavorò dal 1909 al 1915. Per la costruzione di queste fortificazioni ci si basò sulla capacità di resistenza ai colpi del nuovo mortaio austriaco da 305 (...). Serrada, ultimo forte costruito, è una dimostrazione lampante della tecnica più moderna dell'epoca, seguita nella costruzione dei sistemi di fortificazione. La copertura delle opere era armata con una fitta maglia di putrelle in ferro da 50 cm. annegata in una gettata di cemento compresso di spessore tra i 2 ed i 2,5 metri»[10] (figg. 1 – 4). Una soluzione sia alla mancanza (vera o presunta) di disponibilità economica e di materie prime, sia alla scarsa resistenza delle batterie corazzate ai tiri dei grossi calibri, è data dalla realizzazione delle cosiddette «batterie in caverna». Talvolta chiamate «gallerie cannoniere» per la loro articolazione, la batteria in caverna è costituita da una o più postazioni di artiglieria scavate generalmente all'interno di un fianco o di una parete rocciosa, staccate o collegate tra loro da una galleria, che a sua volta può essere dotata di opere accessorie. Alcuni anni or sono è stato documentato un impianto sotterraneo, definito galleria cannoniera, costruito tra il 1916 e il 1917 presso la quota 223 a nord di San Michele del Carso.[11] Si tratta di una galleria ad angolo ottuso da cui si aprono sei casematte per altrettanti pezzi d'artiglieria, dislocate tre per lato e lungo il medesimo fianco. Da una casamatta si stacca un cunicolo, probabilmente conducente a un posto d'osservazione. Lungo il fianco opposto vi sono le due gallerie d'accesso che un tempo conducevano a giorno, mentre una terza si connette con una delle due precedenti. L'impianto è dotato di riservette e ricoveri e gli interni e le scudature sono rinforzati in muratura e calcestruzzo.[12] È utile ricordare anche la cosiddetta «fortezza in caverna di Cima Grappa» (Veneto), completata nel corso della Prima Guerra Mondiale dagli Italiani. Era costituita da una galleria principale di circa 1500 m, con varie diramazioni che davano accesso a postazioni per ventitré pezzi d'artiglieria, mitragliatrici e osservatori. Servita con generatori elettrici, magazzini, depositi di munizioni e serbatoio per l'acqua potabile, era dotata d'impianto di ventilazione con appositi filtri anti-gas e sistema di compartimentazione interna e tendine anti-gas per chiudere le aperture.[13] In vari casi le fotoelettriche potevano essere montate su ruote o rotaie e alloggiate in tratti di galleria da dove potevano essere fatte uscire con facilità e rapidamente retratte in caso di fuoco di batteria avversario.

3 - *La difficoltosa gestazione di una nuova linea difensiva*

L'esperienza della Prima Guerra Mondiale, lo sviluppo balistico delle artiglierie pesanti, l'affermarsi dell'aviazione come arma offensiva e l'impiego dei mezzi cingolati, vanno a determinare in Europa i nuovi concetti di difesa permanente. Questi si esprimeranno nella quasi totale assenza di architetture elevate e chiaramente individuabili. La buona regola così costituitasi tra le due guerre mondiali è, diciamo, disattesa dai Tedeschi nella Seconda Guerra Mondiale. Si ricordano talune realizzazioni dell'Atlantikwalle, come ad esempio le grandi batterie costiere Lindemann e Todt, con le gigantesche «Turmen» per i cannoni da 380 mm fino a 406 mm. Non si possono non menzionare anche le grandi torri da combattimento e/o controaerei, come le «Gefechtsturm» e le «Geschützturm». In queste opere l'uso del calcestruzzo di cemento armato è spinto ai massimi livelli, garantendo una tenuta agli ordigni d'ogni calibro mai raggiunta in precedenza.[14] Rispetto alle

Fig. 1. Scorcio di una delle opere di Forte di Punta Corbin, costruito tra il 1910 e il 1911 sull'altopiano di Asiago (foto G. Padovan).

Fig. 2. Dettaglio della struttura portante di una casamatta del Forte di Punta Corbin.
Il calcestruzzo è mescolato a grossolani frammenti di pietra locale (calcare) e non presenta la benché minima traccia di armature metalliche, indispensabili ad ottenere una qualcerta resistenza alla penetrazione dei proiettili di grosso calibro (foto G. Padovan).

articolazioni difensive dei primi del Novecento in Italia non si costruiscono nuove batterie corazzate, quindi le artiglierie non sono più alloggiate nelle cupole girevoli dei pozzi affondati nel calcestruzzo e defilati ad un eventuale tiro teso avversario: «I precetti teorici vennero materializzati sul terreno a partire dagli anni Venti, quando, sotto l'impulso della politica bellica del fascismo, riprese l'attività fortificatoria su tutto l'arco delle Alpi. Le prime realizzazioni videro la luce tra il 1924 e il 1925 sulla frontiera occidentale, nel settore delle Alpi Marittime, in alta Valle Stura e in Val Roja, precedentemente trascurate. Tuttavia l'avvio ufficiale di quest'estesa linea difensiva che avrebbe poi preso il nome di Vallo Alpino, si ebbe soltanto il 6 gennaio del 1931 con l'emanazione della circolare n. 200 del Comando del Regio Corpo di Stato Maggiore, a firma del generale Bonzani, Capo di Stato Maggiore dell'Esercito».[15] In Italia si farà largo uso delle opere in caverna mutuate dalle esperienze della Prima Guerra Mondiale. Con il termine di opera in caverna si vanno quindi ad indicare le opere militari scavate generalmente nella roccia, nei fianchi montani o nei salienti rocciosi, principalmente per alloggiarvi postazioni per le armi automatiche (mitragliatrici) e le artiglierie (da qui anche il termine di «batteria incavernata»), con le feritoie protette da scudature in acciaio o in calcestruzzo di cemento armato (fig. 5). Le parti emergenti vengono mascherate e protette esternamente da ostacoli anticarro (fossati e «denti» di cemento), campi minati e difese leggere per le fanterie. In misura decisamente minore si costruiscono i cosiddetti bunker (figg. 6 – 8).

3a - *Dalla semplice casamatta all'Opera Pariani*

Con il termine di casamatta s'identifica l'opera difensiva fissa antica, costruita inizialmente alla base della scarpa esterna per la difesa del fossato, poi all'interno della bastionata per contenere le bocche da fuoco; il termine viene esteso a indicare qualsiasi fortificazione ospitante all'interno le armi da fuoco. In epoca moderna è l'alloggiamento, in genere corazzato, di una mitragliatrice o di un cannone: le casematte a cupole metalliche girevoli costituiscono la base dei forti moderni. Uno dei requisiti che una fortificazione deve possedere è la capacità di permettere alla guarnigione di combattere il più possibile protetta e, in particolare, le artiglierie vanno salvaguardate dal fuoco di controbatteria avversario. Durante il XVII e XVIII secolo l'utilizzo dei mortai, artiglierie caratterizzate da un tiro particolarmente curvo, e delle nuove tecniche di bombardamento «a richochet» (a rimbalzo), sperimentate per la prima volta dal Vauban nell'assedio della città di Ath in Belgio (XVIII sec.), fanno sentire ancor più la necessità di dotare le opere difensive di locali a prova di bomba, ossia impenetrabili ai colpi dell'artiglieria assediante. Dietro i muri di cortina e in alcuni casi sopra i baluardi (come visibile presso la Cittadella di Alessandria) si realizzano vasti ambienti «alla prova di bomba» (dotati di adeguate feritoie) in grado di ospitare i cannoni e i serventi. Successivamente si definisce casamatta qualsiasi opera costruita «alla prova», anche con sole feritoie per armi leggere, o destinata ad alloggio o magazzino. Altri termini che si possono incontrare nelle opere difensive del XX secolo sono i seguenti:

Fig. 3. Il Forte di Fuentes, realizzato nella prima metà del XVII sec. in Lombardia, presenta un'opera a tenaglia nella cui parte retrostante sono state realizzate due postazioni per otto cannoni a lunga gittata agli inizi della Prima Guerra Mondiale (foto G. Padovan).

Fig. 4. Dettaglio della postazione d'artiglieria moderna sui resti del Forte di Fuentes. Si tratta di un'opera in muratura dove il calcestruzzo non è armato, risultando inadatta a contenere persino i colpi di cannone di medio calibro (foto G. Padovan).

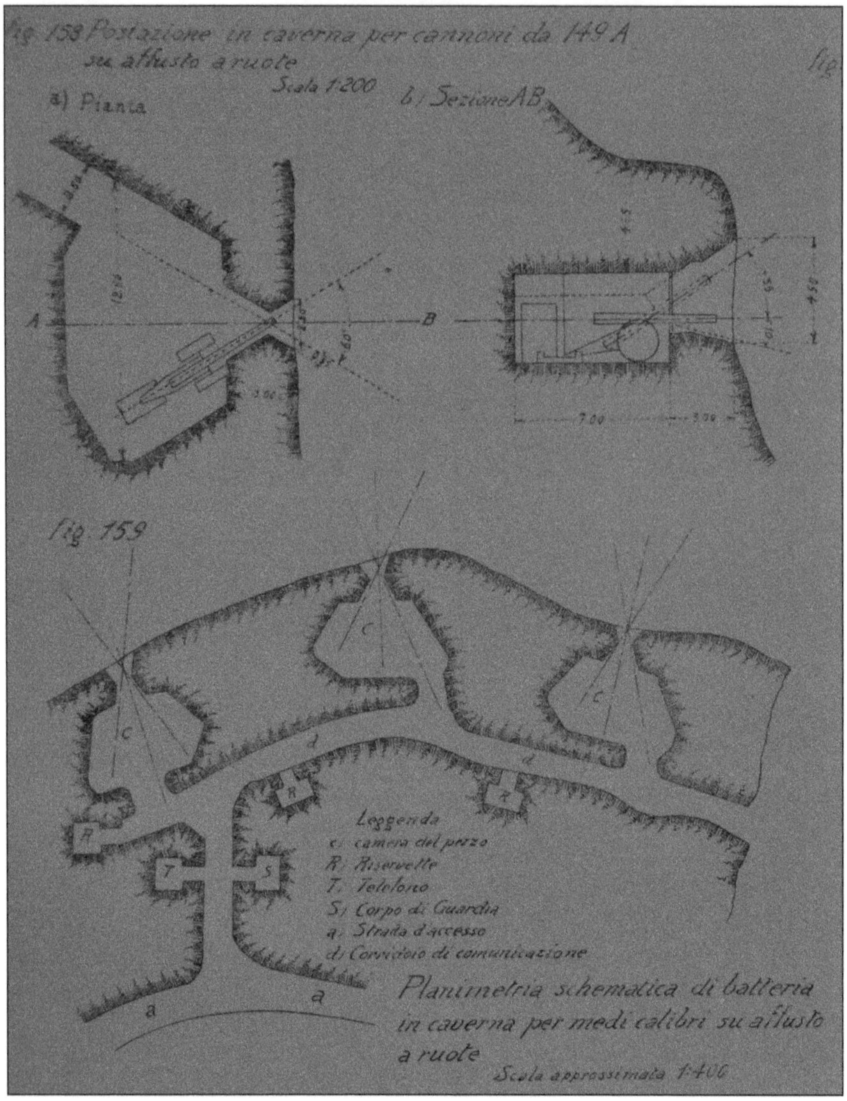

Fig. 5. Postazioni e batteria in caverna italiani da un manuale degli anni Venti (Accademia Militare d'Artiglieria e Genio 1925, *Fortificazione Permanente per gli Uficiali Allievi del Genio.* Tavole, Torino, tav. 37).

- Blocco: è il termine adottato nel 1929 (a cui corrisponde il temine italiano malloppo) per indicare, nelle opere francesi Maginot, una casamatta isolata oppure più casematte raggruppate in un unico edificio fortificato.
- Blockhaus: è il termine tedesco che indica la casa robusta, più nello specifico la costruzione in tronchi d'albero. Per estensione, viene dato a un'opera difensiva, originariamente di tronchi d'albero, circondata da un modesto fossato o da difese accessorie, destinate a riparare un piccolo presidio: i primi esempi risalgono alla guerra d'indipendenza americana (1778). Dall'Ottocento in avanti si utilizza per indicare un *corpo di guardia*, oppure una generica opera casamattata. Nel XX secolo si tende a definire un'opera difensiva permanente in calcestruzzo di cemento armato.
- Bunker: è un altro termine tedesco ad indicare una casamatta in calcestruzzo di cemento armato. Si tratta in generale di un rifugio corazzato completamente sotterraneo, con uno o almeno due accessi comunicanti con l'esterno o con opere adiacenti. È anche sinonimo di fortino in cemento armato, generalmente semisotterraneo, o con locali sottostanti alla parte fuori terra, che si può presentare a pianta circolare con volta arrotondata o piatta e munito di feritoie orizzontali per armi da fuoco.
- Malloppo: è generalmente la postazione di combattimento a vista, dotata di feritoia (o più feritoie), di una batteria in caverna o casamattata; i malloppi potevano essere collegati con altre parti dell'opera mediante cunicoli o rampe di scale, preferibilmente scavati nella matrice rocciosa.
- Opera tipo 7000: detta anche «opera Pariani», dal nome del generale italiano che nel 1938 ne auspicò la realizzazione. È una casamatta costituita da un unico blocco di calcestruzzo, progettata per resistere ai piccoli e medi calibri; era armata con una o due mitragliatrici e talvolta con cannoni anticarro da 47/32, postati dietro una scudatura metallica annegata nel calcestruzzo.

4 - *La nuova frontiera italiana*

Lungo il confine alpino un elemento difensivo di non secondaria importanza era costituito dalla viabilità a servizio dei settori confinari e delle opere difensive principali. Le strade avevano la funzione di garantire l'afflusso di uomini e mezzi al fronte e, nello specifico, ai settori attaccati: «In data 11 aprile 1930, il Ministero della Guerra pubblicò la circolare 7100 in cui si fornivano le caratteristiche delle strade militari da costruirsi a supporto del Vallo Alpino Occidentale».[16] Tali strade erano suddivise nelle seguenti categorie: 1. Tipo A – grande camionabile; 2. Tipo B – camionabile; 3. Tipo C – carrareccia; 4. Tipo D – mulattiera (larghezza 2,2 m); 5. Tipo E – mulattiera (larghezza 1,5 m). Dopo alcuni anni la classificazione viene cambiata, per lasciare posto a direttive meno rigide (Circolare N. 94210). Per quanto concerne la responsabilità della difesa confinaria italiana alla metà degli anni Venti si possono utilmente riportare alcune parole del Maresciallo d'Italia Enrico Caviglia, il quale, alla data del 26 maggio 1925, così scrive nel suo *Diario*: «Oggi tutti restano silenziosi davanti alla nomina di Badoglio a capo di Stato Maggiore dell'Esercito, con l'incarico di organizzare la difesa della nazione. Nulla di più burlesco che preporre alla difesa della Nazione l'eroe di Caporetto, il quale, essendo stato sfondato il suo corpo di armata, fuggì abbandonando prima tre divisioni, poi ancora una quarta, e portò il panico nelle retrovie. La sua fuga, indipendentemente dalla sconfitta, causò la perdita di quarantamila soldati italiani fra morti, feriti e prigionieri, da lui abbandonati il 24 ottobre 1917 al di là dell'Isonzo. Tutti lo sanno e fanno finta di non saperlo. Che cosa debbono pensare gli ufficiali italiani che lo hanno visto fuggire o quelli che ne hanno sentito parlare? Essi

Fig. 6. Resti di caserme presso il Monte Saccarello, lungo il Confine Occidentale (foto G. Padovan).

Fig. 7. Cunicolo d'accesso gradinato a una postazione del Vallo Alpino del Littorio scavata nella roccia presso il Monte Saccarello (foto G. Padovan).

Fig. 8. Una delle tante strade militari a servizio del Vallo Alpino: la Galleria Garezzo, a nord di Triora (Imperia) emerge dalla nebbia (foto G. Padovan).

non possono che diventare scettici sull'onor militare, sulla giustizia militare, sulle leggi militari, sulla serietà del governo e della Dinastia».[17] Antonio Cassi Ramelli, nel suo noto lavoro degli Anni Sessanta *Dalle caverne ai rifugi blindati*, lapidariamente liquida il Vallo Alpino: «Nato per dimostrazione propagandistica e vuoto di ogni intenzione militare non interessava allora così come ancor oggi non interessa a nessuno».[18]

Alla fine della Prima Guerra Mondiale l'Italia confina, da ovest a est, con la Francia, la Svizzera, l'Austria e la Jugoslavia. Dal punto di vista geografico la linea confinaria dello Stato Italiano attraversabile a piedi o con mezzi su ruota si sviluppa per poco più di milleottocento chilometri su di un terreno in massima parte montuoso. Le regioni interessate sono: Liguria, Piemonte, Valle d'Aosta, Lombardia, Trentino Alto Adige, Friuli Venezia Giulia. Innanzitutto l'Ordinamento Settoriale della Frontiera comprendeva l'arco di confine che da Ventimiglia giungeva a Fiume ed era suddiviso in «settori di copertura». I Settori erano tre:

- Frontiera Occidentale, I Settore – X Settore;
- Frontiera Settentrionale, XI Settore – XX Settore;
- Frontiera Orientale, XXI Settore – XXVII Settore.

I Settori erano suddivisi in Sottosettori, contraddistinti da una lettera progressiva. Ad esempio, alla data del 1931, nel Settore Occidentale abbiamo il I Settore di Copertura di cui fa parte tutta la Valle Roja (successivamente suddivisa in più settori). Ogni Sottosettore era a sua volta suddiviso in Capisaldi o, in taluni casi, in Gruppi di Capisaldi, ognuno dei quali contraddistinto da un numero (usualmente chiamato «arabo»). Ecco nel dettaglio, per una migliore comprensione, uno stralcio del lavoro di Davide Bagnaschino proprio sul I Settore Occidentale: «con il progredire dei lavori e con l'affidamento di ciascun tratto di fronte ad una divisione di fanteria, il settore fu ripartito inizialmente nel I Settore Bassa Roja (dal Mare a Marta) e nel II Settore Alta Roja-Gessi (da Marta, esclusa, sino al Monte Malinvern); quindi, il 27 gennaio 1940, al I Settore fu ulteriormente staccato il V Settore Media Roja (da Testa d'Alpe a Marta). Il sottosettore I/B, con sede a Pigna, divenne quindi il V/A Muratone, mentre il I/C, con sede a Triora, diventò il V/B Marta. Le linee guida di queste suddivisioni, almeno all'inizio, durante la fase progettuale, non erano molto chiare; infatti si nota immediatamente la curiosità più importante: mentre la numerazione dei settori e dei capisaldi parte da Sud, dal mare, e progredisce verso Nord, quella delle opere segue il criterio opposto, in quanto sono numerate a partire dal Monte Bianco procedendo verso il mare».[19]

Inoltre: «Il Sottosettore V/B Marta aveva uno sviluppo contenuto: stretto tra la Cima Marta a Nord e il Monte Toraggio a Sud, con estensione frontale di soli quattro chilometri e profondità variabile da uno e mezzo a due chilometri, comprendeva un totale di diciassette opere: il grosso complesso del Balcone di Marta (composto dai centri di resistenza 35 e 35 bis, dalla batteria in caverna e dell'osservatorio), i centri di resistenza 36, 37, 38, 39 e 40, i ricoveri 40 bis e 1, i ricoveri in caverna per truppe di contrattacco P, Q e A, i centri di resistenza Claudio e Rionard, le opere 39 bis e 38 bis, quest'ultima costituita da monoblocchi tipo circolare 7000».[20] Per tutti gli anni Venti del XX Secolo si progettano sistemi di difesa intervenendo, nei settori ritenuti più importanti, con la costruzione di opere fisse e in misura minore riadattando opere precedenti. Solamente negli anni Trenta e Quaranta si dà corso alla realizzazione sistematica di opere permanenti discretamente articolate. Sul Vallo Alpino si è detto molto, ma la cosa migliore per comprendere il perché sia strutturato come noi oggi possiamo visitarlo è leggere il suo «atto di nascita», ovvero la Circolare N. 200 e i suoi cinque Allegati.[21]

5 - *Circolare N. 200: 6 gennaio 1931*

Il giorno 6 gennaio 1931 a Roma viene emanata la «Circolare 200» con la quale si decreta l'avvio della costruzione del Vallo Alpino, il quale successivamente acquisirà la specifica «del Littorio», più che altro per uniformarsi al percorso mediatico di regime. S'intende così strutturare la difesa della frontiera terrestre italiana mediante fortificazioni permanenti e opere campali. A queste andranno ad affiancarsi un'articolata rete di strade, non tutte camionabili, servizi di teleferiche, impianti di segnalazione, caserme e ospedali. Ecco il testo della Circolare:

«MINISTERO DELLA GUERRA – Comando del Corpo di Stato Maggiore – Ufficio Operazioni. N. 200 di prot. RISERVATO. Roma, 6 gennaio 1931-IX. Allegati: 5 con 28 tavole.
Oggetto: DIRETTIVE PER LA ORGANIZZAZIONE DIFENSIVA PERMANENTE IN MONTAGNA.
1°. Le presenti Direttive si riferiscono a zone montane caratterizzate da:
a) terreno scoperto, tale da consentire esteso e libero campo di vista e di tiro;
b) possibilità di postazioni di batterie nemiche, a distanza di tiro di precisione, contro elementi della difesa.
2°. La fisionomia complessiva di un sistema difensivo fortificato, a sbarramento di tali zone deve essere, nelle sue linee generali, quella stessa di una normale sistemazione difensiva campale. La sua ossatura principale, costituita da opere permanenti costruite sin dal tempo di pace, dovrà essere completata, in periodo di tensione diplomatica, od all'apertura delle ostilità, con opere campali.
3°. Nel complesso il sistema difensivo fortificato comprenderà:
A. Una posizione di resistenza, appoggiata sui fianchi a zona di difficile praticabilità, che deve immaginarsi divisa in due parti parallele al suo andamento. Sulla parte anteriore, profonda da 300 a 400 metri, s'intende stroncare l'attacco nemico esclusivamente col fuoco o, quanto meno, sottoporlo ad intensa azione logoratrice. Essa deve perciò essere battuta colla massima intensità di fuoco organizzato di tutte le armi della difesa e in modo principale dai tiri incrociati dei centri di resistenza costruiti nella parte stessa. La disposizione di questi, sul terreno, devono assicurare il reciproco appoggio dei centri di resistenza contigui ed evitare soluzioni di continuità nelle zone battute. Ogni centro dovrà, perciò, essere costruito in modo da poter agire, con piena efficienza, anche dopo il tiro di preparazione cui sarà sottoposto dal nemico e da rendere praticamente vano ogni suo tentativo di ridurne al silenzio le mitragliatrici che lo armano o di impossessarsene. Dovrà quindi essere di minime dimensioni e alla prova di tutti i calibri, il che consiglia di rinunziare, in massima, a torrette corazzate girevoli e di ricorrere, invece, a caverne o casamatte in calcestruzzo. Queste dovranno avere feritoie ristrette al minimo e sottratte, per quanto possibile, ai tiri di imbocco nemici, il che consiglia di organizzare ogni centro esclusivamente per tiri di fianco e di rovescio ogni qualvolta la conformazione del terreno consenta al nemico di postare ad efficace distanza di tiro, armi per l'imbocco delle feritoie ad azione frontale. Anche quando possano convenire tiri ad azione frontale, l'azione principale spetta sempre ai tiri di fianco e di rovescio, per le necessità suaccennate di ottenere un fitto incrocio di fuochi lungo la parte anteriore della postazione di resistenza e di appoggiare i centri contigui. Sulla stessa parte, già battuta dalle armi dei centri di resistenza, si deve poter esplicare, senza alcuna limitazione, il fuoco delle mitragliatrici postate a tergo della parte medesima e delle bocche da fuoco dello schieramento di artiglieria; ogni centro dovrà quindi presentare, sul suo fronte di gola, il minimo di aperture da chiudersi con porte corazzate alla prova, almeno, dei tiri di mitragliatrice e di schegge di artiglieria. L'insieme dei centri di resistenza sopraddetti costituisce la parte principale dell'ossatura del sistema fortificato: la costruzione dei centri ha perciò la precedenza sugli altri lavori. Nella parte anteriore, di cui ora si tratta, oltre ai centri di resistenza, da costruirsi sin dal tempo di pace e da mantenersi permanentemente in perfetta efficienza, si potranno pure costruire, sin dal tempo di pace, ostacoli passivi permanenti di speciale entità, quali quelli contro i carri armati. Altri ostacoli passivi di carattere campale, quali reticolati, saranno, se del caso, costruiti all'atto del completamento difensivo. Nella parte posteriore, profonda 500-600 metri, si dovranno postare altre mitragliatrici con azione sulla parte anteriore e organizzare l'azione diretta della nostra fanteria per ricacciare, col fuoco e col contrattacco, quella nemica che fosse riuscita a superare la parte antistante. Condizione essenziale per la riuscita di quest'azione, è quella di tenere le nostre forze e i nostri mezzi al riparo degli effetti del tiro nemico sino al momento in cui dovranno agire. Le opere permanenti, da costruire sin dal tempo di pace in questa parte, consisteranno, soprattutto,in postazioni protette per mitragliatrici pesanti

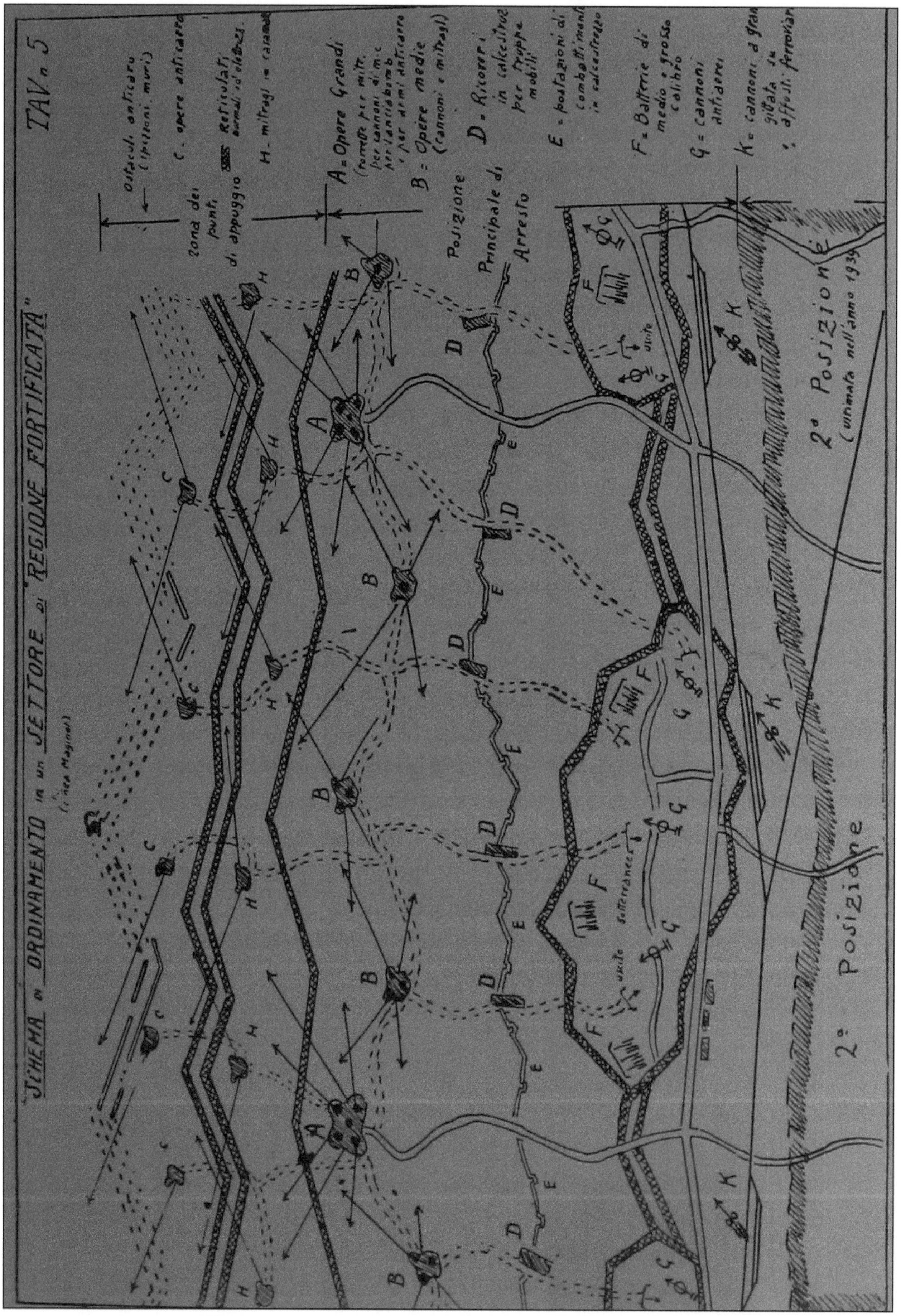

Fig. 9. Esemplificazione dello schema difensivo adottato nella Linea Maginot (Zabert S. 1941, *La fortificazione permanente con particolare riguardo alla fortificazione di montagna, in Rivista di Artiglieria e Genio*, Anno LXXX – N. 4, Roma, p. 324).

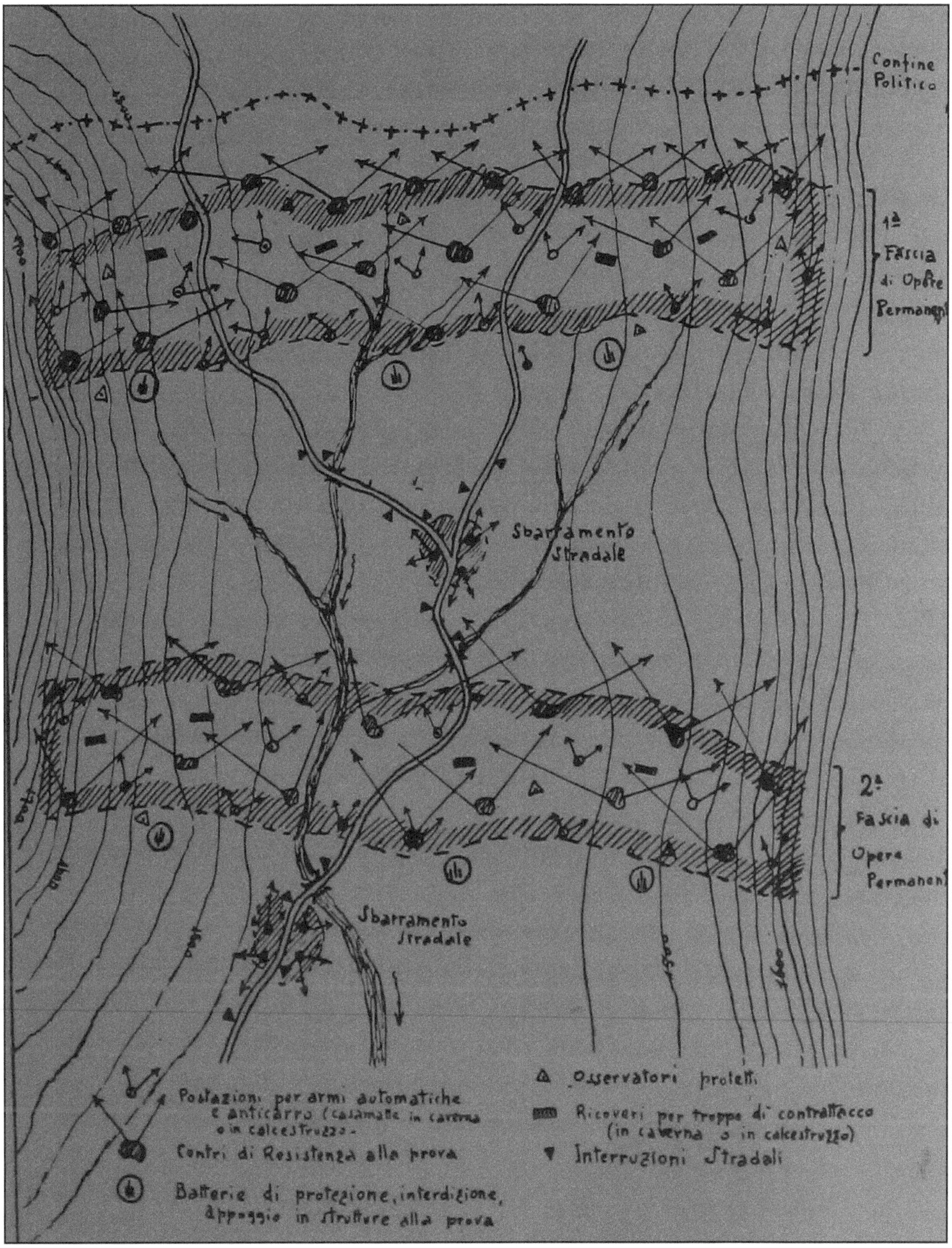

Fig. 10. Esemplificazione dello schema difensivo adottato nel Vallo Alpino (Zabert S. 1941, *La fortificazione permanente con particolare riguardo alla fortificazione di montagna, in Rivista di Artiglieria e Genio*, Anno LXXX – N. 4, Roma, p. 330).

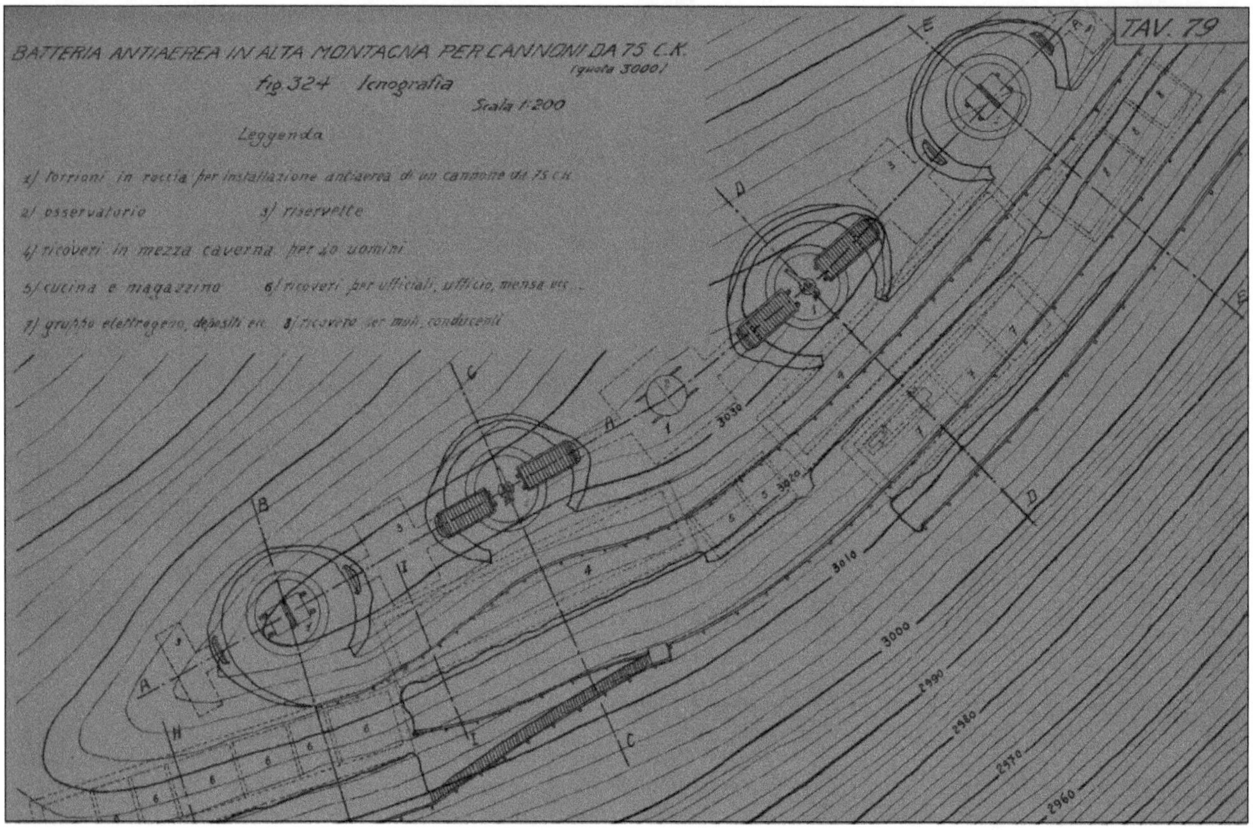

Fig. 11. Planimetria di una «Batteria antiaerea in alta montagna per cannoni da 75 C.K.» (Accademia Militare d'Artiglieria e Genio 1925, *Fortificazione Permanente per gli Uficiali Allievi del Genio.* Tavole, Torino, tav. 79).

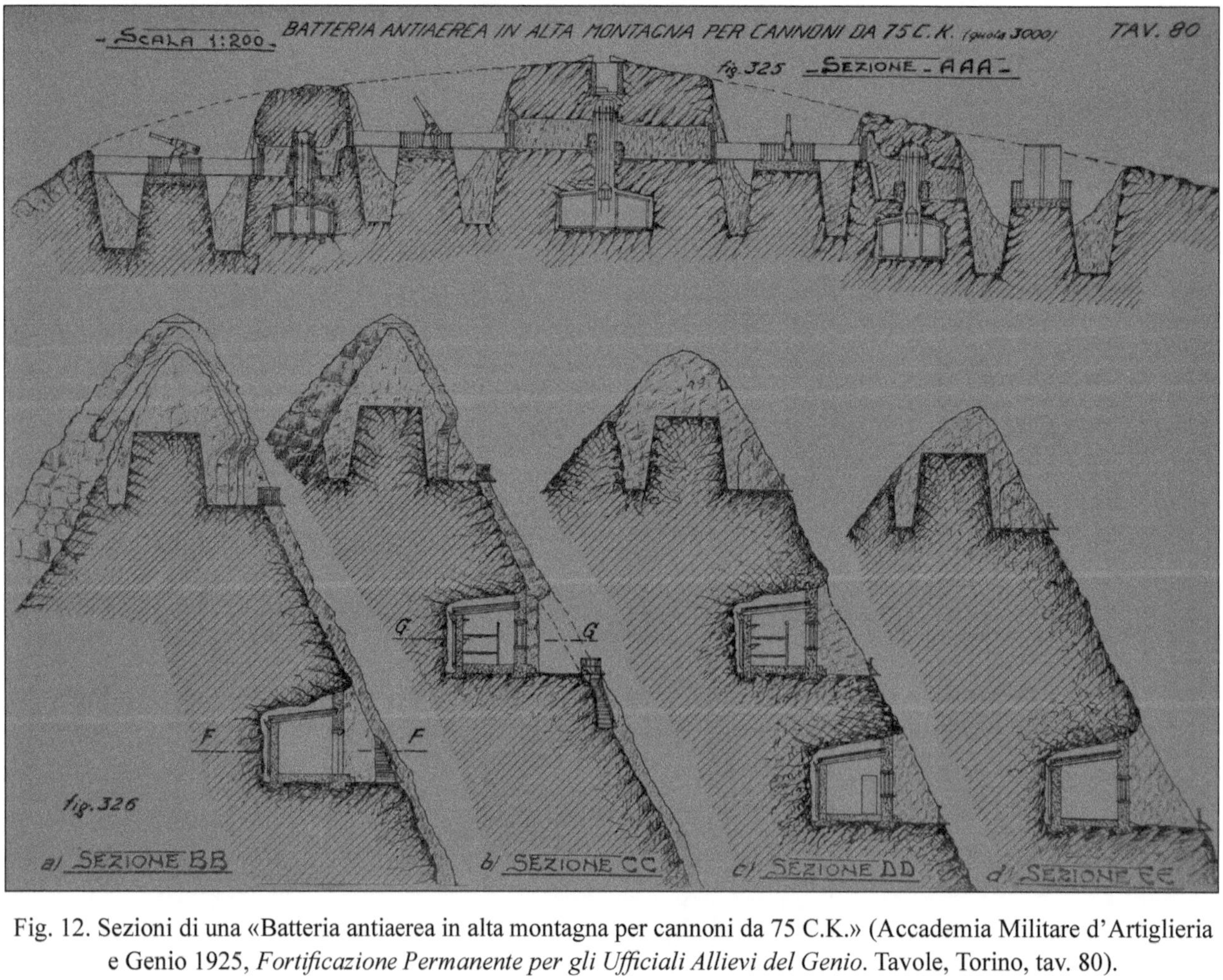

Fig. 12. Sezioni di una «Batteria antiaerea in alta montagna per cannoni da 75 C.K.» (Accademia Militare d'Artiglieria e Genio 1925, *Fortificazione Permanente per gli Ufficiali Allievi del Genio.* Tavole, Torino, tav. 80).

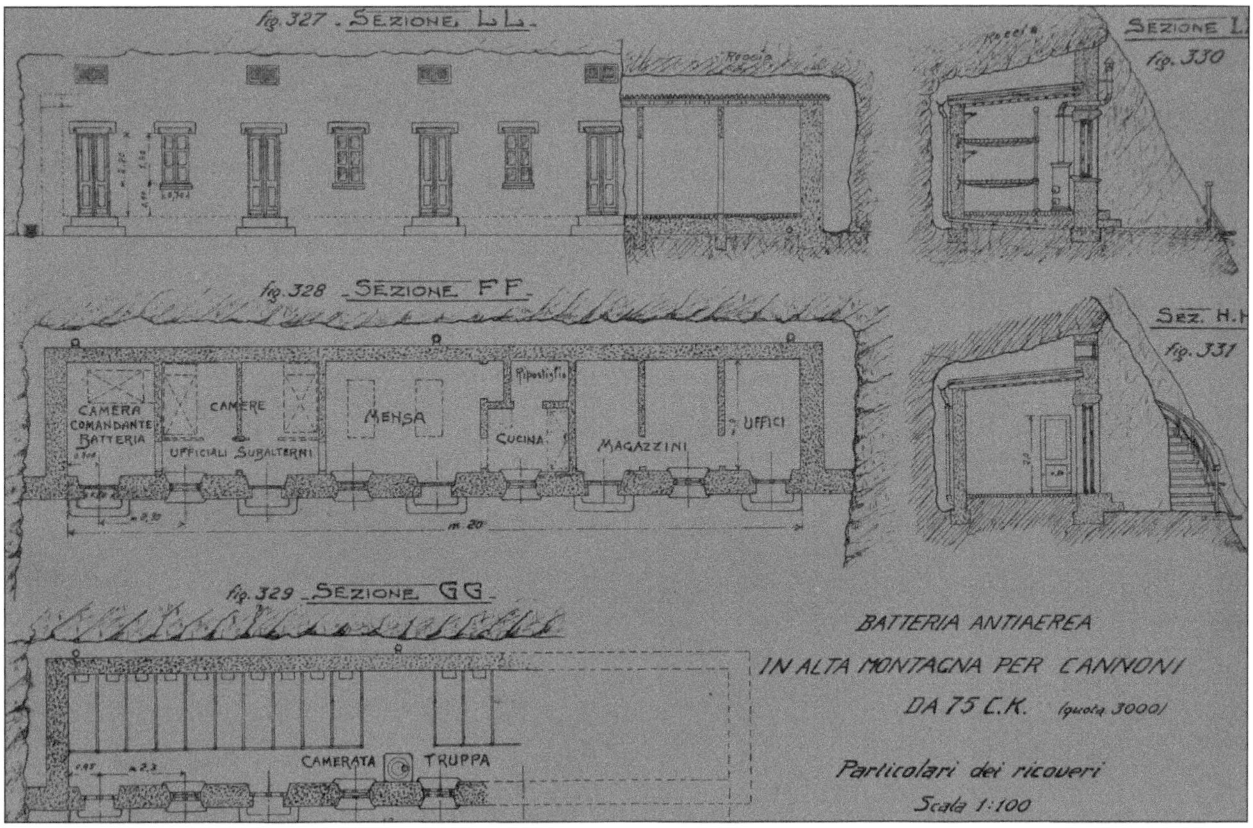

Fig. 13. Dettaglio dei ricoveri di una «Batteria antiaerea in alta montagna per cannoni da 75 C.K.» (Accademia Militare d'Artiglieria e Genio 1925, *Fortificazione Permanente per gli Ufficiali Allievi del Genio*. Tavole, Torino, tav. 81).

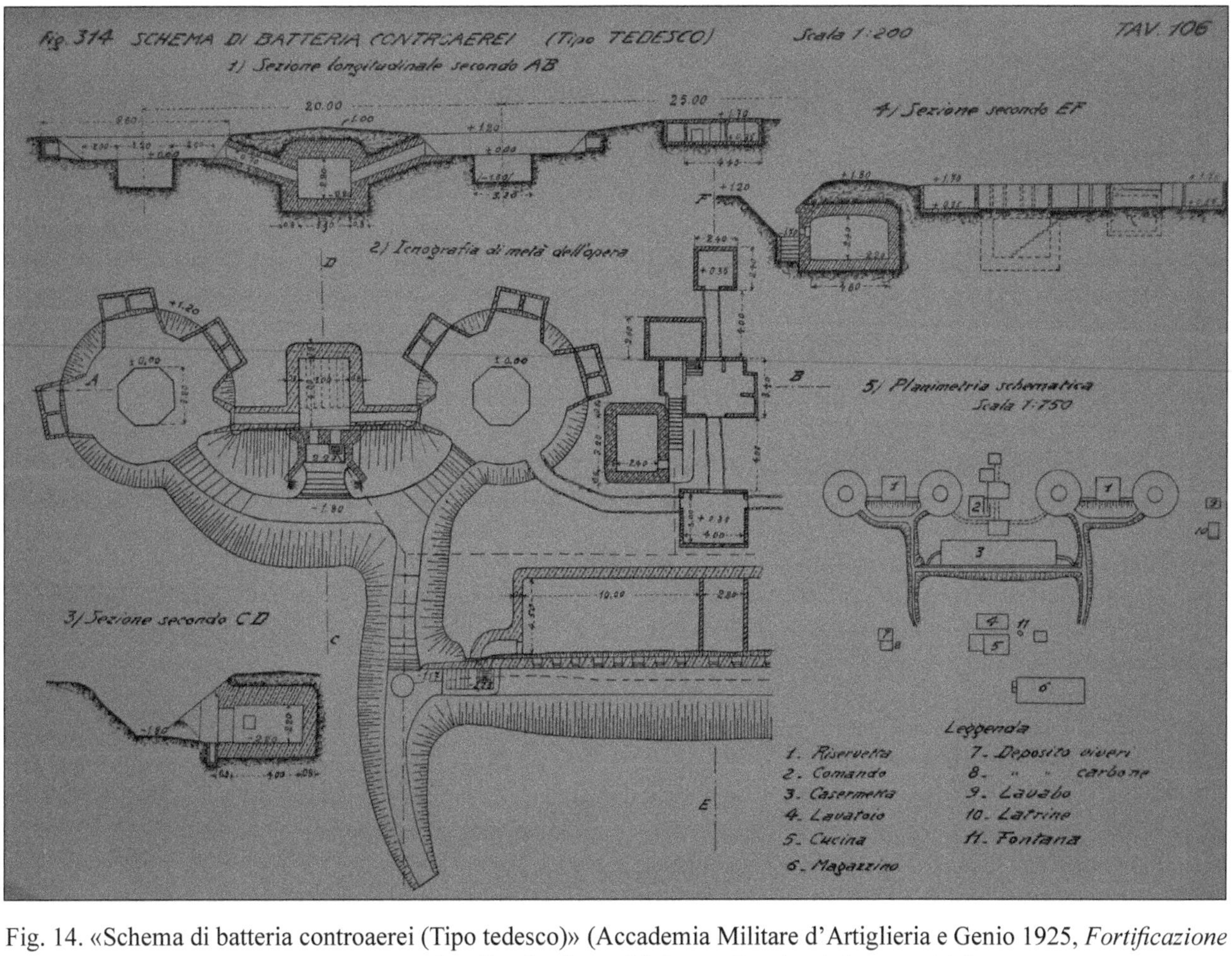

Fig. 14. «Schema di batteria controaerei (Tipo tedesco)» (Accademia Militare d'Artiglieria e Genio 1925, *Fortificazione Permanente per gli Ufficiali Allievi del Genio*. Tavole, Torino, tav. 106).

Fig. 15. La mitragliatrice che un tempo armava una delle varie postazioni del Vallo Alpino oggi fa parte del Monumento a ricordo dei Caduti eretto a Triora (Imperia) (foto G. Padovan).

collegate, mediante pozzi o camminamenti, a ricoveri alla prova per il personale e in ricoveri alla prova per le truppe di contrattacco, di limitate dimensioni, la cui ubicazione dipenderà specialmente dal piano dei contrattacchi predisposti. L'ossatura permanente di questa zona dovrà poi essere completata con costruzioni, a carattere campale, di altri appostamenti per mitragliatrici e accessi, di qualche tratto di trincea tra gli appostamenti stessi, di osservatori, di ostacoli passivi diretti a incanalare, eventualmente, l'avanzata nemica in direzione favorevole ai contrattacchi, oltre, ben inteso, ai collegamenti necessari per comandare tutta l'organizzazione predisposta. A completare, sulla parte anteriore, l'azione dei centri di resistenza e delle mitragliatrici pesanti in postazione protetta, batterie di piccolo calibro in caverna od in casamatta, con azione d'infilata su lungo tratto nella parte anteriore e della zona di sicurezza che la precede, nonché osservatori alla prova e collegamenti principali».

La difesa dev'essere quindi strutturata mediante una serie di opere permanenti che fungono da ossatura alle opere campali accessorie. In particolare abbiamo la «posizione di resistenza», la quale è una sorta di fascia difensiva che si sviluppa tra due ostacoli insormontabili come, ad esempio, creste rocciose con fianchi strapiombanti o verticali rocciose con corsi d'acqua di fondovalle. Tale «posizione di resistenza» è costituita da due fasce difensive. La prima fascia, profonda dai 300 ai 400 metri, è frontalmente difesa da ostacoli quali reticolati, fossi anticarro e antifanteria, ostacoli permanenti anticarro. È costituita da piccole opere in caverna o casamattate, le quale devono prediligere il tiro lungo i fianchi o a rovescio, in modo da prendere l'avversario di sorpresa con tiri d'infilata e alle spalle. La retrostante seconda fascia, profonda da 500 a 600 metri, deve sbarrare l'eventuale infiltrazione avversaria con tiri frontali di armi automatiche. Anche in questo caso le strutture permanenti sono costituite da opere in caverna e casamattate. La concezione è che ogni «centro di fuoco» o «centro di resistenza» possa coprire con il tiro delle proprie armi i centri adiacenti e resista autonomamente anche se gli altri cessano l'azione difensiva. La descrizione di tali centri è contenuta nell'«Allegato 1», riportato più avanti. Vediamo ora i punti B e C della Circolare N. 200 dove, a sostegno della Posizione di Resistenza si prescrivono due zone articolate per le batterie e i rincalzi alla prima linea. Le opere sono dotate (almeno sulla carta) di ogni tipo di servizio per rendere il fronte stabile ed autosufficiente. Si evince come ogni opera di difesa permanente sarà sostanzialmente unica rispetto alle altre, come già precedentemente accennato.

«B. Una zona di schieramento a tergo della posizione di resistenza ove si schierano la massa delle artiglierie della difesa (normalmente col materiale allo scoperto, ma col personale e le munizioni al riparo dal tiro nemico) e le truppe di fanteria destinate ad alimentare e sostenere la difesa nella posizione di resistenza (normalmente in posizioni defilate al tiro avversario). Le opere permanenti, da costruirsi in questa zona, consisteranno, pertanto, in postazioni allo scoperto per artiglierie con relativi accessi, ricoveri per i serventi e riservette per munizioni, sbancamenti, caverne, e, quando necessario, ricoveri per truppe di fanteria, osservatori, strade e collegamenti principali. I lavori da eseguirsi al momento del completamento, comprenderanno la sistemazione di altri osservatori, piste, allacciamenti, collegamenti secondari, eventualmente ostacoli passivi ed anche elementi per la sistemazione della posizione intermedia.

C. Una zona di sicurezza antistante ove, normalmente, l'azione delle nostre truppe sarà limitata a mantenere, nei primi momenti dell'attacco, il contatto col nemico, sorvegliarne i movimenti e, in condizioni favorevoli, rallentarne l'avanzata con azioni di fuoco e con ostacoli passivi (interruzione di strade, reticolati, sbarramenti contro carri armati). In questa zona le opere permanenti si limiteranno a quelle occorrenti per le interruzioni stradali ed agli ostacoli passivi contro i carri armati, le une e gli altri possibilmente, sotto il tiro delle artiglierie della difesa; eccezionalmente potrà essere costruita qualche opera permanente attiva. In periodo di tensione diplomatica potranno, pure, essere costruiti appostamenti per tiratori o brevi elementi di trincea allo scopo di agevolare l'azione delle truppe lasciate in zona di sicurezza e garantire, il più a lungo possibile, la posizione di resistenza da sorprese e da colpi di mano.

4°. Alla analogia esistente tra la fisionomia del sistema fortificato sopra descritto nelle sue linee generali e quella di una sistemazione difensiva campale, fa riscontro uguale analogia nella difesa.

5°. In base alle direttive su espresse sono stati studiati, dai competenti organi tecnici, alcuni tipi di opere permanenti che si annettono alla presente, a semplice titolo di esempio e di precisazione dei particolari degli elementi da costruire, poiché ogni singolo elemento, dovendo avere struttura rispondente al suo scopo ed alla sua postazione, dovrà essere oggetto di studio particolareggiato a sé.

Il Capo di Stato Maggiore dell'Esercito *A. Bonzani*».

6 - *Allegato N. 1 alla Circolare N. 200: Centri di Resistenza*

In allegato alla Circolare N. 200 (6 gennaio 1931-IX), sopra riportata, vi sono le disposizioni di come dev'essere strutturato un centro di resistenza. Eccone il testo: «Centri di resistenza alla prova di tutti i calibri. Costituiscono l'ossatura della prima parte della posizione di resistenza e sono armati con mitragliatrici in postazione casamattata ed, in alcuni casi eccezionali, anche con una mitragliatrice in pozzo protetto. La scelta delle posizioni di detti centri deve essere fatta in base alla loro funzione tattica in relazione alla natura ed alle forme del terreno. Il fuoco delle mitragliatrici costituenti l'armamento dei centri di resistenza devono costituire un efficace e continuo sbarramento lungo il margine anteriore della posizione di resistenza e nell'interno della posizione stessa ed assicurare l'appoggio reciproco dei centri contigui. Perciò l'azione principale di ogni centro sarà di fianco e di rovescio, mentre quella frontale sarà secondaria, e l'intervallo fra i centri contigui dovrà essere tale da eliminare, nel terreno interposto, zone non viste e non efficacemente battute. Occorrendo, in tratti di terreno particolarmente importanti, i centri di resistenza potranno essere disposti a scacchiera. Nulla di rigido, dal lato costruttivo, può essere fissato per questi centri di resistenza».

L'osservazione che si può fare è che i centri di resistenza i quali non offrono feritoie al fronte principale non rischiano di essere immediatamente «imboccate» da tiri avversari. Questo fornisce, in linea teorica, il duplice vantaggio di risparmiare nel materiale a protezione dell'opera stessa, come ad esempio nella scudatura, e di cogliere di sorpresa l'avversario avanzante. Ma riprendiamo la lettura dell'Allegato N. 1: «Ogni centro di resistenza conterrà un numero di armi necessario per assolvere i compiti che gli sono assegnati ed avrà caratteristiche tecnico-costruttive diverse a seconda della sua potenza e del suo adattamento al terreno. Comprenderà postazioni per armi automatiche, da ricavarsi in caverna od in calcestruzzo, ed eccezionalmente da un pozzo per una mitragliatrice allo scoperto, ricoveri per serventi, magazzini viveri e munizioni, deposito di acqua, accesso protetto e battuto; il tutto ricavato, possibilmente, in un masso di roccia oppure in un blocco monolitico di calcestruzzo. Gli elementi di carattere generale (ricoveri, magazzini, accessi, ecc.) saranno costituiti in modo uniforme, mentre le postazioni casamattate per le armi dovranno avere caratteristiche costruttive diverse col variare dei compiti, della natura e delle forme del terreno. Un complesso di centri di resistenza, costruito nel modo suddetto, deve creare, al margine anteriore della posizione di resistenza, una zona continua efficacemente battuta dal fuoco delle armi automatiche in essi sistemate, integrato da quello delle retrostanti mitragliatrici pesanti o delle nostre artiglierie. Nella zona montana sarà sempre possibile trovare cocuzzoli in terreno ordinario e roccioso, limitati da falde più o meno ripide, a cui addossare, mediante lavori di non grande entità, il blocco monolitico di calcestruzzo nel quale sono ricavate le postazioni per armi automatiche. Tale blocco monolitico, per quanto possibile, dovrà essere ricavato in contropendenza in modo che l'estradosso risulti poco emergente dal terreno sovrastante. Meglio ancora se si potranno trovare considerevoli massi rocciosi nei quali ricavare, in caverna, le suddette postazioni. Tenuto conto che sono da temersi i colpi che arrivano con notevole inclinazione, è stata data alla massa coprente lo spessore di circa m. 3,00 sufficiente per dare la resistenza voluta a tutti i calibri. La copertura delle casematte per mitragliatrici è rinforzata all'intradosso, da ferri a doppio T a contatto (del n. 20) e fra di loro collegati da tiranti di ferro. Nell'annesso esempio la postazione per l'arma ha dimensioni interne (in pianta) di m. 1,30 a 2,00, per m. 1,75, la feritoia ha settore da 30° a 60° orizzontalmente, di 18° verticalmente ed è protetta, frontalmente, da una piastra di acciaio dello spessore di cm 10, con feritoia orizzontale, chiusa da tre o quattro sportelli a cerniera, attraverso la quale feritoia spara la mitragliatrice. L'arma FIAT 914, disposta su un piatto simile a quello annesso al treppiede, viene fatta scorrere lateralmente su una guida formata da due ferri a C affiancati e disposti parallelamente all'apertura, dispositivo di cui si ha buona applicazione nel Forte Giaglione (Susa). (...) Dai ricoveri si passa a ciascuna postazione per mezzo di un breve cunicolo di accesso. Il porta voce a tubo, una nicchia per lampade e per munizioni ed un recipiente murato per l'acqua di raffreddamento da collegarsi direttamente con l'arma, completano la dotazione della postazione. La postazione per la eventuale mitragliatrice allo scoperto è ricavata nella parte centrale del blocco di calcestruzzo, e vi si accede con una scaletta alla marinara (dislivello 3 metri), situata in pozzetto chiuso da botola ermetica».

Il Centro di Resistenza appare innanzitutto scavato nella viva roccia e/o con parti in calcestruzzo, come si è già detto precedentemente. Il sistema di utilizzare calcestruzzo non armato non protegge dai colpi in pieno dei calibri maggiori. Ma, questa, è un'esperienza già vissuta nel corso della Grande Guerra. In seguito si provvederà, per talune strutture più avanti indicate, ad impiegare travature metalliche a rinforzo del calcestruzzo. Per quanto concerne l'arma citata, la mitragliatrice FIAT Mod. 1914, se ne riportano un breve inquadramento storico e la valutazione: «Agli inizi del secolo [sec. XX. *N.d.A.*] adottata la Maxim, prima in calibro 10,35 e poi nel 6,5 millimetri, venne lungamente sperimentata un'arma progettata dal capotecnico di artiglieria Giuseppe Perino, ma lo scoppio della guerra ne sconsigliò la produzione in serie, non essendo ancora perfettamente messa a punto. La mitragliatrice Perino (allestita nella versione pesante 1908 e in quella leggera 1910) presentava alcune interessanti particolarità (...). Opportunamente rodata, la Perino avrebbe potuto costituire una valida alternativa alla costosissima Maxim ma, per motivi ancora da chiarire, allo scoppio della guerra venne accantonata e si adottò la mediocre Fiat 1914 progettata da Abiel Bethel Revelli e prodotta appunto dalla casa automobilistica torinese. La Fiat Revelli 1914, derivata da un precedente modello 1910, aveva un sistema di chiusura metastabile con blocco rotante inferiore ed era simile, nella struttura e nel funzionamento, alla pistola automatica Glisenti. L'alimentazione avveniva a mezzo di una scatola metallica divisa in dieci scomparti verticali, ciascuno capace di contenere cinque cartucce. Questa scatola veniva inserita in un apposito vano presente nella parte anteriore del castello dell'arma e i vari scomparti carichi venivano allineati automaticamente rispetto all'otturatore non appena quelli precedenti erano vuoti. Costruite in svariate migliaia di esemplari, la Fiat 1914, pur non reggendo il confronto con la maggioranza delle mitragliatrici estere, fornì nel complesso delle prestazioni accettabili».[22] L'arma era lunga 117 cm, pesava 38,5 kg montata su treppiede, il funzionamento era a corto rinculo con caricatori a lastrine, caricati con cartucce calibro 6,5; poteva effettuare il tiro a colpo singolo e a raffica.

La seconda parte dell'Allegato 1 ben descrive come si compone l'interno di un centro di resistenza: «Nel blocco di calcestruzzo, in diretta comunicazione con gli appostamenti delle armi ed in postazione ben protetta, sono ricavati i ricoveri per il presidio che comprendono: un posto di comando con cuccetta per il comandante (ufficiale o sottufficiale), telefono, portavoce con gli appostamenti, da 12 a 15 cuccette su tre ordini per truppa, stufa ad alcool o altro combustibile a gas incolore, camino a tiraggio naturale, depositi viveri ed acqua, impianti di ventilazione. A questo scopo provvede, in condizioni normali, il camino a tiraggio naturale aiutato dalla stufa e, se del caso, da un ventilatore a mano reversibile. In caso di attacco a gas, il camino a tiraggio naturale verrà messo in comunicazione colla cassa filtro chiudendo l'apposito sportello e da questo il predetto ventilatore reversibile pomperà aria e la caccerà nell'interno (...). L'illuminazione, quando non può essere elettrica (generata da accumulatori analoghi a quelli usati per l'illuminazione delle vetture ferroviarie), sarà ad olio, alcool o petrolio: a tale scopo si ricaveranno apposite nicchie per lampade. Ad ogni modo, anche con l'impianto elettrico, si dovranno avere, come riserva, lampade ad olio o petrolio od alcool. Il deposito per armi e munizioni ed il deposito viveri e combustibile non hanno caratteristiche particolari».

Mèmori dell'utilizzo degli aggressivi chimici, a seguito della Grande Guerra si progettano sia nuovi tipi di maschere antigas, sia impianti per la ventilazione forzata, la filtrazione e la rigenerazione dell'aria da installare anche nelle opere difensive permanenti di maggiore rilievo. Seguendo le definizioni e le classificazioni dei cosiddetti «gas di guerra», meglio noti, seppure impropriamente, come «gas asfissianti», vediamo che in due sole parole si raggruppano «tutte le sostanze che, allo stato di gas o di vapori, od anche di liquidi o di solidi in sospensione sottilissima nell'aria (aerosoli), possono modificare, con la loro presenza, l'atmosfera ambiente al punto da rendervi impossibile la vita. Le sostanze che hanno tale proprietà, e che vengono usate in guerra, sono sempre (a temperatura normale) dei liquidi o dei solidi; un solo gas, vero e proprio, venne adoperato per poco tempo: il cloro. Ad ogni modo però, per tacita convenzione, è rimasta a queste sostanze la denominazione generica e pratica di gas asfissianti. Meglio si dovrebbero chiamare *sostanze aggressive* o *aggressivi chimici* ed esse costituiscono la cosiddetta *arma chimica*. Veramente la denominazione di *asfissiante* dovrebbe essere riservata a quei gas che producono la morte impedendo la ricostituzione del sangue per mezzo della respirazione, sia che essi agiscano fissandosi stabilmente sulla emoglobina del sangue, sia che essi provochino spasmi delle vie aeree chiudendole alla respirazione: ma, dato lo scopo per cui si usano queste sostanze in guerra, si estende il nome di *asfissiante* a tutti i gas o vapori o liquidi o solidi che possono produrre una intossicazione qualsiasi o disturbi gravi di qualsiasi genere e, quindi, anche a quelli che agiscono per azione narcotica o per azione vescicatoria o per azione inibitoria sul sistema nervoso o per azione infiammatoria producente complicazioni (come bronchiti, polmoniti, nefriti, oftalmie, ecc.)».[23] I gas impiegabili in guerra si possono ordinare in quattro categorie: 1. asfissianti o soffocanti; 2. lacrimogeni e starnutatori; 3. vescicatori; 4. fumogeni o nebbiogeni.

Proseguendo nelle direttive per la realizzazione delle singole parti delle opere permanenti, ancora nell'Allegato N. 1 possiamo leggere: «Sempre che sia possibile si potrà ricavare, nelle fondazioni della parte centrale, la cisterna con filtro da alimentare con acqua portata dall'esterno od anche con acqua piovana o prodotta dallo scioglimento delle nevi sempre quando non vi sia il pericolo che tali acque possano essere intossicate dall'azione di aggressivi chimici. Come è ovvio, la cisterna sarà munita di condotto di scarico e di pompa a mano di presa dell'acqua. La latrina sarà a vasi mobili. L'accesso al centro di resistenza sarà ottenuto, salendo dal ricovero, con scala ricavata nell'interno del blocco di calcestruzzo, verso il rovescio, fino all'incirca a 2 m. sul terreno esterno sul quale verrà aperta una porta blindata. L'uscita e l'entrata si effettueranno mediante scala a mano da esporre dall'interno del centro di resistenza e da ritirare dopo di essersene serviti. Dall'apertura così risultata, nella parete di rovescio dell'opera si potrà fare uscire una finestra garitta di piastre di corazzatura da cui sarà possibile fiancheggiare il terreno vicino di rovescio oppure, mediante apposito lanciabombe a catapulta, battere l'estradosso (tetto) dell'opera. Detto estradosso potrà ancora essere difeso mediante lanciafiamme azionato dall'interno dell'opera e munito di più tubi sboccanti alla superficie di estradosso, per modo di impedire all'attaccante di permanere sull'opera e tentare lavori di demolizione, con mine, dell'opera stessa. La vigilanza dell'estradosso dell'opera e del terreno sovrastante sarà effettuata mediante periscopio a scomparsa simile a quelli utilizzati nei sommergibili».

Se per quanto riguarda la riserva d'acqua e le latrine si farà il possibile per dotarne ogni centro di resistenza, i lanciafiamme e i periscopi saranno installati in ben pochi bunker alla prova di bomba. L'ultima parte dell'Allegato N. 1 parla delle difese passive esterne e dell'importanza di collegare telefonicamente tra loro i centri: «Attorno ad ogni centro di resistenza verrà costruito l'ostacolo passivo mediante reticolato di filo di ferro, cavalli di frisia, torpedini terrestri, ecc., ed opportunamente fiancheggiato e battuto dai centri laterali ed in parte dal centro stesso, in modo da impedire all'attaccante di avvicinarsi di sorpresa e col favore dell'oscurità e della nebbia agli elementi vitali del centro stesso. Ogni centro di resistenza disporrà di collegamenti interni a mezzo portavoce tubolari e sarà allacciato all'esterno a mezzo di linea telefonica in cavo interrato, in modo da risultare fortemente protetto, integrata da una stazione radiocampale. L'efficienza continua di questo collegamento è assolutamente indispensabile. Il costo di un centro di resistenza, costruito nel modo suindicato, è di circa L. 250.000, se completamente di calcestruzzo, di circa L. 150.000 se in roccia».

Sulla composizione del calcestruzzo si prescrive: «1 cemento, 3 sabbia e 3 pietrisco dalla base delle fondazioni sino all'intradosso della copertura; e di dosamento: 1 cemento (Kg 400 per mc., vol. mc. 0,300), 1 sabbia (mc. 0,300), 3 pietrisco (mc. 0,900) per la rimanente parte superiore esposta al tiro di sfondo. Il pietrisco avrà le dimensioni di 2 a 6 cm. di diametro. Per norma, le masse di calcestruzzo debbono costituirsi senza interruzione e, sempre quando si possa, durante la stagione più calda. A lavoro ultimato si otterrà il mascheramento dell'estradosso e delle parti esterne dell'opera con opportuna coloritura a chiazze». Nelle «Aggiunte e varianti agli allegati alle circolari del Comando del Corpo di Stato Maggiore n. 200 in data 6 gennaio 1931 e n. 800 in data 5 marzo 1931 - IX» si possono leggere circostanziate indicazioni in merito alla protezione da fornire contro i grossi calibri, anche utilizzando armature metalliche annegate nel calcestruzzo; tali indicazioni si riporteranno più avanti nel testo.

7 - *Allegati N. 2, 3, 4 e 5 alla Circolare N. 200*

Per quanto concerne gli altri allegati alla Circolare N. 200 si può ricordare che l'«Allegato N. 2. Postazioni protette per cannoni da 75/27 mod. 906» parla del tipo di postazione in caverna da utilizzarsi nel Vallo Alpino: «il primo, più semplice ed economico, pur avendo l'inconveniente della ampie cannoniere, troverà larga applicazione quando, per la postazione della batteria ed il suo settore di azione, le cannoniere non possono essere infilate dall'artiglieria nemica; il secondo, a cannoniera molto più piccola, è consigliabile quando non sia possibile scegliere postazioni che soddisfino la condizione di cui sopra». Si parla inoltre delle feritoie da adottarsi in base al settore da battere e al tipo di affusto da utilizzare per il cannone in oggetto: «Il pezzo da 75/27 mod. 906 (cannone, culla, congegni di elevazione e direzione) viene smontato dal normale affusto a ruote e montato su di un ordinario carrello da ferrovia Dècauville. A tale scopo al carrello vengono applicate due fincate mediante due ferri ad L (...). Il pezzo così adattato viene disposto nella caverna a cannoniera di ristrette dimensioni, cui l'imboccatura viene chiusa con un piastrone corazzato». Un secondo modo d'impiego del pezzo da 75/27 è quello postarlo conservando il suo affusto «senza modifiche sostanziali e sfilando le ruote; al vomero viene sostituito un elemento a ruote portanti e piastre d'appoggio che scorre sulla rotaia curva in direzione posteriore mentre l'assale, tagliato opportunamente, viene sistemato con analogo elemento che scorre sulla rotaia curva di direzione anteriore». L'«Allegato N. 3. Sistemazioni di artiglierie in postazioni allo scoperto» parla della postazione di bocche da fuoco in piazzole da 6x6 metri circa, riducibili a 4x4 metri per i calibri inferiori al 100 mm. L'«Allegato N. 4. Ricoveri alla prova per truppe di contrattacco» tratta delle strutture protette da costruirsi nella parte posteriore delle opere deputate alla resistenza per alloggiarvi i reparti di fanteria. Si tratta, sostanzialmente, di gallerie scavate nella viva roccia. L'«Allegato N. 5. Osservatori» tratta dei tipi di osservatori da costruirsi a servizio dei settori del Vallo Alpino: «piccolo per osservatori isolati e per batteria, di dimensioni le più ridotte possibili; grande per gli osservatori del comando di settore, di gruppo o di raggruppamento, di dimensioni maggiori. Detto osservatori possono poi essere: in pozzo con cupola corazzata, quando il campo di vista dell'osservatorio debba essere molto grande; in caverna blindato, quando il settore di sorveglianza sia ristretto, ovvero il terreno presenti possibilità di osservazione in varie direzioni». In allegato vi sono otto tavole: «Tipo A. Osservatorio piccolo in pozzo con cupola corazzata»; «Tipo B. Osservatorio piccolo in caverna blindato»;«Tipo C. Osservatorio grande in pozzo con cupola corazzata»; «Tipo D. Osservatorio grande in caverna blindato». Seguono, infine, le «Direttive per l'organizzazione difensiva permanente in montagna (Circolare 200 R del 6-1-31-IX). Errata – corrige e chiarimenti».

8 - *Circolari N. 800 (5 marzo 1931) e seguenti: N. 2800 e N. 300*

Qualche mese dopo l'uscita della Circolare N. 200, il Ministero della Guerra – Comando del Corpo di Stato Maggiore – Ufficio Operazioni, emana la Circolare N. 800 in data 5 marzo 1831-IX, con un allegato contenente otto tavole. L'oggetto è il seguente: «Direttive per la organizzazione difensiva nell'interno di zone boscose alla frontiera orientale». Tratta sostanzialmente delle «organizzazioni difensive da apprestarsi nell'interno di aree boscose, estese, profonde, caratterizzate da campo di vista e di tiro assai ristretto». L'organizzazione difensiva è articolata nella zona di sicurezza, negli sbarramenti e nella zona di schieramento. Dopo poco tempo escono anche la Circolare N. 2800, il cui oggetto è l'«Organizzazione dei tiri dei centri tipo», in cui si danno disposizioni ulteriori in merito a quanto già emanato, e la Circolare N. 300. Quest'ultima ha come oggetto: «AGGIUNTE E VARIANTI AGLI ALLEGATI ALLE CIRCOLARI DEL COMANDO DEL CORPO DI STATO MAGGIORE N° 20 IN DATA 6 GENNAIO 1931 E N° 80 IN DATA 5 MARZO 1931-X»; segue un allegato. Qui, nello specifico, al punto n. 1 (integralmente sottoriportato), abbiamo interessanti indicazioni a proposito della scelta di copertura da offrire alle opere permanenti. Qualora si volesse andare sul campo a prendere visione diretta delle opere del Vallo Alpino del Littorio, si potranno utilmente raffrontare le disposizioni dello Stato Maggiore con la reale costruzione di ogni edificio e vedere se ognuno di essi poteva o meno rispondere ai criteri costruttivi e difensivi prescritti:

«1°. – Criteri di massima per la scelta del tipo di opere. Nello studio delle difese permanenti si deve esaminare anzitutto la possibilità di ricavare l'opera in caverna, perché la caverna in ottima roccia presenta notevoli vantaggi sul calcestruzzo; occorre però tenere presente che molto spesso la roccia, pur presentandosi in buone condizioni all'esterno, non dà garanzia di sufficiente resistenza che ad una certa profondità. È quindi necessario esaminare bene il banco roccioso, il quale deve avere spessore conveniente, anche quando gli strati sottostanti sono abbastanza compatti. Bisogna accertarsi che non vi siano discontinuità trasversali della massa e di norma devono essere considerati come buoni terreni per caverne attive la sole rocce compatte eruttive (basalto, granito, porfido, ecc.) e le migliori rocce di media compattezza (calcaree e dolomitiche). Negli altri casi si dovrà invece, sempre per le caserme attive, esaminare se sia conveniente o meno costruire la postazione completamente di calcestruzzo in uno scavo parallelepipedo di dimensioni tanto maggiori quanto minore è la resistenza della roccia. Il blocco di calcestruzzo in questo caso dovrà naturalmente essere completamente interrato ed avere dimensioni tali da formare una massa di calcestruzzo di almeno 200 mc. e nella sua parte esterna dovrà essere mascherato in modo da riprendere completamente la forma del terreno, come se la postazione fosse stata ricavata nel terreno naturale. Per i ricoveri invece sarà sempre possibile, e talvolta anche conveniente, affondarsi quanto occorre per ottenere la voluta protezione e perciò si dovrà abbassare il ricovero rispetto alle postazioni cercando di ottenere la necessaria protezione con roccia o terra. Di massima si deve tener presente che per la resistenza ai grossi calibri delle opere permanenti occorre una massa coprente di:
- m. 3 di calcestruzzo con sottostante strato di ferri a doppio T da cm. 30, oppure:
- m. 5 o 6 di ottima roccia (basalto, granito, porfido, ecc.), oppure:
- m. 10 – 12 di roccia di media compattezza (calcarea e dolomitica), oppure:
- m. 15 – 18 di terreno semi-roccioso (arenarie), oppure:
- m. 20 ed oltre di terra comune».

Ancora nelle «AGGIUNTE E VARIANTI» agli allegati delle circolari n° 200 e n° 800 abbiamo punti che trattano del mascheramento delle opere, dei sistemi statici anticarro (blocchi di calcestruzzo e piani inclinati), casematte metalliche e torrette fisse, ventilazione forzata, filtrazione e rigenerazione dell'aria nelle opere. Richiamando il tema già trattato dell'armatura del calcestruzzo, è utile riportare il terzo punto delle succitate «AGGIUNTE E VARIANTI»: «Impiego di ferri a doppio T e loro disposizione a copertura dei locali e delle casematte per mitragliatrici. Nelle opere costruite nella stagione lavorativa 1930-31 si sono impiegati nella copertura ferri a doppio T del n° 20 su due strati, solo per utilizzare le provviste di ferri già eseguite da alcuni uffici fortificazioni. Nelle nuove opere in progetto o da costruire, i ferri a doppio T da disporsi nella copertura debbono essere del tipo NP. 30 con aste ed ali del massimo spessore possibile, su di un solo strato a perfetto contatto e con un robusto collegamento fra di loro a mezzo di tondini trasversali, ed un largo appoggio. Nei ricoveri e nei cunicoli i ferri a doppio T saranno disposti in senso normale al lato lungo. Nelle postazioni per mitragliatrici di calcestruzzo od in caverna, è preferibile porre i ferri nel senso di maggior lato per dare appoggio alla piastra metallica a rinforzo della feritoia e per ridurre il numero dei ferri stessi. La piastra metallica a rinforzo della feritoia è, come è noto, di due tipi: il primo serve per battere settori orizzontali di 60° e verticali di 30° (da +15° a -15°), il secondo serve per settori orizzontali di 60°, ma verticali completamente in depressione (da 0° a -30°). È però evidente che tali settori rappresentano un massimo e quindi ogni qualvolta non è necessario battere l'intero settore di 60° orizzontale e 30° verticale è possibile usare la piastra stessa con feritoie aventi settori inferiori, dando alla feritoia una svasatura corrispondente al settore da battere».

8a - *Ulteriori circolari del 1938 e del 1939*

La Circolare N. 7000, del 3 ottobre 1938, ha come oggetto le «Direttive le l'organizzazione difensiva». Esordisce così, rifacendosi sostanzialmente alle precedenti disposizioni: «L'organizzazione difensiva delle nostre frontiere terrestri sta per raggiungere, nel suo complesso, un notevole grado di efficienza». L'ottimismo è successivamente smentito dalle parole del generale Vittorio Ambrosio (Torino 1879 – Alassio 1958) in una relazione datata 3 ottobre 1942, che più avanti si riporta.[24] La Circolare N. 1200, datata 15 ottobre 1939 e firmata dal Capo di S. M. dell'Esercito A. Pariani, ha per oggetto gli «Appostamenti protetti ad integrazione dell'organizzazione difensiva». Successiva di due giorni, la Circolare N. 12200, datata 17 ottobre 1939 e firmata ancora da Pariani, ha per oggetto l'«Organizzazione difensiva di copertura». Si compiace di come i lavori difensivi condotti presso la frontiera occidentale siano spediti ed efficienti, ma lamenta le lacune dovute innanzitutto alla dislocazione dei centri di fuoco e alla scarsità delle armi in dotazione.

9 - *Circolare N. 15000: 31 dicembre 1939*

Il 31 dicembre 1939-XVIII il Ministero della Guerra – Comando del Corpo di Stato Maggiore – Ufficio Operazioni, emana la Circolare 15000. L'oggetto è il seguente: «Fortificazione permanente alle frontiere alpine». Si tratta di ulteriori disposizioni per il completamento consono delle opere di difesa permanente lungo la frontiera alpina italiana. L'Allegato alla Circolare 15000 fornisce la definizione delle opere permanenti in relazione agli elementi che le costituiscono.

- Opera grossa. È dotata di «5 o più postazioni», armate con mitragliatrici, pezzi anticarro, ed eventualmente con artiglierie di piccolo calibro, mortai, lanciafiamme; le postazioni sono collegate tra loro e con i locali di servizio mediante cunicoli ricavati nella viva roccia o comunque protetti. Le comunicazioni con l'esterno sono garantite mediante telefono con cavo interrato e protetto, stazioni radiotelegrafiche, stazioni fotofoniche ed eventuali proiettori. Per quanto concerne gli interni, ogni Opera Grossa «è completa di tutti gli allestimenti interni tali da consentire la vita e l'azione del presidio, con una certa larghezza, anche sotto tiri prolungati e se l'opera è superata e accerchiata: riserve munizioni, armi e parti di ricambio – deposito acqua e viveri – cucine – locali comando – posto medicazione – locali per ufficiali – dormitorio truppa – lavatoio – latrine – illuminazione normale (e di riserva) – riscaldamento – ventilazione (per gas e C.O.) – eventualmente macchinari per il rapido rifornimento delle munizioni, ecc.».
- Opera media. È dotata «da 2 a 4 postazioni», armate con mitragliatrici, pezzi anticarro, eventualmente pezzi d'artiglieria di piccolo calibro, mortai e lanciafiamme. Alla voce «allestimenti» abbiamo il ricovero per i soldati, le riservette munizioni, depositi d'acqua e di viveri, ecc.
- Opera piccola. È dotata «di 2 (eventualmente una) postazioni», armate con mitragliatrici, o pezzo anticarro, o lanciafiamme. È occupata solo in caso di combattimento.

Vediamo così definiti i tre tipi di opere permanenti, i quali possono anche rimandare agli sviluppi tattici appresi nel corso della Prima Guerra Mondiale. Ecco di seguito uno di tali sviluppi tattici, tra i tanti, tratto da una fonte francese datata 30 aprile 1915 e firmata dal Comandante della 5ª Armata, generale d'Esperey «Costruzione di una posizione difensiva. Costruzione della posizione avanzata di battaglia. Le difese esistenti sulla linea avanzata nel settore della 5ª Armata furono costruite gradatamente durante i duri combattimenti svoltisi sul nostro fronte nel settembre del 1914. Furono improvvisate e costruite senza un piano ben studiato; bisogna quindi cercare di migliorarle. a) Nei settori dove un attacco è probabile la posizione deve comprendere tre linee di difesa. La prima è destinata alle piccole guardie; dev'essere costruita saldamente, ma guarnita debolmente e costituirà la prima linea di resistenza. Davanti a essa si costruiranno ricoveri per i posti d'ascolto. La seconda linea formerà la prima linea principale di resistenza, nell'eventualità che la prima sia rotta o resa inutilizzabile ai fini della difesa. Questa seconda linea dovrà quindi essere costruita saldamente e aver sufficienti ricoveri per le truppe destinate a presidiarla. La terza linea consterà principalmente di ricoveri a prova d'artiglieria per le riserve. A questi criteri dovrà uniformarsi l'organizzazione di una profonda sistemazione difensiva che costituirà un completo sistema d'avamposti (linea delle piccole guardie, linea delle grandi guardie e linea delle riserve). La presenza di numerosi sistemi di comunicazione e di collegamento saldamente costruiti fra queste tre linee, rivestirà la massima importanza nell'eventualità d'un attacco. Oltre a ciò devono essere rinforzati i capisaldi sulla linea di resistenza principale che dovrà essere tenuta a ogni costo. Questi capisaldi devono essere trasformati in forti in miniatura, capaci di continuare a resistere anche se circondati da ogni lato. Essi devono essere tenuti fino a quando possano essere liberati da un vittorioso contrattacco (ecc.)».[25]

Tale «COSTRUZIONE DI UNA POSIZIONE DIFENSIVA» è stata pubblicata in un libro inglese della fine degli anni Trenta e tradotta e pubblicata in italiano nel 1940. L'autore è il capitano G. C. Wynne e il libro è intitolato *La lezione tattica della guerra mondiale* (titolo originale: *If Germany Attacks. The Battle in Depth in the West*). Nelle pagine conclusive leggiamo alcune considerazioni a proposito della ben nota linea Maginot: «Iniziata subito dopo la guerra allo scopo di proteggere da un attacco di sorpresa le importanti miniere di Briey e della Lorena, presso la frontiera, fu estesa più tardi lungo tutto il confine settentrionale e orientale della Francia, col dispendio di molte centinaia di milioni, e con lo scopo di coprire i settori della mobilitazione francese. È una linea composta di massicce fortezze sotterranee, poste in comunicazione fra di loro per mezzo di gallerie illuminate a luce elettrica e fornite di tutto ciò che la scienza moderna può offrire. La Linea [Maginot. *N.d.A.*] si trova a una distanza dal confine variabile dai 10 ai 25 chilometri circa. Quale che sia la forza di ciascuna di queste fortezze, la teoria in base alla quale la Linea Maginot è stata costruita è essenzialmente quella d'una linea di difesa a oltranza. Posteriormente alla sua costruzione, intorno al 1934, venne posta in opera una serie di forti più piccoli nel settore tra la frontiera e la linea principale; il che ha conferito profondità al sistema che risponde al criterio della difesa a oltranza in profondità. Visti alla luce dell'esperienza dell'ultima guerra, questi forti e fortini sono simili alle "località fortificate" che, tanto per i Tedeschi quanto per gli Inglesi, dimostrarono di non essere altro che trappole. Allora si trattava di difese contro un assalto di fanteria a piedi. Contro un assalto moderno da parte di masse motorizzate, appoggiate da altre masse di aeroplani, i forti e i fortini della Linea Maginot potrebbero sembrare potenzialmente le più grandi trappole che si siano mai viste nella storia militare. Come organizzazione di difesa esse possono riserbare poche sorprese a un nemico vigilante, mentre offrono bersagli ben precisi per gli aeroplani, per l'artiglieria, per ogni moderno mezzo di distruzione nonché per le macchinazioni delle spie e dei sabotatori».[26]

Tali parole servono egregiamente allo scopo di crearsi, ognuno a seconda delle proprie idee, della propria conoscenza della Storia e della comprensione della tattica, una propria personale opinione sulle fortificazioni permanenti europee e sulla loro realizzazione in Italia tra la fine della Grande Guerra e la fine della Seconda Guerra Mondiale. Ad ogni buon conto il 10 maggio 1940, alle ore 5.35, all'Ovest ha inizio la cosiddetta «Guerra Lampo» tedesca. Lussemburgo, Olanda e Belgio cadono rapidamente; poi è la volta della Francia, con gli Inglesi che si ritirano dalla sacca di Dunkerque. Dal 14 al 24 giugno 1940 vengono messe in atto le operazioni per lo sfondamento e la presa della Linea Maginot. Intanto, il 22 giugno, la Francia firma l'armistizio con la Germania. Alla data del 25 giugno 1940 in Francia cessano i combattimenti.

10 - *Circolari tra 1940 e 1941: N. 1100, N. 2914 e N. 13500*

Di protocollo segreto, la Circolare N. 1100, datata 4 aprile 1940, ha il seguente oggetto: «Particolari costruttivi delle opere della fortificazione permanente», con allegate 31 tavole di disegno. Comincia così: «A seguito della circolare 600 S. del 30/1/1940 e con riferimento alle disposizioni della circ. 15000 del C.C.S.M., si diramano le seguenti norme sui particolari costruttivi delle opere che, suggerite dalla pratica dei più recenti lavori e dalle contingenze attuali di approvvigionamento dei materiali, con criterio di standardizzazione, completano ed in parte sostituiscono le disposizioni già date e particolarmente quelle emanate con le circ. 4350 del 10/12/1935, 6453 del 23/10/1939, 1000 del 22 marzo 1940». Il primo punto recita: «1 – ECONOMIA DEL CEMENTO. Si richiama in proposito quanto prescritto con la circ. n. 1010 S ed in particolare: a) il tenore del cemento, nei calcestruzzi direttamente esposti al tiro sarà di 350 Kg. per mc. d'impasto. Tale dosaggio sarà accuratamente controllato, (specie se i sacchi di cemento avranno subito molteplice manipolazione durante i trasporti). Pietrisco e sabbia dovranno essere di conveniente pezzatura e granitura, e la confezione e la pigiatura dei getti eseguite a regola d'arte. Qualora fosse necessario adoperare impasti più fluidi (ad es.: per le parti in calcestruzzo armate adiacenti alle feritoie), il tenore di cemento sarà aumentato a Kg. 400 per mc. d'impasto. (Ecc.)». Seguono le indicazioni per la realizzazione delle postazioni per mitragliatrici, parlando anche di scudature, nonché di casematte e torrette metalliche. I punti seguenti trattano delle postazioni anticarro e delle postazioni per artiglieria: «È da considerarsi normale l'installazione del pezzo 75/27 in caverna o in casamatta di calcestruzzo con attacco in volata. In caso di ritardo degli speciali affusti e delle piastre, si ricorrerà alla postazione del pezzo su ruote». Si parla inoltre di osservatori, chiusure metalliche antisoffio e stagne, impianti d'illuminazione, impianti di ventilazione e antigas, impianti igienici, idrici e sanitari, nonché dei collegamenti telefonici, radio, fotofonici e ottici. Il tutto è firmato dal «Il Generale di Divisione Ispettorato dell'Arma del Genio Degiani».

È risaputo come gli ambienti umidi e chiusi influiscano rapidamente in modo negativo sulla salute degli uomini. A questo proposito il punto n. 8 così recita: «PROVVEDIMENTI CONTRO L'UMIDITÀ. Le acque superficiali saranno allontanate dall'opera facendole defluire attraverso pozzi di guardia. Le infiltrazioni si elimineranno mediante drenaggi da eseguirsi esternamente ai rivestimenti delle gallerie, completati da cunette per il convogliamento delle acque lontane dall'opera. Qualora le infiltrazioni fossero di tale entità da far ritenere inefficaci i provvedimenti anzidetti o se la natura della roccia escludesse la possibilità di detti drenaggi, si ricaverà nell'interno dell'opera una opportuna intercapedine a mezzo di strutture murarie leggerissime. Per attenuare durante la stagione calda le inevitabili condensazioni di umidità si ricorrerà per i soli ricoveri destinati ad alti comandi, a rivestimenti di materiali coibenti (masonite, faesite e simili)».

10a - *Circolare N. 2914: 20 maggio 1940*

In Europa la guerra di movimento è già cominciata da diversi mesi e ci si rende conto che occorre provvedere a rinforzare le difese anticarro del Vallo Alpino. Il Ministero della Guerra – Ispettorato dell'Arma del Genio emana in data 20 maggio 1940 la circolare «Prot. N. 2914. Oggetto: Ostacoli anticarro con spezzoni di ferro». Così principia: «Il tipo di ostacolo anticarro con spezzoni di ferro a doppio T, con le dimensioni segnate nell'album di ostacoli anticarro o nella circolare n. 230/S, mentre è efficace per carri leggeri come lo dimostrano le esperienze di Civitavecchia fatte col carro 3000, non sempre lo è per carri più pesanti come i nostri tipi M.11 e M.13, come appalesatosi in una recente prova. Pertanto contro carri che non siano del tipo leggero converrà rinunciare al suddetto ostacolo, ricorrendo preferibilmente ai tagli a petto, alle scarpate ripide oltre i 45°, ai fossi di adeguate dimensioni e resistenti alla spinta esercitata dal peso del carro ed alle tagliate stradali, secondo le indicazioni della citata circolare». Le prescrizioni che seguono sono puntigliose quanto poco utili.

10b - *Circolare N. 13500: 14 agosto 1941*

Il 14 agosto 1941-XIX lo Stato Maggiore del Regio Esercito emana la Circolare N. 13500 (protocollo segreto), il cui oggetto è la «Fortificazione permanente». Si parla innanzitutto dell'adeguamento delle difese ai moderni sistemi offensivi, visto che da due anni è in corso la Seconda Guerra Mondiale. Si è già vista l'efficacia dei carri armati stranieri, in massima parte più efficienti e meglio armati di quelli italiani e la capacità offensiva sviluppata dai «semoventi», ovvero dai cannoni generalmente montati su scafi di carro armato. Si continua, invece, ad ignorare l'esistenza dell'arma aerea e dell'efficacia da questa dimostrata nell'attacco alle fortificazioni campali e alle opere permanenti. Dalla circolare trapela inoltre, a ragione, il timore dato dai «reparti guastatori destinati alla materiale espugnazione delle opere». Basti solo pensare all'episodio dell'espugnazione dell'«imprendibile» forte belga di Eben Emael. Nel maggio 1940 il «Gruppo d'assalto Granito», composto da paracadutisti tedeschi montati su alianti, occupa e costringe alla resa il forte belga di Eben Emael in una manciata di ore a cavallo della notte. Rimane così chiaro a tutti, e in particolar modo ai belligeranti, che la fortificazione intesa nel senso di edificio in muratura o, meglio, in calcestruzzo di cemento armato, si rivela decisamente meno affidabile e meno capace di resistere di quanto fino ad allora si fosse sostenuto. Certamente si conoscevano i limiti di una struttura inamovibile, certamente si erano prese le necessarie contromisure per continuare a perpetuarne i concetti di base oltre la prova del fuoco data dalla Prima Guerra Mondiale. Ma il secondo conflitto mondiale vede, in ogni caso, la fine dell'epoca delle fortificazioni permanenti.

Ecco che cosa ci dice Maurizio Setti nel libro *La conquista di Eben Emael*: «Alla Germania spetta il riconoscimento, oltre che di aver sviluppato precocemente rispetto ad altri Paesi unità di paracadutisti militari, anche di aver impiegato per prima truppe aviotrasportate per attaccare a occidente. La conquista dell'aeroporto di Oslo-Fornebu in Norvegia il 9 aprile 1940, l'interruzione delle comunicazioni fra il nord e il sud del Paese sabotando più volte la linea ferroviaria per Dombas nei giorni seguenti, l'assalto e la difesa ad oltranza di Narvik costarono perdite notevoli alle forze armate tedesche e le operazioni di aviolancio sugli obiettivi in Olanda non furono né semplici né incruente. Ma Eben Emel, il forte belga di cui tutto il Paese andava fiero e dietro il quale si sentiva sicuro, venne sopraffatto da un pugno di uomini con un'azione organizzata e condotta in maniera così perfetta da diventare il punto di riferimento di tutte le missioni speciali pianificate da quel momento in poi».[27] In pratica, la possibilità di penetrare fisicamente all'interno di un perimetro fortificato, difeso esternamente da ostacoli antifanteria, anticarro, fossati e canali attraversabili solo attraverso ponti (provvisti di cariche di demolizione per la rapida distruzione) o utilizzando imbarcazioni (affondabili mediante armi a tiro rapido alloggiate in casamatta), fa capire che si devono rivedere completamente i concetti di fortificazione. Un'ultima nota: il forte di Eben Emel era il perno di un sistema di difesa permanente a ridosso della frontiera con l'Olanda. Era protetto verso nordest dal Canale Alberto, con l'argine verso il forte scavato nella roccia, alto circa quaranta metri e largo poco più di venti metri. La sua difesa esterna era così garantita:

- sistemi di postazioni fisse protette per sviluppare un fuoco incrociato a protezione dei canali e dei fossati esterni con armi controcarro, mitragliatrici e riflettori;
- casematte con cannoni da 75 mm e da 120 mm;
- cupole rotanti e retrattili in acciaio armate con cannoni da 75 mm e da 120 mm;
- postazioni corazzate per mitragliatrici pesanti;
- osservatorio corazzato dotato di periscopio.

Scavati all'interno del rilievo collinare e sottostanti l'area del forte vi erano tutti i servizi logistici, con depositi di munizioni, armi di ricambio, alloggiamenti, magazzini, ecc.

10c - *Gli elementi della difesa permanente nella Circolare N. 13500*

Tornando alla Circolare N. 13500, firmata dal Capo di Stato Maggiore dell'Esercito Mario Roatta (Modena 1887 – Roma 1968),[28] vediamo come si presentino gli accorgimenti principali da adottarsi nella difesa contro i carri armati, strutturati in difesa passiva e difesa attiva. Per quanto concerne la seconda:

«2°) – Difesa attiva. a) Vale anche per la difesa attiva il criterio dello scaglionamento in profondità, ed evitare che – eliminate le difese più avanzate – si verifichi il dilagamento a massa dei carri nell'interno e verso il tergo dello sbarramento.

b) La difesa attiva è attualmente affidata:

- a pezzi c.c. (cannone 47/32 – cannone 57/43) di norma casamattati;
- artiglierie di p.c. (cannoni 65/17 – 75/27) nelle opere;
- eccezionalmente, lanciafiamme (fiancheggiamento di apposite caponiere e ostacoli – specie stradali – di limitato sviluppo;

Vi concorrono tutte le artiglierie, in opera o allo scoperto, che hanno azione nell'ambito dello sbarramento.

c) L'azione delle artiglierie c.c. o con compiti essenziali c.c. non deve essere limitata al fiancheggiamento dell'ostacolo, ma estendersi anche in profondità per battere d'infilata le vie d'accesso e le provenienze più pericolose. Per esigenze di protezione (dimensioni delle feritoie) i due compiti del fiancheggiamento e dell'azione in profondità è opportuno non siano affidati alla stessa arma, ma ad armi distinte.

d) Data l'attuale tendenza all'aumento della mole, armamento, corazzatura (talora multipla nelle parti vitali), dei carri armati, s'impone l'adozione di bocche da fuoco di maggiore calibro o comunque dotate di maggiore capacità di perforazione delle attuali. A tale scopo sono state poste allo studio nuove installazioni da 75/46 e 90/53. Gli attuali pezzi c.c. saranno riservati al fiancheggiamento dell'ostacolo sempre quando la lunghezza dell'ostacolo stesso o la possibilità d'impiego a massa di carri pesanti non richiedano, anche per il fiancheggiamento, armi di maggior potenza».

Per quanto concerne nuovamente la preoccupazione suscitata negli alti comandi italiani dall'opera dei guastatori (chiaramente stranieri) si propone integralmente il punto terzo «Difesa vicina», sempre della succitata circolare. Nemmeno poi tanto tra le sole righe si capisce come la corsa al risparmio e fors'anche l'incapacità o il non desiderio di un impegno maggiore nella difesa dei confini, emerga ancora una volta nelle manifeste carenze delle opere permanenti italiane. Questo non vuole di per sé sminuire la materia qui oggetto di studio, ma restituire alla Storia, ovvero alla realtà dei fatti, la chiara efficacia ed efficienza dell'apparato di difesa confinaria italiano:

«III. – Difesa vicina. È questo un problema che, con il generalizzarsi dell'impiego dei guastatori, ha assunto eccezionale importanza. Occorre, in conseguenza, perfezionare le nostre opere la cui difesa vicina – per la nota deficienza delle torrette – è piuttosto affidata al fiancheggiamento reciproco da opera ad opera. Il principio che ciascuna opera, indipendentemente dall'appoggio di fuoco delle opere vicinori, deve avere la possibilità di fronteggiare offese immediate, ossia, in altri termini, deve coi propri mezzi provvedere alla difesa vicina, già è stato nettamente enunciato in precedenti direttive di questo S.M. In pratica sono stati però fatti, in materia, scarsi progressi. È indispensabile eliminare tali deficienze, al che potrà provvedersi mediante l'adozione:

- di piastre a chiusura ermetica per mitragliatrici, artiglierie, mortai (in corso di studio);
- di postazioni per fucili mitragliatori e lanciafiamme particolarmente destinati al fiancheggiamento delle feritoie e cannoniere comunque accessibili dall'esterno;
- di postazioni per mortai per eliminare al massimo le zone non battute;
- di fossi diamante agli ingressi e davanti alle feritoie e cannoniere (ove non sia possibile eseguire tagli a petto);
- di caditoie per bombe a mano per la difesa dei fossi di cui sopra;
- di caponiere o porte garitta per la difesa degli ingressi;
- di lanciafiamme ad azione circolare per la difesa del tetto delle opere o delle postazioni in sostituzione – nel particolare compito ed ove difettino materiali metallici – delle torrette osservatorio attivo;
- di ostacoli multipli e profondi (essenzialmente reticolato basso su robusti paletti di ferro per impedire l'accesso alle feritoie o sul cielo delle postazioni.

Quanto sopra vale per le nuove costruzioni; per quelle in atto debbono essere senz'altro studiati opportuni adattamenti».

Ancora, com'è chiaro e stringente dalla lettura dell'intero documento (nonché di molti altri documenti ancora), non si fa il minimo accenno a:

1. opere permanenti corazzate per l'appostamento delle batterie di grosso calibro, le quali in caso d'attacco devono poter effettuare sia un tiro d'interdizione sulle truppe avversarie avanzanti, sia un efficace tiro di controbatteria, di sbarramento, ecc.;
2. Opere permanenti destinate alla protezione antiaerei (ovvero armate con armi a tiro rapido e cannoni antiaerei).

E, questo, solo per enumerare le carenze più lampanti. Per quanto riguarda altri punti, senza dubbio importanti per la comprensione del funzionamento delle opere difensive in caso d'attacco, si rimanda alla lettura integrale della Circolare in oggetto,[29] nonché degli altri documenti inerenti il Vallo Alpino.[30] Circolari alla mano (in senso lato), si potranno poi distinguere sul campo le opere obsolete da quelle più recenti e gli interventi di miglioramento effettuati a posteriori e comunque entro la data del 1945.

10d - *Il «Vallo Alpino del Littorio»*

Un interessante e conciso articolo con intenti comparativi ci viene dal tenete colonnello del Genio Secondo Zabert. Trattando della Linea Maginot francese (fig. 9), del Westwall tedesco, o Linea Sigfrido e del «Vallo Alpino del Littorio», esemplifica le direttive che hanno condotto alla realizzazione di quest'ultimo (fig. 10): «Una organizzazione permanente in montagna si può schematicamente rappresentare secondo quanto indicato nella tav. 7. In un qualunque sistema difensivo, saldamente appoggiato ai fianchi laterali del terreno invalicabile, si notano quindi i seguenti organi: 1°) un ostacolo continuo attivamente fiancheggiato da armi automatiche e anticarro; 2°) un complesso di centri di fuoco e caposaldi, disposti a scacchiera, atti a creare uno sbarramente continuo di fuoco mediante mitragliatrici, lanciabombe, cannoni di piccolo calibro a tiro rapido, posti in locali alla prova (casamatte in caverna, in calcestruzzo, in torrette metalliche); 3° una rete di osservatori e posti di comando in locali protetti a convenientedistanzadalleopereattive;4°)unoschieramento di artiglieria per l'azione di appoggio e protezione dei centri, di interdizione vicina sulle comunicazioni e d'interdizione lontana sui centri avversari. Le varie batterie potranno essere in parte situate in locali alla prova, e le rimanenti aliquote in posizioni allo scoperto con riservette e ricoveri interrati. Completeranno l'organizzazione del sistema: a) i ricoveri per truppe di contrattacco e per i presidi delle opere; b) postazioni per proiettori (illuminazione notturna del terreno); c) reti multiple di collegamento (cavi interrati, mezzi ottici fotofonici, radio); d) una ricca rete stradale per la rapida messa in sito delle batterie da posizione, nonché per i movimenti di alimentazione e rifornimento delle unità operanti; e) un complesso d'interruzioni stradali predisposte, unitamente ai mezzi per la rapida eventuale distruzione degli impianti utilizzabili dal nemico. In corrispondenza di particolari nodi stradali di notevole importanza logistica verranno stabilite opere di interdizione e di sbarramento, completate da interruzioni e da tagliate di sicura efficacia».[31]

Il contributo di Zabert così si conclude: «Per concludere il seguente articolo, svolto in modo necessariamente generico per ovvie ragioni di riservatezza, riteniamo utile ripetere al riguardo l'alto giudizio espresso dal Duce, Capo Supremo delle Forze Armate in occasione del Discorso tenuto al Senato il 30 settembre 1938, sulla salda e sicura efficacia delle nostre organizzazioni difensive costituenti il "Vallo Alpino del Littorio": "In fatto di frontiere terrestri la natura ha provveduto a dare all'Italia un considerevole coefficiente di sicurezza. Quando saranno resi ermetici alcuni passi, per tutto il rimenente della grande cerchia, le Alpi sono invalicabili e non solo nei mesi invernali. Al riparo di questa gigantesca fortificazione si sviluppa e lavora il popolo italiano».[32] Come si può vedere sia dai precedenti sia dai seguenti documenti, le parole erano lungi dall'essere aderenti alla realtà dei fatti.

11 - *Carta stampata e realtà dei fatti al 1942*

Fino quasi al termine della guerra le circolari, gli allegati e le relazioni si susseguiranno quasi a getto continuo. Di un certo interesse, ai fini della catalogazione e della comprensione delle opere, è la relazione del già citato Capo di Stato Maggiore generale Vittorio Ambrosio. Datata 3 ottobre 1942 – XX, è indirizzata al Comando Supremo ed ha per oggetto: «Relazione sullo studio delle fortificazioni e sui lavori sinora eseguiti alle frontiere terrestri». Eccone un primo stralcio:

«Lavori difensivi. Sull'intera frontiera:
- Sono state ultimate 1475 opere difensive, prevalentemente del tipo piccolo o medio (armamento da 1 a 3-4 mitragliatrici), più raramente del tipo delle cosiddette opere grosse, comprendenti 5 o più postazioni, talora anche artiglierie. Sono anche terminate circa 700 casermette difensive e ricoveri attivi.
- Sono in corso di costruzione circa 450 opere ed una sessantina di casermette e ricoveri. Tali lavori sono ora sospesi (frontiera germanica) o ridotti per mancanza di materie prime e di mano d'opera.
- Sono progettati oltre 1400 tra opere, casermette e ricoveri, per la maggior parte (circa 2/3) relativi alla frontiera germanica.
Lavori stradali. La rete stradale militare ha avuto a tutte le frontiere un largo sviluppo. Solo negli ultimi due anni sono stati ultimati circa 700 km. di strade; ed altri 500 sono tutt'ora in corso, a ritmo molto rallentato per le ragioni già sopra dette. Di questi ultimi, 120 km. relativi alla frontiera germanica, sono ora sospesi».[33]

In buona sostanza, considerando che l'intero confine terrestre è poco più di milleottocento chilometri, togliendo le linee di cresta, praticabili solo agli alpinisti, nella seconda metà del 1943 si hanno all'incirca una sola opera (prevalentemente piccola o media) per ogni chilometro di confine, con una casermetta o un ricovero per la truppa ogni due chilometri. Delle dichiarate 450 opere in corso di costruzione, nonché delle altre 1400 opere in progetto, occorrerà poi vedere quante ne siano state portate a compimento e con le dotazioni efficienti. Le cifre parlano da sole e non necessitano di commenti. In ultimo si riporta, sempre a firma del generale Vittorio Ambrosio e contenuto nella summenzionata Relazione, il «Grado di efficienza raggiunto dalla sistemazione difensiva» riguardo ai tre Settori di Frontiera. Lo scritto fornisce ulteriori e chiare indicazioni in merito all'articolazione degli apparati difensivi del Vallo Alpino.[34]

Sistemazione difensiva della Frontiera Occidentale: «I lavori furono iniziati nel 1930 con l'intento di creare un sistema difensivo aderente alla frontiera (1° sistema difensivo), quale appoggio alla copertura ed allo schieramento difensivo delle G.U. [Grandi Unità. *N.d.A.*]. Sorsero così alcuni sbarramenti ai colli principali ed alle zone di facilitazione, costituiti da opere generalmente piccole e medie, armate nella maggior parte con mitragliatrici, concepite per azione di fuoco essenzialmente fiancheggiante. Scarsezza delle assegnazioni finanziarie, sospensione e riprese dei lavori, varianti ed incertezze nei criteri tattico-tecnici della fortificazione rallentarono ed infirmarono il progresso della sistemazione. Nel 1938 il ritmo dei lavori sul 1° sistema difensivo fu intensificato e

furono meglio definiti i concetti base della sistemazione difensiva. Fu inoltre impostato un 2° sistema difensivo – a 5-10 km. dal 1° – costituito da capisaldi e sbarramenti di fondo valle per fornire appoggio allo schieramento e manovra delle G.U. di 2ª schiera: e successivamente un 3° sistema, inteso a conferire profondità alla complessa sistemazione, e a sbarrare la confluenza delle direttrici più importanti. Attualmente: il 1° sistema può dirsi pressoché completo, costituendo una fascia di resistenza abbastanza profonda e idealmente continua (dove mancano le opere la continuità è assicurata dall'ostacolo offerto dall'alta montagna). Difetta nella difesa controcarro, attiva e passiva, nella difesa vicina contro i guastatori, nella potenza complessiva dell'armamento. Può ritenersi tuttavia fornito di un sufficiente grado di efficienza tenuto conto dell'asprezza dell'ambiente fisico. Il 2° sistema è largamente incompleto, in quanto molti degli sbarramenti di fondovalle non sono sufficientemente estesi alle ali. Le maggiori deficienze si riscontrano: nello sbarramento di S. Desiderio Terme (Val d'Aosta), al Moncenisio, al Sestrière, sulle Alpi Marittime. Il 3° sistema è ancora più incompleto, specie in taluni degli sbarramenti di maggiore importanza: Val di Susa – Valle Stura di Demonte – Val Vermenagna: è inesistente in corrispondenza delle Alpi Marittime».[35]
Sistemazione difensiva della Frontiera Settentrionale: «a) Svizzera. Sono progettati sbarramenti a cavallo delle principali direttrici, ma soltanto per quella del Sempione sono iniziati i lavori. b) Germanica. Prima dell'annessione dell'Austria, e in dipendenza degli intendimenti operativi, erano stati costruiti pochi capisaldi avanzati, di consistenza assai modesta, tendenti ad assicurare sbocchi alle operazioni offensive. Soltanto alla fine del 1939 fu iniziata una vera sistemazione difensiva, con notevole larghezza di mezzi e ampiezza di vedute. Progettati dapprima tre sistemi difensivi, con funzioni analoghe a quelle previste per la frontiera ovest, fu poi stabilito di concentrare mezzi e attività lavorativa sopra un solo sistema risultante dalla fusione dei tratti più progrediti del I e del II, conservando inoltre un complesso di sbarramenti arretrati con funzioni di sicurezza. Il sistema difensivo ora considerato consta di un complesso di sbarramenti quasi tutti incompleti per insufficiente estensione delle ali: alcune direttrici inoltre (ad esempio Rombo-Giovo, Val di Vizze, Valle Aurina, Val Riva, Valli Chiarsò, Aupa, Roccolana) sono del tutto aperte essendo i relativi sbarramenti o appena iniziati, o soltanto progettati. Ancora più incompleto è il sistema degli sbarramenti arretrati, dei quali solo quello di "Sud Bolzano" ed il complesso di quelli della Carnia presentano una discreta efficienza. Nei particolari costruttivi le opere di questa frontiera sono più spesso del tipo medio e grosso, e constano di un armamento più potente rispetto alla frontiera ovest: gli sbarramenti difettano peraltro anch'essi nella difesa controcarro ed in quella vicina».[36]

Sistemazione difensiva della Frontiera Orientale: «La sistemazione difensiva, iniziata nel 1930, risente dei presupposti operativi offensivi nei riguardi della Jugoslavia. È basata sul criterio di sbarrare le strade, affidando alla difesa mobile le cortine interposte in terreno fittamente boscoso. Consta pertanto di piccoli sbarramenti stradali, costituiti da opere nella maggior parte piccole e medie, scarsamente armate e protette. Nelle zone di facilitazione tali sbarramenti furono poi estesi, o collegati fra loro con sottili cortine: ma il sistema difensivo così risultante difetta di profondità e di potenza. Manchevole inoltre la difesa controcarri attiva e passiva, la difesa vicina e l'azione frontale. Tale è il 1° sistema, sorto in prossimità del confine (tranne che in corrispondenza di Valle Idria), e comprendente la sistemazione (incompleta) dell'ex saliente fiumano. Il 2° sistema è naturalmente ancora più incompleto: Quasi inesistente a nord di Tolmino non comprende nella parte meridionale che pochi modesti sbarramenti. Nel complesso le direttrici i cui sbarramenti hanno minore efficienza sono: quella che dal Varco di Nauporto conduce per Aidussina e Gorizia; quella di Postumia – passo di Prevallo – Trieste; quella che da Monte Nevoso e il mare convergono su Trieste».[37] Ed ecco le conclusioni del generale Vittorio Ambrosio: «I caratteri e l'efficienza del Vallo fortificato alpino, come risulta dalla precedente esposizione, sono molto diversi da frontiera a frontiera. Le cause di ciò risiedono nella scarsità dei mezzi complessivamente impegnati, in qualche incertezza dei concetti tattici e costruttivi posti a base della sistemazione e nel diverso impulso che nei diversi periodi è stato possibile imprimere ai lavori. Al vaglio delle più recenti esperienze di guerra il valore del Vallo appare soprattutto infirmato dalle manchevolezze già rilevate nella difesa controcarri, e nella difesa vicina contro i guastatori. Trattasi di manchevolezze in gran parte rimediabili: questo Stato Maggiore ha già emanato al riguardo adeguate direttive, ma le circostanze attuali non hanno finora consentito di tradurle in atto. Quando ciò sarà possibile, e quando si possa inoltre completare il complesso dei lavori ancora rilevante progettato e rimasto in sospeso (soprattutto alle frontiere settentrionale e orientale) si potrà ritenere che il Vallo avrà raggiunto un buon grado di efficienza e possa adempiere alle funzioni attribuitegli».[38]

11a - *Ipotesi sul Vallo Alpino al confine con l'Austria*

I lavori di costruzione del Vallo Alpino proseguono fin'oltre il fatidico 1940. In particolare, i lavori al confine tra l'Alto Adige e l'Austria procedettero alacremente nel 1939, ma nel 1943 subirono la battuta d'arresto. Successivamente «A dispetto di numerose informazioni che davano per imminente da parte germanica l'occupazione dei punti nevralgici della Regione, le autorità, iniziando proprio dal Generale Gloria, incredibilmente non dettero eccessivo peso ai continui sospetti militari dell'alleato, e anzi non misero in stato di allerta i militari stazionati nelle caserme. Nella notte tra l'8 e il 9 settembre 1943, una dopo l'altra, tutte le caserme, depositi, presidi ecc. del Trentino e dell'Alto Adige furono occupati nonostante alcuni episodi di accanita resistenza che però nulla valsero nel quadro strategico generale».[39] Anche questo deve indurre a profonde riflessioni. Perché fortificarsi nei confronti dell'alleato? Gli storici hanno già messo in luce tutte le perplessità, vere o presunte, dell'alleanza scomoda con la Germania. Ma, forse, si sono trascurati alcuni dettagli. Recentemente si è tornati a parlare dei libri scritti da Vladimir Rezun, alias Viktor Suvorov: «Icebreaker» («Il Rompighiaccio»), «Dni M» («Il Giorno M») e «L'Ultima Repubblica: perché l'Unione Sovietica perse la Seconda Guerra Mondiale». In questi libri si parla del piano sovietico, diretto da Iosif Vissarionovic Dzugasvili, alias Stalin, d'invadere l'Europa. Si può plausibilmente ipotizzare che lo Stato Maggiore Italiano fosse a conoscenza dei propositi di Stalin di attaccare la Germania e il resto dell'Europa. E questo almeno dal 1941, a seguito dell'«Operazione Barbarossa» condotta dalle truppe tedesche. Difatti il 22 giugno 1941 le armate tedesche attaccarono l'Unione Sovietica lasciando il mondo intero a bocca aperta, ma rendendo palese innanzitutto ai soldati tedeschi che cosa stava preparando l'Armata Rossa al di là del proprio confine. Hans Ulrich Rudel, già comandante di stormo della Luftwaffe, è stato uno dei soldati più decorati della Seconda Guerra Mondiale, nonché considerato con il massimo rispetto anche dai suoi avversari per la propria lealtà e integrità morale. Così scrive nel suo libro, ovvero nella sua autobiografia, tradotta in italiano negli anni Sessanta, a proposito dei primi giorni d'offensiva in terra russa: «Fin dai primi voli notiamo innumerevoli opere di fortificazione lungo la frontiera; spesso queste posizioni sono profonde centinaia di chilometri nell'interno della Russia; talvolta i lavori sono ancora in corso. Sorvoliamo aeroporti quasi approntati; su alcuni di essi i russi stanno terminando le piste di cemento; su altri si vedono i velivoli in attesa... non sappiamo bene di che cosa. Così, presso la strada di Witebsk, un vasto campo appare gremito di bombardieri Martin;[40] ma tutti questi apparecchi sono fermi: i russi mancano di benzina o di personale. Vedendo sfilare sotto di noi a perdita d'occhio trinceramenti, strade militari e aeroporti, non possiamo impedirci di pensare che è stata una vera fortuna l'aver preso l'iniziativa delle operazioni. È evidente come i russi abbiano organizzato le zone di frontiera quali basi per una offensiva contro l'Europa».[41] Forse il susseguirsi dei lavori al Vallo Alpino fino al 1943 lungo il confine austriaco potevano essere indirizzati non solo a protezione nei confronti dell'alleato tedesco, quanto per il timore di uno sfondamento russo e di una sua penetrazione in Austria.

12 - *Il «dopoguerra»*

A seguito delle vicende dell'ultima guerra mondiale i confini dell'Italia sono stati ridisegnati ed oggi vari tratti del Vallo Alpino si trovano in territorio francese e sloveno. Dal punto di vista militare, nel dopoguerra, si riconsiderano alcune fortificazioni poste sul confine austriaco, anche facenti parte del Vallo Alpino, e se ne costruiscono di nuove, a sbarramento di una ipotetica invasione sovietica. Al proposito è stato pubblicato un interessante lavoro da parte della Provincia Autonoma di Bolzano. L'ottima documentazione mostra le planimetrie e le foto degli interni di alcune opere utilizzate nel corso della Guerra Fredda e rimaste presidiate fino agli anni Settanta del XX secolo dall'Esercito Italiano.[42] In Friuli Venezia Giulia viene approntata una linea difensiva lungo il corso del fiume Tagliamento fino al mare, seguita da una seconda a ridosso del confine con quella che era la Jugoslavia, e lungo il corso del fiume Isonzo. Si hanno fortificazioni sotterranee e semisotterranee, postazioni in calcestruzzo con semicalotta d'acciaio e blindamenti per le bocche da fuoco, opere per armi leggere e posti d'osservazione.[43] Per accelerare la costituzione delle difese si fa ricorso anche a «scafi di carro Sherman annegati in vasche di cemento e a cupole corazzate di risulta»,[44] nonché a torrette di carro armato enucleate private dell'armamento principale e utilizzate per un'arma automatica. Quasi tutte le opere sono oggi in disuso, fatta eccezione per alcune strutture utilizzate da privati o acquisite da alcuni Comuni e recuperate come aree museali. Un recente progetto ha persino previsto lo stoccaggio di scorie radioattive all'interno di alcune opere sotterranee. Questo sarebbe un gravissimo errore in quanto, non lo si dimentichi, il territorio è a rischio sismico e gli effetti si possono già veder su talune vecchie opere difensive, le quali sono state letteralmente aperte in due da faglie superficiali createsi a seguito di movimenti tellurici.

Lungo la frontiera francese varie opere sono state invece smantellate: «In occasione del trattato del 1947 erano state individuate in prima battuta 977 opere da smantellare, escludendo dal novero tutte quelle che per gli accorpamenti di territorio, vedi le opere del Moncenisio e della Valle Stretta, sarebbero ricadute in territorio francese. Successivi accordi nel '48, derivati dalle prime evoluzioni politiche post belliche, fecero scendere a soli 629 gli impianti da demolire; si salvarono così le opere del cuneese, unica memoria intatta del "Vallo" nell'arco alpino occidentale rimasta in territorio italiano».[45] È utile ricordare che con il nuovo millennio in Italia si approva la legge per la «Tutela del patrimonio storico della Prima Guerra Mondiale», in cui si riconosce il valore storico e culturale delle vestigia della Grande Guerra. In sintesi si vuole promuovere la ricognizione, la catalogazione, la manutenzione ecc. di fortificazioni campali e permanenti, batterie corazzate, trincee, gallerie, strade e sentieri militari, residuati bellici, reperti e archivi. Visto l'interesse per le opere militari costruite successivamente (e sempre meglio documentate sui vari siti Internet), non si esclude che entro pochi anni la tutela possa essere estesa anche a tutte le opere costruite fino al 1945.

13 - *Alcune considerazioni conclusive sulle motivazioni d'una inefficace linea difensiva*

Cominciamo con il ricordare che dall'antichità fino agli inizi del XIX secolo l'Italia ha dato i natali ad architetti ed ingegneri i quali hanno progettato, fatto costruire e ammodernato numerose fortificazioni in Italia e nel resto dell'Europa. Inoltre, dall'impiego sempre più consistente delle artiglierie, ovvero dalla seconda metà del XV secolo, fino a tutto il secolo successivo, la cosiddetta «fortificazione alla moderna», ovvero la fortificazione a fronte bastionato, è frutto quasi esclusivo del talento italiano. Nel XIX secolo e fino alla metà del XX secolo si possono invece osservare le incapacità strategiche e tattiche degli ufficiali superiori dell'esercito sabaudo e, conseguentemente, i dati tangibili offerti dalle realizzazioni difensive nonché dalla conduzione d'ogni operazione militare.[46] Le carenze furono parzialmente compensate, o tamponate, da taluni altri eccellenti ufficiali, nonché dal valore e dallo spirito di abnegazione dei soldati.

Rimane difficile pensare che dall'unità d'Italia al secondo conflitto mondiale si sia stati incapaci di gestire almeno coerentemente un esercito e le sue potenzialità. Ancor più surreale risulta il pensiero che non si sia riusciti a mettere in campo degli strumenti moderni, ben progettati e ancor meglio costruiti. Per la disamina serena del passato sistema difensivo italiano si dovrebbe partire proprio da qui, ovvero dal guardare le cose, ovvero gli strumenti di guerra, per ciò che sono in realtà stati. Quando esaminiamo un'opera difensiva non dobbiamo limitiamoci a considerare la sola sua ipotetica funzionalità nell'ambito ristretto del settore che doveva coprire. Cerchiamo di renderci conto se, colà inserita, era davvero funzionale, era davvero utile nell'ambito dell'intero settore. Vediamo se poteva essere effettivamente un piccolo ma efficace ed efficiente strumento bellico, oppure se si trattava, invece, della chiara manifestazione di un apparato dirigente superficiale e incompetente o, peggio, di un qualche cosa il cui fine principale era solo l'essere «di facciata». Quello che possiamo immediatamente desumere non solo dai documenti d'archivio, ma anche dall'analisi effettuata direttamente sul campo, ovvero visitando talune opere del Vallo Alpino, è che si è cercato di costruire al risparmio, sfruttando il più possibile quello che la natura del terreno potevano offrire, pur con tutti i limiti e le deficienze che potevano derivarne. Ma questo non è tutto.

13a - *Una svista: gli aerei "non esistono"*

Ai nostri occhi oggi appare un'ulteriore sorpresa, sulla quale converrebbe approfondire le indagini: nel Vallo Alpino mancavano totalmente o quasi le installazioni destinate alla difesa antiaerea (o contro-aerei). Per inquadrare al meglio tale «svista» e comprenderne l'enormità occorre fare un passo indietro, alle teorizzazioni di un ufficiale italiano. Nel corso Guerra Italo-Turca del 1911-1912, anche nota come «Guerra di Libia», l'aeroplano è impiegato per la prima volta al mondo come arma d'offesa e non solamente per la semplice osservazione. Il 1° novembre il capitano Giulio Gavotti bombardò con tre ordigni un accampamento di truppe turche ad Ain Zara, lanciandone uno anche sull'oasi di Tagiura: si trattò del primo bombardamento aereo della storia dell'aeronautica militare. Nel corso di tale guerra si assegnò il compito di redigere un rapporto sull'impiego dell'aeroplano in guerra a Giulio Douhet, definito «pioniere dell'aeronautica italiana», il quale già dal 1909 aveva sostenuto l'importanza di possedere un'aviazione potente e indipendente dalle altre armi. Nel 1921 scrisse il libro che lo rese celebre nel mondo militare internazionale: «Il dominio dell'aria». Successivamente, nel 1923 scrisse «La difesa nazionale. Diario critico della Guerra» e nel 1928 «Sintesi critica della Grande Guerra. Probabili aspetti della guerra futura». In pratica precorse i tempi e teorizzò l'impiego dell'arma aerea da bombardamento per distruggere il potenziale produttivo avversario e colpire la popolazione civile mediante l'uso di bombe dirompenti, incendiarie e chimiche. In questo modo si sarebbe paralizzata la vita delle città causando anche il blocco delle attività produttive a discapito della guerra al fronte. Giulio Douhet non divenne profeta in patria propria, ma negli ambienti militari delle altre nazioni le sue teorizzazioni vennero non solo studiate, ma anche applicate per la costituzione di una solida aeronautica militare. Ma non è tutto. Nel 1925 l'Accademia italiana di Artiglieria e Genio, forte delle esperienze della Grande Guerra, fece stampare un manuale che, in teoria, avrebbe dovuto costituire una delle basi per la formazione degli ufficiali di fanteria e di artiglieria, nonché rischiarare le vedute di coloro i quali si occupavano di progettare le opere a difesa dell'Italia. Si ricorda che proprio nel 1925, come scrive il generale Caviglia nel suo già citato *Diario*, Badoglio è nominato capo di Stato Maggiore dell'Esercito. Al punto «Criteri da seguire nell'organizzazione delle difese» così si legge nel manuale: «Difesa antiaerea. Lungo il confine dovrà essere organizzata una attività a completa difesa contro gli aerei che comprenderà: a) osservatori in località adatte, muniti di radio-collegamenti con le batterie antiaeree poste sulle vette più elevate e sulle probabili rotte degli aerei; b) proiettori di grande potenza collegati agli osservatori con i necessari ricoveri e con le strade indispensabili; c) campi d'aviazione in opportuni allargamenti delle valli o sugli altopiani; ed eventualmente protezioni metalliche sospese in alcuni tratti di frontiera. La difesa antiaerea dovrà essere organizzata in profondità con due o tre sbarramenti analoghi a quelli di confine; ma con minore numero di batterie fisse per il maggior impiego che potrà farsi di quelle autocarreggiate».[47]

Nello «Schema di batteria antiaerea in alta montagna», progettato dal capitano M. Bernasconi (figg. 11 – 13), possiamo leggere: «La batteria ha quattro pezzi da 75 C.K. disposti su torrioni ricavati direttamente in roccia aventi una altezza di m. 4,5 circa. La caratteristica disposizione dovuta alla necessità di potere impiegare i pezzi con altezza di neve fino a 5 m. Altra caratteristica della installazione è l'adozione, per ciascun torrione, di un doppio cassone che disposto verticalmente e chiuso serve di coperchio al pezzo riparandolo dalle intemperie, mentre aperto e ribaltato serve da passerella di comunicazione tra il pezzo e le riservette proietti scavate nella roccia fra torrione e torrione. Fra il secondo e il terzo pezzo si ha l'osservatorio per la direzione del tiro: esso è ricoperto da leggera cupola metallica divisa in due parti spostabili. Lungo e dietro la batteria corre una galleria che mette in comunicazione i diversi locali con le postazioni e con l'osservatorio. Sul rovescio dell'opera sono ricavati i seguenti locali per le truppe e per i servizi: due casermette in mezza caverna per truppe; scuderie; cucine; ricovero ufficiali; ricovero per gruppo elettrogeno. Alla batteria si giunge mediante strada camionabile. Il deposito munizioni è previsto sulla strada a 500 m. dalla batteria stessa; il proiettore è sito su di una opportuna posizione a circa 400 m. a nord. Le riservette di batteria contengono 20 colpi: il deposito 1000 colpi per pezzo. La batteria presenta a 600 m di quota (q. 3630) un cerchio imbattuto di 1300 m. di raggio. Detto cerchio però è battuto da batterie vicinori, che assieme a quella descritta effettuano lo sbarramento aereo della zona montana considerata».[48]

Tra i tanti studi usciti al proposito della «difesa controaerei», si cita quello di Luigi Galimberti, pubblicato nel 1942: «L'artiglieria controaerei nella difesa del territorio». Eccone uno stralcio: «La difesa contraerea di un obiettivo può essere teoricamente impostata sulla adozione dei seguenti mezzi: a) aerei di caccia e da intercettazione; b) artiglieria controaerei con armi di calibro variante, secondo le circostanze, da mm 12 a 10 e oltre; c) palloncini con cavi; d) mascheramento con mezzi chimici; e) proiettori; f) predisposizioni diverse realizzate in tempo di pace»; inoltre: «I materiali contraerei (cannoni, centrali di tiro, apparati ottici e di ascolto, proiettori, etc.) non dovrebbero invecchiare mai nel senso che i tipi più arretrati dovrebbero essere declassati senza esitazione, passati eventualmente ad altri impieghi, e sostituiti dal continuo afflusso di nuovi tipi realizzati in funzione del progredire dell'aviazione e continuamente superantesi come caratteristiche balistiche, celerità di tiro, esattezza, rapidità e semplicità di funzionamento dei congegni ottici e meccanici».[49]

I principi di base dell'organizzazione antiaerea erano quindi ben chiari già negli anni Venti (fig. 14). Quali sono le motivazioni che hanno lasciato il Vallo Alpino privo di difesa antiaerea? Forse si contava di celare e di proteggere le opere di difesa permanente e i loro occupanti con il solo mascheramento? Sono certo che nel tempo emergeranno inoppugnabili documenti i quali faranno completa luce sui retroscena costruttivi di questo sistema difensivo. Fino a quel momento ricostruiamo il puzzle della storia a portata di mano andando ad osservare de visu le difese permanenti italiane che vanno dalla Grande Guerra al 1943. La prima cosa di cui ci si renderà conto è la povertà del cemento e la quasi totale assenza di adeguate, e quindi ben progettate, armature metalliche. Per quanto concerne le armi che avrebbero dovuto completare le difese permanenti si può soltanto dire che esse erano insufficienti e inadeguate (fig. 15).

14 - *Note*

[1] Angelini A. 1984 -traduzione e commento-, *"L'arte militare" di Flavio Renato Vegezio*, Stato Maggiore dell'Esercito – Ufficio Storico, Roma, p. 154, *IV,I.*

[2] Erodoto, *Storie*, Annibaletto L. -a cura di- 2007, Mondadori, Verona, p. 1303, *VII,176.*

[3] Erodoto, op. cit., VII, 210.

[4] Comoli Mandracci V. 2000, *Fortificazioni e Urbanistica per Torino, città-capitale barocca*, in Amoretti G., Petitti P. -a cura di-, *La scala di Pietro Micca 1958-1998. Atti del Congresso Internazionale di Archeologia, Storia e Architettura Militare*, Museo Civico Pietro Micca, Torino, p. 361.

[5] Girotto L. 2002, *1866-1918 Soldati e fortezze tra Asiago ed il Grappa*, G. Rossato Ed., Novale, p. 55.

[6] Padovan G. 2005, *La classificazione per tipologia delle cavità artificiali*, in Padovan G. -a cura di-, *Archeologia del sottosuolo. Lettura e studio delle cavità artificiali*, British Archaeological Reports, International Series 1416, Oxford, pp. 55-56.

[7] Comando del Corpo di Stato Maggiore Ufficio Difesa dello Stato s.d., *Sunto dei precedenti relativi alle difese fra il Lago Maggiore ed il Lago di Como*, dattiloscritto in Archivio Storico del Museo Storico Italiano della Guerra di Rovereto, p. 3.

[8] Alla cosiddetta «prova del fuoco», il 21 giugno del 1940 i Francesi, già in procinto di arrendersi alle truppe tedesche, cannoneggiano il Forte Chaberton con una batteria di mortai Schneider da 280 mm, mettendo a tacere sei cannoni su otto e in breve tempo (attacco effettuato dalla «6° batteria del 154° Regiment d'artillerie de position»; vedere utilmente: Corino P. G. 2006, *La Batteria dello Chaberton*, Elena Morea Editore, Torino).

[9] Schaumann W. 1985, *La Grande Guerra 1915/18. Prealpi venete e trentine. N. 3*, Ghedina e Tassotti Editori, Bassano del Grappa, pp. 142-144.

[10] Ibidem, p. 176.

[11] Stocker U. 1999, *Caverne militari a Nord di San Michele del Carso. Con nota storica a cura di Enrico Cernigoi*, in *Atti dell'VIII Convegno egionale di Speleologia del Friuli-Venezia Giulia*, Federazione Speleologica Regionale del Friuli-Venezia Giulia, Trieste, pp. 249-256.

[12] Padovan G. 2005, op. cit., p. 57.

[13] Giardino G. 1929, *Rievocazioni e riflessioni di guerra. II. L'armata del Grappa. La battaglia difensiva del 1918*, Milano, pp. 124-129.

[14] Vedere utilmente: Charzette A. 2002, *La Batterie Lindemann*, Éditions Histoire et Fortifications, Paris. Stahlberg M. 2012, *Atlantikwall 1942-44*, Pour le Mérite, Selent. Foedrowitz M. 1998, *Bunkerwelten. Luftschutzanlagen in Norddeutschland*, Edition Dörfler, Berlin.

[15] Minola M., Ronco B. 1998, *Fortificazioni dell'arco alpino*, Priuli & Verlucca editori, Ivrea, p. 84.

[16] Boglione M. 2005, *Le strade dei cannoni*, Blu Edizioni, Torino, p. 20.

[17] Caviglia E. 1952, *Diario (aprile 1925 – marzo1945)*, Gherardini Casini Editore, Roma, pp. 4-5.
[18] Cassi Ramelli A. 1996, *Dalle caverne ai rifugi blindati*, ristampa anastatica, Adda Editore, Bari, p. 453.
[19] Bagnaschino D. 2002, *Il Vallo Alpino a Cima Marta*, Atene Edizioni, Arma di Taggia, p. 74.
[20] Ibidem, p. 76.
[21] Le circolari riportate sono state tratte dai seguenti lavori: Bagnaschino D. 2002, op. cit., pp.163-199. Bernasconi A., Muran G. 2009, *Il testimone di cemento. Le fortificazioni del "Vallo alpino Littorio" in Cadore, Carnia e Tarvisiano*, La Nuova Base Editrice, Udine, documenti fuori testo.
[22] Blair C. -a cura di- 1979, *Enciclopedia ragionata delle armi*, Mondadori Editore, Milano, p. 315.
[23] Piantanida E. 1940, *Chimica degli esplosivi e dei gas di guerra*, Tipo-Litografia della Regia Accademia Navale, Livorno, p. 331.
[24] Per quanto concerne il generale Vittorio Ambrosio si ricorda utilmente che: «Nel gennaio 1942 succedette al generale Roatta nella carica di capo SM dell'esercito. Nel 1943, quale capo di SM generale al posto di Cavallero, cercò di allentare i legami con i Tedeschi. Ebbe parte importante nella preparazione del colpo di stato del 1943, alla vigilia del quale s'incontrò con Hitler e con il suo stato maggiore al convegno di Feltre, nel quale accompagnò Mussolini, tentando invano di indurlo a staccarsi dai Tedeschi. Dopo la caduta del fascismo, l'Ambrosio s'illuse di tenere a bada i Tedeschi nel convegno di Tarvisio (6 agosto), e quindi favorì le trattative di armistizio con gli Alleati attraverso i generali Castellano e Zanussi. Dopo l'8 settembre si trasferì col governo nell'Italia del Sud, cessando dall'incarico nel 1944». (Rizzoli – Larousse 2004, *Enciclopedia*, vol. 1, Milano, p. 593).
[25] Wynne G. C. 1940, *La lezione di tattica della Guerra Mondiale*, Mondadori Editore, Milano, p. 105.
[26] Ibidem, p. 332.
[27] Setti M. 2004, *La conquista di Eben Emael. 10-11 maggio 1940*, Mursia Editore, Milano, p. 6.
[28] Per quanto concerne Mario Roatta si ricorda utilmente che: «Il suo nome è specialmente legato alle polemiche intorno all'armistizio dell'8 settembre 1943, allorché, ritenendo oramai perduta la capitale, passò il comando al generale Carboni e si allontanò con il re, e con Badoglio, avviandosi verso Pescara (9 settembre)». (Rizzoli – Larousse 2004, *Enciclopedia*, vol. 18, Milano, p. 279).
[29] Bagnaschino D., op. cit., pp.194-199.
[30] Bernasconi A., Muran G. 2009, op. cit.
[31] Zabert S. 1941, *La fortificazione permanente con particolare riguardo alla fortificazione di montagna*, in *Rivista di Artiglieria e Genio*, Anno LXXX – N. 4, Roma, pp. 329-331.
[32] Zabert S. 1941, op. cit., p. 331.
[33] Bernasconi A., Muran G. 1999, *Le fortificazioni del Vallo Alpino Littorio in Alto Adige*, Temi, Trento, p. 32.
[34] Ibidem, pp. 32-34.
[35] Ivi.
[36] Ivi.
[37] Ibidem, pp. 33-34.
[38] Ibidem, p. 34.
[39] Bernasconi A., Muran G. 1999, op. cit., p. 44.
[40] I bombardieri Martin sono aeroplani statunitensi; nello specifico si tratta di un modello precedente ai Martin B26 Marauder («Predone»).
[41] Rudel H. U. 1965, *Il pilota di ferro*, Longanesi & C., Milano, p. 22.
[42] Urthaler J., Pozza A., Niederkofler C. 2006, *Bunker*, Provincia Autonoma di Bolzano-Alto Adige – Ripartizione Amministrazione del Patrimonio, Athesia, Bolzano.
[43] Herbreteau P., Mirolo F., Scandiuzzi L. 2007, *Nota preliminare sulle opere del Vallo Alpino del Littorio in Friuli*, in Basilico R., Bavagnoli L., Del Lungo S., Padovan G., Wilke K. P. -a cura di-, *Atti I Congresso Nazionale di Archeologia del Sottosuolo: Bolsena 8-11 Dicembre 2005. Archeologia del Sottosuolo: Metodologie a Confronto*, Vol. 2, B.A.R. International Series 1611, Oxford, pp. 407-466.
[44] Cappellano F. 2003, *Fronte ad est*, in *Storia Militare*, n. 114, anno XI, Zingonia-Verdellino, pp. 4-15.
[45] Corino P. G. 1997, *Lo smantellamento del Vallo Alpino in Valle di Susa: una documentazione fotografica*, in *Pietra e Acciaio*, Melli, Borgone, pp. 23-29.
[46] Padovan G. 2012, *La fortificazione "alla moderna" da Averulino detto "il Filarete" alle teorizzazioni di Karl von Clausewitz*, in Breda M. A. -a cura di-, *Luoghi e architetture della Grande Guerra in Europa. I sistemi difensivi dalle teorizzazioni di Karl von Clausewitz alla realtà della Prima Guerra Mondiale*, British Archaeological Reports, International Series 2438, Oxford, pp. 233-258.
[47] Accademia Militare di Artiglieria e Genio 1925, *Lezioni di Fortificazione Permanente impartite dal maggiore del Genio G. Cirincione agli Ufficiali Allievi del Genio. Parte III. La fortificazione in montagna*, Lit. Felice Gili, Torino, p. 271.
[48] Ibidem, pp. 290-291.
[49] Galimberti L., *L'artiglieria controaerei nella difesa del territorio*, in *Rivista di Artiglieria e Genio*, Anno LXXXI – N. 1, Roma 1942, p. 938 e pp. 942-943.

15 - *Bibliografia*

Accademia Militare di Artiglieria e Genio 1925, *Lezioni di Fortificazione Permanente impartite dal maggiore del Genio G. Cirincione agli Ufficiali Allievi del Genio. Parte III. La fortificazione in montagna*, Lit. Felice Gili, Torino.

Accademia Militare d'Artiglieria e Genio 1925, *Fortificazione Permanente per gli Uficiali Allievi del Genio. Tavole*, Torino.

Angelini A. 1984 -traduzione e commento-, *"L'arte militare" di Flavio Renato Vegezio*, Stato Maggiore dell'Esercito – Ufficio Storico, Roma.

Bagnaschino D. 2002, *Il Vallo Alpino a Cima Marta*, Atene Edizioni, Arma di Taggia.

Bernasconi A., Muran G. 1999, *Le fortificazioni del Vallo Alpino Littorio in Alto Adige*, Temi, Trento.

Bernasconi A., Muran G. 2009, *Il testimone di cemento. Le fortificazioni del "Vallo alpino Littorio" in Cadore, Carnia e Tarvisiano*, La Nuova Base Editrice, Udine.

Blair C. -a cura di- 1979, *Enciclopedia ragionata delle armi*, Mondadori Editore, Milano.

Boglione M. 2005, *Le strade dei cannoni*, Blu Edizioni, Torino.

Cassi Ramelli A. 1996, *Dalle caverne ai rifugi blindati*, ristampa anastatica, Adda Editore, Bari.

Cappellano F. 2003, *Fronte ad est*, in *Storia Militare*, n. 114, anno XI, Zingonia-Verdellino.

Caviglia E. 1952, *Diario (aprile 1925 – marzo1945)*, Gherardini Casini Editore, Roma.

Charzette A. 2002, *La Batterie Lindemann*, Éditions Histoire et Fortifications, Paris.
Comando del Corpo di Stato Maggiore Ufficio Difesa dello Stato s.d., *Sunto dei precedenti relativi alle difese fra il Lago Maggiore ed il Lago di Como*, dattiloscritto in Archivio Storico del Museo Storico Italiano della Guerra di Rovereto.

Comoli Mandracci V. 2000, *Fortificazioni e Urbanistica per Torino, città-capitale barocca*, in Amoretti G., Petitti P. -a cura di-, *La scala di Pietro Micca 1958-1998. Atti del Congresso Internazionale di Archeologia, Storia e Architettura Militare*, Museo Civico Pietro Micca, Torino, pp. 361-372.

Corino P. G. 1997, *Lo smantellamento del Vallo Alpino in Valle di Susa: una documentazione fotografica*, in *Pietra e Acciaio*, Melli, Borgone, pp. 23-29.

Corino P. G. 2006, *La Batteria dello Chaberton*, Elena Morea Editore, Torino.

Erodoto, *Storie*, Annibaletto L. -a cura di- 2007, Mondadori, Verona.

Foedrowitz M. 1998, *Bunkerwelten. Luftschutzanlagen in Norddeutschland*, Edition Dörfler, Berlin.

Galimberti L. 1942, *L'artiglieria controaerei nella difesa del territorio*, in *Rivista di Artiglieria e Genio*, Anno LXXXI – N. 1, Roma, pp. 935-952.

Giardino G. 1929, *Rievocazioni e riflessioni di guerra. II. L'armata del Grappa. La battaglia difensiva del 1918*, Milano.

Girotto L. 2002, *1866-1918 Soldati e fortezze tra Asiago ed il Grappa*, G. Rossato Ed., Novale.

Herbreteau P., Mirolo F., Scandiuzzi L. 2007, *Nota preliminare sulle opere del Vallo Alpino del Littorio in Friuli*, in Basilico R., Bavagnoli L., Del Lungo S., Padovan G., Wilke K. P. -a cura di-, *Atti I Congresso Nazionale di Archeologia del Sottosuolo: Bolsena 8-11 Dicembre 2005. Archeologia del Sottosuolo: Metodologie a Confronto*, Vol. 2, B.A.R. International Series 1611, Oxford, pp. 407-466.

Minola M., Ronco B. 1998, *Fortificazioni dell'arco alpino*, Priuli & Verlucca editori, Ivrea.

Padovan G. 2005, *La classificazione per tipologia delle cavità artificiali*, in Padovan G. -a cura di-, *Archeologia del sottosuolo. Lettura e studio delle cavità artificiali*, British Archaeological Reports, International Series 1416, Oxford, pp. 11-72.

Padovan G. 2012, *La fortificazione "alla moderna" da Averulino detto "il Filarete" alle teorizzazioni di Karl von Clausewitz*, in Breda M. A. -a cura di-, *Luoghi e architetture della Grande Guerra in Europa. I sistemi difensivi dalle teorizzazioni di Karl von Clausewitz alla realtà della Prima Guerra Mondiale*, British Archaeological Reports, International Series 2438, Oxford, pp. 233-258.

Piantanida E. 1940, *Chimica degli esplosivi e dei gas di guerra*, Tipo-Litografia della Regia Accademia Navale, Livorno.

Rizzoli – Larousse 2004, *Enciclopedia*, vol. 1, Milano.

Rizzoli – Larousse 2004, *Enciclopedia*, vol. 18, Milano.

Rudel H. U. 1965, *Il pilota di ferro*, Longanesi & C., Milano.

Schaumann W. 1985, *La Grande Guerra 1915/18. Prealpi venete e trentine. N. 3*, Ghedina e Tassotti Editori, Bassano del Grappa.

Setti M. 2004, *La conquista di Eben Emael. 10-11 maggio 1940*, Mursia Editore, Milano.

Stahlberg M. 2012, *Atlantikwall 1942-44*, Pour le Mérite, Selent.

Stocker U. 1999, *Caverne militari a Nord di San Michele del Carso. Con nota storica a cura di Enrico Cernigoi*, in *Atti dell'VIII Convegno egionale di Speleologia del Friuli-Venezia Giulia*, Federazione Speleologica Regionale del Friuli-Venezia Giulia, Trieste, pp. 249-256.

Urthaler J., Pozza A., Niederkofler C. 2006, *Bunker*, Provincia Autonoma di Bolzano-Alto Adige – Ripartizione Amministrazione del Patrimonio, Athesia, Bolzano.

Wynne G. C. 1940, *La lezione di tattica della Guerra Mondiale*, Mondadori Editore, Milano.

Zabert S. 1941, *La fortificazione permanente con particolare riguardo alla fortificazione di montagna*, in *Rivista di Artiglieria e Genio*, Anno LXXX – N. 4, Roma, pp. 320-331.

XII

«TORRE DELLE SIRENE»: IL RIFUGIO ANTIAEREO DELLA PREFETTURA DI MILANO

Autore
Gianluca Padovan — Ass. Speleologia Cavità Artificiali Milano, Federazione Nazionale Cavità Artificiali

Tavole
Archivio Storico Provincia di Milano

Sommario

La Torre delle Sirene è un rifugio antiaereo in elevato con due soli piani sotterranei: serviva alla protezione del Prefetto e degli addetti alla centrale di allarme collegata alle sirene antiaeree della città e al comando DI.CA.T. (Difesa Contro Aerei Territoriale).

Abstract

«TORRE DELLE SIRENE»: THE AIR-RAID SHELTER IN THE PREFECTURE OF MILAN.
The "Torre delle Sirene" is a air raid shelter in high with only two underground levels: it served to protect the Prefect and the personnel for the central alarm connected to the air-raid sirens of the city and to the command DI.CA.T. (Territorial Anti-Aircraft Difensive).

1 - *Da* domus Humiliatorum *a Palazzo del Governo*

Le origini dell'attuale Palazzo Diotti sono fatte risalire alla metà del XIII sec., in quanto alcuni documenti confermano in loco la presenza di una «*domus Humiliatorum* nel Borgo Monforte».[1] Verso la fine del secolo il «*Liber Notitiae Sanctorum Mediolani* di Goffredo da Bussero attestava l'esistenza di una chiesa intitolata a san Pietro Apostolio *ad montem fortem*, e di una comunità femminile».[2] Agli inizi del XVIII secolo va ad affermarsi, nel panorama milanese, la famiglia Diotti, la quale con una oculata politica non solo imprenditoriale giunge ad ottenere la nobilitazione da parte della casata asburgica, a quel tempo dominante anche sulla Lombardia: «Con diploma del 10 aprile 1776 (interinato poi dal Senato di Milano l'11 luglio) Maria Teresa concesse ai fratelli Diotti "il titolo di nobile transitorio anche alli loro discendenti legittimi sino in infinito, colla concessione dello stemma gentilizio"».[3] Nel 1778 i fratelli Luigi e Giovanni Battista Diotti acquistano il convento dei Somaschi di San Pietro in Monforte per il valore di 7800 gigliati, trasformandolo poi in Palazzo Diotti. Di lì a breve cominciano i lavori di trasformazione dell'edificio, con l'abbattimento della chiesa: «Il palazzo quale si configurò attraverso le opere volute dal Diotti [Giovanni Battista. N.d.A.] assunse un aspetto monumentale e aulico, vagamente rievocante un impianto di regia dimora nel riferimento a quattro padiglioni collocati agli angoli a delimitare quattro doppie maniche edilizie, nessuno dei grandi palazzi milanesi del tempo aveva un analogo compatto impianto che, invece, sembra ricollegarsi a modelli cinquecenteschi e alla tipologia dello *Schloss*, che nel Settecento godeva di rinnovata fortuna nei territori centroeuropei».[4]

I lavori sono in via di conclusione quando nel 1794 sopraggiungono alcune difficoltà economiche, dovute a vari fattori, tanto da far considerare a Giovanni Battista Diotti la vendita dell'immobile. Il palazzo si compone già di duecentottanta stanze che lo stesso proprietario definisce lussuose e accompagnate dall'«armonia del cortile con sessanta colonne, gli scaloni ornati da statue, i due rustici laterali, il giardino, le ortaglie, la posizione con aria buona e asciutta».[5] Nel 1797 ne offre l'acquisto ai Francesi che occupano la città, come dimora per il loro ambasciatore, ma gli accordi non vanno a buon fine e ci si riserva ad affittarne alcune parti. Solo successivamente, al ritorno degli stessi ad occupare la città, l'acquisto avviene e dopo la stima dell'architetto Luigi Canonica, allora «soprintendente generale delle fabbriche nazionali»,[6] destinando il palazzo ad uso pubblico e amministrativo. Conclusasi la parentesi napoleonica, con il rientro degli Austriaci a Milano Palazzo Diotti viene destinato a palazzo del Governo, beneficiando di ulteriori interventi,

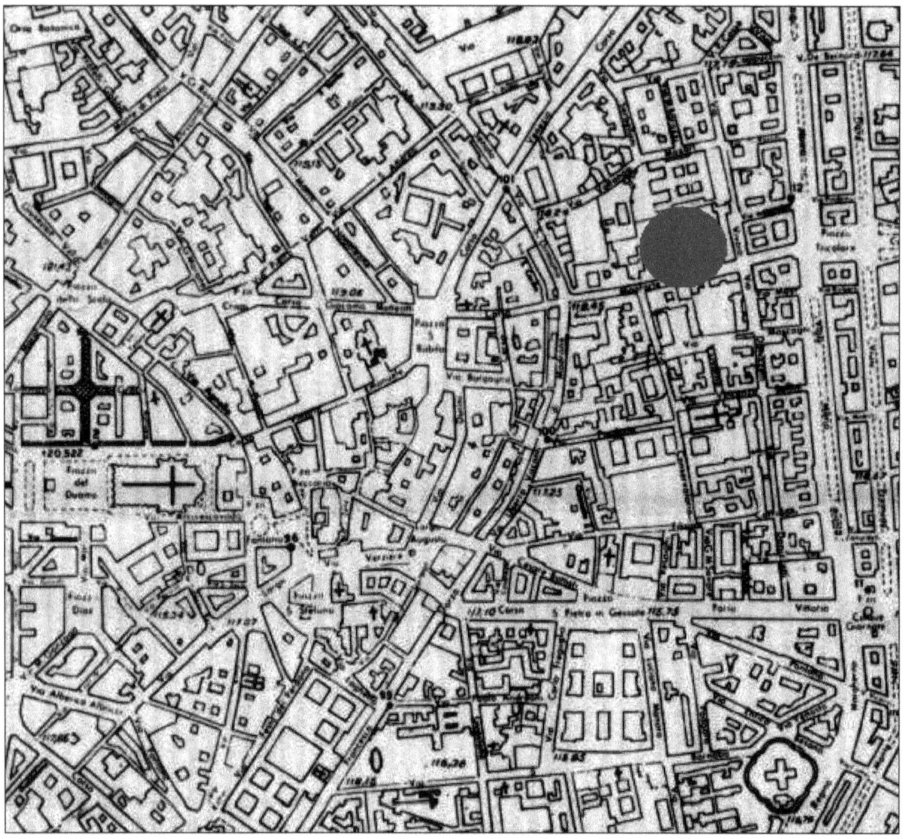

Fig. 1. Il bollino grigio localizza l'area dove è stato costruito il rifugio antiaereo in elevato della Prefettura di Milano, la quale si trova all'interno dell'attuale corso Monforte, a nord est del Duomo e a nord della Rotonda della Besana.

tra cui la costruzione della facciata monumentale nel 1817. La ristrutturazione della facciata posteriore viene invece avviata due anni dopo e il tutto è ultimato nel 1825. Con l'unità d'Italia diviene sede della Provincia e della Regia Prefettura. Difatti, a seguito della sconfitta dell'esercito austriaco nella battaglia di Magenta avvenuta il 4 giugno 1859, Milano entra a far parte del regno sabaudo e per consentire il proseguimento delle attività amministrative e burocratiche nella nuova provincia si mantiene il Palazzo del Governo per «organizzarvi la nuova struttura politico-amministrativa lombarda che prese il nome di "Regia amministrazione centrale di Lombardia».[7] In affitto dal 1862, nel 1874 la Provincia decide di acquistare dallo Stato Palazzo Diotti. Successivamente gli uffici della Provincia si trasferiscono nell'adiacente Palazzo Isimbardi, lasciando, ma in affitto, l'intero palazzo Diotti alla Regia Prefettura. Negli anni seguenti il palazzo beneficia di nuovi interventi strutturali e nel 1934 sono rinnovati gli uffici prefettizi.[8] Attualmente è ancora sede della Prefettura e proprietà della Provincia di Milano.

2 - *1935: «Ricovero antiaereo nel Palazzo di Residenza»*

Nel 1935 si predispone il progetto per realizzare un rifugio della capienza di 300 persone all'interno del Palazzo del Governo, anche denominato «Palazzo di Residenza», «per la difesa antiaerea del personale e degli archivi della R. Prefettura e di questa Amm.ne Prov.le»[9] (figg. 1, 2) Si ricorda che il rifugio veniva indicato con il termine di «ricovero», affinché per la popolazione civile italiana risultasse meno inquietante e più rassicurante.[10] In ogni caso, nel Vocabolario della Lingua Italiana, dell'Istituto della Enciclopedia Italiana, alle voci «rifugio» e «ricovero» si può leggere:

«Rifùgio [dal latino *refugium*]. Riparo, difesa, contro un'insidia o un pericolo materiale o morale. (...) b. Riparo, per lo più sotterraneo, costruito e attrezzato in modo da poter proteggere persone, e anche materiali o beni, dalle offese nemiche, o da limitare gli effetti di queste (chiamato anche, ma meno comunemente, ricovero)».[11]

«Ricovero [derivato di ricoverare]. L'azione di ricoverare, il fatto di ricoverarsi o di venire ricoverato, soprattutto in luoghi di cura o di assistenza. (...) 2. Luogo dove, di propria iniziativa o per offerta altrui, si può trovare o s'è trovato riparo, rifugio, difesa, tranquillità e sicurezza contro eventuali pericoli. (...) b. Sinonimo meno comune di rifugio, come riparo contro le offese belliche».[12]

In data 21 febbraio 1936 il Prefetto R. Motta indirizza la seguente lettera al Preside della Provincia di Milano: «L'On/le Ministro dell'Interno con lettera del 6 c.m. mi chiede informazioni circa le disposizioni prese per la protezione degli Uffici di questa R. Prefettura r della Questura di Milano, chiedendomi la eventuale ragione del ritardo nella esecuzione dei lavori. Prego pertanto la S.V. Ill/ma a voler disporre perché il progetto riguardante il Palazzo del Governo sia ultimato con la massima sollecitudine, e colgo l'occasione per interessare la S.V. Ill/ma affinché voglia definire al più presto anche le trattative col Comune per la costruzione della nuova sede della R. Questura. IL PREFETTO (R. Motta)».[13] Dai documenti d'archivio si apprende che nel mese di marzo il progetto del rifugio risulta già trasmesso al Ministero degli Interni e, comunque, vi sono tutti i presupposti per ritenere che sarà approvato (fig. 3). E così avviene, ma non si procede alla costruzione in quanto subentrano nuove questioni da risolvere, non ultima quella legata alla disponibilità finanziaria.

Dai registri della Provincia si apprende che nel 1937 il rifugio non è stato costruito e in una nota del 24 maggio rimane chiaro che il progetto iniziale ha subìto un radicale mutamento, come scritto dall'Ingegnere Capo Provinciale in una lunga e circostanziata relazione: «In precedenza, dopo vari studi e proposte era stato, come è noto, presentato un tipo di ricovero sotterraneo a sviluppo orizzontale che, compilato in osservanza alle norme ufficiali, era stato dalle superiori autorità, approvato e per il quale erano anzi in corso le operazioni di appalto dalla Presidenza poi sospese. Secondo le disposizioni ulteriori del Signor Segretario Generale, venne ripreso lo studio del progetto di ricovero a sviluppo verticale, a forma di torre, tipo che secondo recenti esperimenti sulla difesa antiaerea dà, con ragione, maggior affidamento come già accennato alla S.V. da questo Ufficio anche in sede di primo progetto. Ovviamente s'intende come in questo campo non si possa parlare di esperienza vera e propria su simile strutture; tutt'alpiù si può far affidamento su recentissime prove balistiche e sulle osservazioni eseguite durante la guerra passata; forse attualmente interessanti dati saranno stati dedotti dagli osservatori della guerra Civile Spagnola, ma di essi i tecnici di questo Ufficio non sono a conoscenza. Comunque si diede mano allo studio del nuovo progetto anche usando della collaborazione di due Ditte specializzate in strutture speciali in c.a. e nell'attrezzamento di rigenerazione dell'aria; notasi soprattutto che nella nuova disposizione le macchine rimangono tute riunite in un locale anziché essere distribuite nei diversi vani del ricovero; soluzione questa ragionevole e meno costosa. Come si rileva dai tipi allegati e dalla relazione tecnica, i rifugi progettati sono due A e B ubicati rispettivamente nelle zone Nord-Ovest e Nord-Est del Palazzo di Residenza. Ogni rifugio consiste in una torre cilindrica a copertura conica assai pronunciata, l'altezza utile è uguale a quella del palazzo. La forma dei ricoveri, invero poco confacente alla architettura del medesimo, è modificata da aggiunte esterne di strutture leggere che li riducono a forme verticali piane, ciò non potrà non essere appropriato in vista di futuri possibili trasformazioni delle zone immediatamente adiacenti al palazzo. La ubicazione dei due rifugi è tale da consentire rapido accesso da qualsiasi ufficio e appartamento. Concludendo, questo Ufficio si è orientato verso il tipo di rifugio studiato dalla S.A.I. Ferrobeton di Roma, che attualmente raccoglie i maggiori suffragi, studiato dal Prof. Ing. Krall della R. Scuola di Ingegneria di Roma ed illustrato in una sua memoria allegata al progetto. Quest'Ufficio apportò diverse modifiche specialmente nella copertura, e in quanto riguarda gli accessi, con l'intento di ridurre ragionevolmente il costo. La S.A. Ferrobeton fornendo questi dati intendeva accedere a privata trattativa in merito [non intendendo, quindi, partecipare alla consueta gara d'appalto. N.d.A.]. Non ritenendosi il nostro Ufficio a ciò autorizzato, la Ferrobeton ha avanzato richiesta di un compenso che, in base alle vigenti norme in materia di prestazioni tecniche, non può superare, come dimostrato nella relazione, la somma di L. 8.260.=. Il costo complessivo dei due rifugi, previsti per una capacità di 350 persone, e per un'autonomia di oere sette complessive, ammonta a L. 528.260.= che corrispondono a L. 1.509.= per persona rifugiata. Detta somma è suddivisa in arrotondate L. 378.260.= per opere murarie e compenso per studio progetto come accennato, e L. 75.000 x 2 = L. 150.000.= per attrezzatura di protezione, illuminazione, ecc.».[13]

Al momento non si sono rinvenuti gli allegati citati nella trascritta comunicazione. In ogni caso questa risulta assai interessante per vari motivi. Innanzitutto si capisce che il primo progetto prevedeva la costruzione di un rifugio in calcestruzzo di cemento armato sotterraneo o semisotterraneo, da situarsi nel giardino retrostante il palazzo e ad esso collegato tramite una galleria. In secondo luogo i rifugi di tipo speciale in elevato dovevano essere due: «nelle zone Nord-Ovest e Nord-Est del Palazzo di Residenza». In realtà, come si vedrà, ne verrà realizzato uno soltanto, nel piccolo cortile che separa Palazzo Diotti da Palazzo Isimbardi ed esattamente in posizione nord-est. A proposito della forma dei rifugi in elevato si rimanda alla lettura di un lavoro pubblicato agli «Atti del III Congresso Nazionale di Archeologia del Sottosuolo», dove un contributo richiama il ruolo del Politecnico di Milano in materia di protezione antiaerea, con la riproduzione di disegni brevettati riguardanti alcuni «rifugi antiaerei a torre».[14] Una successiva comunicazione del Preside ci dà modo di capire che la Provincia di Milano si orienta poi verso la costruzione di un rifugio a torre a lato ovest di Palazzo Diotti, mentre nella zona est prevede di ricavare nei sotterranei dei semplici spazi anticrollo e antigas. Anche in questo caso, entro il termine dell'anno 1939, i progetti saranno mutati, come successivamente si coglierà dalla documentazione prodotta. Difatti il 19 settembre 1938 il Prefetto G. Marzano chiede la «possibilità di ricovero per 165 persone», quindi di un solo rifugio in elevato (figg. 4 – 8).

3 - *1939: costruzione del ricovero antiaereo*

L'Ufficio Tecnico della Provincia di Milano in data 26 giugno 1939 trasmette al Preside il progetto «di ricovero antiaereo per gli Uffici della R. Prefettura, studiato secondo le direttive impartite dal C.P.P.A [Comitato Provinciale Protezione Antiaerea. N.d.A.] e approvato dal Comitato Centrale», ricordando che è necessario provvedere con urgenza all'appalto delle opere murarie mediante la licitazione privata (figg. 9 – 12). Si procede pertanto alla realizzazione di un rifugio antiaereo di tipo speciale in elevato.[15] I lavori vengono affidati all'impresa Magrini (Società Anonima Angelo Magrini & C., con sede a Milano

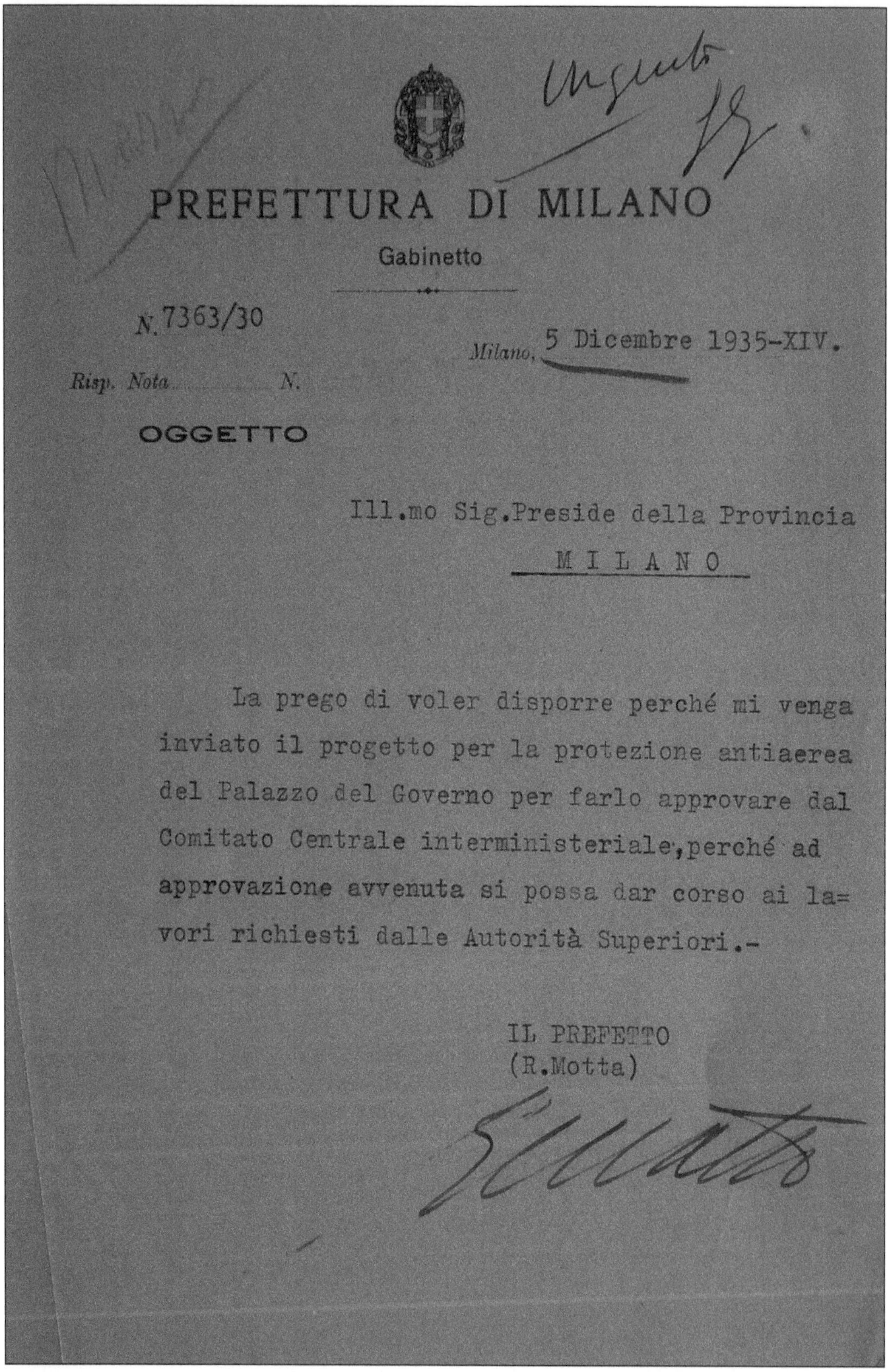

PREFETTURA DI MILANO

Gabinetto

N. 7363/30

Milano, 5 Dicembre 1935-XIV.

Risp. Nota N.

OGGETTO

Ill.mo Sig.Preside della Provincia

MILANO

La prego di voler disporre perché mi venga inviato il progetto per la protezione antiaerea del Palazzo del Governo per farlo approvare dal Comitato Centrale interministeriale, perché ad approvazione avvenuta si possa dar corso ai lavori richiesti dalle Autorità Superiori.-

IL PREFETTO
(R.Motta)

Fig. 2. Documento datato 5 dicembre 1935 in cui il Prefetto R. Motta richiede il progetto del rifugio antiaereo (Archivio della Provincia di Milano, Anno 1935, fasc. 2107).

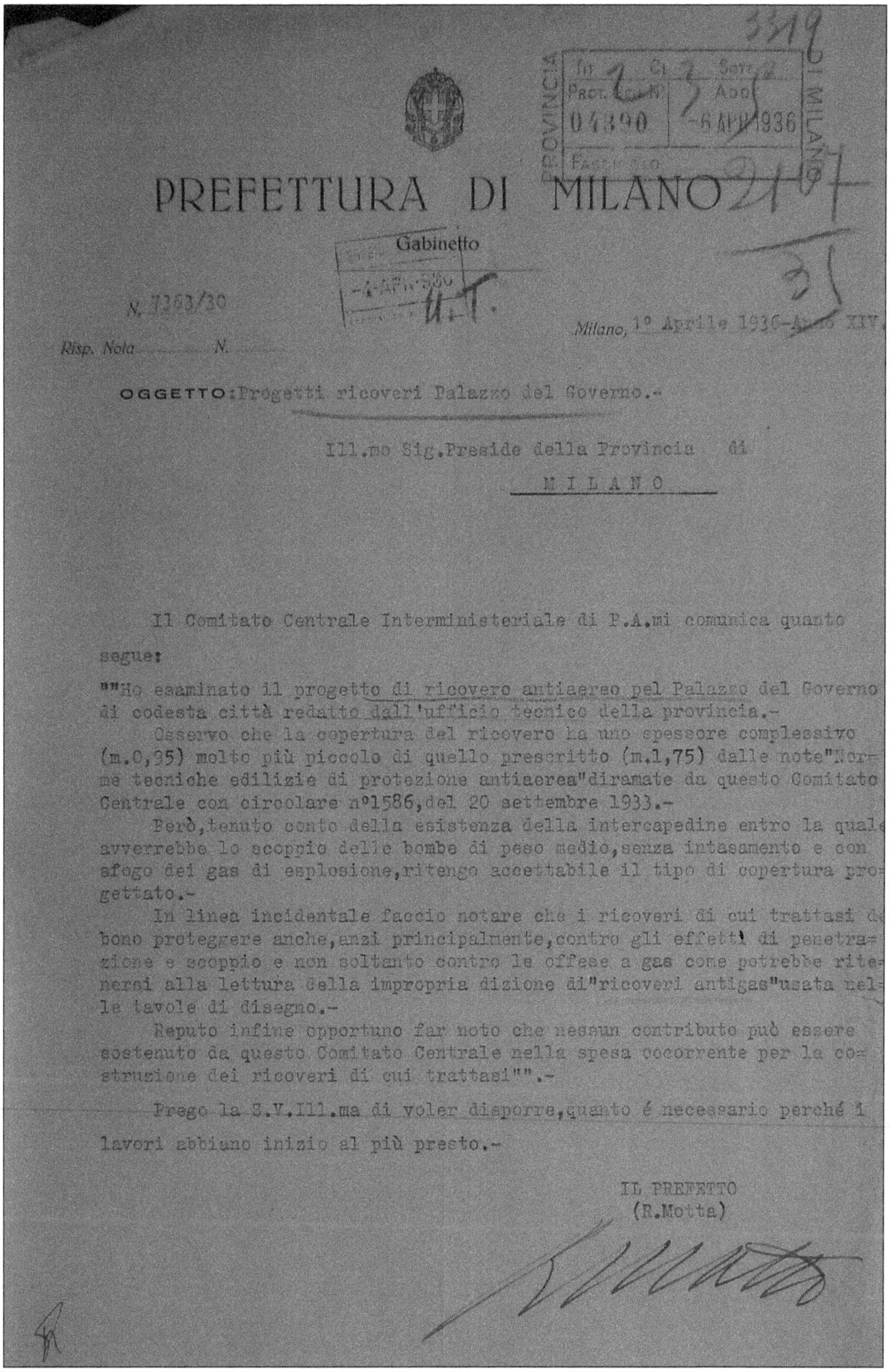

PREFETTURA DI MILANO

Gabinetto

N. 7263/30

Risp. Nota .... N. ....

Milano, 1° Aprile 1936-Anno XIV

OGGETTO: Progetti ricoveri Palazzo del Governo.-

Ill.mo Sig. Preside della Provincia di

MILANO

Il Comitato Centrale Interministeriale di P.A. mi comunica quanto segue:

""Ho esaminato il progetto di ricovero antiaereo pel Palazzo del Governo di codesta città redatto dall'ufficio tecnico della provincia.-

Osservo che la copertura del ricovero ha uno spessore complessivo (m.0,95) molto più piccolo di quello prescritto (m.1,75) dalle note "Norme tecniche edilizie di protezione antiaerea" diramate da questo Comitato Centrale con circolare n°1586, del 20 settembre 1933.-

Però, tenuto conto della esistenza della intercapedine entro la quale avverrebbe lo scoppio delle bombe di peso medio, senza intasamento e con sfogo dei gas di esplosione, ritengo accettabile il tipo di copertura progettato.-

In linea incidentale faccio notare che i ricoveri di cui trattasi debbono proteggere anche, anzi principalmente, contro gli effetti di penetrazione e scoppio e non soltanto contro le offese a gas come potrebbe ritenersi alla lettura della impropria dizione di "ricoveri antigas" usata nelle tavole di disegno.-

Reputo infine opportuno far noto che nessun contributo può essere sostenuto da questo Comitato Centrale nella spesa occorrente per la costruzione dei ricoveri di cui trattasi"".-

Prego la S.V. Ill.ma di voler disporre, quanto é necessario perché i lavori abbiano inizio al più presto.-

IL PREFETTO
(R.Motta)

Fig. 3. Documento datato 1° aprile 1936, firmato dal Prefetto di Milano e indirizzato al Preside della Provincia di Milano (Archivio della Provincia di Milano, Anno 1935, fasc. 2107).

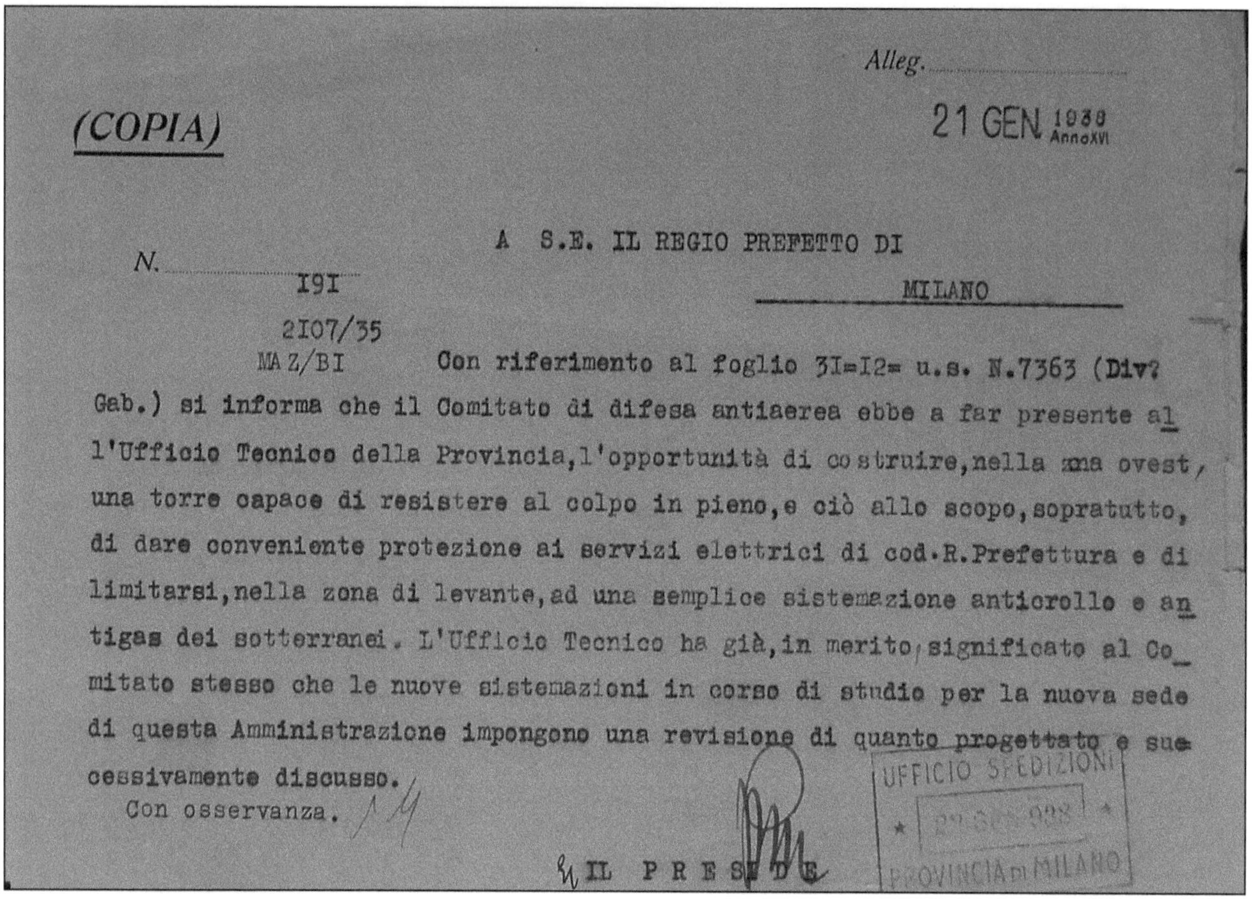

Alleg.

(COPIA)

21 GEN 1938 Anno XVI

N. 191
2107/35
MAZ/BI

A S.E. IL REGIO PREFETTO DI
MILANO

Con riferimento al foglio 31=12= u.s. N.7363 (Div? Gab.) si informa che il Comitato di difesa antiaerea ebbe a far presente al l'Ufficio Tecnico della Provincia,l'opportunità di costruire,nella zona ovest, una torre capace di resistere al colpo in pieno,e ciò allo scopo,sopratutto, di dare conveniente protezione ai servizi elettrici di cod.R.Prefettura e di limitarsi,nella zona di levante,ad una semplice sistemazione anticrollo e an tigas dei sotterranei. L'Ufficio Tecnico ha già,in merito,significato al Co mitato stesso che le nuove sistemazioni in corso di studio per la nuova sede di questa Amministrazione impongono una revisione di quanto progettato e successivamente discusso.

Con osservanza.

IL PRESIDE

UFFICIO SPEDIZIONI
PROVINCIA DI MILANO

Fig. 4. Documento datato 21 gennaio 1936, firmato dal Preside della Provincia di Milano, in cui si accenna all'opportunità di costruire un rifugio antiaereo in elevato (Archivio della Provincia di Milano, Anno 1935, fasc. 210).

in via Sigieri n. 1) in data 30 luglio 1939 («contratto: n° 8987»), e già il 14 settembre 1939 sono avviati. Ne dà conferma l'Ingegnere Capo Provinciale della Provincia al Preside, trasmettendo «il primo stato di avanzamento dei lavori per la costruzione del Ricovero Antiaereo-Antigas del Palazzo Provinciale di Via Monforte 31, e per uso dei funzionari della R. Prefettura», proponendo di pagare «all'Impresa Magrini un primo acconto di L. 54.513.=, cifra d'importo dal registro di contabilità depirato del ribasso d'asta e della trattenuta del 15% a garanzia del contratto» (fig. 13). Il 5 ottobre, ancora l'Ingegnere Capo Provinciale, propone di contattare la ditta Riccardo Visentin di Milano per la fornitura di porte e botole antiscoppio e antigas e la ditta S. A. Bergomi, anch'essa di Milano, per gli impianti antigas. Il 18 ottobre 1938 si delibera di «affidare, a trattativa privata, la fornitura delle porte e botole, per il ricovero antiaereo, alla Ditta VISENTIN RICCARDO, di Milano, per l'importo di L. 9.600.- (compresa la mano d'opera per la posa), e la fornitura degli apparecchi antigas alla Soc. Bergomi di Milano, per il prezzo di L. 36.700.- così come risulta dettagliatamente indicato nelle proposte della Ditta Bergomi e dell'Ufficio Tecnico. La spesa complessiva di L. 46.300.- sarà da imputarsi alla spesa complessiva di L. 300.000.- autorizzata con la precitata delibera e precisamente ai Residui Passivi dell'art. 61 del Bilancio 1936 riportati al 1939 (provvedimenti di difesa antiaerea). IL V. PRESIDE Fir.to P. BOTTINI – IL SEGRETARIO GENERALE Fir.to G. SOLMI».[16] La punta conica del rifugio verrà poi ricoperta con ferro di recupero, mentre la base sarà abbellita con lastre di marmo e quattro statue «in pietra naturale vicentina» e alla data del 7 dicembre 1939 tre di esse sono già state collocate. La parte compresa tra la ricopertura e la punta beneficerà anch'essa di una ricopertura: «Ultimata la parte muraria fuori terra, si ritenne conveniente per ragioni oltreché di mascheramento, anche in previsione della futura sistemazione decorosa del palazzo di via Monforte 35 [Palazo Isimbardi, sede della Provincia. N.d.A.] di abbellire la torre con strutture aventi una linea architettonica confacente all'importanza del detto palazzo nonché con quello del Governo, giacchè il ricovero viene a trovarsi nel cortile che li divide. La Ditta de MARIA – ZANIBONI & C. di Bologna, specialista in opere di cemento del genere, presentò offerte vantaggiose per cui le fu affidato il compito della fornitura e della posa delle membrature».[17] Con il termine dell'anno si può affermare che i lavori di costruzione del rifugio a torre siano ultimati (figg. 14 – 16). Per quanto concerne l'installazione di «tre impianti di filtrazione d'aria e di ventilazione» si dovrà attendere il mese di maggio dell'anno successivo. La «Torre delle Sirene» si presenta come una struttura avente la forma di tre prismi leggermente troncoconici sovrapposti: il primo comprende i due piani sotterranei, il secondo i primi due piani in elevato e l'ultimo i restanti quattro piani, per un totale di nove piani. La sommità, o copertura, è costituita

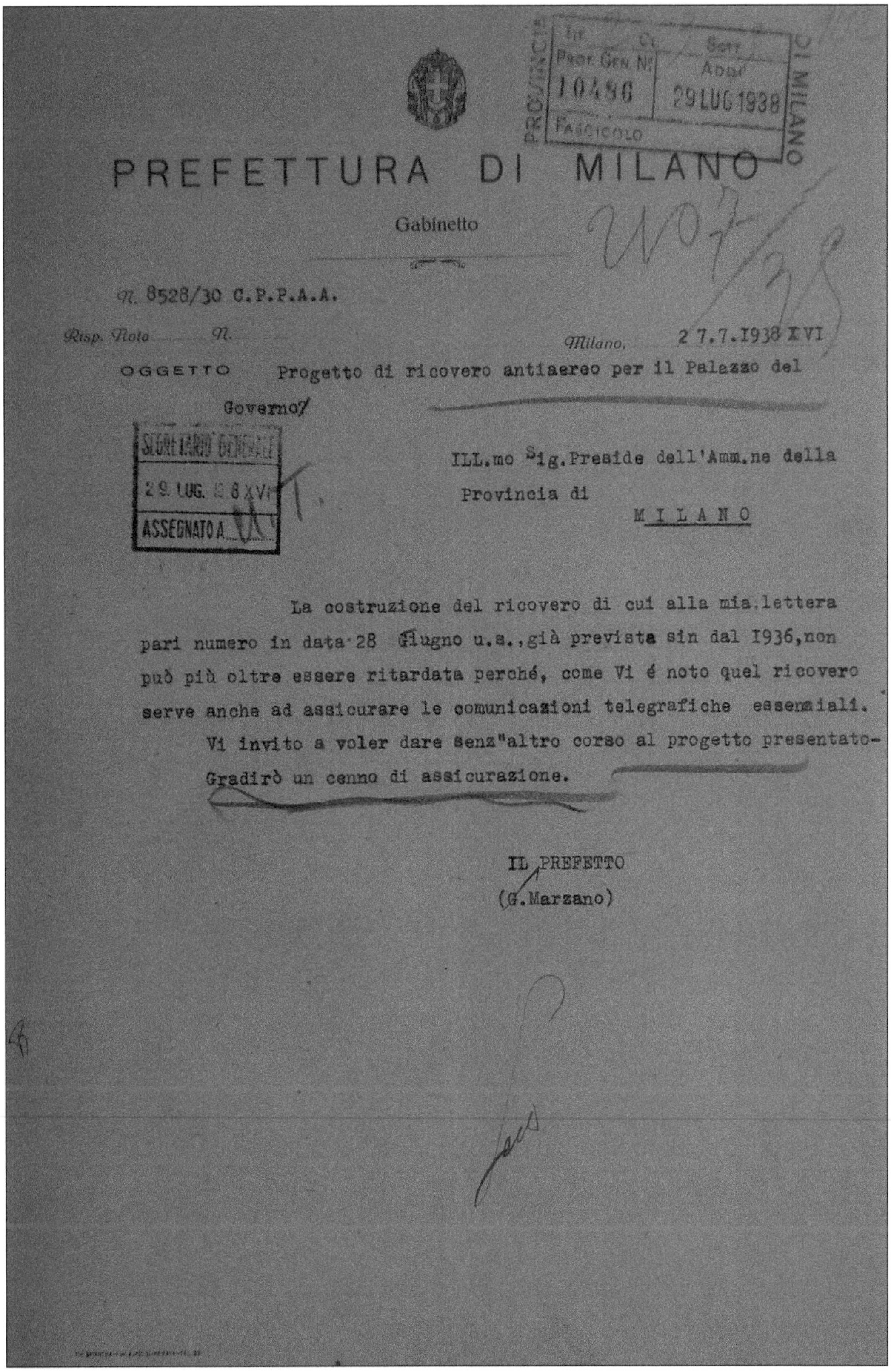

PROVINCIA DI MILANO
Prot. Gen. N. 10486 Anno 29 LUG 1938
Fascicolo

PREFETTURA DI MILANO

Gabinetto

2107/38

N. 8528/30 C.P.P.A.A.

Risp. Nota N.

Milano, 27.7.1938 XVI

OGGETTO Progetto di ricovero antiaereo per il Palazzo del Governo/

SEGRETARIO GENERALE
29 LUG. 38 XVI
ASSEGNATO A

ILL.mo Sig.Preside dell'Amm.ne della Provincia di
MILANO

La costruzione del ricovero di cui alla mia lettera pari numero in data 28 Giugno u.s., già prevista sin dal 1936, non può più oltre essere ritardata perché, come Vi é noto quel ricovero serve anche ad assicurare le comunicazioni telegrafiche essenziali.

Vi invito a voler dare senz"altro corso al progetto presentato-
Gradirò un cenno di assicurazione.

IL PREFETTO
(G.Marzano)

Fig. 5. Sollecito del Prefetto di Milano per la costruzione del rifugio, in data 27 luglio 1938 (Archivio della Provincia di Milano, Anno 1935, fasc. 2107).

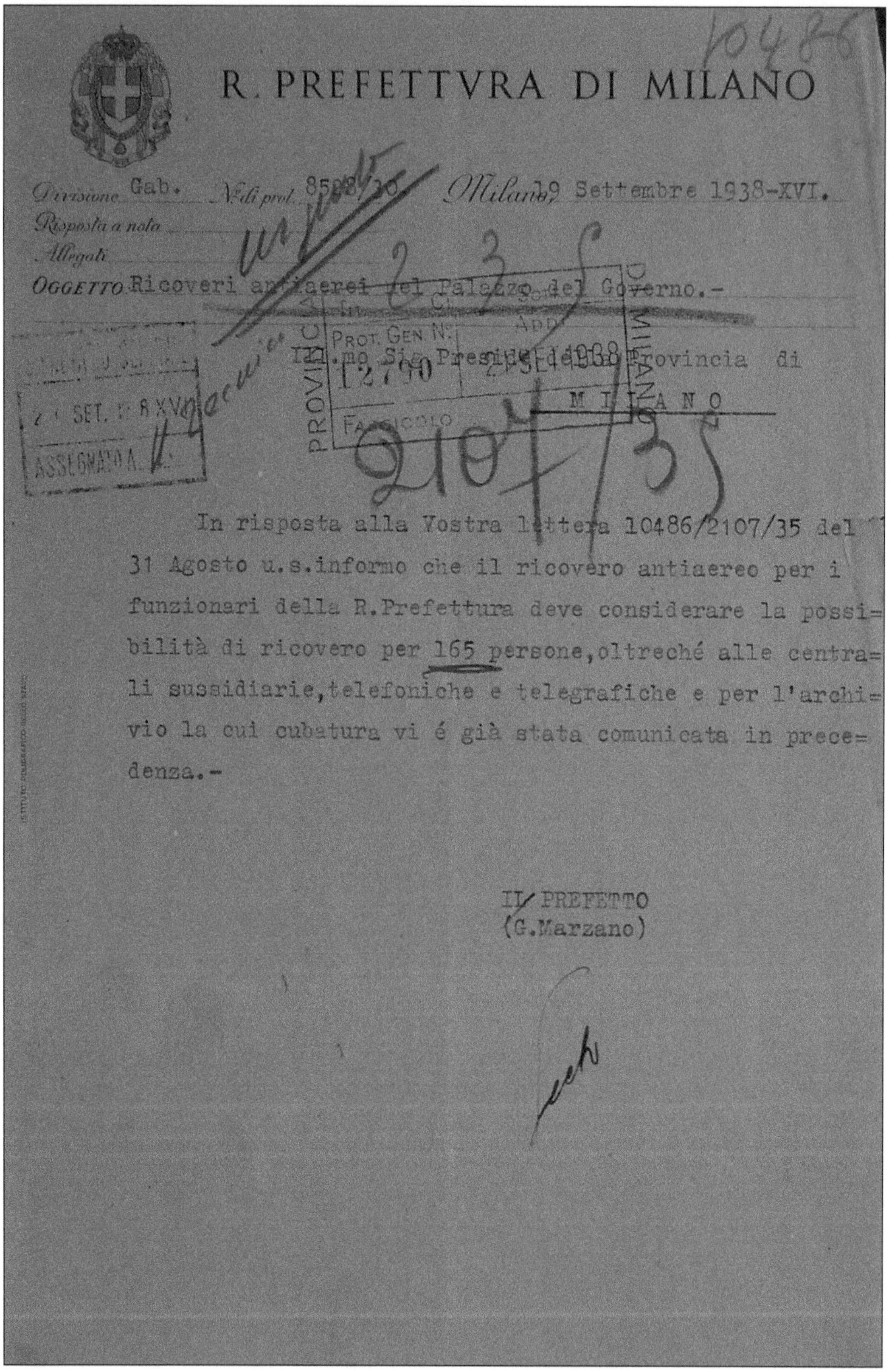

R. PREFETTVRA DI MILANO

Divisione Gab. N. di prot. 8598/30 Milano 19 Settembre 1938-XVI.

Risposta a nota

Allegati

OGGETTO Ricoveri antiaerei del Palazzo del Governo.-

Ill.mo Sig. Presidente della Provincia di

MILANO

In risposta alla Vostra lettera 10486/2107/35 del 31 Agosto u.s.informo che il ricovero antiaereo per i funzionari della R.Prefettura deve considerare la possibilità di ricovero per 165 persone,oltreché alle centrali sussidiarie,telefoniche e telegrafiche e per l'archivio la cui cubatura vi é già stata comunicata in precedenza.-

IL PREFETTO
(G.Marzano)

Fig. 6. Puntualizzazione del Prefetto di Milano in merito alla capacità ricettiva del rifugio, datata 19 settembre 1938 (Archivio della Provincia di Milano, Anno 1935, fasc. 2107).

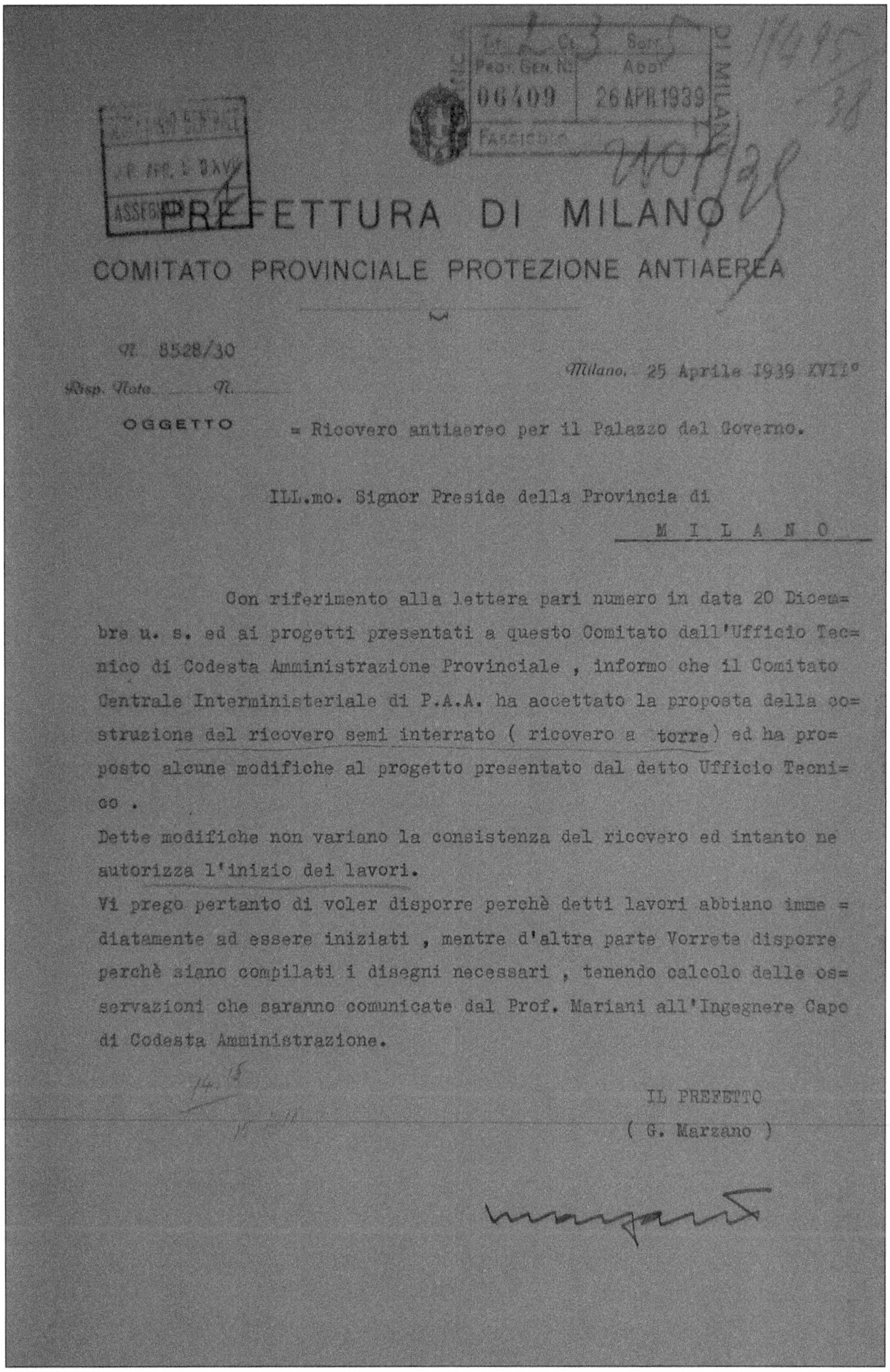

PREFETTURA DI MILANO

COMITATO PROVINCIALE PROTEZIONE ANTIAEREA

N. 8528/30

Risp. Nota ... N. ...

Milano, 25 Aprile 1939 XVII°

OGGETTO = Ricovero antiaereo per il Palazzo del Governo.

ILL.mo. Signor Preside della Provincia di

M I L A N O

Con riferimento alla lettera pari numero in data 20 Dicembre u. s. ed ai progetti presentati a questo Comitato dall'Ufficio Tecnico di Codesta Amministrazione Provinciale , informo che il Comitato Centrale Interministeriale di P.A.A. ha accettato la proposta della costruzione del ricovero semi interrato (ricovero a torre) ed ha proposto alcune modifiche al progetto presentato dal detto Ufficio Tecnico .

Dette modifiche non variano la consistenza del ricovero ed intanto ne autorizza l'inizio dei lavori.

Vi prego pertanto di voler disporre perchè detti lavori abbiano immediatamente ad essere iniziati , mentre d'altra parte Vorrete disporre perchè siano compilati i disegni necessari , tenendo calcolo delle osservazioni che saranno comunicate dal Prof. Mariani all'Ingegnere Capo di Codesta Amministrazione.

IL PREFETTO

(G. Marzano)

Fig. 7. Accettazione da parte delle Autorità preposte del progetto per la costruzione del «ricovero a torre», datata 25 aprile 1939 (Archivio della Provincia di Milano, Anno 1935, fasc. 2107).

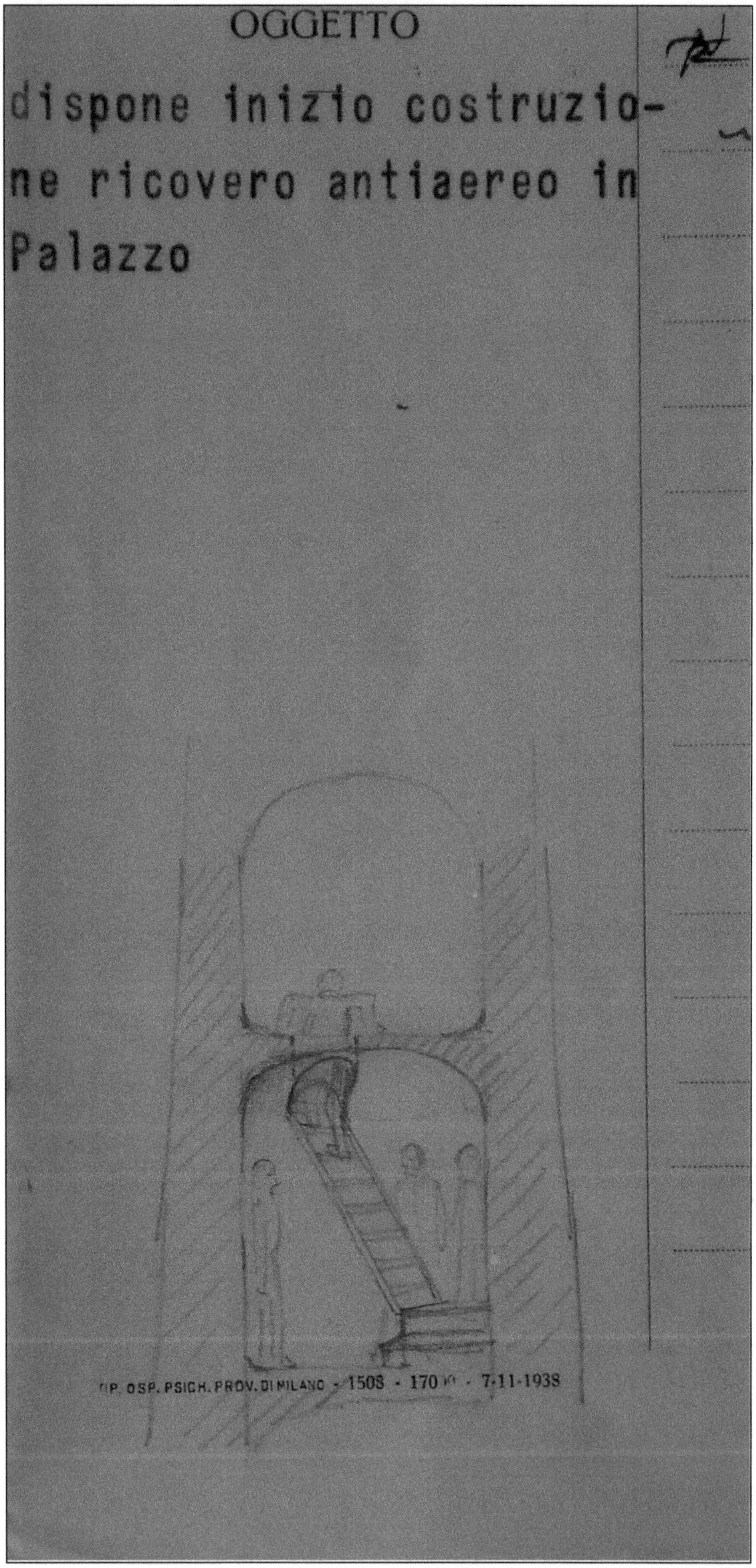

Fig. 8. Disegno a matita tracciato a margine di un foglio di registro della Provincia di Milano del 1939; una persona sta passando da un piano all'altro del rifugio antiaereo in elevato utilizzando una scala (Archivio della Provincia di Milano, Anno 1935, fasc. 2107).

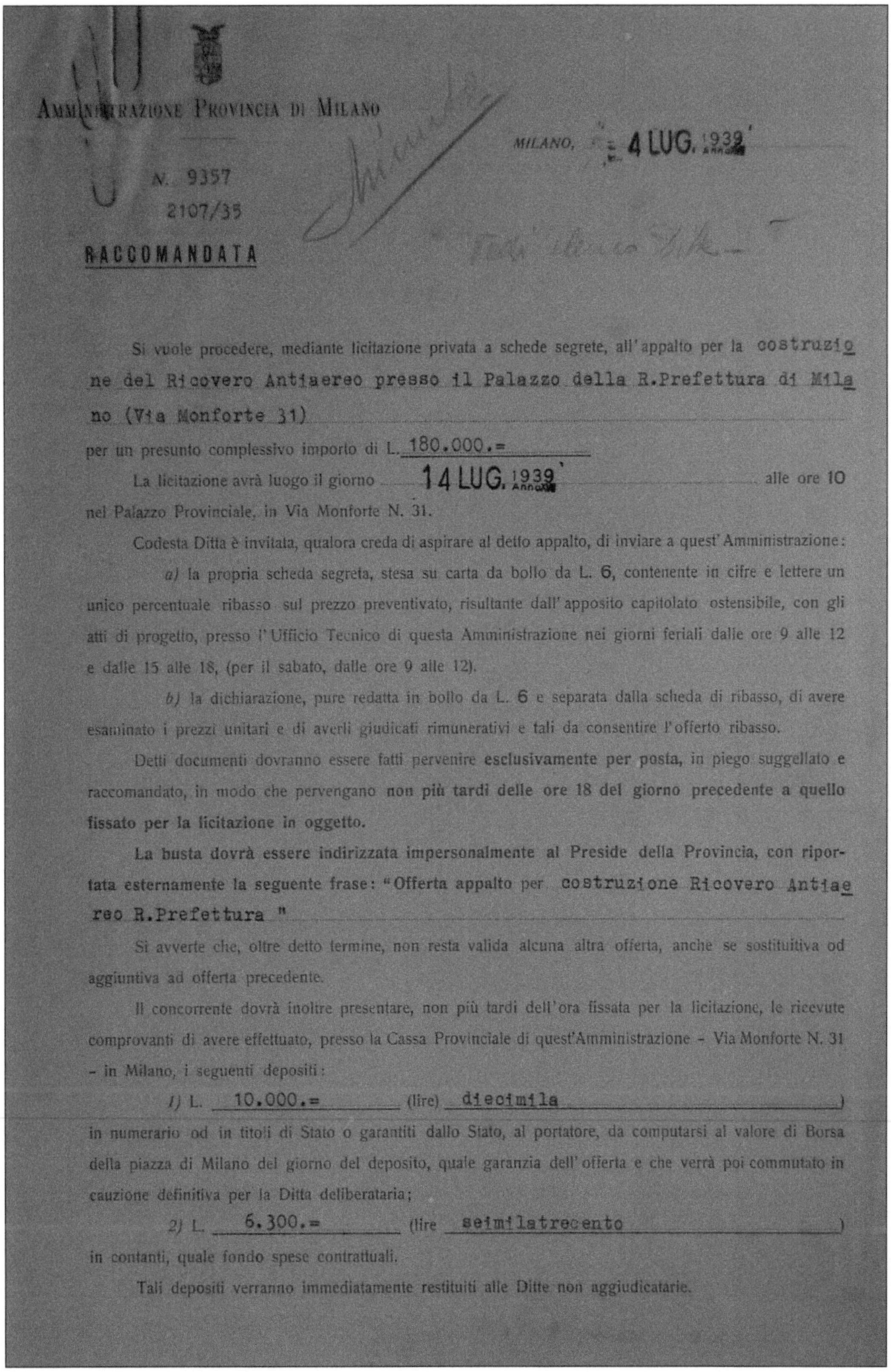

AMMINISTRAZIONE PROVINCIA DI MILANO

N. 9357
2107/35

RACCOMANDATA

MILANO, 4 LUG. 1939

Si vuole procedere, mediante licitazione privata a schede segrete, all'appalto per la costruzione del Ricovero Antiaereo presso il Palazzo della R.Prefettura di Milano (Via Monforte 31)

per un presunto complessivo importo di L. 180.000.=

La licitazione avrà luogo il giorno 14 LUG. 1939 alle ore 10 nel Palazzo Provinciale, in Via Monforte N. 31.

Codesta Ditta è invitata, qualora creda di aspirare al detto appalto, di inviare a quest'Amministrazione:

a) la propria scheda segreta, stesa su carta da bollo da L. 6, contenente in cifre e lettere un unico percentuale ribasso sul prezzo preventivato, risultante dall'apposito capitolato ostensibile, con gli atti di progetto, presso l'Ufficio Tecnico di questa Amministrazione nei giorni feriali dalle ore 9 alle 12 e dalle 15 alle 18, (per il sabato, dalle ore 9 alle 12).

b) la dichiarazione, pure redatta in bollo da L. 6 e separata dalla scheda di ribasso, di avere esaminato i prezzi unitari e di averli giudicati rimunerativi e tali da consentire l'offerto ribasso.

Detti documenti dovranno essere fatti pervenire **esclusivamente per posta**, in piego suggellato e raccomandato, in modo che pervengano **non più tardi delle ore 18 del giorno precedente a quello fissato per la licitazione in oggetto.**

La busta dovrà essere indirizzata impersonalmente al Preside della Provincia, con riportata esternamente la seguente frase: "Offerta appalto per costruzione Ricovero Antiaereo R.Prefettura "

Si avverte che, oltre detto termine, non resta valida alcuna altra offerta, anche se sostituitiva od aggiuntiva ad offerta precedente.

Il concorrente dovrà inoltre presentare, non più tardi dell'ora fissata per la licitazione, le ricevute comprovanti di avere effettuato, presso la Cassa Provinciale di quest'Amministrazione - Via Monforte N. 31 - in Milano, i seguenti depositi:

1) L. 10.000.= (lire diecimila)

in numerario od in titoli di Stato o garantiti dallo Stato, al portatore, da computarsi al valore di Borsa della piazza di Milano del giorno del deposito, quale garanzia dell'offerta e che verrà poi commutato in cauzione definitiva per la Ditta deliberataria;

2) L. 6.300.= (lire seimilatrecento)

in contanti, quale fondo spese contrattuali.

Tali depositi verranno immediatamente restituiti alle Ditte non aggiudicatarie.

Fig. 9. Avviso di licitazione spedito alle ditte per la costruzione del rifugio antiaereo della Regia Prefettura; foglio primo (Archivio della Provincia di Milano, Anno 1935, fasc. 2107).

Le schede che saranno pervenute in tempo utile, verranno aperte nella giornata e nell'ora sopra indicate dal Preside di quest'Amministrazione o da chi per esso.

La licitazione sarà ritenuta valida anche nel caso pervenisse una sola offerta.

Si avverte:

1) che la licitazione avrà luogo secondo le norme prescritte dal Regolamento sulla contabilità generale dello Stato 23 maggio 1924 N. 827 e dal R. D. 30 dicembre 1937 N. 3339 e cioè per mezzo di **offerta segreta** da confrontare col minimo del ribasso prestabilito ed indicato in una scheda segreta dell'Amministrazione (art. 73 lettera *B*).

2) che non si farà luogo a nuova offerta di miglioramento;

3) che il processo verbale di aggiudicazione, anche se non sottoscritto dal deliberatario, equivarrà, per ogni effetto legale, alla stipulazione contrattuale;

4) che se l'offerta o la dichiarazione di cui sopra venissero redatte non in conformità alle leggi di bollo, esse, riservata la denuncia per contravvenzione fiscale, saranno tenute pienamente valide per ogni effetto legale e contrattuale;

5) che la scheda di offerta dovrà essere sottoscritta dal legale o dai legali rappresentanti della Ditta concorrente, i quali, — **muniti dei documenti comprovanti la loro qualità — dovranno assistere alla licitazione.**

6) che per le spese di collaudo e di revisione dei conti l'appaltatore dovrà corrispondere una somma nella misura dell'1 °/₀ (uno per cento) sugli importi della liquidazione per qualsiasi opera, fornitura o prestazione fatta.

Inoltre, a termine della circolare 31 gennaio 1939-XVII N. 45204 del Ministero dell'Interno, cotesta Ditta dovrà comprovare di trovarsi in una delle seguenti condizioni:

a) essere iscritta all'Albo Nazionale degli appaltatori;

b) essere compresa tra le Ditte o Società accreditate presso una delle Amministrazioni Centrali Statali;

c) avere inoltrato al Ministero dei Lavori Pubblici domanda di iscrizione e corrisposta la relativa tassa di concessione governativa.

Dovrà inoltre essere presentato:

d) certificato generale del casellario giudiziario, se trattasi di Ditte individuali, emesso in data non anteriore ai 3 mesi;

e) certificato della Cancelleria del Tribunale competente, se trattasi di Società Commerciali, comprovante che la Società non trovasi in istato di liquidazione, fallimento o concordato, rilasciato in data non anteriore a 1 mese.

I documenti di cui alle lettere *a) b) c) d) e)* dovranno essere trasmessi alla Segreteria della Provincia <u>non più tardi di due giorni</u> avanti la data fissata per la licitazione.

E' fatta riserva dell'approvazione dell'Autorità Tutoria.

IL PRESIDE

IL SEGRETARIO GENERALE

UFFICIO SPED. -6 LUG 1939 PROVINCIA di MILANO

UFFICIO SPEDIZIONI -6 LUG 1939 PROVINCIA di MILANO

TIP. SOP. PROV. DI MILANO - 1574 - 300 - 5-3-1939

Fig. 10. Avviso di licitazione spedito alle ditte per la costruzione del rifugio antiaereo della Regia Prefettura; foglio secondo (Archivio della Provincia di Milano, Anno 1935, fasc. 2107).

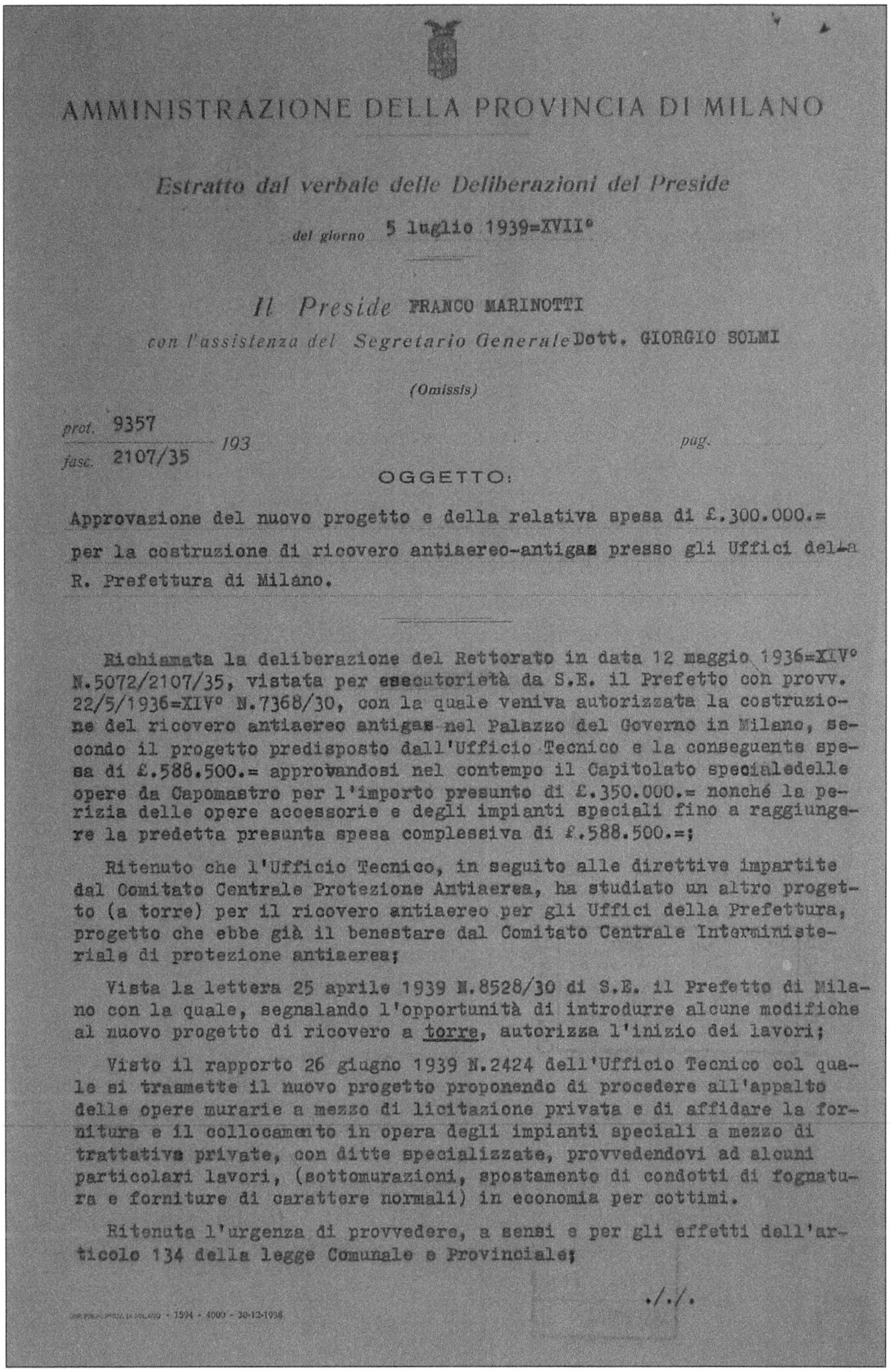

AMMINISTRAZIONE DELLA PROVINCIA DI MILANO

Estratto dal verbale delle Deliberazioni del Preside

del giorno 5 luglio 1939=XVII°

Il Preside FRANCO MARINOTTI

con l'assistenza del Segretario Generale Dott. GIORGIO SOLMI

(Omissis)

prot. 9357

fasc. 2107/35 *193* *pag.*

OGGETTO:

Approvazione del nuovo progetto e della relativa spesa di £.300.000.= per la costruzione di ricovero antiaereo-antigas presso gli Uffici della R. Prefettura di Milano.

Richiamata la deliberazione del Rettorato in data 12 maggio 1936=XIV° N.5072/2107/35, vistata per esecutorietà da S.E. il Prefetto con provv. 22/5/1936=XIV° N.7368/30, con la quale veniva autorizzata la costruzione del ricovero antiaereo antigas nel Palazzo del Governo in Milano, secondo il progetto predisposto dall'Ufficio Tecnico e la conseguente spesa di £.588.500.= approvandosi nel contempo il Capitolato specialedelle opere da Capomastro per l'importo presunto di £.350.000.= nonché la perizia delle opere accessorie e degli impianti speciali fino a raggiungere la predetta presunta spesa complessiva di £.588.500.=;

Ritenuto che l'Ufficio Tecnico, in seguito alle direttive impartite dal Comitato Centrale Protezione Antiaerea, ha studiato un altro progetto (a torre) per il ricovero antiaereo per gli Uffici della Prefettura, progetto che ebbe già il benestare dal Comitato Centrale Interministeriale di protezione antiaerea;

Vista la lettera 25 aprile 1939 N.8528/30 di S.E. il Prefetto di Milano con la quale, segnalando l'opportunità di introdurre alcune modifiche al nuovo progetto di ricovero a torre, autorizza l'inizio dei lavori;

Visto il rapporto 26 giugno 1939 N.2424 dell'Ufficio Tecnico col quale si trasmette il nuovo progetto proponendo di procedere all'appalto delle opere murarie a mezzo di licitazione privata e di affidare la fornitura e il collocamento in opera degli impianti speciali a mezzo di trattativa private, con ditte specializzate, provvedendovi ad alcuni particolari lavori, (sottomurazioni, spostamento di condotti di fognatura e forniture di carattere normali) in economia per cottimi.

Ritenuta l'urgenza di provvedere, a sensi e per gli effetti dell'articolo 134 della legge Comunale e Provinciale;

./.

Fig. 11. Estratto del verbale del giorno 5 luglio 1939 in cui si approva la spesa per la realizzazione del rifugio; foglio primo (Archivio della Provincia di Milano, Anno 1935, fasc. 2107).

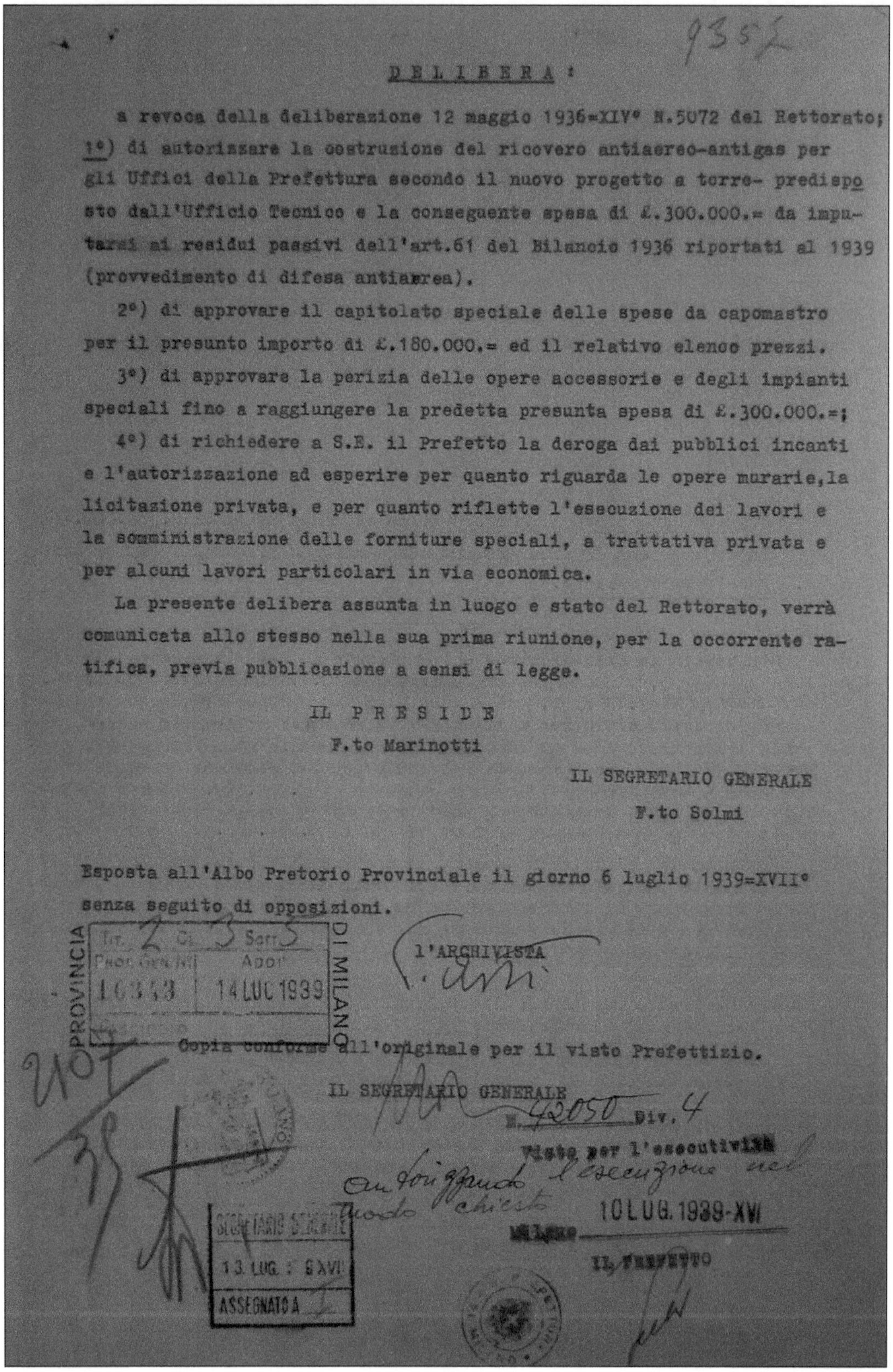

D E L I B E R A :

a revoca della deliberazione 12 maggio 1936=XIV° N.5072 del Rettorato;

1°) di autorizzare la costruzione del ricovero antiaereo-antigas per gli Uffici della Prefettura secondo il nuovo progetto a torre- predisposto dall'Ufficio Tecnico e la conseguente spesa di £.300.000.= da imputarsi ai residui passivi dell'art.61 del Bilancio 1936 riportati al 1939 (provvedimento di difesa antiaerea).

2°) di approvare il capitolato speciale delle spese da capomastro per il presunto importo di £.180.000.= ed il relativo elenco prezzi.

3°) di approvare la perizia delle opere accessorie e degli impianti speciali fino a raggiungere la predetta presunta spesa di £.300.000.=;

4°) di richiedere a S.E. il Prefetto la deroga dai pubblici incanti e l'autorizzazione ad esperire per quanto riguarda le opere murarie, la licitazione privata, e per quanto riflette l'esecuzione dei lavori e la somministrazione delle forniture speciali, a trattativa privata e per alcuni lavori particolari in via economica.

La presente delibera assunta in luogo e stato del Rettorato, verrà comunicata allo stesso nella sua prima riunione, per la occorrente ratifica, previa pubblicazione a sensi di legge.

IL PRESIDE
F.to Marinotti

IL SEGRETARIO GENERALE
F.to Solmi

Esposta all'Albo Pretorio Provinciale il giorno 6 luglio 1939=XVII° senza seguito di opposizioni.

PROVINCIA DI MILANO — 14 LUG 1939

l'ARCHIVISTA

Copia conforme all'originale per il visto Prefettizio.

IL SEGRETARIO GENERALE

N. 42050 Div. 4

Visto per l'esecutività

10 LUG. 1939-XVII

Milano

IL PREFETTO

Fig. 12. Estratto del verbale del giorno 5 luglio 1939 in cui si approva la spesa per la realizzazione del rifugio; foglio secondo (Archivio della Provincia di Milano, Anno 1935, fasc. 2107).

Fig. 13. Scavo effettuato nel cortile che separa Palazzo Diotti da Palazzo Isimbardi per la realizzazione del rifugio antiaereo in elevato (Archivio della Provincia di Milano, raccoglitore fotografico).

da una punta conica, sempre in calcestruzzo di cemento armato, coperta da una struttura metallica. Al suo interno vi è un ulteriore vano, seppure di dimensioni ridotte, come si può vedere nella sezione a corredo del testo (fig. 17). Ha uno sviluppo complessivo di 28 m, di cui 22 m in elevato. Gli accessi erano costituiti da due passerelle metalliche, oggi rimosse, che staccandosi dalla facciata laterale di Palazzo Diotti raggiungevano due piani della Torre. Esternamente erano dotati di porte blindate antiscoppio e internamente antigas, a chiusura del cosiddetto «antiricovero». Un terzo accesso era costituito da una galleria di collegamento che immetteva nel primo piano sotterraneo. Nel 1940, alla data del 15 marzo, il Preside comunica al Comitato Provinciale Protezione Antiaerea e alla Regia Prefettura che «verrà messo a disposizione di codesto Comitato il piano del ricovero antiaereo a quota m. 2.80 per situarvi la centrale di allarme della Città». L'estratto del verbale delle Deliberazioni del Preside del giorno 10 luglio 1940 ci rende noto che il Comune di Milano ha invece richiesto «due locali nel rifugio antiaereo del Palazzo di Residenza, per la sistemazione dell'impianto di sirene d'allarme e di apparecchi telefonici». Tale richiesta è accettata e si danno inizio ad ulteriori lavori, anche di tinteggiatura e di sistemazione di un adeguato arredamento interno, come panche, seggiole e soprattutto di cabine telefoniche. Da quei giorni in poi il rifugio sarà conosciuto dalla popolazione milanese come «Torre delle Sirene» e qui giungeranno le segnalazioni di velivoli avversari in avvicinamento, con la conseguente diramazione dell'allarme non solo alla cittadinanza, ma all'intera Regione Lombardia. Oltre a comandare gli impianti di segnalazione d'allarme aereo, si occuperà di disporre dell'oscuramento, dell'interruzione della distribuzione dell'energia elettrica e delle comunicazioni periferiche. Un documento del 29 ottobre 1940 c'informa che il giorno 22 settembre era avvenuto il collaudo degli impianti antigas della Ditta Bergomi: «con l'intervento di funzionari di questo ufficio, di autorità dell'U.N.P.A., di un Ingegnere della Ditta fornitrice degli impianti, e del Prof. Ragazzi Capo dell'Ufficio Sanitario Comunale. Le prove durate due ore consecutive, con un affollamento nel ricovero di 148 persone, è riuscito favorevole, e venne accertata l'idoneità delle apparecchiature installate nonché delle porte speciali a tenuta di Gas».[18] Una comunicazione del 29 ottobre, a firma del Generale di Brigata R. Giovannelli, fornisce ulteriori indicazioni riguardanti ulteriori lavori da apportare alle parti interne alla struttura (figg. 18 – 20). Il primo ottobre 1941 si approvava una nuova spesa, questa volta per le «opere occorrenti per la sistemazione nel ricovero antiaereo del Palazzo del Governo di un locale riservato alla famiglia dell'Ecc. il Prefetto». Il 13 novembre 1941 vi è la firma della RELAZIONE E CERTIFICATO DI COLLAUDO da parte del dott. ing. Giuseppe Frassinetti, pertanto, anche dal punto di vista burocratico, il rifugio antiaereo può dirsi ultimato quasi in ogni dettaglio.

4 - *La «Torre delle Sirene» ai nostri giorni*

Il rifugio antiaereo di tipo speciale in elevato era il cosiddetto «rifugio a torre» ed i modelli erano svariati,

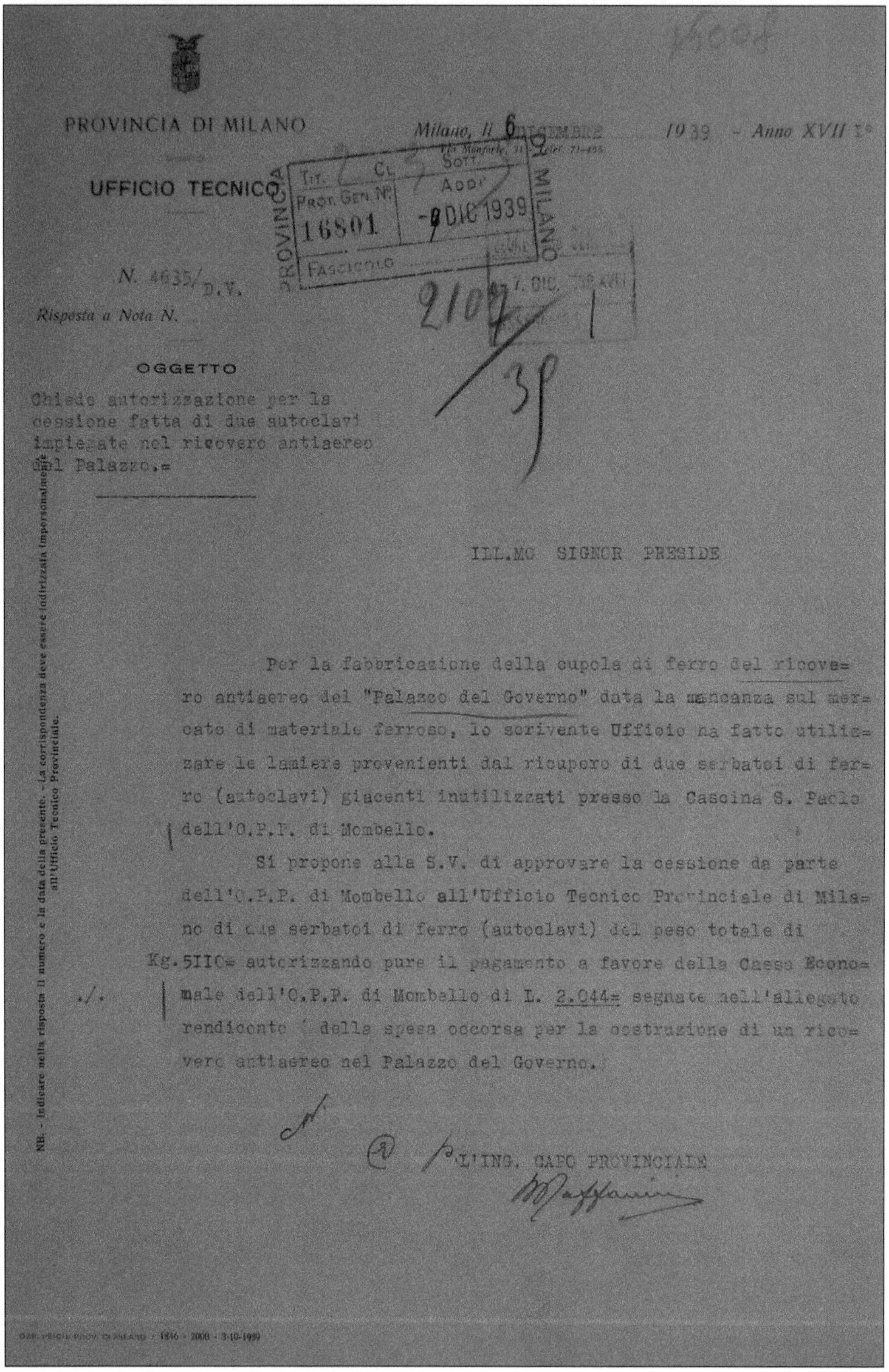

PROVINCIA DI MILANO

UFFICIO TECNICO

Milano, li 6 DICEMBRE 1939 - Anno XVIII°

N. 4635/D.V.

Risposta a Nota N.

OGGETTO

Chiede autorizzazione per la cessione fatta di due autoclavi impiegate nel ricovero antiaereo del Palazzo.=

ILL.MO SIGNOR PRESIDE

Per la fabbricazione della cupola di ferro del ricovero antiaereo del "Palazzo del Governo" data la mancanza sul mercato di materiale ferroso, lo scrivente Ufficio ha fatto utilizzare le lamiere provenienti dal ricupero di due serbatoi di ferro (autoclavi) giacenti inutilizzati presso la Cascina S. Paolo dell'O.P.P. di Mombello.

Si propone alla S.V. di approvare la cessione da parte dell'O.P.P. di Mombello all'Ufficio Tecnico Provinciale di Milano di due serbatoi di ferro (autoclavi) del peso totale di Kg.5IIO= autorizzando pure il pagamento a favore della Cassa Economale dell'O.P.P. di Mombello di L. 2.044= segnate nell'allegato rendiconto della spesa occorsa per la costruzione di un ricovero antiaereo nel Palazzo del Governo.

L'ING. CAPO PROVINCIALE

NB. - Indicare nella risposta il numero e la data della presente. - La corrispondenza deve essere indirizzata impersonalmente all'Ufficio Tecnico Provinciale.

Fig. 14. Richiesta per materiale ferroso con cui rivestire la punta conica in cemento del rifugio, datata 6 dicembre 1939 (Archivio della Provincia di Milano, Anno 1935, fasc. 2107).

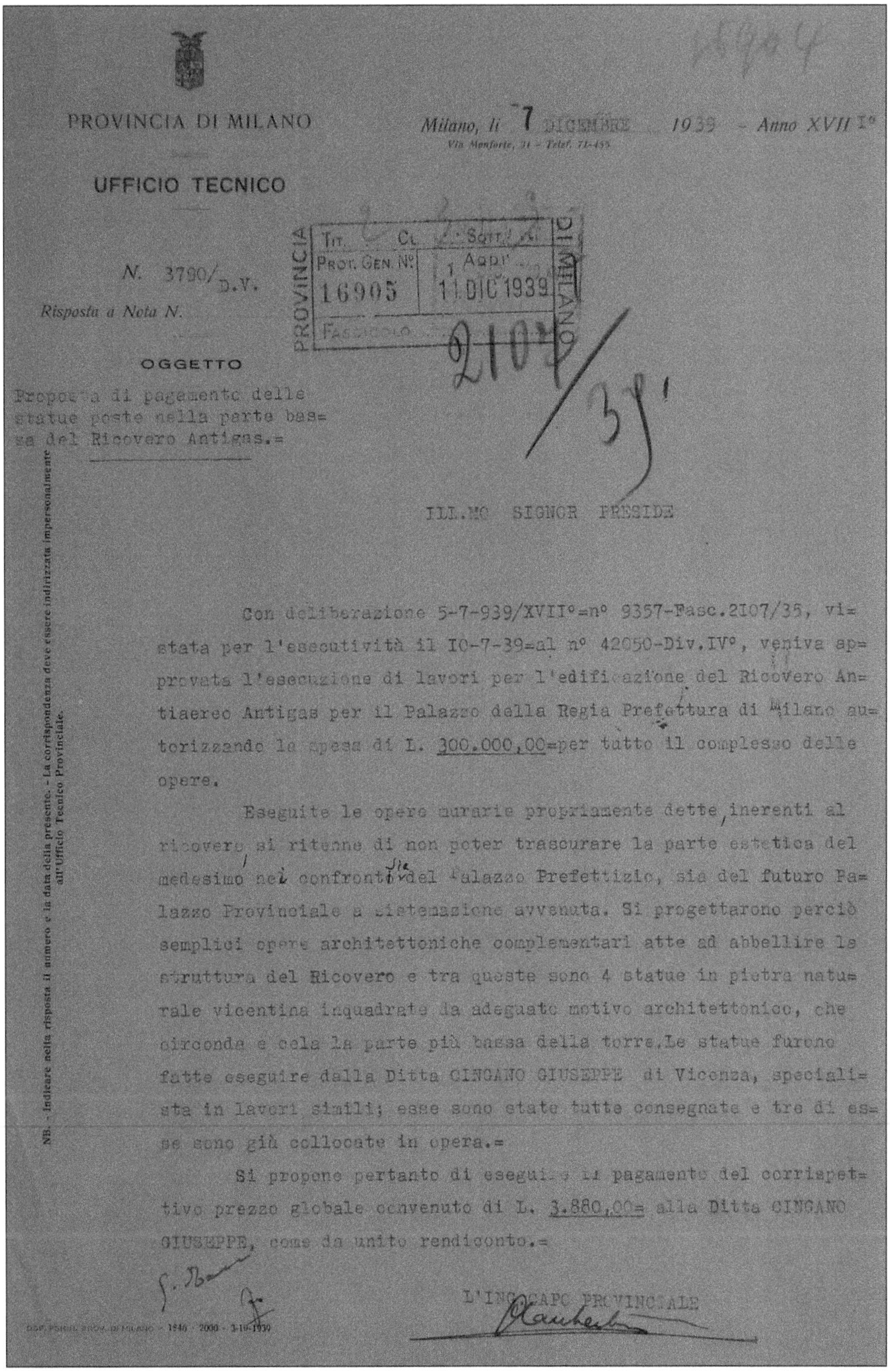

PROVINCIA DI MILANO

UFFICIO TECNICO

Milano, li 7 DICEMBRE 1939 - Anno XVIII°
Via Monforte, 31 - Telef. 71-455

N. 3790/D.V.

Risposta a Nota N.

OGGETTO

Proposta di pagamento delle statue poste nella parte bassa del Ricovero Antigas.=

PROVINCIA DI MILANO
Prot. Gen. N° 16905
11 DIC 1939

ILL.MO SIGNOR PRESIDE

Con deliberazione 5-7-939/XVII°=n° 9357-Fasc.2107/35, vistata per l'esecutività il 10-7-39=al n° 42050-Div.IV°, veniva approvata l'esecuzione di lavori per l'edificazione del Ricovero Antiaereo Antigas per il Palazzo della Regia Prefettura di Milano autorizzando la spesa di L. 300.000,00=per tutto il complesso delle opere.

Eseguite le opere murarie propriamente dette, inerenti al ricovero, si ritenne di non poter trascurare la parte estetica del medesimo nei confronti sia del Palazzo Prefettizio, sia del futuro Palazzo Provinciale a sistemazione avvenuta. Si progettarono perciò semplici opere architettoniche complementari atte ad abbellire la struttura del Ricovero e tra queste sono 4 statue in pietra naturale vicentina inquadrate da adeguato motivo architettonico, che circonda e cela la parte più bassa della torre. Le statue furono fatte eseguire dalla Ditta CINGANO GIUSEPPE di Vicenza, specialista in lavori simili; esse sono state tutte consegnate e tre di esse sono già collocate in opera.=

Si propone pertanto di eseguire il pagamento del corrispettivo prezzo globale convenuto di L. 3.880,00= alla Ditta CINGANO GIUSEPPE, come da unito rendiconto.=

L'ING. CAPO PROVINCIALE

NB. - Indicare nella risposta il numero e la data della presente. - La corrispondenza deve essere indirizzata impersonalmente all'Ufficio Tecnico Provinciale.

Fig. 15. Proposta di pagamento per la realizzazione di opere architettoniche complementari, in data 7 dicembre 1939 (Archivio della Provincia di Milano, Anno 1935, fasc. 2107).

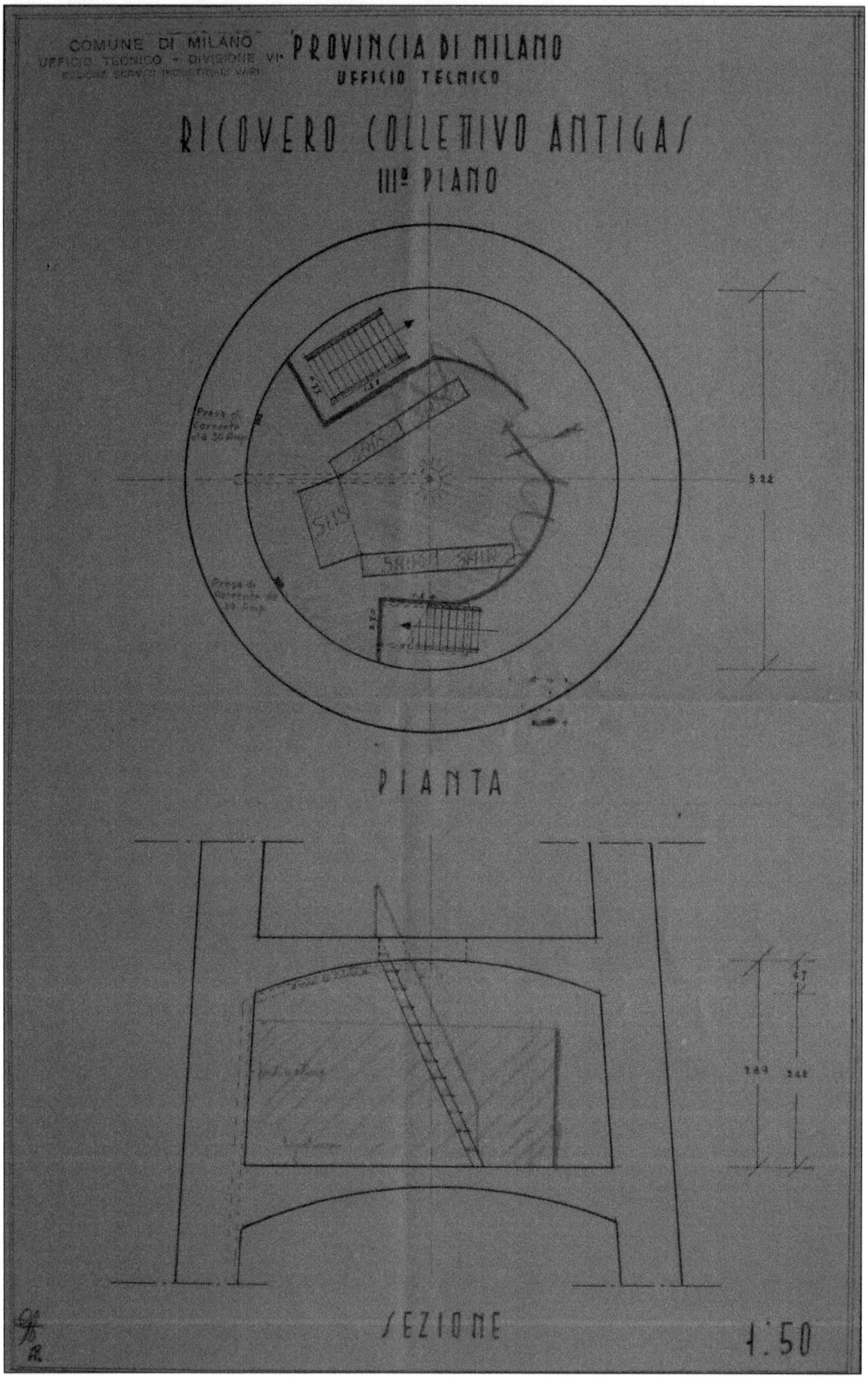

Fig. 16. Planimetria in pianta e in sezione di un piano del rifugio a torre, con aggiunte a matita (Archivio della Provincia di Milano, Anno 1935, fasc. 2107).

pur mantenendo l'esteriore caratteristica e i concetti protettivi di base. Come si è potuto vedere nel presente contributo sul rifugio della Regia Prefettura, si tratta di una particolare opera destinata a proteggere civili e/o militari dai bombardamenti aerei con ordigni dirompenti oppure caricati con aggressivi chimici (figg. 21 – 22). La sommità a punta serviva a deflettere le bombe d'aereo, mentre la base era provvista di apposito «gonnellino» per evitare che una eventuale bomba, penetrando nel terreno in prossimità della struttura, potesse causarle danni con sensibile rischio per gli occupanti. Al proposito, il testo del *Brevetto per Invenzione Industriale N. 387348* (Ricovero di protezione contro gli attacchi aerei), rilasciato il 7 luglio 1941, così principia: «I ricoveri di protezione contro gli attacchi aerei non si costruiscono più recentemente come ambienti sotterranei a forma di cantine, ma come edifici a sé con più piani sovrapposti come le così dette torri di protezione contro gli attacchi aerei».[19] Il passo ci riporta ai progetti dei Futuristi, con le città costellate di strutture a forma di missile che sono semplicemente i rifugi antiaerei per ogni condominio, a questi accostato o in esso inglobato. Erano strutture considerate dal Regime come «antiautarchiche», per l'elevato quantitativo di materie prime da adoperarsi.[20] Soprattutto in Germania e in Austria si sono costruiti innumerevoli tipi di rifugio a torre, variamente articolati, di cui ne rimangono tutt'oggi alcuni esempi, nonostante le demolizioni operate dopo il termine delle ostilità. Ad esempio, allo scalo ferroviario di Francoforte ne esiste un tipo alto una ventina di metri, dall'aspetto slanciato e quasi aerodinamico, in calcestruzzo di cemento armato, che si stacca nettamente dai classici modelli cilindrici con bassa punta conica.[21] Il rifugio antiaereo in questione è uno dei pochi esempi ancora esistenti sul suolo nazionale e con ogni probabilità è l'unico del suo genere per quanto concerne sia l'architettura sia la funzione. L'unico accesso oggi praticabile è una galleria che giunge al primo piano sotterraneo, mentre la comunicazione tra i piani era originariamente garantita da scale presumibilmente lignee e amovibili. Solo successivamente, verosimilmente dopo il termine del conflitto, sono state posizionate scale metalliche fisse, che oggi impediscono la chiusura dei portelli metallici a tenuta stagna che si fissavano a pavimento (fig. 23). Oggi in disuso, conserva i resti degli impianti di ventilazione forzata e di filtraggio e rigenerazione dell'aria, nonché lacerti di rivestimenti dei pavimenti e delle pareti (figg. 24 – 25). Il rifugio non risulta invece provvisto di servizi igienici, eccettuato il piano che serviva a proteggere la famiglia del Prefetto, dove vi era almeno un lavandino con acqua corrente, oggi non più esistente. Sulle pareti rimangono ancor'oggi alcune scritte d'epoca (fig. 26). Lo studio del manufatto è stato condotto nel 2008 dall'Associazione Speleologia Cavità Artificiali Milano (S.C.A.M.) della Federazione Nazionale Cavità Artificiali. Nel 2009 i primi risultati sono stati pubblicati in una monografia edita dall'Associazione S.C.A.M. per conto della Provincia di Milano.[22]

5 - *Note*

[1] Bianchi A., *La Prepositura dei Santi Pietro e Paolo in Borgo Monforte e i Somaschi (1571-1778)*, in Raponi N., Scotti Tosini A., *Palazzo Diotti a Milano. Storia arte istituzioni*, vol. primo, Fondazione Cariplo, Skira Editore, Milano 2005, p. 11.

[2] Ivi.

[3] Pagano E., *La famiglia Diotti. Costruzione di un patrimonio e ascesa nobiliare nella Milano asburgica e napoleonica*, in Raponi N., Scotti Tosini A., *Palazzo Diotti a Milano. Storia arte istituzioni*, vol. primo, Fondazione Cariplo, Skira Editore, Milano 2005, p. 45.

[4] Scotti Tosini A., *Da collegio a palazzo: il gran progetto di Giovanni Battista Diotti (1778-1782)*, in Raponi N., Scotti Tosini A., *Palazzo Diotti a Milano. Storia arte istituzioni*, vol. primo, Fondazione Cariplo, Skira Editore, Milano 2005, p. 81.

[5] Ibidem, p. 85.

[6] Ibidem, p. 89.

[7] Raponi N., *Il tricolore con lo stemma sabaudo a Palazzo Diotti*, in Raponi N., Scotti Tosini A., *Palazzo Diotti a Milano. Storia arte istituzioni*, vol. primo, Fondazione Cariplo, Skira Editore, Milano 2005, p. 251.

[8] Bosi S., *Le vicende di Palazzo Diotti dal 1874 al 1945*, in Raponi N., Scotti Tosini A., *Palazzo Diotti a Milano. Storia arte istituzioni*, vol. secondo, Fondazione Cariplo, Skira Editore, Milano 2005, pp. 513-517.

[9] Archivio Storico della Provincia di Milano, Anno 1935, fasc. 2107.

[10] Breda M. A., Padovan G., *Como 1915-1945: protezione dei Civili e rifugi antiaerei*, Editrice Lo Scarabeo, Milano 2014, pp. 25-26.

[11] Istituto della Enciclopedia Italiana, *Vocabolario della Lingua Italiana*, Vol. III**, Roma 1991, p. 1433.

[12] Ibidem, p. 1416.

[13] Archivio Storico della Provincia di Milano, Anno 1935, fasc. 2107.

[14] La documentazione relativa ad alcuni progetti brevettati per la costruzione di rifugi antiaerei a torre è riportata in: Breda M. A., *Politecnico di Milano: archeologia industriale e fonti per lo studio dell'edilizia nel settore della protezione antiaerea*, in Basilico R., Breda M.A., Padovan G. (a cura di), *Atti III Congresso Nazionale di Archeologia del Sottosuolo: Massa 5-7 Ottobre 2007. Archeologia del rifugio antiaereo: utilizzo di opere ipogee antiche e moderne per la protezione dei civili*, Hypogean Archaeology (Research and Documentation of Underground Structures), British Archaeological Reports International Series 2218, Oxford 2011, pp. 195-236.

[15] Padovan G., *I rifugi antiaerei*, in Breda M. A., Padovan G., *Milano: Rifugi Antiaerei. Scudi degli Inermi contro l'Annientamento*, Editrice Lo Scarabeo, Milano 2012, pp. 71-72.

[16] Archivio Storico della Provincia di Milano, Anno 1935, fasc. 2107.

[17] Archivio Storico della Provincia di Milano, Anno 1935, fasc. 2107.

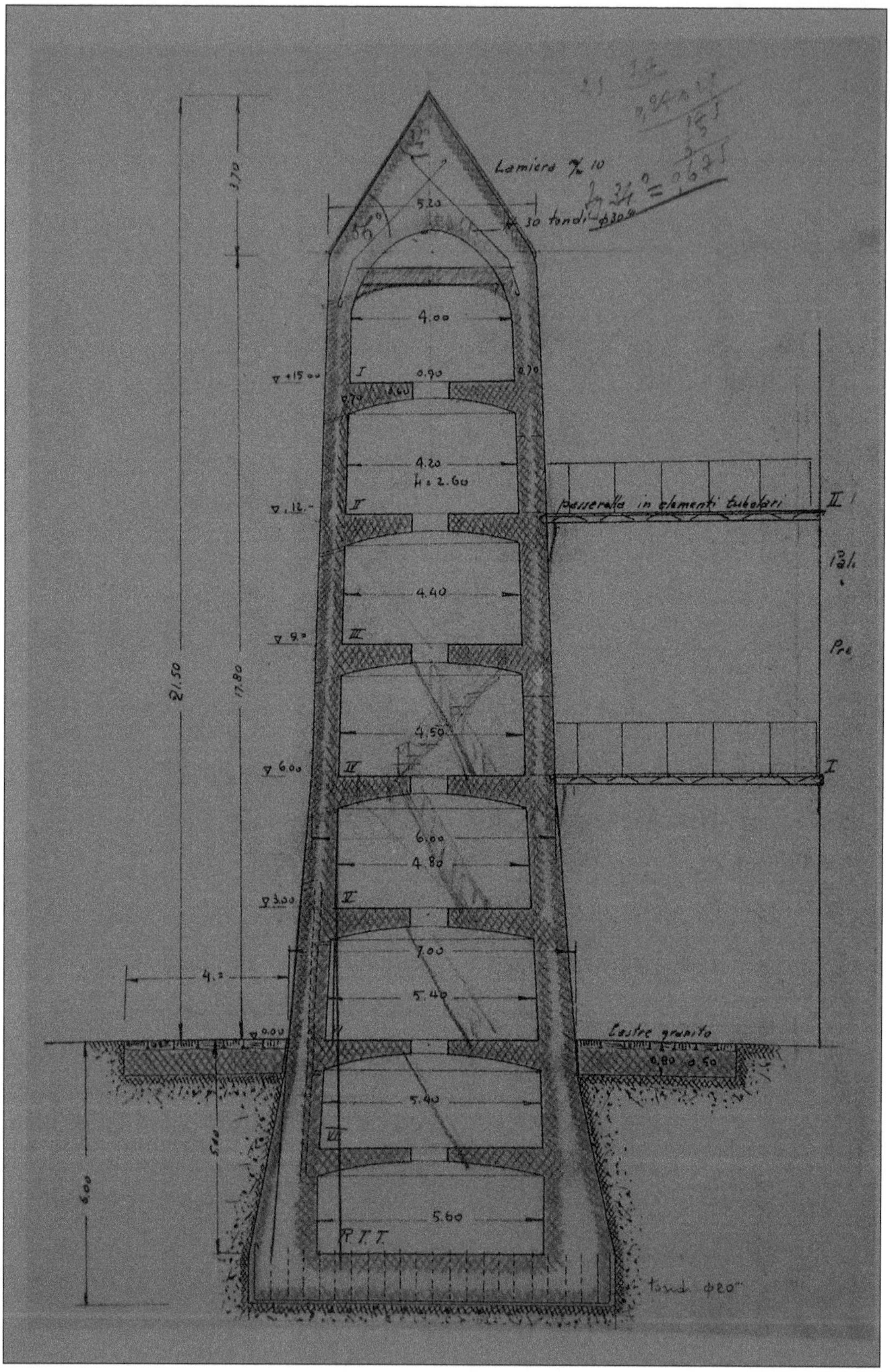

Fig. 17. Vista in sezione della Torre delle Sirene (Archivio U.S.S.M., Roma).

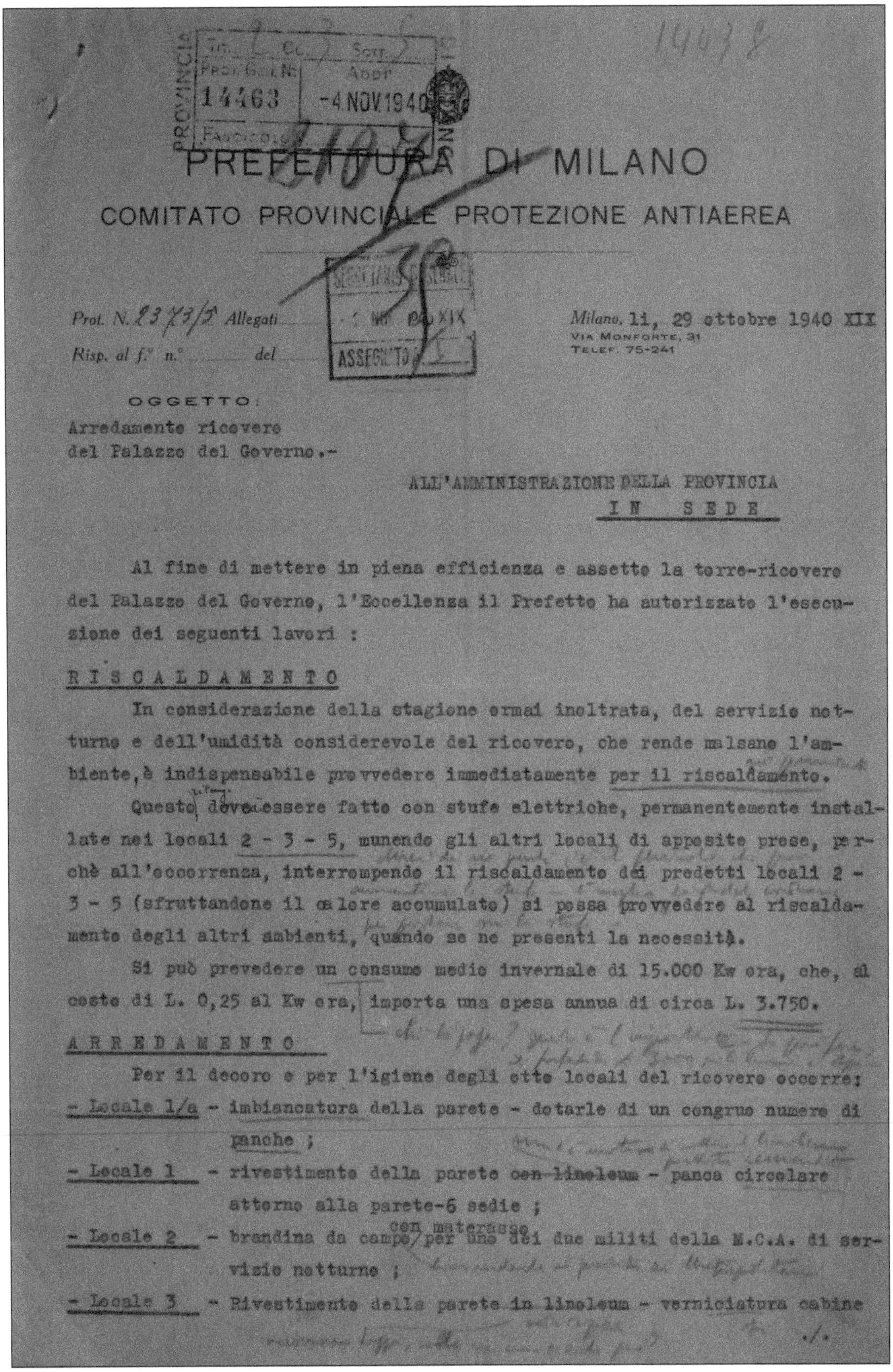

PREFETTURA DI MILANO

COMITATO PROVINCIALE PROTEZIONE ANTIAEREA

Prot. N. 23 73/5 Allegati .... Milano, lì, 29 ottobre 1940 XIX
Risp. al f.° n.° .... del .... Via Monforte, 31 Telef. 75-241

OGGETTO:
Arredamento ricovero
del Palazzo del Governo.-

ALL'AMMINISTRAZIONE DELLA PROVINCIA
I N S E D E

Al fine di mettere in piena efficienza e assetto la torre-ricovero del Palazzo del Governo, l'Eccellenza il Prefetto ha autorizzato l'esecuzione dei seguenti lavori :

R I S C A L D A M E N T O

In considerazione della stagione ormai inoltrata, del servizio notturno e dell'umidità considerevole del ricovero, che rende malsano l'ambiente, è indispensabile provvedere immediatamente per il riscaldamento.

Questo deve essere fatto con stufe elettriche, permanentemente installate nei locali 2 - 3 - 5, munendo gli altri locali di apposite prese, perchè all'occorrenza, interrompendo il riscaldamento dei predetti locali 2 - 3 - 5 (sfruttandone il calore accumulato) si possa provvedere al riscaldamento degli altri ambienti, quando se ne presenti la necessità.

Si può prevedere un consumo medio invernale di 15.000 Kw ora, che, al costo di L. 0,25 al Kw ora, importa una spesa annua di circa L. 3.750.

A R R E D A M E N T O

Per il decoro e per l'igiene degli otto locali del ricovero occorre:

- Locale 1/a - imbiancatura della parete - dotarle di un congruo numero di panche ;
- Locale 1 - rivestimento della parete ~~con linoleum~~ - panca circolare attorno alla parete-6 sedie ;
- Locale 2 - brandina da campo con materasso per uno dei due militi della M.C.A. di servizio notturno ;
- Locale 3 - Rivestimento della parete in linoleum - verniciatura cabine

./.

Fig. 18. Comunicazione datata 29 ottobre 1940 in merito a nuovi lavori da condurre all'interno del rifugio; fronte (Archivio della Provincia di Milano, Anno 1935, fasc. 2107).

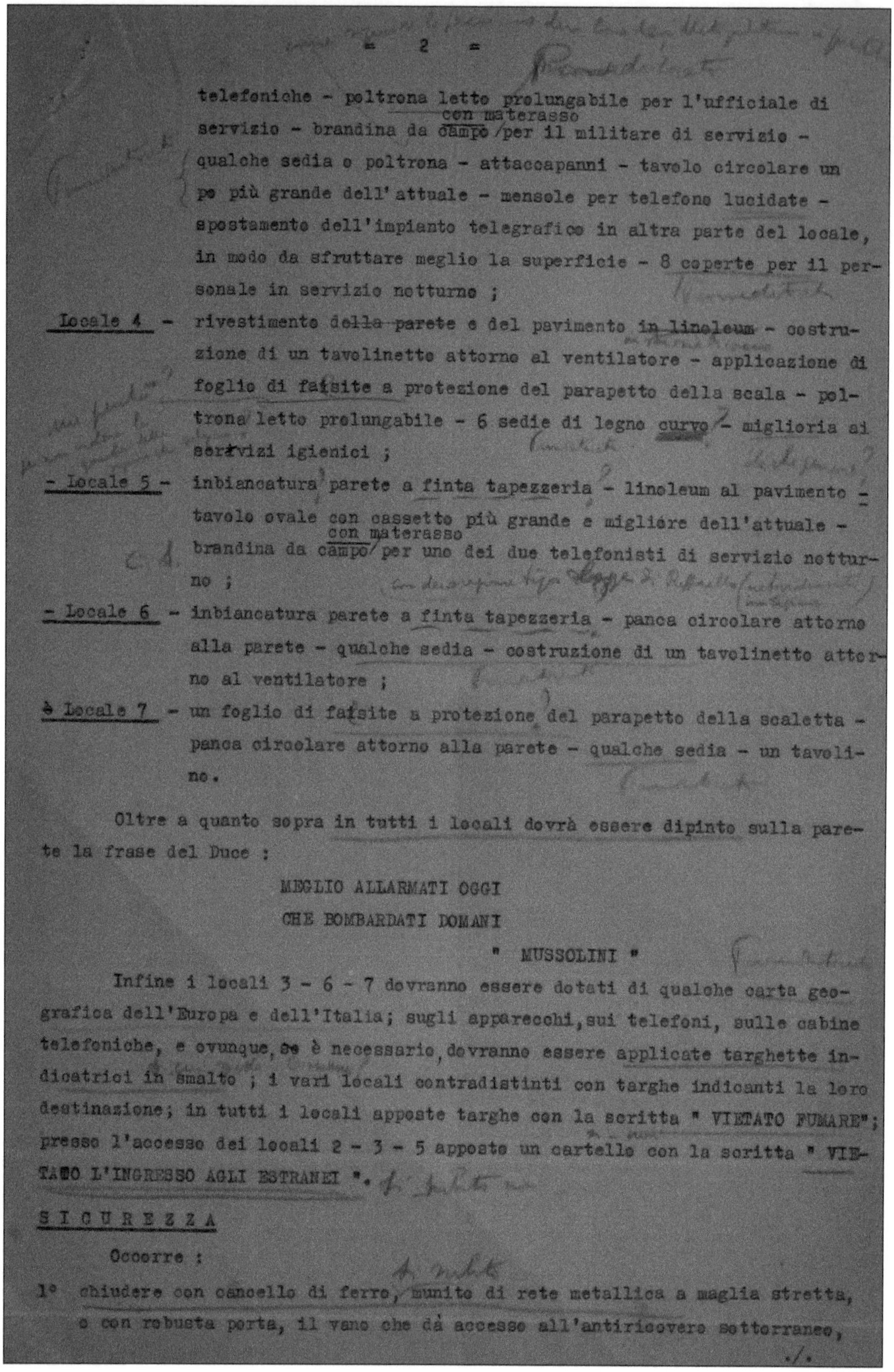

= 2 =

telefoniche - poltrona letto prolungabile per l'ufficiale di servizio - brandina da campo con materasso per il militare di servizio - qualche sedia o poltrona - attaccapanni - tavolo circolare un po più grande dell'attuale - mensole per telefono lucidate - spostamento dell'impianto telegrafico in altra parte del locale, in modo da sfruttare meglio la superficie - 8 coperte per il personale in servizio notturno ;

Locale 4 - rivestimento della parete e del pavimento in linoleum - costruzione di un tavolinetto attorno al ventilatore - applicazione di foglio di faesite a protezione del parapetto della scala - poltrona letto prolungabile - 6 sedie di legno curvo - miglioria ai servizi igienici ;

- Locale 5 - inbiancatura parete a finta tapezzeria - linoleum al pavimento - tavolo ovale con cassetto più grande e migliore dell'attuale - brandina da campo con materasso per uno dei due telefonisti di servizio notturno ;

- Locale 6 - inbiancatura parete a finta tapezzeria - panca circolare attorno alla parete - qualche sedia - costruzione di un tavolinetto attorno al ventilatore ;

- Locale 7 - un foglio di faesite a protezione del parapetto della scaletta - panca circolare attorno alla parete - qualche sedia - un tavolino.

Oltre a quanto sopra in tutti i locali dovrà essere dipinto sulla parete la frase del Duce :

MEGLIO ALLARMATI OGGI
CHE BOMBARDATI DOMANI
" MUSSOLINI "

Infine i locali 3 - 6 - 7 dovranno essere dotati di qualche carta geografica dell'Europa e dell'Italia; sugli apparecchi, sui telefoni, sulle cabine telefoniche, e ovunque, se è necessario, dovranno essere applicate targhette indicatrici in smalto ; i vari locali contradistinti con targhe indicanti la loro destinazione; in tutti i locali apposte targhe con la scritta " VIETATO FUMARE"; presso l'accesso dei locali 2 - 3 - 5 apposto un cartello con la scritta " VIETATO L'INGRESSO AGLI ESTRANEI ".

S I C U R E Z Z A

Occorre :

1° chiudere con cancello di ferro, munito di rete metallica a maglia stretta, o con robusta porta, il vano che dà accesso all'antiricovero sottorraneo,

./.

Fig. 19. Comunicazione datata 29 ottobre 1940 in merito a nuovi lavori da condurre all'interno del rifugio, tra cui figura anche la richiesta di dipingere sulle pareti la scritta «meglio allarmati oggi che bombardati domani»; retro (Archivio della Provincia di Milano, Anno 1935, fasc. 2107).

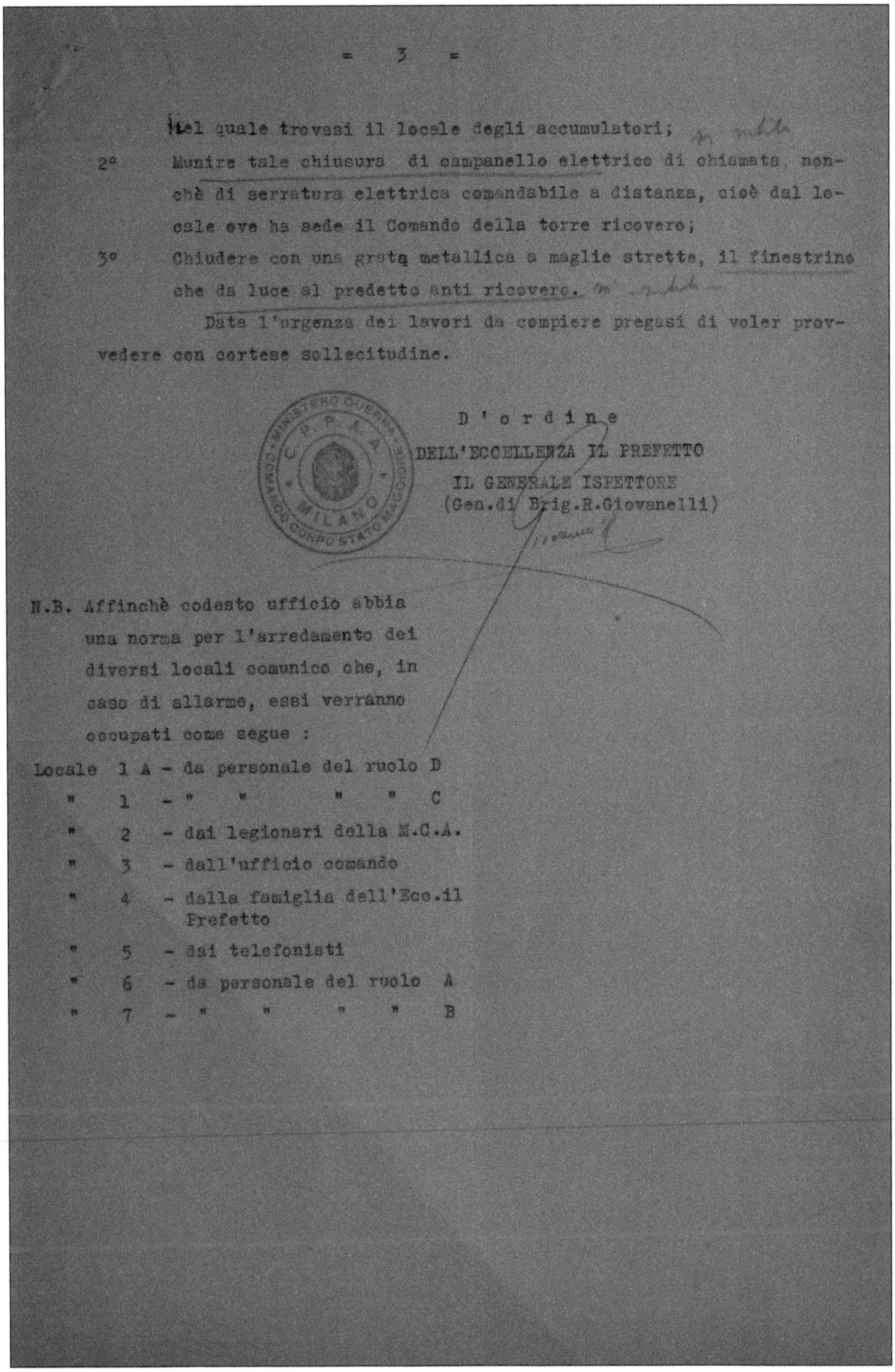

= 3 =

nel quale trovasi il locale degli accumulatori;

2° Munire tale chiusura di campanello elettrico di chiamata, nonchè di serratura elettrica comandabile a distanza, cioè dal locale ove ha sede il Comando della torre ricovero;

3° Chiudere con una grata metallica a maglie strette, il finestrino che da luce al predetto anti ricovero.

Data l'urgenza dei lavori da compiere pregasi di voler provvedere con cortese sollecitudine.

D'ordine
DELL'ECCELLENZA IL PREFETTO
IL GENERALE ISPETTORE
(Gen.di Brig.R.Giovanelli)

N.B. Affinchè codesto ufficio abbia una norma per l'arredamento dei diversi locali comunico che, in caso di allarme, essi verranno occupati come segue :

Locale 1 A - da personale del ruolo D
" 1 - " " " " C
" 2 - dai legionari della M.C.A.
" 3 - dall'ufficio comando
" 4 - dalla famiglia dell'Ecc.il Prefetto
" 5 - dai telefonisti
" 6 - da personale del ruolo A
" 7 - " " " " B

Fig. 20. Comunicazione datata 29 ottobre 1940 in merito a nuovi lavori da condurre all'interno del rifugio, con il post scriptum indicante da chi verranno occupati gli otto piani del rifugio; fronte del secondo foglio (Archivio della Provincia di Milano, Anno 1935, fasc. 2107).

Fig. 21. La Torre delle Sirene tra Palazzo Diotti a destra e Palazzo Isimbardi (foto di G. Padovan).

Fig. 22. Resi della porta antiscoppio superiore (foto di G. Padovan).

[18] Archivio Storico della Provincia di Milano, Anno 1935, fasc. 2107.
[19] Archivio «Secchi Luigi Lorenzo (1924-1991)» del Politecnico di Milano, Dipartimento di Progettazione dell'Architettura.
[20] Padovan G., op. cit., p. 72.
[21] Foedrowitz M., *Luftschutztürme und ihre Bauarten 1934-1945*, Podzun-Pallas, Wölfersheim-Berstadt 1998, p. 17.
[22] Thum A. (a cura di), *La Provincia di Milano racconta: dalla Torre delle Sirene al Bunker di Palazzo Isimbardi. Una fotografia sul passato*, Associazione Speleologia Cavità Artificiali Milano – Federazione Nazionale Cavità Artificiali, Provincia di Milano, Milano 2009.

6 - *Bibliografia*

Bianchi A., *La Prepositura dei Santi Pietro e Paolo in Borgo Monforte e i Somaschi (1571-1778)*, in Raponi N., Scotti Tosini A., *Palazzo Diotti a Milano. Storia arte istituzioni*, vol. primo, Fondazione Cariplo, Skira Editore, Milano 2005, pp. 11-26.

Bosi S., *Le vicende di Palazzo Diotti dal 1874 al 1945*, in Raponi N., Scotti Tosini A., *Palazzo Diotti a Milano. Storia arte istituzioni*, vol. secondo, Fondazione Cariplo, Skira Editore, Milano 2005, pp. 513-519.

Breda M. A., *Politecnico di Milano: archeologia industriale e fonti per lo studio dell'edilizia nel settore della protezione antiaerea*, in Basilico R., Breda M.A., Padovan G. (a cura di), *Atti III Congresso Nazionale di Archeologia del Sottosuolo: Massa 5-7 Ottobre 2007. Archeologia del rifugio antiaereo: utilizzo di opere ipogee antiche e moderne per la protezione dei civili*, Hypogean Archaeology (Research and Documentation of Underground Structures), British Archaeological Reports International Series 2218, Oxford 2011, pp. 195-236.

Breda M. A., Padovan G., *Como 1915-1945: protezione dei Civili e rifugi antiaerei*, Editrice Lo Scarabeo, Milano 2014.

Foedrowitz M., *Luftschutztürme und ihre Bauarten 1934-1945*, Podzun-Pallas, Wölfersheim-Berstadt 1998.

Istituto della Enciclopedia Italiana, *Vocabolario della Lingua Italiana*, Vol. III**, Roma 1991.

Padovan G., *I rifugi antiaerei*, in Breda M. A., Padovan G., *Milano: Rifugi Antiaerei. Scudi degli Inermi contro l'Annientamento*, Editrice Lo Scarabeo, Milano 2012, pp. 59-73.

Fig. 23. uno dei piani del rifugio, con quanto resta della «bicicletta» con cui si poteva mantenere in funzione l'impianto di ventilazione forzata in caso di mancanza della corrente elettrica e la scala metallica posizionata dopo il termine delle ostilità (foto di G. Padovan).

Fig. 24. Pozzetto di comunicazione tra piani, chiudibile con il portello metallico a tenuta di gas (foto di G. Padovan).

Fig. 25. Porta antigas dell'antiricovero, al piano occupato dal Prefetto e dalla sua famiglia (foto di G. Padovan).

Fig. 26. Scritta d'epoca citata alla seconda pagina del documento datato 29 ottobre 1940 (Fig. 19) (foto di G. Padovan).

Pagano E., *La famiglia Diotti. Costruzione di un patrimonio e ascesa nobiliare nella Milano asburgica e napoleonica*, in Raponi N., Scotti Tosini A., *Palazzo Diotti a Milano. Storia arte istituzioni*, vol. primo, Fondazione Cariplo, Skira Editore, Milano 2005, pp. 39-56.

Raponi N., *Il tricolore con lo stemma sabaudo a Palazzo Diotti*, in Raponi N., Scotti Tosini A., *Palazzo Diotti a Milano. Storia arte istituzioni*, vol. primo, Fondazione Cariplo, Skira Editore, Milano 2005, pp. 251-271.

Scotti Tosini A., *Da collegio a palazzo: il gran progetto di Giovanni Battista Diotti (1778-1782)*, in Raponi N., Scotti Tosini A., *Palazzo Diotti a Milano. Storia arte istituzioni*, vol. primo, Fondazione Cariplo, Skira Editore, Milano 2005, pp. 73-99.

7 - *Archivi consultati*

Archivio del Comune di Milano.

Archivio della Provincia di Milano.

Archivio «Secchi Luigi Lorenzo (1924-1991)» del Politecnico di Milano, Dipartimento di Progettazione dell'Architettura.

www.ingramcontent.com/pod-product-compliance
Lightning Source LLC
LaVergne TN
LVHW072248300926
849160LV00018B/1614